Jetzt helfe ich mir selbst

Motor buch Verlag

Umschlagentwurf und Buchgestaltung: Anita Ament.
Umschlagfotos: Hans-Peter Seufert.

ISBN 3-613-01311-8

Auflage Nr. 1022901

Dieser Band wird bei jeder Neuauflage auf den aktuellen Stand gebracht. Dennoch können
Änderungen durch Weiterentwicklung der beschriebenen Fahrzeuge nicht enthalten sein.
Manuskriptbearbeitung: Redaktion »Jetzt helfe ich mir selbst«.
Fotos: autopress 4, Axmann 1, Lautenschlager 6, Opel 2, Riesen 236.
Zeichnungen: Archiv Verfasser 2, autopress 1, Bosch 1, Brunner 3, Conti 1, Daimler Benz 1,
Lautenschlager 1, Opel 51, Pierburg 2, Pirelli 1, Thaer 1, Volkswagen 1.
Stromlaufpläne: Opel.
Satz und Druck: Dr. Cantz'sche Druckerei, 7302 Ostfildern 1 (Ruit).
Bindung: Wilhelm Nething, 7315 Weilheim.
Printed in Germany.

Dieter Korp
Roland Riesen

Opel Vectra

ohne Diesel

Motorbuch Verlag
Stuttgart

Inhaltsverzeichnis

Seite

Pflichtlektüre

Oft endet ein Werkstattbesuch mit einer umfangreichen, hohen Rechnung, da mehr als ursprünglich gedacht repariert oder ersetzt werden mußte. Dann kommt mancher Autobesitzer ins Grübeln: Waren wirklich alle aufgeführten Arbeiten notwendig? Hätte man nicht zumindest einen Teil der Wartungsaufgaben oder Reparaturen selbst erledigen und dabei Geld sparen können?
Mit diesem Buch wollen wir dem Autofahrer – speziell in Sachen Vectra – zur Seite stehen, um seine Ausgaben zu verringern und den Wert seines Wagens zu erhalten. Aber da kommt gleich die nächste Frage: Reichen die eigenen Fähigkeiten und Möglichkeiten aus? Auch hier ist es wie anderswo: Ob Frau oder Mann, jeder hat mehr Geschick als er glaubt. Und auch am Auto gibt es einfache Handgriffe, nicht schwerer als im täglichen Leben. Wir nennen nur: Auswechseln von Glühbirnen, Kontrolle und Nachfüllen von Öl und Wasser bzw. Reifendruck prüfen. Und man kann sich nach Belieben steigern.
Dieses Buch gibt Auskunft, z.B. mit dem farbigen Wartungsplan innen auf der hinteren Umschlagseite. Darin finden Sie genau aufgeführt, was Sie als verantwortungsbewußter Fahrer selbst erledigen können und welche Arbeiten Werkstatt bzw. Tankstelle rationeller erledigen. Die entsprechende Arbeitsbeschreibung finden Sie hier im Buch anhand der angegebenen Seitenzahl. Dort steht Punkt für Punkt, wie die Arbeit erledigt wird.
So können Sie eine komplette Inspektion in Eigenregie durchführen. Oder Sie erwerben sich das nötige Grundwissen, um bei der Auftragsvergabe in der Werkstatt sachkundig mitreden zu können. Wenn Ihnen das nicht genügt, können Sie auch an die Reparatur gehen – wir haben alle gängigen Arbeiten bis hin zur Teilzerlegung des Motors beschrieben.

Damit Sie sich im Innern dieses Bandes leichter zurecht finden, ist bereits im Inhaltsverzeichnis auf den vorangegangenen Seiten eine Auswahl der Stichworte herausgegriffen, die in den einzelnen Kapiteln zur Sprache kommen. Eine weitere Orientierungshilfe bietet das Stichwortverzeichnis hinten im Buch.
Ebenfalls der besseren Orientierung dient die Buchgestaltung auf den einzelnen Seiten. So sind Passagen, die der Information dienen, stets einspaltig abgedruckt, während reine Arbeitsschritte generell zweispaltig erscheinen. Je nach Interessenlage können Sie sich also mehr dem einen oder dem anderen Wissensgebiet zuwenden.

Bei der Erstellung des Manuskriptes für dieses Buch haben uns viele freundliche, geduldige und hilfsbereite Menschen bei Opel, in den Werkstätten sowie in anderen Firmen mit Rat* und Tat unterstützt. Wir möchten uns an dieser Stelle ganz herzlich bei ihnen bedanken.

Die Verfasser

*** Falls Sie übrigens noch spezielle Erfahrungen mit Ihrem Vectra gesammelt haben oder einen ergänzenden Hinweis oder Tip wissen, können Sie sich direkt an uns wenden – bitte nur schriftlich. Unsere Redaktionsadresse finden Sie auf Seite 2 im Impressum.**

Gestatten? Vectra

Ein Frühlingstag im März 1983: Im Technischen Entwicklungszentrum der Adam Opel fällt der Startschuß für ein bedeutendes Vorhaben, das »Projekt 2400«. So heißt von nun an der »Geheimcode« zur Entwicklung des Ascona-Nachfolgers. Fünf Jahre vergehen vom ersten Design-Strich bis zum Produktionsbeginn. Allein 8000 Ingenieure und Techniker arbeiten rund 5000000 Stunden, um ihre Erkenntnisse im neuen Produkt zu realisieren. Im August 1988 ist es soweit: Der Vectra, das jüngste Kind von Vater Opel hat Premiere.

Das Fahrwerk

Großen Aufwand betrieben die Opel-Fahrwerksingenieure bei der Entwicklung des Vectra-Chassis. Komfort, Fahrverhalten, Sicherheit und Geräuschisolierung wurden gegenüber dem Vorgängermodell stark verbessert. Die Vorderachse behielt das bewährte, aber überarbeitete McPherson-Federbein-Prinzip. Völlig neu ist der Vorderachsträger, der gleichzeitig als Dreieckslenker- und Stabilisatoraufhängung dient und der zudem den hinteren Punkt der Motoraufhängung aufnimmt. Der Träger, dessen Ausleger bis zum Kühlerquerträger verlängert wurde, bildet in Verbindung mit dem Unterbau einen Teil der Vorderwagenstruktur. Er hat bei einer Fahrzeugkollision wesentlichen Einfluß auf den Insassenschutz.

Auch die Dreieckslenker wurden überarbeitet. Die geänderte Anordnung der Befestigungspunkte erhöht den Abrollkomfort der Räder. Die senkrecht eingebaute Dämpfungsbüchse am vorderen Befestigungspunkt des Lenkers unterdrückt die in Längsrichtung wirkenden Fahrbahnstöße.

Hinten besitzt der Vectra eine Verbundlenkerachse. Diese Hinterachskonstruktion besteht aus einem Stück. Sie ist aber nicht starr, sondern in sich verdrehbar, um beiden Rädern auch auf unwegsamer Fahrbahn stets Bodenkontakt zu ermöglichen. Das Kernstück der Achse bildet ein V-förmiger Querträger aus Federstahl. Daran sind rechts und links die Längslenker angeschweißt. Sie bilden die Verbindungselemente zu den Rädern. Zur Verringerung der Seitenneigung ist auch hinten – wie an der Vorderachse – ein Stabilisator montiert.

Die Hinterachsfederung übernehmen Schraubenfedern, sogenannte Miniblock- oder Tonnenfedern. Die beiden Stoßdämpfer sind senkrecht angeordnet und annähernd in der Radmitte befestigt.

Die Motoren

Was die Motoren betrifft, so gibt es keine großen Überraschungen. Die aus den Kadett- und Ascona-Modellen bekannten 1,6-Liter-, 1,8-Liter- und 2,0-Liter-Benziner kommen auch im Vectra wieder zum Einsatz. Sie wurden in Sachen Laufkultur und Umweltfreundlichkeit optimiert. Als Basismotor geht der 1,6-Liter mit elektronisch gesteuerter Zentraleinspritzung (Multec) mit oder ohne Katalysator an den Start. Er leistet 55 kW bzw. 75 PS. Die folgende Leistungsstufe schöpft ihre Kraft aus 1,8-Liter Hubraum. Über die Bahjahre haben wir es dabei mit zwei verschiedenen Motorversionen zu tun: Der bis Modelljahr '90 gebaute nach Euronorm schadstoffarme Vergasermotor mit elektronisch geregeltem Vergaser (Ecotronic), der es auf eine Leistung von 65 kW oder 88 PS bringt, und die Nachfolgeversion mit Multec-Zentraleinspritzung (66 kW/90 PS) und geregeltem Katalysator.

Maßgeschneidert für den Vectra ist der 85 kW (115 PS)-Zweiliter-Motor. Dieses Aggregat ist auch im größeren

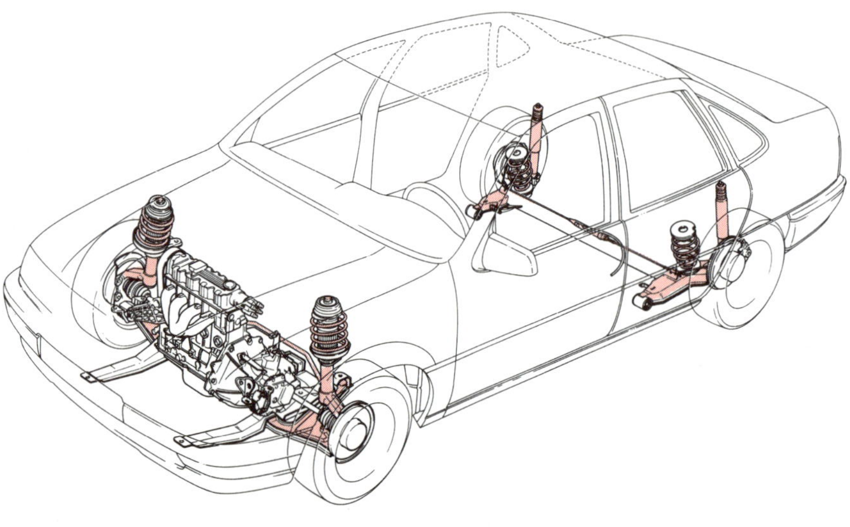

Das Fahrwerk: Vorn Federbeinachse mit Dreieckslenkern und Stabilisator. Hinten Verbundlenkerachse mit Schraubenfedern und Stoßdämpfern.

Im August 1988 wird der Vectra zunächst nur als Stufenheck vorgestellt. Die Schrägheck-Version erscheint erst im Frühjahr 1989.

Omega eingebaut und mit einer Mehrpunkteinspritzung (Motronic) ausgerüstet. Das Motronic-System arbeitet mit nur einem Steuergerät und regelt zugleich Einspritzmenge und Zündung.

Das Getriebe

Bis ein Getriebe in Serie geht, muß es auf speziellen Prüfständen 200000 Schaltungen über sich ergehen lassen, bevor es zum ersten Mal krachen darf. Beim Vectra griffen die Ingenieure auf das bewährte Fünfganggetriebe zurück. Es wurde überarbeitet und mit einer neuen Drei-Konus-Synchronisierung versehen. Völlig neu entwickelt wurde dagegen das elektronisch gesteuerte Viergang-Automatikgetriebe. Es ist mit einer Wandler-Überbrückungskupplung ausgestattet, die im dritten und vierten Gang wirksam wird. Das Getriebe läßt sich mit den elektronisch überwachten Programmen »Economy«, »Sport« oder »Winter« steuern.

Die Karosserie

Der Vectra präsentiert sich in einem glattflächigen Blechkleid. Der häufig genannte Luftwiderstandsbeiwert (der c_w-Wert) beträgt bei der Stufenheck- wie auch bei der Fließheckversion 0,29. Erreicht wurde dies durch den tropfenartigen Grundriß der Karosserie sowie eine Vielzahl an Detailmaßnahmen, wie z.B. geglättete Seitenscheibenebenen, glattflächige Übergänge mit schmalen Abdeckprofilen zwischen Dach und Fenster, verdeckte Scheibenwischerarme und integrierte Regenrinnen. Gute Aerodynamik ist aber nicht nur ein guter c_w-Wert. Aerodynamik beinhaltet gleichzeitig eine Vielzahl technischer Komponenten, die unter anderem dazu beitragen, die Fahrstabilität zu erhöhen, Verschmutzungen an Karosserie und Scheiben sowie die Windgeräusche und den Kraftstoffverbrauch zu minimieren. Rund 20000 Stunden verbrachte der Vectra im Windkanal, um allen Ansprüchen einer guten Aerodynamik zu genügen.
Die Karosserie des Vectra wurde aber auch unter dem Aspekt der Sicherheit konstruiert. So bietet der Vectra im Vergleich zu seinen Konkurrenten besten Insassenschutz. Im Falle eines Aufpralls lassen sich die Türen noch öffnen, da sie überlappend konstruiert sind und sich nicht verkanten können. Zusätzlich entriegelt bei Fahrzeugen mit Zentralverriegelung ein »Crash-Sensor« alle eventuell verschlossenen Türen. Sogenannte »Anti-Lift-Scharniere« verhindern überdies ein Aufspringen der Motorhaube.
Was den Korrosionsschutz der Karosserie angeht, so sind besonders rostgefährdete Karosserieteile aus ein- oder beidseitig verzinkten Blechen gefertigt. Weniger gefährdete Teile sind mit einer Rostschutzgrundierung bzw. Schutzwachs versehen.

Im Modellwindkanal experimentiert das Opel-Aerodynamik-Team am Vectra-Modell im Maßstab 1:5. Karosserie-Veränderungen lassen an den Miniaturen schneller ausführen als am Original. Die Modelle erzielen dabei schon fast die Werte, die später das fertige Fahrzeug auszeichnen.

Pfiffikus

Ein Blick in den Motorraum eines Vectra mit 1,6-Liter-Motor: 1 – Federbein; 2 – Ausgleichbehälter; 3 – Lichtmaschine; 4 – Gaszug; 5 – Multec-Zentraleinspritzung; 6 – Bremskraftverstärker; 7 – Bremsflüssigkeitsbehälter; 8 – Relaiskasten; 9 – Hydraulikeinheit des ABS; 10 – Diagnosestecker; 11 – Oktanzahl-Kodierstecker; 12 – Scheibenwaschwasserbehälter; 13 – Batterie; 14 – Zündspule; 15 – Zündverteiler; 16 – Öleinfüllstutzen; 17 – Ölfilter; 18 – Lambda-Sonde; 19 – Auspuffkrümmer; 20 – Zahnriemenabdeckung; 21 – Luftfiltergehäuse.

Motorraumbild 1,8-Liter mit Vergaser

Athlet

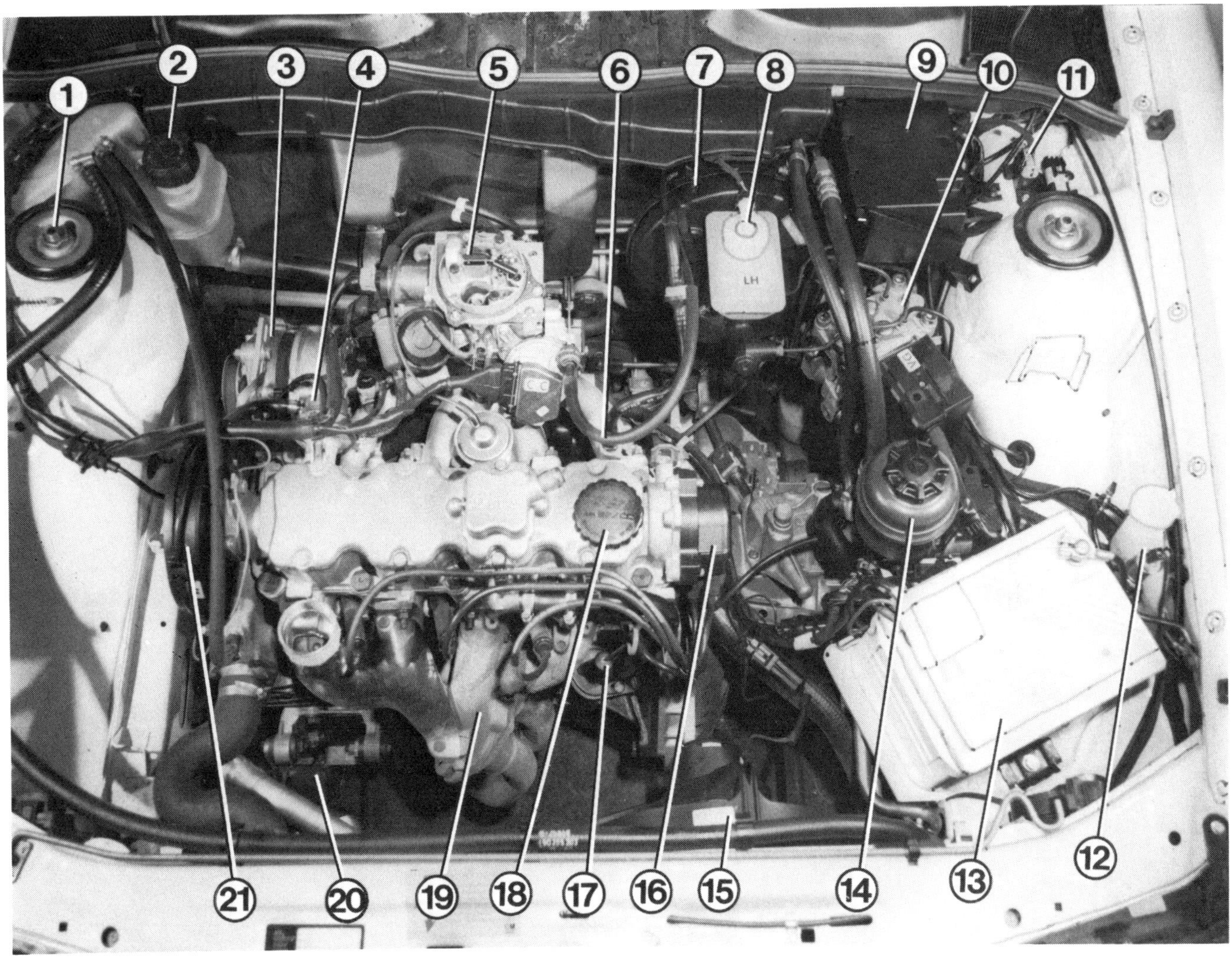

Das Motorraumbild eines 1,8-Liter-Vectra in der Vergaserversion zeigt: 1 – Federbein; 2 – Ausgleichbehälter; 3 – Lichtmaschine; 4 – Kraftstoffpumpe; 5 – 2 E E-Vergaser; 6 – Gaszug; 7 – Bremskraftverstärker; 8 – Bremsflüssigkeitsbehälter; 9 – Relaiskasten; 10 – Hydraulikeinheit des ABS; 11 – Diagnosestecker; 12 – Scheibenwaschwasserbehälter; 13 – Batterie; 14 – Vorratsbehälter der Servolenkung; 15 – Kühler; 16 – Zündverteiler; 17 – Ölpeilstab; 18 – Öleinfüllstutzen; 19 – Auspuffkrümmer; 20 – Pumpe der Servolenkung; 21 – Zahnriemenabdeckung.

Kraftprotz

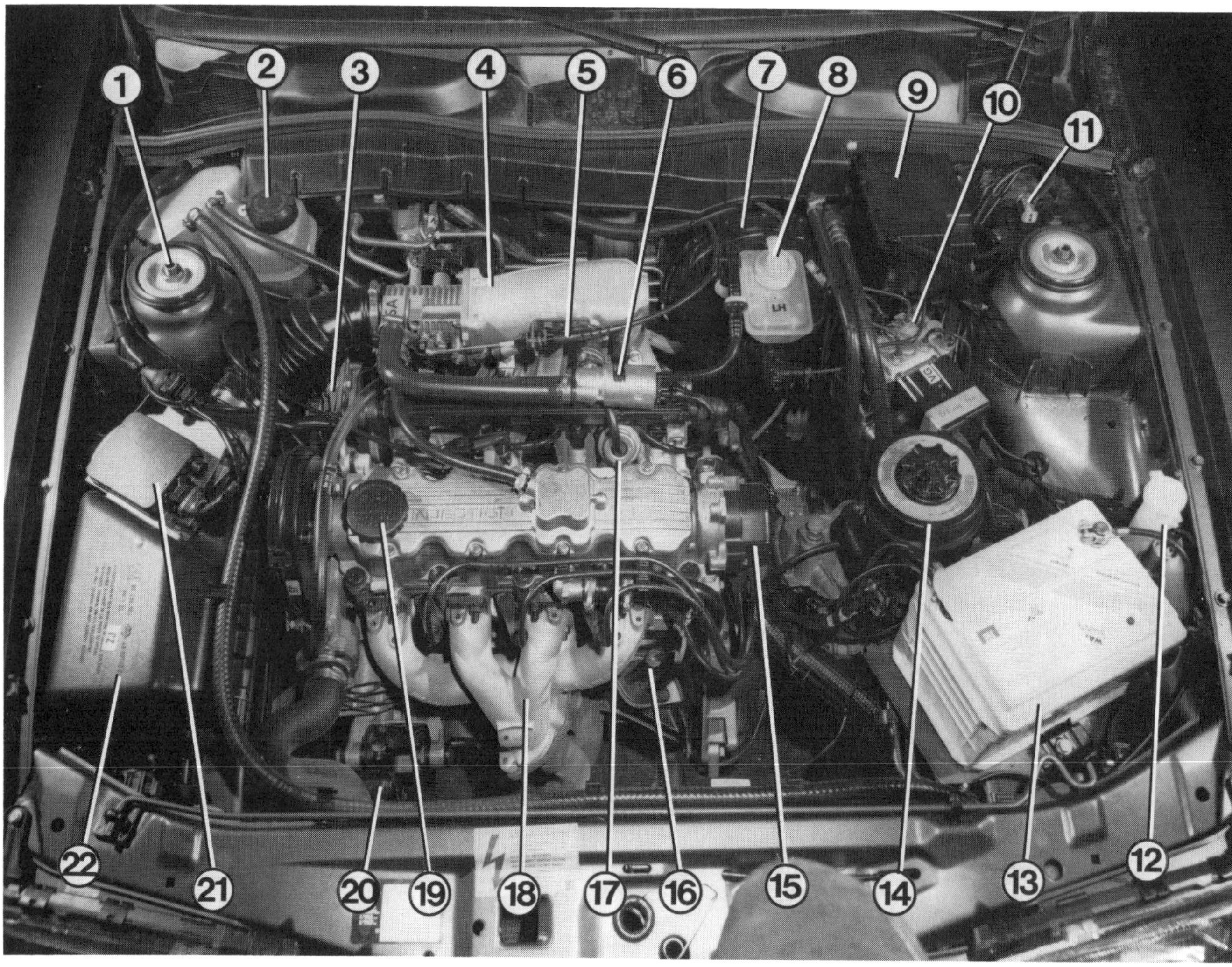

Im Motorraum eines Vectra mit 2,0-Liter-Motor sehen Sie: 1 – Federbein; 2 – Ausgleichbehälter; 3 – Lichtmaschine; 4 – Sammelsaugrohr der Motronic-Einspritzung; 5 – Gaszug; 6 – Leerlaufdrehsteller; 7 – Bremskraftverstärker; 8 – Bremsflüssigkeitsbehälter; 9 – Relaiskasten; 10 – Hydraulikeinheit des ABS; 11 – Diagnosestecker; 12 – Scheibenwaschwasserbehälter; 13 – Batterie; 14 – Vorratsbehälter der Servolenkung; 15 – Zündverteiler; 16 – Ölpeilstab; 17 – Druckregler; 18 – Auspuffkrümmer; 19 – Öleinfüllstutzen; 20 – Pumpe der Servolenkung; 21 – Luftmengenmesser; 22 – Luftfiltergehäuse.

Fitness-Training

Fit sein, fit bleiben – was dem Besitzer recht ist, gilt auch für den Wagen. Damit es so bleibt, hat Opel ein Fitnessprogramm zusammengestellt. Nicht für den Besitzer, sondern für den Wagen. Um Verwechslungen zu vermeiden, heißt das ganze schlicht »Wartungsplan«.

Wartungs-Intervalle

Verfährt man nach der Opel-Empfehlung, soll der Wagen alle 15000 km oder einmal jährlich in der Werkstatt stehen. Bei diesem Anlaß wird neben zahlreichen anderen Wartungspunkten der Ölwechsel und die Abgas-Sonderuntersuchung durchgeführt.
Bei Kilometerstand 30000 (oder alle zwei Jahre) bzw. 45000 (oder alle drei Jahre) kommen weitere Arbeiten dazu.
Ob die Wartung in Zeit- oder Kilometerintervallen erfolgen soll, hängt davon ab, welches Limit zuerst erreicht wird.

Vorgehensweise

Ob für Sie Jahres- oder die Kilometer-Intervalle maßgeblich sind, entscheidet sich an der Jahres-Kilometerleistung Ihres Wagens. Hier einige Beispiele:
○ Wenn Sie ca. 15000 km im Jahr fahren, wird die Inspektion natürlich jährlich durchgeführt.
○ Bei ca. 30000 km pro Jahr erfolgt die Inspektion halbjährlich. Auch logisch.
○ Schwieriger wird's, wenn z.B. ca. 24000 km jährlich gefahren werden – wenn also keines der Intervalle so richtig zutrifft. Denn jetzt müssen Sie bei 15000 km zur Inspektion (des Ölwechsels wegen), aber nach Ablauf des Jahres erneut in die Werkstatt (der Abgas-Sonderuntersuchung wegen).
○ Der Selbsthelfer kann in einem solchen Fall flexibler einteilen, was wann gemacht werden soll. Er kann beispielsweise – nach Ablauf der Garantiezeit, versteht sich – jährlich die Inspektion durchführen, aber einen zusätzlichen Ölwechsel einschieben.

Wartungsplan für den Selbsthelfer

Damit Sie zu unserem Pflegeplan während der Arbeit nicht ständig zurückblättern müssen, haben wir ihn **auf der Innenseite des Umschlags hinten** abgedruckt. So haben Sie ihn ständig vor Augen und können die Arbeiten Punkt für Punkt erledigen. Die Reihenfolge haben wir speziell für den Heimwerker zusammengestellt und auch zusätzliche Punkte eingefügt, die nach unseren Erfahrungen wichtig sind.
Ganz zu Anfang finden Sie eine Anzahl von Arbeiten unter der Überschrift »Ständige Kontrollen«. Diese Wartungspunkte lassen sich in kein Kilometerintervall pressen. Auch sollte da – wie beispielsweise bei der Ölstandskontrolle – öfter als alle 15000 km nachgesehen werden.

Was können Sie selbst machen?

Fast alle Wartungsarbeiten am Vectra können Sie selbst ausführen, das entsprechende Wissen hierzu liefert unser Handbuch. Wenn dennoch Werkstatt oder Tankstelle den einen oder anderen Wartungspunkt rationeller durchführen können, so haben wir das im Wartungsplan vermerkt. Die »Selbsthelfer-Ampel« weist Ihnen dabei vor jedem Wartungspunkt in den bekannten Farben grün–gelb–rot den richtigen Weg:
Grün: Freie Fahrt für den Selbsthelfer. Diese Arbeit können Sie mit den Kenntnissen aus diesem Buch fachgerecht ausführen und Geld sparen.
Gelb: Die Arbeit ist zwar nicht schwierig, doch es fehlen meist die nötigen Einrichtungen. An der Tankstelle sind Sie in diesem Fall am besten aufgehoben.
Rot: Halt, hier lassen Sie am besten die Werkstatt ran. Spezielle Werkzeuge oder Meßgeräte sind erforderlich, der Aufwand an Eigenarbeit lohnt sich nicht, weil die Werkstatt wesentlich schneller arbeitet oder weitergehende Kenntnisse erforderlich sind.

Einschränkungen während der Garantiezeit

Solange Ihr Wagen noch jünger als ein Jahr ist oder wenn wesentliche Bauteile erneuert wurden, verlangt das Werk, daß die entsprechenden Wartungsarbeiten termingerecht in einer Werkstatt erledigt werden. Andernfalls können auch berechtigte Garantieansprüche abgelehnt werden.

Behandlungsraum

Nicht jeder Platz ist dafür geeignet, um dort Krankheiten des Wagens zu beseitigen oder um regelmäßige Wartungsarbeiten durchzuführen. Auf einem Rasenplatz versickern beispielsweise Öltropfen, Kraftstoff oder Frostschutz unaufhaltsam böse im Erdreich. Ist der Untergrund zudem noch weich, wird das Aufbocken nicht nur schwieriger, sondern auch wesentlich gefährlicher. Wo also arbeiten?

Der Pflegeplatz

Am günstigsten ist eine breite, lange Garage oder ein ähnlicher Raum mit solchen Ausmaßen. Der Pflegeplatz sollte gut ausgeleuchtet werden können, wofür sich Leuchtstoffröhren und eine Handlampe oder Stehlampe gut eignen. Einige Steckdosen dürfen nicht fehlen. Haben Sie einen Arbeitsplatz mit Montagegrube, können die Arbeiten an der Unterseite Ihres Fahrzeuges einfach und bequem durchgeführt werden. Hinweis: Vor dem nachträglichen Einbau einer Grube mit dem zuständigen Bauamt sprechen. Wenn Ihr Arbeitsraum noch ausreichend hoch ist, könnten Sie an der Decke einen stabilen Haken befestigen, um ggf. einen Flaschenzug einhängen zu können. Ein mit einem Kunststoff-Anstrich versehener Boden läßt sich leicht gründlich reinigen. Stabile Regale, eine Arbeitsfläche oder eine Werkbank runden einen weitestgehend perfekten Pflegeplatz ab.
Doch auch wenn Sie sich nicht solche Möglichkeiten schaffen können, braucht die Selbstpflege Ihres Vectra nicht zu unterbleiben. Viele Reparaturen und fast alle Wartungsarbeiten können bei warmem, trockenen Wetter genauso gut auf einer Fläche mit festem Boden im Freien durchgeführt werden. Sorgen Sie für genügend Ablageflächen, bevor Sie mit dem Arbeiten beginnen.
Vorsicht mit Kraftstoff und Öl auf Asphalt. Beachten Sie auch, daß warmer Asphalt weich wird. Wagenheber oder Unterstellböcke könnten umkippen!

Fingerzeig: Nicht selten bleiben nach der Arbeit Ölspuren auf dem Boden zurück, die man abbinden sollte, bevor sie weiter versickern. Hier kann fürs erste ein scharfer Haushaltsreiniger oder Geschirrspülmittel helfen. Auch saugende Materialien, wie z.B. Sägemehl, Sand, Zement, schaffen Besserung. Im Zubehörhandel und von der Fa. Take GmbH, Trumppstraße 2, 8000 München 50 werden Ölfleck-Entferner angeboten.

Wagenheber

Es gibt verschiedene Wagenhebertypen mit unterschiedlicher Belastbarkeit und entsprechenden Preisdifferenzen. Ansatzstellen für die Wagenheber siehe Abbildungen auf der rechten Seite.
Bordwagenheber: Wenn er bei einem alten Fahrzeug angesetzt wird, dessen Türschweller bereits durch Rost geschwächt sind, ist Vorsicht geboten. Er darf immer nur auf festen Untergrund gestellt werden.
Scherenwagenheber: Hiervon ist nur eine stabile Ausführung mit breitem Fuß und möglichst langer Kurbel ratsam.
Hydraulischer Stempelwagenheber: Es gibt preiswerte Ausführungen. Sein Vorteil ist es, daß der Wagen sehr schnell angehoben werden kann. Vor dem Kauf die Hubhöhe kontrollieren: Bei zu kurzem Hub werden die Räder nicht genügend vom Boden abgehoben. Ein zu großer Heber läßt sich nicht unter dem Wagenboden ansetzen.
Rangierwagenheber: Als noch praktischer erweist sich ein solcher Heber, wenn er ein zusätzliches Pedal zum Hochpumpen hat. Für den Heimwerker gut geeignet ist ein kurzer, kleiner Rangierwagenheber, der sich leicht verstauen läßt. Aber es ist zu beachten, daß sich ein Heber mit zu kleinen Rädern unter Last kaum noch rangieren läßt und daß die Befestigung der Deichsel den Rangiervorgängen standhält.

Fingerzeig: Ein Hartholzbrett, mindestens 5 x 5 x 10 cm. zwischen Kopf des Wagenhebers (ausgenommen: Bordwagenheber) und Wagenboden plaziert, verteilt die Last besser und verhindert mögliche Beschädigungen der Fahrzeugunterseite.

Wagen immer abstützen!

Wagenheber sind – wie ihr Name schon sagt – nur dazu da, das Fahrzeug anzuheben. Das gilt für Bordwagenheber, Scherenwagenheber, hydraulischen Stempelwagenheber und Rangierwagenheber. Sie sind keinesfalls eine ausreichende Abstützung für Arbeiten an der Wagenunterseite. Lassen Sie es auch in der

Nur an diesen Punkten dürfen Wagenheber angesetzt werden: A – Aufnahme für Werkstattwagenheber; B – Aufnahme für Bordwagenheber.

größten Eile nie an der fachgerechten Abstützung des aufgebockten Fahrzeugs fehlen. Sonst kann die eigenhändige Reparatur das Leben kosten. Zum richtigen Abstützen gehört natürlich auch das Unterlegen der Räder mit Steinen oder Holzkeilen, damit der Wagen beim Anheben nicht wegrollen kann.

Womit abstützen?

Hohlblocksteine haben sich als preisgünstige Abstützmöglichkeit erwiesen. Sie dürfen allerdings nicht feucht oder rissig sein, sonst könnten sie unter Belastung in sich zusammenbrechen. Zwischen Stein und Karosserie muß ein Brett gelegt werden, damit sich die Last gleichmäßig über den ganzen Stein verteilen kann.
Der Hohlblockstein selbst muß senkrecht auf ebenem und tragfähigem Grund (Beton oder Asphalt) stehen. Ungeeignet ist weicher Boden oder Rasen.
Unterstellböcke stellen eine ideale Ergänzung zum Rangierwagenheber dar. Bei allen anderen Hebern – aber auch bei seitlich angesetztem Rangierheber – besteht allerdings die Gefahr, daß der auf der gegenüberliegenden Seite angesetzte Dreibeinbock einfach zur Seite weggedrückt wird. Am günstigsten steht der Bock, wenn eines seiner Beine nach außen und zwei zur Wagenmitte hin zeigen. Beachten Sie beim Kauf, daß die Böcke keine zu kleine Standfläche haben sollten.
Kontrollieren Sie beim Ansetzen eines Unterstellbocks, ob das Blech nirgendwo eingedrückt werden kann. Günstig ist ein zusätzlich eingelegtes Kantholz, wie im Bild unten gezeigt.
Auffahrrampen sind die schnellste Aufbockmöglichkeit, da kein Wagenheber gebraucht wird. Auch steht der Wagen dann absolut sicher. Wichtig ist, daß die Rampen einerseits eine genügend hohe seitliche Absicherung und nach vorn einen Überfahrschutz haben, andererseits aber auch von einem Fahrzeug mit Frontspoiler befahren werden können. Als zusätzliche Sicherung des Wagens sollte in der Standfläche eine Mulde für die Räder vorhanden sein. Die billigen Ausführungen genügen diesen Anforderungen oft nicht.

Mietwerkstatt

Ohne einen geeigneten Platz zum Autobasteln werden alle guten Vorsätze blockiert, und zur Winterzeit schraubt ohnehin niemand ohne Not im Freien. Sie können sich dann aber in einer Mietwerkstatt einquartieren. Dort gibt es Hebebühnen, Gruben sowie teilweise auch Spezialwerkzeug, und die Arbeitsräume sind winters beheizt. Mit freien Plätzen in der Mietwerkstatt ist unter der Woche eher zu rechnen als am Wochenende, wenn alle Autobastler zum Werkzeug greifen.
Die Rechnung muß aber in der Mietwerkstatt stimmen; Sie müssen Ihre Zeit scharf kalkulieren. Nur wenn die Arbeit flott von der Hand geht und evtl. ein Helfer mitarbeitet, lohnt sich die Eigenarbeit. Wenn Sie eine umfangreiche Reparatur erstmals selbst ausführen, kann das Experiment durch die Summe der angesammelten Stunden teurer werden als der Arbeitspreis in der Fachwerkstatt.

Links: Der Bordwagenheber darf nur unter der ins Blech eingeprägten Markierung (Pfeil) am Blechfalz des Wagenbodens angesetzt werden. Das gilt vorn und hinten. Rechts: Abstützen nicht vergessen, wenn am Wagen gearbeitet wird! Gut geeignet ist ein solcher Dreibock. Ein lastverteilendes Kantholz als Zwischenlage schont Unterbodenschutz und Wagenboden.

Der Ölprinz

Motoröl hat es schwer! Es muß viele verschiedene Eigenschaften besitzen und soll selbst noch bei extremen und extremsten Bedingungen seine Schmierfähigkeit behalten. Auch soll es möglichst langsam altern, damit lange Ölwechselintervalle realisiert werden können.

Aufgaben des Öls

○ Öl vermindert die Reibung, damit Kolben und Zylinder nebst sämtlichen Lagerungen und dem Ventiltrieb möglichst wenig Verschleiß ausgesetzt sind.

○ Zur Feinabdichtung zwischen Kolben, Kolbenringen und Zylinderwand wird das Öl gebraucht, denn zwischen diesen Teilen verbleibt andernfalls ein gewisser, wenn auch nur tausendstel Millimeter breiter Spalt. Durch die zusätzliche Dichtwirkung des Öls kann der durch die Verbrennung entstehende hohe Druck weitestgehend ohne Verluste auf die Kolbenböden übertragen und in Bewegungsenergie umgesetzt werden, der Motor also auf optimale Leistung kommen.

○ Weiter wird das Öl zur Kühlung herangezogen. Bei der Verbrennung des Kraftstoffes kann nur ein Viertel der anfallenden Energie für die Fortbewegung nutzbar gemacht werden, ein Teil verläßt den Motor als Wärme durch den Auspuff, und ein weiteres Teil Wärmeenergie muß über das Kühlwasser und Öl abgeführt werden. So kann z. B. ein Kolben nur durch das Motoröl gekühlt werden. Zum einen wird die Wärme vom Kolben durch die Kolbenringe und das abdichtende Öl an die Zylinderlaufflächen und weiter an das Kühlmittel geleitet, und zum anderen kühlt das im Kurbelgehäuse umherspritzende Öl den Kolben direkt. Aber auch jedes einzelne Lager von Kurbelwelle, Nockenwelle usw. wird durch das Öl gekühlt. Die vom Motoröl aufgenommene Wärme wird über die Ölwanne an den Fahrtwind abgeleitet.

○ Die Motorenbauer haben noch spezielle Wünsche an das Öl: Es soll bei den hohen Temperaturen, wie sie an den Zylinderlaufbahnen auftreten, nicht verdampfen. Es darf bei diesen ungünstigen Bedingungen den Schmierfilm nicht abreißen lassen. Wenn es verbrennt, soll dies ohne Rückstände geschehen – Ölverbrauch bedeutet im Grund genommen, daß das Öl verbrannt wird. Das Öl soll Ruß und Schmutz binden, damit sie sich nicht im Motor ablagern. Es soll alterungsbeständig sein und noch einiges mehr.

Motorölstand prüfen

Ständige Kontrolle

Zum Ölpeilstab sollten Sie nach jeder zweiten Tankung greifen. In der Einfahrzeit oder bei einem älteren Motor mit erhöhtem Ölverbrauch erfolgt die Kontrolle sicherheitshalber schon bei jedem Volltanken.

● Wagen auf waagrechtem Untergrund abstellen.

● Nach dem Abstellen des vorher warmgefahrenen Motors mindestens fünf Minuten warten, damit alles Öl in die Ölwanne abtropfen kann. Besser ist die Kontrolle vor dem ersten Start bei noch kaltem Motor.

● Peilstab ziehen – Vorsicht bei heißem Motor, der benachbarte Auspuffkrümmer ist sehr heiß –, mit sauberem, fusselfreien Lappen oder Papiertuch abwischen, bis zum Anschlag wieder hineinschieben, kurz warten und erneut herausziehen.

● An der Peilstabspitze können Sie nun den Ölstand ablesen: Der Pegel muß sich **zwischen den Markierungen** befinden; dann ist alles in Ordnung.

● Reicht die Schmiermittelmenge nur noch bis zur unteren Markierung, muß Motoröl nachgefüllt werden.

Fingerzeig: Lassen Sie sich nicht verunsichern: Hochwertiges Motoröl wird schon nach kurzer Laufzeit dunkel. Das beweist nur, daß es richtig »arbeitet« und den anfallenden Schmutz in der Schwebe hält. Es ist jedoch kein Zeichen dafür, daß das Öl gewechselt werden müßte.

Öl nachfüllen

Die Ölmenge zwischen oberer und unterer Peilstabmarke beträgt bei allen Vectra-Modellen **1 Liter**. Unter die untere Marke sollte der Ölstand nicht fallen. Ein Viertelliter zu wenig ist für den Motor noch nicht gefährlich. Fehlt mehr Öl und wird der Vectra scharf gefahren, kann der Öldruck gefährlich abfallen, was die Öldruckkontrolleuchte auch sofort anzeigt.

○ Bei gemäßigtem Fahrstil genügt Nachfüllen – wie schon gesagt –, wenn das Niveau an der unteren Peilstabmarke angelangt ist.

○ Lediglich bei sehr scharfer Fahrweise empfiehlt sich Auffüllen, wenn der Ölstand sich im unteren Viertel zwischen den beiden Peilstabmarken befindet. Die größere Ölmenge kann die Kühlungsaufgaben besser erfüllen.

○ Sie erweisen dem Motor keinen Gefallen, wenn Sie weit über die obere Peilstabmarke hinaus Öl einfüllen. Dann gelangt zu viel Öl über die Kurbelgehäuse-Entlüftung in die Brennräume und wird dort verbrannt. Bei den Vergasermotoren kommt auf diesem Weg Öl in den Luftfilter und verschmutzt den Filtereinsatz.

Fingerzeig: Öl wird selten in Halbliter-Dosen verkauft, sondern in Liter-Dosen, die sich nicht wieder verschließen lassen. Wenn Sie preisgünstiges Öl in größeren Gebinden gekauft haben, sollten Sie einen kleinen, mineralölbeständigen Kanister füllen und in den Kofferraum stellen. Den Rest einer angebrochenen Liter-Dose gießen Sie ebenfalls in einen solchen Behälter als Reserve für unterwegs.

Darf man Öle mischen?

Die Motorölsorten aller Hersteller lassen sich ohne Gefahr mischen, auch Einbereichs- mit Mehrbereichsölen (siehe folgende Seite). Diese Mischbarkeit ohne schädliche Folgen ist eine Grundforderung der internationalen Öl-Normen. Entscheidend ist lediglich, ob die **Spezifikation** (ebenfalls nächste Seite) ausreicht.

Ölverbrauch

Ein Teil des Motoröls verbrennt bei seiner Schmiertätigkeit. Ölverbrauch ist also völlig natürlich. Gut eingefahrene Motoren kommen mit **0,2 Liter Öl auf 1000 km** aus, bei Opel gilt als **höchstzulässiger Wert** ein Verbrauch von **1,5 Liter je 1000 km**.

Ölverbrauch messen

Wenn Sie den Ölverbrauch auf den Hundertstel-Liter genau messen wollen, muß der Wagen jeweils auf einer absolut waagrechten Stelle stehen und der Motor mindestens fünf Minuten stillstehen. Am einfachsten geht das vor dem ersten Start. Dann wird der Ölstand ganz genau angezeigt, und Sie müssen nicht einmal den Peilstab abwischen, da über Nacht alles Öl in die Ölwanne zurückgesickert ist.

Zu hoher Ölverbrauch

Wieviel Öl Ihr Vectra verbraucht, hängt von folgenden Umständen ab:
○ Ölverlust wird häufig mit Ölverbrauch verwechselt. Bevor also der Ölverbrauch kritisiert wird, müssen erst die illegalen Ölquellen beseitigt werden (siehe Seite 31).
○ Wer Öl bis weit über die obere Peilstabmarke einfüllt, hat automatisch höheren Ölverbrauch, denn der übrige Schmierstoff wird zur Kurbelgehäuse-Entlüftung hinausgeblasen (und verstopft bei den Vergasermotoren den Luftfilter).
○ Dünnflüssiges Öl verbrennt schneller als dickflüssiges. Wenn das Einbereichsöl sehr heiß wird, fließt es »dünn wie Wasser«. Mehrbereichsöl bleibt dagegen dickflüssiger und kann so vor allem bei Langstreckenfahrern den Verbrauch senken.
○ Motoröl (vor allem Mehrbereichsöl), das zu lange im Motor bleibt, hat einen geringfügig höheren Nachfüllbedarf.
○ Scharfe Fahrweise treibt nicht nur den Kraftstoffkonsum in die Höhe. Nach unseren Erfahrungen hängt auch der Ölverbrauch davon ab, ob bevorzugt in den höchsten Drehzahlen gefahren wird.
○ Einlaufvorgang noch nicht abgeschlossen (mindestens 5000 km).
○ Defekt im Motor; z. B. Ventilschaftabdichtungen defekt, Spiel zwischen Ventilführung und Ventilschaft zu groß, Kolbenringe falsch eingebaut oder schadhaft, beschädigte Zylinderwand durch Kolbenfresser.

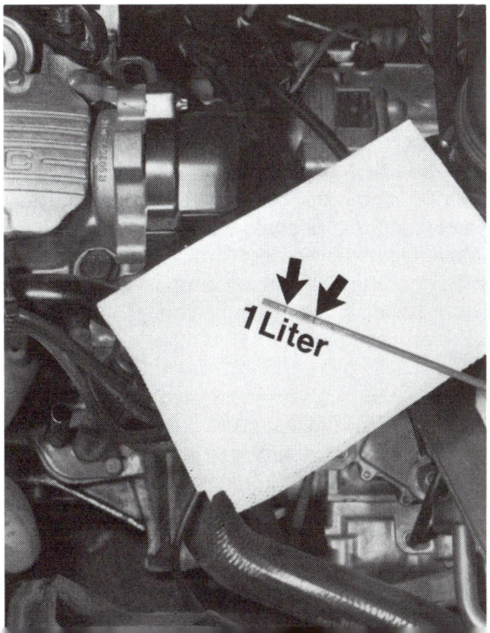

Zur Ölstandskontrolle wird der Peilstab aus dem Führungsrohr an der linken Motorseite gezogen. Der Pegel muß sich zwischen den Marken (Pfeile) befinden. Genau ist die Messung nur, wenn der Wagen auf waagrechtem Untergrund steht. Links der 2,0-Liter-Vectra, rechts der 1,6-Liter.

Ihr Motor verbraucht kein Öl?

Im winterlichen Kurzstreckenbetrieb kann es vorkommen, daß der Ölstand steigt, statt wie normal leicht abzufallen. Sie haben dann nicht etwa eine Ölquelle entdeckt, sondern der Ölwanneninhalt wurde durch Kraftstoffkondensat verdünnt, das sich – bedingt durch die nun länger geschlossene Starterklappe (Vergasermotoren) bzw. Gemischanreicherung (Einspritzer) – an den Kolbenringen vorbeigemogelt hat. Sie riechen den Benzingehalt im Öl sogar am herausgezogenen Ölpeilstab.
Die Schmiereigenschaften des Öls sind dadurch beträchtlich herabgesetzt. Ein zusätzlicher Ölwechsel zwischen den Intervallen (oft schon nach 3000 km) ist da kein Luxus, denn er kann Ihnen schwere Motorschäden ersparen. Der Ölfilter braucht dabei natürlich nicht gewechselt zu werden.
Bei geringerer Ölverdünnung kann auch eine längere Fahrt Ölstand und Schmierfähigkeit des Öls wieder ins richtige Lot bringen. Bei Öltemperaturen über 100° C verdunsten die Kondensatanteile nach etwa einer halben Stunde. Wichtig ist jetzt die sofortige Ölstandskontrolle! Durch die Verdunstung kann der Ölpegel erheblich absinken.

Die Ölqualität

Ölspezifikation

Die veraltete Qualitätsbezeichnung »HD-Öl«, die immer noch vereinzelt auftaucht, wurde schon vor vielen Jahren nach und nach durch tiefergreifende Ölspezifikationen ersetzt, die von verschiedenen Institutionen nach unterschiedlichen, aber letztlich doch ähnlichen Prüfbedingungen erstellt wurden. Mit Erfolg geprüfte Öle dürfen als Qualitätsnachweis die erreichte Spezifikation auf der Verpackung tragen.
Die Qualitätsprüfungen führen zum Beispiel durch: Das **A**merican **P**etroleum **I**nstitute (API) und die Vereinigung europäischer Autohersteller (CCMC).
Egal, ob Sie das Motoröl an der Tankstelle oder im Supermarkt kaufen, auf der Verpackung muß mindestens **eine** der geforderten Ölspezifikationen aufgedruckt sein.

Die richtige Ölspezifikation

Opel gibt für seine Benzinmotoren ausdrücklich folgende Ölspezifikationen frei:

- ○ API SF
- ○ API SG (derzeit höchste Qualität)
- ○ CCMC-G4
- ○ CCMC-G5

Ist das Öl mit einer dieser Spezifikationen gekennzeichnet, können Sie unbesorgt zugreifen – auch wenn es wesentlich billiger ist als gleichartiges, bekanntes Markenöl.

Fingerzeig: Öle mit der Bezeichnung API CD oder API CC sind reine Dieselöle und sollten nicht im Benzinmotor verwendet werden. Ausnahme: Öl mit Doppelbezeichnung z. B. API SF/CC oder API SG/CD. Hier gilt für uns nur die Benziner-Spezifikation SF bzw. SG der Doppelbezeichnung.

Zähflüssigkeit des Öls

Damit der Anlasser den kalten Motor durchdrehen kann, darf das Öl keinen großen Widerstand dagegensetzen. Außerdem soll es schnellstmöglich an die Schmierstellen gelangen; dazu muß es dünnflüssig sein. Bei hohen Temperaturen und Drehzahlen muß der Schmiersaft dagegen ausreichend zäh sein, damit der Schmierfilm nicht abreißt. Das Mineralöl ist leider umgekehrt veranlagt: Bei Kälte ist es dickflüssig, mit zunehmender Erwärmung fließt es leicht.
Das Öl und die vorherrschenden Betriebstemperaturen des Motors müssen daher genau aufeinander abgestimmt werden. Das Fließverhalten, also die Dick- oder Dünnflüssigkeit, wird durch die Viskositätsklasse angegeben. Die entsprechenden Klassen wurden von der amerikanischen **S**ociety of **A**utomotive **E**ngineers (SAE) festgelegt. Die Viskositätsklassen reichen von den Winterölen SAE 5W, 10W über die Übergangsstufe SAE 20W/20 zu den Sommerölen SAE 30, 40 und 50.

Einbereichs- oder Mehrbereichsöl?

○ Am billigsten ist **Einbereichsöl**, das aber mittlerweile kaum mehr erhältlich ist. Für einwandfreie Motorschmierung muß es entsprechend der Jahreszeit dick- oder dünnflüssig sein. Das bedeutet, daß im Herbst Winteröl und im Frühjahr Sommeröl in den Motor gefüllt werden muß.
○ Wesentlich aufwendiger in Herstellung und deshalb auch teurer ist **Mehrbereichsöl**. Es besitzt Viskositätsindex-(VI)-Verbesserer – lange Molekülketten, die beim Erhitzen quellen und beim Abkühlen wieder schrumpfen. Das Öl kann sich damit den Temperaturen elastisch anpassen und mehrere Viskositätsklassen überspannen. Ein Öl SAE 15W-50 entspricht bei einer Temperatur von –15° C der Zähflüssigkeitsklasse 15W und bei 100° C der Klasse 50.

Die richtige Ölviskosität

Bei welchen Temperaturen der Vectra-Motor welche Öl-Zähigkeit verlangt, zeigt die **Grafik rechts oben**.
Der Blick in die Tabelle zeigt, daß Opel ausdrücklich auch das preiswertere Einbereichsöl freigibt. Das ist eine Sparmöglichkeit, wenn Sie Ihren Wagen nicht dauernd bis zur Leistungsgrenze beanspruchen. Einbereichsöle sind nicht schlechter als Mehrbereichsöle, aber sie können nur geringere Temperaturspannen überbrücken. In

Die Grafik zeigt die Verwendbarkeit der verschiedenen Motoröl-Viskositäten in Abhängigkeit von der Außentemperatur: »A« steht für Einbereichsöle; »B« für Mehrbereichsöle; »C« für Hochleistungs- und Leichtlauföle.

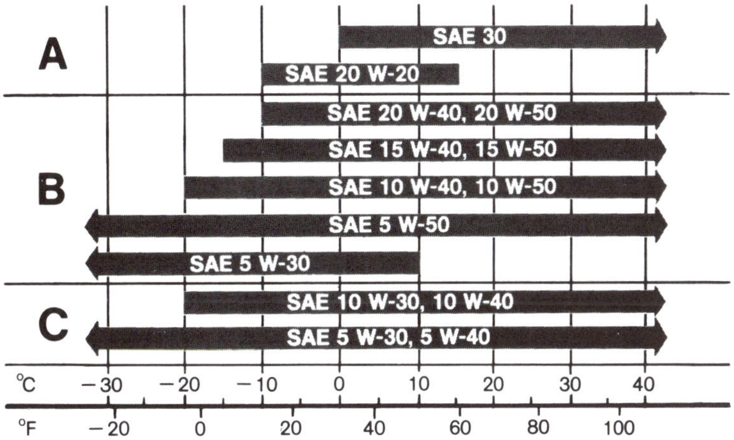

der kalten Jahreszeit mit ihren starken Temperaturdifferenzen erscheint uns dagegen Mehrbereichsöl günstiger.
Bei Hochleistungsölen tritt das Temperaturproblem nicht mehr in Erscheinung (siehe auch Text unten).

Hochleistungsöle

Hochleistungsöle sind synthetische oder teilsynthetische Schmierstoffe, die durch ihren molekularen Aufbau bedingt sehr alterungsbeständig und vor allem sehr scherstabil sind. Bei diesen Ölen reißt also der Schmierfilm auch bei höchsten Temperaturbeanspruchungen nicht so schnell wie bei herkömmlichen Mineralölen. Dabei sind sie ebenfalls mineralischen Ursprungs. Nur wurden die bestehenden Molekülketten bei der Herstellung gewissermaßen aufgetrennt und neu zusammengefügt.
Hochleistungsöle sind heute in aller Regel gleichzeitig Leichtlauföle. Das war nicht immer so: In zurückliegender Zeit liefen die beiden Gruppen getrennt nebeneinander. Die Leichtlaufeigenschaften der Hochleistungsöle bewirken vor allem bei kaltem Motor erheblich verminderte Reibung, wodurch sich eine Benzinverbrauchs-Reduzierung von rund 3% ergibt. Ein Wert, der sich aber aufgrund des höheren Ölpreises kaum rechnet.
Ein weiterer Vorteil der Hochleistungsöle ist ihre Eigenschaft, weite Temperaturbereiche abzudecken, wie in der Grafik oben zu sehen ist. Fazit: Füllt man Hochleistungsöl ein, kostet das zwar eine schöne Stange Geld, doch man kann das Thema Öl weitgehend vergessen.

Das richtige Motoröl für den Vectra

Hier die Zusammenfassung der beiden entscheidenden Kriterien für den Kauf des richtigen Motoröls. Das Öl muß haben:
○ Die richtige **Ölspezifikation** (siehe linke Seite). Etikettenschwindel auf der Packung ist da äußerst selten, denn die Ölfirmen überwachen sich gegenseitig.
○ Die richtige **Ölviskosität** (Zähflüssigkeit). Sie hängt von der überwiegenden Außentemperatur ab und kann aus der Grafik oben entnommen werden.
Andere Faktoren, wie Ölpreis oder Herkunft, sagen nichts über die Verwendbarkeit aus!

Zusätze zum Motoröl

»Das Verwenden von Zusatzmitteln – gleich welcher Art – in Schmierölen verstößt gegen unsere Betriebsanleitung und kann im Garantie- bzw. Kulanzfall zu Auseinandersetzungen führen«. Das ist die Meinung von Opel zu Ölzusatzmitteln. Ob die Mehrkosten für Ölzusätze eine entsprechende Lebensverlängerung des Motors bewirken, bleibt – vor allem bei Verwendung von Hochleistungsölen – fraglich.

Alles über den Ölwechsel

Wo Öl wechseln?

○ In den Werkstätten kostet der Ölwechsel nach unseren Erfahrungen das meiste Geld, weil nur sehr teure Ölsorten vorrätig sind. Außerdem ist der Motor oft schon wieder kalt, bis das alte Öl abgelassen wird, so daß nicht aller Schmutz herausgeschwemmt wird. Manche Werkstätten berechnen die Arbeit für den Ölfilterwechsel zusätzlich zum Ölpreis.
○ An Tankstellen kommt der Wagen dagegen meist sofort dran. Sie können auch ein billigeres Öl aus dem Tankstellenverkaufsprogramm auswählen, und im Ölpreis ist die Arbeit des Tankwarts inbegriffen.
○ Gegen den SB-Ölwechsel mit Absauggerät an der Tankstelle bestehen keine Bedenken, vorausgesetzt der Ölfilter wird ebenfalls ausgetauscht.
○ Ölwechsel zu Hause lohnt sich, wenn Sie das Öl preisgünstig einkaufen (Zubehörhandel, Großmarkt, Warenhaus oder Mitnahme-Öl an der Tankstelle).

Wie oft Öl wechseln?

Die Werksvorschrift fordert für den Vectra einmal jährlich einen Ölwechsel. Oder alle 15000 km, sofern die Jahresleistung wesentlich über 15000 km liegt. Da dürfen – speziell bei Vielfahrern – 18 oder notfalls auch

20000 km zusammenkommen, wenn sich dadurch das Jahresintervall noch halten läßt. Denn schließlich kommt durch den Nachfüllbedarf des Motors immer wieder neues Öl dazu. Oder man rückt das Jahresintervall etwas nach vorn.
Läuft der Vectra ausschließlich im Kurzstreckenbetrieb, empfiehlt sich der halbjährliche Ölwechsel. Termin ist dann Frühjahr und Herbst, denn das winters verstärkt auftretende Kraftstoffkondensat sollte vor der warmen Jahreszeit mit dem Öl abgelassen werden.
Ungeachtet dessen sind noch kürzere Intervalle empfehlenswert, wenn der Ölstand winters durch Kraftstoffkondensat steigt (Seite 18).

Was wird gebraucht?

Folgende »Zutaten« benötigen Sie zum Ölwechsel.
○ Auffanggefäß für das Altöl. Ein alter Ölkanister mit herausgeschnittener Seitenwand oder eine ausgediente Spülschüssel leisten hier gute Dienste.
○ Eine Ölkanne vereinfacht das Einfüllen des neuen Motoröls.
○ Ein Altölkanister dient zum Wegschaffen des Altöls.
○ Das Motoröl darf natürlich nicht fehlen. Nach den Spezifikationen auf Seite 18 kann es (meist im 5-Liter-Kanister) preisgünstig eingekauft werden.
○ Ein Ölfilter passend für den Opel Vectra.
○ Ein Spannbandschlüssel zum Lösen des Filters.
○ Eine neue Dichtung für die Ölablaßschraube.

Wohin mit dem Altöl?

Das beim Ölwechsel anfallende Altöl muß ordnungsgemäß beseitigt werden. Wer es einfach im Erdreich versickern läßt, vergräbt oder in die Kanalisation schüttet, verunreinigt das Grundwasser, gefährdet die Trinkwasserversorgung und muß mit hohen Geldstrafen rechnen. Altöl kann man kostenlos dort abgeben, wo man Motoröl kauft (Kaufquittung aufheben) oder bei einer nahegelegenen Altölsammelstelle. Deren Adresse erfahren Sie von der Gemeindeverwaltung, der örtlichen Polizei oder einer Autoclub-Geschäftsstelle.

Fingerzeig: Das beim Ölwechsel anfallende Altöl wird von spezialisierten Firmen bei Tankstellen, Werkstätten usw. eingesammelt und der Wiederverarbeitung zugeführt. Voraussetzung für die Verarbeitung des Altöles ist, daß keine Fremdstoffe beigemischt sind, andernfalls ist das Altöl lediglich noch Abfall, dessen Beseitigung Geld kostet.

Motoröl und Ölfilter wechseln

Wartung Nr. 1

● Öl nur bei betriebswarmem Motor wechseln! Deshalb den Wagen evtl. warmfahren.
● Fahrzeug möglichst waagrecht aufbocken (abstützen!) oder über eine Rampe fahren.
● Geeignetes Gefäß (siehe Bild unten) unter die Ölwanne stellen.
● Ablaßschraube mit Ringschlüssel öffnen, Öl auslaufen lassen. Vorsicht, es ist heiß!
● Haben Sie den Wagen nur vorn aufgebockt, sollten Sie ihn zum völligen Auslaufenlassen des Altöls nochmals ablassen. Aufpassen, daß dabei das Auffanggefäß nicht beschädigt oder umgekippt wird.
● **1,8- und 2,0-Liter:** Zum besseren Ausbau des Ölfilters rechtes Vorderrad abmontieren.
● **Alle Modelle:** Auffanggefäß unter den Ölfilter stellen.
● Ölfilter mit dem rechts unten gezeigten Bandschlüssel lösen. Bei sehr festsitzendem Filter einen

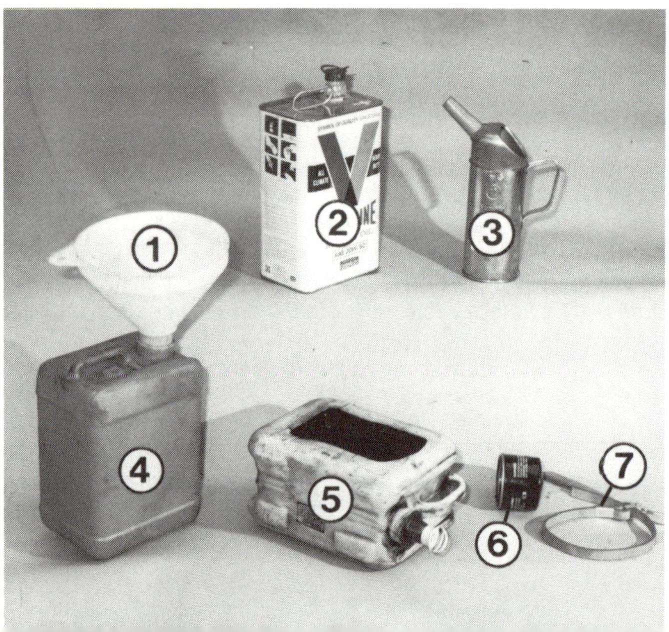

Ausstattung für den Heimwerker-Ölwechsel:
1 – Trichter zum Umfüllen des Altöls;
2 – Motoröl in ausreichender Menge;
3 – Öleinfüllkanne;
4 – Altölkanister;
5 – Ölkanister mit herausgeschnittener Seitenwand zum Auffangen des Ablaßöls;
6 – Ölfilter;
7 – Spannbandschlüssel zum Lösen des Ölfilters.

Am tiefsten Punkt der Ölwanne sitzt die Ölablaßschraube. Die Schraube nicht mit einem Gabelschlüssel, sondern mit einem Ringschlüssel oder mit Stecknuß und Hebel herausdrehen.

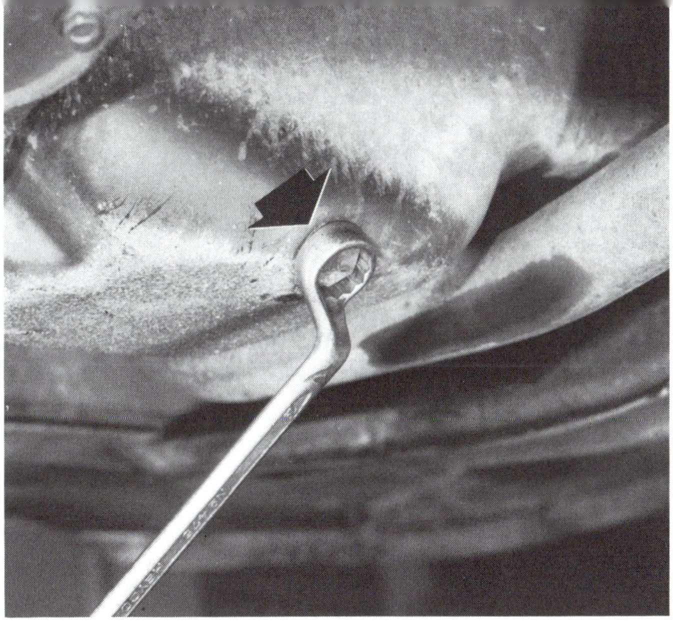

scharfen Schraubenzieher durch das Blechgehäuse des Filters treiben (Vorsicht, heißes Öl läuft aus) und Filter mit dem Schraubenzieher losdrehen.

- Dichtring am neuen Ölfilter mit etwas Fett einreiben.
- Kein Öl nehmen, das bei der Sichtkontrolle zum Schluß oft fälschlicherweise für austretendes Öl gehalten wird.
- Filter ohne irgendwelches Werkzeug von Hand festdrehen.
- Ölablaßschraube sauberreiben und mit neuem Dichtring eindrehen; nicht anknallen, sonst wird das Führungsgewinde in der Ölwanne beschädigt.
- Öl einfüllen (siehe Tabelle).
- Motor laufen lassen, Öldichtheit kontrollieren.

Die Ölfüllmenge

Motor	1,6-Liter	1,8- und 2,0-Liter
Ölfüllmenge ohne Filterwechsel[1]	3,0 Liter	3,5 Liter
Ölfüllmenge mit Filterwechsel	3,5 Liter	4,0 Liter

[1] nur bei Ölwechsel zwischen den Intervallen

Getriebe auf Dichtheit prüfen

Wartung Nr. 45

Im Getriebe wird das Schmiermittel nicht wie im Motor verbraucht, sondern kann allenfalls durch undichte Stellen ins Freie gelangen. Zeigt das Getriebegehäuse von außen keine öldurchtränkte Schmutzkruste, ist dieser Wartungspunkt schon erledigt. Andernfalls muß der Ölstand geprüft werden. Die Kontroll- und Einfüllschraube sitzt in Fahrtrichtung links in halber Höhe im Getriebegehäuse neben der Antriebswelle, siehe auch Bild auf der nächsten Seite.

- Fahrzeug waagrecht aufbocken.
- Kontroll- und Einfüllschraube herausdrehen.
- Läuft nun bereits etwas Getriebeöl heraus, stimmt der Ölstand.

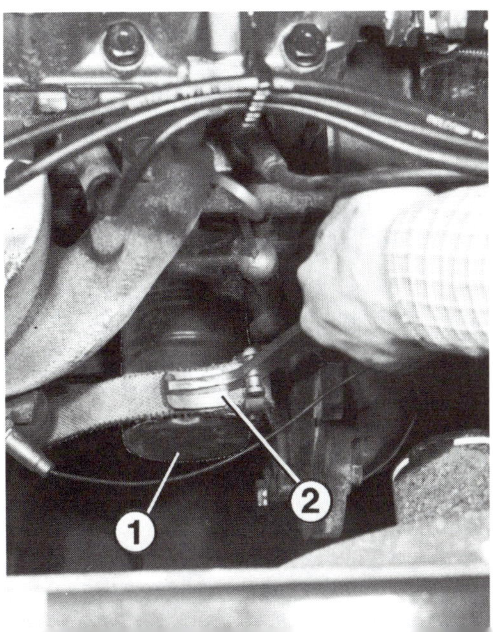

Links: So wird der Ölfilter (1) mit dem Spannbandschlüssel (2) losgedreht. Im Bild gezeigt ist der Filter des 1,6-Liters.
Rechts ist der Ölfilter (Pfeil) der 1,8- und 2,0-Liter-Motoren gezeigt. Zum besseren Ausbau des Filters sollte das rechte Vorderrad abmontiert werden.

Die Ölkontroll- und Einfüllschraube (Pfeil) für das Schaltgetriebe sitzt in Fahrtrichtung links in halber Höhe des Getriebegehäuses.

● Ansonsten kleinen Finger in die Gewindebohrung stecken und fühlen, ob die Schmierflüssigkeit bis an die Öffnung heranreicht: Ausreichender Ölstand.

● Bei größerem Ölmangel an der Tankstelle oder in der Werkstatt die vorgeschriebene Getriebeölsorte einfüllen lassen.

Fingerzeig: Das eigenhändige Einfüllen des sehr zähflüssigen Getriebeöls durch die seitliche Getriebeöffnung ist mit Heimwerkermitteln eine gehörige Geduldsprobe. Geeignet ist ein Trichter mit abgewinkeltem Auslauf oder eine Flasche aus Weichplastik mit gebogenem Mundstück, mit der man das vorher erwärmte Öl durch Zusammendrücken der Flasche einpumpen kann.

Die richtige Getriebeölsorte

Die Dauerfüllung im Schaltgetriebe wird nur nach einer Getriebereparatur erneuert. Da das Getriebeöl hohen Drücken ausgesetzt wird, schreibt Opel Öle der Zähflüssigkeitsklasse SAE 80 vor. Sie sollen folgender Spezifikation entsprechen:
○ API GL 4
○ GM-4753 M
○ MIL-L-2105 (A)
Bei Opel wird das Öl unter den Nummern 1940750 (90001777) und 1940759 (90188629) geführt.

ATF-Stand im automatischen Getriebe kontrollieren

Ständige Kontrolle

Die Getriebeautomatik (einschließlich Ausgleichgetriebe) ist mit einer synthetischen Flüssigkeit namens **A**utomatic **T**ransmission **F**luid befüllt. ATF dient als Schmiermittel und zur Steuerung des hydraulischen Drucks im Getriebe. Wegen dieser besonderen Aufgaben darf nur das Spezialöl mit der Bezeichnung Dexron® II (mit einer nachfolgenden Kontrollzahl) verwendet werden, bei Opel unter der Nummer 1940699 (90350341) geführt. Falsche Flüssigkeit bewirkt schwere Schäden im Getriebe!

● Fahrzeug waagrecht abstellen, Handbremse anziehen. Wählhebel in Stellung »P« legen. Motor im Leerlauf drehen lassen.

● **Bei kaltem Getriebe** (Gehäusetemperatur unter +35°C) die Prüfung nach einer Minute Motorlauf vornehmen. Spätestens nach einer Minute muß die Kontrolle beendet sein.

● Peilstab – in Fahrtrichtung links neben dem Motor – aus dem Führungsrohr herausziehen. Er darf nur mit einem absolut sauberen, nicht fasernden Tuch abgewischt werden.

● Peilstab einschieben und erneut herausziehen. Auf der mit »+20°C« beschrifteten Seite muß sich der Ölstand an der Marke »MAX« abzeichnen. 5 mm darunter beträgt die **Nachfüllmenge 0,25 Liter**.

● **Bei betriebswarmem Getriebe** (nach Autobahnfahrt von wenigstens 20 km oder vergleichbarer Fahrt auf anderen Straßen) den Ölstand auf der Peilstabseite mit »+80°C« ablesen. Er muß zwischen den Marken »MIN« und »MAX« stehen. Die **Nachfüllmenge** zwischen beiden Markierungen beträgt **0,5 Liter**.

● Es muß klare Flüssigkeit sichtbar sein. Ist sie dunkelbraun oder schwarz und riecht zudem noch verbrannt, liegt ein Getriebeschaden vor.

● Bei zu niedrigem Flüssigkeitsstand sollte nicht einfach ATF nachgefüllt werden, sondern das Getriebe auf Undichtigkeit hin kontrolliert werden. Notwendige Abdichtarbeiten sollten Sie der Werkstatt überlassen.

● ATF durch einen sauberen Trichter in das Führungsrohr für den Peilstab nachfüllen.

● Auch zu hoher Ölstand kann einen Getriebeschaden verursachen.

Zur Kontrolle des ATF-Stands Peilstab aus dem Führungsrohr (weißer Pfeil) ziehen. Bei kaltem Motor (Foto links) muß sich der Flüssigkeitsstand zwischen »MIN« und »MAX +20° C« abzeichnen. Bei warmem Motor wird an der Rückseite des Peilstabs abgelesen (Foto rechts). Der Pegel muß zwischen »+80° C MIN« und »MAX« stehen.

ATF wechseln

Bei normalem Fahrbetrieb sieht das Inspektionssystem einen Ölwechsel nach 45 000 km vor. Wird der Vectra vorwiegend im Kurzstreckenbetrieb, häufig mit Anhänger oder im Gebirge gefahren, soll schon nach 30 000 km der Flüssigkeitswechsel erfolgen. Da zu dieser Arbeit die Getriebeölwanne abmontiert und das Ölsieb gereinigt werden muß, ist diese Arbeit dem Opel-Service zu überlassen.

Wartung Nr. 46

Flüssigkeitsstand der Servolenkung prüfen

Der Vorratsbehälter für die Flüssigkeit der Servolenkung sitzt im Motorraum hinter der Batterie. Zu Ihrer eigenen Sicherheit sollten Sie regelmäßig, etwa bei jeder zweiten Kontrolle des Motorölstandes, den Flüssigkeitsstand in diesem Behälter kontrollieren. Eingefüllt ist die gleiche Flüssigkeit wie in der Getriebeautomatik.

Ständige Kontrolle

- Prüfung bei stehendem Motor vornehmen.
- Verschlußdeckel vom Behälter abschrauben. Der mit dem Deckel verbundene Peilstab besitzt zwei Markierungen.
- Bei betriebswarmem Motor soll der Ölstand maximal bis an die obere Markierung reichen.
- Bei kaltem Motor darf der Ölstand nicht unter die untere Markierung absinken.
- Fehlende Menge nachfüllen.
- Generell deutet Flüssigkeitsverlust auf eine Leckstelle im Hydrauliksystem. Also in diesem Fall nicht einfach ATF nachkippen, sondern erst die Leckstelle ermitteln.
- Achten Sie darauf, daß bei geöffnetem Vorratsbehälter kein Schmutz hineinfällt. Das könnte Funktionsstörungen zur Folge haben.

Auch der Ölstand der Servopumpe sollte ab und an kontrolliert werden. Zwischen den Pfeilen muß sich der Flüssigkeitsstand befinden, dann ist alles in Ordnung.

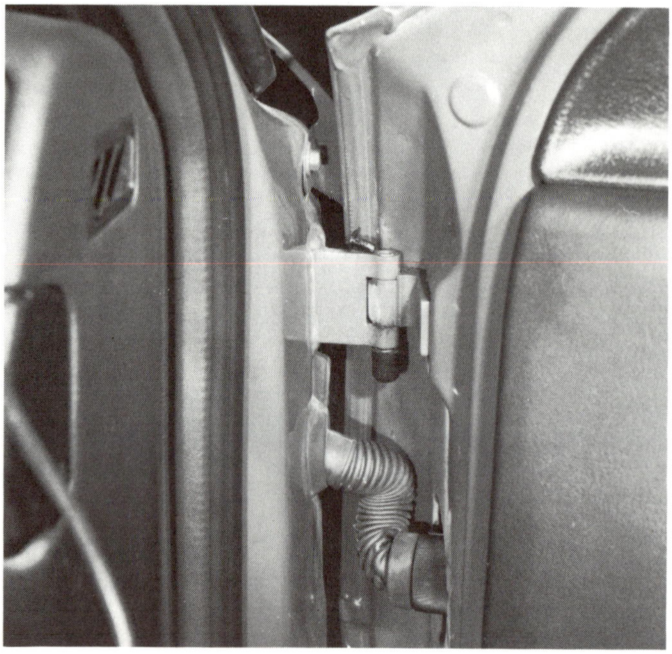

Die Scharnierhülse ist mit einem Stopfen verschlossen. Um das Scharnier zu ölen, muß diese Staubkappe mit einem Schraubenzieher herausgehebelt werden. Die Kappe nicht verlieren, nach dem Ölen wird sie wieder in ihren Sitz gedrückt.

Gasgestänge schmieren

Wartung Nr. 36

- Von einem Helfer bei stehendem Motor das Gaspedal durchtreten lassen.
- An allen sich dabei bewegenden Gelenken und Lagerstellen den eventuell anhaftenden Schmutz abreiben.
- An den gleichen Stellen etwas Öl ansprühen oder Fett anbringen, während der Helfer das Gaspedal mehrmals bewegt.
- Nicht die Wellen und Lagerungen am Vergaser schmieren, sie werden sonst von dem intensiver haftenden Schmutz vorzeitig ausgeschlagen.

Türscharniere ölen

Wartung Nr. 37

- Staubkappe auf den Türscharnieren abhebeln und Öl in das Scharnier tropfen lassen. Tür mehrmals hin- und herschwenken, ablaufendes Schmiermittel abwischen.
- Die Heckklappenscharniere mit etwas Öl besprühen. Vorsicht, daß dabei die Innenverkleidung nichts abbekommt.

Was sonst noch zu schmieren ist

Der Inspektionsplan von Opel sieht keine weiteren Schmierarbeiten am Vectra vor. Aber die Erfahrung hat gelehrt, daß manches mit einer gelegentlichen Schmierration gängig gehalten wird und somit weder quietscht noch klemmt oder reißt. Dabei gilt folgende Regel: An Scharnieren oder Gelenken mit engen Durchgängen, in die kein Fett eindringen kann, ist Öl oder Schmierspray günstiger. Gegeneinander reibende Flächen werden besser gefettet oder mit einer Schmierpaste behandelt, da diese Gleitstoffe besser haften.

Schließzylinder

- Sprühen Sie spätestens zu Beginn der kalten Jahreszeit etwas Rostlöser-Isolierspray in den Schlüsselschlitz.
- Es schmiert, verdrängt Feuchtigkeit und schützt vor Rost sowie Einfrieren im Winter.

Motorhaube

- Entriegelungszug der Motorhaube von einem Helfer im Wageninnern ziehen lassen.
- An der Stelle, wo der Seilzug aus der Umhüllung kommt, etwas Fett anstreichen und durch mehrmalige Hebelbewegung in die Zugumhüllung ziehen.
- Motorhaubenschloß und Schließzapfen mit etwas Fett bestreichen oder Schmierspray auftragen.
- Die Motorhaubenscharniere erhalten etwas Öl oder Schmierspray.

Schiebedach

- Die Gleitschienen des Schiebedaches sauberreiben.
- Schienen mit Silikonpaste oder -spray fetten.

Gesunder Herzschlag

Nicht zu Unrecht wird der Motor im Auto bisweilen als das Herz des Wagens bezeichnet. Denn ohne solche künstliche Kraftquelle wäre unser Opel kein Selbstbeweger (Verdeutschung von »Automobil«).
Das folgende Kapitel beschreibt neben der Arbeitsweise des Motors wichtige Einzelteile, gibt Anleitung für erforderliche Wartungsarbeiten und mögliche Reparaturen. Damit dürfte es Ihnen gelingen, die Kraftquelle in Ihrem Vectra möglichst lange aktiv zu erhalten.

Blick in den Motorraum

In unseren Vectra-Modellen ist ein in der Grundkonstruktion einheitlicher Motorentyp vertreten. Im wesentlichen unterscheidet man nur die verschiedenen Hubraumgrößen. Bei diesen Motoren befindet sich die Nockenwelle im Zylinderkopf. Dieses zeitgemäße Konzept mit obenliegender Nockenwelle heißt **OHC-Motor** (over head camshaft = Über-Kopf-Nockenwelle). Ältere Modelle, wie z. B. das Vorgängermodell Ascona, besitzen zum Teil OHV-Motoren (over head valves = Über-Kopf-Ventile). Bei diesen Maschinen ist die Nockenwelle seitlich im Motorblock untergebracht.
Der Vierzylinder-Reihenmotor ist im Vectra quer eingebaut und liegt vor der Vorderachse. Daneben ist das Getriebe mit dem nach hinten ausladenden Differential angeordnet.

Verschiedene Leistungsstufen

Zur genauen Bestimmung des Motorentyps dient die in den Motorblock vorn links eingeschlagene Motornummer, der jeweils die Typenbezeichnung voran gesetzt ist. In der folgenden Tabelle finden Sie die wichtigsten technischen Daten der im Vectra eingebauten Motoren.

Motortyp	E 16 NZ	C 16 NZ	E 18 NVR	C 18 NZ	C 20 NE
Hubraum cm^3	1598	1598	1796	1796	1998
Leistung kw/PS	55/75	55/75	65/88	66/90	85/115
bei Drehzahl 1/min	5200	5200	5400	5400	5200
Drehmoment Nm	127	125	143	145	170
bei Drehzahl 1/min	2600	2600	3000	3000	2600
Verdichtung	9,2:1	9,2:1	9,2:1	9,2:1	9,2:1
Gemischaufbereitung	Multec-Einspritzung	Multec-Einspritzung	Ecotronic-Vergaser	Multec-Einspritzung	Motronic-Einspritzung
Katalysator	–	geregelt	–	geregelt	geregelt

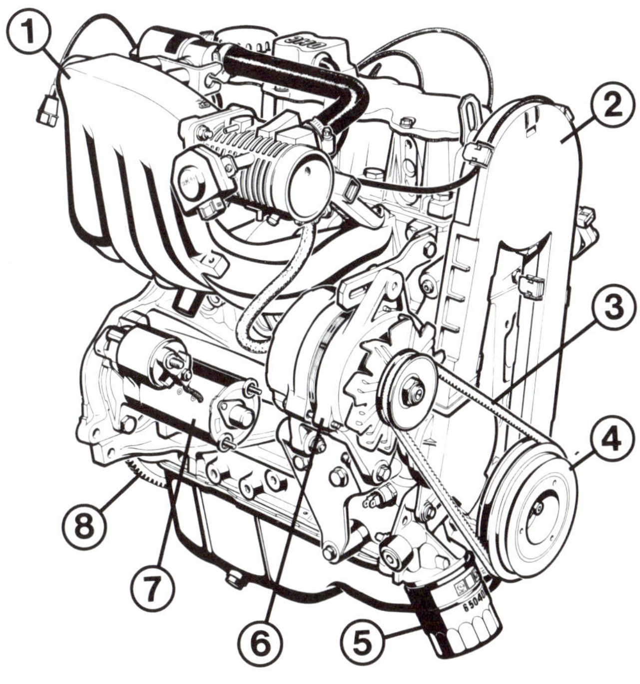

Ansicht des 2,0-Liter-Motors von vorn rechts:
1 – Ansaugkrümmer;
2 – Zahnriemenabdeckung;
3 – Lichtmaschinen-Keilriemen;
4 – Kurbelwellen-Keilriemenscheibe;
5 – Ölfilter;
6 – Drehstrom-Generator;
7 – Anlasser;
8 – Schwungscheibe.

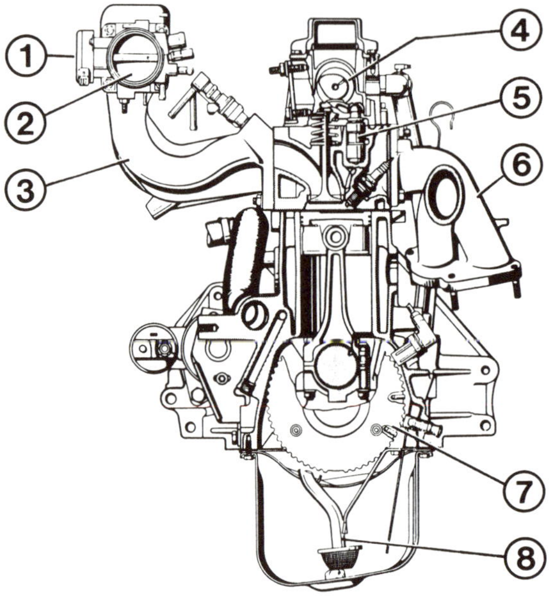

Querschnitt des 2,0-Liter-Motors mit Motronic-Einspritzsystem:
1 – Drosselklappenschalter;
2 – Drosselklappe;
3 – Ansaugrohr;
4 – Nockenwelle;
5 – Ventilspielausgleicher (Hydrostößel);
6 – Auspuffkrümmer;
7 – Zahnscheibe (Geberscheibe);
8 – Ölsiebrohr.

Die Einzelteile

Wer sich für die Funktion des Motors interessiert, findet im folgenden die wichtigsten Teile herausgegriffen und beschrieben, bevor wir zu den Wartungs- und Reparaturarbeiten kommen.

Kolben und Zylinder

Die aus Leichtmetall gegossenen Kolben besitzen eine Stahleinlage, welche die Wärmedehnung verringert. Im oberen Drittel jedes Kolbens sind drei Kolbenringe elastisch in entsprechende Nuten im Kolben eingebettet. Sie drücken federnd gegen die Zylinderwand. Die beiden oberen Kolbenringe verwehren dem Gasgemisch den Weg aus dem Verbrennungsraum nach unten ins Kurbelgehäuse, während der untere Ölabstreifring verhindert, daß allzuviel Schmiersaft vom Kurbelgehäuse in den Brennraum gelangt.
Im Kolbenboden ist eine Mulde vorhanden. Diese ermöglicht den Ventilen genügend Bewegungsfreiheit.
Die Zylinder, in denen die Kolben auf und ab laufen, sind in das Graugußmaterial des Motorblocks eingearbeitet. Die Zylinderbohrungen sind im sogenannten Kreuzschliff gehont (geschliffen). Die Wandungen dürfen nicht völlig glatt sein, weil sonst das zur Schmierung notwendige Öl nicht daran haften kann. Die Bohrungen der Zylinder sind um 0,02 mm weiter als die zugehörigen Kolben. Bei Motorüberholungen können die Zylinderlaufbahnen – je nach Grad des Verschleißes – um mehrere hundertstel Millimeter ausgeschliffen werden. Für jedes Schleifmaß gibt es passende Kolben.

Die Kurbelwelle

Aufgabe der Kurbelwelle ist es, die geradlinige Bewegung der in den Zylindern auf und ab laufenden Kolben in eine Drehbewegung umzusetzen. Zur Verbindung der Kolben mit der Kurbelwelle dienen an beiden Enden drehbar gelagerte Pleuelstangen.
Die einzelnen Kröpfungen der Kurbelwelle sind beim Vierzylinder um 180° zueinander versetzt, wobei die Kurbeln für den 1. und 4. Zylinder sowie für den 2. und 3. Zylinder gleich ausgerichtet sind. Für vibrationsarmen Lauf sitzen in Gegenrichtung der Kurbelzapfen unwuchtausgleichende Gegengewichte.
Um ein Durchbiegen der Kurbelwelle im Betrieb zu vermeiden, ist sie an fünf Stellen im Motorblock gelagert.

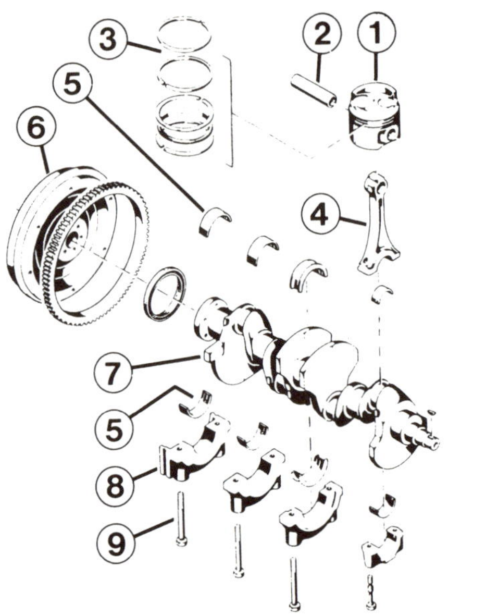

Zum Kurbeltrieb einschließlich der Kolben gehören folgende Teile:
1 – Kolben;
2 – Kolbenbolzen;
3 – Kolbenringe;
4 – Pleuel;
5 – Lagerschale;
6 – Schwungrad mit Zahnkranz für Anlasser;
7 – Kurbelwelle;
8 – Lagerbock;
9 – Schraube für Lagerbock.

Hier ist der Aufbau des Zylinderkopfes dargestellt. Bezeichnet sind:
1 – Nockenwellen-Gehäusedeckel;
2 – Dichtung;
3 – Nockenwellengehäuse;
4 – Nockenwelle;
5 – Ventilfeder;
6 – Zylinderkopf;
7 – Ventil;
8 – Zahnriemen.

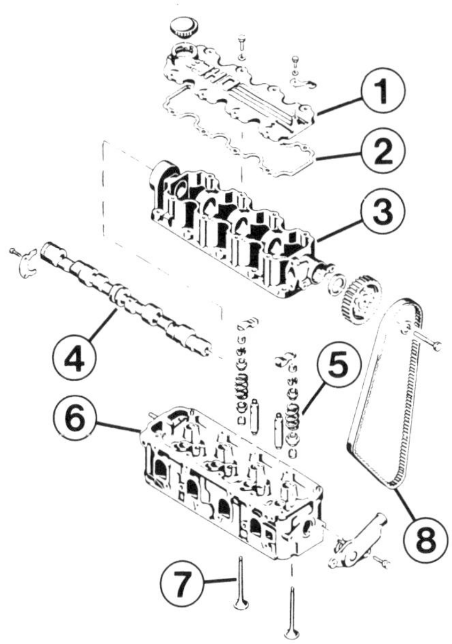

Jede Kurbel, auf der eine Pleuelstange sitzt, ist demnach auf beiden Seiten durch ein Kurbelwellenlager gestützt.
Auch die Lagerzapfen der Kurbelwelle und deren Pleuellagerzapfen können nachgeschliffen werden, und zwar im Durchmesser wie in der Breite. Den geänderten Maßen entsprechend stehen passende Lagerschalen als Ersatzteil zur Verfügung.
Am hinteren Ende der Kurbelwelle sitzt eine Scheibe mit dem Zahnkranz für das Ritzel des Anlassers. Das ist entweder die Schwungscheibe, auf welche die Kupplung und damit die Verbindung zum Getriebe montiert ist, oder die Antriebsscheibe, an die der Drehmomentwandler der Getriebeautomatik geschraubt ist. Am vorderen Ende der Kurbelwelle sind das Antriebsrad für den Zahnriemen angeschraubt sowie die Keilriemenscheibe(n). Außerdem sitzt vorn auf der Kurbelwelle noch die Ölpumpe.

Die Pleuel

Die vier Pleuel sind zusammen mit je zwei Lagerschalenhälften auf ihren Zapfen der Kurbelwelle montiert. Die Verbindung zwischen Pleuel und Kolben besteht aus einem Kolbenbolzen. Dieser wird bei erhitzter Pleuelstange in das Pleuelauge und zugleich in das Kolbenbolzenauge eingesetzt. Dadurch sitzt er im Pleuel fest und im Kolben drehbar.
Pleuel gibt es in sechs Gewichtsgruppen. Der Gewichtsunterschied der vier Pleuel darf untereinander maximal 8 g betragen.

Zylinderkopf und Nockenwelle

Wegen besserer Wärmeleitfähigkeit und aus Gewichtsgründen besteht der Zylinderkopf aus Leichtmetall. Die Ventilsitze sind bei erhitztem Zylinderkopf eingesetzt und dadurch nach dem Abkühlen fest eingeschrumpft. Die Zündkerzen sind jeweils direkt in eingeschnittene Gewinde im Zylinderkopf eingeschraubt. Dieses Gewinde kann beschädigt werden, wenn eine Zündkerze zu fest angezogen oder schräg angesetzt und mit Gewalt eingedreht wird.
Oben längs im Zylinderkopf sitzt die Nockenwelle. Sie ist fünffach gelagert. Mit ihren eiförmigen Nocken bewirkt sie, daß die Ventile bei bestimmten Kolbenstellungen öffnen und schließen. Form und Anordnung der

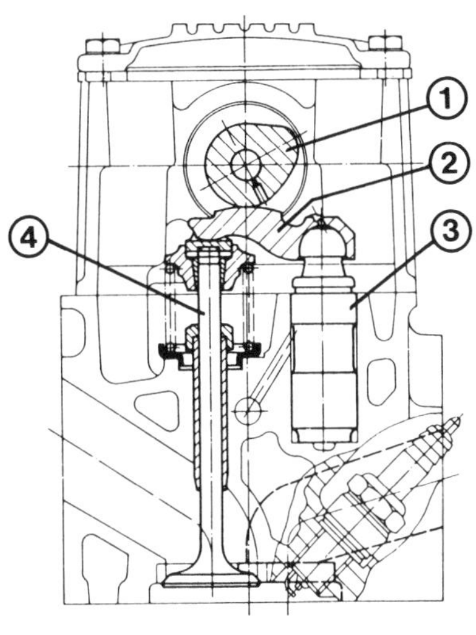

Die Schnittzeichnung durch den Zylinderkopf zeigt:
1 – Nockenwelle;
2 – Schwinghebel;
3 – hydraulischer Ventilspielausgleicher (Hydrostößel);
4 – Ventil.

Nocken bestimmen die Ventilsteuerzeiten. Den Antrieb der Nockenwelle besorgt die Kurbelwelle über einen Zahnriemen.
Die »hängenden« Ventile werden auf kurzem Übertragungsweg gesteuert: Die Nocken drücken auf die Schwinghebel – eine Art Zwischenlager – und über diese gegen die Kraft der Ventilfedern auf die Ventile. So wird ein Spalt zwischen Ventilteller und Ventilsitz frei, das Ventil öffnet. Beim Weiterdrehen des Nockens drückt die Ventilfeder das Ventil wieder in Schließstellung.
Die Einlaß- und Auslaßventile sind im Zylinderkopf zueinander versetzt angeordnet, und jeweils ihnen gegenüber sind Hydrostößel (hydraulische Ventilspielausgleicher) eingesetzt. Diese Hydrostößel gleichen Längenänderungen der Ventile aus, die durch Temperatureinflüsse und Verschleiß auftreten.
Die Wirkung des Hydrostößels überträgt sich auf das Ventil über den Schwinghebel. Somit ist eine spielfreie Arbeit des ganzen Ventiltriebs gesichert, und es entfällt das sonst notwendige Nachstellen des Ventilspiels.
Der Gemischeinlaß befindet sich in Fahrtrichtung hinten, die Auslaßkanäle sind auf der vorderen Seite. Entsprechend diesem Querstromprinzip haben auch die Einlaß- und Auslaßventile ihre Position.
Die Ventile werden in legierten Graugußführungen bewegt, welche im Zylinderkopf eingepreßt sind. Oberhalb jeder Führung ist eine Ventilschaftabdichtung aufgesetzt. Alle Auslaßventile verfügen über »Roto Caps« (Ventildrehvorrichtungen). Sie drehen das Ventil bei jedem Hub um einige Grad, womit das Einschlagen der Sitzfläche und dadurch Kompressionsverlust hinausgezögert wird.
Die Nockenwelle treibt über einen Mitnehmer an ihrem hinteren Ende den Zündverteiler an und außerdem bei Fahrzeugen mit Vergaser über einen Exzenter die Benzinpumpe.

Die Ventilsteuerung

Bekanntlich haben wir im Vectra einen Viertaktmotor, der das Gemisch aus Kraftstoff und Luft 1. ansaugt, 2. verdichtet, 3. zündet und 4. die verbrannten Gase wieder ausstößt. Fürs Ansaugen der Frischgase und das Ausschieben der Altgase bleibt dem ventilgesteuerten Verbrennungsmotor nur wenig Zeit. Weder kann die Nockenwelle die Ventile schlagartig öffnen noch vermögen sie die Ventilfedern derartig schnell zu schließen. Deshalb sind die Nocken so geformt, daß das Einlaßventil bereits gegen Ende des Auslaßtakts öffnet und erst dann schließt, wenn der Kolben nach Beendigung des Ansaughubs wieder verdichtend aufwärtsstrebt. Das Auslaßventil öffnet schon vor Abschluß des Arbeitstakts und schließt erst, wenn der Kolben bereits wieder Frischgas ansaugt. Beide Ventile sind deshalb einen Sekundenbruchteil gleichzeitig geöffnet, wenn der Kolben im Oberen Totpunkt (OT) vom Ausstoßen zum Ansaugen umkehrt. Diese Zeitspanne wird mit »Ventilüberschneidung« bezeichnet.

Hydrostößel

Alle Vectra-Modelle besitzen hydraulische Ventilspielausgleicher, sogenannte Hydrostößel. Diese Einrichtung bewirkt, daß die Kontrolle des Ventilspiels entfallen kann: Der Ventiltrieb arbeitet spielfrei, aber dennoch ist dafür gesorgt, daß die geschlossenen Ventile fest auf dem Ventilsitz aufliegen und damit einwandfrei abdichten. Akustisch wahrnehmbarer Vorzug der Hydrostößel: Der spielfreie Ventiltrieb arbeitet wesentlich geräuschärmer als der herkömmliche.

Fingerzeig: Lagerschadenähnliche Klappergeräusche kann ein Motor mit Hydrostößeln nach längeren Standzeiten kurz nach dem ersten Motorstart verursachen. Dieser Effekt tritt auf, wenn alles Öl aus den Hydrostößeln ausgelaufen und dadurch wieder Spiel im Ventiltrieb entstanden ist (siehe folgenden Abschnitt). Kein Grund zur Besorgnis: Das Geräusch verschwindet nach kurzer Zeit, und der Ventiltrieb arbeitet wieder geräuschfrei. Klappert ein einzelner Hydrostößel längere Zeit oder sogar noch bei warmem Motor, muß er ersetzt werden (siehe Seite 35).

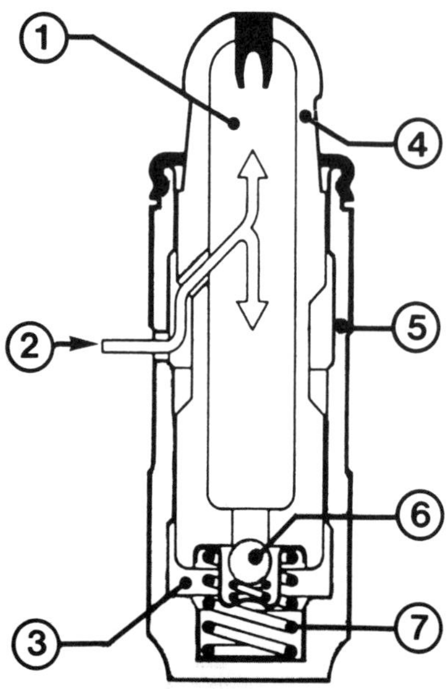

Aufbau des hydraulischen Ventilspielausgleichers (Hydrostößel):
1 – Ölreservoir;
2 – Ölzufuhr;
3 – Druckkammer;
4 – Kolben (beweglich);
5 – Druckzylinder (feststehend);
6 – Rückschlagventil;
7 – Expansionsfeder.

Funktion der Hydrostößel

Bei geschlossenem Ventil gelangt Öl aus dem Schmierkreislauf des Motors über eine Bohrung in das Ölreservoir des Hydrostößels. Nach Passieren des Rückschlagventils im Stößel fließt der Schmierstoff in die momentan noch völlig drucklose Druckkammer und füllt diese ganz aus.
Parallel zu diesem Vorgang drückt die Expansionsfeder den Kolben spielfrei an den Schwinghebel, der seinerseits spielfrei an einem Nocken der Nockenwelle wie auch am Ventilschaftende anliegt.
Dreht sich nun die Nockenwelle und drückt ihr exzentrischer Nocken gegen den Kolben des Hydrostößels, so steigt der Druck in der Druckkammer. Das Rückschlagventil verschließt die Zulaufbohrung und sorgt dafür, daß kein Öl mehr entweichen kann. Da sich das Öl nicht komprimieren (in sich zusammendrücken) läßt, ist damit eine starre Verbindung zwischen Hydrostößel, Schwinghebel, Nockenwelle und Ventilschaftende hergestellt. Das Ventil kann also durch die Kraft des Nockens niedergedrückt werden.
Nach dem Schließen des Ventils entsteht durch Leckölverlust ein geringfügiges Ventilspiel, das aber durch die Expansionsfeder – sie drückt den Kolben nach oben – sofort wieder ausgeglichen wird. In das vergrößerte Volumen der Druckkammer strömt nun bei geöffnetem Rückschlagventil wieder Öl nach. Damit ist der Hydrostößel bereit zur nächsten Ventilbetätigung.

Der Zahnriemen

Für die obenliegende Nockenwelle dient der von der Kurbelwelle in Bewegung gesetzte Zahnriemen als geräuscharmes Antriebselement. Der gezähnte Gummiriemen mit Stahldrahteinlage arbeitet verschleißfrei, zumal die Gummimischung des Zahnriemens auch für eine Trockenschmierung des Riementriebs sorgt. Außerdem treibt der Zahnriemen die Wasserpumpe an, die durch ihren exzentrischen Einbau zugleich als Spannvorrichtung dient.
Seit Juni '90 besitzen die 1,6-Liter-Motoren eine automatische Spannvorrichtung. Hier drückt eine spezielle Spannrolle mit konstanter Federkraft auf den Zahnriemen.

Die Zylinderkopfdichtung

Die Dichtung zwischen Motorblock und Zylinderkopf muß dafür sorgen, daß die Verbrennungsräume und die Kanäle für das Kühlmittel voneinander getrennt bleiben, wobei sie auch kein Schmieröl hindurchlassen darf. Sie muß hohen Temperatur- und Druckschwankungen widerstehen.
Bei den Vectra-Motoren handelt es sich um eine »setzarme« Zylinderkopfdichtung. Deshalb müssen bei der Montage des Zylinderkopfes die Zylinderkopfschrauben unter Einhaltung besonderer Arbeitsfolgen angezogen werden.

Das Schmiersystem

Im Motor verlangen eine ganze Reihe von Lagerstellen und Reibpartnern nach Schmierung. Das Motoröl muß dorthin unter Druck gepumpt werden – von der Ölpumpe. Sie saugt den Schmiersaft durch einen mit einem Sieb versehenen Schnorchel an und drückt ihn in den Hauptstrom-Ölfilter.
Ist das Filterpapier von Schmutz zugesetzt, weil der Filter nicht rechtzeitig gewechselt wurde, tritt ein Sicherheitsventil in Aktion. Es öffnet, der Filter wird umgangen, die Ölversorgung ist sichergestellt. Allerdings bewirkt ungefiltertes Motorenöl höheren Verschleiß an den Lagerstellen. Vom Filter aus gelangt das schmierfähige Naß über Bohrungen im Zylinderblock zu den Schmierstellen der Kurbelwelle, außerdem in den Zylinderkopf und zur Nockenwelle.
Durch andere Bohrungen fließt das Öl zurück in die Ölwanne und kann für einen erneuten Durchlauf von der Ölpumpe angesaugt werden.

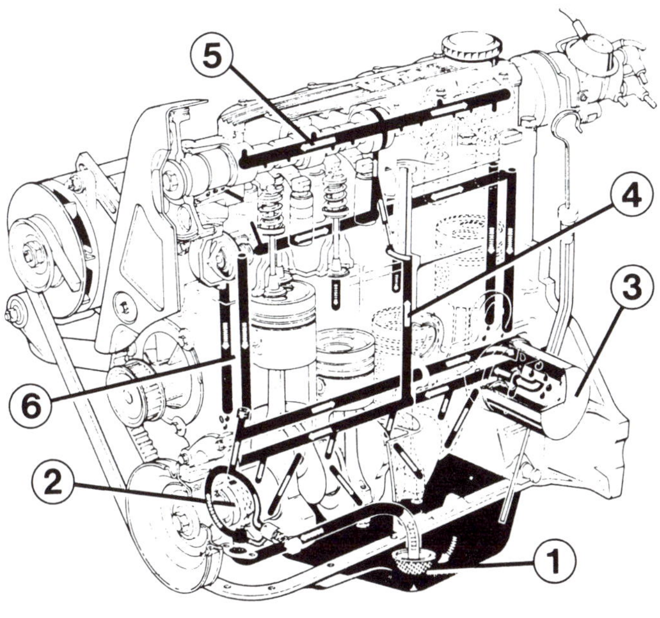

Kreislauf des Öls im Motor. Es durchläuft folgende Bauteile:
1 – Ölwanne mit Ölsieb;
2 – Ölpumpe (auf Kurbelwelle);
3 – Ölwechselfilter;
4 – Steigleitung;
5 – Nockenwelle;
6 – Leitungen für ablaufendes Öl.

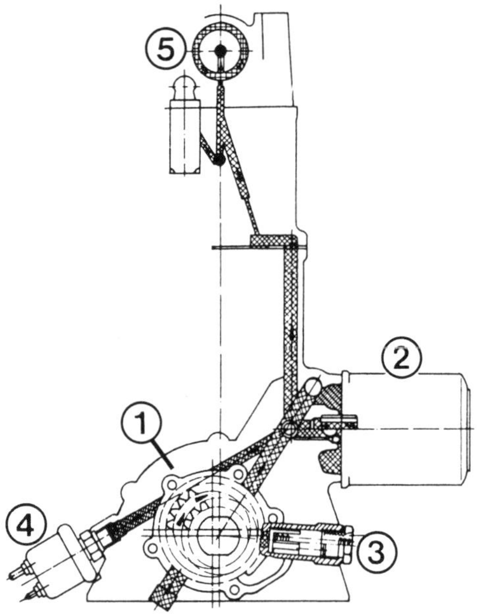

In dem System der Motorschmierung bedeuten:
1 – Ölpumpe;
2 – Ölfilter;
3 – Druckregelventil;
4 – Öldruckschalter;
5 – Nockenwelle und Ventilspielausgleicher.

Die Ölpumpe

Hinter der Keilriemenscheibe sitzt wohl das wichtigste Zusatzaggregat des Motors, die Ölpumpe. Direkt angetrieben von der Kurbelwelle läuft ein exzentrisch angeordnetes Außenzahnrad in einem etwas größeren Zahnrad mit Innenverzahnung. Dadurch entsteht ein dauernd umlaufender sichelförmiger Freiraum, der diese Pumpe den Namen Sichelpumpe gab. Eine derartige Pumpe erbringt bereits bei niedriger Drehzahl gute Förderleistung. Bei Vollgas bzw. Höchstdrehzahl fördert die Pumpe ca. 30 Liter in der Minute. Dieser fette Überstrom sorgt jedoch nicht nur für die Schmierung, sondern trägt auch einen großen Teil zur Motorkühlung bei.

Öltemperatur

Ausschlaggebend für das Wohlbefinden des Motors ist die Öltemperatur. Allerdings besitzen die Vectra-Modelle serienmäßig kein Ölthermometer, an dem sich ablesen läßt, wie es um den Wärmehaushalt des Motors bestellt ist. Normalerweise wird die Temperatur am Ölfilterflansch oder in der Ölwanne gemessen; dort ist das Öl am kühlsten. Dagegen können an den Kolbenringen Temperaturen bis 300°C auftreten. Falls Sie nachträglich ein Ölthermometer eingebaut haben: Gemäß Opel darf die Temperatur bei extremen Bedingungen 150°C betragen, gemessen in der Ölwanne, 1 cm über deren Boden. Dabei ist allerdings die Verwendung eines tatsächlich hochwertigen Motoröls Voraussetzung, das dann noch ausreichende Schmierwirkung besitzt.
Schädlich für den Motor ist auch eine zu niedrige Öltemperatur. Bei weniger als 60°C sind die Öl-Additive nicht voll wirkungsfähig, was erheblich höheren Verschleiß zur Folge hat. Deshalb sollten Sie nach Möglichkeit den Motor nach dem Kaltstart nicht über 3500/min drehen lassen, bis das Öl etwa 60°C erreicht hat. Für unsere Modelle ohne Ölthermometer gilt als Anhaltspunkt, daß das Motoröl gegenüber dem Kühlmittel etwa doppelt so lange braucht, bevor es seine Betriebstemperatur erreicht hat.

Der Öldruck

Der Öldruck bei einer Öltemperatur von 70°C und bei einer Kühlmitteltemperatur von 80°C soll folgende Werte erreichen:
○ Bei **2000/min** des Motors **mindestens 2,0 bar**,
○ im **Leerlauf mindestens 0,3 bar**.
Das läßt sich freilich nur kontrollieren, wenn Sie nachträglich ein entsprechendes Meßinstrument eingebaut haben. Serienmäßig gibt es nur eine annähernde Kontrollmöglichkeit über den Öldruckschalter, der im Betrieb die Warnleuchte im Armaturenbrett bei ungenügendem Druck aufleuchten läßt. Dieser Öldruckschalter sitzt beim Vectra rechts hinten am Motorblock.
Zu hoch darf jedoch der Öldruck auch nicht sein. Das Druckregelventil erweitert den Weg zur Saugseite, wenn der Druck durch kaltes oder sehr zähflüssiges Öl zu hoch ansteigt. Zur Öldruckkontrolle ist auf Seite 224 noch mehr gesagt. Übrigens: Wenn Sie den Öldruck Ihres Motors ganz genau messen wollen, muß der Öldruckschalter herausgeschraubt und stattdessen ein exakt anzeigender Manometer angeschlossen werden.

Druckregelventil prüfen

Wie schon erwähnt, sorgt das Druckregelventil dafür, daß bei kaltem Öl der Öldruck nicht zu hoch ansteigt. Leuchtet oder flackert bei warmem Motor die Ölkontrolleuchte auf, weist das auf zu geringen Öldruck hin. In diesem Fall muß das Druckregelventil geprüft werden.

● Sechskantschraube seitlich hinter der Kurbelwellen-Riemenscheibe herausdrehen.

● Druckfeder und Regelkolben aus der Bohrung herausnehmen.

● Teile reinigen. Der Regelkolben darf am Umfang keine Riefen aufweisen bzw. durch Schmutzteilchen verkrustet sein. Die Druckfeder darf keine Scheuerstellen aufweisen.

● Schadhafte Teile ersetzen.

● Beim Einbau neuen Kupferdichtring verwenden.

Rechts unten am Motor sitzt das Druckregelventil (Pfeil). Es sorgt dafür, daß bei kaltem und noch zähflüssigem Motoröl der Öldruck nicht zu hoch ansteigt.

Die Kurbelgehäuse-Entlüftung

Auch ein gesunder Motor bläst in der Minute mehr als 50 Liter Verbrennungsgase an den Kolbenringen vorbei ins Kurbelgehäuse. Damit die Dichtungen des Motors nicht zu stark beansprucht werden oder gar Teile des Motors reißen, muß der Druck aus dem Motor entweichen können. Das geschieht über die Kurbelgehäuse-Entlüftung. Die giftigen Gase aus dem Motorinnern werden zum Schutz der Umwelt in das Luftfiltergehäuse und zum Ansaugstutzen zurückgeleitet. Von dort werden die Gase zur vollständigen Verbrennung nochmals vom Motor angesaugt.

Der Entlüftungsschlauch ist oben am Zylinderkopfdeckel befestigt. Gelegentlich können Sie kontrollieren, ob sich in diesem Schlauch Ölrückstände gebildet haben. Man kann sie mit Benzin auswaschen.

Fingerzeig: Je größer der Druckverlust bei der Verbrennung ist – sprich: je stärker der Verschleiß von Kolben, Kolbenringen und Zylinderlaufbahnen fortgeschritten ist –, desto stärker bläst der laufende Motor aus der Kurbelgehäuse-Entlüftung. Bei geöffnetem Öl-Einfüllstutzen läßt sich der Druckverlust ebenfalls gut erkennen. Profis können an der ausgestoßenen Luftmenge beurteilen, wie stark der Motor verschlissen ist.

Sichtprüfung des Motors

Wartung Nr. 4

- Betrachten Sie den Motor von oben und unten.
- Geringfügig ölfeuchte Stellen sind nicht bedenklich, alle Motoren »schwitzen« gelegentlich etwas Schmiermittel aus.
- Ölflecken unter dem geparkten Wagen und deutlichen Ölnässen sollten Sie aber auf den Grund gehen.
- Motor mit Motorreiniger und Dampfstrahlgerät säubern.
- Nach einer Probefahrt von wenigen Kilometern kontrollieren, wo Öl austritt.

Mögliche Leckstellen

An welchen Stellen beim Vectra-Motor Öl austreten kann, haben wir hier zusammengestellt:

- ○ Abdichtung von Kurbelwelle und Nockenwelle. Diese Stellen sind vom Zahnriemenschutz verdeckt.
- ○ Dichtungen am Zylinderkopfdeckel
- ○ Nockenwellengehäusedichtung
- ○ Zylinderkopfdichtung
- ○ Benzinpumpenfuß (Vergasermotoren)
- ○ Trennstelle Zündverteilerflansch
- ○ Öldruckschalter
- ○ Ölfilterdichtung
- ○ Dichtung der Ölwanne
- ○ Wellendichtung der Kurbelwelle in Fahrtrichtung links (Öl tritt an der Trennfuge Motor-/Getriebegehäuse aus)

Fingerzeig: Manche Tankstellen haben Dampfstrahlgeräte mit Münzeinwurf zur Selbstbedienung. Wer den Motorreiniger selbst mitbringt, kommt so zu einer preiswerten Motorwäsche. Unbedingt Arbeitskleidung mitnehmen.

Einfahren des neuen Motors

Zylinderwände wie auch Kolben mit Kolbenringen weisen im Neuzustand an den Oberflächen eine mikroskopische Rauhigkeit auf. Erst der Einlaufvorgang kann diese kleinen Unebenheiten beseitigen, so daß die Teile gut

gegeneinander abdichten. Zu flottes Hochdrehen des neuen oder überholten Motors kann zu winzigen Freßstellen am Metall führen, die unter Umständen einen fatalen Kolbenfresser nach sich ziehen.
Im Hinblick auf die Motorlebensdauer tun Sie also gut daran, die Hinweise von Opel für die erste Betriebszeit zu beachten. Während der ersten 1000 km gilt als höchste Drehzahl **4000/min**. Faustregel für alle Gänge bzw. Fahrstufen: **Gaspedal maximal drei Viertel durchtreten**.
Während der Einlaufzeit fühlt sich der Motor auf Landstraßen am wohlsten. Dort fährt man mit wechselnden Geschwindigkeiten und kann fleißig schalten. So wird man auch bei Beachten der anfänglich empfohlenen Höchstgeschwindigkeiten nicht zum Verkehrshindernis. Ab 1500 km darf der Motor auch ruhig einmal hochgedreht werden. Dazu eignen sich besonders Autobahngefälle: Bergab mit relativ hohen Motordrehzahlen, ohne den Motor gleichzeitig stark zu belasten. Allerdings muß die Maschine dazu richtig durchgewärmt sein, wie auch später nur bei erreichter Betriebstemperatur herzhaft beschleunigt werden sollte.
Bis der Motor richtig eingefahren ist, vergehen wenigstens 3000 km. Bei überwiegendem Stadtverkehr dauert es bestimmt viel länger.

Fingerzeig: Was hier für den neuen Motor gesagt wurde, gilt erst recht für ein überholtes Triebwerk, das erfahrungsgemäß empfindlicher auf falsche Einfahrweise reagiert.

Die Motor-Lebensdauer

Gleich ob 1,6-, 1,8- oder 2,0-Liter-Motor, in der Regel werden mit diesen Aggregaten 120000–160000 km erreicht. Diese Kilometerleistung stellt nur einen Anhaltspunkt dar. Je nach Fahrweise und Pflege werden Sie den unteren oder oberen Wert erreichen.
Der Fahrer entscheidet durch seinen Umgang mit der Maschine, ob der Exitus schon früh erfolgt oder 160000 km oder mehr auf den ersten Motor kommen. Von entscheidender Bedeutung ist hierbei die Motoröltemperatur. Während die Kühlmittel-Temperaturanzeige schon relativ früh Betriebstemperatur signalisiert, ist das Motoröl frühestens nach etwa 10 Minuten Fahrt völlig einwandfrei schmierfähig.
Nach wochenlangem Kurzstreckenverkehr ist es ebenfalls nicht ratsam, gleich voll aufs Gaspedal zu treten. Bei den langen Leerlaufminuten in der Stadt bilden sich in den Brennräumen und an den Ventilen Ablagerungen, die bei voller Betriebstemperatur und zügiger, aber nicht scharfer Fahrt langsam abgebrannt werden sollen. Für Fahrzeuge mit Drehzahlmesser: Das entspricht 4000–5000/min.

Nenn- und Höchstdrehzahl

Ein Verbrennungsmotor gibt seine höchste Leistung bei einer bestimmten Drehzahl ab. Das ist die sogenannte Nenndrehzahl. Über diese hinauszudrehen bringt keine Mehrleistung. Allerdings kann unter günstigen Umständen durch höhere Motordrehzahl und vermehrte Radumdrehungen eine höhere Geschwindigkeit erreicht werden.
Unsere Motoren sind durchaus drehzahlfest. Die Ventile werden über die Schwinghebel direkt von der obenliegenden Nockenwelle betätigt. Dabei werden nur geringe Massen in Bewegung gesetzt, was hohe Drehzahlen ohne Gefahr für den Ventiltrieb gestattet.
Nur kurzzeitig darf beim 1,8- und 2,0-Liter-Motor die Drehzahl über 6400/min und beim 1,6-Liter über ca. 6000 Umdrehungen ansteigen. Der Motor brummt dann unüberhörbar, verursacht durch Schwingungen der Kurbelwelle in ihren Lagern.
Damit Sie über die Motordrehzahlen informiert sind, besitzen verschiedene Modellversionen serienmäßig einen Drehzahlmesser. Ein solches Instrument hat allerdings eine gewisse Voreilung – im oberen Skalenbereich bis zu 5%. 6000/min auf dem Tourenzähler sind demzufolge oft lediglich echte 5700/min.

Drehzahl-Begrenzung

Oberhalb der Höchstdrehzahl, die für die einzelnen Motoren verschieden angegeben ist (siehe vorhergehenden Abschnitt), geraten die Ventilfedern so stark ins Schwingen, daß ein einwandfreies Öffnen und Schließen der Ventile nicht mehr gewährleistet ist. Die Ventilfedern können brechen, was zur Folge hat, daß das betreffende Ventil auf dem Kolben aufschlägt und gewaltige Zerstörungen anrichtet. Damit es erst gar nicht so weit kommen kann, sperrt das Steuergerät der Einspritzung bei Überdrehzahlen die Kraftstoffzufuhr – die Drehzahl fällt wieder ab. Anders läuft's beim 1,8-Liter-Motor mit elektronischem Vergaser. Hier unterdrückt das Steuergerät den Zündimpuls so lange, bis die Drehzahl unter den programmierten Wert gesunken ist.

Kompressionsdruck messen

Die Messung des Kompressionsdrucks in den Motorzylindern gibt Aufschluß darüber, ob Ventile und

Kolbenringe noch gut abdichten. Leistung, Kaltstartverhalten sowie Öl- und Kraftstoffverbrauch unseres Motors hängen davon ab.

● Motor warmfahren. Die Kolbenringe dichten bei warmem Öl besser ab.

● Bei Einspritzer-Motoren das Kraftstoffpumpenrelais abziehen (siehe Seite 231). Andernfalls wird der Motor bei der Druckprüfung mit Kraftstoff überflutet, was auch dem Katalysator schaden kann.

● Zündung »lahmlegen«, siehe Seite 198.

● Handbremse anziehen, Schalthebel in Leerlauf bzw. Getriebeautomatik-Wählhebel in Stellung »P« drücken.

● Gleich zu Anfang alle Zündkerzen herausschrauben.

● Gummikonus des Druckprüfers in das Kerzenloch des 1. Zylinders (in Fahrtrichtung der erste rechts) pressen bzw. Anschlußleitung ins Zündkerzengewinde schrauben.

● Von Helfer Gaspedal voll durchtreten lassen. So erhalten die Zylinder ihre größte Füllung.

● Mit dem Anlasser den Motor etwa 4 Sekunden durchdrehen lassen.

● Meßwert ablesen und notieren. Bei einem Druckschreiber mit Meßkärtchen weiterschalten für den nächsten Zylinder.

Zu niedrige Druckwerte

Kompressionsdruckwerte zwischen 11,5 und 13 bar signalisieren einen guten Motorzustand. Liegen die Werte unter 7 bar, ist der Motor überholungsbedürftig. In Opel-Werkstätten wird als Maßgabe 1 bar Unterschied von Zylinder zu Zylinder erlaubt.

Gleichmäßig niedriger Kompressionsdruck ist nicht unbedingt ein Alarmzeichen; Ursache können Meßtoleranzen zwischen verschiedenen Prüfgeräten sein. Bedenklich ist es dagegen, wenn zwischen den vier Meßwerten für die Zylinder Unterschiede von mehr als 3 bar bestehen.

Das kann bedeuten:

○ Kolben- und Kolbenringverschleiß
○ Festsitzende Kolbenringe durch Rückstandsbildung
○ Unrunde Zylinder als Folgeerscheinung von Kolbenklemmern
○ Ablagerungen an den Ventilschäften oder -sitzen durch Verbrennungs- bzw. Schmierölrückstände
○ Eingeschlagene Ventile
○ Verbrannte Ventile

Fingerzeig: In den meisten Fällen sind undichte Ventile die Ursache für mangelhaften Kompressionsdruck und damit geringere Motorleistung. Abhilfe bringt entweder Einschleifen der Ventile oder die Überholung des Zylinderkopfes.

Fehlersuche

Um bei zu niedrigem Kompressionsdruck den Fehler lokalisieren zu können, wendet man folgenden Trick an: Ins Zündkerzenloch mit einer Spritzkanne etwas zähflüssiges Öl träufeln und Kompressionsdruck nochmals messen.

○ Sind die Werte weiterhin schlecht, liegt es an den Ventilen.
○ Erhalten Sie höhere Druckwerte, liegt es an den Kolbenringen und vielleicht auch an den Zylindern. Das eingefüllte Öl hat kurzfristig zwischen Kolben und Zylinderwänden besser abgedichtet, so daß das komprimierte Gas kaum noch entweichen konnte.

Fingerzeig: Der Kompressionsdruck ist nicht zu verwechseln mit dem Verdichtungsverhältnis (siehe

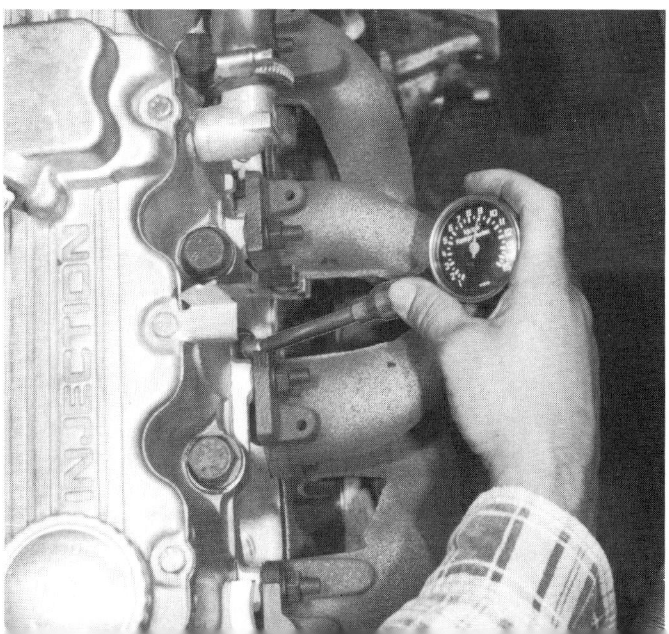

Beim Messen des Kompressionsdrucks muß das Prüfgerät absolut dicht mit dem Zündkerzenloch abschließen.

Seite 25). Das Verdichtungsverhältnis ist bei der Konstruktion festgelegt durch den Kolbenhub, die Ausformung des Kolbenbodens und das Volumen des Verbrennungsraumes. Dagegen variiert der Kompressions- oder Verdichtungsdruck je nach Motorzustand.

Der Druckverlusttest

Genauere Erkenntnisse liefert der Druckverlusttest, den manche Werkstätten durchführen können. Das Testgerät besteht aus zwei Kammern, wobei in einer ein gleichbleibender Druck herrscht. Die zweite Kammer ist über einen Schlauch zur Zündkerzenbohrung mit dem Verbrennungsraum, durch eine Düse mit der ersten Kammer und außerdem mit einer Anzeigeskala verbunden.
Verliert der geprüfte Brennraum Druck, wird dies auf der Skala angezeigt. Eine größere Leckstelle läßt sich durch Abhorchen erkennen:

○ Blasgeräusche am Auspuff lassen auf ein undichtes Auslaßventil schließen.
○ Strömt Druckluft aus dem Luftfiltergehäuse, ist das Einlaßventil defekt.
○ Bei einer defekten Zylinderkopfdichtung oder einem Riß im Zylinderkopf gelangt Druckluft durch das benachbarte Zündkerzenloch oder aus dem geöffneten Kühlmittel-Ausgleichbehälter ins Freie.
○ Verschlissene Zylinderwände, Kolbenlaufbahnen oder Kolbenringe lassen Druck ins Kurbelgehäuse strömen und am geöffneten Öleinfüllstutzen oder am Rohr für den Ölpeilstab austreten.

Motor durchdrehen

Zu manchen Arbeiten muß man den Motor entweder in eine bestimmte Stellung bringen oder durchdrehen. Hierzu gibt es folgende Möglichkeiten:

- Falls genügend ebene Fläche zur Verfügung steht, den Wagen bei eingelegtem höchsten Gang entsprechend vorschieben.
- Oder den Opel wie zu einem Radwechsel einseitig vorn aufbocken, 5. Gang einlegen und das freihängende Vorderrad durchdrehen, wodurch der Motor bewegt wird.
- Oder Zündkerzen herausschrauben (der Motor läßt sich dann leichter durchdrehen) und mit einem an der Kurbelwellen-Keilriemenscheibe angesetzten gekröpften Ringschlüssel SW 19 drehen.
- **Niemals** bei abgenommener Zahnriemenabdekkung den Motor an der Befestigungsschraube des Nockenwellen-Zahnriemenrads durchdrehen! Der Zahnriemen könnte sonst überspringen – Motorschaden.

Oberen Totpunkt suchen

Beim Viertaktmotor kommt der Kolben während der vier Arbeitstakte zweimal in den Oberen Totpunkt (OT): Einmal beim Zünden des angesaugten Gemisches und zum zweiten Mal nach dem Ausstoßen der Altgase mit anschließend beginnendem Wiederansaugen von Kraftstoff/Luft-Gemisch. Üblicherweise wird bei verschiedenen Einstellarbeiten die Stellung während des Zündzeitpunktes gebraucht.

- Verteilerkappe abnehmen (Seite 201).
- Motor so lange durchdrehen, bis das Metall-Kontaktstück des Verteilerfingers auf die Pfeilmarkierung am Gehäuserand des Zündverteilers zeigt. Der OT ist nun gefunden.
- Damit die Sache ganz genau wird, Kurbelwelle möglicherweise ein kleines Stückchen hin- oder herdrehen, bis die Kerbe auf der Kurbelwellen-Riemenscheibe genau gegenüber dem Zeiger steht (Bild Seite 37).

Zum Durchdrehen der Kurbelwelle von Hand wird an der Zentralmutter der Kurbelwellen-Keilriemenscheibe ein gekröpfter Ringschlüssel angesetzt. Nun kann in Pfeilrichtung gedreht werden.

Nockenwellen-Gehäusedeckel abnehmen

Der Nockenwellen-Gehäusedeckel – oft Ventildeckel genannt – wird bei unseren Motoren folgendermaßen abgebaut:

- Beim Vergasermotor Luftfiltergehäuse ausbauen (Seite 69).
- Schlauchschelle des Kurbelgehäuse-Entlüftungsschlauches lösen und Schlauch abziehen.
- Befestigungsschrauben des Nockenwellen-Gehäusedeckels herausschrauben.
- Ventildeckel vorsichtig vom Nockenwellengehäuse abheben, damit die Dichtung nicht beschädigt wird.
- Eine beschädigte Dichtung ersetzen.
- Beim Einbau Schrauben an der Deckelmitte beginnend über Kreuz anziehen.

Die Hydrostößel

Ventilgeräusche

Allgemein deuten Klappergeräusche aus dem Bereich Zylinderkopf auf einen oder mehrere defekte Hydrostößel hin. Der betreffende Stößel wird dann nicht repariert, sondern ausgetauscht.
Ventilgeräusch kann jedoch auch bei intakten Hydrostößeln auftreten, wenn

○ kurz nach dem Starten die Ölversorgung der Stößel noch nicht gewährleistet ist;
○ der Wagen zuvor bei hohen Außentemperaturen voll belastet wurde;
○ der Wagen lange Zeit nicht gefahren wurde. Das Ventilgeräusch muß dann spätestens bei betriebswarmem Motor verstummen;
○ bei extrem niedrigem Ölstand die Ölpumpe manchmal Luft ansaugt.

Störungsbeistand

Hydrostößel

Erkennungsmerkmal	Ursache
A Hartes Klopfgeräusch	Verharzung, Verkohlung, Verklemmung durch Schmutz- oder Metallabriebteile im Öl
B Mäßiges Klopfgeräusch	Undichter Sitz des Kugelventils
C Zeitweilige Klickgeräusche	Kurzzeitig klemmt kleinstes Schmutzteilchen zwischen Kugel und Kugelsitz, Kugel ist unrund
D Drehzahl-Leistungsverlust	Zu schneller Ölabfluß im Stößel, Kolben preßt im Gehäuse, Kugelventil undicht, Verschmutzung

Hydrostößel auswechseln

- Nockenwelle ausbauen (Seite 37).
- Betreffenden Schwinghebel abnehmen.
- Alten Hydrostößel aus dem Zylinderkopf herausziehen.
- Laufbahn des neuen Stößels etwas einölen.
- Stößel einsetzen, Nockenwelle wieder einbauen.
- Beim Auflegen des Zahnriemens unbedingt die Steuerzeiten beachten.

Arbeiten am Zahnriemen

Die Ventilsteuerung erfolgt, wie bereits angesprochen, über einen Zahnriemen. Er bewegt die Nockenwelle mit halber Umdrehungszahl der Kurbelwelle und treibt außerdem die Wasserpumpe an.

Nach Lösen von insgesamt 11 Spannklammern (Pfeile) kann die vordere Zahnriemenabdeckung abgenommen werden.

Vordere Zahnriemen-abdeckung ausbauen

● Luftansaugschlauch (Einspritzmotoren) bzw. Luftfiltergehäuse (Vergasermotoren) ausbauen.
● Keilriemen der Lichtmaschine abnehmen, siehe Kapitel »Lichtmaschine«.
● 1,6-Liter mit Servolenkung: Servopumpe losschrauben (Seite 128), die Leitungen bleiben angeschlossen.
● Sämtliche Spannklammern der Zahnriemenabdeckung abdrücken. Abdeckung nach oben aus dem Motorraum heben.
● 1,6-Liter ab 6/90: Schrauben der Zahnriemenabdeckung losdrehen, Abdeckung abnehmen.

Hintere Zahnriemen-abdeckung ausbauen

● Vordere Zahnriemenabdeckung abmontieren.
● Motor auf OT Zylinder 1 stellen, siehe Seite 34.
● Befestigungsschrauben des Zylinderkopfdeckels lösen und Deckel abnehmen.
● Nockenwellenrad losschrauben, dabei die Nokkenwelle zwischen Einlaßnocken des 3. Zylinders und Lagerstelle mit einem Gabelschlüssel gegenhalten.
● Zahnriemen abnehmen.
● Gang einlegen und Bremse treten. Befestigungsschraube der Kurbelwellen-Riemenscheibe herausdrehen und Riemenscheibe abziehen.
● Ggf. zusätzlich noch das Zahnriemen-Antriebsrad von der Kurbelwelle losschrauben und abziehen.
● 1,6-Liter ab 6/90: Spannrolle losschrauben. Einbaulage beachten!
● Befestigungsschrauben der hinteren Zahnriemenabdeckung lösen, und Abdeckung nach oben aus dem Motorraum nehmen.
● Beim Zusammenbau Einbaulage des Zahnriemen-Antriebsrad beachten.
● Spannrolle so einsetzen, daß die Zunge der Spannrollengrundplatte in der Bohrung am Ölpumpengehäuse sitzt. Zunge nach rechts auf Anschlag Ölpumpe drehen und festschrauben (20 Nm).
● Zahnriemen auflegen (Steuerzeiten kontrollieren!) und Zahnriemenspannung einstellen.
● Anzugsdrehmomente: 1,8- und 2,0-Liter-Motoren: Zahnriemen-Antriebsrad an Kurbelwelle 130 Nm +40° bis 50°, Kurbelwellen-Riemenscheibe an Zahnriemen-Antriebsrad 20 Nm.
● 1,6-Liter-Motoren: Kurbelwellen-Riemenscheibe mit Zahnriemen-Antriebsrad an Kurbelwelle 55 Nm.
● Alle: Nockenwellenrad an Nockenwelle 45 Nm.

Zahnriemenzustand prüfen

Wartung Nr. 47

● Vordere Zahnriemenabdeckung abnehmen.
● Der Riemen darf nicht verölt oder rissig sein.
● Die Flanken der Verzahnung müssen intakt sein und dürfen keine Abnutzungserscheinungen zeigen.
● Damit Sie den Riemen auf seiner gesamten Länge begutachten können, den Motor durchdrehen.
● Einen beschädigen Zahnriemen unbedingt ersetzen!

Zahnriemenspannung kontrollieren

Wartung Nr. 48

Diese Wartung entfällt bei den 1,6-Liter-Motoren mit automatischer Zahnriemenspannvorrichtung (ab 6/90).
● Vordere Zahnriemenabdeckung ausbauen.
● Die Spannung des Zahnriemens wird zwischen Wasserpumpen- und Nockenwellenrad geprüft.
● Der kalte Riemen muß sich bei richtiger Spannung nur mit Daumen und Zeigefinger um 90° (= rechter Winkel) in sich verdrehen lassen.
● Diese Prüfung ist nur ein Behelf. Zur genauen Prüfung verfügt die Opel-Werkstatt über ein Prüfgerät, das auf den Zahnriemen angesetzt wird.
● So bald als möglich Zahnriemenspannung mit dem Meßgerät nachprüfen lassen.

Bei Motoren ohne Spannrolle ist der Zahnriemen (2) richtig gespannt, wenn er sich zwischen den Zahnriemenrädern der Wasserpumpe (1) und der Nockenwelle (3) um 90° verdrehen läßt.

Zahnriemen spannen
Motoren ohne Spannrolle

Das Spannen des Zahnriemens und das Prüfen der Zahnriemenspannung geschieht in der Opel-Werkstatt gleichzeitig. Dort verwendet man Spezialwerkzeug: Einen 41-mm-Gabelschlüssel mit Hebel zum Spannen des Riemens und ein Spannungsprüfgerät, das auf den Zahnriemen zwischen Wasserpumpen- und Nockenwellenrad angesetzt wird.

Behelfsmäßig kann zum Spannen des Riemens auch eine Rohrzange genommen werden. Die Zahnriemenspannung kann, wie im vorigen Abschnitt beschrieben, geprüft werden.

- Lichtmaschine ausbauen.
- Vordere Zahnriemenabdeckung ausbauen.
- Befestigungsschrauben der Wasserpumpe etwas lösen.
- Exzentrisch gelagerte Wasserpumpe drehen, dazu den Gabelschlüssel oder die Rohrzange auf den Zweikant hinter der Wasserpumpe ansetzen. Drehen im Uhrzeigersinn bedeutet Spannen des Riemens.
- Schrauben wieder anziehen. 1,6-Liter 8 Nm, 1,8- und 2,0-Liter 25 Nm.

Zahnriemen auswechseln

- Vordere Zahnriemenabdeckung ausbauen.
- Kolben im Zylinder 1 auf OT Zündzeitpunkt stellen, siehe Seite 34.
- Zahnriemen entspannen (siehe unter »Zahnriemen spannen«) und abnehmen.
- Neuen Zahnriemen auflegen, Zugseite gestrafft. Wurde die Stellung von Kurbelwellen- und Nockenwellenrad nicht verändert, stimmen die Ventilsteuerzeiten eventuell noch.
- Sicherheitshalber sollte man dies jedoch vor dem endgültigen Zusammenbau kontrollieren (siehe folgenden Abschnitt).
- War der Zylinderkopf abgenommen, müssen die Steuerzeiten in jedem Fall eingestellt werden.
- Beim **1,6-Liter-Motor mit Spannrolle** Zahnriemen durch Verdrehen der Wasserpumpe spannen, bis der bewegliche Teil der Spannrolle am rechten Anschlag steht. Wasserpumpe in dieser Stellung halten.
- Gabelschlüssel an der Befestigungsschraube der Kurbelwellen-Keilriemenscheibe ansetzen.
- Kurbelwelle in Motordrehrichtung zwei Mal durchdrehen und wieder auf OT Zylinder 1 stellen.
- Wasserpumpe nun so verdrehen, daß der Zeiger und die Kerbe auf der Spannrollengrundplatte übereinstimmen. Der Zahnriemen ist nun richtig gespannt. Wasserpumpe mit 8 Nm festschrauben.
- Riemenspannung nochmals prüfen. Ggf. Einstellvorgang wiederholen.

Steuerzeiten einstellen

Nur bei richtig eingestellten Steuerzeiten klappt das Zusammenspiel von Ventilsteuerung und Kurbeltrieb (siehe Seite 28). Falsche Steuerzeiten ergeben schlechte Motorleistung und können im Extremfall sogar schwerste Motorschäden verursachen, wenn der Kolbenboden auf die nicht rechtzeitig geschlossenen Ventile aufschlägt.

- Zahnriemen ist abgenommen.
- Zahnriemenrad der Nockenwelle so drehen, daß die Markierung an der Vorderseite des Rades in Höhe der Bezugskerbe an der hinteren Zahnriemenabdeckung steht (Bild unten rechts). Dabei darf kein Kolben im OT stehen, sonst können beim Drehen der Nockenwelle Ventile oder Kolbenböden beschädigt werden.
- Kurbelwelle drehen, bis die Kerbe am Rand der Riemenscheibe sich im kürzesten Abstand zum Zeiger am Ölpumpengehäuse befindet.
- Zahnriemen auflegen, dabei die Stellung von Nokken- und Kurbelwelle nicht mehr verändern.
- Zahnriemen spannen.

<u>Fingerzeig:</u> Um Irrtümern vorzubeugen: Die Steuerzeiten verändern sich nicht durch Verschleiß. Eingestellt wird nur einmal, wenn zuvor der Zahnriemen abgenommen wurde.

Links: Der OT ist gefunden, wenn die Kerbe auf der Kurbelwellen-Riemenscheibe (1) dem Zeiger am Motorblock (2) gegenübersteht. Rechts: Bei abgenommener Zahnriemenabdeckung muß zusätzlich die Kerbe an der Nockenwellen-Riemenscheibe (3) mit der Kerbe an der hinteren Zahnriemenabdeckung (4) fluchten.

Nockenwelle ausbauen

Der Ausbau der Nockenwelle ist mit Heimwerkermitteln nicht möglich, da zu dieser Arbeit die Ventile mit Ventilniederhaltern zusammengedrückt werden müssen. Ventilniederhalter sind im Fachhandel erhältlich. Ferner wird ein neuer Nockenwellen-Dichtring benötigt.

- Batterie abklemmen und ausbauen.
- Bei Servolenkung Ölbehälter abbauen.
- Vordere Zahnriemenabdeckung abmontieren.
- Bei Fahrzeugen mit Vergasermotor Benzinpumpe ausbauen (Seite 65). Die Kraftstoffschläuche bleiben angeschlossen.
- Kurbelgehäuse-Entlüftungsschlauch abziehen und Nockenwellen-Gehäusedeckel losschrauben.
- Kurbelwelle 90° vor OT drehen. So sind die Kolben in Mittelstellung, und die Nockenwelle drückt nicht auf die Schwinghebel.
- Nockenwellenrad losschrauben. Dabei die Nokkenwelle zwischen Einlaßnocken des 3. Zylinders und Lagerstelle mit einem Gabelschlüssel gegenhalten.
- Zündverteiler ausbauen (Seite 201).
- Hinteren Dichtring mit einem Montierhebel aus dem Nockenwellengehäuse heraushebeln.
- Druckplatte von der Nockenwelle losschrauben.
- Ventile mit handelsüblichen Ventilniederhaltern gleichmäßig niederdrücken.
- Nockenwelle aus dem Gehäuse herausziehen.
- Beim Einbau Gleitflächen der Nockenwelle, Druckstücke und Schwinghebel mit MoS_2-Fett bestreichen.
- Neuen Wellendichtring mit passenden Dorn in das Nockenwellengehäuse eintreiben.
- Beim Auflegen des Zahnriemens unbedingt die Steuerzeiten beachten.
- Anzugsdrehmomente: Druckplatte an Nockenwellengehäuse 8 Nm, Nockenwellenrad an Nockenwelle 45 Nm, Kraftstoffpumpe an Nockenwellengehäuse 18 Nm.

Störungsbeistand

Zylinderkopfdichtung

Erkennungsmerkmal	Ursache/Besonderheiten
A Kühlflüssigkeitsstand nimmt stetig langsam ab	Kühlmittel gelangt in sehr geringer Menge in die Brennräume. Diese Erscheinung kann sich ohne weitere Merkmale über längere Zeit hinziehen. Andere Möglichkeit: Kühlanlage undicht
B Der Wagen zieht bei Betriebstemperatur einen weißen Abgasschleier hinter sich her, großer Wasserverlust	Kühlmittel dringt in großer Menge in einen Verbrennungsraum, verdampft dort und entweicht als weiße Fahne durch den Auspuff
C Aus dem geöffneten Ausgleichbehälter steigen bei laufendem Motor Luftblasen auf bzw. beim Öffnen des Verschlußdeckels sprudelt eine größere Menge Kühlmittel heraus	Verbrennungsgase werden ins Kühlsystem gedrückt. Aus der Öffnung des Ausgleichbehälters riecht es nach Abgasen
D In Regenbogenfarben schillernde oder schwarze Verfärbung an der Oberfläche des Kühlmittels	Öl aus dem Schmierkreislauf gelangt ins Kühlsystem
E Grau oder braun aussehende Emulsion am herausgezogenen Ölpeilstab oder Öl von Wasserbläschen durchsetzt	Kühlflüssigkeit ist in den Schmierkreislauf geraten. Achtung: Wasser im Motoröl kann einen Lagerschaden verursachen. Zylinderkopfdichtung sofort wechseln (lassen). Motor nicht mehr starten; Wagen zur Reparatur abschleppen

Das Foto zeigt die Anordnung der Einlaßventile (E) und der Auslaßventile (A) im Zylinderkopf.

Anordnung des Ansaug- und Auspuffkrümmers, hier am 1,8-Liter-Vergasermotor. Es sind bezeichnet:
1 – Ansaugkrümmer;
2 – Dichtung für Ansaugkrümmer;
3 – Zylinderkopf;
4 – obere Halterung für Lichtmaschine;
5 – Zylinderkopfdichtung;
6 – Dichtung für Auspuffkrümmer;
7 – Auspuffkrümmer;
8 – Stutzen für Ansaugluft-Vorwärmung.

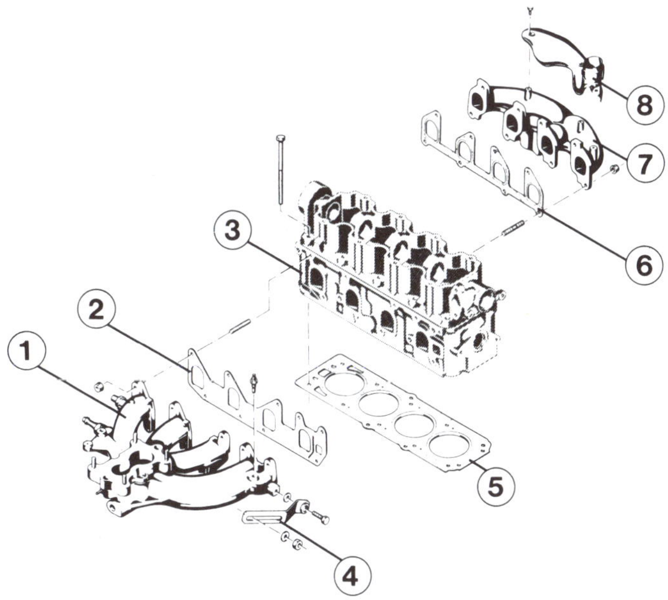

Zylinderkopf aus- und einbauen

Ausbau

Der Zylinderkopf darf nur bei kaltem Motor abgebaut werden, denn ein warmer Zylinderkopf kann sich nach dem Abbau verziehen. Zum Wiedereinbau des Zylinderkopfes benötigen Sie eine neue Zylinderkopfdichtung sowie neue Zylinderkopfschrauben.

- Minuskabel der Batterie abklemmen.
- Luftfiltergehäuse ausbauen.
- Kühlfüssigkeit ablassen und auffangen (Seite 54).
- Oberen Kühlmittelschlauch vom Thermostatgehäuse lösen und abziehen.
- Keilriemen der Lichtmaschine entspannen und abnehmen.
- Vordere Zahnriemenabdeckung abbauen.
- Kurbelwelle auf OT Zündzeitpunkt von Zylinder 1 stellen.
- Zahnriemen an der Wasserpumpe entspannen, Riemen abnehmen.
- Befestigungsschrauben des Nockenwellen-Gehäusedeckels losschrauben und Deckel abnehmen.
- Nockenwellenrad losschrauben. Dabei die Nokkenwelle zwischen Einlaßnocken des 3. Zylinders und Lagerstelle mit einem Gabelschlüssel gegenhalten.
- Obere Schrauben der hinteren Zahnriemenabdekkung lösen.
- Auspuffrohr vom Auspuffkrümmer abschrauben.
- Gaszug aushängen und vom Widerlager trennen.
- 1,6- und 1,8-Liter: Wasserschlauch zum Ansaugkrümmer lösen und abziehen.
- Kraftstoffvor- und Rücklaufleitung markieren und abbauen.
- Alle elektrischen Leitungen am Zylinderkopf, Ansaugkrümmer und an der Einspritzanlage bzw. am Vergaser kennzeichnen und abziehen.
- Genauso ist mit den Unterdruckleitungen zu verfahren.
- Hauptzündkabel abziehen.
- Zylinderkopfschrauben in umgekehrter Reihenfolge wie unten gezeigt lösen. Zuerst ¼ Umdrehung, im nächsten Arbeitsgang ½ Umdrehung lockern, danach vollständig herausdrehen.
- Nockenwellengehäuse abheben.
- Zylinderkopf mit Ansaug- und Abgaskrümmer sowie Verteiler abheben. Löst er sich nicht gleich, helfen leichte Schläge mit einem Kunststoffhammer.

Damit sich bei der Montage der Zylinderkopf nicht verziehen kann, kommt es sehr genau darauf an, in welcher Reihenfolge die Zylinderkopfschrauben angezogen werden. Das endgültige Anzugsdrehmoment wird dabei in mehreren Stufen erreicht, siehe Text auf der nächsten Seite.

Ausgebauten Zylinderkopf kontrollieren

● Alte Kopfdichtung abnehmen. Die Dichtflächen am Zylinderkopf und Motorblock müssen absolut sauber und frei von Dichtungsresten sein. Nicht mit hartem Werkzeug auf der weichen Zylinderkopf-Dichtfläche kratzen. Riefen können den nächsten Kopfdichtungsschaden verursachen.
● Zylinderkopf auf Verzug prüfen, besonders dann, wenn der Kopfdichtungsschaden durch Überhitzung entstanden ist.
● Langes Metallineal oder garantiert geraden Metallwinkel längs über die gereinigte Dichtfläche des Zylinderkopfes legen.
● Mit einer Fühlerlehre prüfen, ob der Durchhang an irgendeiner Stelle größer als 0,05 mm ist. Dann muß der Zylinderkopf vor der Montage plangeschliffen werden.
● Der Zylinderkopf darf nur in Grenzen nachgearbeitet werden. Es muß die Mindesthöhe – gemessen von oberer zu unterer Dichtfläche – von 96,0 ± 0,25 mm eingehalten werden.

Einbau

● Die Gewinde in den Schraubenlöchern des Motorblocks müssen sauber und ohne Beschädigungen sein, sonst stimmt das Drehmoment beim Anziehen nicht.
● In den Schraubenlöchern im Motorblock darf kein Öl oder Wasser stehen, sonst kann das Gußmaterial im Bereich der Gewindelöcher reißen.
● Die Kurbelwelle so drehen, daß kein Kolben im OT steht, sonst könnte ein geöffnetes Ventil beim Aufsetzen des Zylinderkopfes mit einem Kolben zusammenstoßen.
● Zylinderkopfdichtung so auf den Motorblock auflegen, daß die Kennzeichnung »OBEN/TOP« nach oben und zur **Zahnriemenseite** des Motors zeigt.
● Zylinderkopf mit gereinigten Dichtflächen aufsetzen. Kein Dichtmittel verwenden.
● Laufbahnen der Hydrostößel, Druckstücke und Schwinghebel leicht einölen.
● Dichtfläche des Zylinderkopfes zum Nockenwellengehäuse gleichmäßig mit Opel-Dichtmittel Nr. 1503166 bestreichen.
● Nockenwellengehäuse aufsetzen.
● Sämtliche Zylinderkopfschrauben eindrehen und in der auf der Vorseite gezeigten Reihenfolge festziehen.
● **1. Durchgang** mit **25 Nm**.
● Beim **2. Durchgang** die Schrauben in gleicher Reihenfolge um **60°** **weiterdrehen**, dazu starren Schlüssel mit Gradeinteilung benutzen. Als Hilfsmittel kann auch ein Schweißdraht verwendet werden, der am Schlüssel in einem Winkel von 60° angebracht wird.
● Beim **3. Durchgang** die Schrauben nochmals um **60° weiterdrehen**.
● Im **4. Durchgang** bei **1,6-Liter-Motoren** um **30° weiterdrehen**, bei **1,8-Liter und 2,0-Liter-Motoren** um **60° weiterdrehen**.
● Nach dem vollständigen Zusammenbau **Motor warmlaufen** lassen, danach die Zylinderkopfschrauben in der vorherigen Reihenfolge **um 30° nachziehen**.
● Damit sind die Schrauben endgültig festgezogen, sie dürfen keinesfalls nochmals nachgezogen werden.
● Beachten Sie beim Zusammenbau die Einstellung des Gaszugs, den richtigen Kühlmittel- und Ölstand sowie die Zündeinstellung, die kontrolliert werden muß.

Lagerschäden

Klopfgeräusche aus dem Motorraum, die mit wärmer werdendem Öl lauter werden, sind Anzeichen für einen Lagerschaden.

Ursachen

○ Mangelnde Schmierung durch zu niedrigen Ölstand
○ Wasser im Motoröl als Folge einer defekten Zylinderkopfdichtung
○ Zu hohe Drehzahlen bei kaltem Motor und daher zähflüssigem Öl
○ Abgerissener Schmierfilm bei hohen Öltemperaturen, evtl. durch falsche Ölviskosität

Maßnahmen bei einem Lagerschaden

Um es vorweg zu nehmen – fast immer sind die Gleitlager der Pleuel defekt. Ganz selten liegt der Schaden an den Hauptlagern der Kurbelwelle. Normalerweise bedeutet ein Lagerschaden eine umfangreiche Motorreparatur. Wenn Sie ein defektes Pleuellager aber bereits im Frühstadium erkennen, kann der Austausch der Lagerschalen genügen. Deshalb:
○ Bei harten Klopfgeräuschen aus dem Motorraum den Motor sofort abstellen. Oft leuchtet zusätzlich die Ölkontrollampe auf.
○ Motor nicht mehr starten, Wagen jetzt in die Werkstatt schleppen lassen.
○ Ist der Motor noch jünger als 100000 km, kann sich eine Teilreparatur lohnen.
○ Ölwanne ausbauen und Lagerdeckel aller Pleuellager abschrauben lassen.
○ Sind nur einzelne Lagerschalen beschädigt, die Zapfen der Kurbelwelle aber noch glatt, reicht Austauschen der Lagerschalen.

Zur Ölwanne gehören folgende Teile:
1 – Ölsieb mit Saugrohr;
2 – Halter für Saugrohr;
3 – Dichtung;
4 – Ölwanne;
5 – Ölablaßschraube.

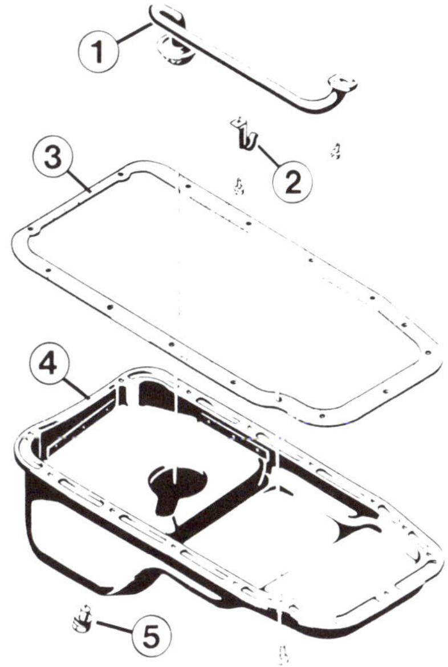

○ Eventuell muß anhaftendes Lagermetall vom Kurbelwellenzapfen entfernt werden.
○ In jedem Fall die Pleuelbohrung am defekten Lager vermessen lassen. Meist muß die Pleuelbohrung nachgebohrt werden – ein Fall für den Motoreninstandsetzer.

Pleuellager ersetzen

Für diese Reparatur brauchen Sie Pleuellagerschalen, die es als Ersatzteile im »Normalmaß« und in zwei »Untermaßstufen« gibt. Deswegen ist nach dem Ausbau das notwendige Maß genauestens zu ermitteln. Außerdem werden neue Befestigungsmuttern für die Lagerdeckel sowie eine neue Ölwannendichtung benötigt.

● Wagen aufbocken, besser über Arbeitsgrube fahren.
● Motoröl ablassen (Seite 20).
● Ölwanne abbauen.
● Kurbelwelle so drehen, daß zwei Kolben in UT stehen, also die Pleuellager von Zylinder 1 und 4 oder von 2 und 3 unten sind.
● Pleuellagerdeckelmuttern abschrauben.
● Lagerdeckel abnehmen und so ablegen, daß Reihenfolge und -stellung beim Einbau eingehalten werden können.
● Untere Lagerschale abnehmen.
● Kurbelwelle ein kleines Stück weiter- und dann zurückdrehen.
● Am Pleuel eines um etwa 10 mm höher geschobenen Kolbens die obere Lagerschale abnehmen. Dazu die Unterkante der Schale mit einem Schraubenzieher nach oben drücken. Sie rutscht um den Kurbelwellenzapfen herum und kann abgenommen werden.
● Obere Lagerschale auf den Kurbelwellenzapfen legen und in die Position zum Pleuel bringen.
● Kurbelwelle langsam drehen, bis Lagerzapfen mit Lagerschale richtig am Pleuel anliegen.
● Untere Lagerschale in den Lagerdeckel legen.
● Deckel mit Schale über die Pleuelschrauben schieben.
● Muttern in zwei Durchgängen anziehen.
● **1. Durchgang:** 1,6-Liter-Motor 35 Nm, 1,8-Liter- und 2,0-Liter-Motor 65 Nm.
● **2. Durchgang:** Muttern 30° bis 45° weiterdrehen.
● Kurbelwelle um 180° drehen und die Arbeit an den beiden anderen Zylindern wiederholen.
● Ölwanne befestigen.
● Motoröl einfüllen.

Motorschaden

Ein Schaden am Motor muß die Haushaltskasse nicht gleich plündern. Unsere Liste soll Ihnen helfen, die wirtschaftlichste Methode herauszufinden, wie Sie Ihrem Opel wieder auf die Sprünge helfen können:
○ Der Motor wird selbst repariert. Das lohnt sich z. B. bei einer defekten Zylinderkopfdichtung. Die Reparaturen, die Sie dabei mit etwas Geschick und Geduld selbst ausführen können, sind hier im Buch beschrieben. Nicht sinnvoll ist der Einbau neuer Lager an einer Kurbelwelle mit Riefen oder der Wechsel von Kolben bzw. Kolbenringen bei Zylindern mit Laufspuren. Das sind Arbeiten für eine Motorinstandsetzungsfirma.
○ Der Motor wird selbst teilweise zerlegt und dann zu einem Motor-Reparateur gebracht, der den eigentlichen Schaden behebt. Beispiel: Der Motor wird selbst ausgebaut, der Zylinderkopf abgenommen, und die Werkstatt lagert die Kurbelwelle neu. Wichtig ist hier allerdings ein Kostenvergleich.
○ Komplett- oder Teilüberholung des Motors durch eine Motorinstandsetzungsfirma. Viele Werkstätten dieser

Branche haben sich zu einer Gütegemeinschaft zusammengeschlossen: Verband der Motorinstandsetzungsbetriebe e.V., Goldene Pforte 1, 5800 Hagen. Sie garantieren Motorreparaturen nach bestimmten Qualitätsrichtlinien.

○ Kauf eines Teile-Motors bei einer Opel-Werkstatt oder Instandsetzungsfirma. Der Teile-Motor besteht aus Motorblock mit Kolben, Pleuelstangen, Kurbel- und Nockenwelle mit sämtlichen Lagern, Kurbel- und Nockenwellenrad, Ölpumpe und einem Satz Dichtungen. Zylinderkopf, Ölwanne, Vergaser bzw. Einspritzanlage, Zündverteiler und Nebenaggregate werden von dem alten Motor übernommen. Letzterer wird zurückgegeben. Die Montagearbeiten sind umfangreich, deshalb rechtzeitig prüfen und kalkulieren, ob nicht besser die Werkstatt in Anspruch genommen wird.

○ Kauf eines kompletten Austauschmotors bei einem Opel-Dienst, der dort möglicherweise angeboten wird. Er lohnt sich aber bei einem älteren oder schlecht erhaltenen Fahrzeug nicht mehr.

○ Ein gebrauchter Motor von der Autoverwertung. Achten Sie dann aber genau auf die Kenndaten des Motors (Seite 25), damit Sie kein falsches Triebwerk einbauen. Angegebene Kilometerlaufleistungen sind mit einer gewissen Skepsis zu betrachten. Günstig ist es, wenn Sie den Motor noch im eingebauten Zustand laufen hören können. Seriöse Firmen geben eine Garantie auf die Motoren oder legen ein (hoffentlich echtes) Kompressionsdiagramm vor.

Motor aus- und einbauen

Der Motor wird ohne Getriebe nach oben herausgehoben. Dazu brauchen Sie einen Flaschenzug, den Sie in ausreichender Höhe stabil aufhängen können. Günstig ist auch ein »vorbelasteter« Helfer. Schauen Sie sich vor der Arbeit die Motorraum-Schaubilder auf den Seiten 10 bis 12 an, dort sind viele der im nachfolgenden Text beschriebenen Bauteile gezeigt.

Da im Vectra eine Vielzahl von elektrischen Leitungen und Unterdruckschläuchen eingebaut ist, sollten Sie als erstes diese so kennzeichnen, daß sie anschließend wieder an der richtigen Stelle angeschlossen werden.

Ausbau

- Batterie ausbauen.
- Motorhaube abmontieren (Seite 248).
- Kühlmittel ablassen und auffangen (Seite 54).
- Unteren und oberen Kühlmittelschlauch ausbauen.
- Kühlmittelschlauch am Ausgleichbehälter lösen und abziehen.
- Wasserschlauch zur Heizung vom Rohrbogen am Motor abbauen.
- 1,6- und 1,8-Liter: Wasserschlauch am Ansaugrohr ausbauen.
- Luftfiltergehäuse und wo vorhanden den Luftansaugschlauch abmontieren.
- Kraftstoffvor- und Rücklaufleitung markieren und abbauen.
- Alle elektrischen Leitungen, die vom Motor zur Karosserie führen, kennzeichnen und ausstecken.
- Genauso ist mit den Unterdruckleitungen zu verfahren.
- Hauptzündkabel abziehen.
- Gaszug aushängen und vom Widerlager trennen.
- Keilriemen der Lichtmaschine entspannen und ausbauen.
- Pumpe der Servolenkung am Motor abschrauben (Seite 128). Leitungen der Pumpe angeschlossen lassen.
- Fahrzeug aufbocken und sichern.
- Vorderes Auspuffrohr komplett ausbauen.
- Abdeckblech der Kupplung losschrauben.
- Kupplung ausbauen (Seite 108).
- Fahrzeuge mit Automatikgetriebe: Drehmomentwandler durch Lösen von drei Befestigungsschrauben von der Antriebsscheibe abnehmen. Dazu die Kurbelwelle jeweils ⅓ Umdrehung weiterdrehen.
- 1,8- und 2,0-Liter: Motoröl ablassen und Ölfilter abschrauben. Kurbelwellenriemenscheibe lösen und vom Zahnriemen-Antriebsrad abziehen.
- Untere Befestigungsschrauben des Getriebegehäuses am Motorblock herausdrehen.
- Fahrzeug wieder absenken.
- Stabile Drahtseile oder Ketten an den Halteösen links und rechts am Zylinderkopf einhängen und mit dem Haken des Flaschenzugs verbinden.
- Motor etwas anheben, bis die Motorlager entlastet sind.
- Getriebegehäuse von unten stabil unterbauen, damit es beim Herausheben des Motors nicht nach unten absackt.
- Obere drei Befestigungsschrauben des Getriebegehäuses am Motorblock herausdrehen.
- Rechten Motordämpfungsblock vom Längsträger abmontieren.
- Motorhalterungen vom Motorblock losschrauben.
- Nochmals prüfen, ob alle Verschraubungen, Schlauch- und Kabelverbindungen gelöst wurden.
- Motor vom Getriebe abdrücken und nach oben herausheben. 1,6-Liter: Während des Heraushebens des Motors Pumpe der Servolenkung nach vorn ziehen.

Das Foto zeigt die Aufhängung des Motors vorn rechts: Der Motorträger (2) stützt sich über ein elastisches Gummimetallager (1) auf dem Rahmenträger (3).

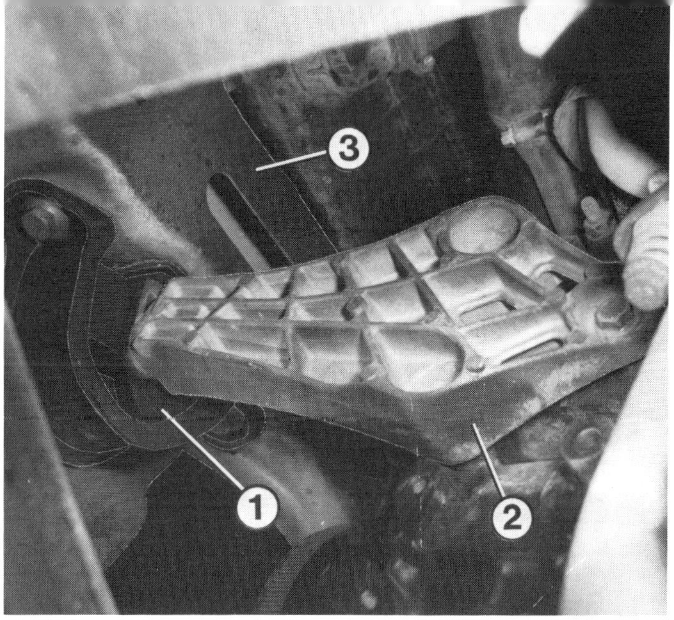

Einbau

- Sinngemäß wird in umgekehrter Reihenfolge des Ausbaus vorgegangen.
- Achten Sie beim Einbau des Motors, daß keine Kabel, Leitungen oder Schläuche eingeklemmt werden.
- Anzugsdrehmomente der Schrauben beachten.
- Die Befestigungsschrauben des Motordämpfungsblocks sind durch neue zu ersetzen.
- Ausrücklager auf Verschleiß prüfen; wenn es rauh läuft, ersetzen (Seite 109).
- Ausrücklager und Verzahnung der Antriebswelle mit MoS_2-Fett schmieren.
- Verschleiß der Kupplungs-Mitnehmerscheibe prüfen.
- Motoraufhängung zwecks spannungsfreiem Einbau noch nicht endgültig festziehen.
- Motor erst mit noch losen Schrauben kräftig hin und herrütteln. Erst dann die Schrauben anziehen.
- Auspuff spannungsfrei einbauen.
- Kühlsystem befüllen und entlüften.
- 1,8- und 2,0-Liter: Motoröl einfüllen.
- Zuletzt noch folgende Punkte vor, während bzw. nach der Probefahrt kontrollieren: Funktionieren Instrumente und Anzeigen? Arbeitet die Lenkanlage richtig? Tritt auch nirgends Öl, Kraftstoff oder Kühlmittel aus?

Anzugsdrehmomente

Bauteile	Nm
Getriebe an Motorblock	75
Motorhalterungen an Motorblock	60
Rechten Motordämpfungsblock an Längsträger	65
Drehmomentwandler an Antriebsscheibe	50
Kurbelwellen-Riemenscheibe an Zahnriemen-Antriebsrad (1,8- und 2,0-Liter)	20
Vorderes Auspuffrohr an Krümmer	25
Servopumpe an Motorblock	30
Abdeckblech an Getriebegehäuse	7

Nichts wie raus

Unangenehmes muß schnell verschwinden – doch auf saubere Weise und ohne allzuviel Aufhebens zu verursachen.
Das ist kein Politiker-Grundsatz, sondern die Aufgabe der Auspuffanlage. Sie leitet die Abgase nach hinten, reinigt sie mit dem Katalysator und dämpft das Verbrennungsgeräusch.

Die Teile der Auspuffanlage

Beim Vectra besteht die Auspuffanlage aus folgenden Bauteilen:
○ Am Zylinderkopf ist der **Auspuffkrümmer** befestigt.
○ Es folgt das **Abgasrohr vorn**. Es ist beim 1,6-Liter-Vectra mit Katalysator als Einfachrohr ausgeführt. Alle andere Modelle besitzen ein Doppelrohr.
○ Die nächste Abgasstation ist der **Katalysator**. Bei den im Buch beschriebenen Fahrzeugen ohne Kat ist an dieser Stelle das Rohrstück des nachfolgenden Mittelschalldämpfers verlängert ausgeführt.
○ **Mittel- und Nachschalldämpfer** schließen sich an. Miteinander verbunden sind sie durch ein langes Rohrstück, das am Mittelschalldämpfer angeschweißt ist.

Die Auspuff-Lebensdauer

Die Auspuffkorrosion nimmt mit sinkender Abgastemperatur zu. Langstreckenbetrieb mit voll durchgewärmtem Motor und heißen Abgasen setzt der Auspuffanlage kaum zu. Anders dagegen andauernde Stadtfahrten mit meist unterkühltem Triebwerk. Das bewirkt, daß in den Schalldämpfern Kondenswasser auftritt. Es vermischt sich mit Verbrennungsrückständen zu aggressiven Säuren und läßt das Auspuffblech von innen nach außen durchrosten.
Unabhängig von der Fahrweise fördern Spritz- und Salzwasser den Rostfraß von außen. Steinschlag oder Aufsetzen auf hartem Untergrund wirkt ebenso lebensverkürzend wie Schwingungen durch defekte oder fehlende Aufhängungsgummis bzw. eine schadhafte Motoraufhängung.

Aufhängung und Zustand der Auspuffanlage kontrollieren

Wartung Nr. 25

Die Auspuffanlage ist starr mit dem Auspuffkrümmer und je nach Motorversion zusätzlich noch durch einen Halter mit dem Getriebe verbunden. Am Fahrzeugboden hängt die Anlage frei schwingend in Gummischlaufen.
● Haltegummis auf Brüchigkeit, Einrisse oder sonstige Schäden überprüfen, ggf. ersetzen.
● Verschraubungen am Auspuffkrümmer und, wo vorhanden, an der Halterung und am Gelenkflansch auf festen Sitz kontrollieren, aber nicht mit Gewalt »anknallen«.
● Mit einem Lappen in der Hand bei laufendem Motor das Auspuffendrohr zuhalten. Der Motor muß nach kurzer Zeit stehenbleiben.
● Hören Sie zischende Geräusche und läuft der Motor ungestört weiter, ist die Anlage an der Geräuschstelle undicht.
● Ein dumpferer Auspuffton als gewöhnlich und Knallen im Schiebebetrieb weist auf einen durchgerosteten Auspuff hin.
● An den Nahtstellen sind die Schalldämpfer zuerst rostgefährdet. Sollen sie noch einige Zeit halten, muß dieser Bereich auch einer sanften Klopfprobe mit dem Schraubenzieher standhalten.

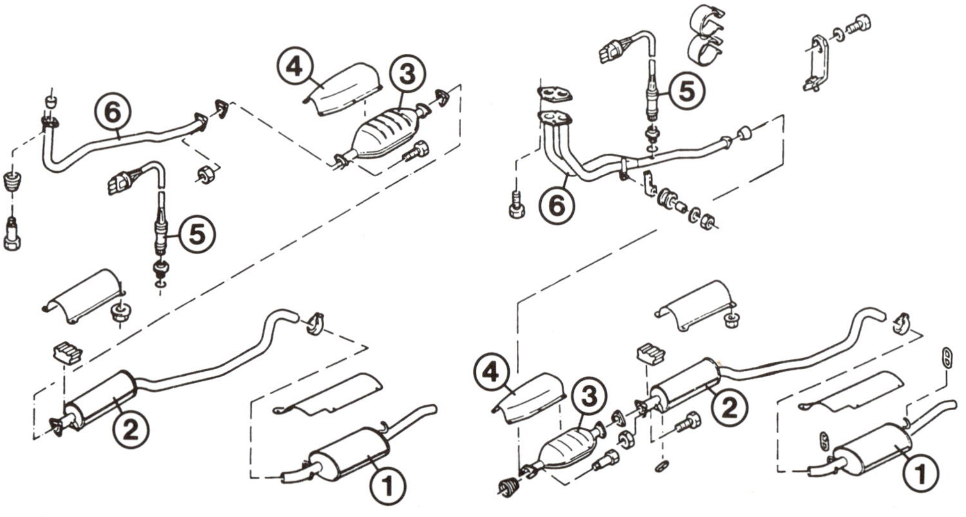

Die Teile der Auspuffanlage. Links der 1,6-Liter-Motor, rechts der 2,0-Liter-Motor. Es bedeuten:
1 – Nachschalldämpfer;
2 – Mittelschalldämpfer;
3 – Katalysator;
4 – Abschirmblech;
5 – Lambda-Sonde;
6 – Abgasrohr vorn.

Links: Bei Fahrzeugen mit 1,6-Liter-Motor ist das vordere Abgasrohr mit federbelasteten Schrauben (Pfeile) versehen und damit elastisch gehalten, damit keine Schwingungsrisse auftreten. Rechts: In der Mitte ist die Auspuffanlage mit zwei Haltegummis (Pfeile) an der Wagenunterseite aufgehängt.

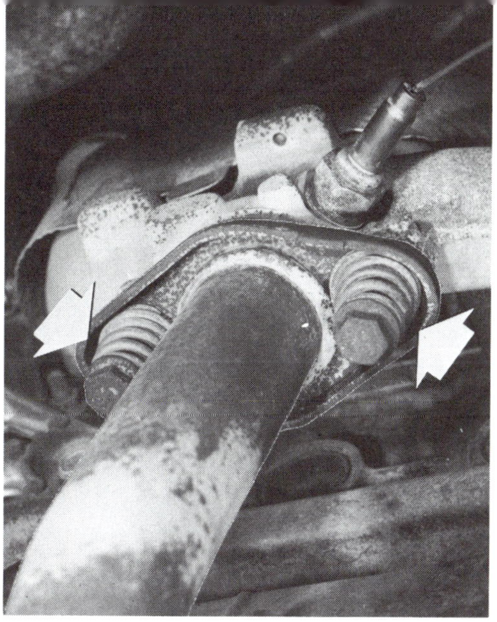

Auspuffanlage erneuern

Reparaturen an einer durchgerosteten Auspuffanlage sind meist nur kurzer Erfolg beschieden. Auf rostgeschwächtem Blech kann nicht mehr geschweißt werden. Auspuffkitt und Bandagen sind zwar recht dauerhaft, aber das Blech bricht bald neben der Reparaturstelle aus.
Ganz selten sind beide Schalldämpfer gleichzeitig austauschreif. Hat man einen Schalldämpfer ersetzt, gibt boshafterweise wenige Monate später der andere den Geist auf. Werkstätten wechseln die Auspuffanlage gleich komplett aus. Das empfehlen wir nicht so unbesehen:

- Klopfen Sie den ausgebauten, noch intakten Schalldämpfer mit einem Hammer rundum gründlich ab, auch an den Stirnseiten. Dabei nicht zu zaghaft hämmern.
- Klingt es bei jedem Schlag hell, ist das Blech noch gesund.
- Wird das Klopfgeräusch an manchen Stellen dumpfer, ist die Außenhaut bereits geschwächt und wird bald durchbrechen; besonders wenn die salzhaltige kalte Jahreszeit herrscht.
- Für den Ersatzteilkauf gilt, daß Dichtung(en), Schrauben und Muttern durch neue ersetzt werden müssen.

Auspuffanlage ausbauen

- Zu allen Arbeiten an der Auspuffanlage muß der Wagen absolut rüttelsicher aufgebockt sein, daß er nicht kippen kann – auch bei heftigem Drehen oder Zerren an den Rohren.
- Wenn sich beim Demontieren eine Verschraubung nicht lösen läßt, sollten Sie sie durch Überdrehen abreißen. Beim Einbau werden grundsätzlich neue Schrauben, Muttern und Dichtungen verwendet.
- Haltegummis ebenfalls austauschen.
- Einzelteile der Auspuffanlage hinten beginnend ausbauen. Dazu stets nur die angrenzenden Befestigungsteile lösen.
- Zum Abnehmen der Haltegummis Blechzungen der Aufhängung mit einer Zange umbiegen.
- Bei Fahrzeugen mit Katalysator Kabelsteckverbindung der Lambda-Sonde trennen und Sonde aus dem vorderen Auspuffrohr herausdrehen.

Ausbau des Nachschalldämpfers: Verschraubung der Rohrschelle (3) lösen. Blechzungen (Pfeile) umbiegen und Haltegummis (2) abnehmen. Nachschalldämpfer (1) durch Hin- und Herdrehen vom Rohr des Mittelschalldämpfers abziehen.

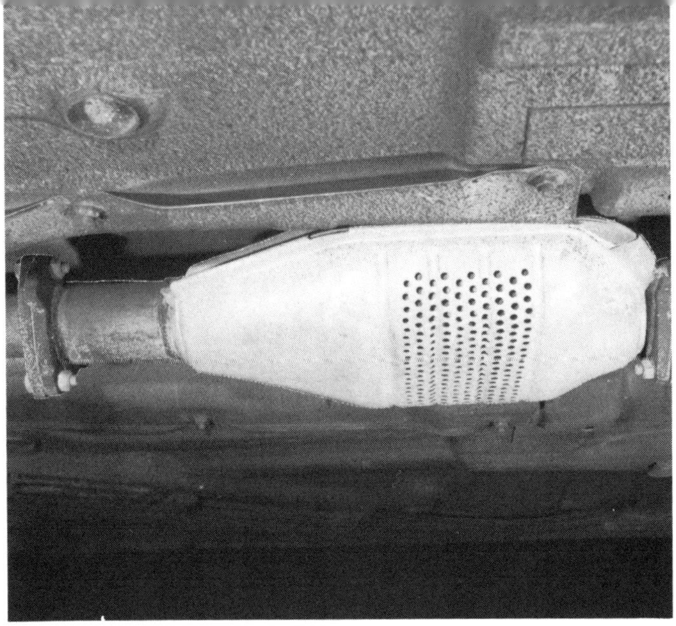

Der Katalysator ist vorn am Abgasrohr und hinten am Rohrstück des Mittelschalldämpfers angeflanscht.

● Steckverbindungen der Rohrstutzen lassen sich am besten im erhitzten Zustand trennen. Die Werkstatt verwendet hierzu einen Schweißbrenner. Auch ein Heißluftfön kann genügen.
● Kalt geht es allenfalls unter Zuhilfenahme von Rostlösemittel.
● Ineinandergesteckte Rohre werden durch kräftige Drehbewegungen oder Hammerschläge getrennt. Hilft das nicht, wird die Rohrverbindung des defekten Schalldämpfers knapp 10 cm hinter der Verbindungsstelle abgesägt.
● Den verbleibenden Rohrrest mit der Metallsäge in Längsrichtung aufsägen und mit einem kräftigen Schraubenzieher aufhebeln.

Auspuffanlage einbauen

● Die Verschraubungen der Auspuffanlage lassen sich beim nächsten Mal leichter lösen, wenn die Gewinde beim Einbau mit Kupferfett bestrichen wurden. Gleiches gilt für das Gewinde der Lambda-Sonde.
● Auch zwischen die Rohrverbindungen können Sie solches hitzebeständiges Fett streichen, damit sie sich später wieder leichter trennen lassen.
● Beim Einbau ist auf spannungsfreie Ausrichtung der Anlage zu achten.
● Teile provisorisch zusammenstecken, Halteschellen aber gleich über die Rohre streifen und ausrichten. Flanschverbindungen noch nicht festziehen.
● Auspuffanlage mit ihren Haltegummis am Wagenboden aufhängen.
● Die Gummiringe sollen unter gleichmäßigem Zug stehen.
● Die Auspuffanlage muß auch genügend Abstand zur Karosserie haben. Durch Drehen bzw. Verschieben Rohre und Dämpfer in Längsrichtung auf gleichmäßigen Abstand zur Karosserie bringen.
● Verschraubungen festziehen, siehe Tabelle unten. Blechzungen an der hinteren Gummiaufhängung durch Umbiegen sichern.
● Stellt sich bei einer anschließenden Probefahrt heraus, daß die Auspuffanlage doch irgendwo anschlägt, Klemmschellen nochmals lösen (Vorsicht an den heißen Rohren!) und Auspuffanlage erneut ausrichten.

Fingerzeige: Eine verspannt eingebaute Auspuffanlage macht sich durch Brumm- oder Dröhngeräusche bemerkbar. Außerdem können die inneren Spannungen Risse verursachen.
Geringe Undichtigkeiten an einer der Steckverbindungen des neuen Auspuffs können mit Auspuffdichtmasse behoben werden.

Anzugs-drehmomente

Bauteil	Nm
Klemmschellen	25
Flanschverschraubung	25
Verschraubung Kugelgelenk	12
Lambda-Sonde in Auspuffrohr	30
Vorderes Auspuffrohr an Halter	20

Saubere Sache

Benzin besteht im wesentlichen aus den Elementen Kohlenstoff und Wasserstoff. Wenn das Benzin im Motor verbrannt wird, verbindet sich der Kohlenstoff mit dem Luftsauerstoff zu **Kohlendioxid** (chemische Kurzformel CO_2), und der Wasserstoff vereinigt sich mit Sauerstoff zu **Wasser** (H_2O). Aus einem Liter Benzin entstehen rund 0,9 Liter Wasser, das Sie aber gewöhnlich nicht sehen, da es durch die Verbrennungswärme unsichtbar-dampfförmig dem Auspuff entweicht. Nur bei kaltem Motor, zumal in der kalten Jahreszeit sehen Sie weiße Auspuffwolken vom kondensierenden Wasser.
Diese Verbrennungsprodukte bilden sich, wenn Luft und Kraftstoff im optimalen Verhältnis (14,7:1) gemischt sind. Das ist leider fast nie der Fall. Deshalb entstehen auch Schadstoffe.

Was stößt der Motor aus?

○ **Kohlenmonoxid** (CO) ist wohl die bekannteste Verbindung, denn der CO-Gehalt wird bei der Leerlaufeinstellung gemessen. Es entsteht um so mehr, je fetter, also kraftstoffreicher das Benzin/Luft-Gemisch ist. Mageres Gemisch, genaue Zündeinstellung und gleichmäßige Gemischverteilung im Verbrennungsraum ermöglichen einen niedrigen CO-Anteil.
○ Unverbrannte **Kohlenwasserstoffe** (HC) entstehen, wenn die von der Zündkerze entzündete Flammenfront an kalten Wandungen und engen Winkeln im Brennraum erlöscht. Zu fettes oder zu mageres Gemisch erhöht den Ausstoß der Kohlenwasserstoffe. Der HC-Anteil ist z. T. bereits durch die Motorkonstruktion bestimmt, er kann später nur gering beeinflußt werden.
○ **Stickoxide** (NO_x) bilden sich vor allem durch den zu über ¾ in der Verbrennungsluft enthaltenen Stickstoff. Ihr Anteil ist besonders hoch bei einer Auslegung des Motors für geringen Kraftstoffverbrauch und geringen CO- sowie HC-Ausstoß: Hohe Verbrennungstemperaturen und mageres Kraftstoff/Luft-Gemisch.
○ **Bleiverbindungen** werden dem herkömmlichen, bleihaltigen Kraftstoff als Antiklopfmittel zugesetzt, siehe Seite 60. Rund 75% davon werden zum Auspuff hinausgeblasen.
○ **Schwefeldioxid** (SO_2) bildet sich lediglich bei den Dieselmotoren.

Was ist wie gefährlich?

○ Kohlenmonoxid ist giftig und kann beim Einatmen in geschlossenen Räumen zum Tod führen. In der Luft verbindet sich das Kohlenmonoxid relativ schnell mit Sauerstoff zu Kohlendioxid (CO_2).
○ Die Kohlenwasserstoff-Verbindungen sind der Übersichtlichkeit wegen zusammengefaßt, wobei die Bandbreite von harmlos bis möglicherweise krebserregend reicht. In der Luft sind die Kohlenwasserstoffe mit den Stickoxiden für Bildung von Smog (schwer lösbare Abgasnebelwolken) verantwortlich.
○ Stickoxide können bei entsprechender Konzentration zu Reizungen der Atmungsorgane führen.
○ Die Bleiverbindungen lagern sich in der Umgebung ab und werden u.a. mit der Nahrung im Körper aufgenommen, aber nicht mehr ausgeschieden. Das ist bei höheren Konzentrationen gesundheitsgefährlich, weshalb der Verkauf von unverbleitem Benzin gefördert wird.

»Saurer Regen«

Der Anteil der in der Atmosphäre vorhandenen Schadstoffe, die auch für die Bildung von saurem Niederschlag verantwortlich sind, ist wie folgt (auf ganze Zahlen gerundet):
○ Schwefelverbindungen (SO_2): 35% natürlicher Ursprung, 65% menschliche Aktivität – davon 97% Kraftwerke, Industrie und Heizung, 3% Verkehr (Dieselfahrzeuge).
○ Stickoxide (NO_x): 95% natürlicher Ursprung, 5% menschliche Aktivitäten (knapp die Hälfte Verkehr).

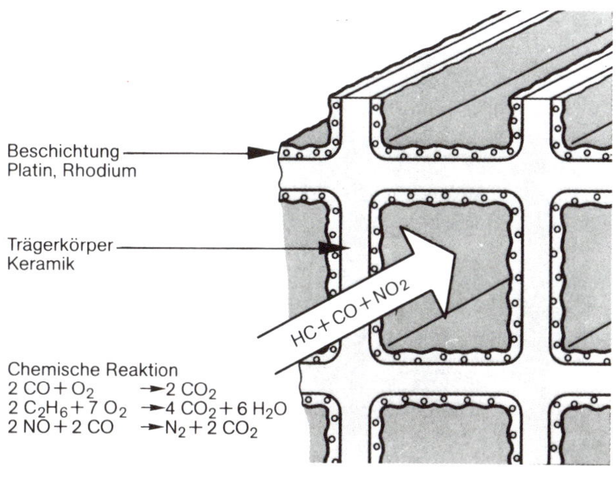

Hier wird die Wirkungsweise des Dreiwege-Katalysators gezeigt: Das Abgas mit seinen Schadstoffen (Pfeil) strömt durch die vielen Kanäle im Keramikteil und kommt dort mit den katalytisch wirksamen Edelmetallen Platin und Rhodium in Berührung.
Die Reaktionsgleichung beschreibt, wie durch Oxidation CO und HC unschädlich gemacht werden. Das Stickoxid (NO) wird durch Abspaltung von Sauerstoff (Reduktion) in harmlose Verbindungen umgewandelt.

Abgas-Entgiftung

Funktion des Katalysators

Ein Katalysator ist in der Chemie ein Stoff, der eine chemische Reaktion einleitet oder beschleunigt. Dabei bleibt der Katalysator in seiner Zusammensetzung unverändert.
Im Auto verstehen wir unter dem Katalysator ein mit den Edelmetallen Platin und Rhodium beschichtetes Keramik-Bauteil samt der Umhüllung, die einem Auspufftopf ähnelt. Das auf Drahtgeflecht gelagerte Keramik-Bauteil ist von mehreren tausend parallel verlaufenden Kanälen durchzogen. Auf die Wandungen der Kanäle ist eine Zwischenschicht zur Oberflächenvergrößerung (der sogenannte wash-coat) aufgetragen. Er vergrößert die aktive Katalysatorfläche etwa auf die Größe eines Fußballfeldes.
Die katalytisch wirkenden Substanzen sind Platin (5 Teile) und Rhodium (1 Teil). Von diesen Edelmetallen enthält der Katalysator 2–3 Gramm. Wobei das Platin die Oxidation und das Rhodium die Stickoxid-Reduktion unterstützt.
Mit dem Dreiwege-Katalysator rückt man den Schadstoffen Kohlenmonoxid, Kohlenwasserstoff und den Stickoxiden zu Leibe:

- Es werden **Kohlenmonoxid und Kohlenwasserstoffe** durch Oxidation mit Sauerstoff zu Kohlendioxid (CO_2) umgewandelt.
- Zum Abbau der **Stickoxide** wird ein Mittel gebraucht, welches den Sauerstoff entzieht. Wie aus der Reaktionsgleichung im Bild auf der Vorseite zu sehen ist, kann der Schadstoff Kohlenmonoxid dieses Mittel sein. Dabei entsteht Stickstoff (N_2) und wieder CO_2. Beides ungefährlich.

Fingerzeige: Im einzelnen beträgt die Verringerung der Schadstoffe beim geregelten Katalysator: Kohlenmonoxid 85%, Kohlenwasserstoffe 80%, Stickoxide 70%. Dabei ist berücksichtigt, daß der Katalysator mit zunehmender Laufleistung einen Teil seiner Wirkung einbüßt.
Im Zusammenhang mit dem Katalysator tauchen oft weitere Begriffe auf: »Einbett«-Katalysator bedeutet, daß der Keramikkörper des Katalysators in ein geschlossenes Gehäuse (mit einer Metallwolle-Zwischenlage) eingebettet ist. Ein »Zweiwege«-Katalysator kann nur zwei Schadstoffen im Abgas zu Leibe rücken, der »Dreiwege«-Katalysator (im Vectra eingebaut) dagegen drei.

Arbeitsbereich

Der Katalysator arbeitet nur in einem schmalen Bereich mit hohem Wirkungsgrad. Das Kraftstoff/Luft-Verhältnis muß dazu in einem genauen Verhältnis zueinander stehen. Ideal ist die Zusammensetzung bei $\lambda = 1$. Die größte Schwierigkeit bei der Katalysatortechnik ist es, dieses Verhältnis bei jedem Betriebszustand einzuhalten. Das ist Sache der Lambda-Regelung (siehe folgenden Abschnitt).
Ehe der Kat arbeiten kann, muß er eine Anspringtemperatur von etwa 300°C erreichen. Die sind normalerweise nach 25–80 Sekunden erreicht, im Stadtverkehr können aber auch drei Minuten vergehen, ehe die notwendige Temperatur erreicht ist. Der Katalysator ist aber andererseits überhitzungsempfindlich. Steigen die Temperaturen im Kat über 900°C, setzt eine verstärkte Alterung ein. Ab 1200°C wird er auf Dauer zerstört. Für den Katalysator ist unverbleiter Kraftstoff unbedingt erforderlich. Blei würde die Oberfläche im Katalysator schnell verstopfen, und die Abgase könnten die katalytisch wirkenden Substanzen nicht mehr erreichen. Versuche haben gezeigt, daß bereits nach einer Tankfüllung Kohlenmonoxid kaum noch abgebaut wird. Nach 2–3 Tankfüllungen werden auch die restlichen Schadstoffe nicht mehr abgebaut. Der Katalysator ist vergiftet.

Funktion der Lambda-Sonde

Die Lambda-Sonde (auch Sauerstoffsonde bzw. O_2-Sonde genannt) ist vor dem Katalysator in den Auspuffkrümmer bzw. das Auspuffrohr eingeschraubt. Die Sonderkeramik der Sonde ist außen dem Abgas ausgesetzt und steht an ihrer Innenseite mit der Umgebungsluft in Verbindung.

- Durch den unterschiedlichen Sauerstoffgehalt in Abgas und Außenluft erzeugt die Sonde eine Spannung, die bei einem bestimmten Rest-Sauerstoffgehalt im Abgas steil ansteigt. Dieser Spannungssprung findet genau bei einem Kraftstoff/Luft-Verhältnis von $\lambda = 1$ statt. Bei Sauerstoffmangel (λ kleiner 1), also bei fettem Gemisch, beträgt die Spannung 0,9–1,1 Volt. Bei magerem Gemisch (λ größer 1) werden um 0,1 Volt erreicht.
- Die Lambda-Signale werden zum Steuergerät der Einspritzung geleitet. Von dort aus wird die Gemischaufbereitung beeinflußt, um das Kraftstoff/Luft-Verhältnis möglichst nahe an $\lambda = 1$ zu halten.
- Die Lambda-Sonde reagiert auf Sauerstoffschwankungen in Abhängigkeit ihrer Betriebstemperatur unterschiedlich schnell: Bei 300°C hat sie ca. 1 Sekunde, bei 600°C hat sie weniger als 50 Millisekunden Reaktionszeit.
- Durch eine eingebaute Heizung wird die günstigste Betriebstemperatur von ca. 600°C schneller erreicht. Eine Lambda-Sondenheizung besitzen alle 2,0-Liter-Modelle.

Fahren mit Katalysatorfahrzeugen

In der Betriebsanleitung sind zahlreiche Hinweise für Katalysator-Fahrzeuge aufgeführt. Besonders **gefährlich ist unverbranntes Gemisch**, das sich im heißen Katalysator entzündet und so die Temperaturen in gefährliche Höhen ansteigen läßt. Folge: Der Katalysator kann teilweise schmelzen und wird dadurch funktionsunfähig.

Links: Beim 1,6- und 1,8-Liter-Vectra sitzt die Lambda-Sonde vorn im Auspuffkrümmer.
Rechts: Beim 2,0-Liter-Vectra sitzt die Lambda-Sonde dagegen im Endstück des Abgasrohrs unten am Fahrzeugboden.

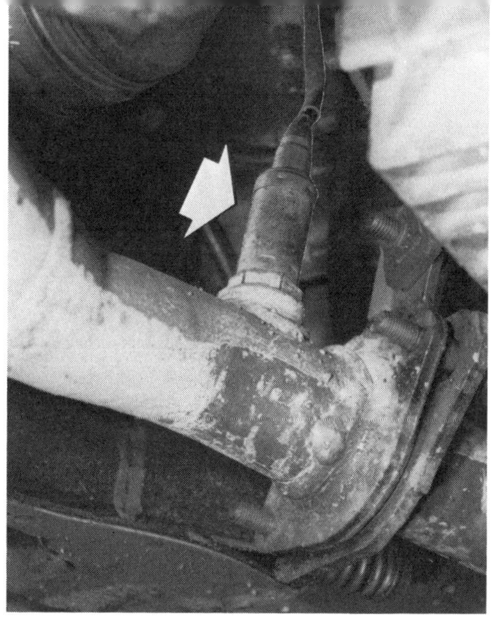

Deshalb:

○ Das Anrollenlassen, Anschieben oder Anschleppen des Wagens ist problemlos, wenn der Anlasser wegen einer leeren Batterie den Motor nicht zum Laufen brachte.

○ Anschleppen über lange Distanzen – was z. B. bei defekter Zündung der Fall sein könnte – ist nicht zulässig. Denn so gerät eine große Menge unverbrannter Kraftstoff in die Abgasanlage, was besonders bei noch betriebswarmem Kat schädliche Folgen hat.

○ Lassen Zündaussetzer oder Fehlzündungen auf einen Defekt an der Zündanlage schließen, diese sofort überprüfen (lassen). Auf der Weiterfahrt hohe Drehzahlen vermeiden.

○ Ungefährlich sind kleine Mengen unverbrannten Gemisches, besonders, wenn sie in den kalten Kat gelangen. Das passiert oft bei Werkstattarbeiten, wie z. B. Messen des Kompressionsdrucks.

○ Zu einem Überhitzen des Kat kann es auch bei Dauervollgas nicht kommen, denn der höhere Gasdurchsatz wirkt gewissermaßen kühlend auf den Katalysator. Dieser ist nämlich durch die »Nachverbrennung« in seinem Innern stets viel heißer als die vom Motor kommenden Abgase.

Außerdem:

○ Im Hochsommer nach wochenlanger Trockenheit beim Parken den Wagen nicht über trockenem Laub, Heu o. ä. abstellen. Unter besonders ungünstigen Umständen könnte es zu einer Entzündung unter dem Wagen kommen.

○ Beim Auftragen von Unterbodenschutz darf nichts davon an den Katalysator oder die Hitzeschutzschilde über der Auspuffanlage geraten.

○ Kontrollieren Sie gelegentlich bei aufgebocktem Fahrzeug, ob die Hitzeschutzbleche nicht beschädigt oder verloren gegangen sind.

Was sonst noch wissenswert ist:

○ Hoher Ölverbrauch ist für den Kat weitgehend unschädlich. Da Motoröl wie Kraftstoff aus Kohlenwasserstoffen besteht, behandelt der Kat verbranntes Öl genauso wie verbrannten Kraftstoff.

○ Additive in Kraftstoffen und Motorölen schädigen den Kat nicht. Ganz sicher ist das, wenn die Betriebsstoffe von Opel freigegeben sind.

○ Defekte an Kat oder Lambda-Sonde lassen sich leider nur in recht aufwendigen Abgastests nachweisen. Ein thermisch beschädigter Katalysator ist dagegen an Klappergeräuschen zu erkennen. Der Keramik-Träger des Kat schrumpft durch das teilweise Schmelzen, was zur Folge hat, daß er sich lose im Blechmantel bewegt.

Fingerzeig: Kat-Fahrzeuge machen gelegentlich durch stechenden Geruch auf sich aufmerksam. Was da übel riecht, sind kleinste Mengen der aus »Stinkbomben« bekannten Schwefelverbindung H_2S (Schwefelwasserstoff), die im Katalysator entstehen kann. In den im Auto auftretenden Konzentrationen ist dieses Gift jedoch völlig unschädlich. Abhilfe: Keine. Versuchsweise an einer anderen Tankstelle tanken, um weniger schwefelhaltigen Kraftstoff zu erwischen.

Wasserspiele

Auch wenn nicht jede Motorversion im Vectra als Heißsporn gelten kann, darf dennoch eine kleine Abkühlung nicht fehlen. Im Gegenteil: die Erfrischung ist lebensnotwendig für die Maschine, damit die bei der Verbrennung im Motor entstehende Wärme durch den Wasserumlauf »abtransportiert« werden kann.

So wird gekühlt

Ständig wird durch den Motor Kühlmittel gepumpt. Die Zirkulation veranlaßt die Wasserpumpe. Vom Zahnriemen angetrieben, beschleunigt sie den Wasserstrom durch ein kleines Schaufelrad an ihrer Rückseite.
Auf welchem Weg das Kühlmittel durch die zahlreichen Kanäle und Schläuche strömt, hängt von seiner momentanen Temperatur ab:

○ Bei noch nicht betriebswarmem Motor fließt das Kühlmittel im »kleinen Kreislauf«, der durch den Motor und durch den Heizungs-Wärmetauscher führt.

○ Über ca. 92°C öffnet der Thermostat den »großen Kühlwasserkreis«, der den Kühler mit einbezieht. Dort wird das Kühlmittel durch den Fahrtwind und durch den vom ggf. zugeschalteten Kühlerventilator erzeugten Luftstrom abgekühlt.

Überdruck-Kühlsystem

Die Kühlanlage faßt je nach Motor unterschiedliche Flüssigkeitsmengen:

Motor	1,6-Liter	1,8-Liter (Vergaser)	1,8-Liter (Einspritzer)	2,0-Liter
Inhalt des Kühlsystems	5,8 l	6,7 l	7,2 l	7,2 l

Diese doch recht geringe Wassermenge würde bei einer scharfen Autobahnfahrt oder einem Paßaufstieg im Hochgebirge nicht ausreichen, wäre das Kühlsystem nicht unter Druck gesetzt. In der Kühlanlage herrscht bei Betriebstemperatur ein Überdruck von **1,2–1,35 bar**. Das erhöht den Wasser-Siedepunkt von 100°C auf etwa **125°C**. Somit ist eine gewisse Reserve geschaffen. Der Motor kann also Betriebstemperaturen von über 100°C erreichen, ohne daß »Kochgefahr« im Kühlsystem besteht.
Verantwortlich für ein gutes »Arbeitsklima« des Motors sind:

○ Der Verschlußdeckel auf dem Ausgleichbehälter, der den Druck reguliert.

○ Der Thermostat, der nach dem Kaltstart die Kühlflüssigkeit nicht gleich durch den Kühler strömen läßt, sondern erst mit steigender Temperatur.

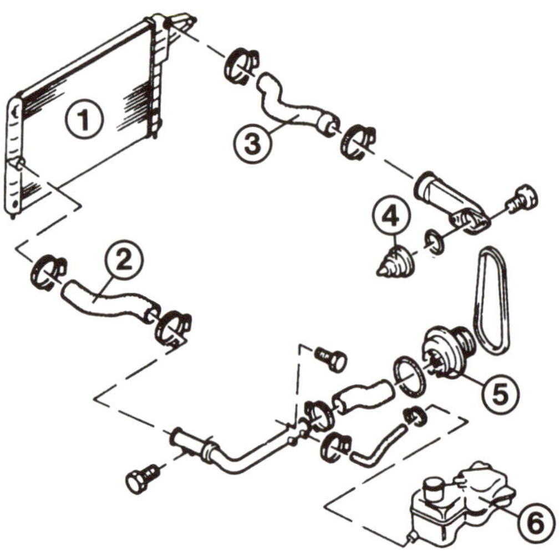

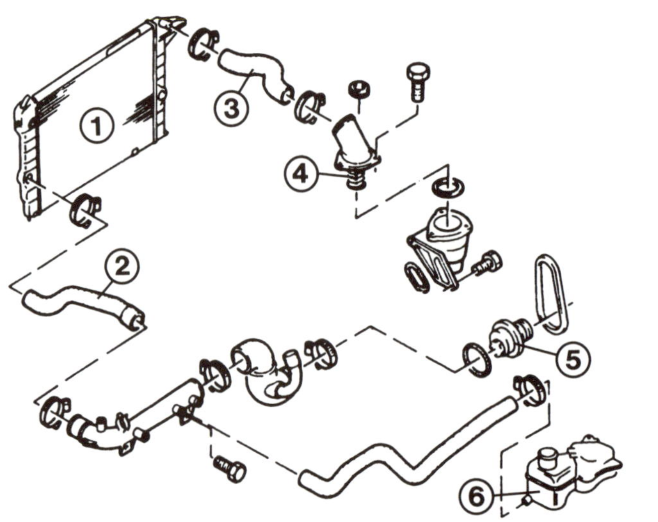

Die Teile der Kühlanlage. Links der 1,6-Liter-Motor, rechts der 1,8- und 2,0-Liter-Motor. Es bedeuten: 1 – Kühler; 2 und 3 – Wasserschläuche zum Kühler; 4 – Thermostat; 5 – Wasserpumpe; 6 – Ausgleichbehälter.

Der Verschlußdeckel (2) des Kühlmittel-Ausgleichbehälters (1) enthält das Überdruck- und das Unterdruckventil. Vorn am Behälter ist die Füllstandsmarke (3) angebracht, auf die der Pfeil mit der Schrift »KALT/COLD« deutet.

Stand der Kühlflüssigkeit prüfen

Ständige Kontrolle

Auch bei Fahrzeugen mit Check-Control, die zu niedrigen Kühlmittelstand durch Aufleuchten einer Kontrollleuchte anzeigt, sollte in regelmäßigen Abständen der Flüssigkeitsstand im Ausgleichbehälter im Motorraum kontrolliert werden.

○ Nur bei stehendem Motor läßt sich der Kühlmittelstand exakt kontrollieren.

○ Der Flüssigkeitsstand ist im durchscheinenden Ausgleichbehälter auch bei geschlossenem Deckel leicht von außen zu sehen. Er muß bei kaltem Motor etwas über der »Kalt«-Markierung (siehe Bild oben) stehen.

○ Bei betriebswarmem Motor steigt der Kühlmittelspiegel und sinkt beim Abkühlen des Motors wieder ab.

Kühlmittel nachfüllen

Merklicher Kühlmittelverlust ist ein Zeichen für eine Störung oder einen Defekt. Die Kühlflüssigkeit wird nicht verbraucht und kann im geschlossenen Kühlsystem auch nicht verdampfen. Lediglich bei Überhitzung des Motors kann etwas Kühlmittel zum Verschlußdeckel herausdrücken. Was bei Kühlmittelverlust zu tun ist, steht auf Seite 52.

● Wird der Verschlußdeckel des Ausgleichbehälters bei heißem Motor geöffnet, besteht **Verbrühungsgefahr** – deshalb äußerste Vorsicht walten lassen:

● Deckel mit Handschuh oder Lappen langsam zunächst eine Umdrehung öffnen und den Überdruck aus dem Kühlsystem entweichen lassen. Erst dann den Deckel vollends abschrauben.

● Wird nur Wasser nachgefüllt, verdünnen Sie den Frostschutz allmählich, daher evtl. gleich etwas Frostschutz mit einfüllen.

● Nicht über die Marke (siehe vorigen Abschnitt) nachfüllen; das Kühlmittel dehnt sich bei Erwärmung aus, und die Mehrmenge entweicht aus dem System.

● Kleinere Flüssigkeitsmengen können Sie sowohl bei warmem wie kaltem Motor in den Nachfüllbehälter eingießen.

● Bei erheblichem Wasserverlust und heißer Maschine kein kaltes Wasser in den Ausgleichbehälter nachfüllen. Durch den »Kälteschock« kann sich der Zylinderkopf verziehen oder der Motorblock reißen.

Fingerzeig: Mit völlig kalkfreiem Wasser, Regenwasser, destilliertem (kondensierten) oder entsalztem (ionengetauschten) Wasser tun Sie Ihrer Kühlanlage keinen Gefallen. Diese Wasserarten wirken korrosiver als normales, kalkarmes Trinkwasser, da ihnen die natürlichen neutralisierenden Stoffe fehlen.

Frostschutzmittel

Im Kühlsystem sorgt nicht allein klares Wasser für die notwendige Abkühlung des Motors, sondern eine Mischung von Frost- und Korrosionsschutz sowie Wasser. Man spricht daher auch besser von Kühlflüssigkeit oder Kühlmittel. Das Mischungsverhältnis beträgt für europäische Verhältnisse 2:3, in nordischen Ländern 1:1.

Motor	Gefrierschutz bis	Wasser	Frostschutz
1,6-Liter	-25°C -35°C	3,5 l 2,9 l	2,3 l 2,9 l
1,8-Liter (Vergaser)	-25°C -35°C	4,0 l 3,3 l	2,7 l 3,3 l
1,8-Liter (Einspritzer) und 2,0-Liter	-25°C -35°C	4,3 l 3,6 l	2,9 l 3,6 l

Als Frostschutz dient gewöhnlich Äthylenglykol – eine Flüssigkeit auf Alkoholbasis, die nicht verdampft oder verdunstet. Ebenso wichtig wie der Gefrierschutz ist auch der Korrosionsschutz. Er verhindert, daß sich im Kühlsystem Kesselstein, Rost und andere Korrosionsprodukte bilden. Das werksseitig eingefüllte Kühlmittel mit Korrosionsschutz soll deshalb auch nicht im Frühjahr abgelassen werden, sondern verbleibt ganzjährig in der Kühlanlage.

In den Opel-Werkstätten wird das eigene Frostschutzmittel mit der General-Motors-Spezifikation GM L 6368 verwendet. Wir sind in diesem Punkt nicht so markengläubig und würden jedes Gefrierschutzmittel nehmen, das auch eine Korrosionsschutzbeimischung enthält. Frostschutzmittel verschiedener Hersteller lassen sich übrigens gefahrlos mischen.

Frostschutz prüfen

Wartung Nr. 9

Zum Nachprüfen der Kühlmittel-Frostfestigkeit brauchen Sie einen Hebe-Messer (Spindel, Aerometer). Damit wird das spezifische Gewicht der Flüssigkeit gemessen. Durch unterschiedliche Zugabe von Korrosionsschutzmitteln sind die spezifischen Gewichte der einzelnen Frostschutzprodukte nicht gleich. Für eine absolut genaue Messung brauchen Sie eine auf das eingefüllte Gefrierschutzmittel abgestimmte Spindel. Im Zweifelsfall ziehen Sie vom ermittelten Wert eine Meßtoleranz von 2–3°C ab.

- Etwas Kühlmittel aus dem Ausgleichbehälter ansaugen, die Spindel muß frei schwimmen können.
- Je nach spezifischem Gewicht der Flüssigkeit taucht die Spindel mehr oder minder tief ein.
- An der Skala ablesen, wie weit der Gefrierschutz reicht.
- Manche Frostschutzprüfer haben Zeiger, an denen die Frostfestigkeit abgelesen werden kann.

Frostschutzkonzentration einstellen

Meist stellt sich heraus, daß die Konzentration des Gefrierschutzmittels nicht mehr ausreicht. Dann muß etwas Frostschutz nachgefüllt werden; grob über den Daumen gepeilt etwa 1 Liter für einen um 10°C erweiterten Gefrierschutz.

- Wanne unter den Wagen stellen.
- Unteren Wasserschlauch am Kühler abnehmen, 1 bis 2 Liter Kühlmittel ablassen.
- Schlauch wieder montieren.
- Entsprechende Menge unverdünnten Frostschutz eingießen und mit der aufgefangenen Kühlflüssigkeit nachfüllen.

Fingerzeige: Angebrochenes Gefrierschutzmittel altert, wenn es offen herumsteht. Deshalb in ein verschließbares Gefäß umfüllen, dieses beschriften und vor Kinderhänden gesichert aufbewahren.

Kühlerfrostschutzmittel ist giftig, es darf deshalb nicht einfach in die Kanalisation geschüttet werden. Stattdessen in ein gesondertes Gefäß füllen und zum Sondermüll geben (Annahmestelle bei der Gemeindeverwaltung erfragen).

Das Äthylenglykol im Frostschutz ist enorm kriechfähig. Das kann zur Folge haben, daß nach der Neubefüllung mit Gefrierschutzmittel undichte Stellen zutage treten, die bislang noch von Kalk- und Korrosionsansatz abgedichtet waren.

Kühlsystem auf Dichtheit prüfen

Wartung Nr. 15

- Schläuche am Kühler und Motor dicht, auch die dünneren zur Heizanlage und zum Ansaugrohr (1,6- und 1,8-Liter)?
- Schläuche rissig? Durch Kneten feststellen, ob die Wasserschläuche hart und spröde sind – dann umgehend austauschen.
- Sitzen die Schlauchenden nicht zu knapp auf ihren Stutzen?
- Sind die Spannschrauben der Schlauchschellen festgezogen?
- Verrostete Schlauchschellen können unvermutet und bei vollem Betriebsdruck im Kühlsystem nachgeben. Auswechseln!
- Die Werkstatt kontrolliert die Dichtheit der Kühlanlage mit einer speziellen Handluftpumpe mit Druckmesser.

Bei diesem Frostschutzprüfer wird die Gefrierschutzmittel-Konzentration nicht durch eine ein die Flüssigkeit eintauchende Spindel angezeigt, sondern durch zwei bewegliche Zeiger.

- Dieses Gerät wird auf die Ausgleichbehälteröffnung gesetzt und ein Druck von 1 bar aufgepumpt.
- Fällt der Skalenzeiger nicht innerhalb von ein bis zwei Minuten, ist das Kühlsystem dicht.

Der Kühler

Der Kühler besitzt sogenannte Wasserkästen aus Kunststoff. Diese sitzen rechts und links am Kühler. Von diesen Sammelkästen aus strömt das Kühlmittel durch die Leichtmetallröhren des Kühlers, die zur Vergrößerung ihrer Oberfläche (und damit der Kühlfläche) mit Kühlrippen versehen sind. Über die Kühlrippen kann das Kühlmittel Wärme an die Umgebung abgeben.
Bei Verdacht auf einen undichten Kühler sollten Sie in der Werkstatt die beschriebene Druckprüfung durchführen lassen. Bei einem offenkundigen Defekt können Sie den Kühler auch gleich selbst ausbauen und zur Reparatur bringen. Es gibt spezielle Kühlerwerkstätten (Branchentelefonbuch!), die solche Reparaturen durchführen.

Fingerzeig: Unsere Modelle mit Thermostat und thermostatisch gesteuertem Kühlerventilator erreichen ihre Betriebstemperatur ausgesprochen schnell. Eine Abdeckung am Kühlergrill bringt da keine Verbesserung, sondern birgt eher die Gefahr, daß der Motor bei voller Belastung auf der Autobahn bereits bei Temperaturen um den Gefrierpunkt überhitzen kann. Sinnvoll ist eine Kühlerabdeckung erst unter –20°C, also in skandinavischen Ländern.

Kühler reinigen

Vor und nach dem Sommerhalbjahr sollten die Kühlerlamellen von den dort festgesetzten Insektenleichen gesäubert werden, sonst wird die Kühlwirkung verschlechtert.

- Kühlergrill ausbauen (Seite 246).
- Angetrocknete Insektenreste mit einem eiweißlösenden Mittel einsprühen.
- Nach einer gewissen Einwirkzeit von der Kühlerrückseite her abspülen. Durch die Kühlerlamellen mit nicht zu starkem Strahl spritzen. Hartes Bürsten oder

Wenn die Kühlerlamellen derartig mit Insektenleichen zugesetzt sind, dürfen Sie sich über mangelnde Kühlleistung nicht wundern.

scharfes Werkzeug kann die Kühlerlamellen beschädigen.

● Den Wasserschlauch auch in die Öffnung um den Kühlerventilator halten.

● Spezielle Reinigungsmittel für das Kühlerinnere sind bei ausschließlicher Verwendung von Frostschutz mit Korrosionsschutzmittel nicht erforderlich.

Kühlmittel ablassen

● Motor abkühlen lassen, sonst **Verbrühungsgefahr**!

● Verschlußdeckel am Ausgleichbehälter öffnen.

● Breite Wanne zum Auffangen des Kühlmittels bereitstellen.

● Schlauch am unteren Stutzen des Kühlers lösen und abziehen.

● Soll das Kühlmittel vollständig abgelassen werden, zusätzlich noch den Kühlmittelschlauch zur Heizung von der Spritzwand abziehen.

Kühler ausbauen

● Schlauch vom unteren Kühlerstutzen abnehmen.

● Kühlmittel zur Wiederverwendung auffangen.

● Oberen Schlauch und kleinen Schlauch zum Ausgleichbehälter vom Kühler abmontieren.

● Bei Fahrzeugen mit Getriebe-Automatik Ölleitungen am Kühler losdrehen und Öffnungen verschließen.

● Kabelsteckverbindungen des Lüftermotors und des Thermoschalters trennen.

● Seitliche Blechklammern mit einer Zange zusammendrücken und abnehmen.

● Kühler zusammen mit dem Lüftermotor aus den Haltelaschen drücken und nach oben herausziehen.

Kühlsystem neu befüllen und entlüften

Da eine gewisse Restmenge von Kühlflüssigkeit im Motor zurückbleibt, kann möglicherweise nicht die gesamte in der Tabelle auf Seite 50 genannte Flüssigkeitsmenge eingefüllt werden.

● **1,6-Liter-Motoren**: Temperaturfühler auf dem Ansaugkrümmer herausdrehen (Bild rechte Seite).

● **Alle Motoren**: Zuerst Frostschutzmittel, dann möglichst kalkarmes Wasser einfüllen.

● Der Pegel soll etwas über der Markierung »Kalt« stehen.

● Tritt bei den 1,6-Liter-Motoren aus der Öffnung im Ansaugkrümmer das Kühlmittel blasenfrei aus kann der Temperaturfühler wieder eingedreht werden. Kabelschuh aufschieben. Kühlmittelstand ggf. korrigieren.

● Verschlußdeckel am Ausgleichbehälter zudrehen.

● Motor starten und so lange laufen lassen, bis der elektrische Kühlerventilator anläuft.

● Motor abstellen und fehlende Kühlflüssigkeit ergänzen (siehe Seite 51).

Kühlmittelschläuche ausbauen

Besorgen Sie sich als Ersatz Originalschläuche in der richtigen Bogenform und grundsätzlich neue Schlauchschellen.

● Kühlmittel ablassen und auffangen.

● Schlauchschellen lösen, Schläuche abziehen.

● Festsitzende Schlauchenden mit einem Schraubenzieher lockern, den man vorsichtig zwischen Schlauch und Stutzen schiebt und dann vorsichtig hebelt.

● Neue Schläuche weit genug auf die Stutzen schieben, damit sie nicht wieder abrutschen können.

● Schraubschellen nicht mit Gewalt anziehen, sonst wird das Gewinde überdreht.

Fingerzeig: Unterwegs kann man einen gerissenen Wasserschlauch selten ersetzen. Hier hilft das »Pannenband« von Weyer, Düsseldorf oder Holts »Hoseweld Bandage«. Beide kleben auf gesäuberten und trockenen Gummischläuchen recht gut. Bei einem großen Leck kann es vorteilhaft sein, den Verschlußdeckel des Ausgleichbehälters eine Umdrehung zu öffnen, damit sich im Kühlsystem kein Druck aufbauen kann, dem die Bandage dann nicht mehr standhält. Jetzt nur noch sehr schonend bis zur Werkstatt weiterfahren. Temperaturanzeige und Kühlmittelstand im Auge behalten!

Der Kühlsystem-Verschlußdeckel

Im Überdruck-Kreislauf spielt der Kühlsystem-Verschlußdeckel auf dem Ausgleichbehälter eine wichtige Rolle:

○ Die Dichtfläche wird bei aufgeschraubtem Deckel fest auf den Rand der Ausgleichbehälteröffnung gedrückt. Es kann kein Druck entweichen.

○ Wenn bei Erwärmung der Druck im Kühlsystem **1,2–1,35 bar** übersteigt, öffnet das Überdruckventil. Jetzt kann zum Druckausgleich etwas Wasserdampf entweichen.

○ Beim Abkühlen des Motors zieht sich die Kühlflüssigkeit wieder zusammen. Dadurch entsteht im Kühlsystem ein gewisser Unterdruck. Für den Ausgleich dieses Unterdrucks sitzt im Deckel ein zweites Ventil, so daß Außenluft ins System strömen kann.

Damit der Fahrer über die Temperatur des Kühlwassers informiert ist, sitzt im Kühlmittelkreislauf ein elektrischer Fühler (Pfeil). Dieser gibt dem Anzeigegerät im Armaturenbrett Informationen über die momentane Kühlmitteltemperatur.
Im Bild links sehen Sie den Fühler des 1,6-Liter-Motors, rechts den Fühler des 1,8- und 2,0-Liter-Motors.

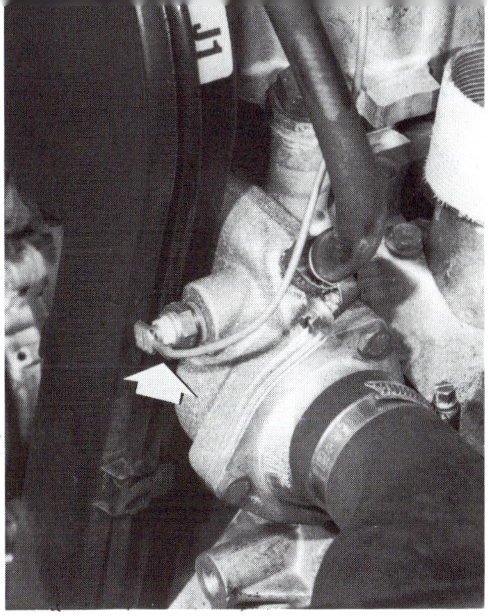

Überdruckventil prüfen

Wer sich die Mühe der Kontrolle nicht machen will, wechselt den relativ preisgünstigen Verschlußdeckel im Verdachtsfall einfach aus. Die Werkstatt prüft ihn mit einem Druckprüfgerät:

- Druck aufpumpen.
- Zwischen **1,2–1,35 bar** muß das Ventil öffnen.

Unterdruckventil prüfen

Ob das Unterdruckventil richtig arbeitet, läßt sich nur behelfsmäßig feststellen.

- Bei abgenommenem Verschlußdeckel einen dicken Wasserschlauch fest zusammendrücken.
- Deckel aufsetzen und festdrehen.
- Schlauch loslassen.
- Rundet sich der zusammengepreßte Schlauch wieder, dürfte das Ventil intakt sein.
- Sind die Kühlwasserschläuche morgens vor dem ersten Start plattgedrückt, streikt sicher das Unterdruckventil.

Der Thermostat

Vereinfacht gesagt, bestimmt der Thermostat darüber, ob das Kühlmittel im Kühler abgekühlt werden soll oder nicht. Er hat also das Sagen darüber, ob das Kühlwasser im »kleinen« oder im »großen Kühlwasserkreislauf« zirkuliert (siehe dazu Seite 50).
Welchen Kreislauf er dabei schaltet, hängt ausschließlich von der Wassertemperatur ab. So bleibt die Betriebstemperatur annähernd konstant.

Funktion des Thermostats

○ Das »Umschalten« des Thermostats bewirkt eine mit Spezialwachs gefüllte Büchse und der daran befestigte Ventilteller. Bei Erwärmung des Kühlmittels verflüssigt sich das Wachs und dehnt sich dabei aus. Zwangsläufig öffnet es durch sein größeres Volumen jetzt den Ventilteller.
○ Solange die Wassertemperatur steigt, wird vom Thermostat der Zufluß zum Kühler zunehmend geöffnet und gleichzeitig der »kleine« Kreislauf geschlossen.

Bei den 1,8- und 2,0-Liter-Motoren ist der Thermostat (1) im Auslaßstutzen (2) eingehängt (Pfeil). Zum Aushängen den Federteller des Thermostats kräftig niederdrücken, Thermostat drehen und vom Stutzen abnehmen.

○ Sinkt während der Fahrt die Wassertemperatur wieder unter die gewünschte Betriebstemperatur, drückt eine Feder am Thermostat den Ventilteller wieder in Richtung »Zu« und sperrt den Kühlerdurchfluß so lange, bis das Kühlmittel wieder genügend warm ist.

Störungsbeistand

Thermostat

Erkennungsmerkmal	Ursache/Auswirkungen
A Temperaturanzeige steigt langsam, Betriebstemperatur wird später erreicht, Heizwirkung ungenügend	**Thermostat-Ventilteller ist in »Offen»-Stellung blockiert (etwa durch Ablagerungen); der Zufluß zum Kühler bleibt ständig offen. Motor bleibt zu lange im Kaltlaufbetrieb. Es kommt jedoch kurzfristig zu keinen Schäden. Trotzdem Thermostat in Bälde wechseln**
B Temperaturanzeige steht trotz richtigem Kühlmittelstand im roten Bereich. Kühler und unterer Schlauch zum Kühler sind kalt	**Thermostat-Ventilteller ist in »Geschlossen«-Stellung blockiert (etwa durch eine defekte oder undichte Thermostatbüchse). Auf keinen Fall weiterfahren, sonst entstehen schwere Hitzeschäden am Motor! Thermostat sofort auswechseln**

Thermostat ausbauen

Einen klemmenden Thermostat am 1,6-Liter-Motor unterwegs auszubauen, ist ohne gut gefüllte Werkzeugkiste nicht möglich. Der Thermostat sitzt an der Stirnseite des Motors hinter der Zahnriemenabdeckung. Bei den anderen Motoren befindet sich der Thermostat rechts neben dem Auspuffkrümmer im Zylinderkopf. Der Ausbau ist unproblematisch.

● **Alle Modelle:** Kühlmittel ablassen und auffangen.
● **1,6-Liter:** Keilriemen der Lichtmaschine entspannen.
● Bei Fahrzeugen mit Lenkhilfe Servopumpe vom Motorblock abschrauben (Seite 128).
● Zahnriemenabdeckung ausbauen, siehe Seite 36.
● Befestigungsschrauben des Thermostatgehäuses lösen und Gehäuse zur Seite schwenken.
● Thermostat aus dem Motorblock herausnehmen.
● Beim Einbau neuen Dichtring in den Motorblock einsetzen. Schrauben mit 10 Nm anziehen.
● **1,8- und 2,0-Liter**: Kühlmittelschlauch vom Wasserauslaßstutzen lösen und abziehen.
● Auslaßstutzen vom Zylinderkopf abschrauben und zusammen mit dem Thermostat abnehmen.
● Federteller des Thermostats kräftig niederdrükken, Thermostat drehen und vom Auslaßstutzen abnehmen.
● Ein defekter Thermostat wird zusammen mit dem Wasserauslaßstutzen ersetzt.
● Beim Einbau neuen Dichtring verwenden. Schrauben mit 8 Nm anziehen.

Thermostat prüfen

Mit einem Einmachthermometer können Sie selbst kontrollieren, ob der Kühlwasserregler bei der vorgeschriebenen Temperatur öffnet:

● Thermostat ausbauen.
● Thermostat in einen Topf mit Wasser hängen und Wasser erhitzen.
● Kontrollieren Sie, ob der Ventilteller bei 92°C vom Sitz abhebt bzw. bei 107°C voll geöffnet hat.

Die Wasserpumpe

Die Kühlflüssigkeit wird von der Wasserpumpe beschleunigt, damit sie im Kühlsystem zirkulieren kann. Die Pumpe sitzt bei allen Motoren an der Stirnseite und wird vom Zahnriemen angetrieben.
Die Wasserpumpe ist auf Lebenszeit wartungsfrei. Wird sie undicht oder produziert mahlende Geräusche, muß sie ausgetauscht werden – eine Reparatur ist nicht möglich.

Wasserpumpe ausbauen

● Kühlmittel ablassen und auffangen.
● Keilriemen der Lichtmaschine abnehmen.
● Beim 1,6-Liter mit Lenkhilfe Servopumpe vom Motorblock losschrauben.
● Zahnriemenabdeckung ausbauen (siehe Seite 36).
● Motor auf OT Zylinder 1 stellen (Seite 34).
● Halteschrauben der Wasserpumpe lösen. Zahnriemen entspannen und vom Wasserpumpen-Zahnriemenrad abnehmen. Wasserpumpe abnehmen.
● Dichtfläche am Motorblock reinigen.
● Beim Einbau die Pumpe mit neuem Dichtring einsetzen.
● Schrauben für die Pumpe nur handfest eindrehen.
● Zahnriemen auflegen, unbedingt Steuerzeiten beachten (Seite 37).
● Zahnriemen spannen, siehe Seite 36.
● Schrauben der Wasserpumpe anziehen (1,6-Liter 8 Nm, 1,8- und 2,0-Liter 25 Nm).

Beim Vectra sitzt die Wasserpumpe (Pfeil) hinter der Zahnriemenabdeckung. Zum Ausbau müssen Zahnriemenabdeckung und Zahnriemen abgenommen werden.

Der Kühlerventilator

Der Vectra besitzt einen elektrisch angetriebenen Kühlerventilator, der sich nur im Bedarfsfall zuschaltet. Dadurch wird Motorleistung und in der Folge Kraftstoff gespart.
Am Kühler unten rechts (in Fahrtrichtung gesehen) ist deshalb ein temperaturempfindlicher Schalter eingeschraubt. Wenn er »spürt«, daß die an ihm vorbeirauschende Flüssigkeit noch zu heiß ist, schaltet er den Ventilator ein. Ebenso schaltet er den Elektrolüfter wieder aus, wenn die Temperatur unten im Kühler auf einen bestimmten Wert abgesunken ist.
Der Thermoschalter schaltet bei ca. 100°C ein, bei ca. 95°C schaltet er aus. Ist die Einschalttemperatur erreicht, schließt der Kontakt im Schalter den Stromkreis des Kühlerventilators, und dieser läuft an. Strom erhält der Lüfter nur bei eingeschalteter Zündung über Klemme 15A vom Zündschloß.

Störungen am Kühlerventilator

Ein ausgefallener Kühlerventilator kann zu hohe Kühlmitteltemperatur verursachen, allerdings nur bei längerem Leerlauf, etwa im stockenden Feierabendverkehr oder in einer Autobahnstauung. Ein ausgefallener Ventilator muß aber nicht das Ende der Fahrt bedeuten:
○ Nachdem der Motor einigermaßen abgekühlt ist, kann man mit mittleren Drehzahlen und einigermaßen zügigem Tempo die nächste Werkstatt anlaufen. Dabei die Temperaturanzeige im Auge behalten.
○ Leerlauf und Schleichfahrt dagegen sind für den Motor gefährlich. Da strömt kaum ein kühlender Lufthauch durch die Kühlerlamellen. Muß verkehrsbedingt mit niedriger Geschwindigkeit weitergefahren werden, sollten Sie sofort nach der Störungsursache forschen und gegebenenfalls den Thermoschalter überbrücken.

Störungssuche

● Kontrollieren Sie zuerst die zuständige **Sicherung** (siehe Seite 171).
● War diese in Ordnung, trennen Sie die Kabelsteckverbindung des **Thermoschalters**.
● Überbrücken Sie die Kontakte des braunen und des braun/weißen Kabels mit einem Stück Draht.
● Wenn jetzt der Ventilator bei eingeschalteter Zündung losbraust, ist der (hier versuchsweise) aus dem

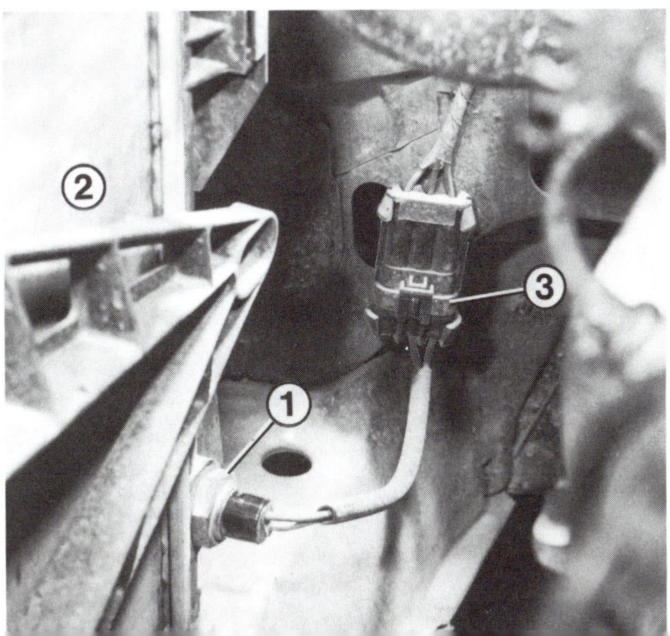

Der Thermoschalter (1) für den Kühlerventilator ist seitlich an der Rückseite des Kühlers (2) eingeschraubt. Der Kabelstecker (3) ist an der Karosserie angebracht.

Stromkreislauf herausgenommene Thermoschalter defekt.

- Zur Weiterfahrt die Drahtbrücke gut festklemmen und kurzschlußsicher mit Klebeband oder Heftpflaster isolieren.
- Half die Überbrückung des Thermoschalters nicht weiter, kontrollieren Sie den **Lüftermotor**.
- Kabelsteckverbindung des Lüftermotors trennen.
- Vom Steckkontakt der schwarzen Leitung ein Hilfskabel zum Batterie-Pluspol legen. Die Steckverbindung für das braun/weiße Kabel wird direkt mit dem Minuspol verbunden.
- Dreht sich der Propeller immer noch nicht, ist der Ventilatormotor defekt – austauschen.
- Läuft der Ventilator jedoch, müssen die Kabelstecker sowie sämtliche Kabelverbindungen von Thermoschalter und Elektrolüfter überprüft werden.
- Auch mit direkt von der Batterie gespeistem Kühlerventilator können Sie unbesorgt weiterfahren. Hilfskabel kurzschlußsicher verlegen.

Kühlerventilator ausbauen

- Massekabel von der Batterie abklemmen.
- Kabelsteckverbindung des Ventilators trennen.
- Luftfangtrichter mit Kühlerventilator vom Kühler abschrauben und aus dem Motorraum herausheben.
- Drei Schrauben lösen und Ventilator vom Luftfangtrichter abnehmen.

Störungsbeistand

Kühlsystem

Die Störung	– ihre Ursache	– ihre Abhilfe
A Temperatur-Anzeigenadel steht im roten Bereich	1 Zu wenig Flüssigkeit im Kühlsystem	Auffüllen
	2 Kabel zur Temperaturanzeige hat Massekontakt	Kabel am Temperaturfühler abziehen, Zeiger muß zurückgehen, sonst Masseschluß; Kabelverlauf kontrollieren
	3 Thermostat öffnet den Kaltwasserzufluß aus dem Kühler nicht (Kühler kalt)	Thermostat ausbauen und ohne ihn weiterfahren oder Wagen abschleppen lassen
	4 Kühlerventilator schaltet nicht ein	Siehe Vorseite
	5 Überdruckventil im Verschlußdeckel defekt	Ventil prüfen (lassen), ggf. austauschen
	6 Spannungskonstanter der Anzeige defekt	Austauschen
	7 Kühlerlamellen zugesetzt	Kühler reinigen
B Temperaturanzeige spricht sehr langsam an, schwache Heizleistung	Thermostat schließt nicht völlig, aufgeheiztes Kühlmittel strömt zu früh durch den Kühler	Thermostat säubern, ggf. ersetzen

Flüssige Nahrung

Kraftstoff und Verbrauch sind ein beliebtes Thema, manchmal fehlt es jedoch den Gesprächsteilnehmern am richtigen Grundwissen. Deshalb hier einige Informationen.

Normal- oder Superbenzin

Die Bezeichnung »Normal« und »Super« stimmen eigentlich nicht, denn beide Kraftstoffarten sind z. B. im Reinheitsgrad und im Verdampfungsverhalten gleich. Das wesentliche Unterschiedsmerkmal ist die Klopffestigkeit. Sie wird durch die Oktanzahl gekennzeichnet und liegt bei Super höher als bei Normalbenzin. Superkraftstoff kann höhere Kompressionsdrücke aushalten, ohne sich selbst zu entzünden, was sonst zu Motorklopfen führt. Beim Verdichten erwärmt sich jedes Gas, auch das Kraftstoff/Luft-Gemisch. Sie kennen das vielleicht von der Fahrrad-Luftpumpe beim Aufpumpen eines Reifens. Mit höherem Kompressionsverhältnis kann es also um so leichter zu Selbstentzündungen im Verbrennungsraum kommen, wenn der Kraftstoff nicht klopffest genug ist.
Unsere Vectra-Modelle werden alle mit Superkraftstoffen betrieben. In Ausnahmefällen kann aber auch Kraftstoff mit einer niedrigeren Oktanzahl getankt werden. Dazu muß die Kraftstoff-Kodierung geändert werden.

Die Klopffestigkeit

Zur Kennzeichnung der Klopffestigkeit dient die Oktanzahl. Das ist eine Vergleichsgröße, die in einem speziellen Prüfmotor mit bestimmten Meßkraftstoffen ermittelt wird. Häufig genannt ist die »**R**esearch-**O**ktan-**Z**ahl«, kurz ROZ. Seltener findet man dagegen die aussagekräftigere »**M**otor-**O**ktan-**Z**ahl« oder MOZ. Die hierzulande geforderten Mindest-Oktanwerte für Kraftstoff sind vom **D**eutschen **I**nstitut für **N**ormung in der DIN-Norm 51600 bzw. 51607 festgehalten:

Verbleiter Kraftstoff (DIN 51600) Super		Unverbleiter Kraftstoff (DIN 51607)					
		Normal		Euro-Super		Super Plus	
ROZ 98	MOZ 88	ROZ 91	MOZ 82,5	ROZ 95	MOZ 85	ROZ 98	MOZ 88

Bleifreies Benzin

Der Kraftstoff wird nicht nur anhand seiner Klopffestigkeit unterschieden, sondern auch nach den sogenannten Antiklopf-Beimischungen. Beim verbleiten Benzin ist dies das Blei-Teraäthyl. Bleifreier Kraftstoff kommt ohne diesen hochgiftigen Zusatz aus.
Auch in europäischen Ländern mit einem geringen Anteil an Katalysatorfahrzeugen ist unverbleiter Kraftstoff an den wichtigsten Durchgangsstraßen erhältlich. Schwierigkeiten gibt es allenfalls im Landesinnern und in touristisch weniger erschlossenen Gegenden. Im Zweifelsfall eine Bleifrei-Landkarte besorgen.

Warum bleifrei?

Was der Katalysator überhaupt nicht mag, ist Blei. Kommt er mit Blei- oder Bleiverbindungen – was ja die schon beschriebenen Klopfbremsen letztlich sind – in Berührung, wird er binnen kurzem wirkungslos (siehe Kapitel »Abgasentgiftung«). Das ist der Grund, weshalb in Katalysator-Autos bleifreies Benzin gefahren werden **muß**.

Klingeln und Klopfen

Bei hierzulande verkauften Kraftstoffen ohne DIN-Kennzeichnung oder im Ausland kann sich Motorklingeln oder -klopfen bemerkbar machen. Normalerweise verbrennt das Kraftstoff/Luft-Gemisch im Zylinder auf »Befehl« des Zündkerzenfunkens. Ein »klingelfreudiger« Kraftstoff kann es aber nicht erwarten, bis ihn der Zündfunke restlos entflammt hat. Er detoniert von selbst durch den hohen Druck und die große Hitze zum Teil schon in einer Ecke des Verbrennungsraums. Dabei knallt er der von der Zündkerze auf ihn zueilenden Flammenfront entgegen. Das gibt einen gewaltigen Druckanstieg im Zylinder.

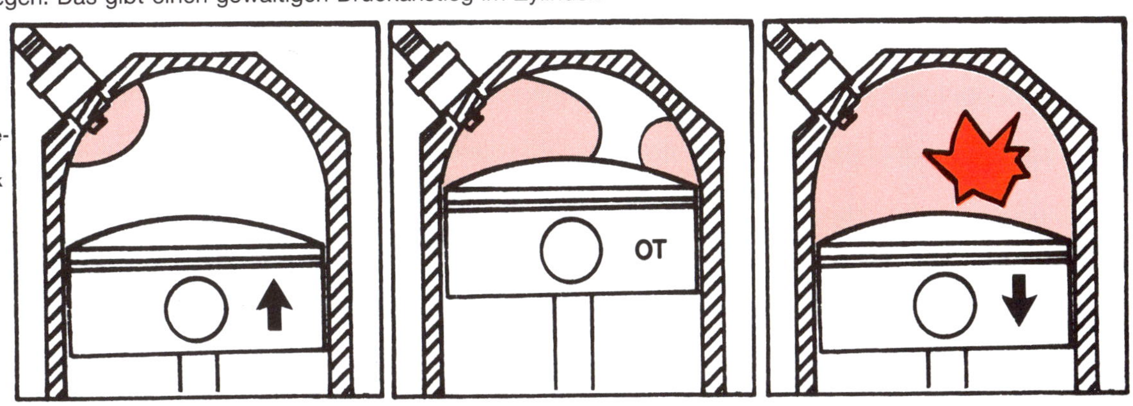

Motorklopfen: Die Verbrennung beginnt wie gewünscht, doch im entscheidenden Augenblick (Abwärtsbewegung des Kolbens) entsteht eine unkontrollierte Detonation.

Klingeln und Klopfen

Tritt dieser Effekt bei hohen Motordrehzahlen auf, werden die harten Verbrennungsgeräusche von den Fahrgeräuschen übertönt. Das ist für den Motor ausgesprochen gefährlich. Dieses Hochdrehzahlklopfen bewirkt eine erhebliche Motorüberhitzung. Bis aber die Kühlmittelanzeige anspricht, ist es meist zu spät, und ein oder mehrere Kolbenböden sind bereits geschmolzen.
Bekannter, weil besser zu hören, ist das Beschleunigungsklingeln. Es macht sich bemerkbar, wenn Sie mit nicht genügend klopffestem Kraftstoff aus niedrigen Drehzahlen heraus voll beschleunigen.

Kraftstoff-Kodierung

Alle Vectra-Modelle haben links im Motorraum einen Kodierstecker. Entsprechend der auf dem Stecker stehenden Oktanzahl wird ein für diesen Kraftstoff programmiertes Zündkennfeld im Steuergerät angewählt. Opel hat alle Motoren für den Betrieb mit 95-ROZ-Superkraftstoff kodiert. Diese Einstellung sorgt für maximale Leistung, günstigsten Verbrauch und niedrigste Schadstoffemissionen.
Der Kodierstecker ist als Wechselstecker ausgeführt und muß beim Tanken eines Kraftstoffes mit niedrigerer Oktanzahl abgezogen und um 180° gedreht wieder aufgesteckt werden. Die nun oben auf dem Stecker lesbare Zahl gibt an, welche Oktanzahl der Kraftstoff mindestens haben muß.

Kraftstoff-Kodierung prüfen

Wartung Nr. 38

Bei jeder Jahresinspektion prüft die Opel-Werkstatt beim Achtventiler auch die vorgeschriebene Kraftstoff-Kodierung. Diesen Wartungspunkt brauchen Sie aber normalerweise nicht zu berücksichtigen. Es sei denn, Sie mußten in zurückliegender Zeit den Kodierstecker umstecken, z. B. weil Sie anläßlich einer Fahrt ins Ausland niederoktanigen Kraftstoff getankt hatten. Dann sollten Sie sicherheitshalber nachsehen, ob hinterher mit Tanken des vorgeschriebenen Kraftstoffes der Kodierstecker auch wirklich wieder gedreht wurde. Beachten Sie, daß der Kodierstecker nur bei ausgeschalteter Zündung umgesteckt werden darf.

Welchen Kraftstoff tanken?

Unsere Vectra-Modelle können mit folgenden Kraftstoffarten betankt werden:

Motor	bleifrei Normal 91 ROZ	verbleit Normal 91 ROZ	bleifrei Euro-Super 95 ROZ	bleifrei Super Plus 98 ROZ	verbleit Super 98 ROZ
E 16 NZ	+[1]	+[1]	+	+[2]	+[2]
C 16 NZ	+[1]	–	+	+[2]	–
E 18 NVR	+[1]	+[1]	+	+[2]	+[2]
C 18 NZ	+[1]	–	+	+[2]	–
C 20 NE	+[1]	–	+	+[2]	–

[1] Kodierstecker im Motorraum um 180° drehen

[2] Auf Grund der Motorauslegung nicht erforderlich

Links hinten im Motorraum sitzt der Kraftstoff-Codierstecker (Pfeil). Die Zahl auf dem Stecker zeigt die Oktanzahl an, die der Kraftstoff bei dieser Kodierung mindestens haben muß.

Nährstoffnachschub

Im folgenden Kapitel verfolgen wir, welchen Weg der Kraftstoff durch den Vectra nimmt. Zwar sind hierbei Unterbrechungen und Störungen recht selten, doch andererseits schadet es nicht, über die Kraftstoffanlage Bescheid zu wissen. Mögliche Pannen sind leicht zu beheben.

Der Tank

Der Kraftstofftank im Vectra faßt **61 Liter**. Er ist nach guter alter Sitte aus Blech gefertigt. Obwohl er auf der Innenseite nicht lackiert ist, muß keineswegs befürchtet werden, daß er eines Tages durch Rost undicht wird. Denn moderne Kraftstoffe »saugen« eine bestimmte Menge Kondenswasser in sich auf. So wird das Metall erst gar nicht angegriffen.

Fingerzeig: Bevor Sie irgendwelche Arbeiten an der Kraftstoffanlage in Angriff nehmen, sollten Sie unbedingt das Batterie-Massekabel abnehmen. Unbeabsichtigte elektrische Verbindungen können zu gefährlicher Funkenbildung führen.

Wozu Tankentlüftung?

Wichtig für den einwandfreien Kraftstoffnachschub ist die Belüftung des Tanks: In dem Maß wie Kraftstoff verbraucht wird, muß Luft nachströmen können, sonst würde sich im Tank ein Vakuum bilden, und der Kraftstofffluß würde stocken. Ferner muß der Tank belüftet werden, um dem Inhalt Gelegenheit zum Ausdehnen bei Erwärmung zu geben. Auch muß beim Betanken genug Luft aus dem Tank austreten können, damit der hineingeschüttete Kraftstoff nicht wieder zum Einfüllstutzen heraussprudelt.

Die Tankentlüftung im Vectra

Am Einfüllrohr oberhalb des Tanks befindet sich ein Be- und Entlüftungsbehälter. Am Behälter sind zwei Schlauchleitungen angeschlossen. Über den oberen Entlüftungsschlauch entweicht die Luft, wenn der Tank gefüllt wird. Das ist die sogenannte Schnellentlüftung.
Über die zweite dünnere Be- und Entlüftungsleitung werden die sich ständig bildenden Kraftstoffdämpfe abgeleitet. Außerdem strömt während der Fahrt durch diese Leitung entsprechend der verbrauchten Kraftstoffmenge Luft in den Tank hinein, so daß sich kein Unterdruck bilden kann.

Aktivkohlebehälter

Bei Fahrzeugen mit Kat führt die Be- und Entlüftungsleitung nicht einfach ins Freie, sondern mündet in einen Aktivkohlebehälter vorn im rechten Radkasten. Zweck der Sache ist es, die durch diese Leitung austretenden umweltschädlichen Kraftstoffdämpfe (entstanden durch Erwärmung des Tankinhalts) aufzufangen. Bei laufendem Motor werden die Gase bei bestimmter Motorlast wieder aus dem Aktivkohlebehälter herausgesaugt. Wann das geschehen muß, bestimmt bei Fahrzeugen mit 2,0-Liter-Motoren ein elektromagnetisch betätigtes Tankentlüftungsventil, bei den übrigen Fahrzeugen ein lastabhängiges Unterdruckventil.

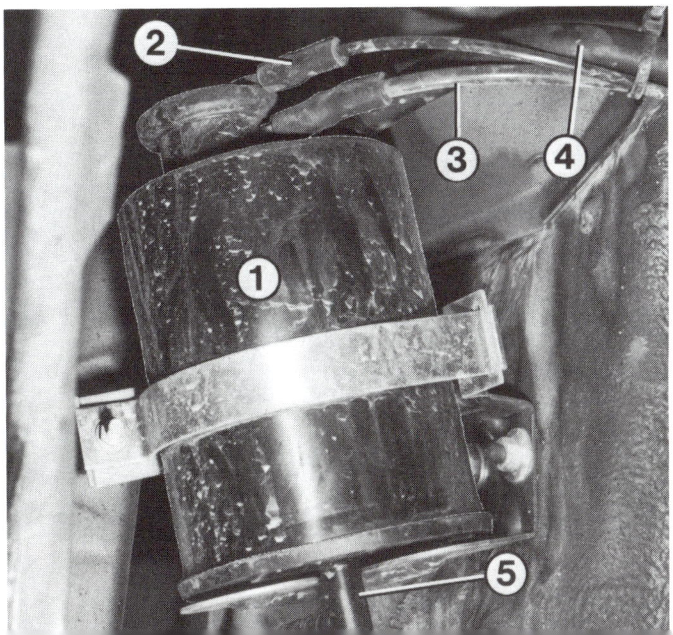

**Der Behälter des Aktivkohlefilters ist unter dem rechten Kotflügel befestigt.
1 – Aktivkohlebehälter;
2 – Steuerleitung;
3 – Ansaugleitung;
4 – Entlüftungsleitung vom Tank;
5 – Belüftungsstutzen.**

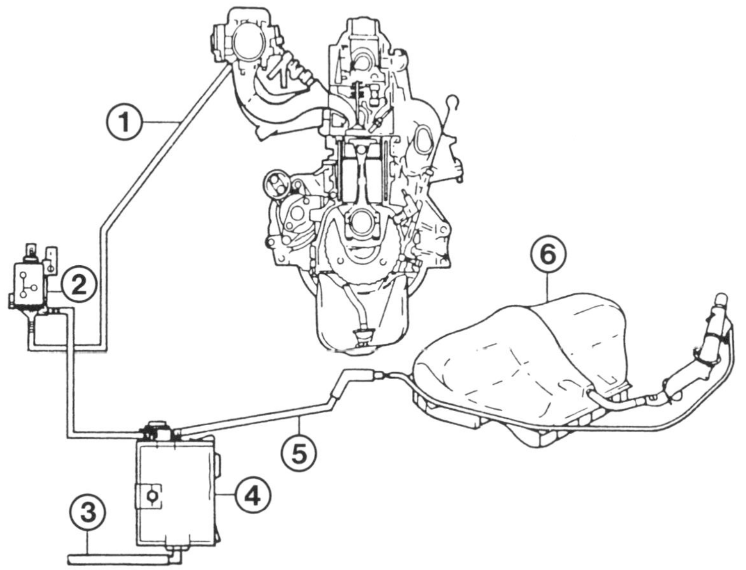

Das Kraftstoff-Verdampfungskontrollsystem des 2,0-Liter-Vectra. In Abhängigkeit vom Betriebszustand des Motors wird vom Motronic-Steuergerät das elektromagnetisch betätigte Tankentlüftungsventil angesteuert, das die Spülleitung zum Motor freigibt. Durch die am Boden des Aktivkohlebehälters befindliche Entlüftungsleitung wird die Kohlefüllung gereinigt.
1 – Spülleitung;
2 – Tankentlüftungsventil;
3 – Be- und Entlüftungsleitung;
4 – Aktivkohlebehälter;
5 – Tankentlüftung;
6 – Tank.

Auslauf-sicherung

Im Be- und Entlüftungsbehälter befindet sich eine Auslaufsicherung. Die Sicherung besteht aus einem Schwerkraftventil. Es verschließt die Leitung, sobald der Wagen sich mehr als 45° zur Seite neigt. Bei Unfällen soll so ein Austreten von Kraftstoff über die Be- und Entlüftungsleitung vermieden werden.

Auslauf-sicherung prüfen

● Anschluß zum Tank von der Auslaufsicherung abziehen.
● Passenden Hilfsschlauch aufschieben.
● Wenn Sie jetzt bei waagrecht stehendem Wagen durch den Schlauch blasen, muß das leicht gehen.

Kraftstoff ablassen

Muß zu Arbeiten an der Kraftstoffanlage das Benzin abgelassen werden, sollten Sie zuvor den Tank möglichst weit leerfahren. Der Rest im Tank kann dann wie folgt abgesaugt werden:
● Genügend großes Gefäß für den auslaufenden Kraftstoff bereithalten.
● Durch den Einfüllstutzen einen Schlauch möglichst tief in den Tank schieben.
● Obere Schlauchöffnung mit dem Finger dicht verschließen. Schlauch wieder ein Stück herausziehen und so tief wie möglich in das Gefäß halten.
● Wenn der Schlauch weit genug ins Benzin reichte, fließt das Benzin jetzt durch das Gefälle heraus.
● Ansaugen des Benzins mit dem Mund ist gesundheitsgefährdend!

Tank ausbauen

● Zuerst die Wagenunterseite gründlich sauberspritzen, damit bei der Montage kein Schmutz in die Kraftstoffanlage gelangen kann.
● Batterie abklemmen.
● Kraftstoff ablassen.
● 1,6-Liter: Auspuffanlage vorn am Auspuffkrümmer losschrauben.
● 1,8- und 2,0-Liter: Auspuffanlage vom vorderen Auspuffrohr abschrauben.
● Alle Modelle: Auspuffanlage an der Wagenunterseite aushängen. Hinteren Teil der Anlage auf der Hinterachse ablegen, vorderen Teil mit Draht hochbinden.
● Handbremsseil vom Halter am Tank aushängen.

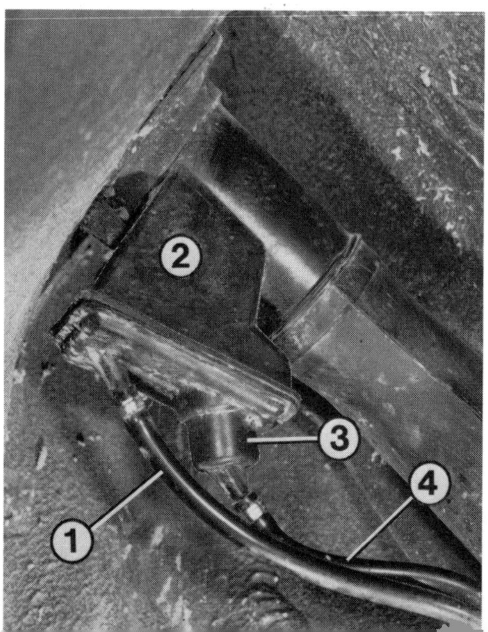

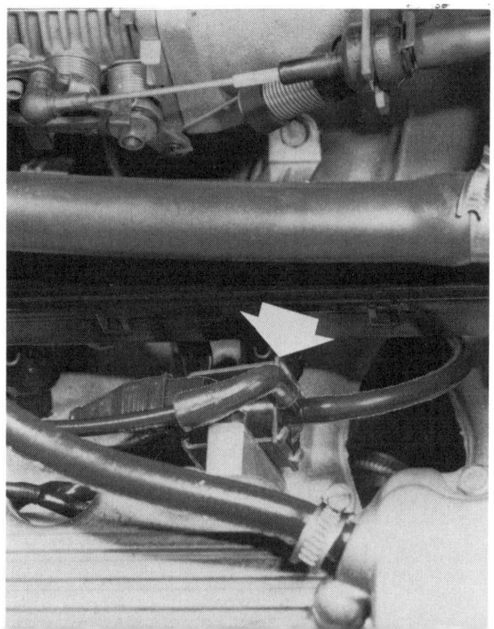

Links: Das ist die oben beschriebene Auslaufsicherung. Es bedeuten:
1 – Leitung zum Aktivkohlefilter;
2 – im Einfüllrohr integrierter Behälter der Auslaufsicherung;
3 – Ventil mit Anti-Auslauf-mechanik;
4 – Leitung zum Tank.
Rechts: Das Tankentlüftungsventil sitzt beim 2,0-Liter-Motor oberhalb der Ansaugrohre. Dieses Ventil läßt bei bestimmten Motorlastzuständen zu, daß die im Aktivkohlebehälter gesammelten Kraftstoffdämpfe in den Motor abgesaugt werden.

● Je nach Modell Kabelstecker und Kraftstoffleitungen vom Tankgeber bzw. von der Kraftstoffpumpe abziehen.
● Schlauchschellen bzw. Klemmen lösen und Einfüll- und Entlüftungsschlauch sowie die Überlaufleitung vom Tank abziehen.
● Beim 1,6-Liter und 1,8-Liter-Einspritzer Kraftstoff-Feinfilter vom Halteband des Tanks abmontieren.
● Tank von Hilfsperson festhalten lassen oder mit Wagenheber und Brettern unterbauen.
● Schrauben der beiden Haltebänder für den Tank lösen.
● Tank etwas ablassen.
● Entlüftungsleitung aus den Halterungen am Tank nehmen.
● Tank zur Seite herausnehmen.
● Beim Wiedereinbau Schrauben der Haltebänder mit 20 Nm anziehen.

Geber für die Tankanzeige

Der Tankgeber ist in der Mitte des Kraftstoffbehälters eingesetzt. Er meldet die Flüssigkeitsmenge im Vorratsbehälter an das Anzeigeinstrument.
Die Tankanzeige wird nur selten ganz exakt den Kraftstoffstand angeben. Einen falsch anzeigenden Tankgeber kann man durch Nachbiegen des Schwimmerarms korrigieren.

Tankgeber ausbauen

Der Tankgeber besitzt einen Renkverschluß. Er läßt sich mit einem Schraubenzieher als Hilfswerkzeug lösen, die Werkstatt hat dafür den Opel-Ringschlüssel KM 332-01.
● Tank möglichst weit leerfahren. Ggf. Kraftstoff ablassen.
● Fahrzeug aufbocken.
● Kabelstecker vom Tankgeber abziehen.
● Kraftstoffschlauch bzw. -schläuche vom Geber abziehen, auslaufenden Kraftstoff auffangen.
● Einbaulage des Tankgebers markieren.
● Schraubenzieher oder ähnliches Werkzeug quer in die Aussparungen am Geber einsetzen und Geber linksdrehend lösen.
● Tankgeber etwas aus dem Tank herausheben. Kraftstoffschlauch am Geber abziehen.
● Achten Sie darauf, daß der Schlauch nicht in den Tank zurückrutscht.
● Geber mit etwas Geschick vollends aus dem Tank herausheben.

Die Kraftstoffleitungen

○ Bei den Vergasermotoren wird der Kraftstoff in einfachen Schläuchen und Leitungen vom Tank nach vorn gepumpt. Damit der Druck auf das Schwimmernadelventil im Vergaser nicht zu groß wird, gelangt zuviel geförderter Kraftstoff durch eine Rücklaufleitung in den Tank zurück.
○ Beim Einspritzmotor müssen die Schläuche und Leitungen einem Druck von mehr als 2,5 bar widerstehen. Die Schläuche bestehen daher aus besonders druckfestem Werkstoff.

**Links: So wird der Schraubenzieher an den Tankgeber angesetzt, um diesen in Pfeilrichtung loszudrehen. Ideal ist ein Schraubenzieher mit Sechskantschaft.
Rechts: Der ausgebaute Tankgeber:
1 – Deckelplatte mit veränderlichem Widerstand;
2 – Verbindungsstange;
3 – Schwimmer.**

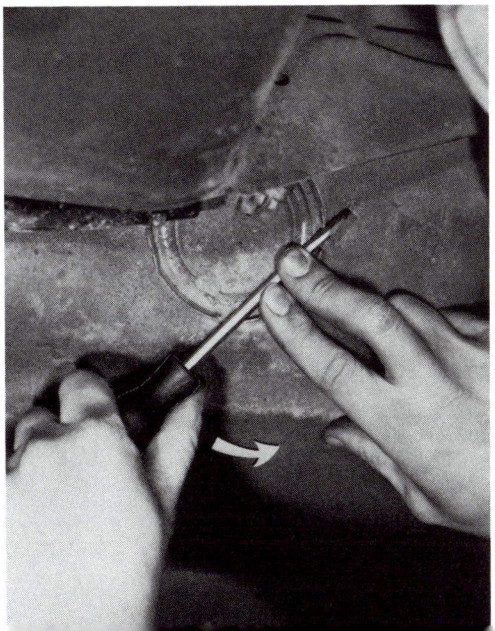

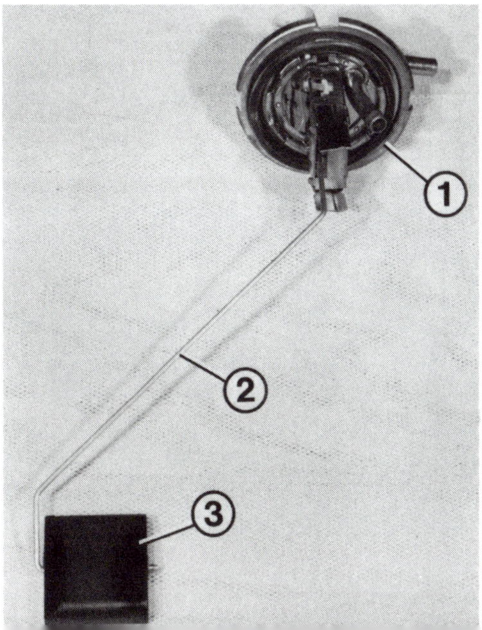

Kraftstoffleitungen und -schläuche ausbauen

● Sauberkeit ist oberstes Gebot bei Arbeiten an der Kraftstoffanlage. Besonders bei der Benzineinspritzung sollten Sie zumindest den Bereich, in dem gearbeitet wird, vorher reinigen, damit kein Schmutz in die offenen Leitungen gelangen kann.
● Meist sind die Kraftstoffleitungen mit Klemmschellen befestigt. Um sie zu lösen, muß mit einer Zange die Blechschlaufe an Ihrem Umfang plattgedrückt werden. Dadurch weitet sich die Klemmschelle, und der Kraftstoffschlauch kann unter Drehbewegungen abgezogen werden.
● Ist dies nicht möglich, kleinen Gabelschlüssel am Schlauchende ansetzen und damit abdrücken.
● Beim Einbau sollten Sie statt der Klemmschellen solche zum Schrauben verwenden.
● Bei Fahrzeugen mit **Einspritzmotor** ist zu beachten, daß das Kraftstoffsystem auch längere Zeit nach dem Abschalten des Motors noch unter Druck steht.
● Beim Lösen einer Benzinleitung einen Lappen bereithalten, damit kein Kraftstoff in die Augen spritzen kann.

Kraftstoffanlage auf Dichtheit prüfen

Wartung Nr. 14

Riecht es am Abstellplatz des Wagens nach Benzin, tritt dies irgendwo aus einer Leitung oder an einem Bauteil der Kraftstoffanlage aus. Zur Suche einer Undichtigkeit sollte der Wagen über Nacht an einem trockenen, sauberen Platz gestanden haben.
● Flecken unter den Wagenboden?
● Wenn nicht, Motor starten und einige Minuten laufen lassen.
● Nach dem Abstellen erneute Kontrolle auf dem Boden.
● Falls immer noch nichts sichtbar ist, sämtliche Leitungen und Teile der Kraftstoffanlage verfolgen und auf den charakteristischen Benzingeruch achten.

Die mechanische Kraftstoffpumpe

Kraftstoffpumpe des Vergasermotors

Der 1,8-Liter-Vergasermotor ist mit einer mechanisch angetriebenen Kraftstoffpumpe ausgestattet. Die Pumpe sitzt nahe der Lichtmaschine und ist am Nockenwellengehäuse befestigt. Zuständig für den Antrieb ist ein Exzenter auf der schon im Motorkapitel erwähnten Nockenwelle.

Funktion

Im Oberteil der Pumpe ist das Saug- und das Druckventil eingebaut, im Unterteil sitzt der Antriebsmechanismus. Die Membrane zwischen Ober- und Unterteil dient gleichzeitig als Dichtung. Eine Feder am Pumpenstößel zieht diesen und damit die daran befestigte Membrane nach unten, das Saugventil öffnet, und aus dem Tank wird Benzin abgesaugt. Der Exzenter auf der Nockenwelle drückt den Pumpenstößel mit der Membrane zurück, das Druckventil öffnet, und Kraftstoff wird in den Vergaser gefördert.
Diese Pumpe ist voll gekapselt und kann nicht zerlegt werden. Bei einem Defekt hilft nur der Austausch.

Störungen an der mechanischen Benzinpumpe

Kommt bei einer Motorstörung ein Fehler im Bereich Kraftstoffversorgung in Betracht, gehen Sie so vor:
● Benzinschlauch am Vergaser abziehen und in einen kleinen Behälter (Kappe der Warndreieck-Hülle) halten.
● Von Helfer mit dem Anlasser den Motor durchdrehen lassen.
● Spritzt Benzin aus der Leitung? Wenn ja, ist die Kraftstoffzufuhr in Ordnung.
● Kommt kein Benzin, prüfen Sie die Pumpe.
● Beide Benzinschläuche abziehen und Ersatzbenzinschlauch aufstecken: Am Tankanschluß der Pum-

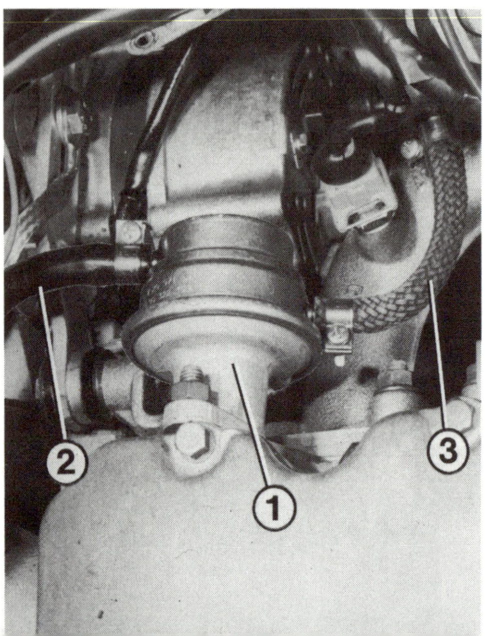

Links: Die Kraftstoffpumpe (1) am Vergasermotor. Die Position »2« zeigt den Zulaufschlauch, Position »3« den Schlauch zum Vergaser.
Rechts: Der Benzinfilter (Pfeil) der Vergasermodelle sitzt zwischen Vergaser und Benzinpumpe.

Kraftstoffversorgung der Multec-Einspritzung:
1 – Tank;
2 – Kraftstoffpumpe;
3 – Schlingertopf;
4 – Kraftstoff-Feinfilter;
5 – Einspritzventil;
6 – Rücklaufleitung.

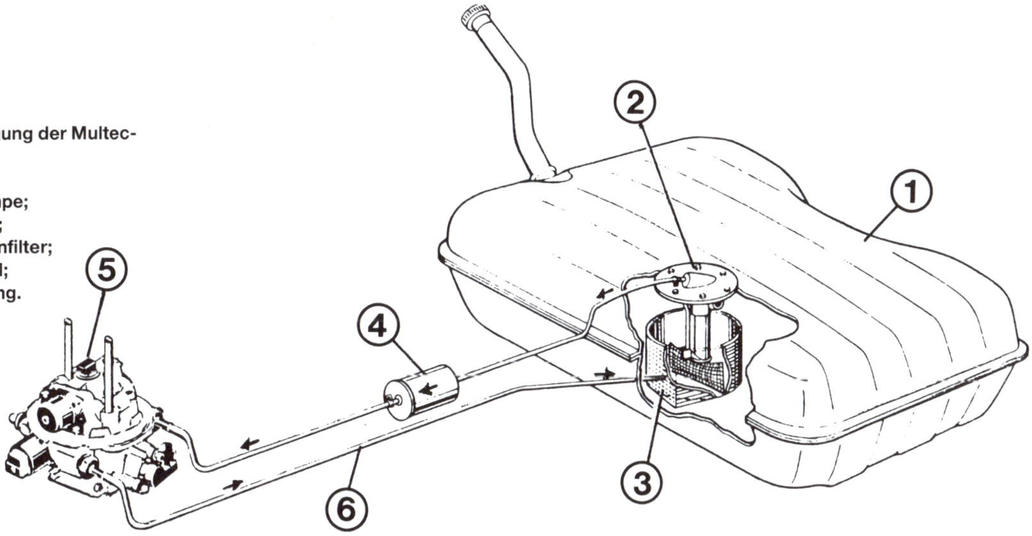

pe muß Durchblasen mit dem Mund möglich sein, jedoch kein Absaugen.

● Am Vergaseranschluß ist es umgekehrt. Ansaugen muß möglich sein. Durchblasen nicht. Sonst ist die Benzinpumpe defekt.

● Wer's ganz genau wissen will, läßt in der Werkstatt den Benzinpumpendruck messen:

● Bei einer Motordrehzahl von 2000/min müssen im Schlauch von der Pumpe zum Vergaser **0,18–0,24 bar Überdruck** zu messen sein.

Benzinpumpe ausbauen

● Massekabel der Batterie abklemmen.

● Schläuche an der Pumpe losschrauben.

● Vom Tank kommenden Schlauch durch Hineindrehen einer kleinen Schraube verschließen.

● Befestigungsmuttern der Pumpe losdrehen.

● Dichtung entfernen und die Flanschflächen reinigen. Beim Einbau neue Dichtung verwenden.

● Muttern mit 18 Nm anziehen.

Kraftstoffilter wechseln

Vergasermotoren
Wartung Nr. 43

Beim 1,8-Liter-Vergasermotor sind zwei Kraftstoffilter zu wechseln: Zum einen der Klarsichtfilter zwischen Benzinpumpe und Vergaser und zum andern der kleine Filter im Vergaserstutzen des Kraftstoffzulaufs.

● Luftfilter abbauen (Seite 69).

● Kraftstoff-Zulaufschlauch vom Vergaser lösen.

● M-3-Schraube ca. 5 mm weit in den Filter hineindrehen.

● Schraube mit Filter aus dem Zulaufstutzen herausziehen.

● Neuen Filter bis zum Einrasten einschieben.

● Zum Wechseln des Klarsichtfilters Schlauchschellen lösen und Leitungen vom Filter abziehen.

● Der neue Filter muß so eingesetzt werden, daß der Pfeil auf dem Filtergehäuse (er gibt die Durchflußrichtung an) zum Vergaser zeigt.

Die elektrische Benzinpumpe

1,6-/1,8-Liter-Einspritzer

Fahrzeuge mit Multec-Zentraleinspritzung besitzen eine sogenannte Zweiturbinenpumpe. Sie ist direkt im Tank eingesetzt.

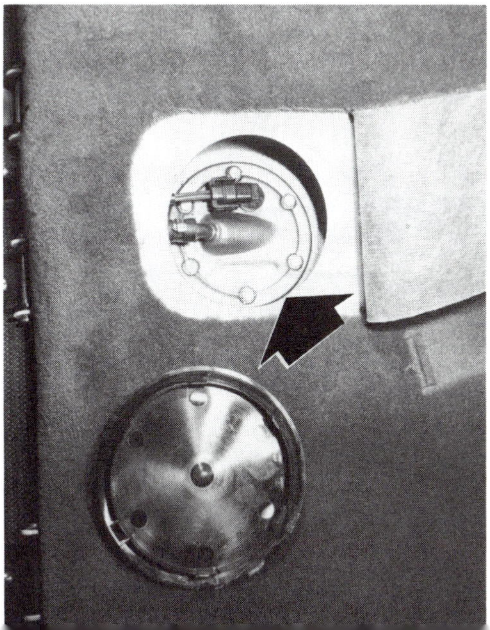

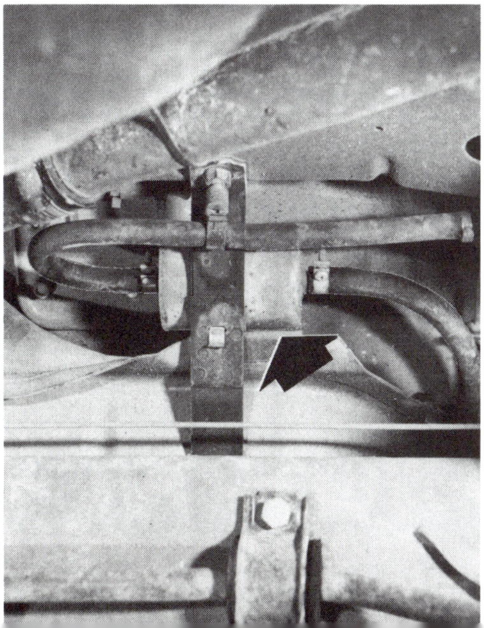

Links: Die Intank-Kraftstoffpumpe erreichen Sie nach Vorklappen der Rücksitzbank.
Rechts: Der Kraftstoffilter (Pfeil) sitzt über der Hinterachse. Gezeigt ist hier der Filter des 1,6- bzw. 1,8-Liter-Einspritzers.

Die Pumpe besteht aus einem Elektromotor und zwei Turbinenrädern, die sich in einem gemeinsamen Gehäuse befinden. Vom umgebenden Benzin wird die Pumpe gekühlt; so können sich auch bei hohen Betriebstemperaturen keine Dampfblasen bilden, die Motor-Aussetzer verursachen würden.
Geschaltet wird die Pumpe vom Steuergerät über das Kraftstoffpumpenrelais (siehe Seite 231). Mit Einschalten der Zündung baut die Pumpe einen Kraftstoffdruck von ca. 0,7 bar auf. Sie wird nach zwei Sekunden abgeschaltet, wenn der Motor nicht gestartet wird – das heißt wenn keine Drehzahlsignale vom Verteiler an das Steuergerät gemeldet werden. Diese Sicherheitsschaltung verhindert nach Unfällen ein Weiterlaufen der Pumpe (Brandgefahr).

Kraftstoffpumpe 2,0-Liter-Motor

Im 2,0-Liter-Vectra tut eine Rollenzellenpumpe ihren Dienst. Sie befindet sich bis Modelljahr '89 unter dem Wagenboden rechts in Höhe des Kraftstoffbehälters. Seit Modelljahr '90 ist die Pumpe direkt im Tank untergebracht. Die Rollenzellenpumpe arbeitet mit einem Druck von 2,5 bar.
Plusstrom erhält die Pumpe über das Kraftstoffpumpenrelais, das seinen Platz im Relaiskasten links im Motorraum hat. Wie beim 1,6- bzw. 1,8-Liter-Einspritzer verfügt auch dieses Relais eine Sicherheitsschaltung, die dafür sorgt, daß die Pumpe nur dann läuft, wenn der Motor dreht.

Der Membrandämpfer

Zwischen Benzinpumpe und Kraftstoffzulaufleitung ist bei den 2,0-Liter-Modellen ein Membrandämpfer eingebaut. Der Membrandämpfer soll Pulsationsgeräusche, verursacht durch den Druckwechsel beim Öffnen und Schließen der Ventile, unterdrücken.

Störungen an der elektrischen Kraftstoffpumpe

- Als erstes die Sicherung kontrollieren (siehe Seite 171). War diese intakt, geht die Suche weiter.
- Prüfen Sie, ob die Pumpe läuft: Von Helfer Anlasser betätigen lassen und Hand an das Pumpengehäuse halten. Wenn die Pumpe arbeitet, sind leichte Vibrationen spürbar.
- Tut sich nichts, muß kontrolliert werden, ob an der Pumpe überhaupt Strom ankommt.
- Mit Voltmeter oder Prüflampe kontrollieren, ob zwischen den beiden Anschlußkontakten der Pumpe ca. 12 Volt Spannung anliegen. Zur Messung muß der Anlasser von einem Helfer betätigt werden (Schalthebel im Leerlauf, Handbremse angezogen).
- Läuft die Pumpe trotz richtiger Spannung nicht, ist sie defekt – ausbauen und wechseln.
- Fehlt es am Strom, gerät das Pumpenrelais im Relaiskasten in Verdacht. Prüfung: Fühlen Sie mit der Hand, ob es beim Betätigen des Anlassers klickt. Wenn nicht, ist es defekt.
- An weiteren Fehlerquellen wären zu nennen: Kabelzuleitung zum Relais oder zur Pumpe defekt, Kraftstoffleitung verstopft oder geknickt, Kraftstofffilter verstopft.

Kraftstoffpumpe ausbauen
Multec-Zentraleinspritzung, Motronic ab Modelljahr '90

- Hintere Sitzbank hochklappen.
- Teppichbodenausschnitt zurücklegen.
- Abdeckung der Montageöffnung im Bodenblech herausnehmen.
- Elektrische Leitungen abziehen.
- Kraftstoffschlauch abbauen.
- Pumpe mit Halter vom Tank abschrauben und herausziehen.
- Kraftstoffvorfilter abdrücken.
- Elektrischen Anschluß von der Pumpe trennen.
- Verbindungsschlauch des Pumpenhalters zum Deckel drücken.
- Pumpe mit Gummilager aus dem Halter nehmen.
- Beim Einbau neue Deckeldichtung verwenden und die Schrauben mit Dichtungsmasse einsetzen.

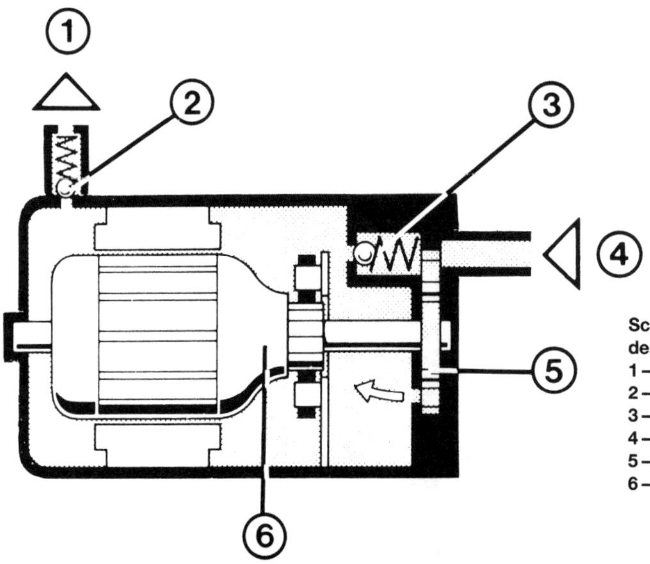

Schematische Darstellung der elektrischen Kraftstoffpumpe des 2,0-Liter-Vectra:
1 – Druckseite;
2 – Rückschlagventil;
3 – Überdruckventil;
4 – Saugseite;
5 – Rollenzellenpumpe;
6 – Anker.

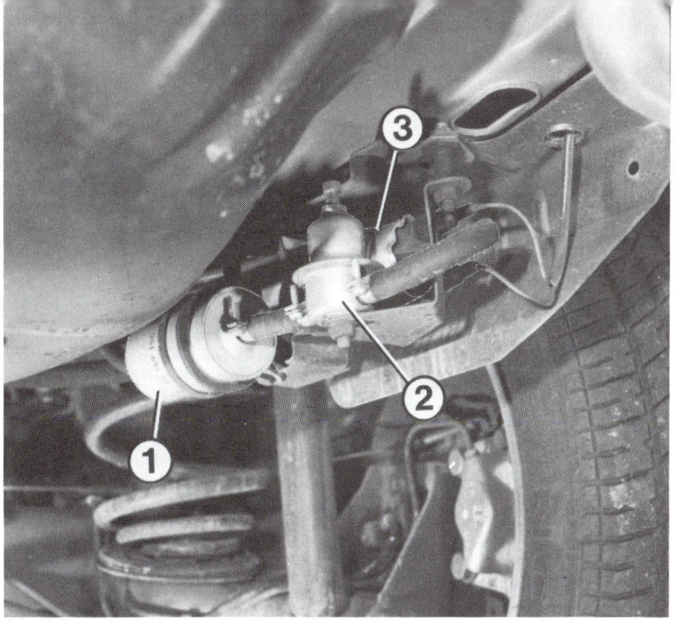

Rechts hinten unter dem Wagenboden haben die Einzelteile der Kraftstoffversorgung ihren Platz beim 2,0-Liter-Vectra bis Modelljahr '89. Es bedeuten:
1 – Kraftstoffilter;
2 – Membrandämpfer;
3 – Kraftstoffpumpe.

Kraftstoffpumpe ausbauen
Motronic bis Modelljahr '89

- Fahrzeug hinten aufbocken.
- Elektrische Leitungen mit Klebeband markieren und von der Pumpe abziehen.
- Schlauchschellen lösen und Kraftstoffschläuche abziehen. Vorsicht Spritzgefahr! Die Kraftstoffanlage kann unter Druck stehen. Vor dem Abziehen der Schläuche Lappen über den Schlauchanschluß legen.
- Befestigungsschelle abschrauben und Kraftstoffpumpe seitlich herausziehen.
- Beim Einbau Befestigungsschelle der Pumpe mit 4 Nm anziehen. Achten Sie darauf, daß beim Anziehen der Schelle die Gummimanschette bis zum Gehäuseabsatz reicht.
- Nach dem Einbau Motor starten und prüfen, ob die Pumpe anläuft und nirgends Kraftstoff austritt.

Kraftstoffilter wechseln

Einspritzmotoren
Wartung Nr. 43

Die Einspritzanlage reagiert empfindlich auf Verunreinigungen, deshalb durchläuft bei ihr der Kraftstoff einen speziellen Filter. Besonders aus dem gerade befüllten Erdtank einer Zapfstation können aufgewirbelte Schmutzpartikel in den Vectra-Tank geraten, also an frisch belieferten Tankstellen möglichst nicht auftanken. Der Kraftstoffilter soll regelmäßig (alle 30000 km) ausgewechselt werden, reinigen läßt er sich nicht.

- Fahrzeug aufbocken.
- **1,6- und 1,8-Liter:** Schlauchhalterung mit einem Schraubenzieher aufhebeln und Kraftstoffschlauch aus der Halterung nehmen.
- **Alle Modelle:** Befestigungsschraube aus dem Halteband des Filters herausdrehen.
- Schlauchklemmen lösen und Kraftstoffschläuche abziehen. Vorsicht, Benzin läuft aus!
- Sofort Schläuche auf den neuen Filter aufschieben. Dabei zeigt der Pfeil auf dem Filtergehäuse nach links (Durchflußrichtung zum Motor).
- Schläuche befestigen und Filter anschrauben.

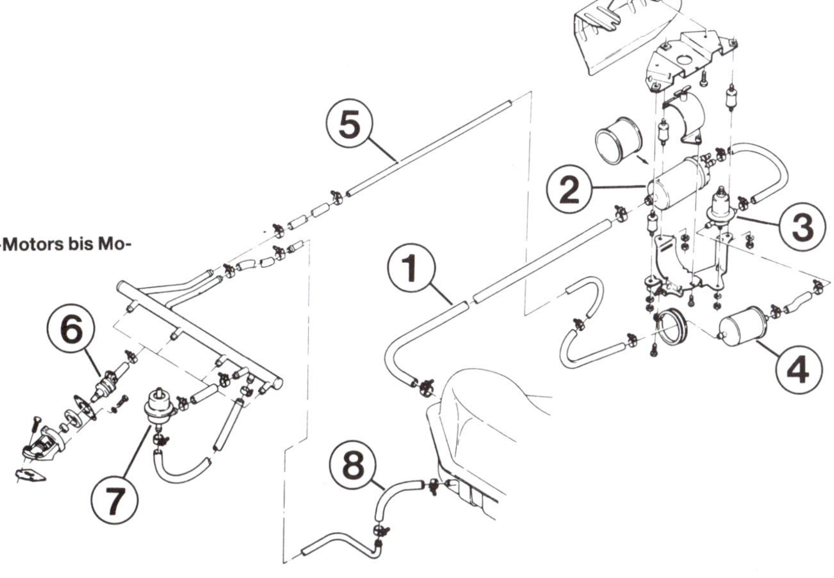

Das Kraftstoffsystem des 2,0-Liter-Motors bis Modelljahr '89 besteht aus:
1 – Kraftstoffsaugleitung;
2 – Kraftstoffpumpe;
3 – Membrandämpfer;
4 – Kraftstoffilter;
5 – Kraftstoffdruckleitung;
6 – Einspritzventil;
7 – Kraftstoffdruckregler;
8 – Kraftstoffrücklaufleitung.

Gesiebte Luft

Die Ansaugluft des Motors enthält Staub und Schmutzteilchen, die nicht in die Verbrennungsräume gelangen sollen. Sie wirken an den Zylinderwänden wie Schmirgel und würden frühzeitigen Verschleiß von Kolben und Zylinderlaufbahnen verursachen. Der Luftfilter sorgt deshalb für den notwendigen Schutz des Motors. Gleichzeitig dämpft er auch die Ansauggeräusche.

Luftfiltereinsatz ausbauen

Vergasermotor

- Drei große und eine etwas kleinere Kreuzschlitzschraube oben auf dem Luftfilterdeckel lösen.
- Spannklammern rund um das Filtergehäuse öffnen.
- Luftfilterdeckel abnehmen und Papiereinsatz herausnehmen.
- Beim Zusammenbau die Verschraubungen nicht zu fest anziehen.

Einspritzmotoren

- 2,0-Liter-Motor: Kühlmittelschlauch vom Luftfilterdeckel abnehmen.
- Alle Motoren: Zwei Kreuzschlitzschrauben am Luftfilterdeckel lösen.
- Gegenüberliegende Spannklammern öffnen. Lassen sich die beiden Klammern von Hand nicht lösen, kann auch ein Schraubenzieher zu Hilfe genommen werden.
- Schraubenzieher durch die Spannklammern schieben. Klammern vom Luftfilterdeckel abheben.
- Deckel abnehmen und Filtereinsatz herausheben.

Luftfiltereinsatz ausblasen

Wartung Nr. 10

Alle 15000 km bzw. jährlich empfehlen wir die Reinigung des Papierfiltereinsatzes von gröberer Verschmutzung. Bei einer Reise über extrem staubige Straßen kann dieses Intervall bis hin zur täglichen Reinigung verkürzt werden.

- Papierfiltereinsatz ausbauen.
- Filter auf harter Unterlage ausklopfen, damit sich die groben Schmutzteilchen lösen.
- Soll auch der feine Staub entfernt werden, muß mit Preßluft seitlich an den Filterlamellen vorbeigeblasen werden. Niemals den Preßluftstrahl direkt auf das Filterpapier richten! Sonst drückt sich ein Teil der Staubkörnchen fest in die Filterporen.
- Filtergehäuse mit sauberem Lappen auswischen.
- Filter wieder einbauen.

Luftfilter wechseln

Wartung Nr. 41

Opel ordnet den Wechsel des Filtereinsatzes alle 30000 km an. Das reicht unter normalen Fahrbedingungen längst aus; zumal der Einsatz zwischendurch gereinigt wird.
Andererseits muß bei Reisen über unbefestigte Straßen trotz häufiger Reinigung des Filters schon wesentlich früher an Ersatz gedacht werden. Aus- und Einbau siehe oben.

Ausbau des Luftfiltereinsatzes (3) beim Vergasermotor: Drei Schrauben (2) oben auf dem Luftfilterdeckel lösen; eine weitere am Gehäuserand (1). Jetzt die Spannklammern (Pfeile) rings um das Luftfiltergehäuse-Unterteil (4) abdrücken.

Das Luftfiltergehäuse des Vergasermotors von unten betrachtet. Zu sehen sind:
1 – Ansaugstutzen mit Luftklappe;
2 – Schlauch der Kurbelgehäuse-Entlüftung;
3 – Thermoventil;
4 – Unterdruckschläuche für Luftklappe.

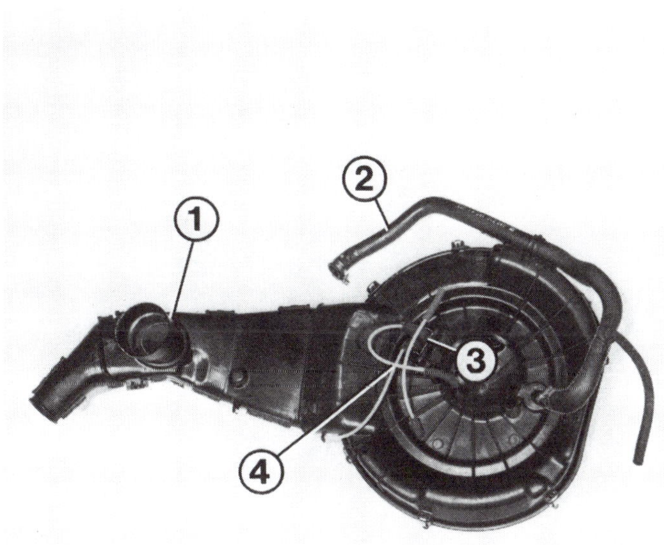

Luftfiltergehäuse ausbauen
Vergasermotor

● Luftfiltereinsatz ausbauen.
● Kurbelgehäuse-Entlüftungsschlauch vom Ventildeckel abmontieren.
● Alle Schläuche abziehen und Gehäuse abnehmen.
● Beim Einbau auf richtigen Sitz des Dichtrings achten.
● Schläuche gut auf ihre Stutzen drücken, vorhandene Befestigungsschellen montieren.

Luftfiltergehäuse ausbauen
Einspritzmotoren

● 1,6-/1,8-Liter-Motoren: Schlauch der Ansaugluft-Vorwärmung vom Luftfiltergehäuse abmontieren.
● Alle Motoren: Luftfiltereinsatz ausbauen.
● Befestigungsmuttern des Luftfiltergehäuses etwas lösen.
● Luftfiltergehäuse herausheben.

Die Ansaugluft-Vorwärmung

Vergasermotoren

Die Vergasermotoren des Opel besitzen im Ansaugrohr des Luftfiltergehäuses eine automatische Vorwärmung. Sie hat die Aufgabe, die Luft, die der Motor über den Vergaser ansaugt, auf günstiger Temperatur zu halten. Das hat zwei Gründe:
○ Bei kühlem Wetter vergast das Gemisch besser, wenn die Ansaugluft vorgewärmt zugeführt wird. Allerdings soll der Motor bei höheren Außentemperaturen keine vorgewärmte Luft erhalten: Dieselbe Menge warmer Luft besitzt ein größeres Volumen als kalte Luft. Da der Motor nur eine bestimmte Luftmenge ansaugen kann, erhält er bei eingeschalteter Ansaugluft-Vorwärmung etwas weniger Luft – das Gemisch wird fetter, der Verbrauch steigt. Nur bei kühlen Temperaturen ist dies für gleichmäßigen Motorlauf notwendig.
○ Der Vergaservereisung soll vorgebeugt werden. Diese Vereisung entsteht durch den Druckabfall im Vergaser bei laufendem Motor, wobei ein Teil des Kraftstoffes verdunstet und sich dabei erheblich abkühlt. Davon wird auch das Vergasergehäuse abgekühlt und bei Temperaturen zwischen +3 und +8°C (in Extremfällen auch darüber) und hoher Luftfeuchtigkeit kann sich im Vergaser eine dünne Eisschicht bilden, welche eine einwandfreie Gemischbildung verhindert.

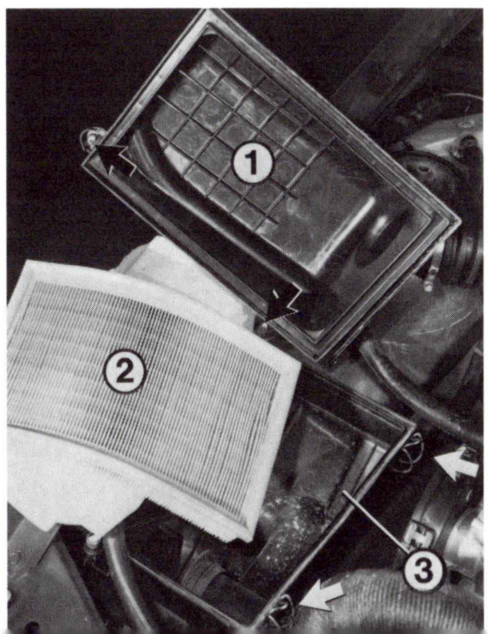

Links: Bei den Einspritzmotoren lassen sich die Spannklammern des Luftfiltergehäuses von Hand nur sehr schwer abdrücken. Mit einem Schraubenzieher geht's leichter.
Rechts: Nach Lösen der Spannklammern (weiße Pfeile) und Herausdrehen der beiden Kreuzschlitzschrauben (schwarze Pfeile) läßt sich der Deckel (1) des Luftfiltergehäuses vom Unterteil (3) abnehmen. Jetzt ist der Filtereinsatz (2) zugänglich.

Von der Innenseite des Luftfiltergehäuses her zu erkennen: Das Thermoventil (Pfeil) der Ansaugluft-Vorwärmung beim 1,6- bzw. 1,8-Liter-Einspritzer.

Funktion

Die Ansaugluft-Vorwärmung wird von zwei verschiedenen Systemen geregelt:

○ Um Vergaservereisung bei Vollast zu vermeiden, ist die Klappe der Ansaugluft-Vorwärmung über einen Thermostat geregelt, der dafür sorgt, daß die Warmluftzufuhr bei −20°C voll geöffnet ist. Bei steigender Temperatur wird die Klappe langsam geschlossen, bis sie schließlich bei +5°C den Warmluftstrom voll verschließt.

○ Damit auch bei Teillast – also im Bereich von etwa 3500/min Motordrehzahl – keine Vergaservereisung auftritt, wird die Ansaugluft-Vorwärmung zusätzlich über Unterdruck gesteuert. Der Unterdruck wird dem Vergaser entnommen und wirkt auf eine Unterdruckdose, die wiederum die Warmluftklappe im Ansaugstutzen des Luftfilters öffnet.

Ein temperaturabhängiges Ventil im Luftfiltergehäuse ist in die Unterdruckleitung zur Warmluftklappe zwischengeschaltet und unterbricht den freien Durchgang in diesem Schlauch, wenn die Umgebungstemperatur an dieser Stelle +18 bis +23°C erreicht hat.

○ In der Praxis überlagern sich die beiden Steuersysteme und vermeiden so Vergaservereisung bei allen Drehzahlen und Temperaturen.

Störungen

Funktioniert die Ansaugluft-Vorwärmung nicht richtig, kann das zu Betriebsstörungen führen. **Winters:**

○ Schlechter Leerlauf nach dem Kaltstart in der sogenannten Warmlaufphase.

○ Schlechter Übergang, Motor neigt zum Stottern.

In der warmen Jahreszeit:

○ Mangelhafte Leistung, übliche Höchstgeschwindigkeit wird nicht erreicht.

○ Höherer Kraftstoffverbrauch.

Ansaugluft-Vorwärmung prüfen

● Im Luftfilter-Unterteil befindet sich das Thermoventil. Seine Schlauchanschlüsse sind von der Luftfilter-Unterseite her zugänglich.

● Schlauch vom Anschluß abziehen.

● Mit dem Mund kräftig am Schlauch saugen: Die Warmluftkappe muß hörbar öffnen bzw. zufallen.

Der Ansaugkrümmer des 1,6-/1,8-Liter-Einspritzers wird lediglich durch Kühlwasser beheizt. Der Pfeil kennzeichnet den Kühlmittelschlauch zum Ansaugkrümmer.

● Falls nicht: Klappe auf Leichtgängigkeit prüfen, Schlauch und Unterdruckdose auf Dichtheit prüfen.
● Als nächstes Thermoventil prüfen. Dazu muß die Lufttemperatur niedriger als +20°C sein.
● Luftfiltergehäuse ausbauen und neben den Wagen legen.
● Den Schlauchanschluß »Vergaser« mittels langem Schlauch mit dem Unterdruckanschluß des Vergasers verbinden.
● Die Warmluftklappe muß aufgezogen werden.
● Schlauch am Vergaser abziehen: Die Klappe muß nach max. 20 Sekunden ihre Ausgangslage eingenommen haben.
● Sonst Thermoventil wechseln.

Ansaugluft-Vorwärmung

Einspritzmotoren

Beim 1,6-/1,8-Liter-Vectra funktioniert die Ansaugluft-Vorwärmung wie bei den Vergasermotoren. Unterschied: Das Thermoventil fehlt. Das Öffnen und Schließen der Warmluftklappe wird nur durch Unterdruck von einem Thermostat geregelt.
Keine Ansaugluft-Vorwärmung besitzt der 2,0-Liter-Motor mit Motronic-Einspritzung. Grund: durch die Ansaugkanäle strömt bei dieser Einspritzung nur reine Luft. Kraftstoff wird erst kurz vor dem Einlaßventil zugesetzt. Ein Verdunsten des Kraftstoffs (und die dadurch bedingte »Verdunstungskälte«) treten so nahe an den heißen Brennräumen nicht mehr in Erscheinung, d.h. ein Vereisen ist nicht möglich.

Ansaugluft-Vorwärmung prüfen

● Das Prüfen der Ansaugluft-Vorwärmung erfolgt in ähnlicher Weise wie für die Vergasermotoren beschrieben.
● Zum Kontrollieren, ob die Warmluftklappe öffnet und schließt, Luftfilter ausbauen.

Ansaugrohr-Beheizung

Vom Vergaser gelangt das Kraftstoff/Luft-Gemisch durch den Ansaugkrümmer in die Zylinder. Ist das Ansaugrohr kalt, kondensiert ein beachtlicher Anteil des Gemisches an den Innenwänden des Rohrs und gelangt nicht mehr dampfförmig zu den Brennräumen. Es entstehen Verluste und damit erhöhter Kraftstoffverbrauch. Bei den Vergasermotoren wurde durch eine zweifache Ansaugrohr-Beheizung diesem Übel abgeholfen:
○ Bei kaltem Motor tritt die elektrische Ansaugrohr-Beheizung in Aktion. Sie besteht aus einem Heizelement, das unterhalb des Vergasers im Ansaugkrümmer eingeschraubt ist. Wirksam ist das Heizelement nur bis ca. 65°C Kühltemperatur. Dann schaltet das Ecotronic-Steuergerät, informiert vom Thermoschalter, den Strom ab.
○ Bei höheren Temperaturen übernimmt das Kühlwasser die Ansaugrohr-Beheizung. Ein Abzweig des Kühlwasserstroms wird dazu durch einen Kanal im Ansaugkrümmer geleitet.
○ Beim 1,6-/1,8-Liter-Motor mit Zentraleinspritzung ist keine elektrische Beheizung des Ansaugrohrs vorgesehen. Hier wird der Ansaugkrümmer nur durch das Kühlwasser erwärmt.
○ Der Ansaugkrümmer der 2,0-Liter-Motoren muß nicht beheizt werden. Wie im Vortext erwähnt, strömt durch die Kanäle des Ansaugrohrs reine Luft. Die Gemischbildung findet erst kurz vor dem Einlaßventil statt.

Ansaugrohr-Beheizung prüfen

● Zuerst die zuständige Sicherung kontrollieren.
● Ist die Sicherung in Ordnung, wird das stromzuführende Kabel zum Heizelement geprüft.
● Unten am Ansaugrohr die Steckverbindung zum Heizelement trennen.
● Voltmeter anschließen. Zündung einschalten. Die Spannung muß mindestens 11,5 V betragen.
● Liegt keine Spannung an, ist möglicherweise das Relais der Ansaugrohr-Beheizung defekt (siehe Seite 231). Oder der Thermoschalter streikt.
● Thermoschalter prüfen: Stecker des Thermoschalters (siehe Bild) trennen.
● Ohmmeter zwischen den Kontakten am Schalter anschließen.
● Unter ca. 55°C Kühlwassertemperatur müssen 0 Ω abgelesen werden. Über 65°C muß der Ohmmeter ∞ Ω anzeigen, sonst ist der Schalter defekt.

Zwitter

Der Vectra mit **1,6-Liter-Motor** und der **1,8-Liter ab 6/90** besitzen eine sogenannte Multec-Zentraleinspritzung. Sie besteht im wesentlichen aus einem Gehäuse, das dem eines Vergasers ähnelt, versehen mit einem einzigen Einspritzventil, dessen Funktion ein elektronisches Steuergerät bestimmt.

Die Multec-Zentraleinspritzung ist damit eines der kompaktesten Einspritzsysteme, das im Preis fast mit einem vergleichbaren Vergaser konkurrieren kann, andererseits aber viele gute Eigenschaften einer vollwertigen Benzineinspritzung besitzt. Auch die Lambda-Regelung bei Fahrzeugen mit Katalysator (siehe Kapitel »Abgasentgiftung«) macht bei dieser Gemischaufbereitung keine Probleme.

Die wichtigsten Teile

Das Verständnis für die Gesamtfunktion der Multec-Zentraleinspritzung fällt leichter, wenn man die Einzelaufgaben der Bauteile kennt:

Das Steuergerät

Zwischen den Eingangsinformationen (durch die verschiedenen Geber) und der Kraftstoffzumessung (durch das Einspritzventil) steht – bildlich gesprochen – das Steuergerät. Seine Aufgabe ist es, für die verschiedenen Fahr- und Lastzustände die richtige Kraftstoffmenge zu ermitteln und dies dem Einspritzventil »in Auftrag zu geben«.

Dabei greift das Steuergerät auf ein Motorkennfeld zurück – eine Datei, in der alle nur denkbaren Motorsituationen gespeichert sind. Ebenfalls in diesem Kennfeld festgehalten sind die zugehörigen Kraftstoffmengen – selbstverständlich in Form von elektrischen Signalen.

Das Steuergerät befindet sich rechts im Beifahrerfußraum, versteckt hinter einer Kunststoffabdeckung.

Die zentrale Einspritzeinheit

Durch dieses Gehäuse strömt die Ansaugluft, und hier wird – vom Einspritzventil – auch der Kraftstoff zugesetzt. Genau wie im Vergaser.

Die Einspritzeinheit beherbergt aber noch andere Bauteile, die allesamt wenig mit einem Vergaser zu tun haben. Es sind dies – neben dem schon erwähnten Einspritzventil – der Druckregler, der Leerlauffüllungs-Schrittmotor und das Drosselklappen-Potentiometer.

Das Einspritzventil

Das Einspritzventil wird mittels Elektromagnet geöffnet. So kann Kraftstoff fließen oder auch nicht – je nach Befehl des Steuergeräts.

Damit der Kraftstoff optimal zerstäubt, wird er unter Druck in einem konischen Strahl gegen die Wände der Drosselbohrung oberhalb der Drosselklappe gespritzt.

Der Druckregler

Er sorgt dafür, daß der Kraftstoffdruck am Einspritzventil stets bei 0,75 bar liegt. Das macht er, indem er mehr oder weniger Benzin durch die Rücklaufleitung zum Tank zurückfließen läßt. Die Kraftstoffzufuhr bleibt nämlich weitgehend konstant.

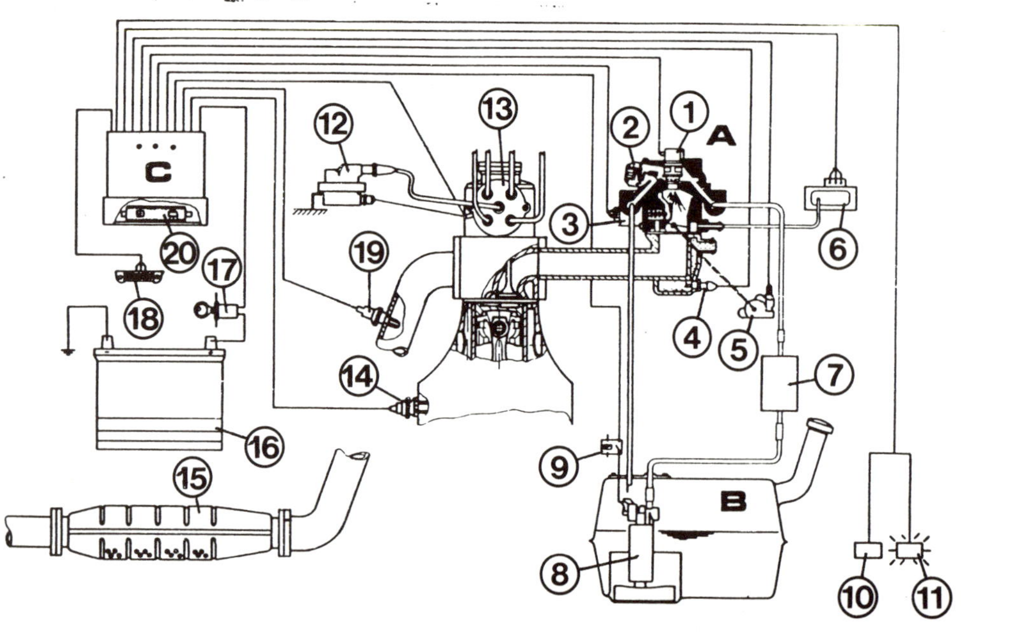

Die Multec-Zentraleinspritzung:
1 – Einspritzventil; 2 – Kraftstoffdruckregler; 3 – Leerlauffüllungsschrittmotor; 4 – Thermoschalter; 5 – Drosselklappen-Potentiometer; 6 – Saugrohrdruckfühler; 7 – Kraftstoffilter; 8 – Kraftstoffpumpe; 9 – Kraftstoffpumpenrelais; 10 – Geschwindigkeitssensor; 11 – Motorkontrolleuchte; 12 – Zündspule; 13 – Zündverteiler; 14 – Öldruckschalter; 15 – Katalysator; 16 – Batterie; 17 – Zündschloß; 18 – Diagnosestecker; 19 – Lambda-Sonde; 20 – Programmspeicher; A – Drosselklappen-Einspritzgehäuse; B – Kraftstofftank; C – Steuergerät.

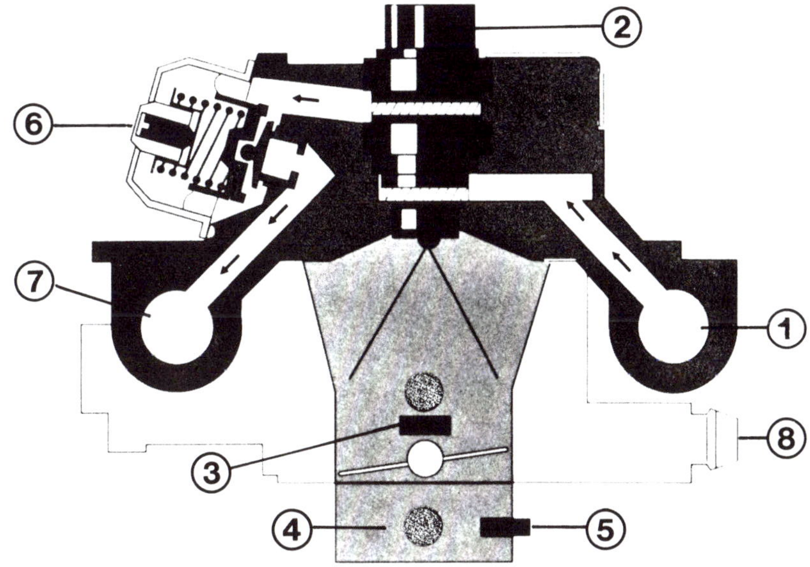

Schemabild des zur Multec-Zentraleinspritzung gehörenden Drosselklappen-Einspritzgehäuses.
1 – Kraftstoffzufuhr;
2 – Einspritzventil;
3 – Drosselklappensensor;
4 – Motor/Auspuffsystem;
5 – Lambda-Sonde;
6 – Systemdruckregler;
7 – Kraftstoff-Rückführung zum Tank;
8 – Anschluß Tankentlüftung.

Saugrohrdruckmesser

Er sitzt hinter dem Bremskraftverstärker. Seine Aufgabe ist es, den Unterdruck im Ansaugrohr genau zu erfassen. Umgewandelt in elektrische Impulse werden die Daten an das Steuergerät weitergegeben. Kraftstoffstoffeinspritzmenge und Zündzeitpunkt werden entsprechend geregelt.

Leerlauffüllungs-Schrittmotor

Dies ist ein kleiner Elektromotor mit einer Gewindespindel. Vorn an der Spindel sitzt ein Ventilkegel. Der Schrittmotor regelt eine zusätzliche Gemisch-Durchflußmenge über eine Bypaß-Bohrung vorbei an der Drosselklappe.
Der Schrittmotor hat 255 Stellmöglichkeiten und ist zuständig für die Leerlaufdrehzahl-Regulierung unter allen Belastungen. Er übernimmt auch Aufgaben während der Warmlaufphase und zur Schubabmagerung bzw. Schubabschaltung.

Drosselklappen-Potentiometer

Es meldet die Bewegungen der Drosselklappe und deren Stellung dem Steuergerät. So wird zum Beispiel plötzliches Gasgeben als Beschleunigung erkannt. Die Meldung erfolgt auf elektrischem Weg. Ein Potentiometer ist nichts anderes als ein veränderbarer Widerstand.

Die Funktion

Zusammenspiel der Einzelteile

Grundfunktion: Die Kraftstoffpumpe schafft Benzin unter Druck zum Druckregler. Dieser sorgt dafür, daß am Einspritzventil stets derselbe Kraftstoffdruck (0,75 bar) »anliegt«.
Das Steuergerät erhält Informationen über den Motorlauf durch die Drehzahlimpulse von der Zündung, die Widerstandswerte vom Drosselklappen-Potentiometer (Drosselklappenstellung) sowie Spannungsinpulse vom Saugrohrdruckmesser. Daraus zieht das Steuergerät Rückschlüsse auf den Lastzustand des Motors und mißt – über das Einspritzventil – die zur angesaugten Luft nötige Menge Kraftstoff bei. Berücksichtigt ist bei dieser Zumessung das Kraftstoff/Luft-Verhältnis von $\lambda = 1$ für optimales Arbeiten des Katalysators. Dieses Verhältnis muß je nach Signal der Lambda-Sonde korrigiert werden (siehe dazu Seite 48).

Die Teile der Multec-Zentraleinspritzung. Es bedeuten:
1 – Kraftstoffrücklaufschlauch;
2 – Druckregler;
3 – Einspritzventil;
4 – Kraftstoffzulaufschlauch;
5 – Drosselklappen-Potentiometer.

Das Einspritzventil kann nur öffnen und schließen, nicht aber die Menge dosieren. Deshalb wird die Kraftstoffmenge über die Einspritzzeit variiert. Und das geht so: Bei jedem Zündimpuls der Zündanlage spritzt das Ventil einmal ab. Wird wenig Kraftstoff gebraucht, öffnet das Ventil bei diesem Impuls nur ganz kurz – oft weniger als eine tausendstel Sekunde.
Benötigt der Motor dagegen mehr Kraftstoff (Vollast, kalter Motor), wird eben bei diesem Impuls länger abgespritzt. Das gilt natürlich für jeden Zündimpuls.
Kalter Motor: Über die Motortemperatur ist das Steuergerät durch den Kühlmittel-Temperaturgeber informiert. Je kälter der Motor, desto länger die Einspritzzeiten. Also kraftstoffreicheres Gemisch.
Bei diesem Betriebszustand muß das Lambda-Signal ohne Beachtung bleiben, d.h. es kann kein für den Katalysator optimales Gemisch erzeugt werden.
Leerlauf: Das Drosselklappen-Potentiometer an der Einspritzeinheit informiert das Steuergerät über diesen Betriebszustand. Der Leerlauffüllungs-Schrittmotor wird entsprechend angesteuert und reguliert die Leerlaufdrehzahl.
Beschleunigen: Spontanes Gasgeben erkennt das Steuergerät durch die Signale vom Potentiometer als Beschleunigungsvorgang, weshalb das Gemisch sofort »angefettet« wird.
Vollast: Bei Vollgas veranlaßt das Steuergerät die Vollastanreicherung. Es wird also im Verhältnis mehr Kraftstoff beigemischt. Über die Drosselklappenstellung informiert das Potentiometer. Die Vollastanreicherung ignoriert natürlich das Lambda-Signal.
Schubbetrieb: Bergab mit losgelassenem Gaspedal spart die Multec-Zentraleinspritzung Sprit und schaltet die Kraftstoffzufuhr ab. Das Steuergerät erkennt diesen Betriebszustand am losgelassenen Gaspedal (Drosselklappen-Potentiometer) und der hohen Motordrehzahl.
Drehzahlbegrenzung: Oberhalb der Maximal-Drehzahl schaltet das Steuergerät zum Schutz des Motors die Kraftstoffzufuhr ab. Drehzahlbegrenzung kann bei Wagen mit Katalysator nicht mehr über Abschalten der Zündung erfolgen, denn sonst käme unverbrannter Kraftstoff in den Kat. Was dieser übelnimmt.

Selbsthilfe

Viele Prüfungen an der Einspritzung sind dem Selbsthelfer in Ermangelung der nötigen Prüfgeräte leider unmöglich gemacht. Dennoch bleibt ein breites Betätigungsfeld.

Vorgehensweise

Das Steuergerät selbst kann mit Heimwerkermitteln nicht kontrolliert werden. In der Praxis ist hier auch nur sehr selten mit Fehlern zu rechnen. Geber, Schalter und Kabelverbindungen geben ungleich häufiger Anlaß zu Beanstandungen.
Damit bietet sich bei einem Defekt folgende Vorgehensweise an:

○ Sicherstellen, daß die Zündung in Ordnung ist.
○ Kraftstoffversorgung prüfen (Seite 66).
○ Sichtprüfung an den Teilen der Einspritzanlage durchführen (siehe folgenden Abschnitt).
○ Wurde durch genannte Prüfungen kein Fehler gefunden, Fehlerspeicher abrufen (Seite 76), mögliche Fehlerquelle ermitteln, verdächtiges Bauteil nach Prüfanleitung (folgende Seiten) kontrollieren.

Sichtprüfung

● Unterdruckschläuche auf Dichtheit prüfen. Alle Schläuche, die an der Einspritzeinheit oder am Ansaugkrümmer angeschlossen sind – vom dicken Schlauch des Bremskraftverstärkers bis zu dem kleinen Unterdruckschlauch zum Luftfiltergehäuse – müssen geprüft werden.
● Ist die Dichtung unter der Einspritzeinheit in Ordnung; ebenso die Flanschdichtungen der Ansaugkanäle?
● Undichtigkeiten lassen »Nebenluft« ins Ansaugsystem eindringen – Luft also, die in der Berechnung des Steuergeräts nicht enthalten ist und die deshalb die Gemischaufbereitung empfindlich stört. Das Gemisch magert unkontrolliert ab, Motorlaufstörungen – hauptsächlich im Leerlauf – sind die Folge.
● Sind an den Kraftstoffleitungen Undichtigkeiten zu erkennen?
● Wurden die Kabelstecker mehrfach auseinandergezogen und wieder verbunden? Korrosion oder ungeschicktes Reißen kann mangelnden Kontakt zur Folge haben.
● Sehen Sie sich die Stecker an den einzelnen Bauteilen der Einspritzung genau an. Mit einem schmalen Schraubenzieher lassen sich die Zungen ein wenig nachbiegen.

Über die aktuelle Kühlmitteltemperatur informiert sich das Multec-Steuergerät durch diesen Thermofühler.

Störungen und Eigendiagnose

Das Steuergerät der Multec-Zentraleinspritzung verfügt über einen Programmspeicher. Der Speicher ist in der Lage, Fehler, die während des Motorbetriebs auftreten, zu erkennen und zu speichern. Eine Kontrolleuchte in der Instrumententafel zeigt dem Fahrer die Störung an. Der Fehler bleibt über 20 Motorstarts hinweg gespeichert. Trat er in dieser Zeit nicht mehr auf – z.B. bei einem Wackelkontakt – wird er gelöscht.
Für das Multec-System besitzt die Werkstatt einen Diagnoseschlüssel, der in den Stecker links im Motorraum eingesetzt wird und wodurch die Diagnosereiz- und Masseleitung kurzgeschlossen ist.
Auf diese Weise wird die Blinktätigkeit der Kontrolleuchte ausgelöst. Für die einzelnen Fehlermöglichkeiten sind unterschiedliche Blinkintervalle festgelegt. Die Leuchtfolge stellt einen Code dar und gibt Hinweise auf die Fehlerquelle.

Notlauffunktion der Multec-Einspritzung

Ein umfangreiches Notlauf-Programm hält die Funktion des Einspritz- und Zündsystems aufrecht, wenn ein Sensor (Fühler) ausfällt, eine Kabelverbindung unterbrochen ist oder Massekontakt auftritt. Zugleich wird ein Fehler im elektronischen Speicher registriert.
Der Notlauf wird vom Steuergerät so unterschieden:
○ Es bleibt die normale Steuerung beibehalten. Anstelle der ausgefallenen Informationen wird ein Ersatzwert zur Berechnung von Zündung und Kraftstoffzumessung herangezogen.
Beispiel: Bei einem Ausfall des Temperaturgebers rechnet das Steuergerät mit einem Ersatzwert von 80°C Kühlmitteltemperatur.
○ Fallen gleichzeitig mehrere Steuersignale oder der Mikroprozessor aus, sorgt das Endstufenmodul im Zündverteiler für eine Widerstandsschaltung mit notwendiger Kraftstoffzuteilung und Zündungssteuerung. Dadurch ist die Weiterfahrt zur Werkstatt möglich.

Die Multec-Einspritzeinheit von der rechten Motorseite her betrachtet. Zu sehen sind:
1 – Gaszug;
2 – Kühlmittelschlauch für Ansaugrohr-Beheizung;
3 – Unterdruckschlauch zum Saugrohrdruckfühler;
4 – Einspritzventil;
5 – Leerlauffüllungs-Schrittmotor.

Fehlerspeicher abrufen

Auch ohne Diagnoseschlüssel kann der Fehlerspeicher des Multec-Systems abgerufen werden. Als einfaches Hilfsmittel dient hierzu eine Büroklammer.

- Zündung einschalten, die Motorkontrolleuchte muß leuchten.
- Stecker hinter dem Federbeindom links im Motorraum abziehen.
- Büroklammer so zurechtbiegen, daß sie in die Steckkontakte »A« und »B« paßt, siehe Bild unten.
- Von Helfer Büroklammer einstecken lassen. Kontrolleuchte beobachten.
- Die Lampe blinkt zunächst einmal kurz auf, es folgt eine Pause, dann leuchtet sie wieder zweimal kurz. Dies ist der **Code 12** der **dreimal wiederholt** wird. Er signalisiert den **Beginn der Fehlercode-Ausgabe**. Ist kein Fehlercode gespeichert, wiederholt sich Code 12 ständig.
- Liegt dagegen ein Fehler im System vor, wird dieser durch den jeweiligen Blinkcode angezeigt.
- Das funktioniert nach der gleichen Methode wie bei Code »12«: Zehnerstelle – Pause – Einerstelle.
- Beispiel Fehlercode 34: dreimal kurzes Blinken, Pause, viermal kurzes Blinken. Der Fehlercode wird dreimal wiederholt. Was ein angezeigter Blinkcode bedeutet, zeigt die folgende Tabelle.
- Sind mehrere Fehlercodes gespeichert, werden diese in numerischer Reihenfolge angezeigt. Fehlercodes werden so lange wiederholt, bis die Büroklammer aus den Steckkontakten gezogen wird.

Fehlerspeicher löschen

Ist ein Defekt an der Multec-Zentraleinspritzung beseitigt, muß der Fehler, den das Eigendiagnose-System gespeichert hat, gelöscht werden.

- Zündung ausschalten.
- Batterie-Massekabel für mindestens 10 Sekunden abklemmen.
- Das Eigendiagnose-System löscht einen Fehlercode auch automatisch. Dies gilt, wenn ein Fehler nach 20 Motorstarts nicht mehr festgestellt wird.

Fingerzeig: Mit dem Abklemmen der Batterie löschen Sie nicht nur den Fehlerspeicher, sondern auch den Anti-Diebstahl-Code Ihres Radios – Code neu einspeichern.

Fehlertabelle

Multec-Zentraleinspritzung

Blinkcode	Die Störung	– ihre Ursache	– ihre Abhilfe
13	Lambda-Sonde gibt keine oder falsche Signale an das Steuergerät	Leitungsunterbrechung bzw. Kurzschluß zur Masse	Leitungen prüfen
		Lambda-Sonde defekt	Lambda-Sonde prüfen, ggf. ersetzen
		Steuergerät defekt	Steuergerät ersetzen
14	Signalspannung vom Temperaturfühler zu hoch	Leitungskurzschluß zur Masse	Leitungen prüfen
		Temperaturfühler defekt	Temperaturfühler prüfen, ggf. ersetzen
		Steuergerät defekt	Steuergerät ersetzen

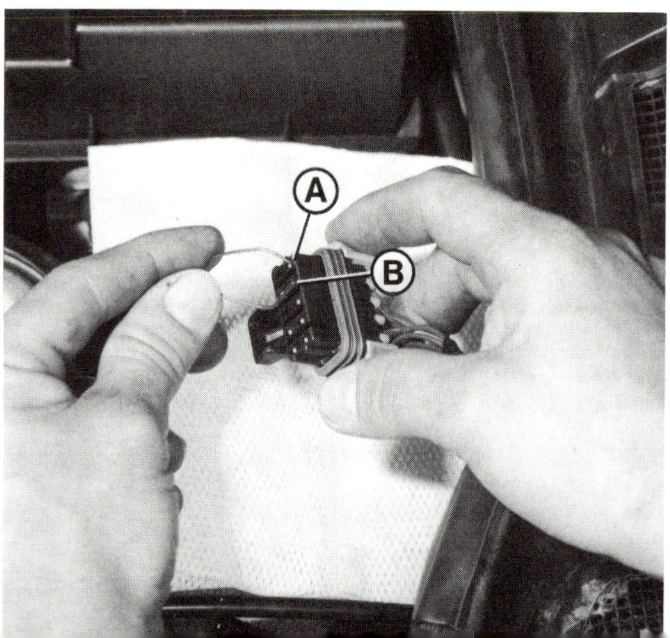

Zum Aktivieren des Fehlerspeichers müssen die Masse- und die Diagnoseleitung (A und B) miteinander verbunden werden. Hierzu eignet sich am besten eine Büroklammer.

Blinkcode	Die Störung	– ihre Ursache	– ihre Abhilfe
15	Kein Signal vom Temperaturfühler	Leitungsunterbrechung	Leitungen prüfen
		Temperaturfühler defekt	Temperaturfühler prüfen, ggf. ersetzen
21	Signalspannung vom Drosselklappen-Potentiometer zu hoch	Leitungskurzschluß zur Masse	Leitungen prüfen
		Drosselklappen-Potentiometer defekt	Drosselklappen-Potentiometer prüfen, ggf. ersetzen
		Steuergerät defekt	Steuergerät ersetzen
22	Signalspannung vom Drosselklappen-Potentiometer zu niedrig	Leitungsunterbrechung	Leitungen prüfen
		Drosselklappen-Potentiometer defekt	Drosselklappen-Potentiometer prüfen, ggf. ersetzen
		Steuergerät defekt	Steuergerät ersetzen
24	Keine Impulse vom Wegstrecken-Frequenzgeber	Leitungsunterbrechung	Leitungen prüfen
		Wegstrecken-Frequenzgeber defekt	Wegstrecken-Frequenzgeber prüfen, ggf. ersetzen
33	Signalspannung vom Saugrohrdruckfühler zu hoch	Unterdruckschlauch defekt	Schlauch ersetzen
		Leitungskurzschluß zur Masse	Leitungen prüfen
		Saugrohrdruckfühler defekt	Saugrohrdruckfühler prüfen, ggf. ersetzen
		Steuergerät defekt	Steuergerät ersetzen
34	Signalspannung vom Saugrohrdruckfühler zu niedrig	Leitungsunterbrechung	Leitungen prüfen
		Saugrohrdruckfühler defekt	Saugrohrdruckfühler prüfen, ggf. ersetzen
		Steuergerät defekt	Steuergerät ersetzen
35	Keine oder schlechte Leerlaufdrehzahl-Regulierung	Motor zieht Nebenluft an	Dichtheitsprüfung an Unterdruckanschlüssen, Ansaugrohr, Flansch der Einspritzeinheit
		Leitungsunterbechung bzw. Kurzschluß zur Masse	Leitungen prüfen
		Leerlauffüllungs-Schrittmotor defekt	Leerlauffüllungs-Schrittmotor prüfen, ggf. ersetzen
42	Keine elektronische Zündverstellung	Leitungsunterbrechung bzw. Kurzschluß zur Masse	Leitungen prüfen
		Zündmodul im Zündverteiler defekt	Zündmodul prüfen, ggf. ersetzen
		Steuergerät defekt	Steuergerät ersetzen
44	Kraftstoffgemisch zu mager	Kraftstoffpumpe defekt	Kraftstoffpumpendruck prüfen
		Masseschluß zur Lambda-Sonde	Leitungen kontrollieren
		Lambda-Sonde defekt	Lambda-Sonde ersetzen
		Saugrohrdruckfühler defekt	Saugrohrdruckfühler prüfen, ggf. ersetzen
		Temperaturfühler defekt	Temperaturfühler prüfen, ggf. ersetzen
45	Kraftstoffgemisch zu fett	Kraftstoffdruck zu hoch	Kraftstoffdruck prüfen
		Undichtes Einspritzventil	Ventil prüfen, ggf. ersetzen

Blinkcode	Die Störung	– ihre Ursache	– ihre Abhilfe
45	Kraftstoffgemisch zu fett (Fortsetzung)	Schlauchleitungen am Aktivkohlefilter bzw. am Einspritzgehäuse schadhaft	Schlauchleitungen kontrollieren, ggf. ersetzen
		Temperaturfühler defekt	Temperaturfühler prüfen, ggf. ersetzen
		Saugrohrdruckfühler defekt	Saugrohrdruckfühler prüfen, ggf. ersetzen
		Drosselklappen-Potentiometer defekt	Drosselklappen-Potentiometer prüfen, ggf. ersetzen
49	Batteriespannung zu hoch	Lichtmaschine defekt	Lichtmaschine prüfen, ggf. ersetzen
		Lichtmaschinenregler defekt	Regler prüfen, ggf. ersetzen
		Steuergerät defekt	Steuergerät ersetzen
51	Steuergerät erhält keine verwertbaren Daten aus dem Programmspeicher	Steckverbindung zwischen Steuergerät und Programmspeicher korrodiert oder Kontakte verbogen	Reinigen bzw. Kontakt nachbiegen
		Bauteil im Programmspeicher defekt	Programmspeicher ersetzen
		Bauteil im Steuergerät defekt	Steuergerät ersetzen

Prüfen der Bauteile

Die folgenden Abschnitte beschreiben Prüfungen an den Komponenten der Einspritzanlage, die mit Heimwerkermitteln möglich sind.

Einspritzventil prüfen

- **Prüfung bei laufendem Motor:** Luftfilter-Oberteil abbauen.
- Motor starten und im Leerlauf laufen lassen.
- Spritzstrahl des Einspritzventils beobachten. Er muß ein gleichmäßiges Spritzbild haben und auf die Drosselklappe gerichtet sein.
- Motor abstellen; Dichtheit des Ventils prüfen.
- Es dürfen bei stehendem Motor nicht mehr als 2 Tropfen pro Minute austreten.
- **Wenn der Motor nicht läuft:** Luftfilter-Oberteil abbauen.
- Anlasser von Helfer betätigen lassen. Das Einspritzventil muß sichtbar Kraftstoff abspritzen.
- Wenn nicht, Stecker am Einspritzventil abziehen.
- Plusspannung an Klemme B anlegen, Klemme A an Masse legen. Das Einspritzventil muß abspritzen. Andernfalls ist das Ventil defekt.
- Zum Ausbau TORX-Schraube lösen und Halter abnehmen.
- Einspritzventil mit einem Schraubenzieher aus dem Gehäuse heraushebeln.
- Beim Einbau neue Dichtringe verwenden. Befestigungsschraube mit Sicherungsmasse bestreichen und mit 3 Nm anziehen.
- **Stromversorgung des Einspritzventils prüfen:** Leuchtdioden-Spannungsprüfer (Seite 165) – nichts

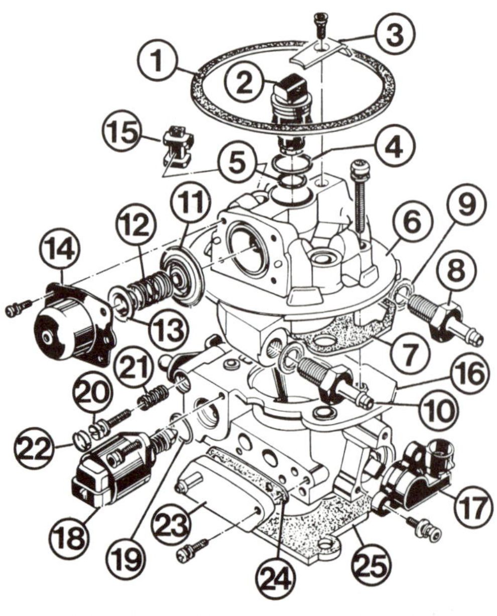

Bauteile am Multec-Zentraleinspritzsystem:
1 – Dichtung Luftfilter;
2 – Einspritzventil;
3 – Halter Einspritzventil;
4, 5 – O-Ring Einspritzventil oben bzw. unten;
6, 7 – Oberteil Drosselklappen-Einspritzgehäuse mit Dichtung;
8, 9 – Kraftstoffeinlaßstutzen mit Dichtung;
10 – Kraftstoffrücklaufstutzen;
11–14 – Membrane, Feder, Federsitz und Deckel für Kraftstoffdruckregler;
15 – Gummitülle Anschlußkabel;
16 – Drosselklappenteil;
17 – Drosselklappen-Potentiometer;
18 – Leerlauffüllungs-Schrittmotor;
19 – O-Ring;
20–22 – Leerlauf-Einstellschraube mit Feder und Deckel (Plombe);
23, 24 – Flansch Unterdruckanschlüsse mit Dichtung;
25 – Dichtung Einspritzgehäuse/Saugrohr.

Zum Prüfen des Drosselklappen-Potentiometers wird ein Ohmmeter zwischen die Klemmen »A« und »B« des Mehrfach-Steckanschlusses angeklemmt.

anderes verwenden – an die Kontakte des abgezogenen Anschlußsteckers anschließen.

● Anlasser betätigen. Die Leuchtdioden müssen flackern, sonst Leitungsunterbrechung oder Steuergerät defekt.

Drosselklappen-Potentiometer prüfen

Zwei verschiedene Zulieferbetriebe sind für die Herstellung des Drosselklappen-Potentiometers zuständig. Aussehen und Funktion sind zwar gleich, doch gelten zur Prüfung der Potentiometer unterschiedliche Ohmwerte. Der Potentiometer des Herstellers CTS trägt in der Rundung links oben die Aufschrift CTS, der NEI-Potentiometer hat keine Beschriftung.

● Die Zündung ist ausgeschaltet.

● Stecker am Drosselklappen-Potentiometer abziehen.

● Ohmmeter zwischen den Klemmen »A« und »B« anschließen.

● Bei geschlossener Drosselklappe Ohmwert ablesen. NEI-Potentiometer 4,0–6,0 kΩ; CTS-Potentiometer 4,0–9,0 kΩ.

● Ohmmeter zwischen den Klemmen »B« und »C« anschließen. Die Meßwerte sollen beim NEI-Potentiometer 3,0–4,0 kΩ und beim CTS-Potentiometer 1,0–3,0 kΩ betragen.

● Nun Drosselklappe langsam öffnen und Ohmwert bei vollständig geöffneter Klappe ablesen. NEI-Potentiometer 6,0–7,0 Ω; CTS-Potentiometer 5,0–10,0 Ω.

● Werden die genannten Werte nicht erreicht, ist der Drosselklappen-Potentiometer defekt.

● Der Potentiometer ist mit zwei TORX-Schrauben am Drosselklappen-Einspritzgehäuse befestigt.

● Beim Einbau eines neuen Potentiometers Schrauben mit 2 Nm anziehen.

Leerlauffüllungs-Schrittmotor prüfen

● Stecker am Leerlauffüllungs-Schrittmotor abziehen.

● Batterie-Ladegerät auf **6 Volt** umstellen und abwechselnd an den Klemmen »A« und »B« bzw. »C« und »D« anschließen. Der Stößel muß hörbar aus- bzw. einfahren.

● Ist das der Fall, ist der Leerlauffüllungs-Schrittmotor in Ordnung. Wenn nicht, ersetzen.

Prüfen des Leerlauffüllungs-Schrittmotors (2): Stecker (1) abziehen, Batterie-Ladegerät auf 6 Volt umstellen und abwechselnd an den Klemmen »A« und »B« bzw. »C« und »D« anschließen.

● Wer dem Frieden nicht traut, kann den Wicklungswiderstand des Stellmotors zwischen den Klemmen »A« und »B« bzw. »C« und »D« prüfen. Er muß 20–100 Ω betragen.

● Wird ein neuer Schrittmotor eingebaut, ist darauf zu achten, daß der Abstand zwischen Stößelende und Gehäuseflansch nicht mehr als 28 mm beträgt. Ggf. Stößel vorsichtig eindrücken.

● Schrauben mit Sicherungsmasse einsetzen und mit 2,5 Nm anziehen.

Saugrohrdruckmesser prüfen

Die Werkstatt verwendet zur genauen Prüfung des Saugrohrdruckmessers eine Vakuumpumpe. Der Selbsthelfer kann die Prüfung zumindest behelfsmäßig auch ohne Unterdruckpumpe durchführen.

● Saugrohrdruckmesser von der Spritzwand abnehmen. Kabel und Schlauch bleiben angeschlossen.

● Voltmeter anschließen. Dazu eine Nadel in das grüne Kabel (Klemme B) stecken. Achten Sie darauf, daß die Nadel nicht an blankes Metall (Masse) gerät.

● Plusklemme des Voltmeters an die Nadel anschließen. Minusklemme an Masse legen.

● Zündung einschalten. Der Voltmeter muß 4,7–5,1 V anzeigen.

● Motor starten und im Leerlauf drehen lassen. Der Voltmeter zeigt nun 0,52–1,7 V an.

● Stimmen die Werte überein, ist der Saugrohrdruckmesser in Ordnung.

Schubabschaltung prüfen

● Luftfilter-Oberteil abbauen.

● Motor starten, kurz auf über 3000/min hochdrehen und schlagartig Drosselklappe schließen.

● Der gut sichtbare Sprühstrahl des Einspritzventils muß in diesem Augenblick kurz unterbrochen werden. Dann ist die Schubabschaltung in Ordnung.

● Wenn nicht, Drosselklappen-Potentiometer, Saugrohrdruckmesser und Steuergerät überprüfen (lassen).

Temperaturgeber prüfen

Mit einem Einmachthermometer können Sie selbst kontrollieren, ob der Temperaturgeber richtig funktioniert. Der Geber sitzt unterhalb der Einspritzanlage im Ansaugkrümmer.

Wassertemperatur	20°C	38°C	70°C	100°C
Widerstandswert	3400 Ω	1800 Ω	450 Ω	185 Ω

● Kabelstecker vom Temperaturgeber abziehen und Geber vom Ansaugkrümmer losschrauben. Auslaufendes Kühlmittel auffangen.

● Geber in einen Topf mit Wasser hängen, Wasser erhitzen und Ohmmeter an den Steckkontakten anschließen.

● Kontrollieren Sie bei den oben genannten Temperaturen die entsprechenden Widerstandswerte.

● Stimmen die Werte überein, ist der Temperaturgeber in Ordnung.

Kraftstoffdruck prüfen

Der Kraftstoffdruck kann nur mittels Meßvorrichtung (Werkstatt) genau kontrolliert werden.

● Bei Verdacht auf falschen Kraftstoffdruck, den Druckregler zerlegen (Abbildungen Seite 73).

● Dazu vier TORX-Schrauben lösen.

● Prüfen, ob die Membran beschädigt ist oder ob sich Schmutz abgelagert hat.

● Beim Einbau darauf achten, daß die Membran richtig in der Nut des Drosselklappengehäuses sitzt.

● Schrauben mit 2,5 Nm anziehen.

Der Gaszug

Der Gaszug verbindet Gaspedal und Drosselklappe der Einspritzanlage. Sein größter Nachteil: Er ist sehr knickempfindlich, worauf wir beim Einbau besonders achten müssen.

Gaszug ausbauen

● Abdeckung links unter dem Armaturenbrett abbauen.

● Kunststoffnippel des Gaszugs am oberen Ende des Gaspedals herausziehen und Gaszug nach oben aushängen.

● Motorhaube öffnen. Kunststoff-Durchführung hinter dem Bremskraftverstärker von der Stirnwand abnehmen und Gaszug vollends herausziehen.

● Spange am Kugelkopf des vorderen Gaszugendes abdrücken und herausziehen.

● Gaszug vom Gasgestänge abhebeln.

● Beim Einbau des neuen Zuges Kugelkopf etwas fetten.

Teile der Gasbetätigung an der Multec-Zentraleinspritzung:
1 – Sicherungsklammer;
2 – Drosselklappen-Betätigungsstange;
3 – Kugelkopf;
4 – Sicherungsspange;
5 – Gaszug.

Gaszug einstellen

Grundsätzlich muß der Gaszug spannungsfrei – also mit etwas Spiel – eingebaut sein.

- Von Helfer das Gaspedal voll durchtreten lassen.
- Klammer am Einstellstück herausziehen.
- Drosselklappe durch Straffziehen der Gaszughülle in Vollgasstellung bringen.
- Sicherungsklammer in die entsprechende Kerbe im Rastsegment am Ende der Gaszughülle stecken.
- **Kontrolle:** In Leerlaufstellung soll der Gaszug Spiel haben. Bei voll getretenem Gaspedal muß an der Einspritzanlage Vollgasstellung erreicht sein.
- Sollte der Gaspedalweg nicht ausreichen, kann er an der Schraube oben am Gaspedal entsprechend eingestellt werden.

Abgas-Sonder-Untersuchung

Wartung Nr. 39

Für Fahrzeuge mit geregeltem Katalysator ist in Sachen ASU eine Übergangsregelung in Kraft (Stand 1991). Wegen noch fehlender Voraussetzungen für eine intensivere Prüfung (ASU II), in der auch eine Katalysator-Funktionsprüfung enthalten sein soll, werden diese Fahrzeuge vorläufig überhaupt nicht kontrolliert. Trotzdem muß die ASU-Plakette am vorderen Nummernschild aktuell sein. Deshalb vergeben die Werkstätten die Plaketten für Fahrzeuge der Kategorie »schadstoffarm« ohne Prüfung und berechnen auch nur den Preis der ASU-Plakette. Wie Fahrzeuge ohne Kat am leichtesten zur ASU-Plakette am vorderen Nummernschild kommen, ist auf Seite 91 beschrieben.

Leerlauf prüfen und Abgastest

Wartung Nr. 7 und 8

Diese Einstellarbeiten erübrigen sich bei Fahrzeugen mit Katalysator, denn hier gibt es nichts mehr einzustellen. Die Lambda-Sonde bzw. das Steuergerät übernimmt diese Aufgabe. Nur in Zweifelsfällen wird die Leerlaufdrehzahl (beim 1,6-Liter 720–880/min, beim 1,8-Liter 800–960/min) bzw. der CO-Gehalt (max. 0,4 Vol.%) nachgeprüft. Bei Nichterreichen der Sollwerte Unterdruckschläuche und Kraftstoffverdunstungsanlage prüfen, Fehlerspeicher abfragen.
Ähnlich verhält es sich bei Fahrzeugen ohne Katalysator. Hier kann jedoch der CO-Gehalt eingestellt werden. Dies geschieht mittels eines CO-Potentiometers, der entsprechend verdreht werden kann. Der CO-Potentiometer sitzt am rechten Innenkotflügel. Die Leerlaufdrehzahl bei Fahrzeugen ohne Katalysator beträgt 720–880/min, der CO-Gehalt hingegen 1,0–1,5 Vol.%.

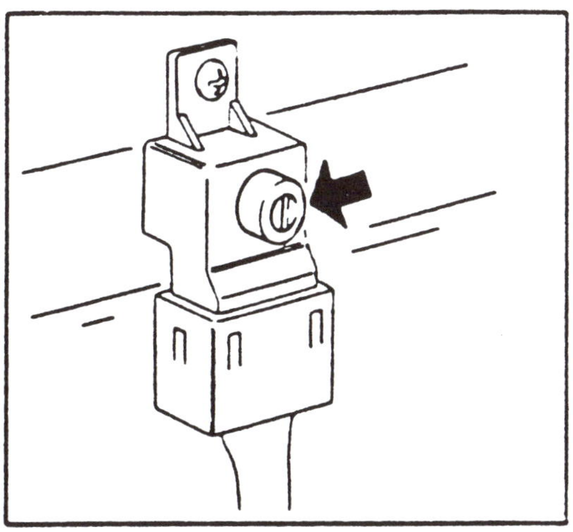

Beim 1,6-Liter-Vectra ohne Kat kann durch Verdrehen der Einstellschraube (Pfeil) am CO-Potentiometer der CO-Gehalt im Abgas reguliert werden. Der Potentiometer sitzt am rechten Kotflügel.

Elektro-Mixer

Der Vectra mit **1,8-Liter-Motor bis 6/90** besitzt einen elektronisch beeinflußten Vergaser. Befehligt wird der 2 E E-Vergaser von einem Steuergerät, das zusätzlich auch die Steuerung der Zündanlage übernimmt. Diesem System gab man den schönen Namen Ecotronic.

Der 2 E E-Vergaser

Der 2 E E-Vergaser stellt derzeit die modernste Vergasertechnik dar. Auf Beschleunigerpumpe und Startautomatik wurde verzichtet. An deren Stelle und für weitere Funktionen tritt eine umfassende elektronische Regelung. Sie ermöglicht eine verbrauchsgünstigere Gemischaufbereitung und einen geringeren Schadstoffausstoß als bei herkömmlichen Vergasern.

Das **elektronische Steuergerät** verarbeitet dabei Informationen über Motordrehzahl, Temperatur, Stellung von Drosselklappe und Vordrossel sowie die Öffnungsgeschwindigkeit der Drosselklappe (spontanes Gasgeben). So können alle vorkommenden Lastzustände erfaßt und damit die jeweils optimale Gemischzusammensetzung bereitgestellt werden.

Ausführende Organe sind:

○ Die **Vordrossel** (beim herkömmlichen Vergaser ist das die Starterklappe), die vom Vordrosselsteller bewegt wird. Sie ist für die Gemischzusammensetzung (fett oder mager) zuständig.

○ Die **Drosselklappe:** Sie ist zwar immer noch von der Stellung des Gaspedals abhängig, wird aber zusätzlich vom Drosselklappen-Ansteller beeinflußt. Es fallen ihr als Zusatzfunktionen die Leerlaufdrehzahlregelung sowie das Abriegeln der Gemischzufuhr im Schubbetrieb (bergab ohne Gas) und nach Abschalten der Zündung zu.

Die wichtigsten Bauteile des 2 E E-Vergasers

Drosselklappe

Sie sitzt ganz unten im Vergaser und regelt die Menge des Kraftstoff/Luft-Gemisches, das der Motor ansaugen soll. Wie weit die Drosselklappe der ersten Vergaserstufe geöffnet wird, bestimmt der Fahrer beim Niedertreten des Gaspedals. Zusätzlich beeinflußt der Drosselklappen-Ansteller die Stellung der Drosselklappe.

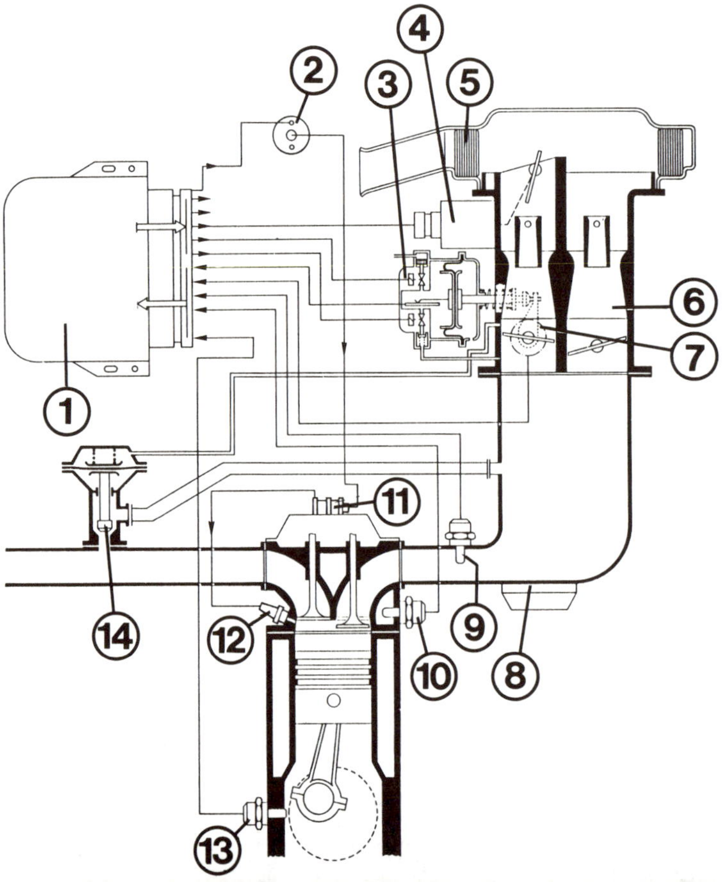

Der Systemüberblick der Zeichnung zeigt:
1 – Steuergerät;
2 – Zündspule;
3 – Drosselklappen-Ansteller;
4 – Vordrossel;
5 – Luftfilter;
6 – Vergaser;
7 – Drosselklappen-Potentiometer;
8 – Saugrohrbeheizung;
9 – Temperaturfühler (Ansaugluft);
10 – Temperaturfühler (Kühlmittel);
11 – Verteiler;
12 – Zündkerzen;
13 – Drehzahlgeber;
14 – Abgasrückführungsventil.

Die Teile des 2 E E-Vergasers. Es bedeuten:
1 – Vordrosselsteller;
2 – Vordrossel;
3 – Drosselklappen-Ansteller;
4 – Abgasrückführungsventil;
5 – Unterdruckdose für die 2. Vergaserstufe.

Drosselklappen-Ansteller

Der Drosselklappen-Ansteller kann die Drosselklappe der 1. Vergaserstufe in verschiedene Fixstellungen bringen für Betriebszustände wie Schubbetrieb, Motor aus, Start und Warmlauf. Darüber hinaus regelt er die Leerlaufdrehzahl durch leichtes Öffnen der Drosselklappe und sanftes Nachregeln, wenn der Motor abzusterben droht.

Zum Erreichen der einzelnen Stellungen wird Unterdruck aus dem Ansaugsystem auf die Membran des Drosselklappen-Anstellers geleitet. Mit Hilfe eines Be- und eines Entlüftungsventils variiert man den Unterdruck im Raum hinter der Membran, so daß diese sich – je nach Bedarf – mehr oder weniger stark nach hinten wölbt. Diese Bewegung macht der Stößel mit, der auf der einen Seite mit der Membran verbunden ist und auf der anderen Seite als Anschlag für die Drosselklappe dient. Da der Unterdruck immer nur in eine Richtung wirkt, ist für die Bewegung in Gegenrichtung eine Rückzugfeder zuständig.

Die momentane Lage des Stößels wird dem Steuergerät über einen veränderbaren elektrischen Widerstand (Potentiometer) signalisiert. Auch er befindet sich im Gehäuse des Drosselklappen-Anstellers.

Drosselklappen-Potentiometer

Es meldet die Bewegung der Drosselklappe und deren Stellung dem Steuergerät. So wird zum Beispiel plötzliches Gasgeben als Beschleunigungsvorgang erkannt.

Leerlaufdüse

Sie liefert dem Leerlaufsystem eine stets gleichbleibende Kraftstoffmenge zur Aufbereitung des Leerlaufgemisches.

Der 2 E E-Vergaser aus verschiedenen Blickrichtungen:
1 – Drosselklappen-Ansteller;
2 – Vordrossel;
3 – Kraftstoffzulaufschlauch;
4 – Kraftstoffrücklaufschlauch;
5 – Gaszug;
6 – Unterdruckdose der 2. Stufe;
7 – Vordrosselsteller.

Variable Leerlaufluftdüse Da im Bereich der Leerlaufdrehzahl eine geringfügige Lageänderung der Luftklappe die Gemischzusammensetzung nicht beeinflußt, betätigt ein Hebel an der Vordrosselwelle gleichzeitig eine Nadel an der Leerlaufluftdüse. Weniger Luftdurchsatz bewirkt eine Gemischanfettung.

Hauptdüse Sie ist in die Schwimmerkammer eingeschraubt und sorgt mit ihrer genau bemessenen Bohrung für den Abfluß der richtigen Kraftstoffmenge aus der Schwimmerkammer.

Luftkorrekturdüse Diese Düse sitzt ganz oben im Vergaseroberteil und mischt den von der Hauptdüse kommenden Kraftstoff mit Luft vor.

Lufttrichter Im Saugkanal (Vergaserdurchlaß) sitzt als Teil des Vergasers der Lufttrichter. Er verkleinert den Innendurchmesser des Vergasers, wodurch die angesaugte Luft an dieser Stelle beschleunigt wird. Es entsteht größerer Unterdruck zum Absaugen des Gemisches.

Mischrohr Es nimmt Kraftstoff von der Hauptdüse und Luft von der Luftkorrekturdüse auf und führt beides vermischt in den Austrittsarm im Vergaserdurchlaß weiter. Bei höherer Drehzahlen wird das Gemisch durch freiwerdende Bohrungen zusätzlich mit Luft versorgt, um das sonst durch höheren Kraftstoffdurchsatz fetter werdende Mischungsverhältnis konstant zu halten.

Schwimmerkammer Hier wird die Speicherung des Kraftstoffs durch Schwimmer und Schwimmernadelventil geregelt. Sobald der Kraftstoffstand in der Kammer eine bestimmte Höhe erreicht hat, drückt der Schwimmer durch seinen Auftrieb über einen Hebel gegen die Ventilnadel. Deren spitz zulaufendes Ende sperrt dann den weiteren Zufluß ab.

Die Vordrossel Sie wird bei den herkömmlichen Vergasern Starterklappe genannt, sitzt ganz oben im Vergaser-Durchlaß und wird vom Vordrosselsteller bewegt. Die Vordrossel ist für die Gemischzusammensetzung (fett oder mager) zuständig und regelt die Luftzufuhr. Ein fettes Gemisch benötigt der Motor während der Warmlaufphase und beim Beschleunigen. Ein mageres Gemisch hingegen wird nach Erreichen der Betriebstemperatur benötigt.

Vordrosselsteller Die Vordrossel wird von einem sogenannten Drehmomentmotor bewegt. Er kann die Öffnungs- und Schließbefehle vom Steuergerät ohne Verzögerung in eine entsprechende Bewegung an der Vordrosselklappe umsetzen.

Funktion

Start Wie der Vergaser beim Startvorgang arbeitet, läßt sich am besten erkennen, wenn man den Startvorgang in drei Phasen aufteilt:

- Ausgangsposition: Bei abgeschalteter Zündung ist die Vordrossel fast geöffnet (weil stromlos). Die Drosselklappe der ersten Vergaserstufe wurde vom Drosselklappen-Ansteller bereits in Startstellung gedrückt, das heißt, sie ist einen kleinen Spalt geöffnet.
- Startbeginn: Sofort nach Einschalten der Zündung und Betätigung des Anlassers verarbeitet das Steuergerät die ankommenden Informationen über Motortemperatur, Klappenstellung und Drehzahl. Die Vordrossel wird bei kaltem Motor ganz geschlossen, bei höheren Temperaturen nur noch teilweise. Durch die geschlossene Vordrossel wird im Verhältnis zur Luft mehr Kraftstoff angesaugt, das Gemisch fettet dadurch an, was für den Kaltstart unerläßlich ist.
- Das Anspringen des Motors erkennt das Steuergerät an der Motordrehzahl (unter ca. 300/min: Anlasserdrehzahl). Die Vordrossel wird jetzt leicht geöffnet, damit das Gemisch wieder abmagert. Gleichzeitig tritt die Leerlauf-Regelung in Aktion: Der Drosselklappen-Ansteller öffnet die Drosselklappe nur noch so weit, wie es zum Erreichen der gewünschten Leerlaufdrehzahl nötig ist.

Warmlauf Die Warmlaufphase dauert vom Motorstart bis zum Erreichen der Betriebstemperatur. Während dieser Zeit wird die Vordrossel mit steigender Motortemperatur immer weiter geöffnet – das Gemisch magert ab. Maßgeblich an der Gemischzusammensetzung beteiligt ist auch die erwähnte variable Leerlaufluftdüse. Sie ist direkt von der Vordrosselstellung abhängig und beeinflußt das Gemisch im Leerlauf und leerlaufnahen Bereich bei mittleren Motortemperaturen.

Leerlauf bei Betriebstemperatur Der Kraftstoff für das Leerlaufgemisch wird an der Leerlaufdüse mit Luft vermengt. Das fertige Gemisch gelangt an die CO-Einstellschraube, über die reguliert werden kann, wie groß die Gemischmenge sein soll, die in den Luftstrom im Vergaserdurchlaß fließt.

Übergang Damit beim Übergang von Leerlauf auf Normalbetrieb kein »Loch« entsteht, zweigen zwei kleine Bohrungen seitlich am Vergaserdurchlaß eine kleine Menge vom Leerlaufgemisch ab, während die Drosselklappe geöffnet wird.

Beschleunigen

Bei plötzlichem Gasgeben öffnet die Drosselklappe schlagartig. Es wird also mehr Luft angesaugt, und der Vergaser kann so schnell nicht die nötige Kraftstoffmenge nachliefern, wie das für das richtige Gemisch nötig wäre. Deshalb schwingt die Vordrossel in diesem Moment ein Stück in »Geschlossen«-Stellung. Der Unterdruck im Vergaser erhöht sich dadurch – es wird mehr Kraftstoff angesaugt.

Teillast und Vollast

Wird die Drosselklappe geöffnet, entsteht in der Mischkammer ein Unterdruck, der Kraftstoffgemisch aus dem Vorzerstäuber absaugt. Zur Aufbereitung dieses Gemisches wird Kraftstoff aus der Schwimmerkammer durch die Hauptdüse in das Mischrohr gesaugt und dort mit der Luft aus der Luftkorrekturdüse vermischt.
Entsteht bei höherer Drehzahl und Last ein höherer Unterdruck im Saugrohr, gibt das Steuergerät den Befehl, die Vordrossel ein wenig zu schließen – das Gemisch wird angefettet.
Die zweite Vergaserstufe öffnet in Abhängigkeit vom Öffnungswinkel der Drosselklappe der ersten Stufe sowie vom Luftdurchsatz einer Unterdruckdose. Diese Unterdruckdose ist über einen Schlauch mit der ersten Stufe verbunden. Ist dort der Unterdruck auf ein bestimmtes Maß angestiegen und ist damit genügend Unterdruck in der Membrandose vorhanden, kann diese die zweite Drosselklappe aufziehen. Zusätzlich wird das Gemisch beim Öffnen der zweiten Vergaserstufe durch leichtes Schließen der Vordrossel etwas angefettet.

Schubbetrieb

Bergab oder beim Ausrollen mit losgelassenem Gaspedal drückt der Drosselklappen-Ansteller die Drosselklappe zu. Das macht er immer dann, wenn das Steuergerät »Schubbetrieb« (Drosselklappe in Leerlaufstellung, Motordrehzahl über 1400/min) signalisiert. So kann kein Kraftstoff verbraucht werden.
Während des Schubbetriebs öffnet – gesteuert durch fehlenden Unterdruck im Vergaser – das sogenannte Schubluftventil und läßt Frischluft trotz geschlossener Drosselklappen in den Ansaugkanal strömen. So soll dort angelagerter Rest-Kraftstoff abtransportiert werden, damit es nicht zu unkontrollierten Verbrennungen kommt.

Motorstop

Um ein Nachlaufen des warmen Motors (sogenanntes Nachdieseln) zu verhindern, geht die Drosselklappe nach Abstellen des Motors in »Geschlossen«-Stellung. Der Drosselklappen-Ansteller drückt die Drosselklappe

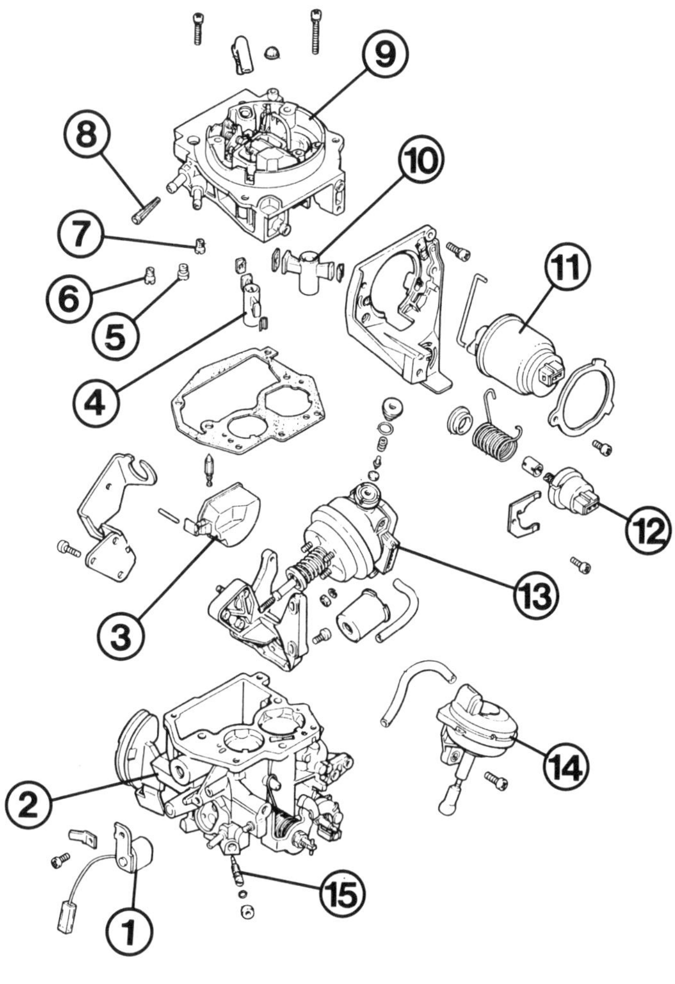

Die Explosionszeichnung zeigt die Einzelteile des 2 E E-Vergasers:
1 – Bypaß-Beheizung;
2 – Vergasergehäuse;
3 – Schwimmer;
4 – Vorzerstäuber 1. Stufe;
5 – Leerlaufkraftstoffdüse;
6 – Hauptdüse 1. Stufe;
7 – Hauptdüse 2. Stufe;
8 – Kraftstoffiltersieb;
9 – Vergaserdeckel;
10 – Vorzerstäuber 2. Stufe;
11 – Vordrosselsteller;
12 – Drosselklappen-Potentiometer;
13 – Drosselklappen-Ansteller;
14 – Unterdruckdose für 2. Stufe;
15 – Gemischregulierschraube.

übrigens nur einige Sekunden zu, bis der Motor sicher steht. Dann geht er wieder in »Start«-Stellung für den nächsten Motorstart.

Fingerzeig: Öffnet die Drosselklappe nach Schubbetrieb wieder, erhält der Motor erneut zündfähiges Gemisch. Dabei entsteht ein leichtes Einsatz-Rucken, das sich jedoch nicht vermeiden läßt. Die Drosselklappenbewegung ist übrigens auch im Gaspedal zu spüren: Es senkt sich etwas nach unten.

Störungen und Eigendiagnose

Das Steuergerät des Ecotronic-Vergasers besitzt einen Programmspeicher, der Fehlermeldungen während des Motorbetriebs erkennen und »sich merken« kann. Wenn solch ein Fehler (oder mehrere) auftreten, läßt das Steuergerät eine Kontrollampe in der Instrumententafel aufleuchten. Das ist der Hinweis für den Fahrer, daß etwas mit der Gemischaufbereitung nicht stimmt. Über 20 Motorstarts hinweg bleibt der Fehler gespeichert. Sollte er in der Zwischenzeit nicht mehr aufgetaucht sein, was bei einem Wackelkontakt der Fall sein könnte, löscht das Steuergerät die Fehlermeldung wieder.
Zum Abfragen des Fehlerspeichers benutzt die Werkstatt einen Diagnoseschlüssel. Er wird in den Stecker links im Motorraum eingesetzt, und dadurch wird die Diagnosereiz- sowie die Masseleitung kurzgeschlossen. Dies bewirkt Blinkimpulse der Kontrolleuchte. Für die unterschiedlichen Fehler sind verschiedene Blinkintervalle festgelegt. Deren Folge stellt einen Code dar und gibt Hinweise auf den Fehler.

Ecotronic besitzt Notlauffunktion

Ein umfangreiches Notlauf-Programm hält die Funktion des Vergasers und des Zündsystems aufrecht, wenn ein Sensor (Fühler) ausfällt, eine Kabelverbindung unterbrochen ist oder Massekontakt auftritt. Zugleich wird ein Fehler im elektronischen Speicher registriert. Bei Ausfall eines Bauteils bleibt die normale Steuerung beibehalten. Anstelle der ausgefallenen Informationen wird ein Ersatzwert zur Berechnung von Zündung und Kraftstoffzumessung herangezogen.
Beispiel: Bei einem Ausfall des Temperaturgebers rechnet das Steuergerät mit einem Ersatzwert von 80°C Kühlmitteltemperatur.

Fehlerspeicher abrufen

Auch ohne Diagnoseschlüssel kann der Ecotronic-Fehlerspeicher abgerufen werden. Als einfaches Hilfsmittel dient hierzu eine Büroklammer.

- Zündung einschalten, die Motorkontrolleuchte muß leuchten.
- Stecker hinter dem Federbeindom links im Motorraum abziehen.
- Büroklammer so zurechtbiegen, daß sie in die Steckkontakte »A« und »B« paßt. Bild rechts oben.
- Von Helfer Büroklammer einstecken lassen. Kontrolleuchte beobachten.
- Die Lampe blinkt zunächst einmal kurz auf, es folgt eine Pause, dann leuchtet sie wieder zweimal kurz. Dies ist der **Code 12** der **dreimal wiederholt** wird. Er signalisiert den **Beginn der Fehlercode-Ausgabe**. Ist kein Fehlercode gespeichert, wiederholt sich Code 12 ständig.
- Liegt dagegen ein Fehler im System vor, wird dieser durch den jeweiligen Blinkcode angezeigt.
- Das funktioniert nach der gleichen Methode wie bei Code »12«: Zehnerstelle – Pause – Einerstelle.
- Beispiel Fehlercode 43: viermal kurzes Blinken, Pause, dreimal kurzes Blinken. Der Fehlercode wird dreimal wiederholt. Was ein angezeigter Blinkcode bedeutet, zeigt die folgende Tabelle.
- Sind mehrere Fehlercodes gespeichert, werden diese in numerischer Reihenfolge angezeigt. Fehlercodes werden so lange wiederholt, bis die Büroklammer aus den Steckkontakten gezogen wird.

Fehlerspeicher löschen

Ist ein Defekt an der Ecotronic beseitigt, muß der Fehler, den das Eigendiagnose-System gespeichert hat, gelöscht werden.

- Zündung ausschalten.
- Batterie-Massekabel für mindestens 10 Sekunden abklemmen.
- Das Eigendiagnose-System löscht einen Fehlercode auch automatisch. Dies geschieht, wenn ein Fehler nach 20 Motorstarts nicht mehr festgestellt wird.

Fingerzeig: Mit dem Abklemmen der Batterie löschen Sie nicht nur den Fehlerspeicher, sondern auch den Anti-Diebstahl-Code Ihres Radios – Code neu einspeichern.

Zum Aktivieren des Fehlerspeichers müssen die Masse- und die Diagnoseleitung (A und B) miteinander verbunden werden. Hierzu eignet sich am besten eine Büroklammer.

Fehlertabelle

Ecotronic

Blinkcode	Die Störung	– ihre Ursache	– ihre Abhilfe
14	Signalspannung vom Kühlmittel-Temperaturfühler zu hoch	Leitungskurzschluß zur Masse	Leitungen prüfen
		Temperaturfühler defekt	Temperaturfühler prüfen, ggf. ersetzen
15	Kein Signal vom Kühlmittel-Temperaturfühler	Leitungsunterbrechung	Leitungen prüfen
		Temperaturfühler defekt	Temperaturfühler prüfen, ggf. ersetzen
22	Signalspannung vom Drosselklappen-Potentiometer zu niedrig oder zu hoch	Leitungsunterbrechung bzw. Kurzschluß zur Masse	Leitungen prüfen
		Drosselklappen-Potentiometer defekt	Drosselklappen-Potentiometer prüfen, ggf. ersetzen
41	Signalspannung vom Saugrohr-Temperaturfühler zu hoch	Leitungskurzschluß zur Masse	Leitungen prüfen
		Temperaturfühler defekt	Temperaturfühler prüfen, ggf. ersetzen
43	Signalspannung vom Saugrohr-Temperaturfühler zu niedrig	Leitungsunterbrechung	Leitungen prüfen
		Temperaturfühler defekt	Temperaturfühler prüfen, ggf. ersetzen
48	Batteriespannung zu niedrig	Batterie entladen	Batterie laden
		Batterie defekt	Batterie prüfen, ggf. ersetzen
		Korrodierte oder verschmutzte Kontakte	Batteriekontakte säubern
		Lichtmaschine hat Kurzschluß	Lichtmaschine prüfen, ggf. ersetzen
49	Batteriespannung zu hoch	Lichtmaschine defekt	Lichtmaschine prüfen, ggf. ersetzen
		Lichtmaschinenregler defekt	Regler prüfen, ggf. ersetzen
51	Fehlfunktion des Steuergeräts	Steuergerät defekt	Steuergerät ersetzen
53/54	Signal vom Drosselklappen-Ansteller/-Potentiometer zu niedrig oder zu hoch	Leitungsunterbrechung bzw. Kurzschluß zur Masse	Leitungen prüfen
		Drosselklappen-Ansteller bzw. Drosselklappen-Potentiometer defekt	Bauteil prüfen, ggf. ersetzen

Blinkcode	Die Störung	– ihre Ursache	– ihre Abhilfe
56/57	Signal vom Vordrosselsteller zu niedrig oder zu hoch	Leitungsunterbrechung bzw. Kurzschluß zur Masse	Leitungen prüfen
		Vordrosselsteller defekt	Vordrosselsteller prüfen, ggf. ersetzen
58	Braunes Kabel hinter dem rechten Federbeindom hat Verbindung mit Masse (nur nötig zum Einstellen des Abgas-CO-Werts)	Stecker des braunen Kabels nach Einstellen des CO-Werts vergessen? Vom Massestecker zu trennen oder braunes Kabel hat Kurzschluß zur Masse	Steckverbindung trennen bzw. braunes Kabel auf Masseschluß prüfen
59	Stößel des Drosselklappenanstellers fährt nicht in vorgegebener Zeit aus	Belüftungsschlauch verstopft	Belüftungsschlauch reinigen, ggf. ersetzen
		Filter im Belüftungsanschluß des Drosselklappenanstellers verstopft	Filter reinigen, ggf. ersetzen
		Drosselklappenansteller defekt	Drosselklappenansteller prüfen, ggf. ersetzen
61	Stößel des Drosselklappenanstellers fährt nicht in vorgegebener Zeit ein	Drosselklappenansteller defekt	Drosselklappenansteller prüfen, ggf. ersetzen
62	Keine Funktion des belüftenden Ventils im Drosselklappenansteller	Leitungsunterbrechung	Leitungen prüfen
		Drosselklappenansteller defekt	Drosselklappenansteller prüfen, ggf. ersetzen
63	Keine Funktion des entlüftenden Ventils im Drosselklappenansteller	Leitungsunterbrechung	Leitungen prüfen
		Drosselklappenansteller defekt	Drosselklappenansteller prüfen, ggf. ersetzen

Störungen an der Ecotronic

In den folgenden Abschnitten finden Sie die Störungssuche an den Bauteilen des 2 E E-Vergasers beschrieben. Tritt ein Defekt an der Ecotronic auf, muß der Fehlerspeicher abgerufen werden. Der aufleuchtende Blinkcode zeigt Ihnen, welches Bauteil geprüft werden muß. Die Aufschlüsselung der einzelnen Blinkcodes finden Sie in der vorstehenden Tabelle.

Fingerzeig: Die Ecotronic ist durch eine Sicherung gegen Überspannung geschützt. Die Sicherung befindet sich am Vergaserrelais im Relaiskasten links im Motorraum. Bei Störungen an der Vergaseranlage zuerst die Sicherung kontrollieren.

Vordrosselsteller prüfen

- Motor warmfahren.
- Luftfilterdeckel abnehmen.
- Bei ausgeschalteter Zündung Vordrosselklappe hin- und herbewegen: Sie muß leichtgängig sein und von selbst schnell zurückfedern. Die Luftdüsennadel, die vom Hebel seitlich an der Vordrossel betätigt wird, muß ebenfalls leichtgängig sein.
- Zündung einschalten: Die Vordrossel muß jetzt vibrieren, was hör- und fühlbar ist. Wenn nicht, ist entweder der Vordrosselsteller oder dessen Stromversorgung defekt. Um das zu klären:
- Vordrosselsteller abschrauben und prüfen, ob sich sein Verstellhebel leicht über den ganzen Winkelweg (320°) bewegen läßt.
- Elektrische Prüfung: Wicklungswiderstand zwischen den Anschlüssen mit Ohmmeter messen: Er muß 0,9–1,7 Ω betragen.
- Prüfen, ob die Isolation zwischen Wicklung und Gehäuse noch in Ordnung ist: Zwischen jedem der Kontakte und dem Metallgehäuse gemessen muß das Ohmmeter ∞ Ω anzeigen.
- Ist der Vordrosselsteller in Ordnung, muß der Fehler an Zuleitung oder Steuergerät liegen. Prüfen lassen.
- Beim Einbau des Vordrosselstellers Verstellhebel in Betätigungsstange einhängen. Die Kerbe am Gehäuse muß in den Stift am Vergaser eingreifen.

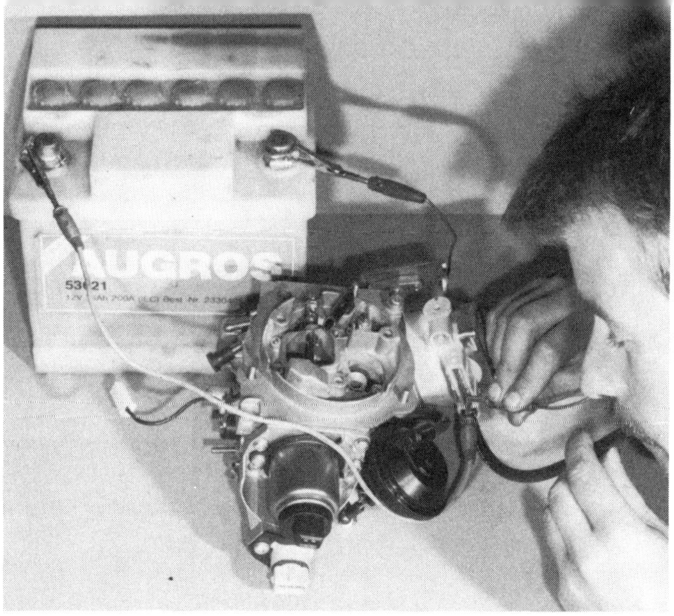

Dichtheitsprüfung des Drosselklappen-Anstellers, wie im Text beschrieben. Die Batterie liefert Strom an Pin »1« und »2« zum Öffnen des Entlüftungsventils.

Drosselklappen-Ansteller prüfen

Der Drosselklappen-Ansteller besteht aus zahlreichen Einzelteilen, von denen jedes geprüft werden kann. Alle Prüfungen sind einfach zu bewerkstelligen. Wir brauchen ein Ohmmeter (Seite 165) und zwei Hilfskabel zur Batterie.

Um Beschädigungen zu vermeiden, ist unbedingt darauf zu achten, daß die Steckeranschlüsse 3, 4 und 5 nicht mit Batteriespannung in Berührung kommen.

- Klammer am Anschlußstecker abdrücken, Stekker und Unterdruckschläuche abziehen.
- **Unterdruckventile prüfen:** »+«-Kabel an Klemme 2 anschließen, mit »–«-Kabel Klemme 1 antippen. Das Entlüftungsventil muß hörbar schalten.
- Gleiche Prüfung am Belüftungsventil (Klemme 7 und 6).
- **Dichtheit prüfen:** Kurzes Schlauchstück auf den Unterdruckanschluß stecken und mit dem Mund am Schlauchende saugen. Es darf sich keine Luft ansaugen lassen. Entlüftungsventil öffnen, wie beschrieben (Stromversorgung an Klemme 2 und 1): Jetzt läßt sich Luft ansaugen. Gleichzeitig wandert der Stößel des Drosselklappen-Anstellers zurück.
- In dieser Position muß der Stößel bleiben, wenn Unterdruckraum und Ventile dicht sind.
- Wurde der Stößel so weit als möglich zurückgefahren, muß von Gehäuse bis Stößelende ein Abstand von 55,8–59,1 mm gemessen werden. Sonst Ansteller ersetzen.
- Anschließend Unterdruckraum belüften (Stromversorgung an Klemme 7 und 6).
- **Potentiometer kontrollieren:** Der veränderbare Widerstand im Drosselklappen-Ansteller wird zunächst insgesamt und anschließend in den einzelnen Stößelstellungen geprüft:
- Ohmmeter zwischen Klemme 3 und 4 anschließen (Stößelstellung egal): Der Sollwert liegt zwischen 1,4 und 2,6 kΩ.
- Ohmmeter jetzt zwischen 3 und 5 anschließen. Bei voll ausgefahrenem Stößel müssen 1,4–2,6 kΩ angezeigt werden.
- Stößel einfahren, wie beschrieben. Liegt der Stößel voll am hinteren Anschlag, sollen weniger als 400 Ω abzulesen sein.

Belegung von Steckkontakten und Unterdruckanschlüssen am Drosselklappen-Ansteller. Die Bezeichnungen finden Sie im Text auf dieser Seite wieder.

Drosselklappen-Potentiometer

● TORX-Schraube am Halteblech lösen.
● Beim Abnehmen des Potentiometers darauf achten, daß die Kupplungshülse nicht herausfällt.
● Prüfen, ob sich die Potentiometerwelle leicht entgegen der Federkraft drehen läßt (ca. 90° Drehwinkel).
● Ohmmeter an den Klemmen »A« und »E« anschließen (siehe linkes Bild rechts oben). Das Meßgerät muß 1,4–2,6 kΩ anzeigen.
● Ohmmeter am Anschluß »A« und »S« anschließen. Das Ohmmeter zeigt 0–270 Ω, wenn die Potentiometerwelle in Ruhestellung steht.
● Wird die Potentiometerwelle in Offenstellung gedreht, steigt der Widerstandswert auf 1,4–2,4 kΩ.
● Beim Einbau darauf achten, daß der Splint auf der Potentiometer- und der Drosselklappenwelle sauber in die Nut an der Kupplungshülse eingreift.
● Die Arretierungsschlitze an Vergaser- und Potentiometergehäuse müssen sich gegenüberstehen, damit die Zunge des Halteblechs eingreifen kann (Bild unten).

Unterdruckdose Stufe 2 prüfen

● Unterdruckschlauch an der Dose abziehen.
● Ersatzschlauch aufstecken.
● Drosselklappe von Hand in Vollgasstellung drehen.
● Mit dem Mund am Ende des Ersatzschlauches saugen.
● Der Stößel der Unterdruckdose muß nach oben fahren, und es darf keine Außenluft in den Unterdruckraum eindringen.

Kühlmittel- und Saugrohr-Temperaturfühler prüfen

Zur Prüfung benötigen Sie ein Einmachthermometer und einen Ohmmeter. Beide Temperaturfühler haben die gleichen Widerstandswert und werden auf dieselbe Weise geprüft. Der Saugrohr-Temperaturfühler sitzt oben im Ansaugrohr des 1. Zylinders. Der Kühlmitteltemperaturfühler hat seinen Platz unter dem Ansaugrohr.

Wassertemperatur Widerstandswert	20°C 2000–3000 Ω	80°C 280–360 Ω

● Kabelstecker vom Temperaturfühler abziehen und Fühler losschrauben.
● Wird der Kühlmittel-Temperaturfühler aus dem Motorblock herausgedreht, läuft Kühlmittel aus – auffangen.
● Fühler in einen Topf mit Wasser hängen, Wasser erhitzen und Ohmmeter an den Steckkontakten anschließen.
● Kontrollieren Sie bei den oben genannten Temperaturen die entsprechenden Widerstandswerte.
● Stimmen die Werte überein, ist der Temperaturfühler in Ordnung.

Vergaserdeckel abnehmen

● Luftfilter ausbauen.
● Kraftstoffleitungen abmontieren und markieren.
● Drosselklappen-Potentiometer und Vordrosselsteller zusammen mit der Grundplatte abbauen.
● Vier Vergaser-Befestigungsschrauben von oben herausdrehen und Vergaserdeckel abnehmen.
● Beim Zusammenbau neue Vergaserdeckeldichtung verwenden.

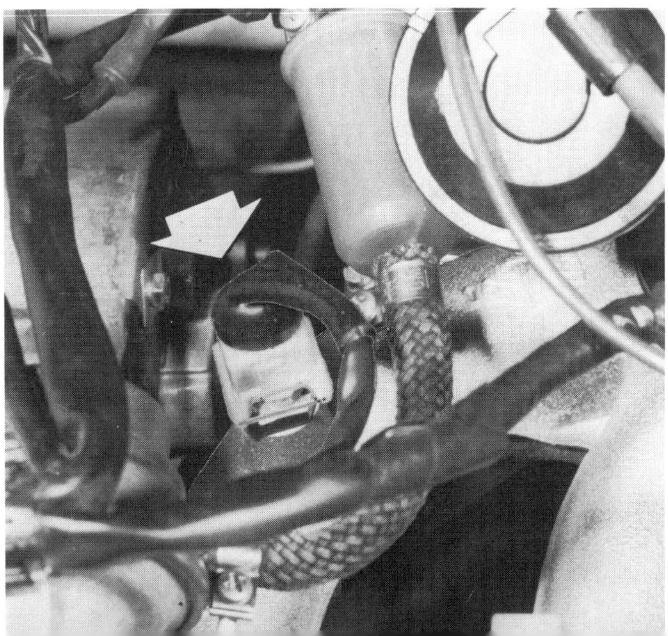

Das Foto zeigt den Saugrohr-Temperaturfühler (Pfeil). Er übermittelt dem Steuergerät die momentane Temperatur der Ansaugluft für die Aufbereitung eines optimal angepaßten Kraftstoff/Luft-Gemisches.

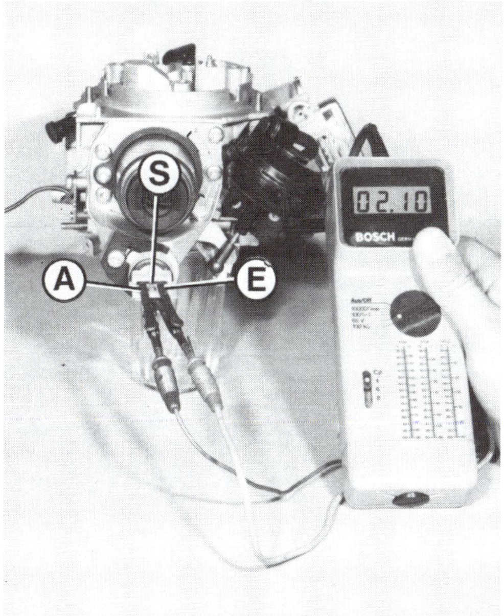

Links: Belegung der Steckkontakte zur Widerstandsprüfung am Drosselklappen-Potentiometer. Rechts: Drosselklappen-Potentiometer (2) ausbauen nach Lösen des Haltebleches (1). Beim Einbau muß die Zunge (schwarzer Pfeil) in die Schlitze an Vergaser und Poti (weiße Pfeile) eingreifen. Kupplungshülse (3) sorgfältig einsetzen.

Abgas-Sonder-Untersuchung

Wartung Nr. 39

Seit 1985 ist in der Bundesrepublik eine jährliche Abgaskontrolle vorgeschrieben, zu der auch die Überprüfung der Zündeinstellung gehört. Diese Kontrolle führen neben der Opel-Werkstatt auch freie Werkstätten, Tankstellen, DEKRA und TÜV durch. Zur ASU muß die Auspuffanlage intakt sein, und die Luftschläuche um den Vergaser dürfen nicht undicht sein. Wann läßt man die ASU sinnvollerweise durchführen?

○ **ASU mit TÜV-Kontrolle:** Wenn beide Plaketten dieselbe Fälligkeit zeigen, gehen Sie folgendermaßen vor: Erkannten Sie in letzter Zeit eine unerklärliche Aufwärtstendenz beim Kraftstoffverbrauch, dürfte ein Fehler am Vergaser vorliegen, oder die CO-Einstellung stimmt nicht mehr. Da muß die Werkstatt mit dem Abgastester helfen. Bei der Gelegenheit kann dort auch die ASU durchgeführt werden. Mit der neuen ASU-Plakette geht die Fahrt zum TÜV oder DEKRA für die übliche Hauptuntersuchung.

Scheint mit Verbrauch und Abgas alles in Ordnung zu sein, erübrigt sich der Werkstattbesuch vor dem TÜV-Termin. Wenn der Abgaswert bei der Kontrolle etwas abweicht, läßt Sie der Prüfer sicher eine kleine Korrektur bei angeschlossenem CO-Tester vornehmen (Schraubenzieher bereithalten).

○ **ASU ohne TÜV-Kontrolle:** Werkstätten führen die ASU in vielen Fällen sofort durch, während bei DEKRA und TÜV für die Überprüfung oft Anmeldefristen oder Wartezeiten nötig sind. Zur Zeitersparnis kommt hinzu, daß in der Opel-Werkstatt immer die neuesten Einstelldaten vorliegen.

○ **ASU mit Fahrzeuginspektion:** Wenn Sie die Wartung Ihres Vectra immer in der Werkstatt durchführen lassen, gehört die ASU zum Umfang der spätestens einmal jährlich fälligen Wartung dazu.

Fingerzeige: Vergleichen Sie die verschiedenen Werkstatt-Angebote für die ASU! Der genannte Preis kann Messung sowie Einstellung umfassen oder lediglich die reinen Prüfarbeiten. Dann kostet das Einstellen noch Extrageld.

Weist der Motor Mängel auf (ausgeschlagene Drosselklappe, Nebenluft, defekter Auspuff), gibt es keine Plakette. Erst muß der betreffende Fehler behoben werden.

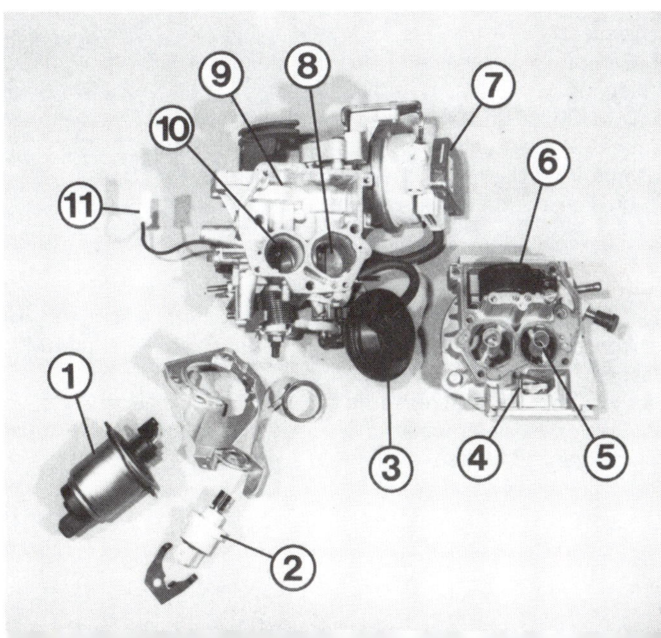

Zum Reinigen des Vergasers kann der Vergaserdeckel vom Unterteil abgebaut werden.
Es bedeuten hier:
1 – Vordrossel;
2 – Drosselklappen-Potentiometer;
3 – Unterdruckdose für 2. Stufe;
4 – Betätigungsstange für Vordrossel;
5 – Vorzerstäuber bzw. Austrittsarm;
6 – Schwimmer;
7 – Drosselklappen-Ansteller;
8 – Drosselklappe der 2. Stufe;
9 – Schwimmerkammer;
10 – Drosselklappe der 1. Stufe;
11 – Anschlußkabel der Bypaß-Beheizung.

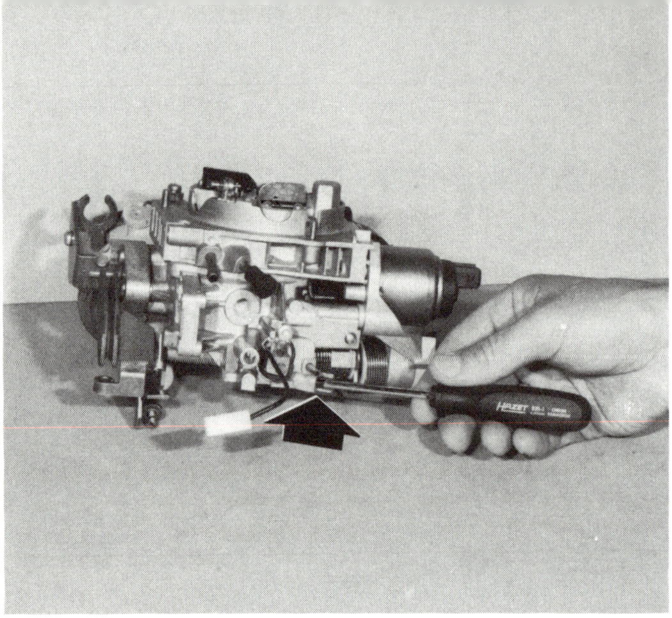

Am Ecotronic-Vergaser läßt sich die Leerlaufdrehzahl nicht einstellen. Das Bild zeigt, wo sich die CO-Einstellschraube des Vergasers befindet.

Leerlauf prüfen

Wartung Nr. 7

Dieser Wartungspunkt tritt bei modernen Autos zunehmend in den Hintergrund, weil es in diesem Bereich einfach nichts mehr zu warten gibt. Der 2 E E-Vergaser stellt sich die Leerlaufdrehzahl selbsttätig ein (siehe dazu Fingerzeig unten). Daß sich der Abgas-CO-Wert verändert, ist praktisch nicht zu erwarten.
Veränderungen von Leerlauf und Abgas rühren meist von anderen Ursachen, wie undichten Luft- bzw. Unterdruckschläuchen (es wird Nebenluft angesaugt), verdrecktem Luftfilter oder nachlassender Motorkompression. Deshalb zuerst diese Punkte prüfen, bevor am Vergaser gedreht wird.
Zum Prüfen des Abgaswerts fahren Sie am besten mit betriebswarmem Motor bei einer geeigneten Tankstelle oder Werkstatt vor, wenn nicht ohnehin bald eine ASU durchgeführt wird. Die Leerlaufdrehzahl können Sie selbst prüfen, sofern ein Motortester mit Drehzahlmesser zur Verfügung steht. Tester wegen der hohen Spannungen an der Zündanlage nur bei stehendem Motor anklemmen.

Fingerzeig: Wem die Leerlaufdrehzahl zu niedrig scheint, kann sie erhöhen, indem er die Steckverbindung neben dem Steuergerät (Beifahrerfußraum rechts hinten der Seitenverkleidung) zusammensteckt.

Kontrollwerte

1,8-Liter-Motor mit	Schaltgetriebe	Automatikgetriebe
Leerlaufdrehzahl	870–970/min	770–870/min
Abgas-CO-Gehalt bei aktivierter CO-Anhebung bei Leerlaufdrehzahl	0,5–1,5 Vol.% 0,1–0,3 Vol.%	

Abgastest

Wartung Nr. 8

- Der Abgas-Tester wird am Auspuffendrohr angeschlossen.
- Geprüft und eingestellt wird bei aktivierter CO-Anhebung.
- Dazu Kabelstecker (schwarz/weißes Kabel und braunes Kabel) hinter dem rechten Federbeindom zusammenstecken. Drosselklappen-Ansteller und Vordrosselsteller nehmen Prüfstellung ein.
- Nach Entfernen der Abdeckkappe kann mit der Gemisch-Regulierschraube der Abgas-CO-Gehalt eingestellt werden.
- Hineindrehen bedeutet weniger CO, Herausdrehen mehr.

Der Gaszug

Der Gaszug wird in derselben Weise aus- und eingebaut, wie auf Seite 80 für die Multec-Einspritzung beschrieben. Einziger Unterschied: Der Gaszug bei 1,8-Liter-Motoren besitzt vorn keinen Kugelkopf, der vom Gasgestänge abgehebelt werden muß.
Hier wird, bei abgebautem Luftfilter, der Drosselklappenhebel von Hand in Vollgasstellung gedrückt, Gaszug ein Stück weit nach unten und vom Drosselklappenhebel ziehen. Das Einstellen verläuft identisch wie bei Fahrzeugen mit Multec.

Düsen-Zeitalter

Motoren mit Benzineinspritzung stehen im Ruf, leistungsstark und dennoch sparsam zu sein. Bei gleicher Kraftstoffqualität erlaubt die Einspritzung eine geringe Anhebung der Verdichtung. Außerdem kann der Kraftstoff genauer dosiert werden als bei einem Vergaser.

Motronic in allen 2,0-Liter-Modellen

Die 2,0-Liter-Modelle des Vectra sind mit einer Motronic ausgestattet. Die Motronic ist ein aufwendiges Einspritzsystem, da das Steuergerät der Anlage auch die elektronische Zündung (siehe Kapitel »Zündanlage«) regelt. Für das Einspritz- und Zündungssystem benutzt die Motronic dieselben Geber. Dieses Zusammenlegen beider Systeme bietet ideale Voraussetzungen für die Lambda-Regelung bei Fahrzeugen mit Katalysator. Zusätzlich verfügt das Steuergerät der Motronic über einen Programmspeicher und ist zur Eigendiagnose fähig. Ein auftretender Fehler im System wird erfaßt und gespeichert. Anstelle der ausbleibenden oder fehlerhaften Information tritt ein Ersatzwert, der die Weiterfahrt zur Werkstatt ermöglicht (Notlaufprogramm).

Die Teile der Einspritzung

Steuergerät

Zwischen den Eingangsinformationen (durch die verschiedenen Geber) und den Einspritzventilen steht das Steuergerät. Abhängig von den verschiedenen Last- und Temperaturbedingungen billigt das Steuergerät dem Motor eine ganz bestimmte Kraftstoffmenge zu. Dazu variiert das Steuergerät die Öffnungsdauer der elektrisch gesteuerten Einspritzventile. Da der Druck im Kraftstoffsystem stets gleich ist, kann die Einspritzmenge nur über die Einspritzzeit variiert werden.
Woher bezieht das Steuergerät die Informationen, nach denen es die Einspritzzeit festlegt?
Dafür sind verschiedene Geber zuständig:
○ Luftmengenmesser; er gibt Auskunft über die angesaugte Luftmenge.
○ Temperaturgeber im Luftmengenmesser; er signalisiert die Temperatur der Ansaugluft.
○ Kühlwasser-Temperaturgeber; er liefert eine Vergleichsgröße für die Motortemperatur.
○ Drosselklappenschalter (bis Modelljahr '89); er hat Schaltkontakte für Leerlauf und Vollast.
○ Drosselklappen-Potentiometer (ab Modelljahr '90); es informiert über die augenblickliche Stellung der Drosselklappe.
○ Induktiver Impulsgeber; er ist in erster Linie für die Zündung zuständig, übermittelt aber auch das Drehzahlsignal für die Einspritzung (Seite 198).
○ Das Startsignal kommt von der Zündschloß-(Anlasser-)Klemme 50.

Einspritzventile

Im Ansaugkanal eines jeden Motorzylinders sitzt ein Einspritzventil. Es mißt dem jeweiligen Zylinder die momentan benötigte Kraftstoffmenge zu und sorgt gleichzeitig für Feinzerstäubung des Benzins.

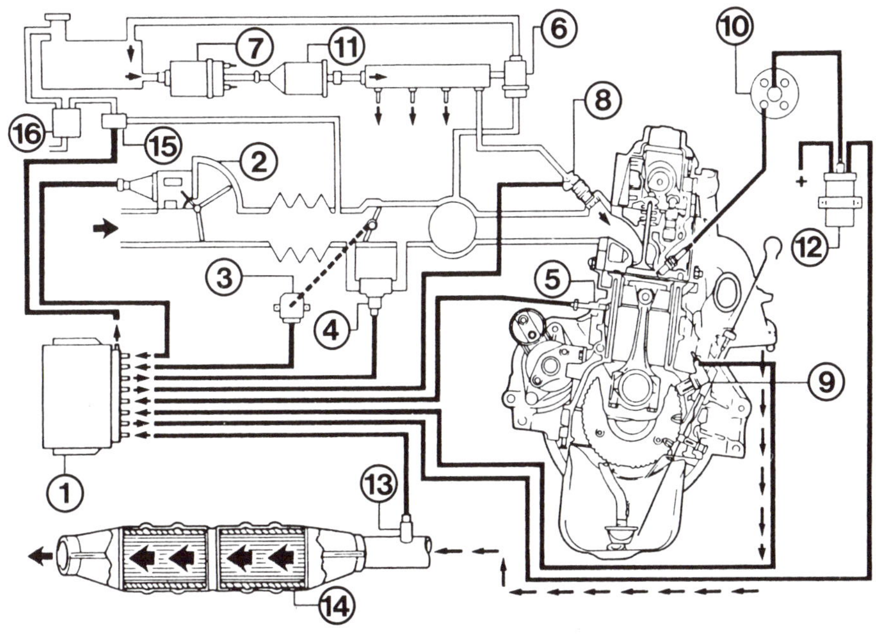

Schemazeichnung Motronic:
1 – Steuergerät;
2 – Luftmengenmesser;
3 – Drosselklappenschalter;
4 – Leerlaufdrehsteller;
5 – Thermoschalter Kühlmittel;
6 – Druckregler;
7 – Kraftstoffpumpe;
8 – Einspritzventil;
9 – induktiver Impulsgeber;
10 – Zündverteiler;
11 – Kraftstoffilter;
12 – Zündspule;
13 – Lambda-Sonde;
14 – Katalysator;
15 – Hauptrelais;
16 – Tankentlüftungsventil.

Die Ventile werden mittels Elektromagnet betätigt. Dabei wird die Düsennadel ungefähr 0,1 mm von ihrem Sitz abgehoben – der Kraftstoff kann durchfließen. Interessant ist die schnelle Reaktionszeit des Ventils: Anzugs- und Abfallzeit liegen im Bereich von 2,2–2,9 Millisekunden.

Kraftstoff-Verteilerrohr

Es dient dazu, alle Einspritzventile gleichmäßig mit Kraftstoff zu versorgen. Außerdem ist das Verteilerrohr Kraftstoffspeicher und verhindert damit Druckschwankungen.

Druckregler

Er sitzt je nach Ausführung direkt am Kraftstoff-Verteilerrohr bzw. zwischen Verteilerrohr und Zylinderkopf. Der Druckregler sorgt für einen gleichbleibenden Druck von 2,0 bar im Kraftstoffsystem.
Bei steigendem Druck läßt der Regler Kraftstoff in den Tank zurückfließen, bei abfallendem Druck reduziert er die Rücklaufmenge. Durch einen Unterdruck-Anschluß am Ansaugrohr empfängt er zugleich Hinweise über den Lastzustand des Motors und hebt bei Vollast den Druck noch um etwa 0,5 bar an. Dadurch wird die zur vollen Leistung nötige zusätzliche Kraftstoffmenge eingespritzt.

Kraftstoffpumpe und Relais

Mehr über die elektrische Kraftstoffpumpe und das Kraftstoffpumpenrelais erfahren Sie im Kapitel »Vom Tank zur Kraftstoffpumpe« ab Seite 61.

Luftmengen-messer

Nach Passieren des Luftfilters gelangt die vom Motor angesaugte Luft in den Luftmengenmesser und lenkt dort eine V-förmige Stauklappe aus. Passiert eine größere Luftmenge die Stauklappe, wird die Klappe stärker zur Seite gedrückt. Bei kleinerer Luftmenge bleibt die Bewegung der Klappe geringer. Ein mit der Stauklappe verbundener elektrischer Widerstand (Potentiometer) ändert je nach Klappenstellung seinen Widerstandswert und gibt so dem Steuergerät einen Vergleichswert für die angesaugte Luftmenge.

Drosselklappe

Weiter hinten im Ansaugluftstrom sitzt die Drosselklappe. Betätigt wird sie vom Gaspedal über den Gaszug. Sie öffnet oder verschließt den Luftweg zum Ansaugkrümmer und damit zu den Brennräumen des Motors.

Drosselklappen-schalter
bis Modelljahr '89

Im Drosselklappenschalter sitzen zwei Schaltkontakte. Der eine schaltet bei voll geöffneter Drosselklappe, der andere bei geschlossener Klappe. So wird dem Steuergerät das Signal »Vollast« bzw. »Leerlauf« oder »Schubbetrieb« übermittelt.

Drosselklappen-Potentiometer
ab Modelljahr '90

Das Potentiometer wird von der Drosselklappenwelle betätigt. Es erfaßt die momentane Stellung der Drosselklappe und meldet sie in Form elektrischer Spannung dem Steuergerät. Das Steuergerät benötigt diese Lastinformation unter anderem zur Leerlaufregelung, Zündkennfeldauswahl und zur Einspritzzeitberechnung.

Leerlauf-drehsteller

Er hat seinen Platz über dem Kraftstoff-Verteilerrohr. Der Leerlaufdrehsteller versorgt den Motor – wenn nötig – mit mehr Kraftstoff/Luft-Gemisch. Dazu macht er einen Luft-Nebenkanal frei, der die Drosselklappe umgeht. Es wird mehr Luft angesaugt. Der Luftmengenmesser »glaubt« durch die Mehrmenge an Luft, man habe die Drosselklappe geöffnet und steuert die nötige Mehrmenge an Kraftstoff bei. Wozu der Leerlaufdrehsteller letztlich dient? Er hält die vorgegebene Leerlauf-Solldrehzahl unabhängig von Belastungszuständen konstant.

Induktiver Impulsgeber

Der induktive Impulsgeber ist im Zündungskapitel auf Seite 198 und 200 mit Funktionsbeschreibung und Prüfung behandelt.

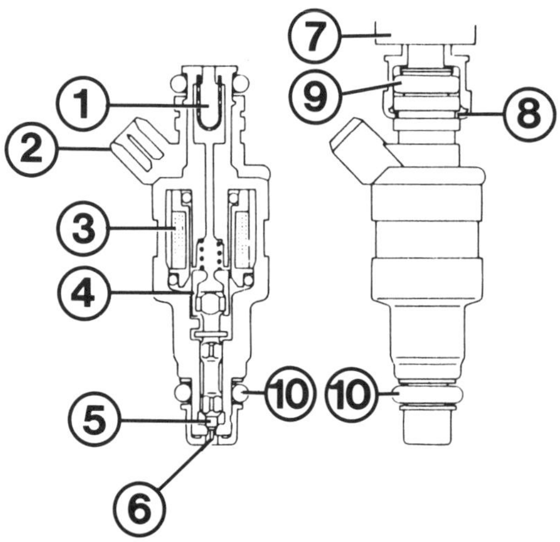

Aufbau der Motronic-Einspritzventile:
1 – Sieb;
2 – elektrischer Anschluß;
3 – Magnetwicklung;
4 – Magnetanker;
5 – Ventilnadel;
6 – Spritzzapfen;
7 – Verteilerrohr;
8 – oberer Dichtring;
9 – unterer Dichtring.

Der Druckregler sorgt für einen gleichbleibenden Kraftstoffdruck von 2,0 bar.

Die Funktion

Zusammenspiel der Einzelteile

Bei laufendem Motor saugen die in den Zylindern auf- und abwandernden Kolben Luft an. Treten wir das Gaspedal voll durch, saugt der Motor das größtmögliche Volumen an, denn die Drosselklappe ist dann voll geöffnet. Entsprechend geringer ist die Luftmenge, wenn die Drosselklappe geschlossen oder nur teilweise geöffnet ist.
Für sauberen Motorlauf muß der Ansaugluft im genau richtigen Verhältnis Kraftstoff beigemischt werden. Dazu muß natürlich die angesaugte Luftmenge bekannt sein. Die erfaßt der Luftmengenmesser. Die schon erwähnte Stauklappe wird je nach Geschwindigkeit des Ansaugluftstroms mehr oder weniger zur Seite gedrückt. Diese Bewegung überträgt sich auf einen veränderlichen elektrischen Widerstand – eine Meßgröße, die unser zentrales Steuergerät erfassen kann.
Dieses Steuergerät ist es auch, das die Impulse zum Öffnen und Schließen der Einspritzventile gibt. Längeres Öffnen ist angesagt, wenn viel Kraftstoff gebraucht wird – kurze Offenzeiten reichen aus, wenn die benötigte Kraftstoffmenge gering ist. Die »Sprühstärke« der Einspritzventile bleibt also konstant. Die Mengenreduzierung erfolgt über die Reduzierung der »Sprühzeit«. Interessant ist, daß die Einspritzventile nicht etwa einzeln beim Ansaugtakt des betreffenden Zylinders abspritzen. Sie sprühen vielmehr alle gleichzeitig je einmal pro Motorumdrehung – und zwar nur die Hälfte der benötigten Kraftstoffmenge. Nach zwei Umdrehungen (sprich: einem Arbeitstakt) ist dann die Gesamtmenge abgespritzt. Die Kraftstoffzuteilung für unsere Zylinder besteht also jeweils aus einer Vorratsration und einer Ration zum »gleich essen«.

Start

Zum Starten des kalten Motors wird ein fetteres – also kraftstoffreicheres – Gemisch benötigt, weil sich viele der Kraftstofftröpfchen schon auf dem Weg in die Brennräume an den Wänden der Ansaugkanäle absetzen und so für die Verbrennung nicht mehr zur Verfügung stehen. Das Gemisch muß also angefettet werden.
Hierfür sorgt ein Kaltstartprogramm das im Steuergerät gespeichert ist. Während der Kaltstartsteuerung – dies sind eine bestimmte Anzahl an Zündungen – wird die Abspritzdauer der Einspritzventile erhöht. Faktoren wie

Links: Die Kraftstoffpumpe (1) am Vergasermotor. Die Position »2« zeigt den Zulaufschlauch, Position »3« den Schlauch zum Vergaser.
Rechts: Der Benzinfilter (Pfeil) der Vergasermodelle sitzt zwischen Vergaser und Benzinpumpe.

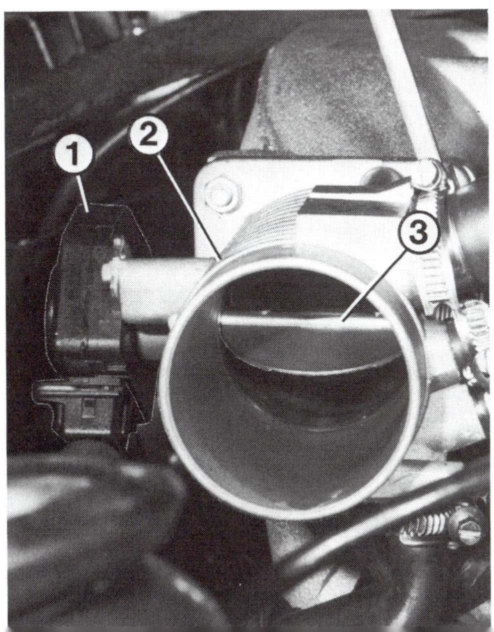

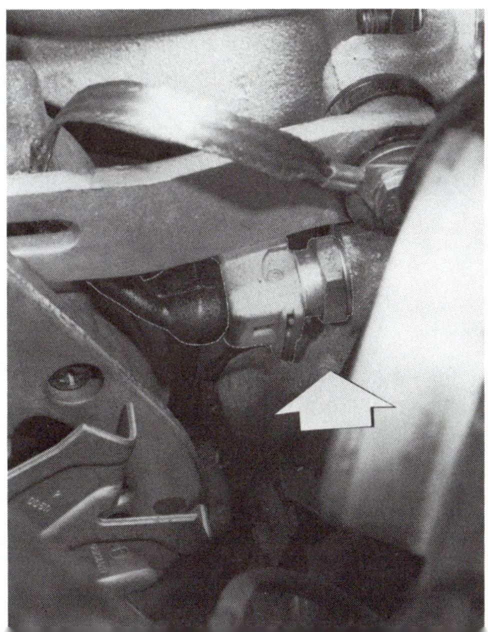

Kühlmitteltemperatur und Motordrehzahl, beeinflussen die Abspritzdauer. Nach einer bestimmten Anzahl Motorumdrehungen wird dann die Kaltstart-Kraftstoffmenge langsam an die Normalmenge angepaßt.

Warmlauf

Auch nach dem Start braucht der Motor noch eine gewisse Zeit fetteres Gemisch, denn immer noch kondensiert eine gewisse Kraftstoffmenge an den kalten Ansaugkanälen. Dafür gibt es die »Nachstartanhebung«. Es wird – temperaturabhängig – noch für eine gewisse Zeit mehr Kraftstoff zugeführt. Die nötige Information über die Motortemperatur erhält das Steuergerät vom Temperaturfühler.
Das bei kaltem Motor noch recht zähflüssige Motoröl verursacht eine höhere innere Reibung in der Maschine. Es wird mehr Kraft – sprich Gemisch – gebraucht, um den Motor auf Drehzahl zu halten. Für diese Gemisch-Mehrmenge sorgt der Leerlaufdrehsteller. Wie das vonstatten geht, steht auf Seite 94.

Leerlauf

Bei geschlossener Drosselklappe (losgelassenes Gaspedal) wird eine geringe Menge Luft durch einen Bypaß-Kanal um die Drosselklappe herumgeführt. Diese Luftmenge wird vom Luftmengenmesser erfaßt und deshalb mit der hierzu nötigen Menge Kraftstoff zum Leerlaufgemisch ergänzt. Übrigens ist das Leerlaufgemisch etwas fetter als das Normalgemisch, damit der Motor schön rund läuft und keine Zündaussetzer bekommt. Zusätzlich wird der Leerlauf durch den Leerlaufdrehsteller stabilisiert (siehe dazu Seite 94). Wann die Leerlauf-Anreicherung zu erfolgen hat, erfährt das Steuergerät vom Drosselklappenschalter, der jetzt seinen Leerlaufkontakt geschlossen hat bzw. vom Drosselklappen-Potentiometer.

Teillast

Bei Teillast erhält der Motor die Normalmengen an Kraftstoff zugeteilt. Dabei wird auf möglichst geringen Verbrauch Wert gelegt.

Beschleunigen

Wird das Gaspedal zum Beschleunigen plötzlich niedergetreten, schwingt die Stauklappe des Luftmengenmessers weit aus. Das Überschwingen bewirkt zusätzliche Kraftstoffzufuhr, die beim Beschleunigen dringend gebraucht wird, damit sich der Motor nicht »verschluckt«.
Bei kaltem Motor wird zum Beschleunigen noch mehr Kraftstoff gebraucht. Das Steuergerät wertet deshalb den »Überschwing-Impuls« des Luftmengenmessers als Beschleunigungs-Signal aus und steuert zusätzlichen Kraftstoff bei.

Vollast

Der geschlossene Vollast-Drosselklappenschalter bzw. das Drosselklappen-Potentiometer zeigt dem Steuergerät an, daß der Fahrer das Gaspedal voll durchgetreten hat. Zum Erreichen der Höchstleistung bekommt der Motor jetzt ein fetteres Gemisch vorgesetzt (Vollastanreicherung).

Schubbetrieb

Bergab mit losgelassenem Gaspedal braucht dem Motor kein Kraftstoff zugeführt werden. Der Wagen rollt durch Gewicht oder Schwung von selbst. An der hohen Drehzahl und dem geschlossenen Leerlauf-Drosselklappenschalter bzw. dem Drosselklappen-Potentiometer erkennt das Steuergerät, wann Schubbetrieb vorliegt und kann auf »Kraftstoff sparen« schalten.

Drehzahlbegrenzung

In unserem Vectra erledigt das die Einspritzanlage. Sie vergleicht die Momentan- mit der Höchstdrehzahl und dreht bei Überschreiten einfach den Kraftstoffhahn zu. Diese Methode ist bei Wagen mit Katalysator ein Muß, denn bei Unterbrechen der Zündung käme unverbrannter Kraftstoff in den Kat. Und das nimmt er übel (siehe Seite 48).

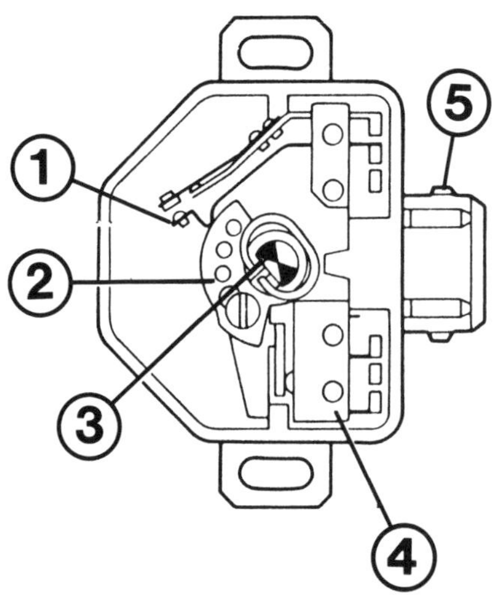

Der Drosselklappenschalter bis Modelljahr '89: In den Endstellungen Vollast und Leerlauf wird jeweils ein Kontakt geschlossen.
1 – Vollastschalter;
2 – Schaltkulisse;
3 – Drosselklappenwelle;
4 – Leerlaufschalter;
5 – elektrischer Anschluß.

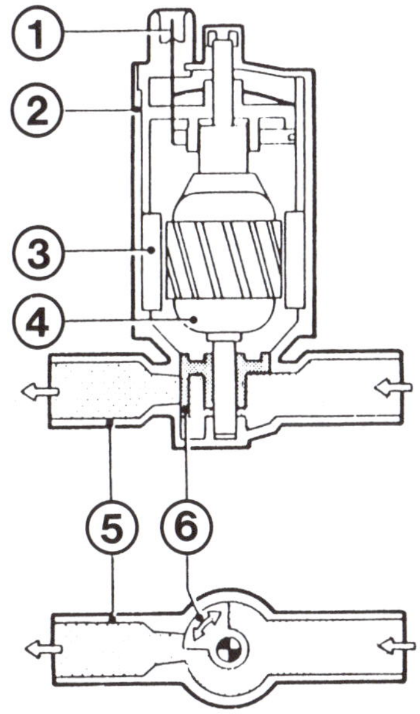

Die Aufgabe des Leerlaufdrehstellers der Motronic ist auf Seite 94 beschrieben. Hier die Schemazeichnung des Leerlaufdrehstellers:
1 – elektrischer Anschluß;
2 – Gehäuse;
3 – Dauermagnet;
4 – Anker;
5 – Luftkanal als Bypaß zur Drosselklappe;
6 – Drehschieber.

Anti-Ruckel-Funktion

Für einen ruckfreien Fahrbetrieb im Teillastbereich und bei schnellen Lastwechseln sorgt ein elektronischer Filter im Steuergerät. Er erfaßt Drehzahlimpulse in kurzen Zeitabständen und errechnet den Mittelwert. Falls erforderlich, wird die Abspritzdauer der Einspritzventile erhöht – also das Gemisch angefettet. Ein aufkommendes Motorruckeln wird auf diese Weise wirksam unterdrückt.

Lambda-Regelung

Der Katalysator kann (bei entsprechend ausgestatteten Wagen) nur dann richtig arbeiten, wenn die Luftzahl λ (Lambda) dem Wert 1 möglichst nahekommt; davon war schon auf Seite 48 die Rede. Damit dies der Fall sein kann, ist die Motronic bei Wagen mit Katalysator mit einer sogenannten Lambda-Regelung versehen.
Dabei mißt die Lambda-Sonde den Sauerstoffgehalt im Abgas – eine Vergleichsgröße für die Zusammensetzung des Kraftstoff/Luft-Gemisches. Weicht die Messung vom Idealwert ab, regelt das Steuergerät nach. Die Regelung arbeitet im Bereich von $\lambda = 0{,}8$ bis $\lambda = 1{,}2$.
Die Lambda-Sonde gibt erst bei Temperaturen über 350°C ein verwertbares Signal ab. Damit diese Temperatur beim 2,0-Liter-Vectra schnell erreicht wird (siehe auch Seite 48), ist die Sonde elektrisch beheizt. Bis es soweit ist, bleibt die Anlage ungeregelt und richtet sich nach einem vorgegebenen mittleren λ-Wert.

Selbsthilfe

Viele Prüfungen an der Einspritzung sind dem Selbsthelfer in Ermangelung der nötigen Prüfgeräte leider unmöglich gemacht. Dennoch bleibt ein breites Betätigungsfeld.

Vorgehensweise

Das Steuergerät kann mit Heimwerkermitteln nicht kontrolliert werden. In der Praxis ist hier auch nur sehr selten mit Fehlern zu rechnen. Geber, Schalter und Kabelverbindungen geben ungleich häufiger Anlaß zu Beanstandungen. Damit bietet sich bei einem Defekt folgende Vorgehensweise an:

Die Teile der Motronic-Einspritzanlage am 2,0-Liter-Motor:
1 – Tankentlüftungsventil;
2 – Drosselklappenstutzen;
3 – Sammelsaugrohr;
4 – Leerlaufdrehsteller;
5 – Druckregler;
6 – eines der Einspritzventile.

● Leuchtet die Motorkontrolleuchte, Fehlerspeicher abrufen. Auf diese Weise die mögliche Fehlerquelle ermitteln und verdächtiges Bauteil nach Prüfanleitung (folgende Seiten) kontrollieren.
● Leuchtet die Motorkontrolleuchte nicht, liegt aber trotzdem ein Defekt vor, dann prüfen Sie, ob die Zündanlage in Ordnung ist.
● Ist die Zündanlage in Ordnung, Kraftstoffversorgung prüfen. War auch hier kein Defekt:
● Sichtprüfung an den Teilen der Einspritzanlage durchführen (siehe folgenden Abschnitt).

Sichtprüfung

● Luftschläuche auf Dichtheit prüfen. Alle Schläuche – vom dicken Ansaugluftschlauch bis zu den kleinen Unterdruckschläuchen zum Tankentlüftungsventil – müssen geprüft werden.
● Sind die Dichtungen an den Einspritzventilen in Ordnung; ebenso die Flanschdichtungen der Ansaugkanäle?
● Undichtigkeiten lassen »Nebenluft« ins Ansaugsystem eindringen – Luft also, die der Luftmengenmesser nicht erfassen kann und die deshalb die Gemischaufbereitung empfindlich stört. Das Gemisch magert unkontrolliert ab, Motorlaufstörungen – hauptsächlich im Leerlauf – sind die Folge.
● Sind an den Kraftstoffleitungen Undichtigkeiten zu erkennen?
● Wurden die Kabelstecker mehrfach auseinandergezogen und wieder verbunden? Korrosion oder ungeschicktes Reißen kann mangelnden Kontakt zur Folge haben.
● Steckerzungen an den einzelnen Bauteilen der Einspritzung nur mit Kontaktspray behandeln, nicht nachbiegen!

Störungen und Eigendiagnose

Das Motronic-Steuergerät ist mit einem Fehlerspeicher ausgerüstet. D.h. Fehler, die beim Motorbetrieb auftreten, werden vom Steuergerät erkannt und gespeichert. Gleichzeitig läßt das Steuergerät eine Kontrollleuchte am Armaturenbrett aufleuchten, um den Fahrer auf den Fehler hinzuweisen.
Der Fehler bleibt über 20 Motorstarts hinweg gespeichert. Sollte er in der Zwischenzeit nicht mehr aufgetaucht sein (z.B. bei einem Wackelkontakt), löscht das Steuergerät die Fehlermeldung selbständig.
Zum Abfragen des Fehlerspeichers besitzt die Werkstatt einen Diagnoseschlüssel. Er wird in den Stecker links im Motorraum eingesetzt, wodurch die Diagnosereiz- und die Masseleitung kurzgeschlossen sind.
Auf diese Weise wird die Blinktätigkeit der Kontrolleuchte ausgelöst. Für die einzelnen Fehlermöglichkeiten sind unterschiedliche Blinkintervalle festgelegt. Die Leuchtfolge stellt einen Code dar und gibt Hinweise auf die Fehlerquelle.

Notlauffunktion der Motronic

Ein umfangreiches Notlauf-Programm hält die Funktion der Motronic aufrecht, wenn ein Sensor (Fühler) ausfällt, eine Kabelverbindung unterbrochen ist oder Massekontakt auftritt. Zugleich wird ein Fehler im elektronischen Speicher registriert. Bei Ausfall eines Bauteils bleibt die normale Steuerung beibehalten. Anstelle der ausgefallenen Informationen wird ein Ersatzwert zur Berechnung von Zündung und Kraftstoffzumessung herangezogen.
Beispiel: Bei Ausfall des Temperaturgebers rechnet das Steuergerät mit einem Ersatzwert von 80°C Kühlmitteltemperatur.

Zum Aktivieren des Fehlerspeichers müssen die Masse- und die Diagnoseleitung (A und B) miteinander verbunden werden. Hierzu eignet sich am besten eine Büroklammer.

Fehlerspeicher abrufen

Auch ohne Diagnoseschlüssel kann der Motronic-Fehlerspeicher abgerufen werden. Als einfaches Hilfsmittel dient hierzu eine Büroklammer.

- Zündung einschalten, die Motorkontrolleuchte muß leuchten.
- Stecker hinter dem Federbeindom links im Motorraum abziehen.
- Büroklammer so zurechtbiegen das sie in die Steckkontakte »A« und »B« paßt (Bild links unten).
- Von Helfer Büroklammer einstecken lassen. Kontrolleuchte beobachten.
- Die Lampe blinkt zunächst einmal kurz auf, es folgt eine Pause, dann leuchtet sie wieder zweimal kurz. Dies ist der **Code 12** der **dreimal wiederholt** wird. Er signalisiert den **Beginn der Fehlercode-Ausgabe**. Ist kein Fehlercode gespeichert, wiederholt sich Code 12 ständig.
- Liegt dagegen ein Fehler im System vor, wird dieser durch den jeweiligen Blinkcode angezeigt.
- Das funktioniert nach der gleichen Methode wie bei Code »12«: Zehnerstelle – Pause – Einerstelle.
- Beispiel Fehlercode 73: siebenmal kurzes Blinken, Pause, dreimal kurzes Blinken. Der Fehlercode wird dreimal wiederholt. Was ein angezeigter Blinkcode bedeutet, zeigt die folgende Tabelle.
- Sind mehrere Fehlercodes gespeichert, werden diese in numerischer Reihenfolge angezeigt.
- Fehlercodes werden so lange wiederholt, bis die Büroklammer aus den Steckkontakten gezogen wird.

Fehlerspeicher löschen

Ist ein Defekt an der Motronic beseitigt, muß der Fehler, den das Eigendiagnose-System gespeichert hat, gelöscht werden.

- Zündung ausschalten.
- Batterie-Massekabel für mindestens 10 Sekunden abklemmen.
- Das Eigendiagnose-System löscht einen Fehlercode auch automatisch. Dies geschieht, wenn ein Fehler nach 20 Motorstarts nicht mehr auftrat.

Fingerzeig: Mit dem Abklemmen der Batterie löschen Sie nicht nur den Fehlerspeicher, sondern auch den Anti-Diebstahl-Code Ihres Radios – Code neu einspeichern.

Fehlertabelle

Motronic

Blinkcode	Die Störung	– ihre Ursache	– ihre Abhilfe
13	Lambda-Sonde gibt keine oder falsche Signale an das Steuergerät	Leitungsunterbrechung bzw. Kurzschluß zur Masse	Leitungen prüfen
		Lambda-Sonde defekt	Lambda-Sonde prüfen, ggf. ersetzen
		Steuergerät defekt	Steuergerät ersetzen
14	Signalspannung vom Temperaturfühler zu niedrig	Leitungsunterbrechung	Leitungen prüfen
		Temperaturfühler defekt	Temperaturfühler prüfen, ggf. ersetzen
15	Signalspannung vom Temperaturfühler zu hoch	Leitungskurzschluß zur Masse	Leitungen prüfen
		Temperaturfühler defekt	Temperaturfühler prüfen, ggf. ersetzen
		Steuergerät defekt	Steuergerät ersetzen
19	Falsches Drehzahlsignal	Leitungsunterbrechung zum induktiven Impulsgeber, zur Zündspule, zum Kraft' stoffpumpenrelais oder zu den Einspritzventilen	Leitungen prüfen
		Zündspule defekt	Zündspule prüfen, ggf. ersetzen
		Steuergerät defekt	Steuergerät ersetzen
21	Signalspannung vom Drosselklappen-Potentiometer zu hoch	Leitungskurzschluß zur Masse	Leitungen prüfen
		Drosselklappen-Potentiometer defekt	Drosselklappen-Potentiometer prüfen, ggf. ersetzen
		Steuergerät defekt	Steuergerät ersetzen

Blinkcode	Die Störung	– ihre Ursache	– ihre Abhilfe
22	Signalspannung vom Drossel-klappen-Potentiometer zu niedrig	Leitungsunterbrechung	Leitungen prüfen
		Steuergerät defekt	Steuergerät ersetzen
31	Kein Signal vom induktiven Impulsgeber	Leitungsunterbrechung	Leitungen prüfen
		Impulsgeber defekt	Impulsgeber prüfen, ggf. ersetzen
35	Leerlaufdrehsteller regelt Leerlaufdrehzahl nicht oder ungenügend	Leitungsunterbrechung bzw. Kurzschluß zur Masse	Leitungen prüfen
		Schläuche zum Leerlaufdrehsteller undicht	Schläuche prüfen
		Leerlaufdrehsteller defekt	Leerlaufdrehsteller prüfen, ggf. ersetzen
38	Regelkreisspannung der Lambda-Sonde zu niedrig	Leitungsunterbrechung zur Lambda-Sonde	Leitungen prüfen
		Lambda-Sonde defekt	Lambda-Sonde prüfen, ggf. ersetzen
39	Regelkreisspannung der Lambda-Sonde zu hoch	Leitungskurzschluß zur Masse	Leitungen prüfen
		Lambda-Sonde defekt	Lambda-Sonde prüfen, ggf. ersetzen
44	CO-Gehalt zu mager	Leitungsunterbrechung zur Lambda-Sonde bzw. Kurzschluß zur Masse	Leitungen prüfen
		Lambda-Sonde defekt	Lambda-Sonde prüfen, ggf. ersetzen
		Defekt im Kraftstoffsystem	Kraftstoffsystem überprüfen
		Undichte Einspritzventile	Einspritzventile prüfen
45	CO-Gehalt zu fett	Leitungsunterbrechung zur Lambda-Sonde bzw. Kurzschluß zur Masse	Leitungen prüfen
		Lambda-Sonde defekt	Lambda-Sonde prüfen, ggf. ersetzen
		Defekt im Kraftstoffsystem	Kraftstoffsystem überprüfen
		Undichte Einspritzventile	Einspritzventile prüfen
48	Batteriespannung zu niedrig	Batterie entladen	Batterie laden
		Batteriekontakte korrodiert	Kontakte reinigen
		Lichtmaschine defekt	Lichtmaschine prüfen, ggf. ersetzen
		Lichtmaschinenregler defekt	Regler prüfen, ggf. ersetzen
		Steuergerät defekt	Steuergerät ersetzen
49	Batteriespannung zu hoch	Lichtmaschine defekt	Lichtmaschine prüfen, ggf. ersetzen
		Lichtmaschinenregler defekt	Regler prüfen, ggf. ersetzen
		Steuergerät defekt	Steuergerät ersetzen
51 bis 57	Störung im Steuergerät	Bauteil im Steuergerät defekt	Steuergerät ersetzen

Blinkcode	Die Störung	– ihre Ursache	– ihre Abhilfe
67	Kein Leerlaufsignal vom Drosselklappenschalter	Leitungsunterbrechung	Leitungen prüfen
		Drosselklappenschalter defekt	Drosselklappenschalter prüfen, ggf. ersetzen
69	Signalspannung der Ansauglufttemperatur zu niedrig	Leitungsunterbrechung zum Luftmengenmesser	Leitungen prüfen
		Temperaturfühler defekt	Temperaturfühler prüfen, ggf. ersetzen
		Steuergerät defekt	Steuergerät ersetzen
71	Signalspannung der Ansauglufttemperatur zu hoch	Leitungsunterbrechung zum Luftmengenmesser bzw. Kurzschluß zur Masse	Leitungen prüfen
		Temperaturfühler defekt	Temperaturfühler prüfen, ggf. ersetzen
		Steuergerät defekt	Steuergerät ersetzen
72	Kein Vollastsignal vom Drosselklappenschalter	Leitungsunterbrechung	Leitungen prüfen
		Drosselklappenschalter defekt	Drosselklappenschalter prüfen, ggf. ersetzen
73	Signalspannung vom Luftmengenmesser zu niedrig	Leitungsunterbrechung	Leitungen prüfen
		Luftmengenmesser defekt	Luftmengenmesser prüfen, ggf. ersetzen
		Steuergerät defekt	Steuergerät ersetzen
74	Signalspannung vom Luftmengenmesser zu hoch	Leitungskurzschluß zur Masse	Leitungen prüfen
		Luftmengenmesser defekt	Luftmengenmeseer prüfen, ggf. ersetzen
		Steuergerät defekt	Steuergerät ersetzen
75	Signalspannung der Drehmomentkontrolle zu niedrig (Fahrzeuge mit Automatikgetriebe)	Leitungsunterbrechung vom Motronic-Steuergerät zum Getriebe-Steuergerät	Leitungen prüfen
		Motronic-Steuergerät defekt	Steuergerät ersetzen
		Getriebe-Steuergerät defekt	Steuergerät ersetzen

Prüfen der Bauteile

Die folgenden Abschnitte beschreiben Prüfungen an den Komponenten der Einspritzanlage, soweit sie mit Heimwerkermitteln möglich sind.

Einspritzventile prüfen

Besteht Verdacht, daß eines der Einspritzventile nicht funktioniert, können Sie zunächst versuchen, das brachliegende Ventil durch Fühlen mit der Hand ausfindig zu machen. Das nicht funktionierende Ventil vibriert nicht – im Gegensatz zu den anderen.

Weitergehende Kontrollen erfordern einen Spannungsprüfer mit Leuchtdioden (Seite 165) und einen genauen Ohmmeter:

- **Spannungsprüfung:** Leerlaufdrehsteller abbauen.
- Kurbelgehäuse-Entlüftungsschlauch und Unterdruckschlauch des Druckreglers abziehen.
- Kabelkasten über den Einspritzventilen öffnen.
- Zwei dünne Nadeln in die Anschlußkabel des zu prüfenden Ventils stechen. LED-Spannungsprüfer (keine Prüflampe verwenden) an die Nadeln anschließen.
- Motor starten: Die Leuchtdioden im Spannungsprüfer müssen flackern, sonst ist keine Spannungsversorgung da oder das masseschaltende Steuergerät ist defekt. Mit einem Meßgerät klappt diese Kontrolle nicht.
- **Widerstandsprüfung:** Leerlaufdrehsteller abbauen.

● Kurbelgehäuse-Entlüftungsschlauch und Unterdruckschlauch des Druckreglers abziehen.
● Halteklammern an den Einspritzventilen lösen und Kabelkasten von den Ventilen abziehen.
● Ohmmeter an den beiden Kontakten des Ventils anschließen. Bei kaltem Motor (Prüftemperatur ca. 20°C) muß das Meßgerät zwischen 15 und 17 Ω anzeigen.
● Liegt der Wert außerhalb der Toleranz, Ventil ersetzen (sofern genau gemessen wurde; Seite 168).
● **Dichtheit prüfen:** Kraftstoff-Verteilerrohr samt Einspritzventilen ausbauen (Seite 104), die Kraftstoffleitungen bleiben angeschlossen.
● Von Helfer Zündung einige Male ein- und ausschalten lassen, damit die Kraftstoffpumpe anläuft und Kraftstoffdruck aufbaut.
● Einspritzventile beobachten: Jedes einzelne darf höchstens zwei Kraftstofftropfen in der Minute verlieren. Sonst Ventil auswechseln.
● Unabhängig hiervon kann der Spritzstrahl und die Dichtheit des Ventils geprüft werden, falls es Motorlaufstörungen erforderlich machen.
● **Spritzstrahl prüfen:** Kraftstoffverteilerrohr samt Einspritzventilen ausbauen (Seite 104), die Kraftstoffleitungen angeschlossen lassen.
● Kabelkasten wieder auf die Einspritzventile aufstecken.
● Ventilbohrungen im Ansaugkrümmer fest verschließen.
● Sauberen Lappen unter die Einspritzventile legen.
● Motor von Helfer mit dem Anlasser durchdrehen lassen.
● Jedes einzelne Ventil muß gleichmäßig kegelförmig abspritzen.

Luftmengenmesser prüfen

● Luftmengenmesser ausbauen (Seite 104).
● Mit Finger oder Schraubenzieher in den Luftdurchlaß des Luftmengenmessers fahren und prüfen, ob sich die Stauklappe leicht bewegen läßt. Sie muß sich ohne Hemmungen bis zum Anschlag drücken lassen.
● Falls die Klappe klemmt oder der Luftmengenmesser verölt ist, Verschmutzung mit Benzin reinigen.

Drosselklappenschalter prüfen

● Stecker am Drosselklappenschalter abziehen.
● **Leerlaufschalter prüfen**: Ohmmeter zwischen Massekontakt Klemme 18 und Klemme 2 am Drosselklappenschalter anschließen.
● Es müssen ca. 0 Ω angezeigt werden. Am Drosselklappenhebel etwas Gas geben. Der Schalter muß hörbar klicken, und der Widerstandswert muß sofort auf ∞ Ω ansteigen.
● Spricht der Schalter etwas zu spät an, kann er eingestellt werden:
● Beide Halteschrauben lockern und Schalter so verdrehen, daß er schon gleich bei geringfügigem Öffnen der Drosselklappe schaltet.
● Schrauben wieder festziehen.
● **Vollastschalter prüfen:** Ohmmeter zwischen Massekontakt Klemme 18 und Klemme 3 anschließen.
● Es werden ∞ Ω angezeigt.
● Drosselklappe bis zum Anschlag öffnen: Nach Ansprechen des Schalters werden 0 Ω angezeigt.

Leerlaufdrehsteller prüfen

● Bei betriebswarmem Motor müssen die Arbeitsschwingungen am Gehäuse des Leerlaufdrehstellers spürbar sein, sonst ist der Drehsteller, die Spannungsversorgung oder das Steuergerät defekt.
● Weitere Funktionsprüfung: Schläuche am Leerlaufdrehsteller abbauen.

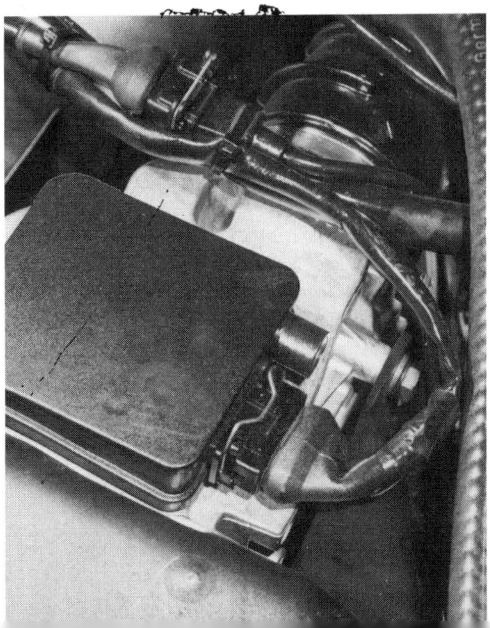

Links: Nach Öffnen des Kabelkastens kann die Stromversorgung der Einspritzventile mit einem Leuchtdioden-Spannungsprüfer kontrolliert werden.
Rechts: Das Foto zeigt den Luftmengenmesser. Er sitzt auf dem Luftfiltergehäuse-Oberteil vorn rechts im Motorraum.

Der Drosselklappenschalter (1) befindet sich hinter dem Drosselklappenstutzen (2). Der Schalter ist einstellbar, er kann nach Lösen der Befestigungsschrauben entsprechend verdreht werden.

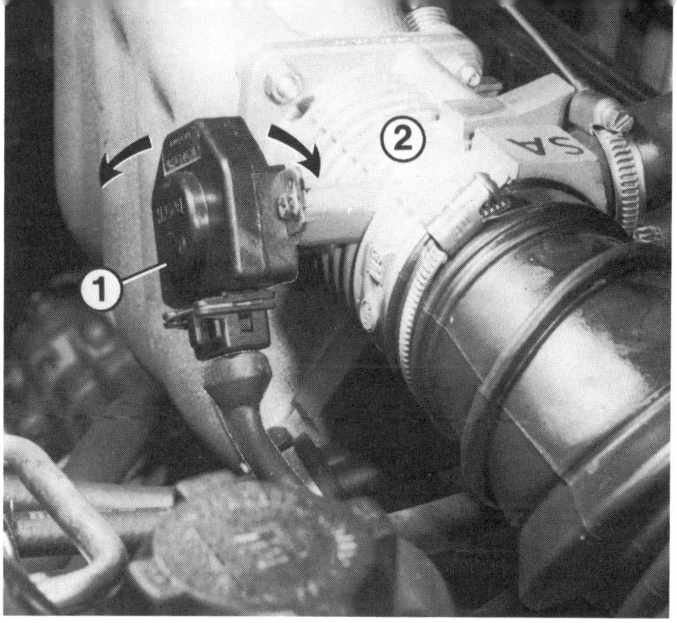

- Drehkolben im Luftdurchlaß des Drehstellers in »Offen«- oder »Geschlossen«-Stellung bringen.
- Zündung einschalten und Drehkolben beobachten: Er muß sich etwa in Mittelstellung einpendeln.
- Leichtgängigkeit des Drehkolbens prüfen: Er muß sich durch ruckartiges Drehen des **ausgebauten** Drehstellers bewegen lassen.

Temperaturgeber prüfen

Mit einem Einmachthermometer können Sie selbst kontrollieren, ob der Temperaturgeber richtig funktioniert. Der Geber sitzt unterhalb der Einspritzanlage im Ansaugkrümmer.

Wassertemperatur Widerstandswert	20°C 3400 Ω	38°C 1800 Ω	70°C 450 Ω	100°C 185 Ω

- Kabelstecker vom Temperaturgeber abziehen und Geber vom Ansaugkrümmer losschrauben. Auslaufendes Kühlmittel auffangen.
- Geber in einen Topf mit Wasser hängen, Wasser erhitzen und Ohmmeter an den Steckkontakten anschließen.
- Kontrollieren Sie bei den oben genannten Temperaturen die entsprechenden Widerstandswerte.
- Stimmen die Werte überein, ist der Temperaturgeber in Ordnung.

Lambda-Regelung prüfen

Gebraucht wird ein Voltmeter mit geeignetem niedrigen Meßbereich, wie es Elektronik-Bastler besitzen.

- **Spannungsversorgung der Lambdasonde prüfen:** Kabelstecker der Lambdasonde trennen. Spannungsmeßgerät zwischen Signalleitung (braun/blaues Kabel) und Masse anschließen.
- Zündung einschalten. Das Meßgerät muß 0,4–0,5 V anzeigen. Zeigt das Gerät nichts an, Kabelverlauf zum Steuergerät prüfen.
- **Lambdasonde prüfen:** Kabelstecker wieder aufstecken.
- Motor warmfahren.
- In die Signalleitung der Sonde eine Nadel stekken. Meßgerät zwischen Nadel und Masse anschließen. Achten Sie darauf, daß die Nadel nicht an Masse gerät (Kurzschlußgefahr).

Zur Funktionsprüfung des Leerlaufdrehstellers (1) muß er ausgebaut werden. Hierzu Schläuche (2) vom Drehsteller abnehmen. Der Mehrfachstecker (3) bleibt aufgesteckt.

● Motor mit ca. 1500/min laufen lassen.
● Das Meßgerät muß kurze regelmäßige Spannungsschwankungen zwischen 0,1 und 0,9 V anzeigen.
● Sind nur langsame Spannungsschwankungen zu beobachten, ist die Beheizung der Lambdasonde defekt oder deren Stromzuleitung (siehe nachfolgenden Text).
● Keine Spannungsschwankungen: Lambdasonde defekt (auswechseln), Gemisch ständig zu mager oder zu fett (Einspritzung kontrollieren lassen) oder das Steuergerät ist schadhaft (prüfen lassen).
● **Sondenheizung prüfen:** Kabelstecker der Lambdasonde abziehen. Spannungsmeßgerät zwischen Spannungsversorgung (weiß/schwarzes Kabel und Masse (braunes Kabel) der Sondenheizung anschließen.
● Motor laufen lassen. Das Meßgerät muß 12 V anzeigen. Ist die Spannungsversorgung bzw. die Masseverbindung in Ordnung und können trotzdem nur langsame Spannungsschwankungen (siehe Vortext) beobachtet werden, bleibt als Defektmöglichkeit nur die Heizung der Sonde selbst.
● Keine Spannungsversorgung der Heizung: Stromversorgung ab Klemme 87B des Kraftstoffpumpenrelais prüfen.

Fingerzeig: Grundvoraussetzung für eine funktionierende Lambdaregelung ist die richtige Leerlauf-Grundeinstellung, d.h. der CO-Gehalt muß stimmen, sonst liegt die Regelung stets an einem Ende des Regelbereichs. Gleiche Bedingungen bestehen, wenn das Gemisch durch Nebenluft (Seite 98) stark abgemagert ist.

Einzelteile ausbauen

Einspritzventil ausbauen

● Kabelstecker am Leerlaufdrehsteller abziehen.
● Leerlaufdrehsteller zusammen mit den Schläuchen abbauen.
● Unterdruckschlauch des Bremskraftverstärkers vom Ansaugrohr losschrauben.
● Unterdruckschlauch des Druckreglers vom Ansaugrohr abziehen.
● Spannklammern öffnen und Kabelkasten von den Einspritzventilen abnehmen.
● Hinten am Ansaugrohr Halterung der Kraftstoffleitungen losschrauben.
● Befestigungsschrauben des Kraftstoff-Verteilerrohrs lösen.
● Verteilerrohr vorsichtig nach oben ziehen, bis die Einspritzventile aus ihrer Führung im Ansaugrohr herausgezogen sind.
● Öffnungen im Ansaugrohr gegen Verschmutzung verschließen.
● Sicherungsklammer zwischen Einspritzventil und Verteilerrohr mit einem kleinen Schraubenzieher abdrücken, und Ventil aus dem Verteilerrohr ziehen.
● Gummi-Dichtring am Einspritzventil prüfen. Beschädigten oder gealterten Ring ersetzen.
● Zum leichteren und beschädigungsfreien Einsetzen der Ventile die Dichtringe mit Vaseline oder Getriebeöl bestreichen. Nichts anderes verwenden!

Luftmengenmesser ausbauen

● Schlauchschelle lösen und Luftschlauch zum Saugrohr abziehen.
● Mehrfachstecker vom Luftmengenmesser abziehen.
● Spannverschlüsse öffnen, Schrauben lösen und Luftfilteroberteil mit dem Luftmengenmesser abnehmen.
● Luftmengenmesser vom Luftfilteroberteil losschrauben.
● Beim Einbau Befestigungsschrauben des Luftmengenmessers mit Sicherungsmasse bestreichen und einschrauben.

Nach Abheben des Kabelkastens (2) und Lösen der Befestigungsschrauben (1 und 3) kann das Verteilerrohr (4) samt Einspritzventilen (Pfeil) vom Ansaugrohr abgenommen werden.

Das Foto zeigt Teile des Gaszugs (2).
1 – Befestigungsspange für Kugelpfanne;
3 – Sicherungsklammer zur Gaszugeinstellung.

Lambda-Sonde ersetzen

Das Gewinde der Sonde ist mit einem Spezialfett gegen Festfressen bestrichen. Es besteht aus flüssigem Graphit, das beim Betrieb wegbrennt, und Glasperlen. Eine neue Sonde ist mit diesem Fett versehen, das Gewinde der alten Sonde muß damit (Opel-Nr. 1948602) bestrichen werden.

- Im Motorraum Kabelbaumstecker der Lambdasonde trennen.
- Lambdasonde nur bei betriebswarmem Motor aus dem vorderen Auspuffrohr herausschrauben. Hände gegen Verbrennungen schützen (Handschuhe, Lappen).
- Beim Einbau die Sonde mit 30 Nm festziehen.

Der Gaszug

Was es über den Betätigungszug für die Drosselklappe zu sagen gibt, können Sie im Kapitel »Multec-Zentraleinspritzung« auf Seite 80 nachlesen.

Abgas-Sonder-Untersuchung

Wartung Nr. 39

Zur ASU muß die Auspuffanlage intakt sein, und an den Luftschläuchen der Einspritzanlage darf keine Nebenluft eindringen (Seite 98). Wie Fahrzeuge ohne Kat am leichtesten zur ASU-Plakette am vorderen Nummernschild kommen, ist auf Seite 81 beschrieben.
Für Fahrzeuge mit geregeltem Katalysator ist seit Mai 1988 in Sachen ASU eine Übergangsregelung in Kraft getreten. Wegen noch fehlender Voraussetzungen für eine intensivere Prüfung (ASU II), in der auch eine Katalysator-Funktionsprüfung enthalten sein soll, werden diese Wagen vorläufig überhaupt nicht kontrolliert. Trotzdem muß die ASU-Plakette am vorderen Nummernschild aktuell sein. Deshalb vergeben die Werkstätten die Plaketten für Fahrzeuge der Kategorie »schadstoffarm« ohne Prüfung und berechnen auch nur den Preis der ASU-Plakette.

Leerlauf einstellen und Abgastest

Wartung Nr. 7 und 8

Diese Einstellarbeiten erübrigen sich bei Fahrzeugen mit Katalysator, denn hier gibt es nichts mehr einzustellen. Die Lambdasonde bzw. das Steuergerät übernimmt diese Aufgabe. Nur in Zweifelsfällen wird die Leerlaufdrehzahl (720–880/min) bzw. der CO-Gehalt (max. 0,4 Vol.%) nachgeprüft. Bei Nichterreichen der Sollwerte Unterdruckschläuche, Kraftstoffverdunstungsanlage (Seite 61) prüfen, Fehlerspeicher abfragen.
Ähnlich verhält es sich bei Fahrzeugen ohne Katalysator. Hier kann jedoch der CO-Gehalt eingestellt werden. Dies geschieht mittels eines CO-Potentiometers im Luftmengenmesser der entsprechend verdreht werden kann. Die Leerlaufdrehzahl bei Fahrzeugen ohne Katalysator beträgt ebenfalls 720–880/min, der CO-Gehalt hingegen max. 1,0 Vol.%.

Fingerzeig: Abklemmen der Batterie löscht den Drehzahl-Korrekturfaktor der Motronic. Das System muß sich erst wieder langsam an den richtigen Drehzahlwert herantasten, was einige Minuten dauern kann. Also nicht gleich in Panik verfallen, wenn nach Austausch der Batterie der Wagen plötzlich nicht mehr richtig läuft, sondern erst einige Zeit fahren, bis die Einregulierung abgeschlossen ist.

Trennender Tritt

In einem Wagen mit Schaltgetriebe wird die Kupplung für zweierlei gebraucht: Zum einen muß sich mit ihr die Verbindung Motor/Getriebe beim Schalten trennen lassen, denn nur ein nicht belastetes Getriebe läßt den Gangwechsel zu. Zum zweiten kann die Kupplung beim Anfahren den laufenden Motor sanft, wenn auch schleifend, mit den zunächst noch stehenden Teilen des Antriebs »verbinden«.

Funktion der Kupplung

Die Kraftübertragung zwischen Motor und Getriebe erfolgt durch die Kupplung. Die arbeitet ausschließlich mit Reibung, und das kann man sich so vorstellen: Zwei Anlageflächen nehmen eine dritte in die Zange und halten sie so stark fest, daß sie sich mit den beiden anderen mitdrehen muß. Trick der Sache ist der, daß diese Verbindung jederzeit gelöst werden kann, denn sonst könnten beide Teile genauso gut miteinander verschraubt werden. Um die Teile beim Namen zu nennen: Fest mit dem Motor verbunden sind die **Schwungscheibe** und die federbelastete **Druckplatte**. Dazwischen eingeklemmt ist die **Mitnehmerscheibe**, die mit der Getriebewelle fest verzahnt ist.

Eine weitere wichtige Funktion hat das **Ausrücklager** zu erfüllen: Beim Niedertreten des Kupplungspedals wird es mittels der Kupplungsseilzugs gegen die Druckplatte gepreßt und übernimmt nun gewissermaßen die Federkraft der Druckplatte. Die Mitnehmerscheibe ist dadurch aus ihrer Zwangslage befreit und kann sich zwischen Druckplatte und Schwungscheibe frei drehen. Motor und Getriebe sind kraftmäßig getrennt.

Wird das Kupplungspedal wieder losgelassen, quetscht die Tellerfeder die Mitnehmerscheibe wieder an die Schwungscheibe und aus ist's mit der Freiheit. Alle drei Teile stellen wieder eine feste, kraftschlüssige Verbindung dar. Die Motorkraft kann auf den Antrieb übertragen werden.

Lebensdauer der Kupplung

Jedes Einkuppeln bewirkt, daß die Beläge der Mitnehmerscheibe an ihren Gegenreibflächen schleifen und dabei heiß werden. Besonders verschleißfördernd hierbei ist das Anfahren mit hoher Motordrehzahl – Kavalierstart genannt –, Anfahren im 2. Gang, »Herummogeln« an Kreuzungen im 2. oder 3. Gang mit teilweise getretenem Kupplungspedal oder das »In-der-Waage-halten« an einer Steigung mit Kupplungs- und Gaspedal.

Auskuppeln beim Halt an der Kreuzung

Recht verbreitet ist die Angewohnheit, mit eingelegtem 1. Gang und durchgetretener Kupplung an der roten Ampel zu warten. Mancher fürchtet, den Gang nicht gleich einlegen zu können, wenn das grüne Licht den Weg freigibt.

Wenn auch kein direkter oder sofort meßbarer Schaden entsteht, so beansprucht das Auskuppeln doch das Ausrücklager und bewirkt so wieder Verschleiß. Je öfter und länger das vor den vielen Ampeln geschieht, desto früher ist dieses Lager abgenutzt.

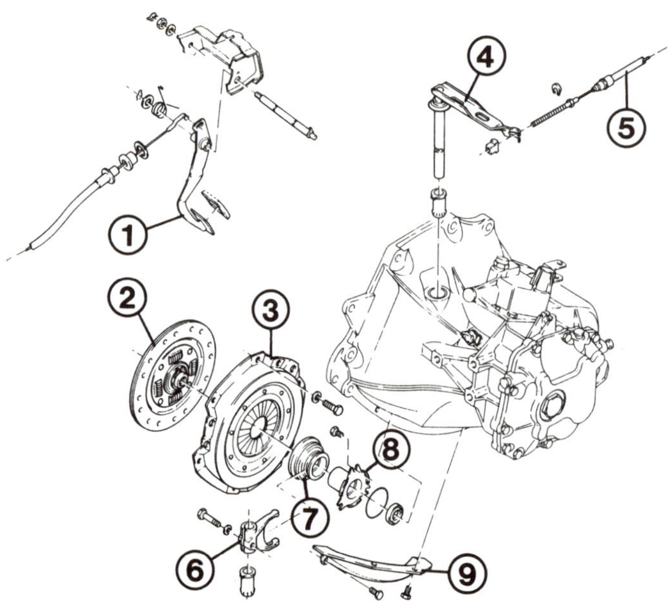

Zur Kupplung gehören die hier gezeigten Teile:
1 – Pedal;
2 – Kupplungsscheibe;
3 – Druckplatte;
4 – Ausrückhebel;
5 – Kupplungsseil;
6 – Kupplungsgabel;
7 – Drucklager;
8 – Drucklagerführung;
9 – Deckel des Kupplungsgehäuses.

Kupplung selbst prüfen

Der Sinn der vorbeugenden Kupplungsprüfung bleibt fraglich, denn die Mitnehmerscheibe wird wohl kaum vor dem endgültigen Verschleiß gewechselt werden. Das erste Anzeichen für einen Defekt ist, wenn die Kupplung durchrutscht. Eine schleifende Kupplung bemerken Sie beim Fahren zuerst im höchsten Gang unter Last. Der Motor dreht hoch, ohne daß die Fahrgeschwindigkeit in gleichem Maß zunimmt. Einen gewissen Aufschluß kann folgende Methode geben, die Sie aber nur gelegentlich anwenden sollten:

Schleift die Kupplung?

- Handbremse anziehen, Motor starten.
- 3. Gang einlegen, langsam einkuppeln und Gas geben.
- Bei einwandfreier Handbremse müßte der Motor abgewürgt werden.
- Dreht er durch, muß die Kupplungseinstellung kontrolliert und ggf. eingestellt werden.
- Prüfung wiederholen. Dreht der Motor weiterhin durch, wird ein Kupplungstausch fällig.

Trennt die Kupplung richtig?

Läßt sich das Getriebe auch bei warmem Motor nur schwer durchschalten oder wird der Schaltvorgang sogar von kratzenden oder krachenden Geräuschen »untermalt«, trennt wahrscheinlich die Kupplung nicht mehr richtig. **Nur selten ist dieser Effekt auf ein schadhaftes Getriebe zurückzuführen.** Um sicherzugehen, machen wir die Probe mit dem 1. oder dem Rückwärtsgang:

- Motor im Leerlauf drehen lassen.
- Kupplungspedal voll durchtreten, etwa drei Sekunden warten, dann den Rückwärtsgang einlegen.
- Läßt sich der Gang nur sehr schwer einlegen, oder ist sogar ein Kratzen hörbar, trennt die Kupplung nicht mehr sauber. Die Mitnehmerscheibe läuft also nicht ganz frei.
- Kupplungseinstellung kontrollieren, eventuell berichtigen.
- Prüfung nochmals durchführen. Kratzt es immer noch, sollten Sie unseren Störungsbeistand auf Seite 110 zu Hilfe nehmen.

Kupplungseinstellung kontrollieren

Wartung Nr. 31

Die Opel-Kupplung arbeitet ohne Spiel. Mit fortschreitender Abnutzung der Kupplungsbeläge wandert das Kupplungspedal aus der einmal eingestellten Grundstellung weiter nach oben in Richtung Fahrer. Eigentlich handelt es sich also um die Einstellung des Kupplungspedals. Sie erfolgt am Ende des Kupplungsseils, an der Verbindungsstelle zum Ausrückhebel.

○ Vor allen Arbeiten an der Kupplung das Einstellmaß (siehe nächsten Abschnitt) messen, wenn dabei die Kupplungsbeläge oder der Seilzug nicht ersetzt werden. Dieser gemessene Wert muß später wieder eingestellt werden.

○ Bei Ersatz von Kupplungsscheibe oder Seilzug muß eine neue Einstellung vorgenommen werden.

Kupplungspedalhöhe einstellen

- Zur Messung der Kupplungspedalhöhe benötigen Sie ein Maßband oder einen Meterstab.
- Meterstab am Kupplungspedal anlegen und den Abstand bis zur Fahrersitz-Vorderkante messen. Pedal dabei nicht durchtreten. Maß »1« notieren.
- Kupplungspedal nun voll durchtreten und in dieser Position den Abstand wieder messen und Maß »2« notieren.
- Die **Differenz** beider Meßwerte muß **138 mm** betragen. Zulässig sind bis zu 145 mm.
- Falls der Differenzwert vom Sollwert abweicht, ist eine Einstellung vorzunehmen:

Zur Einstellung des Kupplungspedals das Kupplungsseil (3) am Vierkant (Pfeil) gegenhalten und die Einstellmutter (1) lockern. Sicherungsklammer (4) vom Ausrückhebel (2) abziehen.

● Im Motorraum die Sicherungsklammer am Ende des Kupplungszugs vor dem Ausrückhebel abziehen.
● Mutter auf dem Gewindestück des Seilzuges entsprechend drehen, bis das vorgeschriebene Maß erreicht ist.
● Bei richtiger Einstellung muß das Kupplungspedal immer etwas höher als das Bremspedal stehen. Eine Parallelstellung beider Pedale hat Kupplungs- und Schaltschwierigkeiten zur Folge.

Kupplungsseilzug ersetzen

● Am Ende des Seilzuges die überstehende Gewindelänge bis zur Einstellmutter messen und dieses Maß notieren.
● Sicherungsklammer am Seilzug abnehmen.
● Ausdrückhebel mit einem Montierhebel zurückdrücken und Seilzug aushängen.
● Im Fußraum die Verkleidung unter dem Armaturenbrett abbauen.
● Am Kupplungspedal die Rückzugfeder und den Seilzug aushängen.
● Im Motorraum das Kupplungsseil aus der Stirnwand herausziehen.
● Den neuen Seilzug in umgekehrter Reihenfolge einbauen.
● Die Mutter für die Kupplungsbetätigung auf den vorher ermittelten Wert aufschrauben.
● Einstellung des Kupplungspedals kontrollieren und berichtigen.

Fahren mit gerissenem Kupplungszug

Sollte der Kupplungszug unterwegs reißen, muß das noch nicht das Ende der Fahrt bedeuten. Zumindest ein nahes Ziel oder die nächste Werkstatt kann man auch ohne Kupplungsbetätigung erreichen. Bei feinfühligem Umgang mit Gaspedal und Schalthebel können Sie sogar hoch- bzw. herunterschalten.
Gang herausnehmen: Gas wegnehmen und Schalthebel in Richtung Leerlauf drücken. Bei schiebendem Wagen evtl. ein klein wenig Gas geben, falls der Gang »klemmt«.
Anfahren: Motor ausschalten, 1. Gang einlegen und Anlasser betätigen. Der Vectra ruckelt los und setzt sich mit anspringendem Motor in Bewegung. Wer während der Fahrt nicht schalten will, fährt auf diese Weise in der Ebene im 2. Gang an.
Hochschalten: Im 1. Gang mit dem Anlasser anfahren. 1. Gang nur knapp über Leerlaufdrehzahl hinausdrehen (ca. 1000/min). Gas etwas zurücknehmen, Schalthebel in Leerlaufstellung ziehen. Gaspedal loslassen und den Schalthebel mit leichter Hand in Richtung des 2. Gangs drücken. Bei richtiger Motor- und Getriebedrehzahl rutscht der Gang fast von selbst hinein. Wenn Sie zu lange gewartet haben, müssen Sie ein klein wenig Gas geben, damit sich die Fahrstufe ohne Zähneknirschen einlegen läßt. Hat es nicht geklappt, halten Sie nochmals an und versuchen das Ganze von neuem. In die weiteren Gänge wird auf die gleiche Weise hochgeschaltet. Am leichtesten geht es in sehr niedrigen Geschwindigkeiten: In den 2. Gang bei höchstens 20 km/h, in den 3. bei 25 km/h, in den 4. bei 35 km/h und in den 5. bei 45 km/h.
Herunterschalten: Hierbei muß die Motordrehzahl angehoben werden, damit sich der nächstniedrige Gang einlegen läßt. Fuß leicht vom Gas, Gang herausnehmen, behutsam Gas zugeben und gleichzeitig den Schalthebel in Richtung des neuen Gangs drücken. Bei richtiger Motordrehzahl rutscht der Gang fast ohne Nachdruck hinein. Auch das Herunterschalten geschieht wieder am besten bei niedrigen Drehzahlen und Geschwindigkeiten.

Kupplung aus- und einbauen

Zum Ausbau der Kupplung muß das Getriebe **nicht** ebenfalls ausgebaut werden. Aber man benötigt dazu verschiedene Spezialwerkzeuge. Sofern diese in der folgenden Beschreibung erwähnten Werkzeuge nicht verfügbar sind, muß die Arbeit dem Opel-Service überlassen bleiben.
● Linkes Vorderrad abmontieren.
● Lagerschilddeckel in Fahrtrichtung links am Getriebe abschrauben. Vorsicht, Getriebeöl läuft aus!
● Von der freigelegten Antriebswelle den Sicherungsring abnehmen und die Zylinderschraube herausdrehen.
● Getriebewelle mit dem Werkzeug KM-556-4 und dem Abzieher KM-556-1-A bis zum Anschlag herausziehen.
● Die vier Schrauben des Verschlußdeckels der Kupplung herausdrehen. Blechdeckel abnehmen.
● Kupplungsseil am Ausrückhebel aushängen, dazu die Sicherungsklammer abziehen.
● Von einem Helfer den Ausrückhebel mittels Montierhebel nach hinten drücken lassen.
● Nun drei Klammern KM-526-A gleichmäßig verteilt am Umfang der gespannten Druckplatte anbringen, damit diese in vorgespannter Stellung arretiert ist.
● Druckplatte vom Schwungrad losschrauben und zusammen mit der Kupplungsscheibe abnehmen.
● Prüfen Sie das Ausrücklager auf Leichtgängigkeit. Wir empfehlen, das Lager schon beim geringsten Zweifel auszutauschen. Das spart einen erneuten Kupplungsausbau schon in absehbarer Zeit. Ferner sollten Sie den Bereich Ausrücklagerführung auf Öl-

spuren hin kontrollieren. Bei Ölaustritt Dichtring und O-Ring der Ausrücklagerführung ersetzen.
- Beim Einbau Verzahnung der Kupplungsscheibe dünn einfetten.
- Gespannte Druckplatte mit Kupplungsscheibe vorerst lose an das Schwungrad schrauben, dabei müssen die Markierungen an der Druckplatte und am Schwungrad übereinstimmen. Das lange Teil der Kupplungsscheibe zeigt zum Getriebe.
- Bei etwas angehobener Kupplungsscheibe die Getriebeantriebswelle vorsichtig von Hand in die Verzahnung einführen.
- Druckplatte am Schwungrad festschrauben.
- Getriebeantriebswelle mit dem Werkzeug KM-564 bis zum Anschlag in den Zahnradblock eindrücken. Nicht mit Hammer und Dorn einschlagen.
- Neuen Sicherungsring auf die Antriebswelle anbringen.
- Mit Montierhebel den Ausrückhebel wieder nach hinten drücken und die drei Klammern entfernen.
- Lagerschilddeckel an Getriebegehäuse anschrauben.
- Kupplungsseilzug am Ausrückhebel einhängen und die Sicherungsklammer einsetzen.
- Kupplungspedalhöhe einstellen, siehe Seite 107.
- Getriebeölstand kontrollieren, siehe Seite 21.

Fingerzeig: Neue Kupplungsbeläge liegen wegen ihrer rauhen Oberfläche nicht gleich auf der gesamten Reibfläche an. Sie müssen deshalb eingefahren werden, um sich ihren Gegenreibflächen anzupassen. Das soll durch sanftes und nicht etwa hartes Einkuppeln oder gar Schleifenlassen geschehen.

Ausrücklager und Dichtring der Ausrücklagerführung ersetzen

- Kupplung ausbauen.
- Kupplungsgabel vom Ausrückhebel abschrauben und Ausrücklager abnehmen.
- Ausrückhebel nach oben aus dem Gehäuse herausziehen.
- Kupplungsgabel abnehmen und die Ausrücklagerführung vom Getriebegehäuse abschrauben.
- Dichtring mit einem Schraubenzieher aus der Führung heraushebeln.
- Neuen Dichtring mit geeignetem Werkzeug einpressen. Für das F-13-Schaltgetriebe gibt es das Werkzeug KM-445, für das F-16-Schaltgetriebe KM-518. Die Dichtlippe mit Schutzfett füllen.
- In die Gehäusenut der Ausrücklagerführung einen neuen O-Ring fett- und ölfrei einsetzen.
- Ausrücklagerführung anschrauben und Gleitfläche dünn mit Molypaste bestreichen.
- Ausrücklager mit Kupplungsgabel sowie Ausrückhebel montieren.
- Kupplung einbauen.

Anzugsdrehmomente

Bauteile		Nm
Ausrücklagerführung an Getriebegehäuse		5
Kupplungsgabel an Ausrückhebel		35
Druckplatte an Schwungrad		15
Lagerschilddeckel an Getriebegehäuse	M 7 × 1,0	15
	M 8 × 1,25	20
Verschlußdeckel an Getriebegehäuse		7

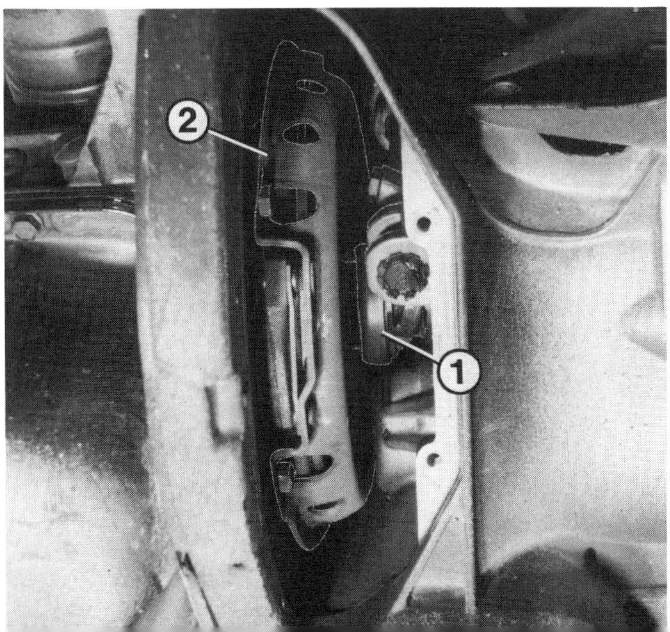

Nach Abschrauben des Verschlußdeckels sind Druckplatte (2) und Ausrücklager (1) der Kupplung sichtbar.

Kupplung

Die Störung	– ihre Ursache	– ihre Abhilfe
A Kupplung rutscht	1 Kupplungsspiel zu klein	Nachstellen
	2 Kupplungsbeläge abgenutzt	Mitnehmerscheibe ersetzen
	3 Anpreßdruck der Kupplung zu gering	Kupplungsdruckplatte ersetzen
	4 Kupplungszug geht nicht zurück	Gängig machen oder Zug austauschen, Rückzugfeder ersetzen
	5 Belag verölt	Mitnehmerscheibe und defekte Getriebe- oder Kurbelwellendichtung ersetzen
	6 Kupplung wurde überhitzt	Defekte Teile ersetzen
B Kupplung trennt nicht	1 Zu großes Kupplungsspiel	Nachstellen
	2 Mitnehmerscheibe hat Schlag	Mitnehmerscheibe ersetzen
	3 Mitnehmerscheibe verzogen oder Belag gebrochen	Mitnehmerscheibe ersetzen
	4 Mitnehmerscheibe klemmt auf Getriebewelle	Kerbverzahnung mit Drahtbürste gründlich reinigen. Anschließend mit Moly-Paste oder -Spray schmieren
	5 Belag nach sehr langer Standzeit an Schwungscheibe festgerostet	Mit eingelegtem 1. Gang starten. Kupplung dauernd durchtreten. Gaspedal ruckartig durchtreten und loslassen, um die Kupplung loszubrechen. Andernfalls ausbauen
C Kupplung trennt nicht und rutscht gleichzeitig durch	Kupplungsdruckplatte defekt	Druckplatte auswechseln
D Kupplung rupft	1 Siehe A 3	
	2 Falsche Beläge	Mitnehmerscheibe ersetzen
	3 Druckplatte drückt schief	Kupplungsdruckplatte ersetzen
	4 Motor oder Getriebeaufhängung defekt	Motor- oder Getriebelager ersetzen
E Kupplungsgeräusche	1 Unwucht der Kupplungsdruckplatte bzw. Mitnehmerscheibe	Kupplungsdruckplatte bzw. Mitnehmerscheibe ersetzen
	2 Torsions-Dämpferfeder defekt	Mitnehmerscheibe ersetzen
	3 Ausrücklager defekt	Ausrücklager ersetzen
	4 Nietverbindungen in der Kupplung locker	Kupplungsdruckplatte ersetzen

Wechselstube

Der Motor liefert nur in einem bestimmten Drehzahlbereich seine beste Leistung. Das Schaltgetriebe macht es möglich, diese Drehzahl einzuhalten, auch wenn sich die Fahrgeschwindigkeit oder die Belastung ändern. Dazu müssen bei einem Fahrzeug mit Schaltgetriebe vier oder wie beim Vectra fünf Vorwärtsgänge von Hand sortiert werden.

Das Schaltgetriebe

Die Motorleistung wird über die Kupplung auf die Eingangswelle des Schaltgetriebes geleitet. Auf dieser Eingangs- oder Antriebswelle sitzen 6 Zahnräder (einschließlich Rückwärtsgang), die mit 6 dazu passenden Zahnrädern auf der sogenannten Abtriebswelle ständig im Eingriff stehen. Diese Zahnräder können frei umlaufen, bis eines von ihnen beim Schalten eines bestimmten Gangs mit seinem entsprechenden Gegenrad auf der Antriebswelle gekuppelt wird.
Das Verhältnis der Zähnezahlen des jeweiligen Zahnradpaars ergibt die betreffende Übersetzungsstufe. Unser Vectra hat – wie heute praktisch alle Kraftfahrzeuge – »vollsynchronisierte« Vorwärtsgänge. Die Zahnräder auf der Antriebs- und Abtriebswelle sind auf »Nadeln« (stiftartige Rollen) gelagert. Es besteht also keine starre Verbindung zwischen Wellen und Rädern. Die Zahnräder bleiben, wie schon erwähnt, immer im Eingriff.
Beim Gangwechsel wird nicht etwa eine Verbindung zwischen den Zahnrädern, sondern zwischen Zahnrad und Welle hergestellt. Um die Drehzahlen von Welle und Zahnrad einander anzugleichen, läßt man einen Teil der Welle gegen einen Teil der anderen Welle über Reibelemente schleifen. Durch die Reibung wird die schnellere Welle abgebremst, bis bei Gleichlauf eine kraftübertragene Verbindung hergestellt werden kann. Da die Synchronisation für diese Drehzahlanpassung einen Sekundenbruchteil braucht, soll man besonders bei kaltem Motor und noch steifem Getriebeöl den Schalthebel nicht gewaltsam »durchreißen«.

Schaltung prüfen

- Motor im Stand laufen lassen.
- Kupplung durchtreten und alle Gänge nacheinander einlegen.
- Spüren Sie beim Betätigen des Schalthebels eine Schwergängigkeit oder einen Widerstand (»Hakeln«), dann muß die Schalteinstellung überprüft werden.

Schaltung einstellen

- Kunstlederbalg des Schalthebels etwas zusammendrücken, von der Konsole abclipsen und nach oben schieben.
- Schalthebel in Leerlaufstellung bringen.
- Im Motorraum nahe der Spritzwand, die Schraube der Schaltstangen-Klemmschelle lösen.
- Hinten aus dem Gehäusedeckel der Schaltung den Abdichtstopfen herausziehen.
- Schaltstange in Fahrtrichtung links herumdrehen, bis ein 5-mm-Bohrer in die Einstellbohrung eingeführt werden kann.
- Gleichzeitig von einem Helfer den Schalthebel in Leerlaufstellung nach links drücken lassen. Der Pfeil auf dem breiten Kunststoffhaken des Schalthebels fluchtet hierbei mit der Kerbe im Gehäuserand.
- Liegt der Schalthebel spielfrei am Gehäuserand an, Klemmschraube mit 15 Nm anziehen.
- Nach dem Festziehen der Klemmschraube darf

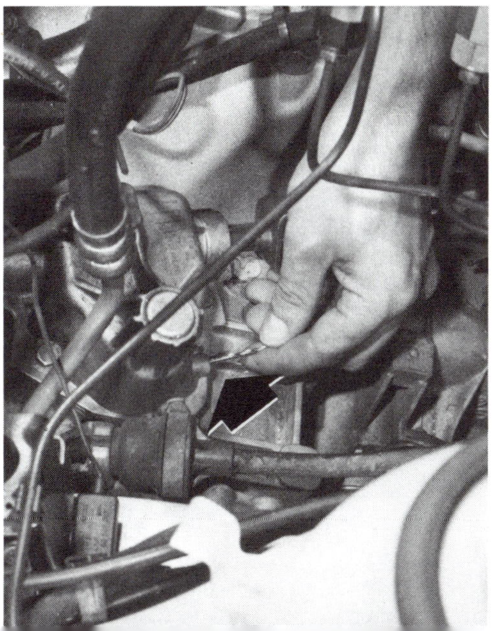

Links: Zum Einstellen der Schaltung einen 5-mm-Bohrer – wie im Text oben beschrieben – am Getriebe einschieben.
Rechts: Steht der Pfeil am Schalthebel der Kerbe am Gehäuserand gegenüber, Klemmschraube im Motorraum anziehen.

das Spiel zwischen Kunststoffhaken und Gehäuserand maximal 3 mm betragen, sonst Einstellung wiederholen.

● Bohrer aus dem Deckel ziehen und Öffnung mit dem Abdichtstopfen verschließen.

● Nach dem Zusammenbau Motor laufen lassen und Schaltung prüfen.

● Bei Schwergängigkeit Einstellung wiederholen.

Schaltgetriebe auf Dichtheit prüfen

Undichte Stellen am Getriebe lassen sich lokalisieren, nachdem es mit Motorreiniger oder ähnlichen Mitteln gesäubert wurde. An folgenden Bauteilen kann im Laufe der Zeit die Abdichtung durchlässig werden:

○ Dichtring für das getriebene Tachometerschraubenrad
○ Dichtung für den Deckel der Schaltung
○ Dichtung für das Lagerschild
○ Dichtung für den Deckel des Ausgleichgetriebes
○ Dichtringe für die Antriebswellen am Ausgleichgetriebe

Schaltgetriebe aus- und einbauen

Zum Ausbau des Getriebes muß der Wagen so aufgebockt werden, daß sowohl im Motorraum als auch an der Wagenunterseite gearbeitet werden kann. Die Getriebeeinheit wird nach unten abgenommen.

● Massekabel der Batterie abklemmen.

● Nahe der Spritzwand die Befestigungschraube der Schaltstangen-Klemmschelle lösen.

● 2. oder 4. Gang einlegen. Dadurch wird die Steckverbindung der Schaltstange gelöst.

● Sicherungsklammer am Kupplungsseilzug abnehmen.

● Ausrückhebel mit einem Montierhebel zurückdrücken und Seilzug aushängen.

● Kabelstecker vom Rückfahrscheinwerfer-Schalter abziehen.

● Tachometerwelle am Getriebegehäuse abschrauben. Bei Fahrzeugen mit Motronic das Wegstrecken-Frequenzgeberkabel abziehen.

● Drei Verbindungsschrauben Motor/Getriebe oben herausdrehen.

● Motor an einem Flaschenzug aufhängen, dazu das Seil an der Lasche am Motor befestigen.

● Eventuell mangels Aufhängevorrichtung ein Rohr- oder U-Eisen oberhalb des Motors auf Böcke bzw. in den Kotflügelsicken als Träger lagern, dann das Seil um den Träger spannen.

● Vorderes Abgasrohr ausbauen, siehe Seite 45.

● Vorderachsträger ausbauen (Seite 127).

● Antriebswellen vom Getriebe abbauen, siehe 116. Vorsicht, Getriebeöl läuft aus. Öffnungen verschließen.

● Antriebswellen mit Draht hochbinden.

● Motoraufhängung vorn links zusammen mit dem Dämpfungsblock abschrauben.

● Massekabel vom Lagerschilddeckel losschrauben.

● Motor ca. 5 cm absenken, bis sich der Kupplungs-Ausrückhebel unterhalb des Vorderrahmen-Längsträgers befindet.

● Getriebe-Antriebswelle aus der Kupplungsverzahnung herausziehen, siehe Kupplung aus- und einbauen (Seite 108).

● Getriebe mit einem Hydraulikwagenheber abstützen.

● Getriebe vom Motor sowie das Abdeckblech vom Getriebegehäuse abschrauben.

● Getriebe vom Motorblock abdrücken und nach unten abnehmen.

● Das ausgebaute Aggregat nicht auf die hervorstehenden Bauteilen legen: Schaltstangengelenk, Ausrückhebel, Zapfen der Getriebe-Antriebswelle, Rückfahrscheinwerfer-Schalter oder Tachometerantrieb.

● Vor dem Einbau die Kupplungs-Mitnehmerscheibe kontrollieren.

● Getriebe von unten einsetzen und das Gehäuse am Motorblock festschrauben.

● Abdeckblech montieren.

● Den weiteren Zusammenbau in umgekehrter Reihenfolge des Ausbaus vornehmen.

● Beim Einbau der Motoraufhängung beide Befestigungsschrauben des Dämpfungsblocks durch neue ersetzen.

● Kupplungseinstellung überprüfen, siehe Seite 107.

● Getriebeölstand kontrollieren (Seite 21).

● Schaltung einstellen, siehe Vorseite.

● Anzugsdrehmomente siehe folgende Tabelle.

Auszugs-Drehmomente

Bauteile	Nm
Getriebe an Motorblock	75
Abdeckblech an Getriebe	7
Motoraufhängung vorn links an Getriebe	65
Dämpfungsblock an Vorderrahmen-Längsträger	75

Getriebegeräusche

Im Lauf der Zeit kann das Getriebe durch Geräuschentwicklung auf sich aufmerksam machen. Dann sollten Sie zuerst nach dem Ölstand im Getriebe sehen.

○ Tritt ein heulendes Geräusch in einem Gang auf und verändert sich der Ton beim Gasgeben und Gas wegnehmen, dürfte die Verzahnung des betreffenden Gangradpaares verschlissen sein.

○ Bei Geräuschen in allen Gängen liegt es am Achsantrieb oder an den Getriebe-Wellenlagern.

○ Rauhe, mahlende Geräusche, die erst bei warmem Getriebe hörbar werden, weisen auf schlagende Synchronringe hin. Bei dünnflüssiger werdendem Öl wird dieses immer an derselben Stelle vom Synchronring weggedrückt.

Automatisches Getriebe

Kernstück aller Automatikgetriebe sind sogenannte Planetensätze. Die bestehen aus einem Zahnrad, um das drei weitere Zahnräder umlaufen. Über diese Anordnung ist ein Ringrad mit Innenverzahnung gestülpt. Jeweils zwei dieser Baugruppen sind zu einem Radsatz zusammengefaßt und bilden ein eigenes kleines Zweiganggetriebe.

Das Geniale an diesen Getrieben ist die Art, sie zu schalten. Dazu werden nämlich keine Zahnräder getrennt und zugeschaltet, sondern die Übersetzungsänderung erfolgt lediglich durch Festhalten oder Loslassen von Teilen des Planetensatzes. Das Schalten geschieht also ohne Unterbrechen des Kraftflusses. Das Halten und Lösen besorgen in der Praxis hydraulisch gesteuerte Bremsen bzw. Kupplungen.

Wann das Schalten zu erfolgen hat, bestimmt die elektronische Getriebesteuerung. Die elektronische Steuereinheit hat ihren Platz hinter dem Handschuhkasten. Sie erhält von Schaltern und Gebern Informationen über Getriebeöltemperatur, Schalterstellungen, Getriebedrehzahlen und durch das Motronic-Steuergerät Hinweise über den Lastzustand des Motors.

Um ein vierstufiges Getriebe mit Rückwärtsgang zu erhalten, werden drei Planetensätze hintereinandergeschaltet. Die Koordination der Radsätze erledigt die Getriebesteuerung.

Nach Bedarf kann der Fahrer drei verschiedene Programme abrufen:

Sportliches oder energiesparendes Fahren sowie die Anfahrhilfe zum Anfahren auf schnee- oder eisbedeckten Fahrbahnen. Wird die Anfahrhilfe aktiviert, fährt das Fahrzeug im dritten Gang an. Dieses Programm schaltet sich bei Geschwindigkeiten über 80 km/h automatisch ab, sofern das manuelle Abschalten vergessen wurde.

Motronic und elektronische Getriebesteuerung korrespondieren übrigens wechselseitig: Zum Beispiel wird nach Schaltvorgängen das Drehmoment des Motors durch automatisches Verstellen des Zündzeitpunkts kurzzeitig reduziert. Der Gangwechsel erfolgt dadurch ruckfrei und komfortabel.

Notlaufeigenschaften und Eigendiagnose wurden nicht vergessen. Bei gestörter Elektronik bleibt der Wagen fahrfähig. Das Eigendiagnosesystem speichert den Fehler, gleichzeitig zeigt es dem Fahrer durch Aufblinken der »Sport«-Kontrolleuchte in der Instrumententafel an, daß ein Defekt vorliegt. Die Werkstatt verfügt über einen Diagnoseschlüssel, der in den Stecker links im Motorraum eingesteckt wird. Auf diese Weise wird der gespeicherte Fehler über einen Blinkcode angezeigt.

Der Drehmomentwandler

Zwischen Motor und Automatikgetriebe sitzt keine herkömmliche Reibkupplung, wie wir sie vom Schaltgetriebe her kennen. Vielmehr wurde ein hydraulischer Drehmomentwandler verwendet, in dem das Drehmoment

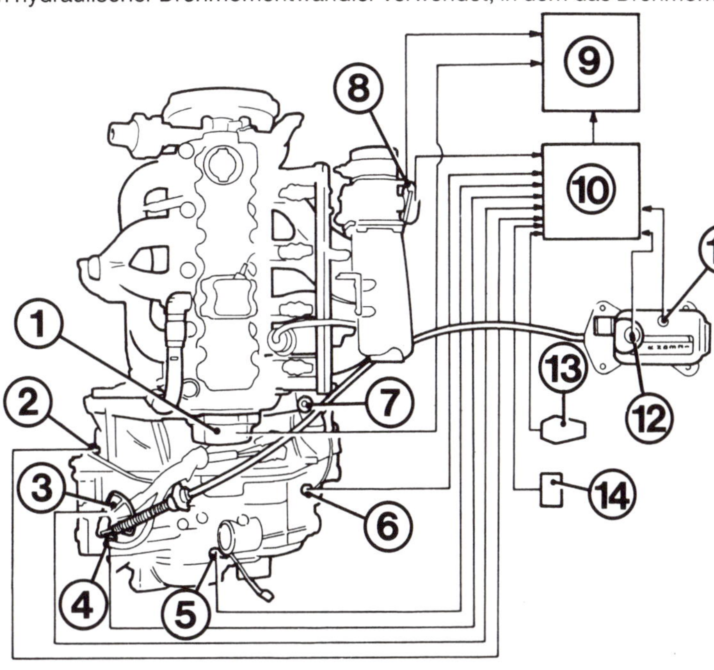

Das automatische Getriebe mit seinen dazugehörigen bzw. steuernden Teilen:
1 – Zündverteiler;
2 – Getriebeöl-Temperaturfühler;
3 – Wählhebel-Positionsschalter;
4 – Steckverbindung der Magnetventile;
5 – Impulsgeber für Getriebe-Eingangsdrehzahl;
6 – Impulsgeber für Abtriebsdrehzahl;
7 – Anschluß für Tachowelle;
8 – Drosselklappen-Potentiometer;
9 – Steuergerät Motronic;
10 – Steuergerät automatisches Getriebe;
11 – Druckschalter »Winterprogramm«;
12 – Druckschalter im Wählhebel »Economy/Sport«;
13 – Kickdownschalter;
14 – Bremslichtschalter.

des Motors auf Schaufelräder übertragen wird. Bei laufendem Motor versetzt das mit ihm gekuppelte Pumpenrad die Wandlerflüssigkeit (ATF) in eine Drehbewegung und schleudert sie nach außen gegen das Wandlergehäuse. Dabei trifft die Flüssigkeit auf das sogenannte Leitrad, das den ATF-Strom in die vorgesehene Richtung lenkt. So wird auch das mit dem Getriebe verbundene Turbinenrad in Drehung versetzt. Weil die Zahnräder des Planetengetriebes dauernd im Eingriff stehen und die Wandlerflüssigkeit bei laufendem Motor immer versucht – durch den Motor in Drehung versetzt – das Getriebe und damit auch die Antriebsräder zu bewegen, »kriecht« der Vectra im Leerlauf, muß also mit der Fuß- oder Handbremse gehalten werden.
Zur Vermeidung von Schlupf (was Verlust bedeutet) besitzt der Drehmomentwandler eine Überbrückungskupplung, die im 3. und 4. Gang bei höheren Geschwindigkeiten wirksam wird. Getriebe und Motor sind dann starr miteinander verbunden.

Fingerzeig: Sollte der Automatik-Opel einmal nicht anspringen, hilft Anschieben oder Abschleppen nicht. Der hydraulische Drehmomentwandler kann bei stehendem Motor keine Verbindung zwischen Triebwerk und Getriebe herstellen. Es geht nur mit Starthilfekabeln.

Automatik-getriebe prüfen

Für den Selbsthelfer bietet das Automatikgetriebe kaum Möglichkeiten zur Eigeninitiative. Gezielte Prüfungen helfen jedoch, den Fehler einzukreisen, was nicht zuletzt beim Gebrauchtwagenkauf von Interesse sein kann:
○ Der ATF-Stand im Getriebe ist bei Störungen als erstes zu prüfen (Seite 22).
○ Riecht die ATF am Peilstab verbrannt, liegt ein schwerer Getriebeschaden vor. Die Bremsbänder bzw. Kupplungslamellen sind dann defekt.
○ Auf einer Probefahrt können die Schaltpunkte überprüft werden.
○ Beurteilen der Schaltvorgänge gehört dazu.

Schaltpunkte prüfen

Stellvertretend für alle Automatik-Versionen haben wir nachstehend die Schaltpunkte des 2,0-Liter-Vectra aufgeführt. Die Tabelle zeigt Ihnen, bei welchen Geschwindigkeiten (in km/h) der Gangwechsel erfolgen soll. Die Schaltpunkte der übrigen Wagen liegen ähnlich.

Gaspedalstellung	Vollast		Kickdown	
Schaltprogramm	Economy	Sport	Economy	Sport
1. in 2. Gang	50	66	66	66
2. in 3. Gang	92	122	122	122
3. in 4. Gang	150	203	203	203
4. in 3. Gang	133	198	198	198
3. in 2. Gang	70	112	112	112
2. in 1. Gang	20	56	56	56

Beurteilen der Schaltvorgänge

Bei einer Probefahrt können Sie Ihre Aufmerksamkeit auf die Schaltvorgänge richten:
○ **Hochschalten:** Bei Teilgas ist der Gangwechsel kaum wahrnehmbar; bei Vollgas oder Kickdown werden die Übergänge zwar etwas deutlicher, doch stets muß der höhere Gang geschmeidig fassen. Kurzes Hochdrehen beim Gangwechsel deutet auf Fehler hin, die genauer untersucht werden müssen.
○ **Herunterschalten:** Ohne Gas (beim Ausrollenlassen) kaum spürbar bei sehr niederen Geschwindigkeiten. Ein Stoß ist beim Rückschalten mit Teil- oder Vollgas normal. Das Zurückschalten ohne Gas mit dem Schalthebel dauert 1 bis 2 Sekunden. Wird beim zwangsweisen Zurückschalten mit dem Schalthebel Gas gegeben, erfolgt der Gangwechsel ohne Verzögerung.

Störungsbeistand

Automatik-getriebe

Die Beanstandung	– ihre Ursache
A Ruckartige Schaltübergänge beim Einlegen der Fahrstufen »D« oder »R« aus der Leerlaufstellung »N« heraus	1 ATF-Stand zu niedrig 2 Leerlaufdrehzahl zu hoch
B Starkes Kriechen im Leerlauf bei eingelegtem Fahrbereich	Siehe A 2
C Fahrzeug setzt sich bei eingelegtem Fahrbereich nicht in Bewegung, kein Antrieb in allen Fahrstufen	Siehe A 1

Die Beanstandung	– ihre Ursache
D Langgezogene, schleifende Schaltübergänge	Siehe A 1
E Verzögerter Antrieb nach längerer Standzeit	Siehe A 1
F Unregelmäßiger Antrieb in allen Fahrstufen	Siehe A 1
G Kickdown arbeitet nicht	Kickdownschalter defekt
H Getriebe schaltet bei mittleren Geschwindigkeiten zu spät hoch	Siehe G
J Schlechte Beschleunigung, Höchstgeschwindigkeit wird nicht erreicht	1 Siehe A 1 2 Schlechte Motorleistung durch falsche Einstellung oder Verschleiß

Fingerzeig: Fahrzeuge mit Automatikgetriebe dürfen nicht weiter als 80–100 km geschleppt werden, sonst reicht die Getriebeschmierung nicht aus. Aus dem gleichen Grund gilt eine Höchstgeschwindigkeit von 50 km/h. Im Zweifelsfall den bequemeren Weg wählen und den Wagen verladen lassen.

Der Achsantrieb

Das Getriebe und der Achsantrieb sitzen bei unserem Vectra – wie bei fast allen Frontantriebswagen – in einem gemeinsamen Gehäuse. Die vom Motor ans Getriebe geleitete Kraft gelangt über ein kleines und ein großes Zahnrad an den Achsantrieb. Am großen Zahnrad ist das Gehäuse des Ausgleichgetriebes angeschraubt. In diesem Gehäuse sitzen vier ineinandergreifende Kegelräder, von denen zwei mit den Antriebswellen verbunden sind.

Das Ausgleichgetriebe, auch Differential genannt, dient der Anpassung unterschiedlicher Wege von kurveninnerem und -äußerem Rad. Solange wir geradeaus fahren, rollen beide Vorderräder mit der Drehzahl des großen Achsantriebsrades. Die Kegelräder des im gleichen Tempo drehenden Ausgleichgetriebekorbes stehen dagegen still. Beim Durchfahren einer Kurve muß das kurvenäußere Rad einen längeren Weg zurücklegen als das innere. Jetzt treten die Kegelräder in Aktion: Die schnellere Drehung des äußeren Rades und seines Kegelrades wirkt über die beiden Übertragungskegelräder auf das Kegelrad der Kurveninnenseite ein, das dann entsprechend langsamer dreht.

Ohne diesen Ausgleich würde der Wagen ruckartig mit durchdrehenden Vorderrädern durch die Kurve fahren. Andererseits hat dieser Ausgleich den Nachteil, daß auf glattem Untergrund ein Antriebsrad durchdrehen kann. Dann wird auf das andere Vorderrad praktisch keine Antriebskraft mehr übertragen, und der Wagen rührt sich nicht von der Stelle.

Zu einer Reparatur des Differentials muß die komplette Getriebeeinheit ausgebaut werden.

Die Antriebswellen

Damit Sie beim Fahren und Lenken kein Zerren in der Lenkung verspüren, müssen die Gelenke der

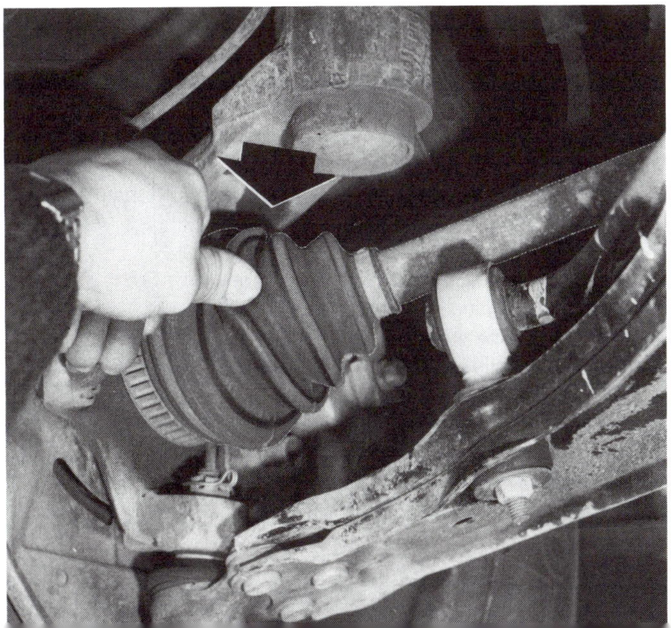

Die Manschetten (Pfeil) an den Enden der Antriebswellen schützen die Gelenke vor Feuchtigkeit und Schmutz. Eine regelmäßige Kontrolle der Manschetten und ihrer Schlauchbinder ist dringend anzuraten, denn eindringender Schmutz und Feuchtigkeit lassen ein Gelenk schnell ausschlagen.

Antriebswellen die Kräfte in allen Feder- und Lenkstellungen vollkommen gleichmäßig übertragen. Diese Anforderung erfüllen sogenannte homokinetische Gelenke (Gleichlaufgelenke). Ihre Funktion beruht auf 6 Kugeln, die in speziell geschliffenen Laufbahnen beim Knicken des Gelenks hin und her laufen. So wird bei jedem im Fahrzeug möglichen Beugewinkel der Antriebswelle gleichmäßige Kraftübertragung gewährleistet. Am Ausgleichgetriebe sitzt ein sogenanntes Verschiebegelenk. Es ermöglicht den zum Ein- und Ausfedern notwendigen Längenausgleich, muß aber nur geringe Beugewinkel ertragen. Am Rad sitzt ein Festgelenk. Hier ist kein Längenausgleich notwendig, dafür ein großer Beugewinkel für den Lenkeinschlag.

Manschetten der Antriebswellen prüfen

Wartung Nr. 20

Die Gelenke der Antriebswellen sind durch Gummimanschetten vor Feuchtigkeit und Schmutz geschützt. Deshalb sollten Sie diese Manschetten regelmäßig unter die Lupe nehmen, ob sie nicht durch Risse undicht geworden sind.

● Jeweils ein Antriebsrad hochbocken, Wagen abstützen.

● Am Rad drehen und beide Manschetten der Welle auf feine Risse und spröde Stellen kontrollieren.

● Sitzen die Haltebänder für die Manschetten fest?

● Fettspuren an der Manschette sind ein Alarmsignal, denn fehlendes Schmiermittel oder eindringender Schmutz bzw. Feuchtigkeit zerstören die Gelenkoberflächen sehr schnell.

● Beschädigte Manschetten sofort ersetzen. Dazu muß die Achswelle ausgebaut und zerlegt werden.

Störungen an den Antriebswellen

Gewöhnlich gibt es mit den Antriebswellen keine Probleme. Ihre Lebensdauer hängt natürlich von der Fahrweise ab. Vollgasstarts mit eingeschlagenen Vorderrädern und Anfahren mit durchdrehenden Antriebsrädern führen zu vorzeitigem Defekt.

○ Die Gelenke der Antriebswellen zeigen meist schlagartig Ausfallerscheinungen, die aber zwischendurch wieder völlig verschwinden können. Die »ruhige Phase« kann sich mehrere Tage und Kilometer erstrecken.

○ Charakteristisch sind **rhythmische Schlag- oder Knack-knack-knack-Geräusche** beim Gasgeben und im Schiebebetrieb. Verändern sich diese Töne abhängig vom Lenkeinschlag, dürfte das radseitige Gelenk defekt sein.

○ **Vibrationen und Zitterbewegungen** im Lenkrad bei eingeschlagenen Rädern weisen ebenfalls auf ein schadhaftes äußeres Gelenk.

Antriebswelle ausbauen

Zum Ausbau der Antriebswelle benötigen Sie Opel-Spezialwerkzeug (siehe Text). Steht kein Spezialwerkzeug zur Verfügung und wird mit herkömmlichen Werkzeug gearbeitet, besteht die Gefahr, daß Bauteile beschädigt werden.

● Gang einlegen, Handbremse anziehen und die Kronenmutter lösen. Der Wagen muß auf dem Boden stehen, sonst Unfallgefahr.

● Radschrauben herausdrehen, den Wagen aufbocken und Vorderrad abnehmen.

● Führungsgelenk entsplinten, die Mutter abschrauben und das Gelenk mit üblichem Abzieher herausdrücken.

● Antriebswelle aus dem Getriebe austreiben. Hierzu benötigt man beim 1,8- und 2,0-Liter-Vectra für die linke Antriebswelle das Werkzeug KM-503-A und für die rechte Antriebswelle das Werkzeug KM-460-2-A. Beim 1,6-Liter-Vectra werden beide Antriebswellen mit dem KM-460-2-A-Werkzeug ausgetrieben. Die angefaste Seite des gabelförmigen Werkzeugs zeigt immer zum Getriebe, man schlägt auf das Werkzeug mit einem 1500-g-Hammer.

● Öl läuft aus der Öffnung für die Achswelle. Sie muß sofort sorgfältig verschlossen werden.

● Steht kein Spezialwerkzeug zur Verfügung oder hakt die Achswelle beim Austreiben, den Deckel des Ausgleichgetriebes ausbauen. Vorsicht, Öl läuft aus.

● Achswelle mit einem Flachmeißel austreiben, wobei der Meißel zwischen Wellenende und Kegelradachse anzusetzen ist.

● Achswelle aus der Vorderachse mit der Hand herausziehen. Geht das nicht, die Welle mit von außen angesetztem Radnabenabzieher herausdrücken.

● Achswelle nur am Gelenk, nicht an der Welle herausziehen.

● Die neue Welle nicht längere Zeit auf den Faltenbälgen ablegen.

● Die Anlagefläche des äußeren Gelenks sowie die betreffende Fläche am Kugellager der Radnabe müssen absolut sauber sein.

● Verzahnung der Achswelle mit Getriebeöl bestreichen.

● Verzahnung in die Nabe einführen, neue Kronenmutter mit einer Scheibe lose auf die Achswelle aufschrauben.

● Achswellenlagerung im Ausgleichgehäuse mit Getriebeöl bestreichen.

● Neuen Sicherungsring in die Gelenkstummelnut einsetzen, den Ring dabei nicht überspannen.

● Achswelle mit der Hand in das Getriebegehäuse eindrücken. Schraubenzieher am Wulst der Reibschweißnaht (nicht an der Blechverkleidung) ansetzen. Achswelle mit Hammerschlägen bis zum Einrasten des Sicherungsrings eintreiben.

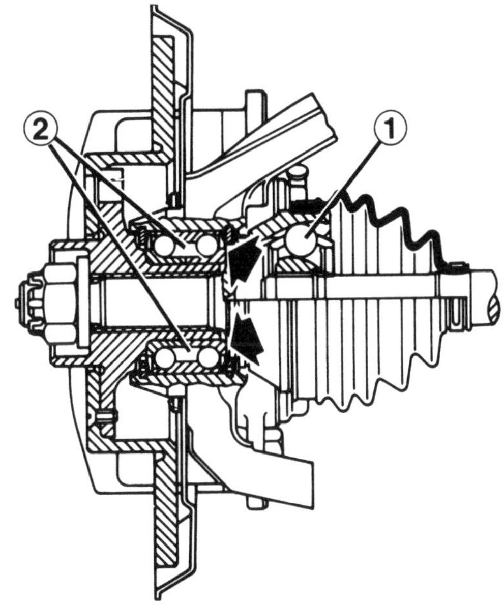

Schnitt durch Vorderradnabe und Achswellengelenk. Die mit Pfeilen gekennzeichneten Stellen müssen beim Einbau absolut sauber sein (siehe linke Seite).
1 – Gelenklager; 2 – Radnabenlager.

- Durch Ziehen am Gelenk prüfen, ob der Sicherungsring richtig eingerastet ist.
- Eventuell ausgebauten Deckel des Ausgleichgetriebes mit neuer Dichtung einbauen, die Dichtung vorher mit Wälzlagerfett am Deckel ankleben. Schrauben mit 30 Nm festziehen.
- Getriebeöl auffüllen.
- Führungsgelenk einsetzen. Kronenmutter mit 70 Nm festziehen. Fluchten Schlitz und Splintloch nicht, die Mutter weiter festziehen, dann die Mutter versplinten.
- Rad befestigen und den Wagen abbocken.
- Neue Kronenmutter mit 130 Nm festziehen. Danach die Mutter lösen und erneut mit 20 Nm anziehen. Von dieser Stellung aus die Mutter um 90°, das entspricht ¼ Radumfang, festziehen.
- Kronenmutter versplinten. Fluchten Schlitz und Splintloch nicht, die Mutter entsprechend lösen, nicht weiter festziehen.
- Je nach Modell befindet sich an der rechten Achswelle ein Massegewicht. Es wird in einem Abstand von 267 mm vom Absatz der Manschettenbefestigung des äußeren Gelenks angeschraubt.

Fingerzeig: Fahrzeuge mit ausgebauter Gelenkwelle nicht bewegen; das Radlager wird sonst beschädigt. Muß das Fahrzeug dennoch bewegt werden, nur das Außengelenk einbauen.

Manschette und Gelenk einsetzen

Auch wenn beide Manschetten erneuert werden sollen, ist die Arbeit zunächst an einem Gelenk auszuführen.

- Antriebswelle ausbauen.
- Halteband der Manschette aufschneiden.
- Manschette vom Gelenk abnehmen und umstülpen.
- Fett am Gelenk abwischen und Sicherungsring mit einer Zange spreizen.
- Gelenk mit einem Aluminium- oder Kunststoffhammer von der Wellenverzahnung abschlagen.
- Alte Manschette von der Antriebswelle abstreifen und neue aufschieben.
- Altes Gelenk gründlich auswaschen.
- Neuen Sicherungsring einsetzen. Darauf achten, daß der Sicherungsring einwandfrei in seiner Nut sitzt.
- Gelenk mit frischem Fett füllen.
- Gelenk auf die Wellenverzahnung aufschieben und mit einem Kunststoffhammer bis zum Einrasten des Sicherungsrings aufschlagen.
- Manschette über dem Gelenk anbringen.
- Mit einem Schraubenzieher Manschette etwas anheben, damit die Luft im Faltenbalg entweichen kann.

Vierfüßler

Die Karosserie steht mit der nachgiebigen Radaufhängung sozusagen auf allen Vieren. Dazu gehört auch die Lenkung. Alles zusammen bildet das sogenannte Fahrwerk, von dem der oberflächliche Betrachter nichts sieht. Dabei gibt es über die Beine des Autos allerlei Interessantes zu berichten.

Die Vorderradaufhängung

Eine Vorderachse im landläufigen Sinn gibt es im modernen Automobilbau schon längst nicht mehr. Vielmehr sind die beiden Vorderräder – jedes für sich – »einzeln« an der Karosserie und am stabilen Vorderachsträger aufgehängt.

Kern der Vorderradaufhängung ist das sogenannte Federbein (siehe unten), an dem das Rad direkt befestigt ist und das sich gleichzeitig für Federung und Stoßdämpfung zuständig fühlt. Ein elastisch aufgehängtes Lager verbindet das Federbein an der Oberkante mit der Karosserie. Unten ist es über den sogenannten Querlenker gelenkig mit dem Vorderachsträger und der Karosserie verbunden. Mit der Lenkung haben die Querlenker übrigens nichts zu schaffen – ihren Namen bekamen sie vielmehr, weil an ihnen die Federbeine angelenkt (sprich: gelenkig aufgehängt) sind und weil sie quer zur Fahrtrichtung stehen.

An den beiden Querlenkern ist ferner noch ein mehrfach gebogener Rundstab aus Federstahl befestigt – der sogenannte Stabilisator. Der bewirkt folgendes: Wenn bei Kurvenfahrten das kurveninnere Rad ausfedert, wird der Stabilisator in sich verwunden. Mit der so entstehenden Federkraft wird nun die kurvenäußere Radaufhängung unterstützt und somit deren Feder gewissermaßen verstärkt. Erfolg: Der Wagen neigt sich beim Kurvenfahren wesentlich schwächer. Federt der Wagen – etwa beim Bremsen – vorn gleichmäßig ein, bleibt der Stabilisator wirkungslos.

Der negative Lenkrollradius

Erwähnt sei noch eine konstruktive Besonderheit der Vorderradaufhängung: Die richtungsstabilisierende Lenkkinematik. Sie bringt beispielsweise Sicherheit beim Bremsen auf unterschiedlicher Straßenoberfläche zwischen rechtem und linkem Vorderrad.

Erreicht wird das durch den sogenannten Lenkrollradius, der beim Vectra »negativ« ist. Das kann man sich so vorstellen: Wir verbinden den oberen und den unteren Lagerpunkt des Federbeins mit einer gedachten Linie und schauen, wo diese (verlängert nach unten) auf den Boden auftrifft. Beim Vectra ist der Auftreffpunkt außerhalb der Reifenmitte.

Damit wird eine Umkehr der Kräfte erzielt, die auf das Fahrwerk wirken. Ist beispielsweise die Bremse am linken Vorderrad defekt, würde der Wagen beim Bremsen nach rechts ziehen. Nicht so beim Vectra. Die am Rad ansetzende Kraft wirkt gewissermaßen entgegengesetzt auf das Fahrwerk und die Tendenz zum Ausbrechen des Wagens wird ausgeglichen.

Die Radeinstellung

Die Vorderräder müssen für ein sicheres Fahrverhalten in Längs- und Seitenrichtung in bestimmten Winkelstellungen stehen. Damit Sie sich unter der »Lenkgeometrie« etwas vorstellen können, hier eine Erläuterung der Begriffe:

Sturz: So nennt man die leichte Auswärtsneigung der Vorderräder – oben im Radkasten haben sie einen engeren Abstand voneinander als unten am Boden. Das heißt in der Fachsprache »negativer« Sturz. Beim Vectra stehen die Räder nahezu senkrecht, und dieser Sturz ist nicht einstellbar.

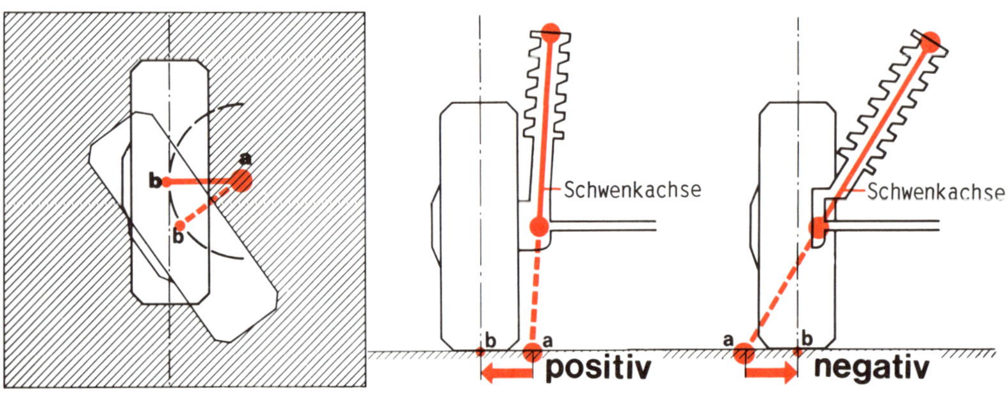

Trifft die (gedachte) Verlängerung der Schwenkachse außerhalb der Radmitte auf dem Boden auf, ist der Lenkrollradius negativ. Trifft sie innerhalb auf, ist er positiv. Unter der Schwenkachse versteht man die Linie, um die das Rad beim Lenken schwenkt.

Damit Sie sich die Begriffe auf diesen Seiten besser vorstellen können, haben wir sie hier zeichnerisch deutlich gemacht.

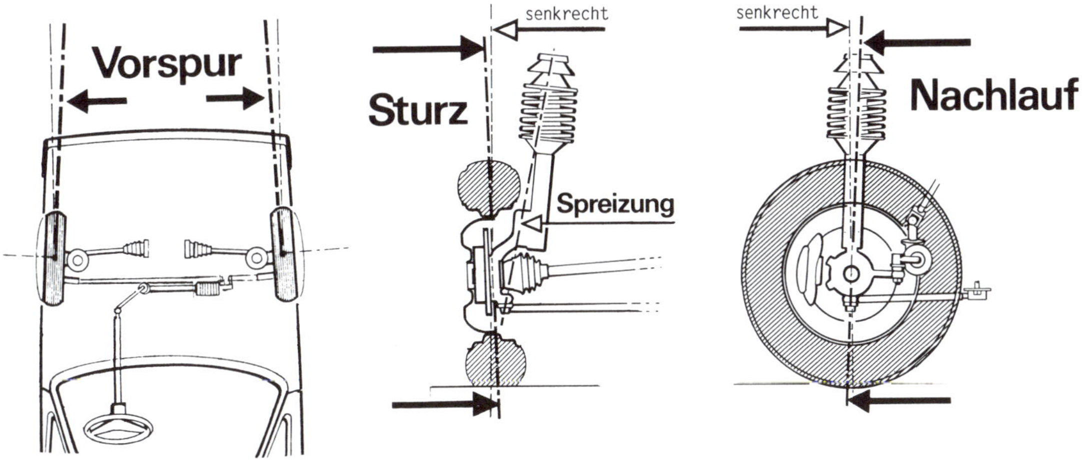

Nachlauf: Darunter versteht man die Schrägstellung der Radaufhängung in Fahrzeuglängsrichtung, wobei die Räder sozusagen gezogen werden. Das hilft, den Geradeauslauf zu stabilisieren und Flattern der Vorderräder zu verhindern. Außerdem bewirkt er eine Rückstellung der Lenkung nach Kurven. Auch der Nachlauf ist beim Vectra nicht einstellbar.

Spur: Die Vorderräder stehen in Grundeinstellung an der Vorderseite ein klein wenig weiter auseinander als hinten, das nennt sich **Nachspur**. Die Reibung zwischen Rad und Straße will das linke Rad nach links weg und das rechte nach rechts weg drücken. Dagegen wirken die Kräfte des Frontantriebs, die bestrebt sind, die Vorderräder vorn zusammenzudrücken. Beim Hineinlenken des Wagens in eine Kurve verstärkt sich die Nachspur durch die trapezförmige Anordnung des Lenkgestänges. Das kurveninnere Rad schwenkt stärker herum als das kurvenäußere. Dies ist auch notwendig, weil ja in einer Kurve die inneren Räder einen engeren Kreis fahren müssen als die äußeren. Das ergibt automatisch eine Unterstützung der Lenkbewegung und der Lenkkräfte.

Die Lenkung

Die Drehungen am Lenkrad wandelt ein Lenkgetriebe – es sitzt hinter dem Motor vor der Trennwand zum Innenraum – in eine hin- und hergehende Bewegung um, damit die Vorderräder zur Seite schwenken können. Der Vectra hat eine Zahnstangenlenkung. Ein Ritzel am Ende der Lenksäule greift in eine Zahnstange ein und verschiebt diese je nach Drehrichtung am Lenkrad nach rechts oder links.

Diese Bewegungen übertragen die beiden an der Zahnstange angeschraubten Spurstangen auf die schwenkbaren Federbeine und damit auf die Räder.

Um Fahrbahnstöße vom Lenkrad fernzuhalten, ist bei Wagen ohne Servolenkung ein Lenkungsdämpfer am Lenkgetriebe angeschraubt.

Die Servolenkung

Außer dem 1,6-Liter-Vectra in GL-Version bis 8/91 besitzen alle Modelle serienmäßig eine Servolenkung. Hierbei dient ein Kolben am rechten Ende der Zahnstange im Lenkgetriebe als Arbeitshilfe. Dieser wird vom hineingepumpten Hydrauliköl nach rechts oder links verschoben. In welche Richtung gepumpt wird, bestimmen Sie beim Drehen des Lenkrads. Diese Drehung wird auf ein Drehschieberventil übertragen, das Richtung und Menge des Flüssigkeitsstromes regelt. Den Druck im hydraulischen System erzeugt die Flügelzellenpumpe (siehe Foto Seite 123 unten), die der Motor über einen Keilriemen antreibt.

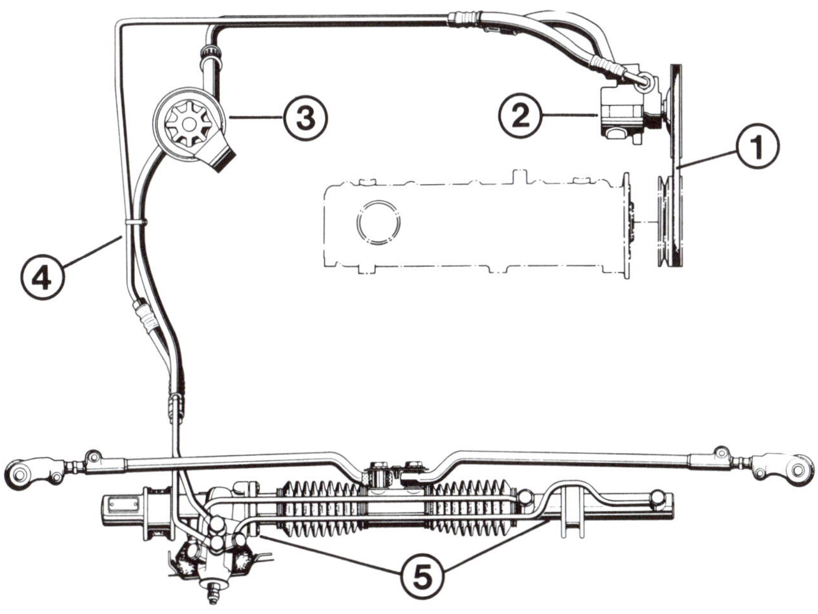

Die Anlage der Servolenkung aus der Sicht von oben:
1 – Keilriemen;
2 – Pumpe;
3 – Vorratsbehälter;
4 – Schlauch- und Rohrleitungen;
5 – Lenkgetriebe.

Die Hinterachse

Hier haben wir es mit einer richtigen Achse zu tun: Sie besteht aus einem Querträger, der etwas nach vorn versetzt mit zwei Längslenkern verbunden ist – daher auch die Bezeichnung »Verbundlenkerachse«. Die Lenker haben vorn Verbindung mit dem Aufbau durch Gummilager, wodurch vertikale Bewegungen des Achskörpers ermöglicht werden. Zwischen Lenkern und Karosserie sitzen besonders gestaltete Schraubenfedern, sogenannte Miniblock- oder Tonnenfedern, die bei geringer Bauhöhe einen großen Federweg erlauben (die einzelnen Federwindungen legen sich beim Einfedern schneckenförmig ineinander). Die Stoßdämpfer sind unten in Radnähe und oben an den Innenseiten des Kofferraums befestigt. Ferner besitzt die Hinterachse des Vectra einen Stabilisator. Er hemmt die Seitenneigung des Hecks bei Kurvenfahrten.

Die Federbeine

Unter dem Begriff Federbein versteht man die Zusammenfassung von Feder und Stoßdämpfer in einer Einheit. Der Dämpfer ist in die Schraubenfeder hineingesteckt. Feder und Stoßdämpfer arbeiten genau in derselben Bewegungsrichtung, was gleichmäßige, für die Fahrzeuginsassen angenehme Federbewegungen ergibt. Solche Federbeine hat der Vectra an der Vorderachse. Für die Vorderradfederung wurde ein Patent des Amerikaners Earl S. McPherson verwendet. Das nach ihm benannte Federbein stellt eine komplette Radaufhängung dar. Der obere Befestigungspunkt an der Karosserie ist drehbar gelagert, so daß Lenkbewegungen überhaupt möglich sind. Das untere Ende der Federungseinheit steht auf dem Achsschenkel, durch den der Radzapfen für das Vorderrad läuft.

Die Stoßdämpfer

Die Stöße der Fahrbahn schlucken Reifen und Federn. Die Stoßdämpfer sollen dagegen die Schwingungen der Achsen und der Karosserie unterdrücken bzw. zum Abklingen bringen. Richtiger wäre daher die Bezeichnung »Schwingungsdämpfer«.

Serienmäßig sind sogenannte Zweirohrdämpfer eingebaut. Sie bestehen aus einem Arbeitszylinder, in dem ein mit einer Kolbenstange verbundener Arbeitskolben auf- und abgleiten kann. Der Arbeitszylinder ist von einem zweiten Zylinder umgeben, der als Vorratsbehälter für das Stoßdämpfer-Hydrauliköl dient. Bei Federbewegungen eines Rades verschiebt sich der Kolben im Zylinder. Das in Bewegung versetzte Spezialöl wird durch Ventile hindurchgepreßt, was die Kolbenbewegung verlangsamt und damit die Schwingungen des jeweiligen Rades dämpft.

Bei Fahrzeugen mit 2,0-Liter-Motor und bei der GT-Ausführung kommen Zweirohr-Gasdruckstoßdämpfer zum Einsatz. Ihre Arbeitsweise gleicht dem herkömmlichen Zweirohrprinzip. Charakteristisch ist der Gasraum im Vorratsbehälter. Denn dieses Gaspolster drückt mit 6–8 bar auf das Hydrauliköl. Das Öl im Stoßdämpfer steht also unter einem Vordruck.

Zweirohr-Gasdruckstoßdämpfer zeichnen sich vor allem durch exakte Dämpfung auch bei sehr kleinen und schnellen Achsbewegungen aus. Und dies bei insgesamt geringen Dämpfkräften.

Manschetten des Lenkgetriebes kontrollieren

Wartung Nr. 17

Ganz hinten unten im Motorraum sitzt das Lenkgetriebe, dessen Zahnstange von zwei Gummimanschetten

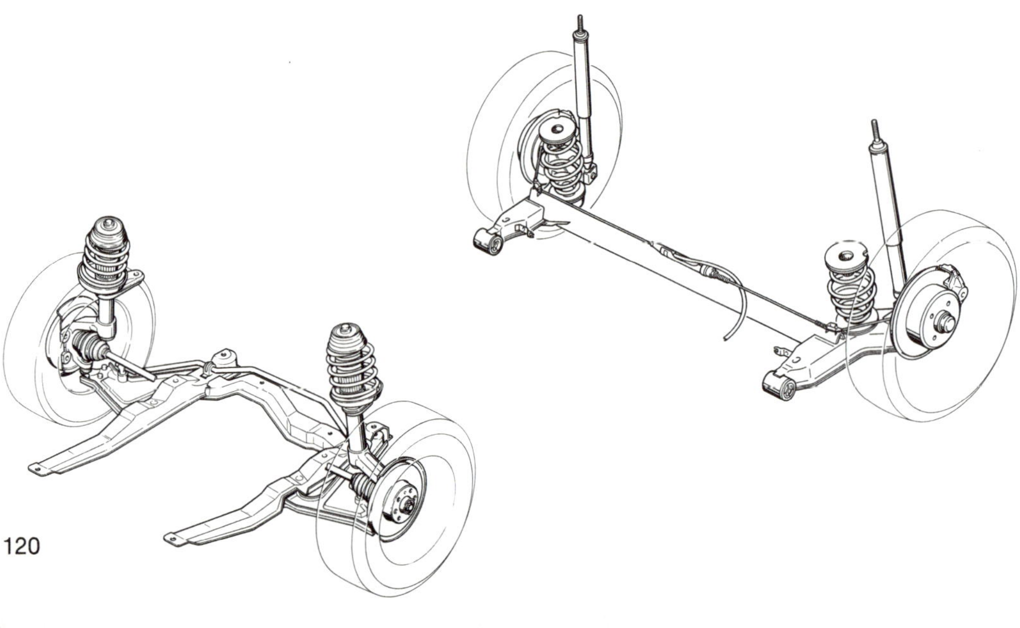

Das Fahrwerk des Opel Vectra. Vorn: Die Federbeine sind an Dreiecksquerlenkern aufgehängt. Hinten: Die Stoßdämpfer und Schraubenfedern sitzen separat an der Verbundlenkerachse.

Die Gummimanschetten (Pfeile) am Lenkgetriebegehäuse dürfen nicht beschädigt sein. Auch die Spannringe müssen fest sitzen.

geschützt wird. Diese müssen regelmäßig kontrolliert werden. Ein rissiger Faltenbalg läßt Wasser und Staub ins Lenkgetriebe dringen, und diese Mischung produziert in Verbindung mit der Fettfüllung eine Art Schleifpaste, die Zahnstangenführung und Lenkritzel stark in Mitleidenschaft zieht. Rechtzeitige Kontrolle spart also Geld:

- Nehmen Sie eine Taschenlampe zu Hilfe und beugen Sie sich von rechts in den Motorraum.
- Ziehen Sie den Faltenbalg Stück um Stück auseinander, um Risse in den Gummiwülsten zu erkennen.
- Sitzen die Klemmdrähte fest auf jeder Manschette?
- Eine defekte Manschette sofort ersetzen lassen, siehe Seite 128.

Staubkappen und Spiel der Spurstangenköpfe prüfen

Wartung Nr. 18

Die gelenkigen Spurstangenköpfe am äußeren Ende der Spurstangen bestehen aus Stahl-Kugelköpfen, die mit etwas Fett wartungsfrei in eine Kunststoffschale eingebettet sind. Schutz vor Staub und Feuchtigkeit erhalten die Gelenke durch Gummikappen, deren Zustand öfters kontrolliert werden soll:

- Kontrollieren Sie die Staubschutzmanschetten rundum auf Risse.
- Spurstangenköpfe mit gerissenen Manschetten sind generell als defekt anzusehen – austauschen.
- Ob die Gelenke Spiel aufweisen, können Sie bei aufgebocktem Wagen durch Hin- und Herschwenken des Rades um seine Vertikalachse oder durch Rütteln an der Spurstange selbst feststellen.
- Andere Möglichkeit: Von Helfer das Lenkrad hin- und herdrehen lassen und bei auf dem Boden stehendem Wagen mit der Hand am Gelenk fühlen, ob Spiel vorhanden ist.
- Spurstangenköpfe mit Spiel sofort ersetzen!
- Auf gleiche Weise wird geprüft, ob die Gummimetall-Lager der Spurstange an der Verbindung zum Lenkgetriebe noch spielfrei sind. Ist eines der Lager defekt, muß leider die ganze Spurstange ersetzt werden.

Wenn die Staubkappe eines Spurstangekopfes beschädigt ist, muß der Spurstangenkopf ersetzt werden.

Staubkappen der Achsgelenke kontrollieren

Wartung Nr. 19

Die Gelenke an der Vorderachse zwischen Querlenker und Achsschenkel sind wartungsfrei. Die stählernen Kugelköpfe der Achsgelenke sitzen in einer Fett-Dauerfüllung und zusätzlich in Kunststoffschalen. Als Schutz vor Nässe und Schmutz dienen Staubkappen aus Gummi. Eindringender Schmutz wirkt wie Schmirgelsand im Gelenk; Feuchtigkeit läßt es mit der Zeit festrosten.

- Lenkung nach einer Seite voll einschlagen.
- Kappen der Achsgelenke rechts und links auf Beschädigungen kontrollieren.
- Eine schadhafte Staubkappe kann nicht einzeln ersetzt werden; man muß das komplette Gelenk austauschen. Was auch sinnvoll ist, denn sicher ist bereits Schmutz oder Wasser durch den Riß eingedrungen.
- Damit gilt das Gelenk als defekt, noch bevor sich Spiel oder Quietschgeräusche bemerkbar machen.
- Gelenk austauschen, siehe Seite 127.

Spiel der Achsgelenke prüfen

Eine Prüfung, ob die Achsgelenke Spiel aufweisen, ist im Wartungsplan nicht vorgesehen. Die Kontrolle ist nach unseren Erfahrungen nur bei Wagen mit Kilometerleistungen ab 80000 erforderlich.

- Wagen aufbocken, daß das betreffende Vorderrad frei hängt.
- Rad oben und unten fassen und quer zur Fahrtrichtung daran rütteln.
- Zeigt sich »Luft«, sollten Sie das Spiel in der Werkstatt prüfen lassen.

Radeinstellung messen

Nur nach einer harten Bordsteinberührung, einem Unfall, bestimmten Reparaturarbeiten an der Vorderachsaufhängung oder ganz einfach im Verdachtsfall wird die Radeinstellung vermessen. Das geht jedoch nur auf einem optischen Achsmeßstand. Zur Messung dürfen die Teile der Radaufhängung und Lenkung kein zu großes Spiel aufweisen. Ferner beachten:

○ Reifendruck so einstellen, wie er für das Fahrzeug mit voller Belastung vorgeschrieben ist.
○ Schräg abgefahrene Reifen vor der Messung austauschen.
○ Unbelastet heißt einfach: ohne Fahrer. Die Einstellwerte für die Vorspur sind nur Richtwerte für die Inspektion.
○ Belastet heißt: Beide Vordersitze mit 70 kg belastet, der Tank ist halb gefüllt.
○ Fahrzeug vor der Messung einige Male kräftig durchfedern.

Sollwerte für Fahrzeugvermessung	Vorderachse	Hinterachse
Radsturz (nicht einstellbar) belastet Abweichung vom linken zum rechten Rad	−1°25′ bis +0°5′ max. 1°	−2°10′ bis −1°10′ max. 0°30′
Nachlauf (nicht einstellbar) belastet Abweichung vom linken zum rechten Rad	+1° bis +3° max. 1°	– –
Vor- bzw. Nachspur (Hinterachse nicht einstellbar) belastet Abweichung vom linken zum rechten Rad	0°25′ Nachspur bis 0°5′ Nachspur = 2,8 mm Nachspur bis 0,5 mm Nachspur –	0°40′ Vorspur bis 0°10′ Nachspur = 4 mm Vorspur bis 1 mm Nachspur max. 0°15′
Vorspur unbelastet	0°10′ bis 0°30′ = 1 mm bis 3 mm	–
Spurdifferenzwinkel bei 20° Innenrad-einschlagwinkel (Vorspur = 0) belastet Abweichung vom linken zum rechten Rad	+0°30′ bis +2° max. 0°4′	– –

Erkennungsmerkmale für falsche Radeinstellung

Wenn Sie fehlerhafter Lenkgeometrie beim Fahren auf die Schliche kommen wollen, müssen Sie zuerst sicherstellen, daß beide Vorderreifen dieselbe Reifensorte, Profiltiefe und den vorgeschriebenen Luftdruck (siehe Seite 160) aufweisen.

○ Stehen die **Lenkradspeichen bei Geradeausfahrt symmetrisch?** Ein schiefsitzendes Lenkrad ist oft das Zeichen für falsche Spureinstellung.

Das Achsgelenk ist mit Kronenmutter und Splint gesichert. In regelmäßigen Abständen muß die Staubkappe (Pfeil) auf Schäden kontrolliert werden.

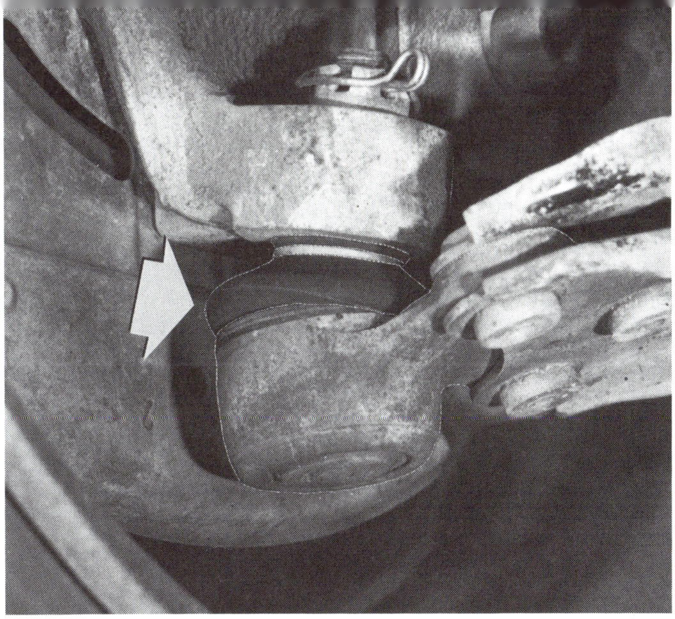

○ **Unruhiger Geradeauslauf**; er ist besonders gut auf schnee- oder eisglattem Untergrund zu erkennen. Überbreite Reifen können den Geradeauslauf trotz richtiger Radeinstellung ebenfalls verschlechtern.
○ **Zieht der Vectra zur Seite** auf völlig ebener Fahrbahn und bei losgelassenem Lenkrad?
○ **Stellt sich die Lenkung** nach Kurven wieder **von selbst in Geradeausstellung?**
○ Schauen Sie sich die **Vorderräder** aus fünf bis zehn Meter Entfernung an – stehen sie in **Geradeausstellung symmetrisch zueinander?**
○ Ist das **Reifenprofil einseitig abgenutzt?** Bei scharfer Fahrweise ist es allerdings nicht ungewöhnlich, daß an beiden Vorderreifen die Außenkanten stärkere Verschleißspuren zeigen als innen.
○ Eine **verbeulte Felge** deutet auf eine harte Bordsteinberührung, wodurch die Geometrie der Federbein-Vorderradaufhängung leicht aus dem Winkel gerät.

Lenkungsspiel prüfen

Wartung Nr. 33

● Linkes Seitenfenster herunterkurbeln. Stellen Sie sich neben den Wagen.
● Durchs Fenster greifen und Lenkrad kurz hin und her drehen. Bei einem Fahrzeug mit Servolenkung soll der Motor hierzu nicht laufen.
● Bewegt sich das linke Vorderrad aus der Geradeausstellung sofort mit? Achten Sie auf die Felge, denn der elastische Reifen kann einen Teil des Einschlags »schlucken«, ehe er sich bewegt.
● Zeigt sich Spiel, sind die Spurstangengelenke zu kontrollieren. Ausgeschlagene Gelenke ersetzen.
● Sind die Spurstangengelenke in Ordnung, müssen Sie wegen des Lenkgetriebes in die Werkstatt fahren, denn es läßt sich nicht ohne weiteres nachstellen.

Funktion der Servolenkung kontrollieren

Wartung Nr. 32

Auch bei ausgefallener Servounterstützung bleibt der Vectra lenkfähig. Die Lenkung ist dann eben erheblich

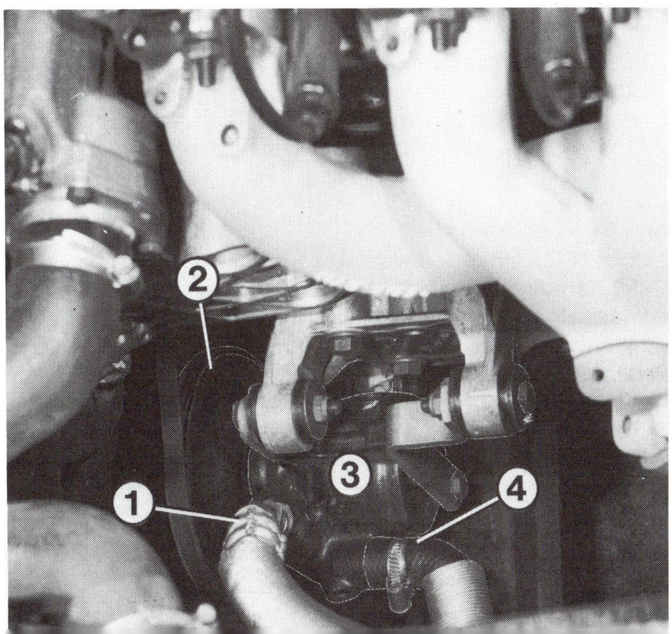

Das Foto zeigt die Servopumpe (3) des 2,0-Liter-Vectra. Es bedeuten:
1 – Zulaufleitung;
2 – Keilriemenrad;
4 – Rücklaufleitung.

schwerer zu bedienen. Das eigentliche Gefahrenmoment ist jedoch der Schreck, wenn die Lenkunterstützung während der Fahrt plötzlich ausfällt.

● Die Servounterstützung funktioniert einwandfrei, wenn sich das Lenkrad bei laufendem Motor erheblich leichter drehen läßt als bei stehendem.

● Außerdem muß sich das Lenkrad von Anschlag zu Anschlag ruckfrei durchdrehen lassen.

● Und es muß sich nach Kurvenfahrten selbsttätig wieder in Mittelstellung drehen.

Keilriemen prüfen

Wie schon erwähnt, wird die Pumpe der Servolenkung über einen Keilriemen vom Motor angetrieben. Mehr über das Prüfen des Riemens erfahren Sie auf Seite 190.

Ölstand prüfen

Was zum Prüfen des Ölstands im Vorratsbehälter der Servolenkung zu sagen ist, finden Sie im Schmierkapitel auf Seite 23 beschrieben.

Radlagerspiel prüfen

Wartung Nr. 34

Die Räder laufen vorn auf zweireihigen Kugellagern und hinten auf Kegelrollenlagern. Sie halten, mit Dauerfetten montiert, an der Hinterachse weitaus mehr als 100000 km durch. Die vorderen Radlager können schon wesentlich früher durch laute Laufgeräusche auf sich aufmerksam machen. Wird das Geräusch z.B. in Rechtskurven lauter, ist das linke Radlager defekt.

● Fassen Sie nacheinander die fest am Boden stehenden Räder oben und versuchen Sie, diese quer zum Wagen zu bewegen.

● Bei einwandfreien Lagern darf praktisch keine »Luft« vorhanden sein.

● Zeigen die hinteren Radlager Spiel, können sie nachgestellt werden (Seite 132).

● Bei Spiel an den Lagern der Vorderräder lassen Sie einen Helfer auf das Bremspedal treten und wiederholen die Kontrolle.

● Ist weiterhin Spiel vorhanden, liegt die Ursache am Achsgelenk.

● Die vorderen Radlager können nicht eingestellt werden, sondern man muß sie ersetzen, siehe Seite 126.

● Bei hochgebocktem Wagen können Sie noch prüfen, ob sich die Räder leicht drehen lassen (keine Schleif- oder Mahlgeräusche?).

Stoßdämpfer prüfen

Stoßdämpfer fallen gewöhnlich nicht schlagartig aus, sondern ihre Wirkung läßt allmählich nach, woran man sich unbemerkt gewöhnt. Faustregel: Nach zwei verschlissenen Reifensätzen besitzen die Stoßdämpfer nur noch 50% ihrer ursprünglichen Wirkung und sind somit zur Erneuerung reif.

Keine genaue Diagnose erhält man durch die bekannte »Schaukelmethode« im Stand, bei der man den Wagen am betreffenden Kotflügel aufschaukelt und plötzlich losläßt: Die Federbewegung müßte sofort gedämpft werden. So läßt sich aber nur ein total ausgefallener Stoßdämpfer feststellen.

Ein genaueres Bild über den Stoßdämpferzustand liefert ein spezieller Prüfstand. Anhand des Diagramms hat man einen Anhaltspunkt über die Funktionsfähigkeit der Stoßdämpfer. Solche Prüfstände haben Autoclubs im »Wandereinsatz« sowie manche Werkstätten und TÜV-Stellen.

Störungsbeistand

Stoßdämpfer

Es gibt einige untrügliche Anzeichen für nachlassende Stoßdämpferwirkung:

○ **Flatternde Lenkung**, weil die Räder keinen ständigen Fahrbahnkontakt haben.

○ Nach Unebenheiten **schwingt die Karosserie nach**.

○ **»Schwammiges« Fahrverhalten** in Kurven, wobei die kurveninneren Räder nicht stark genug auf den Boden gedrückt und die äußeren nicht genügend entlastet werden.

○ **Vielfach unterbrochene Bremsspur** bei Vollbremsung.

○ **Ungleichmäßige Abnützung der Reifen** und erhöhter Reifenverschleiß.

○ **Erhebliche Ölspuren** außen am Stoßdämpfer bis unter den Federteller des Federbeins. Geringe Leckverluste sind dagegen normal.

Eigenarbeiten an Fahrwerk und Lenkung

Vorsichtsmaßnahmen

Fahrwerk und Lenkung sind für die Verkehrssicherheit von entscheidender Bedeutung. Eigenarbeiten an diesen Teilen sollte wirklich nur derjenige vornehmen, der sich seiner Sache völlig sicher ist. Andere sind mit derartigen Instandsetzungsarbeiten in einer Fachwerkstatt am besten aufgehoben.
Wer jedoch unbedingt an diesen Teilen schrauben will, sollte wenigstens nicht blindlings drauflosschlossern, sondern nach fachkundiger Anleitung arbeiten. So sind auch die Arbeitsbeschreibungen dieses Kapitels zu verstehen.

Vorderradaufhängung zerlegen

An den Teilen der vorderen Radaufhängung läßt sich vieles selbst aus- und einbauen. Für bestimmte Arbeiten sind allerdings Werkstattgeräte erforderlich. Beschädigte Teile der Radaufhängung dürfen nicht gerichtet oder gar geschweißt, sondern müssen grundsätzlich erneuert werden.

Vorderen Stabilisator ausbauen

- Fahrzeug aufbocken und sichern.
- Stabilisator von beiden Querlenkern abschrauben.
- Stabilisator beiderseits vom Unterbau losschrauben.
- Lenkung entsprechend drehen und Stabilisator zur Seite hin abnehmen.
- Verschlissene Gummilager ersetzen. Neue Gummilager mit Silikonspray einsprühen.
- Die beiden äußeren Pendel können mit einem Dorn vom Stabilisator getrieben werden. Beim Wiederaufschieben der Pendel muß das Stabilisatorende 3–5 mm aus der Pendelbohrung herausschauen.
- Beim Einbau Stabilisatorpendel links und rechts mittig anschrauben, dabei das Vorspannmaß (siehe Abbildung unten) beachten.
- Die Stabilisator-Verschraubungen am Unterbau werden mit 20 Nm angezogen.

Federbein ausbauen

Soll das Federbein ausgebaut werden, muß im Verlauf der Arbeit die Antriebswelle aus der Radnabe gepreßt werden. Geht dies nicht von Hand, ist ein Abzieher vonnöten. Mehr darüber auf Seite 116.

- Bei noch auf dem Boden stehendem Wagen die Kronenmutter entsplinten und abschrauben.
- Radschrauben lockern.
- Fahrzeug aufbocken und sichern.
- Rad abbauen.
- Bremssattel abschrauben (Seite 140) und mit Bindedraht am Unterbau aufhängen – der Bremsschlauch bleibt angeschlossen.
- ABS-Drehzahlfühler mit Halter vom Achsschenkel abmontieren.
- Mutter des Spurstangengelenks losschrauben und Gelenk abdrücken (Seite 128).
- Ebenso das Führungsgelenk des Querlenkers vom Achsschenkel abdrücken.
- Achswelle von Hand oder mit einem Abziehwerkzeug aus der Radnabe ziehen.
- Achswelle mit Draht aufhängen. Das Radlager darf jetzt nicht mehr belastet werden.
- Im Motorraum Federbeinbefestigung lösen. Dabei Kolbenstange mit Innenvielzahnschlüssel, z. B. Hazet 990 Lg-12, gegenhalten. Je nach Ausführung kann auch ein Innenvielzahnschlüssel 990 Lg-10 bzw. ein herkömmlicher Gabelschlüssel erforderlich sein.
- Federbein aus dem Radkasten herausheben.

Die neue Befestigungsmutter des Stabilisators wird so weit angezogen, bis das Vorspannmaß »A« 38–39 mm beträgt. Anschließend mit selbstsichernder Mutter kontern (20 Nm).

● Zum Einbau neue Splinte verwenden.
● Was zum Einbau der Achswelle zu beachten ist, steht auf Seite 116.
● Anzugsdrehmomente: Befestigungsmutter für Federbein 55 Nm, Mutter des Führungsgelenks 70 Nm, Mutter der Spurstange 60 Nm, ABS-Sensor an Achsschenkel 8 Nm.
● Wird dasselbe Federbein wieder eingebaut, braucht die Radeinstellung nicht korrigiert zu werden.

Stoßdämpfer vorn ausbauen

Zu dieser Arbeit, die am ausgebauten Federbein durchgeführt wird, ist eine Federspannvorrichtung unbedingt erforderlich. Zwei Federspanner werden mindestens gebraucht; besser sind drei. Ohne Verwendung der Federspannvorrichtung darf die Befestigungsmutter oben an der Stoßdämpfer-Kolbenstange nicht gelöst werden, denn die Feder steht unter hoher Vorspannung. Die Federbeinteile würden explosionsartig auseinanderfliegen – **Unfallgefahr!** Außerdem läßt sich die entspannte Feder so nicht mehr einbauen. Federspanner führt der Zubehörhandel.
Als weiteres Sonderwerkzeug wird benötigt: der Schlüssel KM-563 zum Lösen des Gewinderings, mit dem der Stoßdämpfer im Federbeinrohr befestigt ist. In Ermangelung dieses kann man sich mit einer großen Rohrzange weiterhelfen.

● Federbein ausbauen (siehe vorhergehenden Abschnitt).
● Federbein in Höhe des Lenkhebels mit Holz-Zwischenlagen in den Schraubstock einspannen. Nie am zylindrischen Stück spannen, da das Federbein sonst zusammengedrückt wird.
● Federspanner an den Federwindungen ansetzen und etwas zusammenspannen.
● Damit die Federspanner nicht abrutschen, die betreffenden Federwindungen evtl. mit Klebeband umkleben.
● Nun die Mutter oben am Federbein mit einem gekröpften Ringschlüssel lösen. Stoßdämpfer-Kolbenstange gegenhalten.
● Feder mit Stützlager und Zusatzteilen abnehmen.
● Anschlaggummi mit Kunststoffbalg von der Kolbenstange abziehen.
● Gewindering, mit dem der Stoßdämpfer im Federbeinrohr eingeschraubt ist, lösen. Hierzu benötigen Sie das Spezialwerkzeug KM-563.
● Stoßdämpfer aus dem Federbeinrohr herausziehen.
● Zum Einbau der Patrone neuen Gewindering verwenden, Schutzwachs darauf nicht entfernen.
● Gewindering mit 200 Nm anziehen. Dabei steht der Hebel des Drehmomentschlüssels im rechten Winkel (90°) zum Spezialwerkzeug.
● Neuen Anschlagpuffer mit Kunststoffbalg auf die Kolbenstange aufschieben.
● Feder gespannt einbauen. Federteller mit Dämpfungsring so ansetzen, daß das obere Federende am Anschlag der Lagerung anliegt. Zur Kontrolle dient das Stanzloch im Federteller, das dem Federende gegenüberliegen muß.
● Stützlager an Kolbenstange mit neuer selbstsichernder Mutter anschrauben (70 Nm). Kolbenstange gegenhalten.
● Feder entspannen und Federbein einbauen.

Radlager vorn ausbauen

Das Radlager ist mit seinem Außenring ins Radlagergehäuse eingepreßt, am inneren Lagerring ist die Radnabe eingepreßt. Ein neues Radlager darf auf keinen Fall mit dem Hammer in seinen Sitz geklopft werden, sonst ist der nächste Schaden »mit eingebaut«. Deshalb lieber nur das Federbein selbst ausbauen und die Bremsscheibe abschrauben. Das eigentliche Aus- und Einpressen des Lagers sollten Sie dagegen von der Werkstatt durchführen lassen, wo eine Reparaturpresse zur Verfügung steht.

Querlenker aus- und einbauen

Beim 1,8- und 2,0-Liter-Vectra ist am rechten Lenker ein Dämpfungsgewicht angeschraubt. Beim Ersatz des Lenkers muß das Gewicht ummontiert werden. Weiterhin sind alle selbstsichernden Muttern und Schrauben gegen neue auszutauschen. Besorgen Sie sich auch eine neue Sicherungsklammer für die Mutter des Achsgelenks.

● Stabilisator vom Querlenker abschrauben.
● Mutter des Achsgelenks losdrehen.
● Achsgelenk mit einem Klauenabzieher nach unten aus dem Achsschenkel herausdrücken.
● Halteschrauben des Querlenkers losschrauben und Lenker mit einem Montierhebel aus dem Unterbau herausdrücken.
● Sind die inneren Querlenkerlager schon etwas verschlissen, sollten Sie vor dem Einbau gleich neue einpressen lassen.
● Vorhandene Montagehülsen in der hinteren Dämpferbuchse entfallen beim Einbau.
● Zum Anschrauben Querlenker waagrecht anheben.
● Anzugsdrehmomente: Verschraubung Querlenker vorn 110 Nm; Verschraubung Querlenker hinten 170 Nm; Mutter des Achsgelenks 70 Nm.
● Was es beim Anschrauben des Stabilisators zu beachten gibt, lesen Sie auf der Vorseite.

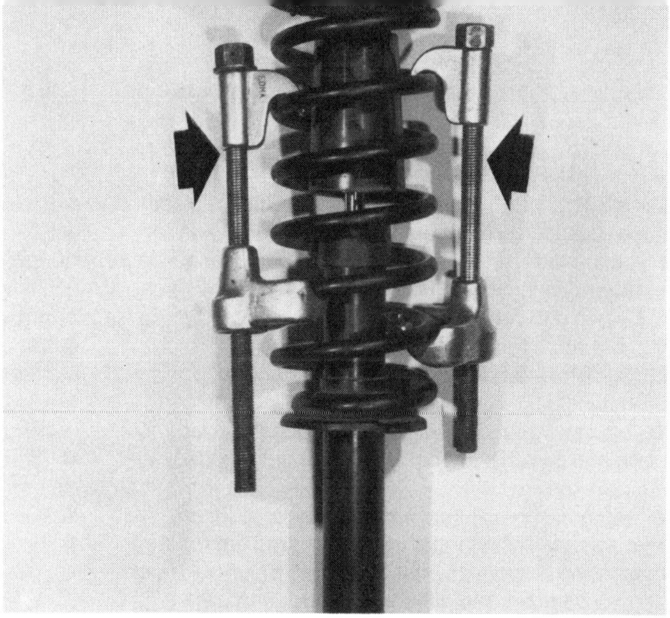

Federspannklammern (schwarze Pfeile) werden gebraucht, um bei ausgebautem Federbein die Feder vom Stoßdämpfer zu trennen.

Achsgelenk ausbauen

- Querlenker ausbauen.
- Das Achsgelenk ist mit dem Querlenker vernietet. Mit einem 12-mm-Bohrer die Nietköpfe abbohren.
- Nietreste mit einem Durchschlag austreiben.
- Zum Einbau des Achsgelenks Spezialschrauben und -muttern von Opel verwenden.
- Muttern von der Lenkerunterseite aufschrauben. Anzugsdrehmoment: 60 Nm.

Vorderachsträger ausbauen

Zum Ausbau des Vorderachsträgers benötigen Sie einen Flaschenzug und einen handelsüblichen Klauenabzieher zum Abdrücken der Achsgelenke.

- Bei Fahrzeugen mit Katalysator Kabelsteckverbindung für Lambda-Sonde trennen. Dazu Kühlmittel-Ausgleichbehälter ausbauen und mit angeschlossenen Schläuchen zur Seite legen.
- Fahrzeug aufbocken.
- Drahtseile an den Halteösen links und rechts am Zylinderkopf einhängen und mit dem Haken des Flaschenzugs verbinden.
- Motor etwas anheben, bis die Motorlager entlastet sind.
- Beide Vorderräder abmontieren.
- Beide Achsgelenke von den Federbeinen abdrükken, siehe »Querlenker aus- und einbauen«.
- Hintere Getriebehalterung abschrauben.
- Vorderachsträger mit einem Hydraulikwagenheber abstützen und 6 Befestigungsschrauben herausdrehen. **Vorsicht:** Die Schrauben sind mit hohem Drehmoment angeschraubt. Deshalb auf sichere Abstützung des aufgebockten Fahrzeugs achten.
- Hydraulikwagenheber mit dem Vorderachsträger ablassen.
- Beim Einbau hintere Getriebehalterung mit 40 Nm anschrauben.
- **Anzugsdrehmomente Vorderachsträger:** Vordere Befestigungsschrauben 115 Nm, mittlere Befestigungsschrauben 170 Nm, hintere Befestigungsschrauben 100 Nm und anschließend um 75° weiterdrehen. Danach die Schrauben um weitere 15° anziehen.
- Um beim Anziehen der hinteren Befestigungsschrauben die Winkelgrade genau einzuhalten, Schraubenschlüssel ansetzen und Kreidemarkierungen entsprechend im Abstand von 75° und 15° am Unterbau anbringen.
- Schrauben im Wechsel bis zu den Markierungen anziehen.

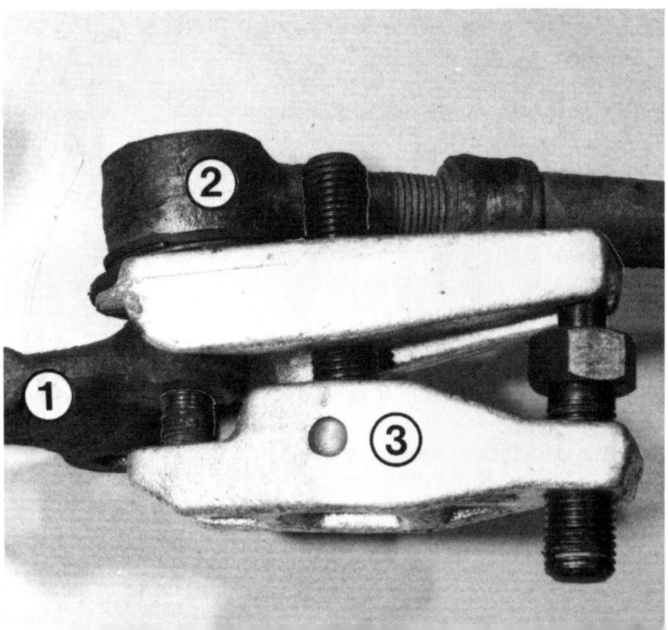

Mit einem Klauenabzieher (3) läßt sich ein Spurstangenkopf (2) leicht vom Lenkhebel (1) trennen.

Arbeiten an der Lenkung

Spurstangenkopf auswechseln

Gebraucht wird ein Spurstangenabzieher bzw. ein kleiner Klauenabzieher. Denn der Spurstangenkopf kann nach Lösen der Schraube nicht einfach aus dem Lenkhebel herausgezogen werden; er ist mit einem sogenannten Haftkegel eingesetzt. Die kegeligen Ausformungen an Spurstangenkopf und Lenkhebel passen »saugend« ineinander und können dann nicht mehr ohne Hilfsmittel getrennt werden.
Mit einem Abzieher (der sich schon beim ersten Einsatz amortisiert) geht die Arbeit so:

- Rad abnehmen.
- Selbstsichernde Mutter am Spurstangenkopf losdrehen.
- Spurstangenkopf mit einem Klauenabzieher nach oben aus dem Lenkhebel am Federbeingehäuse herausdrücken.
- Klemmschraube am Spurstangenkopf lösen.
- Lage der Spurstangenverschraubung am Einstellbolzen kennzeichnen, dann stimmt die Spur nach dem Zusammenbau wieder einigermaßen.
- Spurstangenkopf abschrauben und neuen bis zur Markierung eindrehen.
- Kugelbolzen des Spurstangenkopfes in den Lenkhebel hineindrücken.
- Neue selbstsichernde Mutter mit 60 Nm anziehen.
- Klemmschraube mit 20 Nm festziehen.
- Spur kontrollieren lassen.

Spurstange komplett ausbauen

Beim Ersatz beider Spurstangen ist auf die linke und rechte Ausführung zu achten.

- Neue selbstsichernde Mutter und Spreizklammer besorgen.
- Luftfilter ausbauen (nur Vergasermotoren).
- Am Sicherungsblech die Spreizklammer und dann die Verdrehsicherung abmontieren.
- Spurstange vom Lenkgetriebe losschrauben.
- Spurstangenkopf vom Lenkhebel trennen (im vorhergehenden Abschnitt beschrieben) und Spurstange abnehmen.
- Anzugsdrehmoment: Spurstange an Lenkgetriebe 95 Nm.
- Wird eine neue Spurstange eingebaut, Spur einstellen lassen.

Das Lenkgetriebe

Arbeiten am Lenkgetriebe des Vectra fallen in den Bereich einer Werkstatt. Abgesehen von den besonderen Vorschriften für Reparatur und Montage sind dabei Spezialwerkzeuge vonnöten, und zur Einstellung des Lenkgetriebes müssen Hilfswerkzeuge auch im Fachbetrieb erst selbst angefertigt werden.
Die Gummimanschetten können nur bei ausgebautem Lenkgetriebe ersetzt werden.

Arbeiten an der Servolenkung

Pumpe der Servolenkung ausbauen

Soll die Pumpe lediglich wegen Montagearbeiten im Motorraum ausgebaut werden, bleiben ihre Schlauchleitungen angeschlossen, damit kein Schmutz in die Hydraulik gelangt. Falls die Schläuche an der Pumpe abgenommen werden müssen, ist äußerste Sorgfalt vonnöten. Selbst kleinste Schmutzpartikel in der Hydraulikflüssigkeit können Funktionsstörungen verursachen.

- **1,6-Liter:** Luftfiltergehäuse ausbauen, siehe Seite 69.
- Keilriemen abnehmen, Seite 190.
- Riemenscheibe von Servopumpe losschrauben.
- Vordere Zahnriemenabdeckung ausclipsen und abnehmen.
- Servopumpe vom Zylinderkopf abschrauben und in Richtung Lichtmaschine herausziehen.
- Ggf. Druck- und Rücklaufleitung von der Pumpe abklemmen. Vorsicht, Hydrauliköl läuft aus! Öffnungen verschließen.
- Beim Einbau Servopumpe am Zylinderkopf anschrauben, Schrauben noch nicht festziehen.
- Zahnriemenabdeckung montieren.
- Pumpe mit 30 Nm festschrauben.
- Schrauben der Riemenscheiben mit 25 Nm anziehen.
- Hydraulikschläuche und Luftfiltergehäuse montieren.
- Nach dem Einbau Keilriemen spannen, siehe Seite 190.
- Anlage befüllen und entlüften.
- **1,8- und 2,0-Liter:** Fahrzeug aufbocken und Keilriemen ausbauen, siehe Seite 190.
- Ggf. Schellen lösen, Druck- und Rücklaufschlauch von der Pumpe abziehen. Vorsicht Öl läuft aus! Öffnungen verschließen.
- Servopumpe vom Haltebock und vom hinteren Halter abschrauben.
- Beim Einbau Pumpe mit 25 Nm anschrauben.
- Keilriemen spannen.
- Anlage befüllen und entlüften.

Einzelteile des Lenkgetriebes mit Spurstangen:
1 – Kupplung;
2 – Ritzel;
3 – Zahnstange;
4 – Lagerschale;
5 – Einstellschraube;
6 – Lenkgehäuse;
7 – Lagerring;
8 – Schutzrohr;
9 – Faltenbalg;
10 – Führungsstück;
11 – Distanzplatte;
12 – Sicherungsblech;
13 – Spurstange;
14 – Einstellbolzen;
15 – Spurstangenkopf.

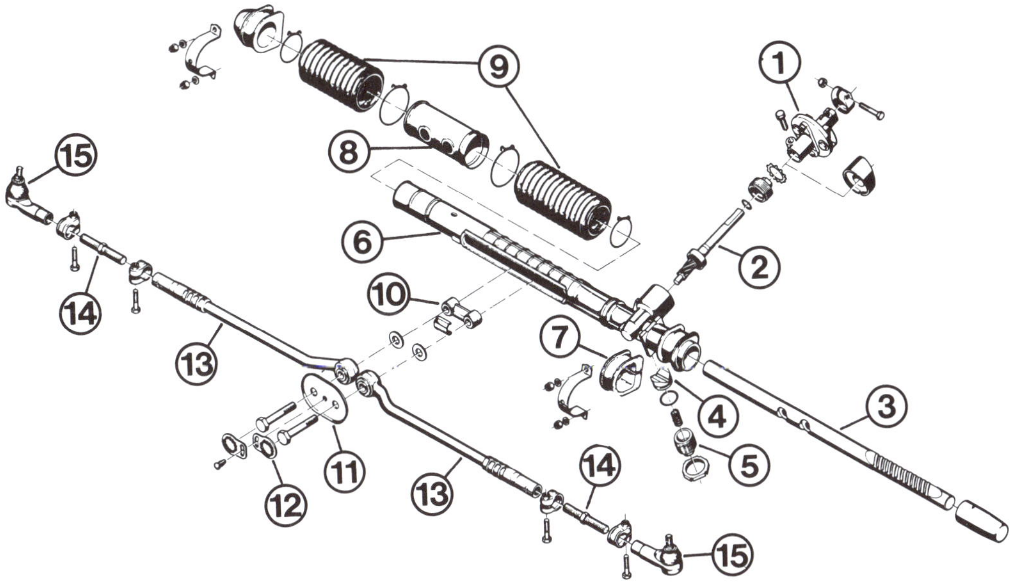

Servolenkung befüllen und entlüften

Befüllt und entlüftet werden muß das Lenksystem, wenn Einzelteile des Hydrauliksystems ausgetauscht wurden und deshalb die Hydraulikflüssigkeit abgelassen werden mußte.

Die einmal abgelassene Flüssigkeit darf nicht mehr verwendet werden. Was eingefüllt werden muß, steht auf Seite 23.

- ATF bei stehendem Motor bis zum Behälterrand einfüllen.
- Motor mehrmals kurz anlassen und sofort wieder abstellen. Nach jedem Abstellen sofort ATF bis zur unteren Meßstabmarkierung nachfüllen. **Die Hydraulikpumpe darf nicht trockenlaufen**.
- Nun bei laufendem Motor Lenkrad zwei- bis dreimal langsam um 45° nach beiden Seiten drehen, anschließend zweimal von Anschlag zu Anschlag.
- Flüssigkeitsstand nochmals korrigieren.
- Richtiger Flüssigkeitsstand siehe Seite 23.

Servolenkung auf Dichtheit prüfen

Wurde im Vorratsbehälter ein abgesunkener Flüssigkeitsstand festgestellt, muß umgehend die gesamte Lenkanlage überprüft werden. Sonst könnte während der Fahrt plötzlich die Lenkunterstützung ausfallen. Auf welche Teile Sie Ihr Augenmerk richten müssen, steht im Störungsbeistand.

Der Keilriemen

Mehr über den Keilriemen der Hydraulikpumpe erfahren Sie im Lichtmaschinenkapitel auf Seite 190.

Das Foto zeigt die Servopumpe (2) eines 2,0-Liter-Vectra. Zum Ausbau der Pumpe muß der Keilriemen abgenommen werden. Hierzu Kontermutter (1) etwas lösen und Verstellmutter (3) so weit zurückdrehen, bis der Keilriemen abgenommen werden kann.

Störungsbeistand

Servolenkung

Die Störung	– ihre Ursache	– ihre Abhilfe
A Flüssigkeitsstand im Behälter zu gering	Undichtigkeit an a) Pumpe der Servolenkung b) Leitungsanschlüssen c) Kolben oder Drehschieberventil im Lenkgetriebe	 Abdichten lassen Neue Dichtringe montieren und festziehen Lenkgetriebe ausbauen, komplett zerlegen und neu abdichten lassen
B Lenkung ist schwergängig	1 Förderdruck der Pumpe zu gering 2 Lenkgetriebe defekt	Druck prüfen lassen. Ggf. Durchflußventil der Pumpe oder komplette Pumpe ersetzen Ersetzen lassen
C Lenkgeräusche	1 Flüssigkeitsstand zu niedrig, Flüssigkeit mit Luftbläschen durchsetzt 2 Saugseitige Verschraubung der Pumpe undicht 3 Keilriemen lose	ATF auffüllen, Lenkgetriebe entlüften Dichtungen ersetzen, Verschraubungen nachziehen Nachspannen

Lenkrad ausbauen

Bei manchen Fahrzeugen kann es vorkommen, daß das Lenkrad sehr fest auf der Verzahnung der Lenksäule sitzt. Für solche Fälle hat die Opel-Werkstatt das Spezialwerkzeug KM-210-A. Mit diesem Abzieher wird das Lenkrad von der Lenksäule abgedrückt. Normalerweise geht der Ausbau so:

- Hupplatte vorsichtig vom Lenkrad abziehen.
- Kabelstecker von der Hupplatte abziehen.
- Vorderräder in Geradeausstellung bringen, so daß die Lenkradspeichen symmetrisch stehen.
- Einbaustellung des Lenkrades zur Lenksäulenverkleidung mit Farb- oder Kreidestrich kennzeichnen.
- Sicherungsblech der Lenksäulenmutter zurückbiegen und Mutter abschrauben.
- Lenkrad mit ruckelnden Bewegungen von der Verzahnung der Lenksäule abziehen.
- Löst es sich nicht, ziehen Sie kräftig am Lenkrad, während ein Helfer der Lenksäule mit einem Bolzen einen »trockenen« Hammerschlag versetzt.
- Funktioniert auch dies nicht, muß das Lenkrad mit dem erwähnten Abzieher von der Lenksäule abgedrückt werden. **Beachten Sie, daß weitere Versuche die Lenksäule beschädigen können.**
- Beim Einbau auf die symmetrische Ausrichtung der Speichen achten, die zuvor angebrachten Markierungen müssen übereinstimmen.
- Lenksäulenmutter mit 25 Nm festziehen und Sicherungsblech umschlagen.

Arbeiten an der Hinterachse

Stoßdämpfer ausbauen

Wegen der Achskonstruktion können bei allen Modellen die Stoßdämpfer nur nacheinander aus- und eingebaut werden. Zum Ersatz der Dämpfergummis brauchen Sie die Stoßdämpfer nur oben zu lösen.

- Wagen zunächst auf den Rädern stehen lassen.
- Im Kofferraum die Schutzkappe vom Stoßdämpferdom abnehmen, und darunter die Befestigungsmutter des Dämpfers losdrehen.

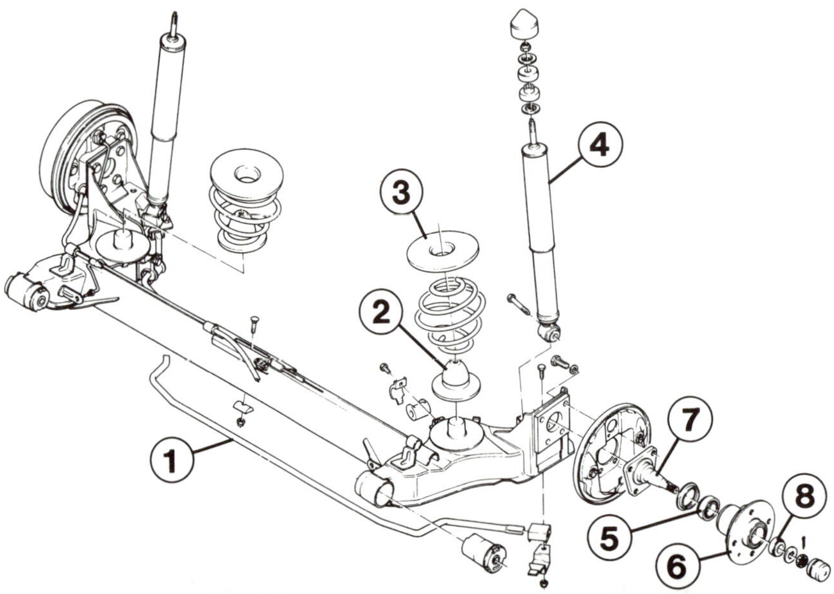

An der Verbundlenker-Hinterachse ist an jeder Seite ein Längslenker angeschweißt. Außerdem gehören zu dieser Hinterachse folgende Teile:
1 – Stabilisator;
2 – Puffer;
3 – Dämpfungsring;
4 – Stoßdämpfer;
5 – Radzapfen;
6 – Hinterradnabe;
7 – Radlager innen;
8 – Radlager außen.

Nach Abhebeln der Hupplatte ist die Lenksäulenmutter zum Abschrauben des Lenkrads zugänglich.

● Teller und Gummipuffer abnehmen.
● Bei Fahrzeugen mit Niveauregulierung die Luft am Füllventil ablassen.
● Wagen hochbocken.
● Niveauregulierung: Haltefeder der Druckleitung zusammendrücken und Leitung vom Stoßdämpfer abziehen.
● Untere Befestigungsschraube des Stoßdämpfers herausdrehen und Dämpfer abnehmen. Dämpfer evtl. mit einem Montierhebel heraushebeln.
● Defekte oder poröse Dämpfergummis erneuern.
● Neuen Stoßdämpfer an die Achse schrauben. Anzugsdrehmoment 70 Nm.
● Niveauregulierung: Druckleitung montieren.
● Fahrzeug ablassen, dabei den Stoßdämpfer oben durch die Karosserie führen.
● Gummipuffer und Teller aufschieben, Sechskantmutter festziehen (20 Nm).
● Niveauregulierung mit 0,8 bar aufpumpen.

Schraubenfedern ausbauen

● Bei Wagen mit Niveauregulierung die Luft am Füllventil ablassen.
● Fahrzeug aufbocken.
● Wagenheber mit Holzunterlage unterhalb des Stoßdämpfers ansetzen und etwas anheben.
● Stoßdämpfer unten abschrauben und aus dem Halter herausnehmen.
● Wagenheber langsam ablassen.
● Hinterachse mit Montierhebel nach unten drükken und Feder mit Dämpfungsringen aus dem Sitz herausnehmen.
● In gleicher Weise die andere Schraubenfeder ausbauen.
● Vor dem Einbau sämtliche Dämpfungsringe und Gummiteile prüfen und ggf. erneuern.
● Beim Einbau auf richtigen Sitz der Feder zum Dämpfungsring achten. Das Federende muß am Anschlag der Federaufnahme anliegen.
● Stoßdämpfer mit 70 Nm anschrauben.
● Nach dem Einbau Niveauregulierung mit 0,8 bar aufpumpen.

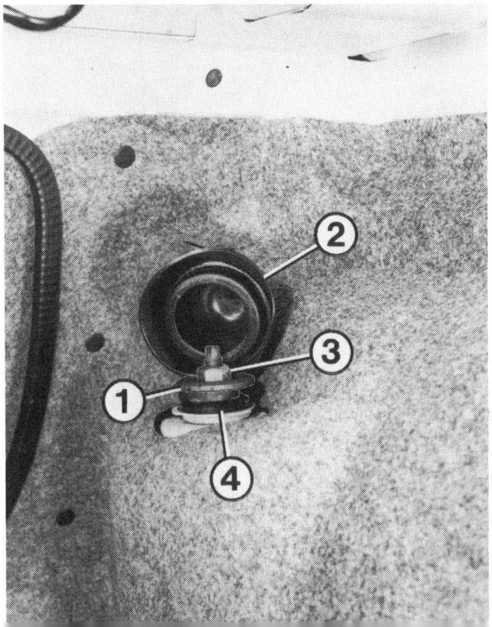

Links: Der obere Befestigungspunkt der hinteren Stoßdämpfer:
1 – Tellerscheibe;
2 – Abdeckkappe;
3 – Mutter auf der Stoßdämpfer-Kolbenstange;
4 – Gummipuffer.
Rechts: Nach Abschrauben des Stoßdämpfers und Ablassen der Hinterachse kann die Schraubenfeder aus ihrem Sitz herausgehoben werden.

Hinterradlager auswechseln

Gebraucht wird pro Seite ein neuer Splint, ein Innen- und Außenlager sowie ein Dichtring.

- 1,6- und 1,8-Liter: Bremstrommel ausbauen (siehe Seite 144).
- Staubkappe von der Radnabe abhebeln.
- Kronenmutter entsplinten und Mutter abschrauben.
- Radnabe mit Sicherungsscheibe und Lager vom Radzapfen abnehmen.
- Bei Wagen mit Scheibenbremsen hinten bilden Radnabe und Bremsscheibe eine Einheit. Der Ausbau gleicht dem vorigen Abschnitt. Dazu Bremssattel ausbauen (Seite 142).
- Dichtring mit einem Schraubenzieher aus der Radnabe hebeln.
- Altes Fett von der Radnabe und vom Radzapfen wischen.
- Inneres Kegelrollenlager aus der Radnabe herausnehmen.
- Äußeren Laufring des inneren Lagers sowie den Laufring des äußeren Lagers mit einem Ausdrücker auspressen oder mit einem Messingdorn die Lagerringe durch sanfte Hammerschläge nach außen schlagen. Achten Sie darauf, daß sich die Ringe nicht verkanten.
- Neuen Lagerring an der Radnabe ansetzen. Alten Lagerring zum Schutz darüberlegen (dicke Seite nach unten), damit beim vorsichtigen Einschlagen kein Schaden an der Lauffläche des neuen entsteht.
- Lagerringe bis zum Anschlag einklopfen.
- Jetzt den zum Schutz aufgesetzten alten Lagerring wieder austreiben.
- Zwischenraum zwischen den beiden Lagerringen mit Wälzlagerfett versehen, auch die Ringe und die Lager selbst werden mit Fett gefüllt.
- Inneres Lager einsetzen.
- Dichtring an der Innenseite gleichmäßig mit einem Gummihammer einklopfen.
- Radnabe bzw. Bremsscheibe auf den Radzapfen schieben.
- Äußeres Radlager und Sicherungsscheibe aufstecken.
- Kronenmutter von Hand auf den Radzapfen schrauben; dabei die Nabe bzw. Bremsscheibe ständig drehen, damit sich das Lager nicht verkantet.
- Radlagerspiel einstellen (siehe folgenden Abschnitt).
- Fahrzeuge mit Scheibenbremsen hinten: Nach dem Einbau des Bremssattels Bremspedal mehrfach durchtreten.

Radlagerspiel hinten einstellen

- Fahrzeug hinten hochbocken und sichern.
- Bei Fahrzeugen mit Leichtmetallfelgen das Rad abmontieren.
- Staubkappe von der Radnabe bzw. Bremsscheibe abhebeln, Kronenmutter entsplinten.
- Kronenmutter mit 25 Nm festziehen.
- Danach die Mutter so weit lösen, daß sich die Sicherungsscheibe gerade verschieben läßt. Dazu einen Schraubenzieher benutzen und mit leichtem Fingerdruck betätigen. Den Schraubenzieher aber nicht an der Radnabe abstützen.
- Neuen Splint einsetzen. Falls Schlitz und Splintloch nicht übereinstimmen, die Mutter bis zur nächsten Übereinstimmung festziehen.
- Falls sich die Sicherungsscheibe in dieser Stellung nicht mehr verschieben läßt, die Mutter bis zur nächsten Übereinstimmung von Schlitz und Splintloch lösen.
- Montage der Staubkappe nicht vergessen.

Zum Abnehmen der Fettkappe einen Schraubenzieher zwischen Radnabe und Fettkappe ansetzen. Fettkappe wie im Foto gezeigt abhebeln. Schraubenzieher einige Male ansetzen. Hierzu die Bremstrommel ¼ Umdrehung weiterdrehen.

Radlager einstellen: Mutter (1) so weit anziehen, bis sich die Druckscheibe (2) gerade noch verschieben läßt (siehe Text). Zum Einstellen ist der Splint abgenommen.

Die Niveauregulierung

Bei beladenem Fahrzeug und bei Anhängerbetrieb bietet diese Niveauregulierung ein verbessertes Fahrverhalten.
Die Anlage besteht aus zwei Stoßdämpfern, deren Wirkung durch eingepumpten Luftdruck verstärkt werden kann. Zu den Stoßdämpfern führen Druckleitungen, die mit dem Füllventil an der rechten Seitenwand bzw. an der rechten Seite der Kofferraumrückwand verbunden sind. Außerdem sind Hinterfedern für höhere Beanspruchung eingebaut.
Das Füllventil entspricht einem Reifenventil, somit läßt sich die Anlage beispielsweise an der Tankstelle aufpumpen.

○ Die Niveauregulierung soll **bei unbeladenem Fahrzeug** mit einem Druck von **0,8 bar** befüllt sein. Dieser Grundwert darf nicht unterschritten werden.

○ **Bei voll beladenem Wagen** ist die Anlage mit **wenigstens 3 bar** zu befüllen, **5 bar sollen nicht überschritten werden**.

○ Mit erhöhtem Druck aus Sicherheitsgründen nicht im Leerzustand fahren.

Zur genauen Befüllung:

● Vor dem Beladen den mit 0,8 bar befüllten Wagen auf ebenen Boden stellen.

● Abstand zwischen Boden und hinterem Stoßfänger messen. Von diesem Wert 5 cm abziehen und das errechnete Maß merken.

● Wagen beladen. Senkt sich dabei das Heck und das gemerkte Maß wird unterschritten, den Druck erhöhen, bis dieses Maß wieder erreicht wird.

Störungen an der Niveauregulierung

Wenn der aufgepumpte Druck mit der Zeit auffällig nachläßt:

● Zuerst das Füllventil prüfen und eventuell neuen Ventileinsatz einschrauben.

● Anschlüsse der Druckleitungen am Füllventil und an den Stoßdämpfern auf Dichtheit prüfen. Dazu Wasser oder Glyzerin an den Anschlüssen aufbringen und Blasenbildung abwarten. Auf mögliche Zischgeräusche achten.

● Lockere Anschlüsse etwas fester anziehen, besser mit neuen Dichtungen versehen.

● Stoßdämpfer in der Werkstatt prüfen lassen.

Hopp und Stopp

Die Bewegungsenergie des fahrenden Autos wird beim Bremsen nur scheinbar vernichtet – sie wird durch Reibung in den Bremsen in Wärme umgesetzt. Weil Reibung aber gleichzeitig Verschleiß bedeutet, müssen die Bremsen regelmäßig kontrolliert werden. Grund genug, sich mit dem Notanker im Auto intensiv zu befassen.

Eigenarbeiten an der Bremse

Bei einer so wichtigen Einrichtung wie den Bremsen kann keine Kontrolle zu viel sein! Wenn Sie also in diesem Bereich zwischendurch mal nach dem Rechten sehen, haben Sie Ihre Wartungsaufgaben sicher besser erfüllt, als derjenige, der seinen Wagen nur in den vorgeschriebenen Intervallen zur Wartung bringt. Denn gerade vor einer Urlaubsfahrt oder bei schon älteren Fahrzeugen sind verstärkte Kontrollen ratsam.
Andererseits erfordern Reparaturen im Bereich Bremsen ein erhöhtes Verantwortungsbewußtsein. Mit unserem Bremsenkapitel haben wir dem Selbstpfleger die Möglichkeit gegeben, z. B. auch Arbeiten an der Bremshydraulik durchzuführen. In solchen Fällen muß jeder Bastler für sich entscheiden, ob sein Kenntnisstand für eine verantwortungsvolle Ausführung dieser Arbeiten ausreicht.

So funktioniert die Bremse

○ Wenn Sie auf das Bremspedal treten, preßt eine mit dem Pedal verbundene Druckstange zwei hintereinanderliegende Kolben in den Hauptbremszylinder (im Motorraum).
○ Die Kolben verdrängen die dort eingeschlossene Bremsflüssigkeit. Dieser so entstehende hydraulische Druck in der Bremsanlage wird über Rohr- und Schlauchleitungen zu den Radzylindern weitergeleitet.
○ In diesen drücken Kolben die Bremsklötze gegen die Bremsscheiben.
○ Die 2,0-Liter-Modelle besitzen hinten wie vorn Scheibenbremsen. An den Hinterrädern der übrigen Modelle drücken die Kolben der Radzylinder die Bremsbacken gegen die Bremstrommeln.
○ Den Flüssigkeitsdruck übertragen zwei voneinander unabhängige Leitungssysteme (Bremskreise), und zwar für je ein Vorderrad und das gegenüberliegende Hinterrad (diagonal aufgeteilte Zweikreisbremse).
○ Falls ein Bremskreis ausfallen sollte, bleiben so ein Vorderrad und das Hinterrad auf der anderen Seite bremsfähig. Mit dem ungebremsten Vorderrad kann man noch lenken, und das ungebremste Hinterrad hält das Heck in der Spur.
○ Die Handbremse wirkt über Seilzüge auf die Hinterräder – egal ob dort Trommel- oder Scheibenbremsen eingebaut sind.
○ Auf Sonderwunsch kann der Vectra mit einem Antiblockiersystem (Bosch ABS) ausgestattet sein; die CD- und GT-Ausführung besitzen es serienmäßig. Mehr darüber auf Seite 154.

Fingerzeig: Bei Ausfall eines Bremskreises müssen Sie wesentlich stärker auf das Bremspedal treten (bei gleichzeitig längerem Pedalweg), um Bremswirkung zu erzielen. Auch wird der Anhalteweg länger.

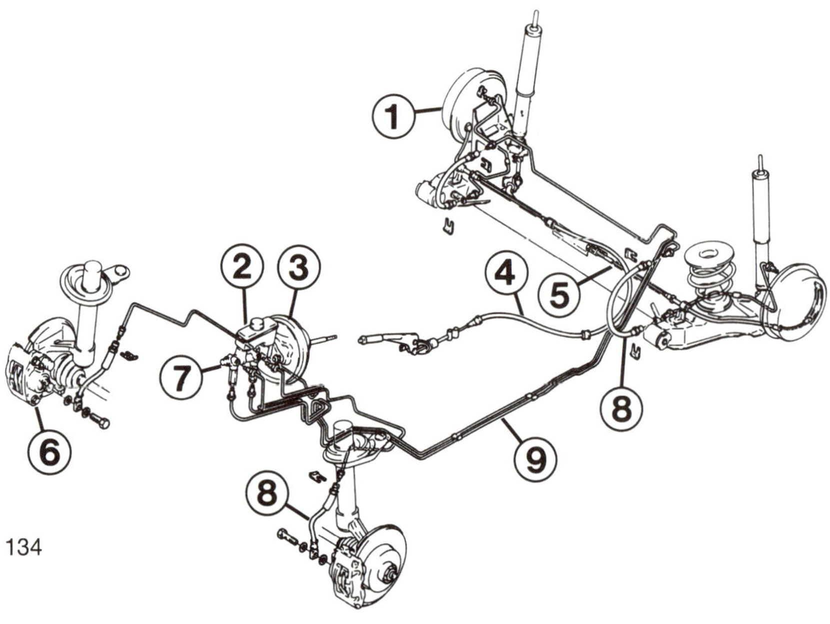

Die gesamte Bremsanlage ist hier in einem Blick zu übersehen. Bezeichnet sind:
1 – Trommelbremse hinten;
2 – Bremsflüssigkeitsbehälter;
3 – Bremskraftverstärker;
4 – langes Bremsseil (Handbremse);
5 – kurzes Bremsseil (Handbremse);
6 – Scheibenbremse vorn;
7 – Hauptbremszylinder;
8 – Bremsschlauch;
9 – Bremsleitung.

Welche Bremsen sind eingebaut?

Modell	1,6- und 1,8-Liter bis Modelljahr '91	1,6- und 1,8-Liter ab Modelljahr '92	2,0-Liter
vorn	Bremsscheiben massiv mit Schwimmsätteln	Bremsscheiben innenbelüftet mit Faustsätteln	Bremsscheiben innenbelüftet mit Faustsätteln
hinten	Trommelbremsen	Trommelbremsen	Bremsscheiben* mit Faustsätteln

* Die Bremsscheiben besitzen innen kleine Trommelbremsen für die Handbremse

Bremsen prüfen

Ständige Kontrolle

- Zuerst eine Vollbremsung bei Schrittgeschwindigkeit.
- Am Gummiabrieb auf der Straße sehen Sie bei gleich langen Spuren, daß die Bremsen gleichmäßig ziehen (nicht bei ABS).
- Gleiche Prüfung mit der Handbremse.
- Für die Bremsenprüfung bei höherer Geschwindigkeiten brauchen Sie eine ebene Strecke.
- Nun aus etwa 50 km/h bei losgelassenem Lenkrad, aber mit griffbereiten Händen zuerst sanft und dann scharf bis zum Stillstand abbremsen.
- Zieht der Wagen etwa nach links, ist eine der rechten Radbremsen nicht in Ordnung. Das Auto zieht in Richtung des stärker gebremsten Rades. Ursachen siehe Störungsbeistand.
- Lassen Sie den Vectra ein schwaches Gefälle hinunterrollen, um festzustellen, ob die Räder leichtgängig sind.
- Nach der Probefahrt machen Sie die Handprobe:
- Ist eine Felge auf der einen Wagenseite wärmer als auf der anderen Seite?
- Ursachen können sein ein verklemmter Bremssattel, schwergängige hintere Trommelbremsen (wo eingebaut) oder schadhafte Radlager.

Die Bremsflüssigkeit

Die Flüssigkeit in den Bremsleitungen und Bremszylindern ist eine Mischung aus Glykol, Polyglykoläther und ein paar weiteren Bestandteilen. Diese gelbliche – übrigens giftige und gegen Autolack aggressive – Flüssigkeit greift die Metall- und Gummiteile nicht an. Sie bleibt selbst bei –40°C noch ausreichend dünnflüssig, und sie hat trotz ihrer Dünnflüssigkeit den extremen hohen Siedepunkt von ca. 260°C.
Aber die Bremsflüssigkeit hat auch eine sehr unangenehme Eigenschaft: Sie nimmt gern Wasser auf, sie ist »hygroskopisch«. Und das Wasser kann tatsächlich – z.B. über die Luftfeuchtigkeit – in die Bremsflüssigkeit gelangen: Über den Ausgleichbehälter sowie durch mikroskopische Undichtigkeiten an den Bremsschläuchen und Gummimanschetten. Solche Wasseraufnahme führt nicht nur zu Korrosion an den Metallteilen der Anlage, sondern bewirkt ein rapides Absinken des Siedepunkts. Bei nur 2,5% Wassergehalt liegt der Siedepunkt nur noch bei 150°C.
Das ist bei starker Belastung der Bremsen gefährlich, weil sie sich dann sehr stark aufheizen. In der Nähe der erhitzten Bremsen können sich Dampfblasen in der Hydraulikflüssigkeit bilden. Die lassen sich zusammenpressen – das Bremspedal kann tief durchgetreten werden; manchmal tritt man sogar ins Leere! In diesem Fall kann bisweilen noch schnelles Pumpen mit dem Bremspedal helfen. Besonders gefährlich ist dieser Effekt nach dem Abstellen des Wagens nach starker Bremsbeanspruchung. Mangels Fahrtwind heizt sich die Bremsenumgebung noch stärker auf; die höchste Temperatur herrscht nach etwa 15 Minuten Standzeit. Erst nach etwa einer halben Stunde ist wieder die normale Bremsflüssigkeitstemperatur erreicht.
Vorbeugend schreibt der Wartungsplan daher den Wechsel der Bremsflüssigkeit jährlich vor (folgende Seite). Bremsflüssigkeit muß der Spezifikation FMVSS 116 **DOT 4** entsprechen. Alle so bezeichneten Flüssigkeiten können gefahrlos gemischt werden. Opel verwendet Bremsflüssigkeit von ATE und Lockheed.

Bremsflüssigkeitsstand prüfen

Ständige Kontrolle

- Links hinten im Motorraum, direkt auf den Hauptbremszylinder, sitzt der Bremsflüssigkeitsbehälter (siehe Bild Seite 137).
- Im weißlich durchscheinenden Behälter soll die Bremsflüssigkeit zwischen den Markierungen »MIN« und »MAX« stehen.
- Ist der Flüssigkeitsstand auffallend gesunken – was beim Vectra mit Sonderausstattung zusätzlich durch eine Warnleuchte im Armaturenbrett angezeigt wird –, muß die Bremsanlage auf undichte Stellen kontrolliert werden, siehe nächste Seite.

Bremsflüssigkeitsstand zu niedrig

Sind die Scheibenbremsbeläge schon etwas abgenutzt, tendiert der Flüssigkeitsspiegel eher zur unteren Markierung; sind sie neu, steht er weiter oben. Das ist völlig normal, denn die bei abgenutzten Belägen schon etwas weiter herausgetretenen Kolben der Scheibenbremse hinterlassen in den Zylindern der Bremssättel ein größeres Volumen, das sich mit Bremsflüssigkeit füllt. Kritisch wird dagegen, wenn die Bremsflüssigkeit in einem Behälterteil unter »MIN« abgesunken ist. Da sie nicht verdunstet oder verbraucht wird, muß sie durch ein Leck ausgetreten sein. Also schleunigst nach der Ursache suchen (siehe folgenden Text), bevor Sie irgendwann ins Leere treten. Nachfüllen ist Augenwischerei!

Bremsanlage auf Undichtigkeiten und Beschädigungen kontrollieren

Wartung Nr. 13

Zur Kontrolle muß die Wagenunterseite trocken sein, damit Sie undichte Stellen erkennen können. Bremsflüssigkeit kriecht auch unter Schmutz. Feuchtdunkle Stellen oder schwarzer Schmutz lassen eine Undichtigkeit vermuten.

- Kontrollieren Sie sämtliche Anschluß- und Verbindungsstellen; auch die Bremssättel und die Bremsankerbleche der Trommelbremsen, hinter denen die Radbremszylinder sitzen.
- Die Bremsschläuche dürfen weder feucht noch aufgequollen oder angescheuert sein. Sonst auswechseln, siehe Seite 152.
- Die Bremsleitungen sind zum Schutz gegen Rost mit einer Kunststoffschicht überzogen. Wird diese Schutzschicht beschädigt, kann es zu Rostansatz kommen. Deshalb die Leitungen nie mit Schraubenzieher, Schmirgelleinen oder Drahtbürste säubern, sondern Kaltreiniger nehmen.
- Ist die Schutzschicht beschädigt, soll Rostschutzgrundierung dünn aufgestrichen werden.
- Leitungen mit Rostnarben und solche, die plattgedrückt sind, müssen ersetzt werden.
- Sind Schutzkappen auf allen Entlüftungsventilen? Sie sitzen an den Bremssätteln bzw. innen an den Bremsankerblechen.
- Die Bremsdruckprobe können Sie provisorisch selbst machen:
- Treten Sie mit voller Kraft aus Bremspedal.
- Es darf auch nach einigen Minuten der vollen Belastung nicht nachgeben, sonst ist eine Manschette im Hauptbremszylinder defekt.
- Durch die undichte Manschette sinkt der Flüssigkeitsstand im Behälter nicht, sondern die unter Druck gesetzte Flüssigkeit mogelt sich an einem Kolben des Hauptbremszylinders vorbei auf die drucklose Seite.
- Undichte Stellen an den Kolbenmanschetten der Bremssättel und Radbremszylinder lassen sich an dunklen Flecken an den Bremsankerblechen und Bremssätteln erkennen.
- Im Zweifelsfall Werkstatt aufsuchen.

Bremsflüssigkeit wechseln

Wartung Nr. 40

Nicht nur die schon erwähnte Gefahr von Dampfblasen macht den Bremsflüssigkeitswechsel erforderlich, sondern auch die vom aufgenommenen Wasser verursachte Korrosionsgefahr in den Bremszylindern und -leitungen. Beim Flüssigkeitswechsel geht man wie beim Entlüften (Seite 152) vor. Gebraucht werden 2 Liter frische Bremsflüssigkeit.

Die Opel-Vorschrift zum jährlichen Bremsflüssigkeitswechsel ist auf hohe Beanspruchung des Wagens ausgerichtet. Wer wenig fährt, braucht nach unseren Erfahrungen die Bremsflüssigkeit nur alle zwei Jahre wechseln.

- Wenn möglich, Vorratsbehälter der Bremsflüssigkeit mit einer alten Injektionsspritze entleeren und gleich neu befüllen.
- So lange Bremsflüssigkeit durchpumpen, bis frische Flüssigkeit am Entlüftungsventil austritt.
- Dazu durch jedes Entlüftungsventil 500 cm^3 Bremsflüssigkeit pumpen. Dann ist garantiert jeder Tropfen ausgewechselt.
- Vorgeschriebene Reihenfolge: Hinten rechts, hinten links, vorn rechts und zuletzt vorn links.

Fingerzeig: Bremsflüssigkeit ist giftig. Deshalb gebrauchte Flüssigkeit nicht in die Kanalisation schütten. Sie soll auch nicht in den Altölkanister gefüllt werden, denn Altöl, vermischt mit Bremsflüssigkeit kann nicht wieder verarbeitet werden. Am besten gibt man sie getrennt zur Sondermüll-Beseitigung. (Adresse der Sammelstelle bei der Gemeindeverwaltung erfragen).

Die Scheibenbremsen

Zusammen mit dem Rad dreht sich eine Stahlscheibe frei im Luftstrom. Sogenannte Bremssättel umfassen sattelförmig die Scheiben. Beim Tritt auf das Bremspedal drücken die Kolben die Bremsbeläge gegen die Scheiben – es wird gebremst.

Durch den Fahrtwind werden die Scheibenbremsen ständig gekühlt. Zusätzlich sind die vorderen Bremsscheiben bei unseren 2,0-Liter-Modellen innenbelüftet: Im Umfang der Bremsscheibe sitzen große Aussparungen, die Luft wegschaufeln und so die Kühlung noch verbessern. Belagabrieb wird gleich weggeblasen, und ohne besondere Mechanik stellen sich die Scheibenbremsen selbst nach.

Der Stand der Bremsflüssigkeit muß sich immer zwischen den beiden Markierungen (2) am Bremsflüssigkeitsbehälter (1) abzeichnen. Zu hohe Befüllung ist falsch, da der Behälter bei rückströmender Bremsflüssigkeit (bei heißen Bremsen möglich) überläuft.

Schwimm- und Faustsattelbremse vorn

○ Wie bereits erwähnt, besitzt der Vectra je nach Motorisierung massive oder innenbelüftete Bremsscheiben. Entsprechend unterschiedlich sind auch die Bremssättel ausgeführt. So besitzen Fahrzeuge mit massiven Bremsscheiben sogenannte Schwimmsättel von den Herstellern GMF oder Ate. Sie sind wahlweise verbaut und unterscheiden sich im Aufbau kaum voneinander.

○ Die Bezeichnung Schwimmsattel sagt aus, daß er sattelförmig um die Bremsscheibe greift und beweglich (»schwimmend«) gelagert ist.

○ Der Bremskolben im Zylindergehäuse drückt den inneren Belag gegen die Bremsscheibe, wodurch das Zylindergehäuse in seiner Führung herübergezogen und der Bremsklotz auf der anderen Seite ebenfalls gegen die Scheibe gepreßt wird.

○ Fahrzeuge mit innenbelüfteten Bremsscheiben hingegen haben Faustsattelbremsen. Der ebenfalls bewegliche Bremssattel sieht wie ein geballte Faust aus. Die Funktionsweise ist dieselbe wie bei den Schwimmsattelbremsen.

Die Scheibenbremse bei Nässe

Bei Dauerregen wird die offen liegende Bremsscheibe kräftig geduscht, weshalb die Bremswirkung einen Sekundenbruchteil verspätet einsetzt. Die Feuchtigkeit zwischen Bremsscheiben und -klötzen muß erst zum Verdampfen gebracht werden. In streusalzreichen Wintern tritt diese Erscheinung verstärkt auf, wenn die auf Bremsbelägen und -scheiben sitzende Salzschicht beim Bremsen erst abgeschliffen werden muß.

Scheibenbremsbeläge vorn messen

Wartung Nr. 2

Den verschleißenden Bremsbelag schiebt der Kolben jeweils so weit nach, daß er nur Bruchteile von Millimetern von der Bremsscheibe entfernt ist. Der Bremspedalweg ist deshalb keine Richtschnur für die Abnutzung der vorderen Bremsbeläge. Verlassen Sie sich daher nicht auf Ihr Gefühl im Fuß!

● Die **Mindestbelagstärke** beträgt **7 mm einschließlich Trägerplatte**. Die Trägerplatte selbst – also das Metallstück, auf das der Belag geklebt ist – hat eine Stärke von ca. 5 mm.

Links: Zur Kontrolle des äußeren Bremsbelags muß der Bremssattel – wie hier im Bild gezeigt – nach außen gedrückt werden. Rechts: Bei allen Vectra-Modellen gilt als Mindeststärke der Bremsbeläge 7 mm einschließlich Trägerplatte. Das Foto zeigt den Bremssattel eines 1,6-Liter-Vectra.

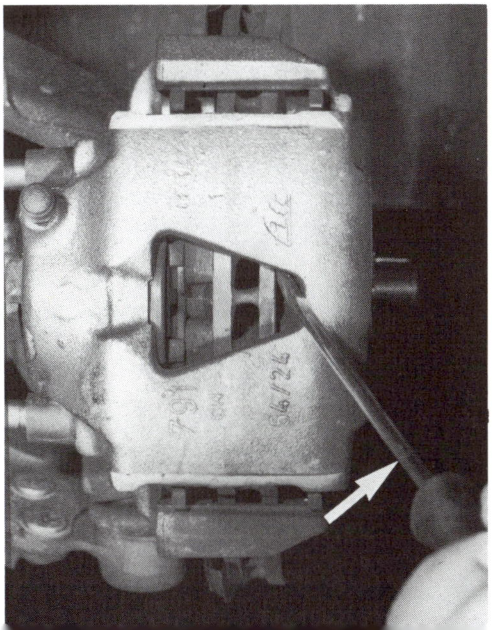

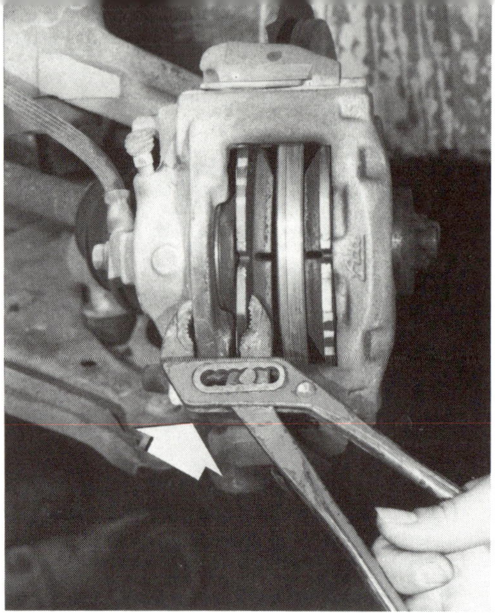

Links: Die Haltestifte der Bremsbeläge werden am 1,6-/1,8-Liter-Vectra bis Modelljahr '91 von innen nach außen herausgeschlagen.
Rechts: Um die Bremsbeläge besser aus den Schächten herausziehen zu können, Bremskolben mit einer an Bremsbelag und Bremssattel angesetzten Rohrzange zurückdrücken.

- Kontrolliert wird bei abgenommenen Rädern.
- Zur Kontrolle des äußeren Belags muß der Bremssattel nach außen gedrückt werden, wie auf der Vorseite beschrieben.
- Bei den 1,6- und 1,8-Liter-Modellen bis Modelljahr '91 gibt der Blick in den Schacht des Bremssattels ebenfalls keinen genauen Aufschluß über die tatsächliche Stärke der Bremsbeläge. Die Spreizfedern überdecken die Beläge.
- Deshalb oberen Haltestift der Bremsbeläge von innen nach außen mit einem Dorn herausschlagen.
- Beide Spreizfedern abnehmen. Nun kann die Stärke der Beläge abgeschätzt oder zur genaueren Kontrolle mit einem Meterstab gemessen werden.

Zustand der Bremsscheiben kontrollieren

Wartung Nr. 16

Wenn die Räder zur Belagkontrolle abgenommen sind, prüft man auch den Zustand der Bremsscheiben.

- Die Scheiben dürfen keine tiefen Rillen (durch Schmutz oder zu stark abgefahrene Beläge) aufweisen. Die Riefen graben sich in neue Bremsbeläge tief ein, was deren Lebensdauer wesentlich verkürzt und überdies die Bremswirkung herabsetzt.
- Riefige Bremsscheiben können auf einer Drehmaschine nachgearbeitet werden, wenn sie nicht durch lange Laufzeit auf das zulässige Mindestmaß (siehe Tabelle) »abgemagert« sind..
- Zu dünne Scheiben müssen paarweise ausgetauscht werden.
- Eine bläuliche Verfärbung der Bremsscheibe ist ohne Bedeutung.

Bremsscheiben-Maße

Bremsscheiben	vorn unbelüftet 1,6-/1,8-Liter bis Modelljahr '91	vorn innenbelüftet 1,6-/1,8-Liter ab Modelljahr '92	vorn innenbelüftet 2,0-Liter	hinten 2,0-Liter
Stärke neu	12,7 mm	20,0 mm	24,0 mm	10,0 mm
Stärke mindestens	9,7 mm	17,0 mm	21,0 mm	7,0 mm

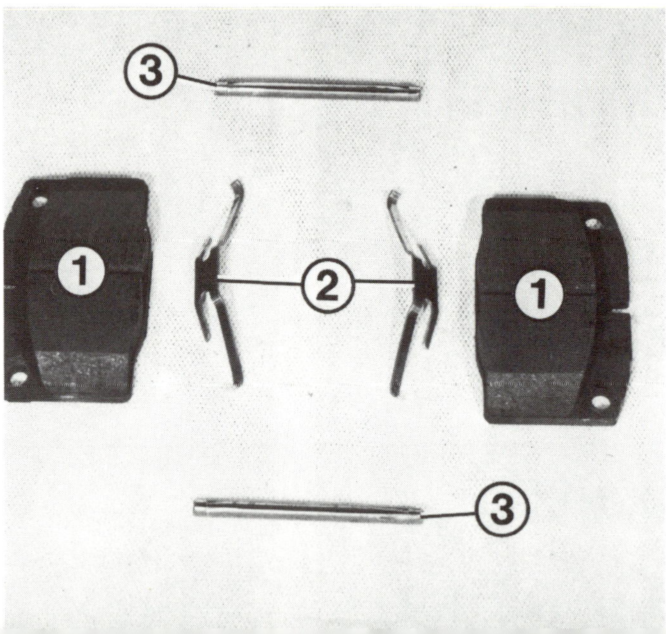

Ausgebaut sind hier die Bremsbeläge (1), die Spannfedern (2) und die Haltestifte (3).

Hier ist das Zurückdrücken des Bremskolbens gezeigt. Alten, abgefahrenen Belag nochmals einsetzen und Schraubenzieher in Pfeilrichtung drücken.

Scheibenbremsbeläge erneuern

Grundsätzlich müssen rechts und links beide Beläge ausgetauscht werden. Nur Beläge mit ABE verwenden. Weil die Kolben in den Bremssätteln mit zunehmendem Verschleiß der Beläge weiter herauswandern, müssen sie vor dem Einsetzen neuer, dicker Beläge zurückgedrückt werden. Hierbei wird die Bremsflüssigkeit durch die Leitungen in den Vorratsbehälter gepreßt. Wurde in der Zwischenzeit unnötigerweise Bremsflüssigkeit nachgefüllt, muß das Zuviel jetzt mit einer sauberen Pipette oder Spritze abgesaugt werden. Andernfalls greift die am Vorratsbehälter austretende Bremsflüssigkeit umliegende lackierte Teile im Motorraum an.

- Rad abnehmen.
- Lenkung einschlagen, damit die Beläge gut zugänglich sind.
- Bei Wagen mit Check-Control das Sensorkabel vom inneren Belag abnehmen.
- **1,6- und 1,8-Liter bis Modelljahr '91:** Oberen und unteren Haltestift der Bremsbeläge mit einem passenden Durchschlag von innen nach außen herausschlagen.
- Spreizfedern abnehmen.
- Äußeren Bremsbelag herausziehen, dazu Schraubenzieher abwechselnd durch die Ösen des äußeren Belagträgers stecken und den Belag heraushebeln.
- Oder mit einer Rohrzange abwechselnd an der oberen und unteren Belagträgeröse ziehen.
- Beweglichen Schwimmsattel nach innen drücken. Ein Schlag mit der flachen Hand reicht meist schon.
- Inneren Bremsbelag auf dieselbe Weise wie den äußeren ausbauen.
- Bremsbelag-Führungsschächte mit Spiritus (keinesfalls Benzin) und Lappen, evtl. mit Flaschenbürste von Belagabrieb reinigen.
- Festgebackene Belagkrusten und Rost mit Schraubenzieher wegkratzen. Vorsicht, daß hierbei die Kolbenmanschette nicht beschädigt wird.
- Zum Zurückdrücken des Kolbens einen alten, abgefahrenen Bremsbelag nochmals einsetzen.
- Mit einem zwischen Bremsscheibe und Bremssattel angesetzten breiten Schraubenzieher den Kolben zurückdrücken.
- Schwimmsattel nach innen drücken, inneren Belag einsetzen.
- Schwimmsattel zurückdrücken und äußeren Belag einsetzen.

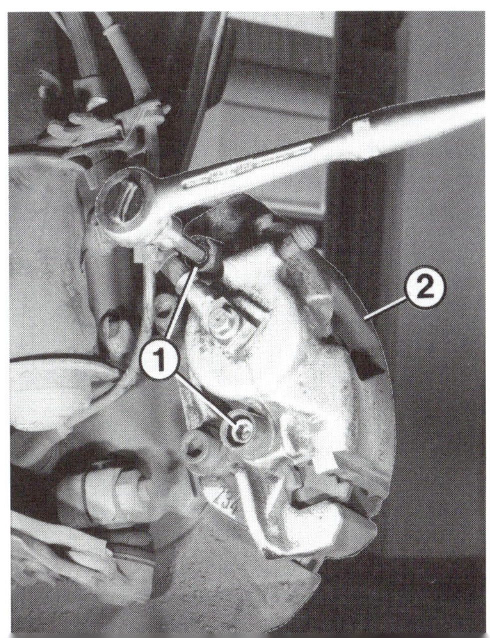

Links: Mit einem Schraubenzieher wird die Haltespange vom Bremssattel abgehebelt.
Rechts: Nach Lösen der Führungsbolzen (1) kann das Bremssattelgehäuse (2) abgenommen werden.

- Einen Haltestift von außen ansetzen und mit einem Hammer vorsichtig eintreiben.
- Spreizfedern einsetzen und zweiten Haltestift hineintreiben.
- **2,0-Liter, 1,6-/1,8-Liter ab Modelljahr '92:** Mit einem Schraubenzieher die Haltespange an der Außenseite des Bremssattels abhebeln.
- An der Innenseite des Sattels die Abdeckkappen von den Führungsbolzen abnehmen.
- Beide Führungsbolzen mit einem Innensechskantschlüssel (SW 7) herausdrehen.
- Bremssattelgehäuse mit einem Schraubenzieher nach außen heben.
- Bremssattelgehäuse abnehmen.
- Der innere Bremsbelag ist mit einer Spannklammer am Bremskolben befestigt – Belag einfach abziehen.
- Damit das Bremssattelgehäuse nicht an seinem Bremsschlauch zerrt, wird es mit einer Schnur oder einem Draht aufgehängt.
- Bremsbelag-Führungen am Bremssattel mit Spiritus und Lappen reinigen.
- Neue Beläge einsetzen.
- Kolben im Bremssattel mit Schraubzwinge zurückdrücken, wie im Bild unten rechts gezeigt.
- Bremssattelgehäuse montieren.
- Führungsbolzen mit 30 Nm anziehen und Abdeckkappen wieder aufsetzen.
- Bei Fahrzeugen mit Check-Control neuen Sensor mit Kabel am inneren Bremsbelag anbringen.
- Nach dem Zusammenbau das **Bremspedal mehrmals durchtreten**, bis die Beläge an der Bremsscheibe anliegen. Sonst ist keine Bremswirkung vorhanden!
- Mit neuen Bremsbelägen – wenn möglich – die ersten 200 km nur behutsam bremsen.

Fingerzeig: Falls gebrauchte Bremsbeläge weiterhin benutzt und wieder eingebaut werden, müssen sie wieder an der bisherigen Stelle montiert werden. Der Wechsel von der Außen- zur Innenseite oder umgekehrt oder von einem Rad zum anderen kann ungleichmäßige Bremswirkung zur Folge haben.

Bremssattel vorn ausbauen

- Bremsbeläge ausbauen.
- Halteschrauben des Bremssattels losdrehen.
- Bremssattel mit angeschraubtem Bremsschlauch so aufhängen, daß der Schlauch nicht unter Spannung steht.
- Oder Bremsschlauch abschrauben (Seite 152).
- Bremspedal niederdrücken und halten, um ein Auslaufen von Bremsflüssigkeit zu verhindern (siehe Arbeitstips auf Seite 148).
- **Anzugsdrehmomente:** Bremssattel an Federbein 95 Nm; Bremsschlauch an Bremssattel 40 Nm.
- Bremsanlage entlüften, falls der Bremsschlauch abgeschraubt wurde.
- **Bremspedal** vor der ersten Metern Fahrt **mehrmals durchtreten**, bis sich normales Pedalspiel einstellt.

Bremskolbenmanschetten wechseln

Wurde die Bremskolbenmanschette im Bremssattel beschädigt, müssen Sie baldigst für Ersatz sorgen, sonst klemmt bald der Bremskolben aufgrund von Schmutz und Korrosion. Die Manschette gibt's nur zusammen mit dem Bremskolben-Dichtring zu kaufen. Zum Einbau beider Teile muß der Kolben im Bremssattelgehäuse herausgedrückt werden. Aus Sicherheitsgründen sollten Sie diese Arbeit in der Werkstatt durchführen lassen. Eventuell Bremssattel selbst ausbauen und zur Reparatur bringen.

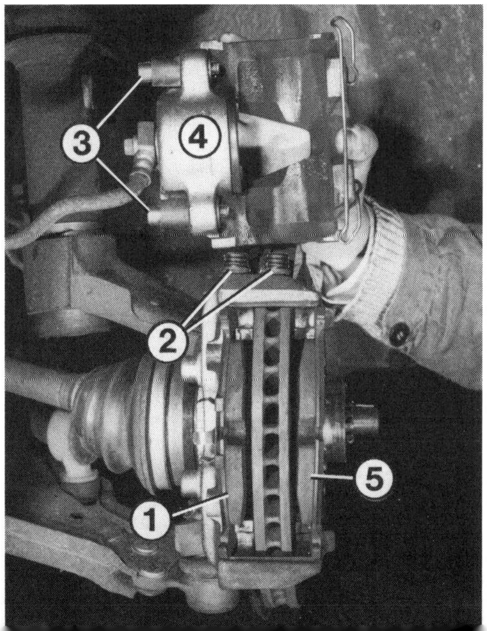

Links: Das abgenommene Bremssattelgehäuse (4). Weiterhin gekennzeichnet sind:
1 – innerer Bremsbelag;
2 – Abdeckkappen;
3 – Führungsbolzen;
5 – äußerer Bremsbelag.
Rechts: Hier wird der Kolben im Bremssattel mit einer Schraubzwinge zurückgedrückt, damit die neuen Bremsbeläge eingebaut werden können. Zum Schutz haben wir den inneren Bremsbelag zwischengelegt.

Bremsscheibe vorn ersetzen

Bremsscheiben müssen grundsätzlich beidseitig erneuert werden. Einseitiger Wechsel kann ungleiche Bremswirkung zur Folge haben.

● Bremsbeläge ausbauen.

● **2,0-Liter, 1,6-/1,8-Liter ab Modelljahr '92:** Bremssattelgehäuse mit Draht an der Karosserie befestigen; die Hydraulikleitungen bleiben angeschlossen.

● Bremssattel abschrauben.

● **1,6-/1,8-Liter bis Modelljahr '91:** Zum besseren Ausbau der Bremsscheibe, Bremssattel kräftig nach außen ziehen.

● **Alle Modelle:** Eine Kreuzschlitzschraube (zwischen den Radschraubenbohrungen) herausdrehen.

● Schrauben mit Rostlöserspray behandeln oder Schlagschrauber verwenden.

● Die Bremsscheibe kann nun von Hand von der Radnabe abgezogen werden. Bei den 1,6-/1,8-Liter-Modellen bis Modelljahr '91 muß die Bremsscheibe beim Abnehmen etwas verkantet werden.

● Eine festgerostete Bremsscheibe mit einem kräftigen Hammerschlag lösen – aber nur, wenn die Scheibe ohnehin gewechselt wird.

● Vor dem Ansetzen der neuen Bremsscheibe die Anlagefläche der Radnabe säubern.

Scheibenbremse hinten

Die 2,0-Liter-Modelle besitzen Scheibenbremsen an der Hinterachse. Im Gegensatz zu den Vorderrädern, an denen Schwimm- bzw. Faustsattelbremsen wirken, handelt es sich an den Hinterrädern um Festsattelbremsen. Der Bremssattel ist feststehend und besitzt kein bewegliches Zylindergehäuse wie die Schwimm- oder Faustsättel. Stattdessen besitzt die Festsattelbremse zwei Bremskolben. Sie drücken beim Tritt auf das Bremspedal von rechts und links auf je einen Bremsklotz.

Automatische Nachstellung

Konstruktionsbedingt sind die Scheibenbremsen im Kraftfahrzeug immer selbstnachstellend: Der Bremskolben wandert mit dem verschleißenden Bremsbelag einfach weiter aus dem Bremssattelgehäuse heraus und sorgt so dafür, daß die Beläge stets knapp an der Bremsscheibe stehen. Durch die nachfließende Bremsflüssigkeit kann ohnehin kein »Spiel« entstehen.

Scheibenbremsbeläge hinten messen

Wartung Nr. 3

An den hinteren Scheibenbremsen erfolgt die Kontrolle des Belagverschleißes gleich wie an den vorderen (Seite 137). Es gelten hier ebenfalls **7 mm** als Verschleißmaß – gemessen **mit Belagträgerplatte**.
Gleichzeitig mit der Belagkontrolle wird der Zustand der Bremsscheiben geprüft. Verschleißmaß und Arbeitsreihenfolge beschreibt der Text auf Seite 138.

Scheibenbremsbeläge hinten erneuern

● Haltestifte der Bremsbeläge von außen nach innen mit einem passenden Dorn herausschlagen.

● Freiwerdende Spreizfeder abnehmen.

● Rohrzange zwischen Bremsbelag-Trägerplatte und Bremssattel ansetzen und Klotz zurückdrücken.

● Schraubenzieher zwischen Belag und Bremsscheibe schieben und Belag ganz zur Außenkante des Bremssattelschachts drücken.

● Kontrollieren Sie den Bremsflüssigkeitsstand im Vorratsbehälter. Er steigt beim Zurückdrücken der

**Links: Am 2,0-Liter-Vectra werden die Haltestifte der hinteren Scheibenbremsbeläge von außen nach innen herausgeschlagen.
Rechts: Inneren und äußeren Bremskolben mit einer Rohrzange zurückdrücken. So lassen sich anschließend die Beläge leichter aus den Schächten herausziehen.**

Kolben. Evtl. mit einer Injektionsspritze Bremsflüssigkeit absaugen.

- Auf dieselbe Weise den anderen Belag zurückdrücken.
- Lassen Sie dabei den gegenüberliegenden Belag noch eingesetzt. Sonst könnte beim Zurückdrücken des einen Kolbens der andere aus seiner Führung herausgeschoben werden.
- Beide Beläge aus dem Bremssattelschacht herausnehmen.
- Sitz der Beläge im Schacht mit Spiritus (keinesfalls Benzin) und Lappen von Belagabrieb säubern.
- Festgebackene Belagskrusten und Rost mit einem flachen Schraubenzieher wegkratzen. Vorsicht, daß hierbei die Kolbenmanschetten nicht beschädigt werden.
- Neue Beläge zusammen mit den Zwischenblechen einsetzen.
- Spreizfeder anlegen und Haltestifte von innen nach außen eintreiben.
- **Bremspedal mehrmals treten**, bis die Beläge an den Bremsscheiben anliegen.
- Wurde Bremsflüssigkeit abgesaugt, Flüssigkeitsstand kontrollieren.

Bremssattel hinten ausbauen

- Bremsleitung abbauen, sofern der Bremssattel gewechselt werden soll. Dazu Entlüftungsventil öffnen, Bremspedal einmal niedertreten und in dieser Stellung fixieren (siehe Arbeitstips Seite 148).
- Befestigungsschrauben des Bremssattels herausdrehen.
- Bremssattel hin- und herdrücken, damit die Bremskolben etwas zurückgeschoben werden.
- Bremssattel abnehmen.
- Zum Einbau Halteschrauben mit 80 Nm anziehen. Bremsleitung mit 16 Nm anschrauben.
- Bremsanlage entlüften, falls die Bremsleitung abgeschraubt wurde.
- **Bremspedal** vor den ersten Metern Fahrt **mehrmals durchtreten**, bis sich normales Pedalspiel einstellt.

Bremskolbenmanschetten hinten wechseln

Für das Auswechseln defekter Bremskolbenmanschetten an den hinteren Bremssätteln gilt gleiches wie für vorn (Seite 140).

Bremsscheiben hinten wechseln

- Bremssattel hinten ausbauen.
- Bremssattel mit angeschraubter Bremsleitung so aufhängen, daß die Leitung nicht unter Spannung steht.
- Bremsscheibe und Radnabe bilden eine Einheit.

Der Ausbau der Bremsscheibe ist auf Seite 132 unter »Hinterradlager auswechseln« ausführlich beschrieben.

- Nach dem Einbau neuer Bremsscheiben Handbremse einstellen.

Die Trommelbremse

Mit Ausnahme der 2,0-Liter-Modelle besitzt der Vectra Trommelbremsen an der Hinterachse. Bei dieser Bremsversion werden zwei Bremsbacken von den Kolben des Radbremszylinders (er sitzt zwischen den oberen Enden der Bremsbacken) gegen die Bremsfläche der Trommel gepreßt. Durch die Anordnung der Bremsbacken wirkt bei der im Vectra verwendeten Trommelbremse (Simplex-Bremse = ein Bremszylinder mit zwei Kolben) eine der beiden Bremsbacken selbstverstärkend. Das bedeutet, daß sich die Backe durch die Drehung des Rades in gewissen Grenzen selbsttätig an die Bremstrommel zieht, was die Pedalkraft vermindert. Beim Vectra ist es (Vorwärtsfahrt vorausgesetzt) die vordere Bremsbacke, die selbstverstärkend wirkt. Im Fachjargon wird sie Primärbremsbacke oder Auflaufbacke genannt. Der hintere nennt sich dementsprechend Sekundärbacke oder Ablaufbacke.

Automatische Nachstellung

Der Vectra besitzt an den hinteren Trommelbremsen eine automatische Nachstelleinrichtung. Nachstellen von Hand entfällt also. Die Nachstelleinheit besteht aus Nachstellhebel, Nachstellfeder und der zweiteiligen Druckstange, deren Länge mit dem Nachstellritzel verändert werden kann (siehe dazu Bild rechts oben).

Beim Betätigen der Bremse bewegen die Kolben des Radbremszylinders die Bremsbacken in Richtung Bremstrommel. Der Nachstellhebel an der vorderen Bremsbacke ist durch die Nachstellfeder vorgespannt und liegt dadurch ständig an der Druckstange an, während er gleichzeitig in das Sägezahnprofil des Nachstellritzels eingreift.

Das Vergrößern des Abstands der Bremsbacken zueinander bewirkt somit eine Drehbewegung am Nachstellhebel. Bei fortgeschrittenem Belagverschleiß ist die Drehbewegung groß genug, daß der Hebel den nächsten Zahn im Nachstellritzel fassen kann. Das Nachstellritzel wird weitergedreht, die Druckstange verlängert sich. Jetzt stehen die Bremsbacken wieder näher an der Trommel – die Bremse ist damit nachgestellt.

Nachstellautomatik und Temperatur

Bei gelöster Bremse muß zwischen Belägen und Bremstrommel ein geringer Abstand vorhanden sein, damit die Räder frei drehen können. Auch bei automatischer Nachstellung muß dieser Abstand immer vorhanden sein.

Andauerndes Bremsen – etwa bei einer Paßabfahrt – kann mit voll beladenem Wagen Bremstrommel-

So funktioniert die automatische Nachstellung: Beim Betätigen der Fußbremse werden die Bremsbacken nach außen an die Trommel gedrückt. Die dabei erfolgte Bewegung des auf- und ablaufenden Bremsbackenstegs wird über den Nachstellhebel an dem Ritzel in eine Drehbewegung umgesetzt. Der Nachstellhebel in Richtung »1« gezogen, dreht um den Lagerpunkt »2« und bwirkt mit dem Schaufelende die Verdrehung des Ritzels auf der Druckstange. Dieser Vorgang erfolgt jedoch nur, wenn ein entsprechender Belagverschleiß vorliegt.
Um eine Nachstellung auf Grund von Wärmedehnung (z.B. bei Talfahrt) der Bremstrommel zu verhindern, befindet sich zwischen der Druckhülse und der Druckstange ein Thermoclip (3), der eine automatische Angleichung an das Erwärmungsspiel bewirkt.

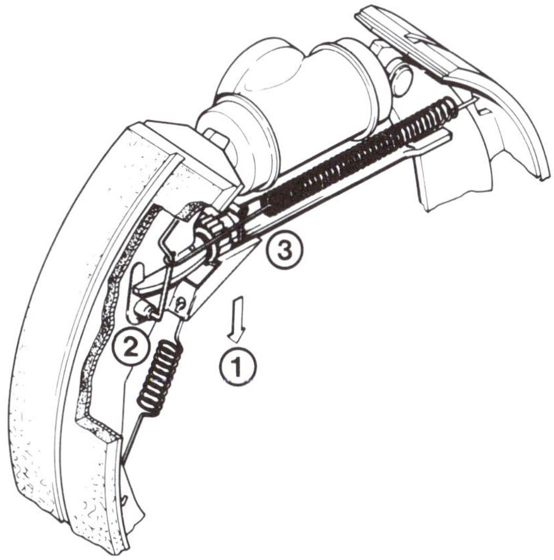

Temperaturen von bis zu 350°C bewirken. Unter dieser Temperatureinwirkung kann sich der Durchmesser der Bremstrommel bis zu einem Millimeter vergrößern. Das könnte die automatische Bremsennachstellung fälschlicherweise als Belagverschleiß verstehen und in die aufgeheizte, vergrößerte Bremstrommel hinein nachstellen. Folge: Nach Abkühlen der Bremsen würden die Räder blockieren.
Es muß also bei höherer Wärmeausdehnung ein Nachstellen unterdrückt werden. Das schafft der sogenannte Thermoclip, der in die Druckstange eingesetzt ist. Das Bimetall-Bauteil dehnt sich unter Temperatureinwirkung stark aus und kompensiert damit die Durchmesser-Änderung der Bremstrommel. Effekt: Der Abstand Belag/Trommel bleibt bei allen Temperaturen konstant – es wird nicht fälschlich nachgestellt.

Trommelbremsbeläge messen

Da die Auflaufbacke schneller verschleißt als die hintere Ablaufbacke, wird nur an der vorderen Bremsbacke die Stärke gemessen. Wartung Nr. 44

- Wagen hinten hochbocken.
- An der Innenseite des jeweiligen Hinterrades den Plastikstopfen abziehen.
- Mit Taschenlampe ins Schauloch leuchten, Belagstärke feststellen.
- Die aufgenieteten Beläge haben bei **3 mm** Stärke ihre **Verschleißgrenze** erreicht. Das entspricht einem Überstand von 0,5 mm über dem Nietkopf. In diesem Fall die Beläge erneuern.
- Neue Beläge sind 5 mm stark.

Fingerzeig: Beim 2,0-Liter-Vectra ist das Prüfen der Trommelbremsbeläge nicht nötig, da die Beläge nur beim Anziehen der Handbremse zum Wirken kommen. Sie unterliegen deshalb keinem Verschleiß.

Bremspedalweg prüfen

Wird der Pedalweg mit der Zeit länger, ist ein Fehler an der Bremsanlage zu vermuten: Wartung Nr. 28

Kontrolle der Belagstärke an einem Wagen mit Trommelbremsen hinten: An jeder Bremsankerplatte befindet sich ein Schauloch, durch das ein Blick auf die Bremsbeläge geworfen werden kann.

- Drücken Sie bei laufendem Motor das Bremspedal von Hand nieder.
- Der Leerweg soll **höchstens ⅓ des** insgesamt möglichen **Pedalwegs** betragen.
- Sonst funktioniert die automatische Nachstellung in den Trommelbremsen an der Hinterachse (1,6- und 1,8-Liter) nicht mehr.
- Oder die Scheibenbremsbeläge sind auf ein Mindestmaß abgefahren.
- Zu langer Pedalweg kann auch durch verklemmte Bremsbeläge oder einen festgerosteten Bremssattel verursacht werden.
- Eventuell ist Luft in die Bremsanlage gelangt (siehe Seite 152).

Bremstrommel abnehmen

- Wagen hinten aufbocken und Rad abschrauben.
- Arretierschraube für die Bremstrommel herausdrehen.
- Stopfen hinten an der Bremsankerplatte herausnehmen und mit einem Schraubenzieher durch die Öffnung gegen den Handbremshebel drücken, wobei sich die Rückholfeder zurückzieht.
- Falls erforderlich, Handbremsseil am Bremsseilausgleich lösen.
- Festsitzende Trommel auf dem Zentrierbund der Radnabe mit einem Kunststoffhammer lösen.
- Vor dem Aufsetzen der Trommel den Bund der Hinterradnabe dünn mit Wälzlagerfett bestreichen.
- Ggf. Handbremse einstellen.

Zustand der Bremstrommeln kontrollieren

- Die Reibfläche in der Bremstrommel muß möglichst glatt sein.
- Zeigen sich tiefe Rillen oder Riefen (durch bis auf die Nieten abgefahrene Bremsbeläge), kann die Trommel ausgedreht werden.
- Neue Bremstrommeln haben einen Innendurchmesser von 200 mm.
- Nach dem Ausdrehen darf der Innendruckmesser nicht größer als **201,0 mm** sein, sonst müssen **beide** Bremstrommeln ersetzt werden.
- Für ausgedrehte Trommeln werden Bremsbeläge mit Übermaß 5,6 mm verwendet.

Radbremszylinder der Trommelbremse ausbauen

- Bremstrommel abbauen.
- Obere Bremsbacken-Rückzugfeder aushängen (rechts unten) und Backen nach außen drücken.
- Bremsleitung abschrauben. Sofern nicht gleich anschließend ein neuer Bremszylinder eingesetzt wird, sollten Sie das Bremspedal niedertreten und halten (siehe Seite 148), um unnötigen Bremsflüssigkeitsverlust zu vermeiden.
- Bremszylinder von der Bremsankerplatte losschrauben.
- Auszugsdrehmomente: Bremszylinder an Ankerplatte 9 Nm, Bremsleitung an Bremszylinder 16 Nm.
- Nach der Montage Bremsanlage entlüften.

Bremsbacken ausbauen

- Bremstrommel abnehmen.
- Bremsbacken mit beiden Händen zur Wagenfront drücken, damit die Nachsteller-Haltefeder beim Aushängen nicht die Manschette des Radbremszylinders beschädigt.
- Nachsteller-Haltefeder mit einer Zange oben aushängen und zusammen mit der oberen Rückzugfeder abnehmen.
- Niederhaltefedern ausbauen. Dazu die Federteller mit einer Zange niederdrücken und um 90° drehen.

Zum leichteren Abnehmen der Bremstrommel hinten an der Bremsankerplatte mit einem Schraubenzieher durch die Öffnung gegen den Handbremshebel drücken, wodurch sich die Rückholfeder zurückzieht.

Bei abgenommener Bremstrommel sehen wir an der Hinterradbremse folgende Teile:
1 – Auflaufbacke (Primärbacke);
2 – Nachsteller-Haltefeder;
3 – Radbremszylinder;
4 – obere Rückzugfeder;
5 – Niederhaltefedern;
6 – Ablaufbacke (Sekundärbacke).

Gleichzeitig die Haltestifte hinten an der Bremsankerplatte mit der Hand gegenhalten, damit sie sich nicht mitdrehen.
- Bremsbacken aus dem Radbremszylinder aushängen.
- Handbremsseil aushängen.
- Beim **Einbau** beachten: Die Nachstellvorrichtungen haben Rechts- bzw. Linksgewinde. Einbauseite nicht verwechseln.
- Ritzel und Nachstellhebel auf Gängigkeit prüfen, evtl. reinigen.
- Ritzel bis zum Anschlag zurückdrehen.
- Gewinde der Druckstange etwas fetten.
- Bremsbacken einbauen. Nachsteller-Haltefeder beim Einbau zuerst unten einhängen. Obere Rückzugfeder mit einer Zange an der Nachsteller-Haltefeder einhängen. Nun die Nachsteller-Haltefeder wie beschrieben oben einhängen.
- Bremstrommel montieren.
- Nach dem Einbau Fußbremse so lange betätigen, bis an beiden Hinterrädern kein Überspringen des Nachstellhebels am Ritzel mehr zu hören ist (dazu ist ein Helfer nötig).

Bremsbacken neu belegen

Wer sich keine kompletten Austausch-Bremsbacken einbauen will, kann die Hinterradbremsbeläge auch selbst aufnieten. Wie bei der Scheibenbremse müssen auch hier alle Beläge einer Achse gleichzeitig ausgewechselt werden. An speziellen Werkzeugen brauchen wir ein komplettes Handnietwerkzeug (Bild nächste Seite), wie es beispielsweise von der Fa. Jurid angeboten wird, ferner einen Meißel und einen Schraubstock.
5 mm starke Beläge können nach dem Aufnieten sofort eingebaut werden. Beläge mit 5,6 mm Übermaß müssen nach dem Aufnieten mit einer Belagschleifmaschine auf das Maß der feinstgedrehten Bremstrommel geschliffen werden, wobei der Radius der Beläge 0,2 mm kleiner als der Trommelradius sein soll.
- Bremsbacken ausbauen.
- Bremsbacke in den Schraubstock spannen und mit Meißel und Hammer den alten Bremsbelag entfernen. Reste der Niete aus dem Bremsbacken herausklopfen.
- Sie können auch die Niete einzeln ausbohren.

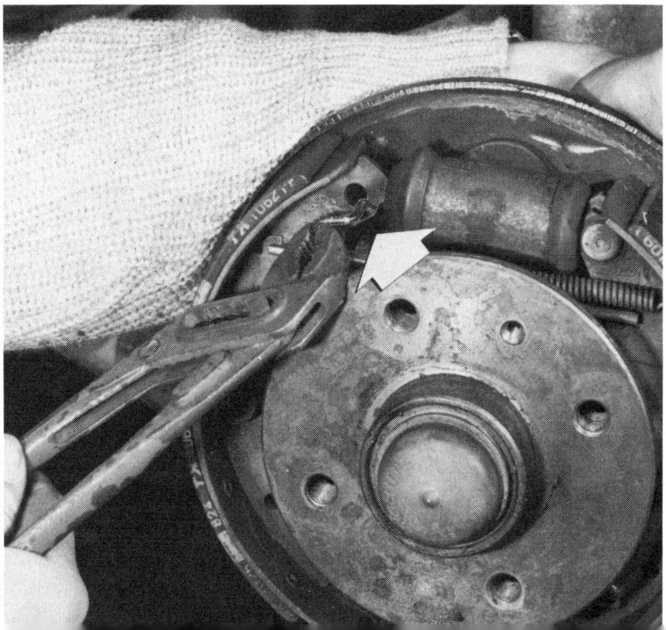

Zum Ausbau der Bremsbeläge muß die Nachsteller-Haltefeder abgenommen werden. Hierzu Rohrzange an der Radnabe abstützen. Achten Sie beim Aushängen der Feder darauf, daß die Manschette des Radbremszylinders nicht beschädigt wird.

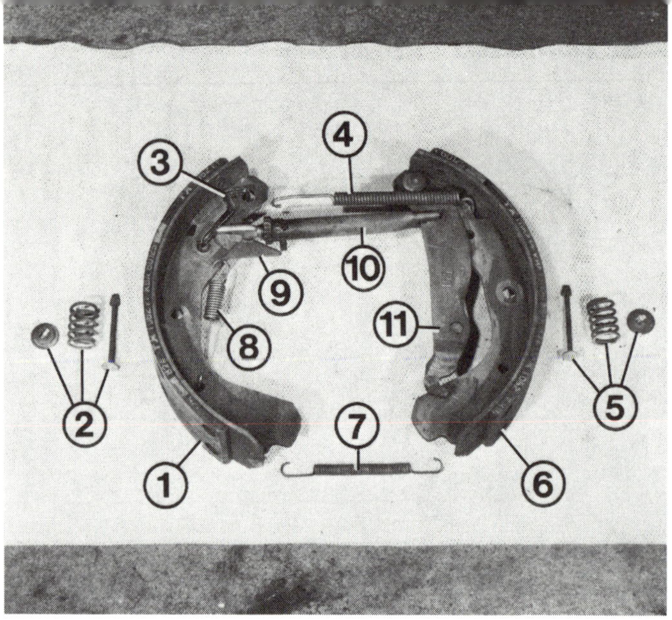

Die ausgebauten Trommelbremsbeläge. Zu sehen sind:
1 – Auflaufbacke (Primärbacke);
2 und 5 – Federteller, Niederhaltefeder, Haltestift;
3 – Nachsteller-Haltefeder;
4 – obere Rückzugfeder;
6 – Ablaufbacke (Sekundärbacke);
7 – untere Rückzugfeder;
8 – Feder für Nachstellhebel;
9 – Nachstellhebel;
10 – Druckstange mit Nachstellritzel und Thermoclip;
11 – Handbrems-Betätigungshebel.

Achten Sie dabei jedoch darauf, daß nicht gleich die Bremsbacke mit durchgebohrt wird.

- Nietlöcher entgraten und Oberfläche der Bremsbacke säubern. Bremsbacken mit tiefen Rostnarben nicht mehr verwenden; die Anlagefläche muß eben sein.
- Unterteil des Nietwerkzeugs in den Schraubstock einspannen.
- Ersten Niet in eines der mittleren Löcher im Belag einsetzen. Bremsbacke mit auflegen und Niet durchdrücken.
- Komplette Bremsbacke jetzt mit dem Belag nach unten am Niet auf den Dorn halten.
- Ein Helfer muß mit Hammer und Nietwerkzeug den überstehenden Niet an der Rückseite der Bremsbacke umbördeln. (Nicht zu wild draufloshämmern, sonst bricht der Bremsbelag.)
- Aus der Mitte des Belags beginnend die restlichen Niete einsetzen.
- Außenkanten der Beläge mit einer Feile abrunden.
- Bremsbacken einbauen.
- Bremstrommel aufsetzen.

Die Handbremse

Wenn Sie den Handbremshebel ziehen, spannen sich die Bremsseile zu den Hinterrädern.

○ Dadurch wird in der Trommel der Bremshebel der – in Fahrtrichtung hinten liegenden – Primärbacke angezogen, und über eine Verbindungsstange werden dann beide Bremsbacken an die Bremstrommel gedrückt; das Hinterrad ist blockiert.

○ Wie anfangs schon erwähnt, besitzen die 2,0-Liter-Modelle hinten Scheibenbremsen. Hier wurde das Handbremssystem völlig von der Fußbremse getrennt. Innerhalb der Bremsscheiben sind kleine Bremstrommeln eingearbeitet, auf deren Beläge die Handbremse wirkt.

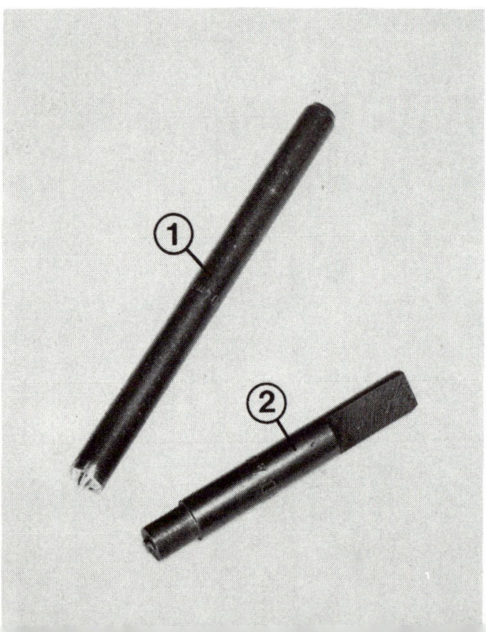

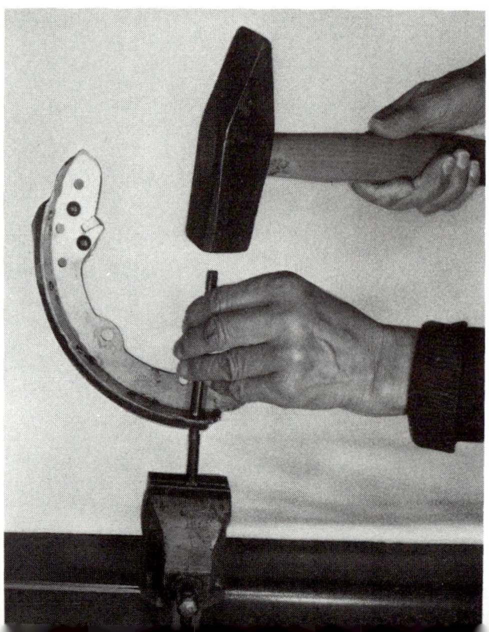

Links: Das Handnietwerkzeug der Fa. Jurid besteht aus Oberteil (1) und Unterteil (2).
Rechts das Nietwerkzeug im Einsatz: Das Unterteil ist im Schraubstock eingespannt, das Oberteil bekommt sanfte Hammerschläge verpaßt. Die Bremsbacke sollte dabei von einem Helfer gegengehalten werden.

Wartung Nr. 30

Wird die Feststellbremse nahezu bei jedem Parken angezogen, längen sich die Handbremsseile im Laufe der Zeit. Wer andererseits die Handbremse nur selten benutzt, kann eines Tages mit Überraschung erleben, daß sie einseitig zieht – ein häufig auftretender Mangel beim TÜV. So kontrolliert man die Handbremse:

● Funktionsprüfung durchführen, wie auf Seite 135 beschrieben.

● Zieht die Bremse schief oder ist die Wirkung unzureichend, muß bei Fahrzeugen mit Scheibenbremsen hinten »eingebremst« werden (siehe folgenden Abschnitt).

● Leerweg des Handbremshebels prüfen: Läßt er sich um mehr als 6 Rasten hochziehen, muß die Handbremse eingestellt werden.

Handbremse »einbremsen«

Bei Wagen mit Scheibenbremsen hinten verschleißen die Beläge der Handbremse so gut wie nicht, denn sie wird ja normalerweise erst bei stehendem Wagen angezogen. Es kommt also fast nie zu der sonst üblichen Reibung zwischen Belägen und Trommeln. Dadurch kann sich der Reibwert der Handbremsbeläge verändern. Die Feststellbremse verliert an Wirkung. Abhilfe: Den Wagen bei leicht angezogener Handbremse etwa 400 Meter weit fahren. »Eingebremst« werden muß auch, wenn neue Handbremsbeläge eingebaut wurden, wenn die Handbremse eingestellt werden soll oder wenn Sie ein Nachlassen der Handbremswirkung spüren.

Handbremse einstellen

Voraussetzungen: Bevor die Handbremse eingestellt wird, muß sichergestellt sein, daß die Seilzüge der Bremse leichtgängig sind, sonst nützt alles Einstellen nichts. Ebenso müssen bei Fahrzeugen mit Trommelbremsen die Hebel an den Bremsbacken gängig sein. Bei Scheibenbremsen zuvor die Bremsbeläge der Handbremse nachstellen – erst dann können die Seilzüge nachgespannt werden (sofern überhaupt noch nötig).

● **Handbremsbacken nachstellen** (Fahrzeuge mit Scheibenbremsen hinten): Handbremshebel auf die zweite Raste ziehen.

● Wagen hinten aufbocken.

● Hinterräder abschrauben.

● Zwischen den Radschraubenlöchern befindet sich eine Bohrung. Bremsscheibe so drehen, daß die Bohrung unten steht.

● Genau an dieser Stelle befindet sich das Einstellritzel der Handbremsbacken. Zur Kontrolle mit der Taschenlampe durch das Schraubenloch leuchten.

● Schraubenzieher durch die Bohrung stecken und Einstellritzel unter hebelnden Bewegungen drehen (siehe Foto unten), bis die Bremsbacken anliegen und das Rad sich nicht mehr drehen läßt. Zum Nachstellen wird der Schraubenzieher nach unten gehebelt.

● Einstellritzel zurückdrehen, bis sich das Rad frei drehen läßt.

● **Bremsseile einstellen** (alle Modelle): Wagen hinten aufbocken; beide Hinterräder müssen frei sein.

● Unter dem Fahrzeug das lange Bremsseil hinter dem Bremsseilausgleich kräftig nach unten ziehen und auf Freigängigkeit prüfen.

● Ebenso das kurze Bremsseil kontrollieren.

● Im Wagen den Handbremshebel bis zur zweiten Raste anziehen.

● In dieser Stellung beide Hinterräder mit der Hand drehen, die Bremswirkung muß gerade einsetzen.

● Wenn die Räder frei drehen, ist die Mutter am Bremsseilausgleich entsprechend weiterzuschrauben, dabei das Gewindestück mit einem Gabelschlüssel gegenhalten.

● Handbremshebel lösen und kontrollieren, ob sich die Räder ohne Widerstand frei drehen lassen.

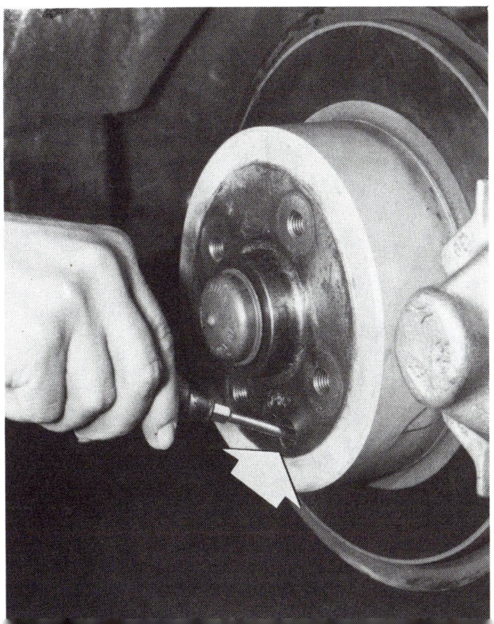

Links: Bei Fahrzeugen mit Scheibenbremsen hinten können die Handbremsbacken, wenn nötig, nachgestellt werden.
Rechts: Die Bremsscheibe hinten abgenommen. Sie sehen:
1 – vordere Handbremsbacke;
2 – Spreizschloß (es drückt bei gezogener Handbremse die Backen gegen die Trommel);
3 – obere Rückzugfeder;
4 – untere Rückzugfeder;
5 – hintere Handbremsbacke;
6 – Nachstellvorrichtung mit Einstellritzel.

Handbremsseil ersetzen

● Fahrzeug aufbocken.
● Bei Fahrzeugen mit Trommelbremse Hinterräder abschrauben. Bremstrommeln und Bremsbacken ausbauen.
● Sicherung abnehmen und Handbremsseil aus den Bremsankerplatten herausziehen.
● Bei Fahrzeugen mit Scheibenbremsen hinten Rückzugfeder des Spreizschlosses an der Bremsankerplatte aushängen.
● Bei Fahrzeugen mit Katalysator Abschirmblech vorn an der Zugstange losschrauben.
● Alle Versionen: Gewindestück am Bremsausgleich gegenhalten und die selbstsichernde Einstellmutter abschrauben.
● Bremsseile aus den Führungen aushängen.
● Handbremsseil vom Verbindungsstück zur Zugstange aushängen.
● Nach dem Einbau neuer Seile Handbremse einstellen.

Hydraulik und Betätigung

Nachdem wir uns bisher mit der mechanischen Seite der Bremsen beschäftigt haben, wenden wir uns jetzt der Bremsbetätigung mit ihren Hydraulik-Bauteilen und dem Bremskraftverstärker zu.

Arbeiten an der Bremshydraulik

Arbeitstips

○ Bremsflüssigkeit ist giftig. Nicht mit dem Mund in Berührung bringen.
○ Bremsflüssigkeit greift den Fahrzeuglack an. Deshalb keine bremsflüssigkeitsgetränkten Lappen oder -verschmierten Werkzeuge auf die Lackierung legen.
○ Beim Lösen eines Bremsschlauchs oder einer Bremsleitung läuft nach der Bremsflüssigkeits-Vorratsbehälter leer. Das verhindern Sie so: Vor dem Lösen der Verschraubung eine Entlüftungsschraube im betreffenden Bremskreis lösen. Entlüftungsschlauch aufstecken und in ein Gefäß leiten. Nun das Bremspedal ganz durchtreten und mittels einer passenden Holzlatte in dieser Stellung halten. Die Zulaufbohrungen im Hauptbremszylinder sind damit verschlossen – es tritt keine Bremsflüssigkeit mehr aus.
○ Zum Lösen der Bremsleitungen sollten Sie den im Bild auf Seite 191 oben gezeigten Bremsleitungsschlüssel besorgen. Ferner benötigen Sie zum Gegenhalten der Bremsschläuche einen Gabelschlüssel SW 19.
○ Nach Arbeiten an der Bremshydraulik muß grundsätzlich entlüftet werden. Oft genügt es, nur den Bremskreis, an dem gearbeitet wurde, zu entlüften.

Der Hauptbremszylinder

Der Hauptbremszylinder ist gewissermaßen das Oberhaupt im Bremssystem. Er sitzt hinten links im Motorraum und gibt den Bremssätteln bzw. Radbremszylindern den Befehl, wann sie zu bremsen haben. Mehr über seine Ausführung und Funktion finden Sie auf Seite 134.

Hauptbremszylinder ausbauen

● Bremsflüssigkeit aus dem Vorratsbehälter absaugen.
● Wenn vorhanden, Kabelstecker vom Deckel abziehen.
● Sämtliche Bremsleitungen am Hauptbremszylinder abschrauben.
● Wenn vorhanden, beide Bremskraftregler herausschrauben, aber an den Bremsleitungen lassen.

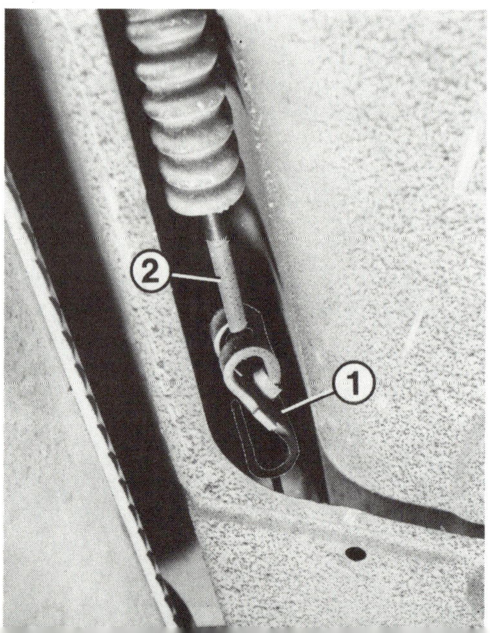

Links: Der Bremsseilausgleich (3) sitzt auf dem Hinterachskörper. Zur Einstellung das Gewindestück (1) gegenhalten und die Mutter (2) entsprechend drehen. Rechts: Zum Ausbau des langen Bremsseils muß es vorn am Verbindungsstück (1) zur Zugstange (2) ausgehängt werden.

● Verschraubung der Verbindung Hauptbremszylinder/Bremskraftverstärker losdrehen, Zylinder abnehmen.
● Bei Ersatz eines Ate-Hauptbremszylinders den Flüssigkeitsbehälter nach oben abziehen.
● Bei der GMF-Ausführung die beiden Sicherungen, mit denen der Behälter im Zylinder befestigt ist, zurückdrücken und Flüssigkeitsbehälter durch Verkanten abnehmen.
● Beim Einbau neue Dichtungen, Sicherungen und selbstsichernde Muttern verwenden.
● Anzugsdrehmomente: Hauptbremszylinder an Bremskraftverstärker 22 Nm, Bremskraftregler an Hauptbremszylinder Ate-Ausführung 12 Nm, GMF-Ausführung 40 Nm, Bremsleitungen an Hauptbremszylinder 16 Nm.
● Bremsanlage entlüften, montierte Anschlüsse auf Dichtheit prüfen.

Der Bremskraftverstärker

Scheibenbremsen wirken nicht, wie Trommelbremsen, selbstverstärkend: es ist eine wesentlich höhere Pedalkraft vonnöten. Deshalb besitzt der Vectra einen pneumatisch arbeitenden Bremskraftverstärker, der ca. 60% der Bremskraft aufbringt.
Diese Hilfseinrichtung sitzt links im Motorraum hinter dem Hauptbremszylinder. Das Bremspedal ist jedoch trotzdem direkt mit den Bremskolben im Hauptzylinder verbunden, so daß man auch bei ausgefallenem Hilfsgerät noch bremsen kann. Der notwendige Pedaldruck muß dann allerdings vervielfacht werden!
Die Hilfskraft liefert der Unterdruck aus dem Ansaugrohr. Der Bremskraftverstärker ist über einen Schlauch mit dem Saugrohr verbunden. Beim Bremsen verschiebt der Druckunterschied zwischen dem äußeren Luftdruck und dem Unterdruck im Ansaugrohr eine große elastische Membrane und drückt zusätzlich auf die Kolben im Hauptbremszylinder.
Wenn der Motor nicht läuft, liefert der Servo keine (zusätzliche) Bremskraft. Deswegen müssen Sie stärker aufs Pedal treten, wenn z.B. Ihr Wagen abgeschleppt wird. Bleibt der Motor unterwegs plötzlich stehen, haben Sie durch den Unterdruckspeicher noch eine Reserve für einige kurze Bremsungen – erst dann werden die Wadenmuskeln voll beansprucht.

Bremskraftverstärker prüfen

● Der Motor muß abgestellt sein.
● Bremspedal **10 Mal** durchtreten.
● Pedal jetzt voll durchgetreten halten und Motor starten.
● Bei intaktem Bremskraftverstärker muß das Pedal jetzt ein Stück nachgeben. Senkt sich das Pedal nicht, ist die Bremskraftverstärkung defekt.
● Ein Fehler im Unterdrucksystem ist am wahrscheinlichsten: Unterdruckschlauch vom Ansaugkrümmer zum Bremskraftverstärker undicht, Rückschlagventil im Unterdruckschlauch, Gummiring zwischen Hauptbremszylinder und Servogerät oder Membrane des Bremskraftverstärkers defekt.
● Zur Kontrolle des Rückschlagventils den Unterdruckschlauch zum Bremsservo am Verteilerstück beim Ansaugkrümmer abnehmen – Durchblasen darf nicht, Ansaugen muß möglich sein. Wartung Nr. 29
● Beim Einbau eines neuen Ventils muß der Pfeil auf dessen Gehäuse in Richtung Ansaugkrümmer zeigen.
● Zum Austausch eines schadhaften Gummirings zwischen Hauptbremszylinder und Verstärker muß der Zylinder abgebaut werden, siehe Vorseite.
● Bleibt zuletzt noch der Defekt des Bremskraftverstärkers selbst. Eine Reparatur ist hier nicht möglich – austauschen.

Bremskraftverstärker (1) und Hauptbremszylinder (2) haben ihren Platz hinten links im Motorraum.

Die Abbildung zeigt den Unterdruckschlauch (1) vom Bremskraftverstärker zum Ansaugrohr. In die Schlauchleitung ist das Rückschlagventil (2) eingesetzt.

Bremskraftverstärker ausbauen

- Hauptbremszylinder mit angeschlossenen Leitungen vom Bremskraftverstärker abbauen und etwas nach vorn drücken.
- Unterdruckschlauch vom Bremskraftverstärker abmontieren.
- Im Fußraum die Abdeckung über den Pedalen abnehmen.
- Bremslichtschalter ausbauen, dazu den Schalter nach links oder rechts drehen.
- Rückzugfeder für das Bremspedal aushängen.
- Sicherung vom Bolzen der Kolbenstange abnehmen und den Bolzen ausbauen.
- Die Schrauben, die im Wagen-Innenraum den Bremskraftverstärker halten, losdrehen. Für die untere Befestigungsschraube einen Gelenksteckschlüssel verwenden.
- Bremskraftverstärker im Motorraum etwas verkanten und zusammen mit dem Haltebock nach oben herausnehmen.
- Wird ein neuer Bremskraftverstärker eingebaut, muß die Länge der Betätigungsstange im ausgebauten Zustand eingestellt werden.
- Der Abstand zwischen Bohrungsmitte der Kolbenstange zur Anlagefläche mit den vier Stehbolzen muß 257 mm betragen.
- Gelenkbolzen vor dem Einbau leicht einfetten.
- Der Bremslichtschalter verfügt über eine Raststellung, er wird einfach eingesetzt und verdreht. Vorher den Schalterstift bis zum Anschlag nach außen ziehen.
- Neuen Dichtring zwischen Bremskraftverstärker und Hauptbremszylinder einbauen.
- Nach dem Einbau Funktion des Bremskraftverstärkers prüfen.

Je nach Ausführung sitzen die Bremskraftregler vorn unter dem Hauptbremszylinder oder links und rechts über der Hinterachse. Das Foto zeigt den rechts hinten sitzenden Bremskraftregler.

Mit einer Überwurfmutter (3) wird die Bremsleitung (2) am Bremsschlauch (1) befestigt. Der Bremsschlauch wiederum ist mit einer Sicherungsklammer (4) an der Bremsschlauchhalterung befestigt.

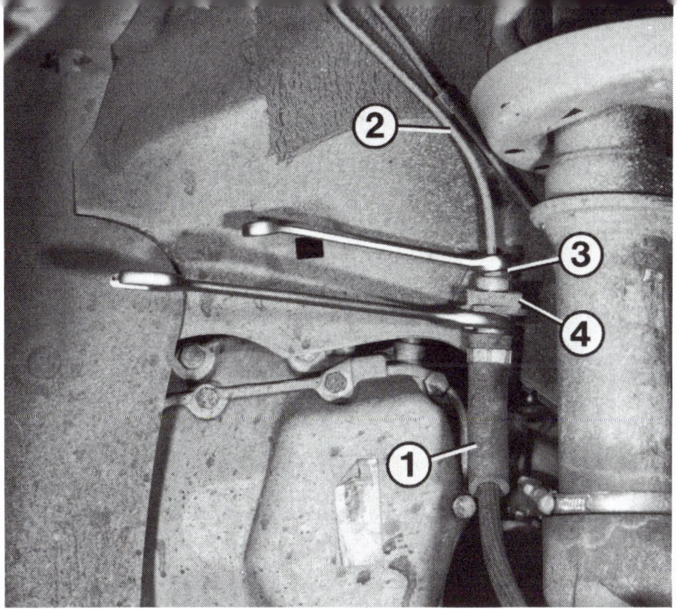

Die Bremskraftregler

Je nach Ausführung sitzen die Bremskraftregler zwischen Hauptbremszylinder und den beiden Bremsleitungen oder rechts und links über der Hinterachse.
Die Bremskraftregler verringern den Flüssigkeitsdruck zu den hinteren Radbremszylindern. Das geschieht je nach Beladung: Viel Druck bei vollgeladenem Wagen, wobei die Hinterachse auch beim Bremsen nur wenig entlastet wird; wenig Druck bei Ein- oder Zweimannbesatzung – hierbei hebt sich der Wagen stärker aus den Hinterfedern.
Durch zu viel Bremsdruck an den Hinterrädern blockieren diese vorzeitig, und das Auto stellt sich quer.

Bremsleitungen ersetzen

- Überwurfmutter der Bremsleitung losdrehen. Hierzu Gegenverschraubung – z. B. an einem Bremsschlauch – festhalten.
- Ist die Mutter auf der Leitung angerostet, wodurch sich diese mitdreht, muß die Leitung in jedem Fall erneuert werden. Die dünnwandigen Rohre knikken schnell ab.
- Zum Lösen der Leitungsanschlüsse kann folgender Trick weiterhelfen, wenn das betreffende Leitungsstück ohnehin ausgewechselt werden soll:
- Bremsleitung nahe der Verschraubung absägen, Überwurfmutter mit einer Sechskantnuß losdrehen.
- Muß eine neue Leitung noch etwas zurechtgebogen werden, darf dies nur in einem großen Radius geschehen. Andernfalls knickt das dünne Rohr ab.
- Innenseite des Bogens beim Biegen mit dem Daumen unterstützen. So können Sie sich langsam dem Radius entlang arbeiten.
- Evtl. vorhandene Schutzschläuche der Leitungen nicht vergessen.
- Bremsleitungen in ihren Abstandshaltern verlegen.
- Auszugsdrehmoment 16 Nm.
- Bremsanlage entlüften.

Links: Bremsschläuche stellen die Verbindung von der Karosserie zu den beweglichen Teilen des Fahrwerks her.
Rechts: Vorn ist der Bremsschlauch mit einer Hohlschraube am Bremssattel befestigt. Die Hohlschraube darf nur mit 40 Nm angezogen werden.

Bremsschläuche ausbauen

● Zuerst die Überwurfmutter der betreffenden Bremsleitung losdrehen, dabei das Anschlußstück des Bremsschlauches gegenhalten.
● Sicherungsblech mit einer Zange entfernen und Schlauch aus dem Halter nehmen.
● **Bremsschlauch vorn:** Hohlschraube aus dem Bremssattel herausdrehen. Bremsschlauch abnehmen. Beim Einbau neue Dichtungen verwenden.
● **Bremsschlauch hinten:** (Fahrzeuge mit Bremskraftregler vorn eingebaut): Zweite Überwurfmutter vom Bremsschlauch abschrauben. Sicherungsblech und Bremsschlauch abnehmen.
● Fahrzeuge mit Bremskraftregler hinten: Sicherungsblech abziehen und Bremsschlauch vom Bremskraftregler losschrauben. Bremskraftregler mit Gabelschlüssel gegenhalten.
● **Einbau:** Bremsschläuche nicht in sich verdreht einbauen. Zur Kontrolle dienen die Längsstreifen entlang der Schläuche.
● Anzugsdrehmomente: Bremsschlauch an Bremssattel 40 Nm; Bremsschlauch an Bremsleitung 16 Nm; Bremsschlauch an Bremskraftregler 16 Nm.
● Bremsanlage entlüften.
● Sofort nach der Reparatur kontrollieren, ob die Schläuche irgendwo scheuern können.
● Die Kontrolle nach einer längeren Fahrtstrecke wiederholen.

Fingerzeig: Bei älteren (ca. 10 Jahre) oder fehlerhaften Bremsschläuchen kann es vorkommen, daß diese quellen und so den Leitungsquerschnitt im Innern verkleinern oder ganz verschließen. Äußerlich ist diesen Schläuchen nichts anzusehen. Sie bemerken besagte Querschnittsverengung, wenn eine Radbremse erst mit Verzögerung anspricht (Bremsen ziehen erst schief, dann aber völlig gerade). Bisweilen löst die betreffende Bremse dann auch erst mit einer kleinen Verspätung, weil sich der Bremsdruck durch die verengte Leitung nicht sofort wieder abbauen kann. Bremsschlauch (am besten alle) auswechseln.

Bremsanlage entlüften

Entlüftet werden muß nach Reparaturen an der Bremshydraulik, wenn Luft in Bremszylinder und Leitungen eingedrungen ist:

● Bremsflüssigkeit-Vorratsbehälter ganz mit frischer Bremsflüssigkeit auffüllen und auch während des Entlüftens immer dafür sorgen, daß er rechtzeitig vor Absinken des Spiegels mit frischer Flüssigkeit aufgefüllt wird. Sonst wird wieder Luft angesaugt.
● Die Arbeitsreihenfolge lautet: hinten rechts, hinten links, vorn rechts, vorn links. Bei Fahrzeugen mit ABS ab Modelljahr '90 ist die Reihenfolge vorn rechts, vorn links, hinten rechts, hinten links.
● Staubkappe vom Entlüftungsventil nehmen () und das Entlüftungsventil (SW 9) um ½ bis 1 Umdrehung öffnen.
● Durchsichtigen Schlauch über das gesäuberte Ventil schieben und freies Schlauchende in ein teilweise mit Bremsflüssigkeit gefülltes Gefäß stecken.
● Von Helfer das Bremspedal so lange langsam niedertreten und wieder zurückkommen lassen, bis im Schlauch keine Luftbläschen mehr sichtbar sind. (Bei stark entleerter Hydraulik zwei Entlüftungsdurchgänge am Wagen machen.) So wird Bremsflüssigkeit – und natürlich auch Luft – durch das Entlüftungsventil gepumpt.
● Kommen keine Luftbläschen mehr, muß der Helfer das Bremspedal in der tiefsten Stellung halten, während Sie das Entlüftungsventil schließen. Mit Gefühl anziehen, sonst reißt das Ventil ab.
● An den übrigen Radbremsen auf gleiche Weise entlüften.

Bremsen entlüften: Das Entlüftungsventil (1) wird mit einem Schlüssel SW 9 geöffnet. Der Kunststoffschlauch (2) ist auf das Ventil gesteckt und leitet die herausgepumpte Flüssigkeit in das vorbereitete Gefäß (3).

Die Störung	– ihre Ursache	– ihre Abhilfe
A Bremsen ziehen einseitig	1 Reifendruck ungleichmäßig	Korrigieren bei kalten Reifen
	2 Reifenprofil ungleich abgefahren	Reifen wechseln
	3 Beläge verschmiert, verglast oder ungleichmäßig abgenutzt	Beläge erneuern
	4 Schächte im Bremssattel verschmutzt oder verrostet	Reinigen
	5 Führungsbolzen im Bremssattel verschmutzt oder verrostet (2,0-Liter)	Reinigen
	6 Kolben im Bremssattel oder Radbremszylinder festgerostet	Gängig machen oder erneuern
	7 Bremsbacken liegen in der Trommel nicht richtig an	Kontrollieren, evtl. neue Bremsbacken montieren
	8 Unrunde Bremstrommeln	Ausdrehen oder erneuern
	9 Bremsscheiben stark riefig oder zu dünn	Bremsscheiben ersetzen
	10 Bremsschläuche gequollen	Schläuche ersetzen
B Bremsen quietschen oder rattern	1 Staub und Schmutz an den Scheibenbremsen oder in den Bremstrommeln	Beläge ausbauen, Staub und Schmutz mit Preßluft abblasen
	2 Falsche Beläge	Original-Beläge einbauen
	3 Bremsscheibe hat Schlag	Erneuern
	4 Neue Bremsbeläge liegen nicht plan an	Außenkanten der Beläge mit einer Feile brechen
	5 Lose Belagnieten	Erneuern
	6 Siehe A 4–6, 8 und 9	
C Bremsen rattern und blockieren	1 Siehe A 6 und 8	
	2 Überstehende Belagnieten	Beläge erneuern
	3 Rückzugefedern der Bremsbacken zu schwach	Erneuern
D Eine oder alle Radbremsen werden sehr heiß	1 Ausgleichbohrung im Hauptbremszylinder verstopft	Säubern lassen
	2 Kein Spiel zwischen Bremspedal (Druckstange) und Hauptbremszylinderkolben	Einstellen
	3 Gummiteile gequollen durch Verwendung falscher Bremsflüssigkeit	Bremsflüssigkeit wechseln und schadhafte Teile erneuern
	4 Belüftungslöcher im Deckel des Vorratsbehälters verstopft	Reinigen
	5 Verrostete Bremssättel	Überholen lassen bzw. austauschen
	6 Handbremse löst nicht vollständig	Bremsseile und Hinterradbremse kontrollieren
	7 Spreizfeder gebrochen	Erneuern
E Pedalweg zu groß, Pedal läßt sich weich und federnd durchtreten	1 Luft im Bremssystem	Bremsanlage entlüften
	2 Bremssystem undicht	Dichtheitsprüfung durchführen
	3 Hauptbremszylinder defekt	Austauschen
	4 Bei starker Bremsbelastung Dampfblasenbildung in zu alter Bremsflüssigkeit	Bremsflüssigkeit austauschen
F Schlechte Bremswirkung bei hohem Pedaldruck	1 Pedalweg normal: Beläge verölt oder verglast	Erneuern
	2 Pedalweg kurz: Bremskraftverstärker defekt	Kontrollieren, siehe Seite 149
	3 Pedalweg lang: Ein Bremskreis ausgefallen durch Undichtigkeit	Kontrollieren, schadhafte Teile auswechseln
G Handbremse wirkt einseitig oder nur schwach	1 Siehe A 3, 6 und 8	
	2 Bremsseil eingerostet	Erneuern
	3 Nachstellmechanik defekt	Kontrollieren

Stotterbremse

Die ersten Patentanmeldungen zu Antiblockiersystemen stammen aus den zwanziger Jahren. Versuche mit mechanischen Systemen wurden dann später durchgeführt – sie scheiterten jedoch daran, daß die Signalübertragung zu langsam und zu ungenau war, um die Erfordernisse einer Bremsregelung zu erfüllen.
Heutige Systeme hingegen arbeiten dank der Mikroelektronik zuverlässig, exakt und schnell und leisten somit einen bedeutenden Beitrag zur Fahrsicherheit.

ABS kann nicht alles!

ABS kann keine Bremswunder vollbringen, wie häufig angenommen wird; der Bremsweg wird sich also nicht unter allen Bedingungen wesentlich verkürzen.
Vielmehr hilft ABS, die Lenkfähigkeit des Wagens während einer starken Bremsung zu erhalten. Doch bedarf es dazu eines weit größeren Lenkeinschlags als normal. Das ist nur einer der Punkte, die anders sind als bei einer normalen Bremsanlage:

- Üben Sie deshalb auf einem abgelegenen Parkplatz Vollbremsungen unter Lenkeinschlag.
- Treten Sie dabei voll aufs Bremspedal. Das Dosieren der Bremskraft übernimmt das ABS für Sie.
- Das gilt für Bremsungen bei Geradeausfahrt wie auch bei eingeschlagener Lenkung.
- Wundern Sie sich nicht über das pulsierende Bremspedal. Wenn das ABS regelt, sind diese Pedalschwingungen normal.
- In Extremfällen werden Sie auch bei ABS das Bremspedal loslassen müssen, um heikle Situationen in der Kurve noch zu retten.

Was ABS macht

ABS sorgt immer für eine optimale »Stotterbremsung«, so daß eine reine Blockierbremsung nicht mehr möglich ist.
Die Räder drehen sich selbst bei einer Vollbremsung auf Glatteis noch etwas, damit sie das Fahrzeug in der Spur halten können.

Funktion der Einzelteile

Die Hydraulikeinheit

Sie hat ihren Platz links im Motorraum (Abbildung rechts oben): Die Einheit ist zwischen den Bremsleitungen vom Hauptbremszylinder und den Bremsleitungen zu den Radbremsen eingebaut. Entsprechend den Befehlen vom elektronischen Steuergerät wird der Druck zu den Radbremsen entweder konstant gehalten, verringert oder wieder aufgebaut. Höher als der Druck, den Sie über das Bremspedal im Hauptbremszylinder erzeugen, kann der Druck aber nicht werden. Für die Druckregelung sind vier schnell schaltende Magnetventile zuständig – also je eines pro Rad.

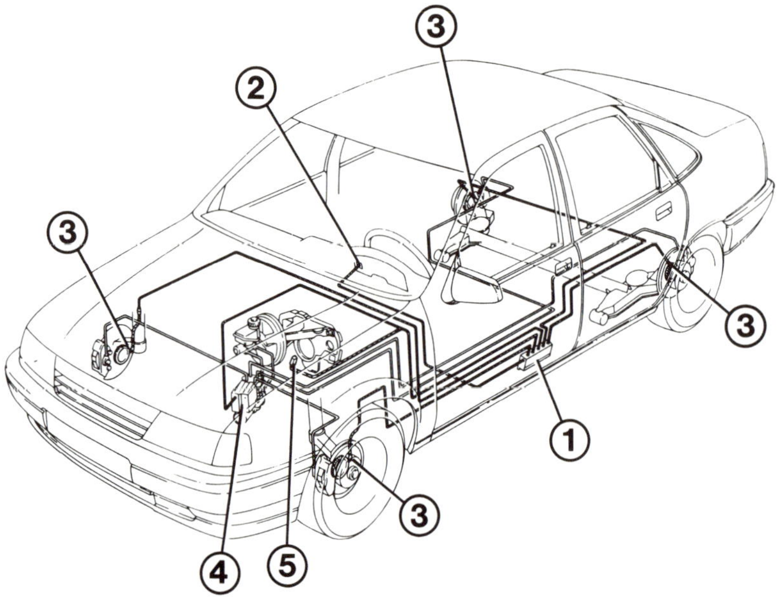

Die Zeichnung zeigt die Anordnung der ABS-Bauteile sowie den Kabelsatz und die Bremsleitungsverlegung bis Modelljahr '91:
1 – Steuergerät;
2 – ABS-Kontrolleuchte;
3 – Drehzahlfühler;
4 – Hydraulikeinheit;
5 – Überspannungsschutzrelais.

Die Hydraulikeinheit (1) des Antiblockiersystems hat ihren Platz links vorn im Motorraum. Bei abgenommenem Schutzdeckel sind ferner zu sehen das Relais der Magnetventile (2) und das Relais der Rückförderpumpe (3).

Sind die Magnetventile stromlos, wird der Druck erhöht. Fließt der Maximalstrom, erfolgt eine Druckreduzierung, und bei mittlerer Stromstärke wird der Druck gehalten. Besonders interessant ist die Druckabbauphase: Weil man die Bremsflüssigkeit, welche vom Hauptbremszylinder herausgedrückt wird, zum Druckabbau nicht einfach irgendwohin entweichen lassen kann (das Bremspedal würde sich als Folge ganz durchtreten lassen), pumpt man die Bremsflüssigkeit mit einer kräftigen Rückförderpumpe zum Hauptbremszylinder zurück. Sie merken dies am Bremspedal, das leicht zu pulsieren beginnt, wenn die Rückförderpumpe läuft, das ABS also in Aktion tritt.
Bei genauem Hinhören vernehmen Sie auch die Pumpgeräusche. Durch Geräuschdämpfer in der Hydraulikeinheit wird das Geräusch etwas unterdrückt.
Oben an der Hydraulikeinheit finden Sie neben der Steckverbindung noch zwei Relais. Das größere schaltet den Strom zur Rückförderpumpe; über das kleinere Relais werden die Magnetventile angesteuert.

Die Drehzahlfühler

Insgesamt vier Drehzahlfühler erfassen die Drehzahlen jedes einzelnen Rades und leiten diese Information zur Steuerelektronik weiter. Damit kann das Schaltgerät seinerseits die Hydraulikeinheit ansteuern.
Die Drehzahlfühler selbst bestehen aus einem Magnetkern und einer Spule und sind in geringem Abstand zu einer Zahnscheibe – dem Rotor – montiert. Der Rotor – sein Name sagt es schon – dreht sich mit dem Rad und läßt damit die zahnförmigen Erhebungen an seinem Umfang je nach Geschwindigkeit schneller oder langsamer am Fühler vorbeilaufen. Jeder Zahn, der unter dem Fühler vorbeiwandert, induziert im Fühler einen kurzen Spannungsanstieg. Auf diese Weise wird im Fühler eine Wechselspannung erzeugt, die entsprechend der Raddrehzahl ihre Frequenz ändert. Das so entstandene Signal wird vom Schaltgerät als Drehzahlinformation verarbeitet.
Die Rotoren sitzen bei unserem Vectra vorn auf dem äußeren Antriebswellengelenk und hinten auf der Radnabe.

Die Drehzahlfühler tasten an jedem Rad eine Zahnscheibe (Pfeil) ab. Die entstehende Spannung ist Meßgröße für die Drehzahl.

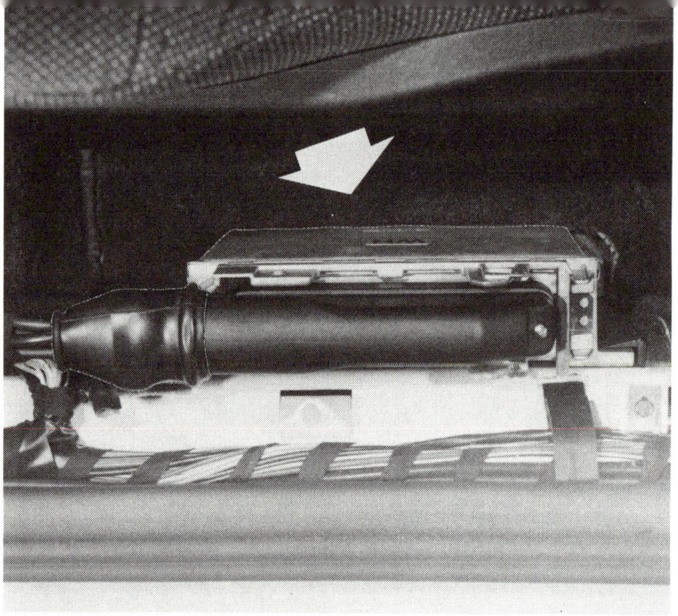

Das ABS-Steuergerät (Pfeil) sitzt bis Modelljahr '91 unter einer Abdeckung links neben dem Fahrersitz.

Das elektronische Steuergerät

Bis Modelljahr '91 sitzt das Steuergerät links neben dem Fahrersitz unter einer Kunststoffabdeckung, seit Modelljahr '92 befindet es sich direkt neben der Hydraulikeinheit. Das Steuergerät verarbeitet die Informationen von den Drehzahlfühlern. Gleichzeitig steuert es die Hydraulikeinheit so an, daß die Räder nicht blockieren. Neben der komplizierten Signalaufarbeitung und dem nachfolgenden Logikteil enthält das Steuergerät noch eine Sicherheitsschaltung. Damit kann sich das Gerät selbst überprüfen, Fehler außerhalb erkennen und die Betriebsspannung überwachen. Werden Fehler festgestellt, schaltet sich das ABS aus, und die Kontrollampe im Armaturenbrett leuchtet auf.

Die Relais

Drei Relais tragen zur Funktion des ABS bei:
- Das Relais für die Magnetventile sitzt unter der Abdeckhaube auf der Hydraulikeinheit.
- Das Relais für die Rückförderpumpe sitzt ebenfalls unter der Abdeckhaube der Hydraulikeinheit.
- Das Überspannungs-Schutzrelais. Es hat seinen Platz im Relaiskasten, der sich neben der Hydraulikeinheit befindet.

Störungen am ABS-System

Die ABS-Kontrolleuchte im Armaturenbrett leuchtet mit dem Einschalten der Zündung auf. Sie muß verlöschen, wenn der Motor läuft oder spätestens, wenn schneller als 5 km/h gefahren wird. Fällt die Bordspannung unter 10 Volt, leuchtet die Kontrolle ebenfalls. Sie kann weiterhin aufleuchten, wenn ein Rad länger als 20 Sekunden durchdreht. Dann die Zündung wieder ausschalten und erneut starten.
Leuchtet die Kontrolle ständig, ist das ABS nicht betriebsbereit. Eine entsprechend ausgerüstete Opel- oder Bosch-Werkstatt muß nach der Ursache suchen. Nicht jede Werkstatt kann das, denn es ist hierzu zusätzliches Werkzeug und fortlaufende Mitarbeiterschulung erforderlich – also vorher nachfragen.
Als Laie können Sie allenfalls die Steckverbindungen zum Steuergerät, zu den Drehzahlfühlern oder zur Hydraulikeinheit kontrollieren.
Nachfolgend noch einige Hinweise zu unseren bisherigen Erfahrungen mit ABS-Störungen:
- Bei hoher Geschwindigkeit (ab ca. 160 km/h) kann es vorkommen, daß die ABS-Kontrolleuchte aufleuchtet. Schuld daran sind verschiedene Raddrehzahlen an Vorder- und Hinterachse, hervorgerufen durch ungünstige Reifenkombinationen. Bei serienmäßiger Bereifung tritt dieser Effekt nicht auf.
- Drehen z. B. auf Eisglätte die Vorderräder mehr als ca. 20 Sekunden durch, leuchtet die ABS-Kontrolleuchte wegen der Raddrehzahlunterschiede auf.
- Arbeitet das ABS, spürt man dies am pulsierenden Bremspedal. Pulsiert es schon bei leichtem Abbremsen bei guten Straßenverhältnissen (ABS-Kontrolleuchte brennt nicht), deutet dies auf einen Fehler hin.

Fingerzeig: Auch wenn die ABS-Kontrolle ständig leuchtet, das ABS also abgeschaltet oder defekt ist, kann der Wagen ohne Einschränkungen gefahren werden. Die Bremse funktioniert dann eben wie bei einem Wagen ohne ABS.

Rundliche Figur

Nicht nur die Außenhaut des Vectra weist eine rundliche Figur auf. Vier weitere Rundungen finden Sie unten am Wagen – Gebilde aus Gummi, Stahldraht und Gewebe, welche die Verbindung zwischen unserem Opel und der Straße herstellen.

Welche Reifen sind montiert?

Die zugelassenen Reifengrößen für Ihr Fahrzeug sind in den Kfz-Papieren vermerkt. Andere als die dort aufgeführten dürfen nur dann montiert werden, wenn sie vom TÜV begutachtet und anschließend in die Fahrzeugpapiere eingetragen wurden. Folgende Reifengrößen gibt es bei unseren Modellen in Serienausstattung:

Modell	Reifengröße	Felge	Einpreßtiefe
GL/GLS	175/70 R 14 - 82 T	5½ J × 14	49 mm
GT/CD*	195/60 R 14 - 85 H	5½ J × 14	49 mm
CD Diamant	195/60 R 15 - 87 V	6 J × 15	49 mm

*** bei 2,0-Liter-Motor serienmäßig**

Die Reifenbezeichnungen

Nach international gültigen Vereinbarungen wird die Reifengröße in Millimeter oder, wie in unserem Fall, gemischt in Millimeter und Zoll angegeben. Die Bezeichnungen der Reifen 165 R 13 (nur als Winterreifen am Vectra zulässig), 175/70 R 14 - 82 T oder 195/60 R 15 - 87 V besagen z. B. folgendes:
165, 175, 195: Reifenbreite in unbelastetem Zustand in mm
70 bzw. **60:** Verhältnis von Reifenhöhe zu Reifenbreite = 70:100 bzw. 60:100. Standard-Gürtelreifen, wie sie am Vectra nur noch als Winterreifen zur Anwendung kommen, haben ein Höhen/Breiten-Verhältnis von 80:100. Entsprechend niedriger ist das Höhen/Breiten-Verhältnis bei unseren 70er- und 60er-Reifen
R: Kennzeichnung der Bauart als **R**adial- bzw. Gürtelreifen
13, 14, 15: Innendurchmesser des Reifens in Zoll (")
82, 85: Kennzahl der Mindesttragfähigkeit
Q: zulässige Höchstgeschwindigkeit bis 160 km/h – Geschwindigkeitsklasse für herkömmliche M+S-Reifen
S: bis 180 km/h
T: bis 190 km/h
H: bis 210 km/h
V: bis 240 km/h

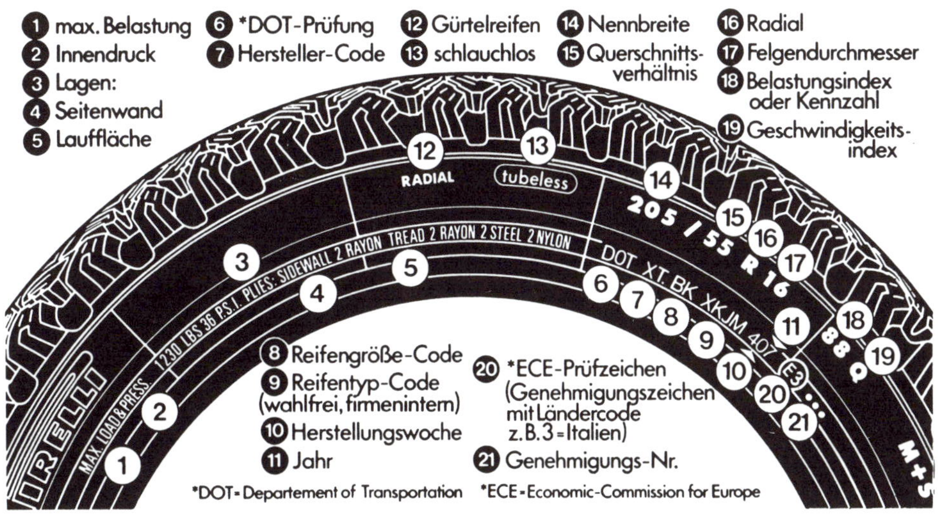

Was die verschiedenen Bezeichnungen auf der Reifenflanke bedeuten, finden Sie hier komplett zusammengestellt.

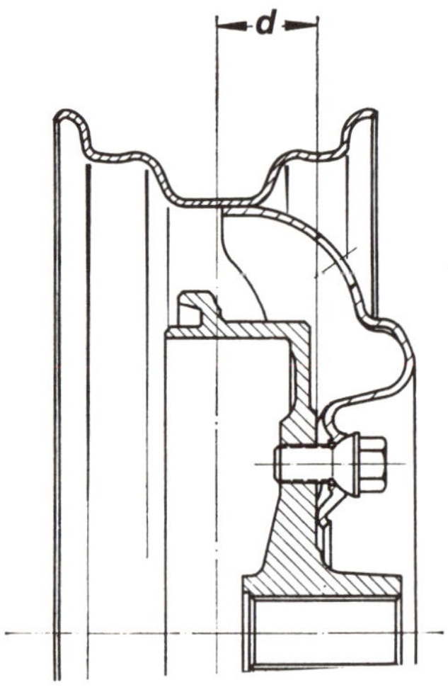

Ein wichtiges Felgenmaß stellt die Einpreßtiefe »d« dar. Damit bezeichnet man den Abstand zwischen der Felgenmitte und der Anlagefläche der Felge an die Radnabe.

Die Felgen

Am Vectra können Felgen mit folgender Bezeichnung montiert sein: 5½ J × 13 ET 49 (nur für M+S-Reifen), 5½ J × 14 ET 49 oder 6 J × 15 ET 49. Bisweilen findet sich noch die Zusatzbezeichnung »H 2« auf der Felge. Die Zahlen und Buchstaben besagen folgendes:
5½, 6: Felgenmaulweite in Zoll, an der Felgenhornbasis quer zur Laufrichtung des Rades gemessen
J: Kennzeichnung der Felgenhorn-Höhe
×: Zeichen für Tiefbettfelge
13, 14, 15: Felgendurchmesser in Zoll, von Wulst zu Wulst gemessen
ET 49: Einpreßtiefe 49 mm. Dieses Maß erläutert die Zeichnung oben näher
H 2: Zeichen für Doppel-Hump-Felge. Zwei höckerartige Erhebungen innen im Felgenbett verhindern, daß die Reifenwülste bei seitlicher Beanspruchung (scharfe Kurvenfahrt mit niedrigem Luftdruck) vom Felgenhorn abgleiten können.
Diese Norm-Bezeichnungen geben nur die Hauptabmessungen der Felgen an, nicht aber die fahrzeugspezifischen Daten, wie Anzahl der Radbefestigungslöcher oder Lochkreisdurchmesser.

Welche Felgen verwenden?

Wie bei den Reifen kann auch bei den Felgen nicht jede beliebige Größe montiert werden. Die für Ihren speziellen Wagen zulässigen Felgenbezeichnungen stehen oben.

Anbau von Sonderfelgen

Sonderfelgen heißen auf Amtsdeutsch solche Räder, die in Form oder Material nicht der serienmäßigen Ausstattung entsprechen. Da es wegen nachträglich montierten Rädern und Reifen immer wieder Schwierigkeiten bei Polizeikontrollen oder der Hauptuntersuchung bei DEKRA oder TÜV gibt, hier einige Punkte, die Sie beachten müssen.

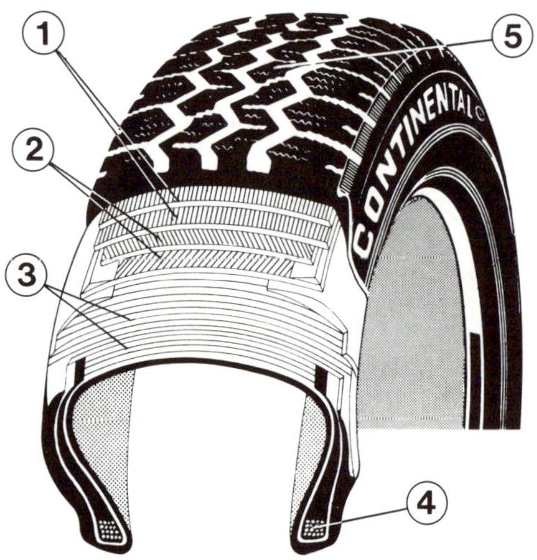

Der Aufbau eines Gürtelreifens:
1 – doppelte Bandage;
2 – Gürtel;
3 – Karkasse (Unterbau);
4 – Wulst;
5 – Lauffläche.

○ Keine Probleme gibt es, wenn die Reifengröße mit den Angaben in den Fahrzeugpapieren übereinstimmt und die Felgen Original-Opel-Teile sind.
○ Wenn eine Rad-ABE vorliegt und die Reifengröße mit den Angaben in den Kfz-Papieren übereinstimmt, genügt eine Änderung der Fahrzeugpapiere durch die Zulassungsstelle.
○ Ein Gutachten nach § 19 (2) StVZO beim TÜV (Teilgutachten) und die Berichtigung der Kfz-Papiere ist notwendig, wenn die Reifengröße nicht mit den Angaben in den Papieren übereinstimmt und/oder für die Felgen lediglich ein TÜV-Bericht vorliegt.
○ Beim Kauf neuer Sonderfelgen muß eine Rad-ABE oder ein TÜV-Bericht beigefügt sein.
○ Vor dem Kauf gebrauchter, nicht originaler Felgen ohne entsprechende Papiere sollten Sie anhand der genauen Hersteller- und Typenbezeichnung sowie des Herstellungsdatums (es ist in der Felge eingeschlagen oder eingegossen) aus dem Räderkatalog des TÜV heraussuchen lassen, ob hierfür eine Rad-ABE oder ein TÜV-Bericht vorliegt.
○ Räder ohne ABE oder TÜV-Bericht dürfen in der Bundesrepublik nicht montiert werden.

Reifendruck prüfen

Ständige Kontrolle

Unter die genannten Werte (in bar Überdruck) sollte der Reifendruck keinesfalls absinken:

	halbe Zuladung		volle Zuladung	
	vorn	**hinten**	**vorn**	**hinten**
1,6-Liter	1,8	1,6	2,0	2,2
1,8-Liter	2,0	1,8	2,2	2,4
2,0-Liter	2,2	2,0	2,5	2,7

Sind Sie bereit, zugunsten feinfühligerer Lenkung, etwas längerer Reifenhaltbarkeit und minimal geringerem Kraftstoffverbrauch einen verminderten Federungskomfort in Kauf zu nehmen, erhöhen Sie die Druckwerte für die Sommerreifen um rund 0,2 bar. **Winterreifen** sollen generell um **0,2 bar härter** gepumpt werden, als es hier in der Tabelle für Sommerreifen angegeben ist.

Fingerzeig: Damit der Reifendruck ohne Abnehmen der Radblende gemessen werden kann, besitzen Wagen mit Stahlfelgen eine Ventilverlängerung.

Luftdruck bei kalten Reifen messen

Bereits wenige Kilometer zügiger Fahrt lassen den Reifendruck um 0,2–0,4 bar ansteigen. Diese Druckerhöhung durch Erwärmung ist bei den Luftdruckempfehlungen bereits berücksichtigt worden und darf deshalb nicht abgelassen werden. Am günstigsten ist ein eigener Luftdruckprüfer, womit der Reifendruck vor Antritt der Fahrt bei kalten Reifen gemessen werden kann.

Reifenzustand kontrollieren

Wartung Nr. 22

- Drehen Sie jedes Rad einmal komplett durch.
- Fremdkörper, wie kleine Steinchen, bohren Sie mit einem schmalen Schraubenzieher aus den Profillamellen, ohne den Reifen dabei zu beschädigen.

Der Reifendruck muß regelmäßig überprüft werden. Das geht am besten mit einem eigenen Druckprüfer. Üben Sie das zischfreie Ansetzen, sonst geht Luftdruck verloren. Dann muß schnellstens nachgepumpt werden.

● Das Reifenprofil muß laut Gesetzesvorschrift über die gesamte Profilbreite noch mindestens 1 mm tief sein.
● Aus Sicherheitsgründen sollten Sie jedoch die Reifen schon vor Erreichen der 2-mm-Profilgrenze wechseln lassen. Noch früherer Reifentausch ist bei den breiten 60er- und 55er-Reifen anzuraten, die bei geringer Profiltiefe auf nasser Straße wesentlich stärker »aufschwimmen« als 70er-Reifen.
● Zur Verschleißkontrolle dienen in regelmäßigen Abständen quer zur Lauffläche verlaufende Erhebungen in den Profilrillen. Sie sind an der Reifenflanke durch die Buchstaben »TWI« (**T**read **W**ear **I**ndicator = Profilabnutzungsanzeiger) gekennzeichnet.
● Wenn diese Erhebungen mit den Profilrippen in gleicher Höhe stehen (= 1,6 mm Restprofiltiefe), sollte der Reifentausch nicht mehr hinausgeschoben werden.
● Aus der Art der Profilabnutzung können Sie einiges herauslesen, wie im übernächsten Abschnitt beschrieben.

Fingerzeig: Vollbremsungen sind Reifenkiller! Quietschende Reifen und der damit verbundene Qualm von verbranntem Gummi ist bekannt. Weniger bekannt mag jedoch sein, daß dabei Gummi von der Lauffläche regelrecht weggebrannt wird. Der Gummi fehlt an dieser Stelle, und entsprechend läuft der Reifen nicht mehr rund. Je nach Abschmirgelung – sie hängt vor allem von der Dauer der Vollbremsung ab – muß ein solcher Reifen anschließend von einem Reifenfachmann begutachtet werden. Vor allem dann, wenn Sie nach einer solchen Bremsung in der Lenkung eine Laufunruhe spüren.

Das Reifenlaufbild

○ **An der Außenseite abgefahrene Vorderreifen** sind beim frontgetriebenen Vectra nichts Ungewöhnliches. Grund ist die erhöhte Belastung dieses Laufflächenbereichs bei Kurvenfahrt.
○ **Einseitig abgefahrenes Profil** kann auch auf falsche Radeinstellung hinweisen; vor allem dann, wenn lediglich ein Reifen schräg abgelaufen ist.
○ **Starke Abnutzung in der Profilmitte** deutet auf wesentlich zu hohen Luftdruck. Dieser Effekt tritt besonders deutlich an den Hinterrädern auf. Oder es wird häufig mit hoher Geschwindigkeit gefahren, wobei sich die Lauffläche durch die Fliehkraft ausbaucht.
○ Sind **beide Außenschultern** eines Reifens **stärker abgefahren als die Profilmitte**, wurde lange Zeit mit zu niedrigem Luftdruck gefahren.
○ **Gleichmäßige Auswaschungen** im Profil deuten auf einen defekten Stoßdämpfer.
○ Tritt die **ungleiche Abnutzung nur an bestimmten Stellen** auf, ist das Rad unwuchtig, oder der Reifen-Unterbau ist beschädigt.
○ Eine **einzelne Stelle im Profil mit starker Abnutzung** stammt von einer Bremsung mit blockiertem Rad – eine sogenannte Bremsplatte, siehe Fingerzeig oben.

Räder tauschen

Die Reifen von Vorder- und Hinterachse nutzen sich verschieden schnell ab. Damit Sie bei Ersatz der abgefahrenen Reifen gleich vier einer Marke kaufen können, müssen Sie auf das gleichmäßige Abnutzen des Reifenprofils achten. Tauschen Sie daher die Vorder- gegen die Hinterräder rechtzeitig aus. Die Räder jedoch nicht über Kreuz wechseln, sondern nur von vorn nach hinten. Es ist für die Reifen besser, wenn sie ihre bisherige Drehrichtung beibehalten.

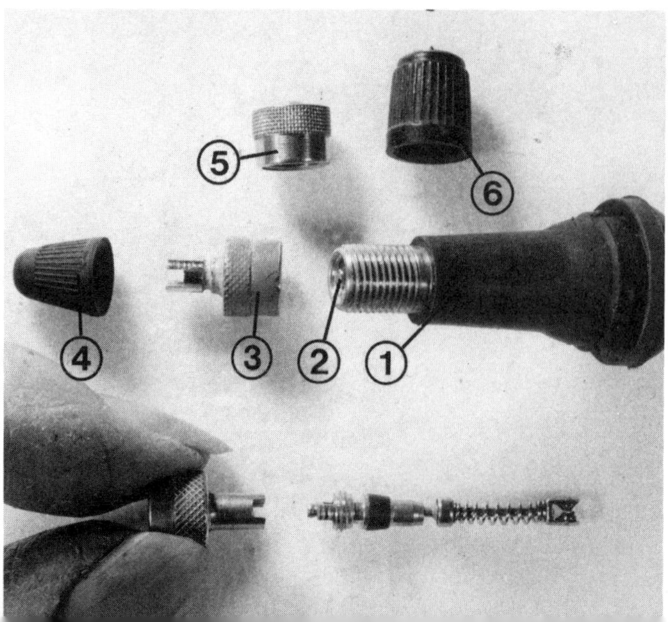

Die Reifenventile (1) müssen immer mit Schutzkappen (3, 5 oder 6) verschlossen sein, sonst dringt Schmutz ein und läßt die Ventilnadel (2) klemmen, die dann nicht mehr dicht schließt. Praktisch sind die Ventilkappen (3), die gleichzeitig zum Herausdrehen eines Ventileinsatzes verwendet können, wie unten im Bild gezeigt. Sie müssen allerdings wegen der scharfen Kanten durch ein Gummikäppchen (4) geschützt sein.

Der Reifendruck bestimmt die Größe der Reifenaufstandsfläche und beeinflußt das Fahrverhalten des Wagens wie auch die Lebensdauer der Reifen.
1 – bei richtigem Luftdruck liegt die gesamte Breite der Reifenlauffläche auf der Fahrbahn auf.
2 – durch zu hohen Luftdruck kommt nur die Mitte der Lauffläche in Kontakt mit der Fahrbahn.
3 – bei zu niedrigem Luftdruck trägt der Reifen vorwiegend auf seinen Schultern.

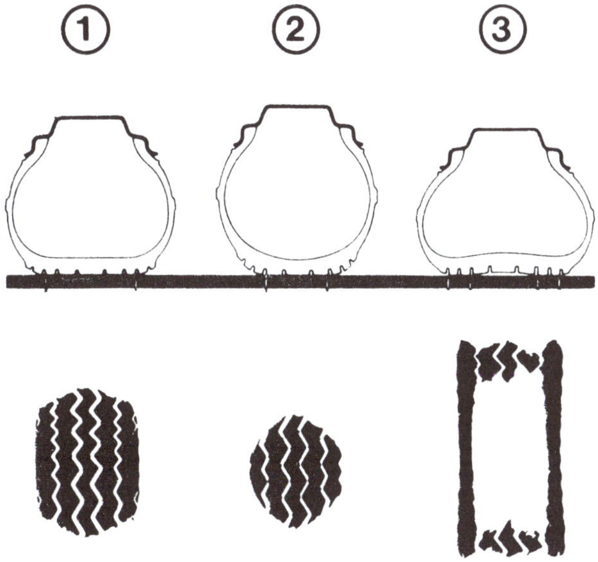

Der Radwechsel

Unterwegs ist der Radwechsel nicht ganz problemlos. Die Radschrauben können festgerostet sein oder sie wurden beim letzten Radwechsel in der Werkstatt mit einem Schlagschrauber »angeknallt« (statt mit den vorgeschriebenen 90 Nm festgezogen). Dann hilft das Bordwerkzeug nicht mehr weiter, sondern nur ein kräftiger Radschraubenschlüssel oder ein Radkreuz mit aufgestecktem Rohrstück zur Verlängerung der Hebelkraft.

- Handbremse anziehen und 1. oder Rückwärtsgang einlegen.
- Unterwegs Warnblinkanlage einschalten und Warndreieck aufstellen.
- Räder der anderen Wagenseite gegen Wegrollen sichern, z.B. mit Steinen oder Holzstücken.
- Mit den Fingern in die Löcher der Rad-Vollblende fassen und Blende abziehen.
- Bei Leichtmetallfelgen Schutzkappen vorsichtig mit einem Schraubenzieher abhebeln.
- So vorhanden, Radschraubenschloß mit Schlüssel öffnen.
- Radschrauben jeweils knapp eine Umdrehung lockern.
- Bordwagenheber schräg nach außen stehend an der gekennzeichneten Stelle der Karosserie-Unterkante ansetzen (siehe Bild Seite 15).
- Bei weichem Untergrund Brettchen unterlegen.
- Wagen hochkurbeln.
- Radschrauben vollends herausdrehen.
- Rad abnehmen, Reserverad aufstecken.
- Schrauben über Kreuz gleichmäßig anziehen. Dabei das Rad hin- und herdrehen, damit es sich einwandfrei auf der Radnabe zentriert.
- Wagen ablassen, Schrauben nachziehen (90 Nm).
- Radblende bzw. Schutzkappen aufdrücken. Bei der Radblende auf den Ausschnitt für das Reifenventil achten.
- Festen Sitz der Schrauben nach kurzer Fahrtstrecke prüfen.

Soll ein intaktes, am Wagen gewuchtetes Rad etwa nach Kontrollen an der Bremse wieder montiert werden, muß es in gleicher Stellung wie zuvor an der Radnabe festgeschraubt werden. Dazu die Einbaulage an Felge (1) und Nabe (2) kennzeichnen, wie hier gezeigt.

Einbaustellung der Räder

Jedes Rad bildet mit Bremsscheibe bzw. Bremstrommel und Radnabe insofern eine Einheit, als diese Teile in zusammengebautem Zustand beim Drehen eine gemeinsame Unwucht haben können. Allerdings besitzen Rad und Reifen eine eigene Unwucht, siehe unten.
Um allen Folgen einer Unwucht aus dem Wege zu gehen, ist folgendes zu beachten:

○ Vor Abmontieren eines Rades immer die Einbaustellung des Rades zur Radnabe markieren.

○ Beim Ansetzen des gleichen Rades müssen die Markierungen übereinstimmen, dann erst die Schrauben einsetzen und festschrauben.

Festen Sitz der Radschrauben kontrollieren

Wartung Nr. 21

In regelmäßigen Abständen soll kontrolliert werden, ob die Radschrauben richtig angezogen sind. Das muß auch nach jeder Radmontage geschehen, wenn einige Kilometer Fahrtstrecke zurückgelegt worden sind.

● Als Anzugsdrehmoment sind 90 Nm vorgeschrieben, also nicht mit einem zusätzlich verlängerten Radschlüssel die Schrauben »anknallen«.

● Zu starkes oder ungleichmäßiges Festschrauben kann dazu führen, daß sich die Bremsscheiben oder -trommeln verziehen. Das ergibt ungleichmäßige Bremswirkung, Bremsenschütteln und punkt- oder flächenförmigen Reifenverschleiß.

Rad-Unwuchten

Unwuchtige Räder spürt man durch Vibrationen im Lenkrad oder Schütteln im Vorderwagen. Beides tritt bei bestimmten Geschwindigkeiten besonders stark auf. Die Ursache liegt an ungleichmäßiger Gewichtsverteilung am Rad (siehe Zeichnung unten).

Räder auswuchten

Die Räder müssen statisch und dynamisch ausgewuchtet werden. Dazu gibt es zwei Methoden:

○ Das Rad wird am Wagen ab- und an einer Auswuchtmaschine angeschraubt. Dort läuft es zur Probe, Unwuchten werden dabei angezeigt und können durch Anbringen von Bleigewichten ausgeglichen werden.

○ Zum Ausschalten letzter Unwuchten ist Feinwuchten erforderlich. Dabei werden auch Unwuchten von Radnabe und Bremsscheibe ausgeglichen. Die am Wagen anmontierten Räder werden mit Motorkraft (vorn) bzw. durch einen Elektromotor mit Reibrad (hinten) in die notwendige schnelle Drehung versetzt und die Restunwucht angezeigt. Das gleicht man wieder durch Bleigewichte aus.

Neue Reifen kaufen

Steht die Anschaffung von neuen Reifen an, ist das eine gute Gelegenheit, auf eine andere Reifendimension zurückzugreifen, die evtl. den eigenen Anforderungen besser als die seitherige entspricht. Deshalb hier in Kürze die Eigenschaften und Besonderheiten der Reifengrößen, die am Vectra montiert werden können. **Welche Reifen davon für Ihren Wagen in Frage kommen, entnehmen Sie Ihren Fahrzeugpapieren.**

○ Die Serienbereifung 175/70 R 14 der Modelle GL und GLS ist sicher die wirtschaftlichste Bereifung für den Vectra. Die Reifen sind noch relativ günstig in der Anschaffung und im Fahrverhalten völlig ausreichend. Auch im Wintereinsatz ist dieser Reifen selbst in Sommerprofilierung noch brauchbar.

○ Die Größe 195/60 R 14 (Ausstattung beim GT und CD) steht auch den schwächeren Modellen gut – nicht zuletzt wegen der Optik. Die nachträgliche Umrüstung ist für denjenigen interessant, der seinen Vectra eher zügig bewegt. Die breitere Lauffläche dieses Pneus schafft zusätzliche Sicherheit in schnell gefahre-

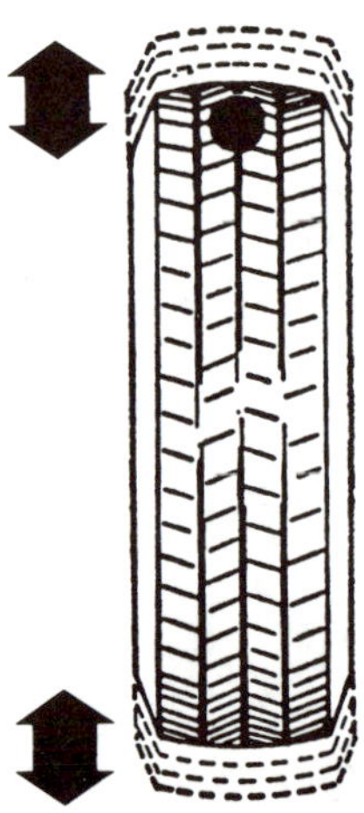

Unsere Skizze erläutert die Auswirkungen der Unwucht:

Die **statische** Unwucht erkennt man, wenn ein freihängendes, drehendes Rad immer mit der gleichen Stelle zu Boden sinkt und sich allmählich auspendelt. Folge: Das Rad hüpft während der Fahrt.

Die **dynamische** Unwucht ist durch Auspendeln des Rades nicht zu erkennen, denn sie liegt irgendwie schräg zur Radachse, so daß das schnellaufende Rad flattert und wackelt. Unausgewuchtete Räder führen zu schnellem Reifenverschleiß, unruhiger Lenkung und vorzeitiger Abnutzung der Radlager.

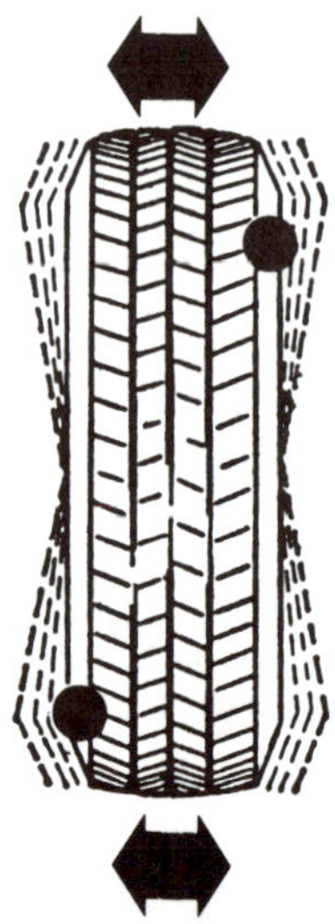

nen Kurven und sorgt für etwas längere Reifen-Lebensdauer. Dieser Ersparnis steht allerdings der höhere Kaufpreis entgegen. Neue Felgen brauchen dagegen nicht gekauft zu werden.

○ Bei Bereifung 205/55 R 15 besticht in erster Linie das Aussehen. Wirklichen Nutzen bringt sie nur den sehr »sportlichen« Fahrern. Der in der Anschaffung erheblich teurere Reifen hat gegenüber der 70er-Bereifung kaum längere Lebensdauer, da er schon bei 3 mm Profiltiefe gewechselt werden sollte. Die Aquaplaninggefahr auf regennasser Straße würde sonst zu groß. Außerdem wird für diese Reifen ein Satz neue Felgen notwendig.

Winterbereifung

○ Ist Ihr Wagen mit der »schmalen« Reifendimension 175/70 R 14 ausgerüstet, können Sie möglicherweise – je nach Einsatzgebiet – bei ausreichender Profiltiefe auch mit Sommerreifen durch den Winter kommen.

○ Schlechter sieht es bei den breiteren 60er-Reifen aus; zumal bei höherer Motorleistung. Diese neigen – nicht zuletzt wegen der »härteren« HR-Ausführung – auf Schnee und Eis schneller zum Durchdrehen. Die Anschaffung spezieller Winterreifen ist dann kaum zu umgehen.

○ Untauglich sind die 205/55 R 15-Reifen, die überdies meist auf teuren Leichtmetallfelgen sitzen. Unbedingt umrüsten auf Winterräder.

○ Bei Winterreifen haben Sie die Wahl zwischen den herkömmlichen M+S-Reifen, die lediglich 160 km/h schnell gefahren werden dürfen, und den teureren Hochgeschwindigkeitsreifen für 190 km/h Höchsttempo.

○ Was die Reifengröße anbetrifft, würden wir – wo immer das laut Kraftfahrzeugschein möglich ist – auf die Winterreifengröße 165 R 13 zurückgreifen, wozu allerdings in jedem Fall ein zusätzlicher Felgensatz gekauft werden muß. Breitere Winterreifen als die Größe 175/70 R 14 würden wir jedoch keinesfalls montieren.

○ Bei Wagen, die schneller laufen können, als es die bauartbedingte Höchstgeschwindigkeit des Winterreifens zuläßt (siehe Seite 157), muß ein Hinweisschild mit der Reifen-Höchstgeschwindigkeit am Armaturenbrett angebracht werden. Die Höchstgeschwindigkeit Ihres Wagens entnehmen Sie bitte dem Kfz-Schein.

○ Ein M+S-Reifen mit weniger als 4 mm Profiltiefe taugt nichts mehr im Winter. Wenn etwa im Gebirge Winterreifen vorgeschrieben sind, werden M+S-Reifen nur dann als solche anerkannt, wenn ihr Profil noch mindestens 4 mm tief ist.

Felgen für die Winterbereifung

Leichtmetallfelgen können unter Streusalzeinwirkung bis zur Verkehrsunsicherheit korrodieren. Schäden im Felgen-Decklack müssen deshalb möglichst bald ausgebessert werden. Noch besser ist die Anschaffung eines zweiten Reifensatzes auf den weniger empfindlichen Stahlfelgen. Reifenfachgeschäfte bieten oft Komplettsätze zu günstigen Preisen an.

Reifenpreise

Für Autoreifen gelten, wie überall üblich, »empfohlene Richtpreise«, an die sich aber niemand halten muß. So gibt ein Händler vielleicht 10% Rabatt auf den empfohlenen Richtpreis, und außerdem sind Montage, Auswuchten und die Beseitigung der alten Reifen im Preis inbegriffen. Ein anderer Händler offeriert dagegen 30% Rabatt, dafür muß man aber Montage und Auswuchten extra bezahlen. Lassen Sie sich von hohen Rabatt-Prozenten nicht täuschen, das billigste Angebot kann hinterher teurer als gedacht ausfallen. Es lohnt sich in jedem Fall, erst einige Angebote einzuholen, ehe man Reifen kauft.

Runderneuerte Reifen

Neu besohlte Reifen stehen bei vielen Autofahrern in schlechtem Ansehen, obwohl sie den Beweis ihrer Tauglichkeit in verschiedenen Tests erbracht haben. Reifen mit »RAL-Gütesiegel« erfüllen eine Reihe von Qualitäts- und Ausführungskriterien. Außerdem haben sie Schnellauftests bestanden.

Dennoch eignen sie sich nach unseren Erfahrungen eher für geruhsamere Fahrweise. Immer noch treten Defekte an neu gummierten Reifen meist bei höherer Geschwindigkeit bzw. voller Beladung auf – vor allem, wenn der Reifendruck nicht stimmt. Dem günstigeren Kaufpreis stehen gegenüber: Kürzere Lebensdauer, größere Unwuchten, bisweilen mangelhafter Rundlauf bei höherer Laufleistung sowie unterschiedliches Fahrverhalten im Vergleich zum Neureifen mit gleichem Profil.

Gleitschutzketten

Wenn auch die griffigsten Winterreifen versagen, helfen gegen Schnee und Eis Gleitschutz- oder Schneeketten. Sie sind eine gute Anschaffung für Gegenden mit entsprechender Winterwetterlage, aber man muß auch einiges Geld dafür berappen.

Als höchstzulässige Geschwindigkeit mit aufgelegten Ketten gelten in der Bundesrepublik 50 km/h. Wer das Kettenauflegen vor dem ersten Schnee zu Hause geübt hat, fürchtet sich kaum vor der Montage und dem Abnehmen. Da die Ketten auf freier Strecke wesentlich höherem Verschleiß ausgesetzt sind, sollte man sie nie unnötig lange montiert lassen.

○ Gleitschutzketten sind beim Vectra nur an den Antriebsrädern erlaubt.

○ Nur feingliedrige Schneeketten montieren, die auf der Reifenlauffläche und an der Reifeninnenseite nicht mehr als 15 mm überstehen.

○ Auf der Reifengröße 205/55 R 15 dürfen keine Gleitschutzketten montiert werden.

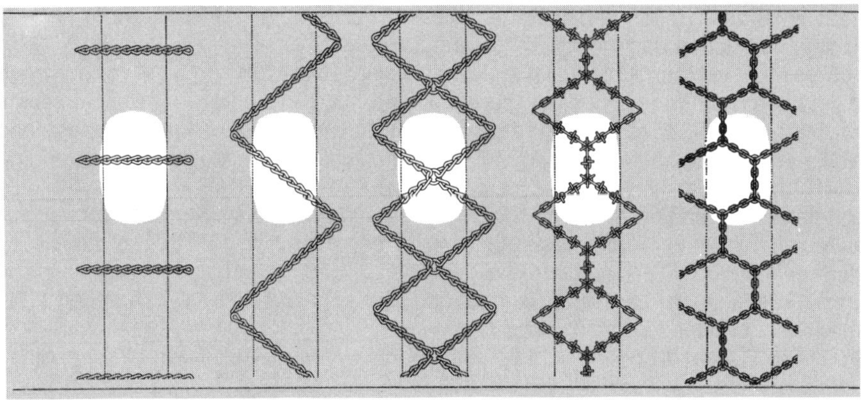

Die weißen Ausschnitte zeigen, wo der Reifen den Boden berührt. Je mehr »Kette« dort auf der Straße liegt, desto besser. Von links nach rechts sehen Sie: Leiterkette, Zickzackkette, Kreuzkette, Spurkreuzkette, Kantenspurkette.

Fingerzeig: Schneeketten werden nach dem Gebrauch mit möglichst kräftigem Wasserstrahl abgespritzt, saubergebürstet und anschließend in einem Eimer Wasser mit Waschkonservierer gespült. Dann gibt es keine Rost- und Korrosionsspuren.

Altreifenbeseitigung

Altreifen dürfen nicht einfach auf den Müll geworfen werden; auch die Müllabfuhr nimmt sie nicht mehr mit. Denn je nach Methode werden abgefahrene Reifen entweder zerschnitten, weiterverwertet oder in speziellen Anlagen verbrannt. Aber wie wird man Altreifen nun los?
Da gibt es verschiedene Möglichkeiten: Je nach Gemeinde fungiert der städtische Bauhof oder der Müllplatz als Annahmestelle. In jedem Fall nimmt jedoch der Reifenhändler die alten Pneus ab. Eine geringe Gebühr für das Loswerden der Reifen müssen Sie jedoch überall entrichten.

Elektrik-Trick

»Elektrizität und Verzweiflung sind gleichbedeutende Begriffe« soll einmal ein geplagter Autofahrer ausgerufen haben. Wir wollen mit den folgenden Kapiteln verhindern, daß bei Ihnen solche Verzweiflung aufkommt.

So einfach ist Elektrik

Elektrizität ist leider unsichtbar. Deshalb ist alles, was mit Strom zusammenhängt, für viele ein Buch mit sieben Siegeln. Verdeutlichen wir uns doch die Zusammenhänge von Strom und Spannung am Beispiel eines Wasserfalls: Seine Höhe stellt die elektrische **Spannung** dar (in Volt gemessen), seine Breite – also die herabfließende Wassermenge – symbolisiert den elektrischen **Strom** (in Ampere gemessen).
Steht am Fuß unseres Wasserfalls ein Mühlrad, so wird dort **Leistung** (in Watt) erzeugt. Und zwar so viel, wie sich aus dem Produkt von Höhe und Breite des Wasserfalls ergibt. Klar also, daß es egal ist, ob der Wasserfall hoch und schmal oder niedrig und dafür breiter ist. Denn erst das Ergebnis der Rechnung »Höhe mal Breite« (oder »Spannung mal Strom«) entscheidet über die abgegebene Leistung. Einleuchtendes Beispiel: Die 40-Watt-Birne zu Hause brennt genau gleich hell wie die 40-Watt-Birne am Auto, obwohl das Bordnetz statt 220 Volt nur 12 Volt aufzuweisen hat.
Bleibt noch der **Widerstand** zu erklären: Er ist mit einer Verengung in der Wasserleitung vergleichbar, durch den der Wasser(Strom-)fluß reduziert werden kann.

Grundbegriffe der Elektronik

Schon dem Wort nach basiert die Elektronik auf den Elektronen – jenen immens kleinen Bausteinen, aus denen das ohnehin schon kleine Atom zum Teil besteht. Die Elektronen sorgen in allen elektrisch leitenden Werkstoffen (Leiter) dafür, daß Strom überhaupt fließen kann. Die Elektronen wandern dabei im Leiter von Atom zu Atom.
Nichtleitende Werkstoffe besitzen zwar auch Elektronen, doch sind diese sehr stark an den Atomkern gebunden. Sie können also auch nicht weiterwandern, und somit fließt auch kein Strom.
Die dritte Werkstoffgruppe stellen die sogenannten Halbleiter dar. Das sind Kristalle (meist Germanium oder Silizium), die so nachbehandelt wurden, daß in ihrem Atomaufbau Elektronen fehlen oder überschüssige Elektronen vorhanden sind. Dadurch ergibt sich der durchaus erwünschte Effekt, daß durch die Kristallplättchen nur unter bestimmten Bedingungen Strom fließen kann. Werden diese Bedingungen nicht erfüllt, baut

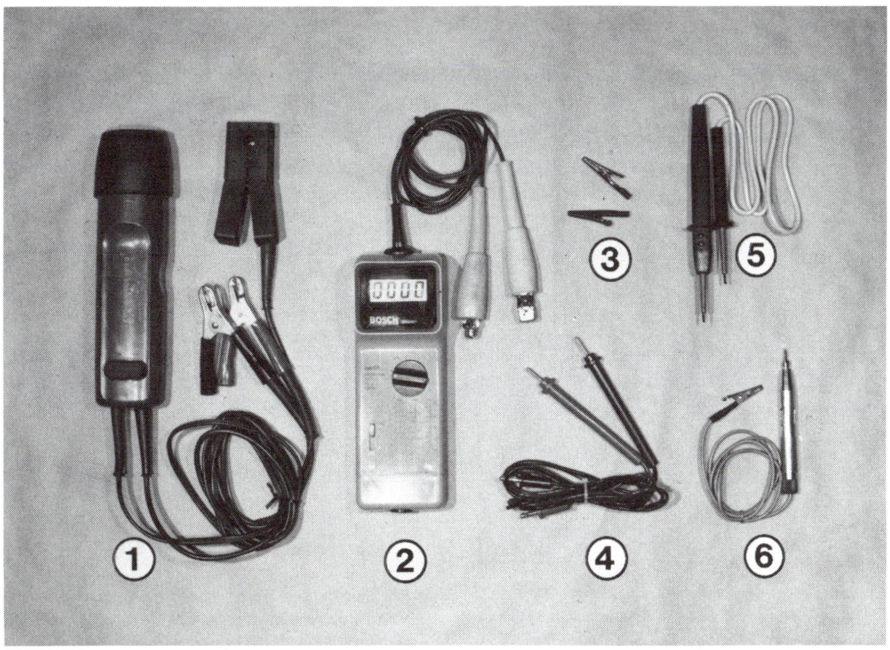

Meßgeräte für die Fahrzeug- und Motorelektrik: 1 – Stroboskoplampe zur Zündeinstellung; 2 – Präzisions-Motortester mit Digitalanzeige, dazu Krokodilklemmen (3) und Meßspitzen (4); 5 – Leuchtdioden-Spannungsprüfer (auch für Elektronik-Bauteile geeignet); 6 – herkömmlicher Spannungsprüfer mit Glühlampe.

sich eine Sperrschicht auf, und der Stromfluß wird gehemmt. Halbleiterbauelemente findet man natürlich nicht nur einzeln in der Fahrzeugelektrik verwendet. Meist sind sie in größerer Stückzahl zu kompletten Schaltungen zusammengefaßt, wie zum Beispiel im Steuergerät der Einspritzanlage oder im Blinkrelais.

Halbleiter

Transistor: Er läßt nur dann Strom durchfließen, wenn an seinem dritten Anschluß eine Spannung anliegt. Ist diese Spannung hoch, fließt viel Strom durch; bei geringer Spannung entsprechend weniger. Vergleichbar ist das mit einem Wasserhahn. Je weiter das Ventil aufgedreht wird, desto mehr Wasser fließt durch.
Diode: Sie ist nur in einer Richtung für den elektrischen Strom leitend. Kommt der Strom aus der Gegenrichtung, sperrt sie den Durchgang. Das ist wie beim Reifenventil: Luft kann durchgepumpt werden, aber sie kommt nicht mehr heraus.

Weitere Bauelemente

In nahezu allen elektronischen Schaltungen kommen Bauteile vor, die nicht zur Sparte der Halbleiter gehören, ohne die aber die Elektronik nicht denkbar wäre. Häufigste Vertreter sind:
Widerstand: Seine Aufgabe ist es, den Stromfluß zu hemmen, wie bereits beschrieben.
Kondensator: Er wirkt wie eine kleine Batterie und kann elektrische Energie für eine gewisse Zeit speichern. Er wird zur Glättung von Spannungsschwankungen und zum Dämpfen von Spannungsspitzen verwendet. Wenn eine Zeitverzögerung in einer Schaltung erwünscht ist (z.B. im Blinkrelais), wird ein Kondensator mit einem Widerstand zu einem »Zeitglied« zusammengeschaltet.

Elektronische Schaltungen

Integrierte Schaltkreise (IC): Eine Vielzahl von elektronischen Bauteilen ist im kleinen Gehäuse eines IC untergebracht. Die meist schwarzen »Käfer« mit 14 und mehr Anschlußfüßen gibt es mit vielen Funktionen.
Mikroprozessoren: Sie spielen eine wachsende Rolle in der Technik. Es sind weiterentwickelte ICs, aber wesentlich »intelligenter«. Je nach Art des elektrischen Eingangssignals können sie vorher programmierte Schaltungsvorgänge auslösen.

Elektrische Messungen

Beim Prüfen und Reparieren der Fahrzeugelektrik und -elektronik gibt es verschiedene elektrische Größen zu messen. Was im Einzelfall zu tun ist, beschreiben die verschiedenen Kapitel hier im Buch.
Damit der Meßwert richtig abgelesen werden kann, bedarf es zunächst eines genauen Meßgeräts. Welche Geräte sich eignen, sehen Sie auf der Vorseite.
Wie man das Meßgerät richtig anschließt und was bei den einzelnen Messungen zu beachten ist, finden Sie in den folgenden Abschnitten erklärt.

Fingerzeig: Schalten Sie vor Abziehen eines Steckers im Bereich der Fahrzeugelektronik immer die Zündung aus. Noch besser ist das Abklemmen der Batterie. Denn beim Trennen eines Steckkontakts können Spannungsspitzen entstehen, die nahegelegenen empfindlichen Elektronikgeräten (z.B. Bordcomputer) nicht gut bekommen.

Spannung messen mit Prüflampe

Praktisch ist eine Prüflampe mit Nadelkontakt (siehe Bild auf der Vorseite), mit deren Nadel einfach die Isolierung des zu prüfenden Kabels durchstochen werden kann. Die Klemme am Kabel der Lampe wird irgendwo an blankem Fahrzeugmetall, der sogenannten Masse, angeclipst.

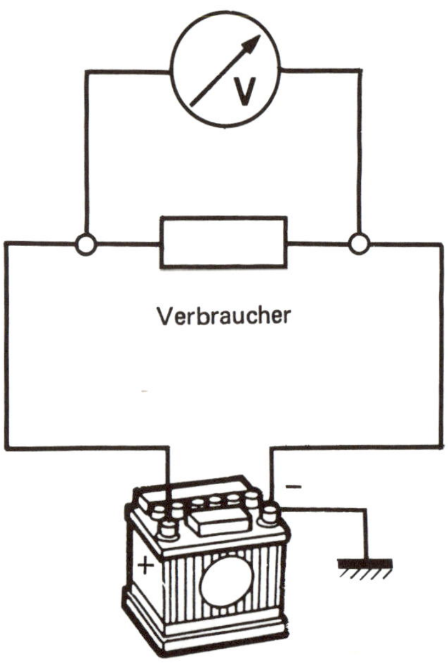

Die Spannung wird parallel zum Verbraucher gemessen. Die Zuleitungen zum Verbraucher können montiert bleiben. Die Meßkabel des Meßgeräts müssen richtig gepolt sein (rot nach Plus).

Die Lampe gibt in erster Linie Auskunft darüber, ob überhaupt Spannung anliegt. An ihrer Helligkeit kann man in etwa die Höhe der Spannung abschätzen.

Spannung messen mit Diodenprüfer

An elektronischen Bauteilen darf mit einer herkömmlichen Prüflampe nicht gemessen werden. Sie nimmt zu viel Leistung auf und kann so Bauteile der Elektronik beschädigen. Wer in diesem Bereich Messungen vornehmen will, sollte sich einen Spannungsprüfer mit Leuchtdioden anschaffen.

Spannung messen mit Voltmeter

Exakter ist die Spannungsmessung mit dem Volt-Meßbereich eines Zeiger- oder Digitalmeßgeräts. Durch den sehr geringen Stromverbrauch des Instruments droht auch Elektronikteilen keine Gefahr.
○ Zum Messen der Batteriespannung (als Beispiel) wird das mit »–« gekennzeichnete Meßkabel an den Minuspol der Batterie angeschlossen. Das »+«-Kabel kommt an den Pluspol:
○ Zeigt das Instrument beispielsweise nur 10,4 Volt an, hat eine der Batteriezellen Kurzschluß. Interessant kann es auch sein, die Batteriespannung zu messen, während der Anlasser betätigt wird. Sind dann nur noch 6 Volt abzulesen, steht es mit der Batterie sicher nicht zum besten.
○ Weitere Methoden, das Volt-Meßgerät einzusetzen:
○ Messen einer Spannung »gegen Masse«: »+«-Kabel des Meßgeräts an einer Klemme anschließen, an der Spannung anliegt, »–«-Kabel an ein blankes Teil der Karosserie oder des Motors anklemmen. Beide sind durch dicke Kabel mit dem Minuspol der Batterie verbunden, wodurch eine exakte Messung möglich ist.
○ Häufig wird die Spannung zwischen zwei bestimmten Kontakten (etwa an einem Steuergerät) gemessen. Wie das Meßgerät anzuschließen ist und welche Spannung anliegen soll, ist in einem solchen Fall Bestandteil der Prüfvorschriften.
○ Mit dem Volt-Meßbereich kann auch geprüft werden, ob ein Massekabel in Ordnung ist: »+«-Kabel des Meßgeräts am Pluspol der Batterie anschließen, »–«-Kabel des Geräts am Ende des Massekabels anklemmen. Ist die Masseversorgung intakt, muß volle Batteriespannung angezeigt werden.

Strom messen

Ob Strom zu einem Verbraucher hin fließt, wird mit dem Amperemeter bzw. dem entsprechenden Meßbereich des Vielfachinstruments gemessen.
○ Dazu muß der Stromkreis aufgetrennt und das Meßgerät zwischen die jetzt freien Pole zwischengeschaltet werden.
○ In der Praxis sieht das so aus: Einen Steckkontakt in der Leitung zu einem Verbraucher abziehen und Meßgerät zwischen Stecker und Kontaktzunge zwischenschalten.
○ Strom wird beispielsweise gemessen, wenn der Verdacht besteht, daß ein heimlicher Stromverbraucher irgendwo im Bordnetz sitzt, der über Nacht die Batterie leersaugt. Um diese Leckstelle festzustellen, nehmen Sie das Batterie-Massekabel ab und klemmen zwischen Batteriepol und -kabel das Amperemeter. Zeigt das Instrument Stromfluß an, wird der Stromkreis ermittelt: Eine Sicherung nach der anderen herausnehmen und statt deren das Amperemeter an den Kontaktzungen im Sicherungskasten anklemmen. So können Sie erkennen, in welchem Stromkreis Verluste entstehen. Anhand der Sicherungstabelle auf Seite 171 vergleichen Sie dann, welche Verbraucher in diesen Stromkreis eingeschaltet sind und kontrollieren diese der Reihe nach durch.

Fingerzeig: Niemals das Meßgerät zwischen Hauptkabel und Batterie anklemmen, um etwa den Stromverbrauch des Anlassers zu messen! Die dabei auftretenden Stromstärken (150 A und mehr) sind

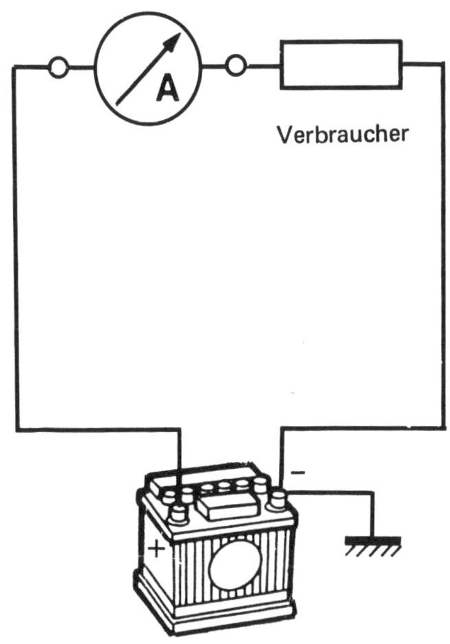

Zur Strommessung wird das Meßgerät in eine Leitung zum Verbraucher geschaltet. Hierzu muß die Leitung aufgetrennt werden, was nicht immer ganz einfach ist, wenn beispielsweise mehrere Leitungen in einem Mehrfachstecker zusammengefaßt sind. Auch hier auf die Polung des Meßgeräts achten.

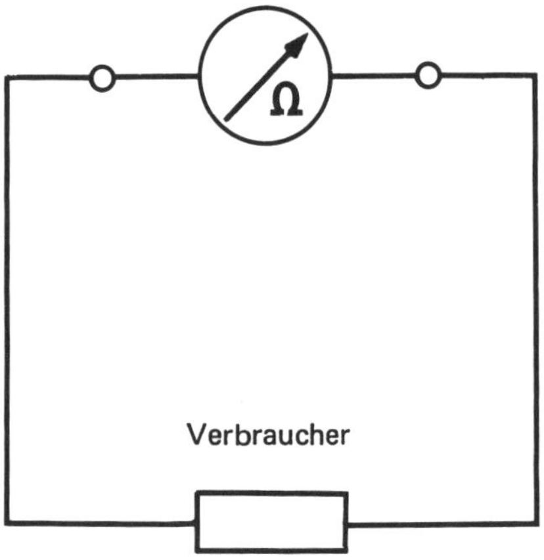

Zur Widerstandsmessung eines Verbrauchers werden am besten beide Zuleitungen direkt am Gerät ausgesteckt. Dann zwischen den Anschlüssen messen.

für jedes normale Meßgerät viel zu hoch. Wer an dieser Stelle messen muß, braucht einen Meßwiderstand (Shunt), der zur Messung in die Leitung eingeschaltet wird.

Widerstand messen

Die exakte Widerstandsmessung an einem Bauteil hat nur dann einen Sinn, wenn man ein genau anzeigendes Gerät besitzt. Sonst bleiben letztlich Zweifel an der Messung.

○ Mit dem Widerstandsmeßbereich läßt sich beispielsweise erkennen, welchen Innenwiderstand ein bestimmtes Bauteil hat. Die Angaben finden Sie – wo nötig – hier im Buch.

○ Die Kabel des Meßgeräts (Polung ist dabei gleichgültig) werden dazu an zwei Anschlüssen des Bauteils angeklemmt.

○ Oder es wird der Widerstand »gegen Masse« gemessen: Ein Kabel am Bauteil, das zweite an Motorblock oder Karosserie anklemmen.

○ Ferner läßt sich mit dem Widerstands-Meßbereich eines Meßinstruments prüfen, ob eine Leitung oder ein Schalter »Durchgang« hat (der Meßwert ist dann 0) oder ob der Stromweg irgendwo unterbrochen ist (dann erhalten Sie den Meßwert unendlich = ∞).

Lange Leitung?

Nur keine Angst vor der Vielzahl an Leitungen, Steckern und Sicherungen im Vectra! Unter Zuhilfenahme der Sicherungstabelle und der verschiedenen Stromlaufpläne in diesem und folgenden Kapitel werden Sie sich bald zurechtfinden.

Minus an Masse

Die Stromzuführung zum Verbraucher erfolgt durch ein Kabel, das sich auf mehr oder weniger komplizierte Art immer zur Batterie zurückverfolgen läßt, wie das auch das Kapitel »Stromlaufpläne« zeigt.
Die Rückleitung besorgen die elektrisch leitenden Metallteile von Karosserie oder Motor. Auf diese Weise wird eine Menge teures Kupferkabel gespart. In manchen Fällen ist jedoch trotzdem ein kurzes Stück Kabel für die Rückleitung unumgänglich – nämlich dann, wenn der Stromverbraucher nicht direkt auf Metall sitzt.
Auch der Minuspol der Batterie ist natürlich mit der Karosserie – der »Masse«, wie der Autoelektriker sagt – verbunden. Da das bei allen anderen elektrischen Einrichtungen im Wagen genauso ist, lautet der Merksatz »**M**inus an **M**asse«.

Orientierungshilfen in der Autoelektrik

Normklemmen-Bezeichnungen

Das bunte Kabelgewirr im Auto ist eigentlich ganz gut geordnet, denn viele Einzelheiten der Kraftfahrzeug-Elektrik sind genormt. Die Zahlen an verschiedenen Bauteilen und Kabelanschlüssen sowie in den Stromlaufplänen haben in allen deutschen und in manchen ausländischen Fahrzeugen dieselbe Bedeutung:
Klemme 15 erhält nur bei eingeschalteter Zündung Strom ab Zündschloß, wobei außer der Zündspule jene Stromverbraucher versorgt werden, die nur bei Betrieb des Wagens Strom erhalten sollen. Die Kabel an den Normklemmen 15 besitzen vielfach eine schwarze Ummantelung, bisweilen auch mit farbigen Zusatzstreifen.
Klemme 30 erhält dauernd Strom vom Pluspol der Batterie bzw. bei laufendem Motor von der Lichtmaschine. Das kann bei unvorsichtigem Umgang mit Werkzeug zu Kurzschlüssen und Funkenregen führen, wenn das Minuskabel der Batterie nicht abgenommen wurde. Diese stets stromführenden Kabel haben meist eine rote Umhüllung, ggf. mit zusätzlichen Farbstreifen.
Klemme 49 ist für die Blink- und Warnblinkanlage zuständig.
Klemme 53 versorgt die Scheibenwischeranlage.
Klemme 56 ist für die Stromzufuhr des Abblendlichts mit gelben sowie des Fernlichts mit weißen Leitungen zuständig.
Klemme 58 gehört zum Standlicht vorn sowie zu den Schluß- und Kennzeichenleuchten. Die Grundfarbe der Kabelumhüllung ist grau, jeweils mit zusätzlichen Farbstreifen.
Klemme 31 ist die Masse-Klemme, mit der ein Stromverbraucher zur Fahrzeugmasse verbunden sein muß, damit der Stromkreis geschlossen ist. Die entsprechenden Kabel sind braun umhüllt.

Die Leitungen

Von den einzelnen, farbigen Kabeln sehen Sie meistens nur die Enden, denn oft laufen sie gebündelt in Isolierschläuchen.
Wichtig bei eventuellen eigenhändigen Einbauten ist, daß der Querschnitt eines Kabels je nach Leistung (Stromanspruch) des betreffenden Verbrauchers ausgewählt wird. Ein Kontrollämpchen kommt mit 0,5 mm^2 Kabelstärke aus, zwischen Batterie und Anlasser dagegen wird eine 16-mm^2-Leitung gebraucht. Ein zu dünnes Kabel heizt sich auf, und die Spannung fällt ab. Dann kommen statt der verlangten 12 Volt am Scheinwerfer nur 10 oder 9,5 Volt an – das Licht ist trübe.

Der Sicherungskasten

Sämtliche Leitungen im Vectra sind zu verschiedenen Kabelsträngen zusammengefaßt. Eine Vielzahl der Stränge führen zum Sicherungskasten links unterhalb der Lenksäule. Dort ist auch Platz für 30 Sicherungen und eine ganze Reihe Relais (siehe nächste Seite).

Sicherungskasten ersetzen

Hat sich bei der Störungssuche herausgestellt, daß Kabelzuleitungen, die zuständige Sicherung bzw. das betreffende Relais keinen Schaden aufweisen, kann es am Sicherungskasten liegen. Typische Fehler sind

Der Sicherungskasten links unten im Armaturenbrett. Es bedeuten:
A – Warnsummer;
B – Blinkgeber;
C – Wischintervallrelais;
D – Nebelscheinwerferrelais;
E – Relais für Nebelschlußleuchte (bei Fahrzeugen mit Nebelscheinwerfern);
F – Relais für heizbare Heckscheibe.
Die Zahlen deuten auf die Sicherungen 1, 11 und 21. Abgezogen werden die Sicherungen mit der kleinen Kunststoffzange (Pfeil).

Wackelkontakte oder temperaturabhängige Ausfallserscheinungen. Dann muß der Sicherungskasten ersetzt werden:

- Klappe öffnen.
- Vier Kreuzschlitzschrauben herausdrehen und Armaturenbrettverkleidung abnehmen.
- Sicherungskasten aus dem Ausschnitt im Armaturenbrett herausheben.
- Stecker Stück um Stück von dem alten auf den neuen Sicherungskasten umstecken.
- Relais und Sicherungen ebenfalls umstecken.
- Sicherungskasten wieder einsetzen.

Die Sicherungen

Wenn an einen vorhandenen Stromkreis zusätzliche Verbraucher angeschlossen werden oder durch einen Defekt ein Kurzschluß entsteht (der nichts anderes ist als ein abnorm ansteigender Stromdurchfluß), würde der Stromkreis überlastet. Die Leitung würde warm oder zu glühen beginnen, ebenso die Wicklungen der Lichtmaschine, die Batterieflüssigkeit könnte ins Sieden geraten – wären da nicht die elektrischen Sicherungen zwischengeschaltet. Die sind sehr kurz angebunden: Wenn der Strom ein gewisses, zuträgliches Maß übersteigt, unterbrechen sie ihn einfach.

Damit der Vectra bei einem Defekt nicht gleich völlig ohne Strom dasteht, sind die Sicherungen auf verschiedene Stromkreise verteilt. Allerdings sind die Schaltungen zwischen Anlasser, Batterie, Lichtmaschine und Zündschloß nicht von Sicherungen überwacht. Bei einer Störung dieser Teile nützt der Blick in den Sicherungskasten also nichts. Dagegen haben alle übrigen elektrischen Aggregate eine eigene Absicherung.

Im Vectra werden sogenannte Flachstecksicherungen verwendet. In ein eingefärbtes Kunststoffteil sind zwei Flachstecker eingebettet, die durch den Schmelzfaden verbunden sind. Mit diesen Sicherungen gibt es keine Korrosionsprobleme mehr, da sie wesentlich größere Kontaktflächen besitzen als die früheren Keramiksicherungen.

Sicherung auswechseln

- Soll eine der Stecksicherungen ausgewechselt werden, können Sie sich dazu der kleinen Kunststoffzange, die rechts unten im Sicherungskasten befestigt ist, bedienen.
- Brennt die neue Sicherung sofort wieder durch, klären, ob eine zu schwache Sicherung eingesetzt wurde (siehe Sicherungstabelle).
- War das nicht der Fall, anhand der Sicherungstabelle die angeschlossenen Verbraucher ermitteln und einzeln prüfen. Dabei hilft auch der zuständige Schaltplan (folgendes Kapitel).
- Im Zweifelsfall alle Verbraucher ausstecken und nacheinander wieder anschließen. Derjenige Verbraucher, bei dem die Sicherung durchbrennt, war defekt.

Nr.	Klemme	angeschlossene Verbraucher	erhält Strom von	A
1	58L	Schluß- und Standlicht links	Lichtschalter	10
2	15	Sitzheizung, Allradantrieb (Steuergerät), Zigarettenanzünder	Zündschloß	20
3	56A	Fernlicht links	Lichtschalter über Abblendschalter	10
4	15A	Heizungsgebläse	Zündschloß	30
5	56B	Abblendlicht links	Lichtschalter über Abblendschalter	10
6	15	Scheibenwischeranlage, Signalhorn	Zündschloß	30
7	15	Blink- und Bremsleuchten, ABS	Zündschloß	15
8	30	Innenraum- und Gepäckraumbeleuchtung, Warnblinkanlage, Zeituhr, Radio, Bordcomputer, Allradantrieb (Steuergerät)	Batterie-+	15
9	58K	Instrumentenbeleuchtung, Kennzeichenbeleuchtung	Lichtschalter	10
10	15	Elektrisches Schiebedach	Zündschloß	30
11	30	Elektrische Kraftstoffpumpe	Kraftstoffpumpen- bzw. Einspritzungsrelais	20
12	15	Elektrisch verstellbare Außenspiegel, elektrische Fensterheber	Zündschloß	10
13	30	Nebelscheinwerfer über Nebelscheinwerferrelais	Batterie-+	20
14	15	ABS, Automatisches Getriebe	Zündschloß	10
15	30	Heizbare Heckscheibe über Relais für heizbare Heckscheibe	Batterie-+	30
16	30	Automatisches Getriebe	Batterie-+	10
17	30	Zentralverriegelung (Steuergerät)	Batterie-+	20
18	15	Tagesfahrlicht (Schweden)	Zündschloß	10
19	30	Allradantrieb (Steuergerät)	(Masse über Magnetventil)	10
20	30	Radio	Batterie-+	10
21	58R	Schluß- und Standlicht rechts	Lichtschalter	10
22	15	Vergaservorwärmung, Rückfahrscheinwerfer, Bordcomputer	Zündschloß	10
23	56A	Fernlicht rechts	Lichtschalter über Abblendschalter	10
24	15A	Kühlergebläse	Zündschloß	30
25	56B	Abblendlicht rechts, Leuchtweitenregulierung	Lichtschalter über Abblendschalter	10
26	30	Elektrische Fensterheber der hinteren Türen	Batterie-+	30
27	56	Nebelschlußleuchte	Lichtschalter (bei Nebelscheinwerfern über Nebelscheinwerferrelais)	10
28	30	Klemme 30: Anhängerdauerstrom	Batterie-+	20
29	15	Scheinwerferwaschanlage	Zündschloß	10
30	30	Elektrische Fensterheber für vordere Türen	Batterie-+	30

Alles geplant

Die Stromlaufpläne auf den folgenden Seiten zeigen die einzelnen Stromkreise der elektrischen Anlage nebeneinander aufgezeichnet, so daß der funktionelle Zusammenhang besser zu erfassen ist.
Die Lage der Kabel im Auto kann jedoch aus dieser Darstellung nicht hervorgehen.

Aufbau der Stromlaufpläne

Strompfade: An der Fußleiste unten sind die Stromlaufpläne durchnumeriert. Für jedes Bauteil ist mindestens ein eigener Strompfad vorhanden. In den Stromlaufplan-Erläuterungen sind die Strompfade zum jeweiligen Bauteil angegeben und können so leicht aufgesucht werden. Bei Strompfaden mit sonst unvermeidbaren Kreuzungen ist durch eine viereckig umrahmte Nummer zum betreffenden Strompfad verwiesen.
Schalter: Bei Schaltern, die mehrere Funktionen vereinen (z. B. Lichtschalter), ist der jeweilige Schalterteil getrennt dargestellt. Seine Zugehörigkeit zu einem Schalterzusammenbau ist ebenfalls numerisch gekennzeichnet (z. B. S 2.1, S 2.2 usw.).
Sicherungskasten: Die Sicherungen sind im oberen Teil des Stromlaufplans angeordnet. Bei Anschluß mehrerer Bauteile oder Schaltungseinheiten an einer Sicherung ist jeweils die gleiche Sicherung eingezeichnet.
Masse: Sie ist dargestellt durch die Fußleiste im Stromlaufplan.
Baugruppen: Sie sind nach den Kennbuchstaben der folgenden Tabelle geordnet:

Kenn-buchstabe	Benennung	Beispiel
E	Verschiedenes	Beleuchtungseinrichtungen
F	Schutzeinrichtungen	Sicherungen, Schutzrelais, Sperren
G	Stromversorgung	Generator, Batterie usw.
H	Meldeeinrichtungen	Optische und akustische Meldegeräte
K	Schütze	Relais, Zeitrelais, Blinkrelais
L	Induktivitäten	Zündspule, Drosselspulen
M	Motoren	Wischer, Fensterheber usw.
P	Meßgeräte	Drehzahl, Uhren, Voltmeter usw.
R	Widerstände	Gebläse, Vorwiderstand usw.
S	Schalter	Wischer, Signal, Schlußleuchte usw.
X	Klemmen, Stecker	Steckdose, Zubehörklemme
Y	Elektrisch betätigte mechanische Einrichtungen	Kompressor, Magnetventil, Hubmagnet usw.

Kabelfarben: Sie sind abgekürzt angegeben. Es bedeuten: BL – blau; BR – braun; GE – gelb; GN – grün; GR – grau; HLB – hellblau; LI – lila; RT – rot; SW – schwarz; VI – violett; WS – weiß.
Leitungsquerschnitt: Hinter der Kabelfarbe kennzeichnen die Zahlen in den Leitungen den Kabelquerschnitt in mm^2.
Normklemmen: Ein- bis zweistellige Ziffern, teils mit Zusatzbuchstaben, sowie einige Buchstaben in Großschreibung kennzeichnen genormte Klemmen an elektrischen Bauteilen. Siehe auch Seite 169.

Für welche Modelle?

Der Stromlaufplan ist aus mehreren Teilplänen zusammengesetzt und gilt für die gesamte Vectra-Modellreihe. Es sind alle in der Produktion möglicherweise eingebauten Verbraucher und Schaltkreise enthalten. Da im Rahmen der Modellpflege an der Elektrik immer wieder Schaltungsänderungen einsetzen, sind Unterschiede zu Ihrem speziellen Fahrzeug dennoch möglich.

F 11, 24 – Sicherungen im Sicherungskasten
G 1 – Batterie
G 2 – Drehstromgenerator
K 57 – Steuergerät Multec
K 58 – Relais Kraftstoffpumpe
L 1 – Zündspule
M 1 – Anlasser
M 2 – Motor Kühlerventilator
M 21 – elektrische Kraftstoffpumpe
M 33 – Leerlauffüllungs-Schrittmotor

P 23 – Saugrohrdruckmesser
P 30 – Temperaturgeber Kühlmittel
P 33 – Lambda-Sonde (nur Motor C 16 NZ)
P 34 – Drosselklappen-Potentiometer
R 15 – CO-Potentiometer (nur Motor E 16 NZ)
S 1 – Zünd/Anlaßschalter
S 29 – Thermoschalter für Kühlerventilator
S 91 – Öldruckschalter
Y 24 – Zündverteiler mit induktivem Impulsgeber
Y 32 – Einspritzventil

X 5 – Steckverbindung Armaturentafel/Motor 14polig
X 6 – Steckverbindung Armaturentafel/Karosserie 51polig
X 8 – Steckverbindung Armaturentafel/Zentraleinspritzung 2polig
X 9 – Steckverbindung Armaturentafel/Motronic 6polig
X 11 – Steckverbindung Armaturentafel/Zentraleinspritzung 6polig
X 13 – Diagnose-Stecker
X 15 – Kraftstoffkodierstecker
X 62 – Steckverbindung Motor/Zentraleinspritzung 2polig

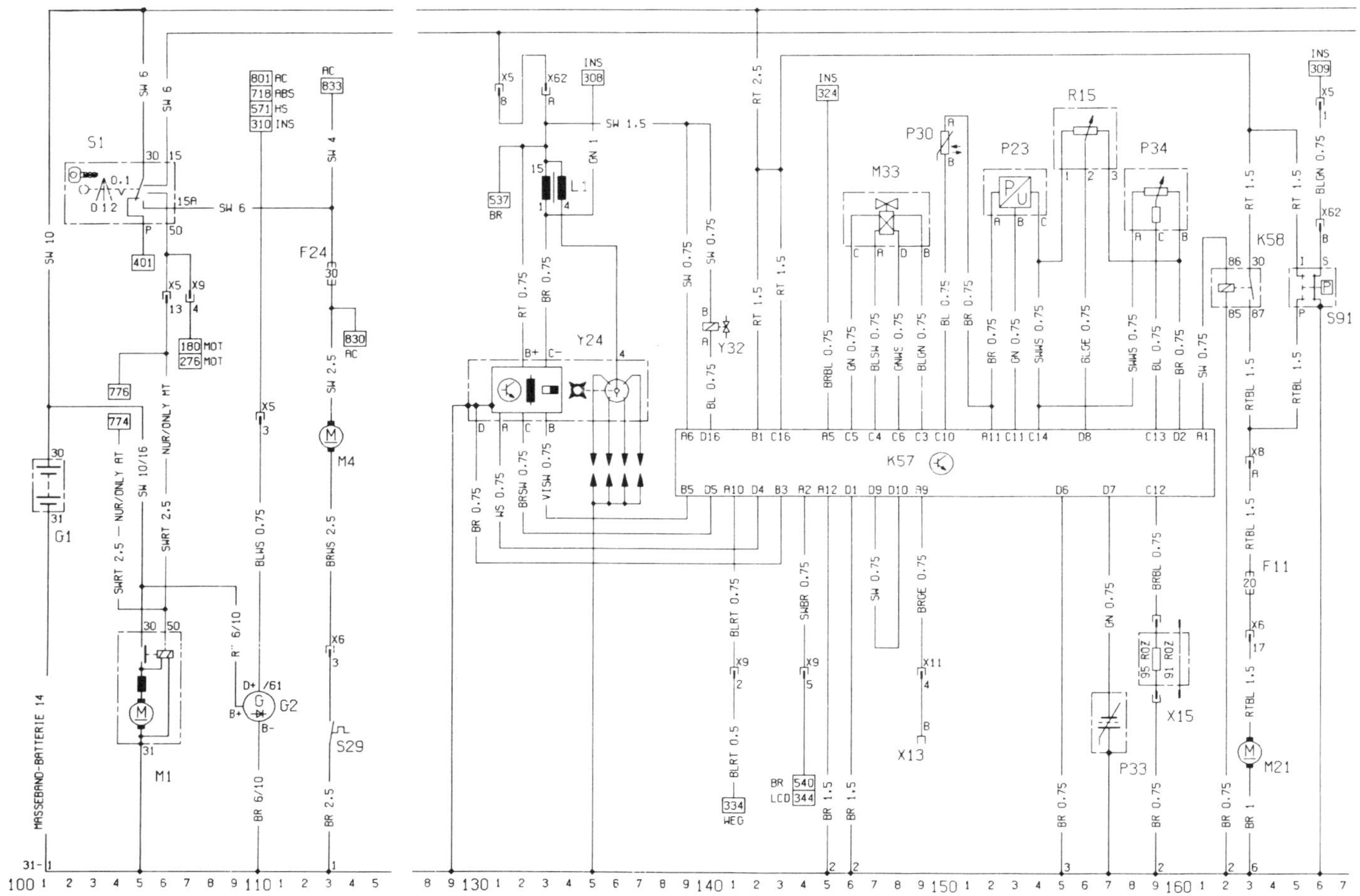

Batterie Anlasser Generator Kühlerventilator

Motor E 16 NZ/C 16 NZ

Zentraleinspritzung

F 11 – Sicherung im Sicherungskasten
F 32 – Sicherung Ansaugrohrbeheizung
F 33 – Sicherung 2 E E-Vergaser
K 45 – Relais Ansaugrohrbeheizung
K 54 – Steuergerät 2 E E-Vergaser
K 55 – Relais 2 E E-Vergaser
K 61 – Steuergerät Motronic
K 68 – Relais Einspritzanlage
L 1 – Zündspule
M 21 – elektrische Kraftstoffpumpe
M 33 – Leerlaufdrehsteller
P 11 – Luftmengenmesser
P 12 – Temperaturgeber Kühlmittel
P 29 – Temperaturgeber Ansaugluft
P 30 – Temperaturgeber Kühlmittel
P 31 – Drosselklappen-Potentiometer
P 32 – Lambda-Sonde mit Beheizung
P 35 – Impulsgeber auf der Kurbelwelle
R 2 – Vergaservorwärmung
R 7 – Ansaugrohrbeheizung
S 44 – Drosselklappenschalter
Y 7 – Einspritzventile
Y 26 – Drosselklappen-Ansteller
Y 27 – Vordrossel
Y 33 – Zündverteiler
Y 34 – Tankentlüftungsventil
X 5 – Steckverbindung Armaturentafel/Motor 14polig
X 6 – Steckverbindung Armaturentafel/Karosserie 51polig
X 8 – Steckverbindung Armaturentafel/Motronic 2polig
X 9 – Steckverbindung Armaturentafel/Motronic 6polig
X 11 – Steckverbindung Armaturentafel/Motronic 6polig
X 13 – Diagnose-Stecker
X 15 – Kraftstoff-Kodierstecker
X 61 – Steckverbindung Motor/Motronic bzw. 2 E E-Vergaser 2polig

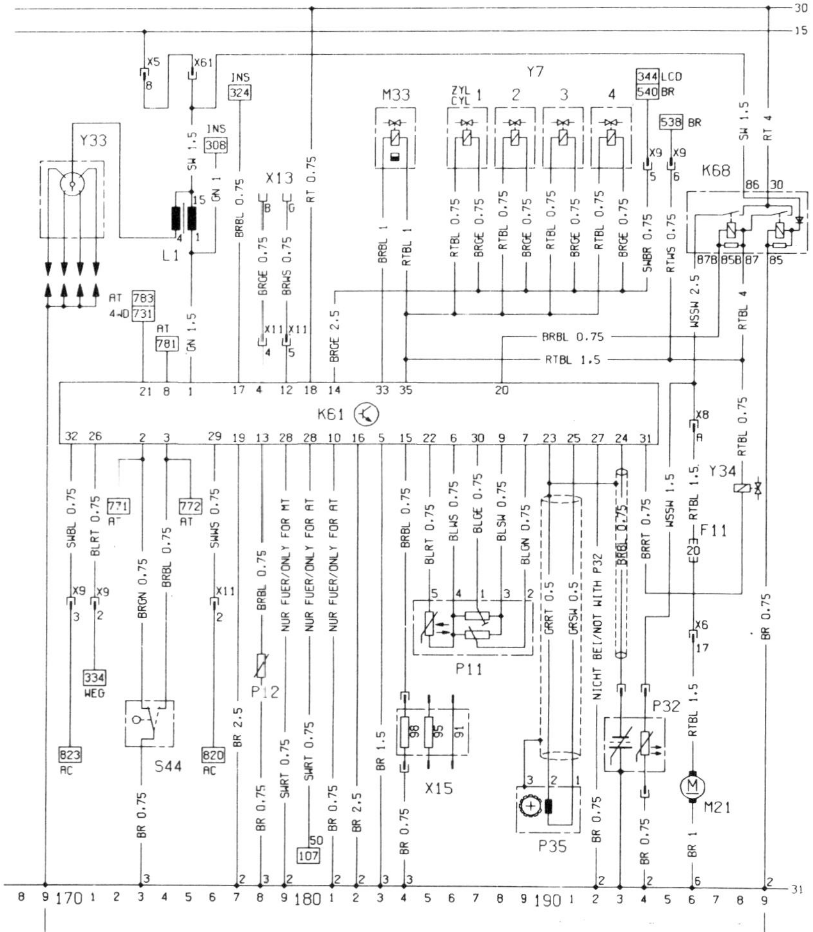

Motor C 20 NE
Motronic

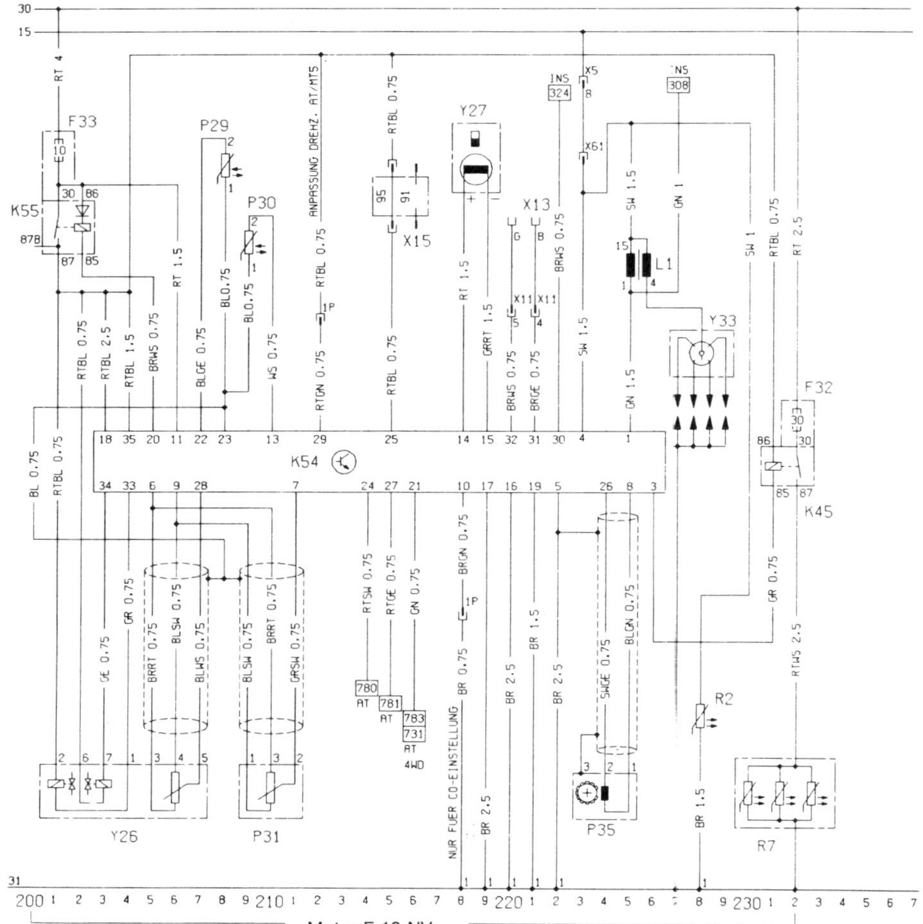

Motor E 18 NV
2 E E-Vergaser

P 2 – Temperaturanzeige
P 4 – Geber für Tankanzeige
P 5 – Geber für Temperaturanzeige
P 7 – Drehzahlmesser
P 8–P 21 – nicht eingebaut
S 2 – Lichtschalter
S 2.3 – Regler Instrumentenbeleuchtung
S 11 – Kontrollschalter Bremsflüssigkeit
S 13 – Kontaktschalter Handbremse
S 14 – Öldruckschalter
U 5 – Anzeigegerät Check Control
U 5.1 – Kontrolleuchte Abblendlicht/Schlußlicht
U 5.2 – Kontrolleuchte Bremslicht
U 5.3 – Kontrolleuchte Ölstand
U 5.5 – Kontrolleuchte Bremsbelag vorn
U 5.6 – Kontrolleuchte Scheibenwaschwasser

E 11 – Leuchten Instrumententafel
F 2 – Sicherung im Sicherungskasten
F 35 – Spannungskonstanter
H 3 – Kontrolleuchte Blinklicht
H 4 – Kontrolleuchte Öldruck
H 5 – Kontrolleuchte Bremsflüssigkeit
H 7 – Kontrolleuchte Generator
H 8 – Kontrolleuchte Fernlicht
H 16 – nicht eingebaut
H 17 – Kontrolleuchte Anhängerblinklicht
H 21 – Kontrolleuchte Handbremse
H 26 – Kontrolleuchte ABS
H 30 – Kontrolleuchte Motor
H 42 – Kontrolleuchte »Sport« bei Getriebeautomatik
H 45, 46 – nicht eingebaut
P 1 – Tankanzeige

U 5.7 – Kontrolleuchte Kühlmittelstand
V 1 – Prüfdiode für Glühlampe Bremsflüssigkeit
X 5 – Steckverbindung Armaturentafel/Motor 14polig
X 6 – Steckverbindung Armaturentafel/Karosserie 51polig
X 9 – Steckverbindung Armaturentafel/Gemischaufbereitung 6polig
X 11 – Steckverbindung Armaturentafel/Gemischaufbereitung 6polig
X 13 – Diagnose-Stecker
X 21 – Steckverbindung Kombi-Instrument 16polig
X 22 – Steckverbindung Kombi-Instrument 12polig
X 23 – Steckverbingung Kombi-Instrument 8polig
X 55 – Steckverbindung Kombi-Instrument 16polig
X 60 – Steckverbindung Lichtschalter 10polig

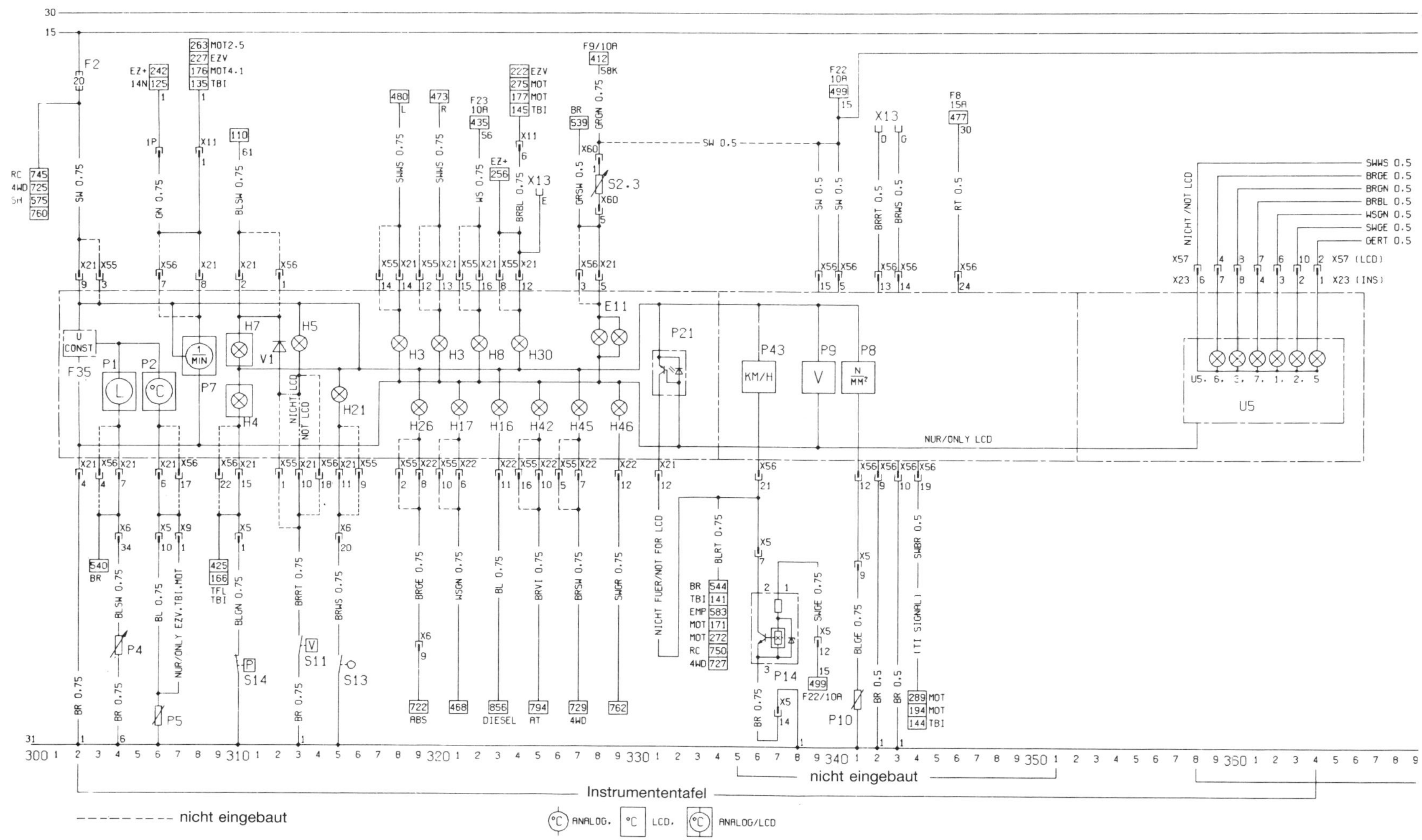

E 1 – Standlicht links
E 2 – Schlußlicht links
E 3 – Kennzeichenleuchte
E 4 – Standlicht rechts
E 5 – Schlußlicht rechts
E 6 – Motorraumleuchte
E 7 – Fernlicht links
E 8 – Fernlicht rechts
E 9 – Abblendlicht links
E 10 – Abblendlicht rechts
F 1, 3, 5, 9, 21, 23, 25 – Sicherungen im Sicherungskasten
H 9 – Bremslicht links
H 10 – Bremslicht rechts
K 86 – Steuergerät Check Control
P 27 – Geber am Bremsbelag vorn links
P 28 – Geber am Bremsbelag vorn rechts
P 39 – Geber Glühlampenkontrolle für Kontrolleuchte Anhängerblinklicht
S 2, S 2.1 – Lichtschalter
S 5 – Blinkerschalter
S 5.2 – Lichtumschalter
S 5.4 – Parklichtschalter
S 82 – Kontrollschalter Scheibenwaschwasser
S 93 – Kontrollschalter Kühlmittelstand
S 95 – Kontrollschalter Ölstand
X 1 – Anhänger-Steckdose
X 5 – Steckverbindung Armaturentafel/Motor 14polig
X 6 – Steckverbindung Armaturentafel/Karosserie 51polig
X 19 – Steckverbindung Steuergerät Check Control 16polig
X 20 – Steckverbindung Steuergerät Check Control 26polig
X 45 – Steckverbindung Karosserie/Anhänger-Steckdose 9polig
X 46 – Steckverbindung Karosserie/Anhänger-Steckdose 9polig
X 60 – Steckverbindung Lichtschalter 10polig

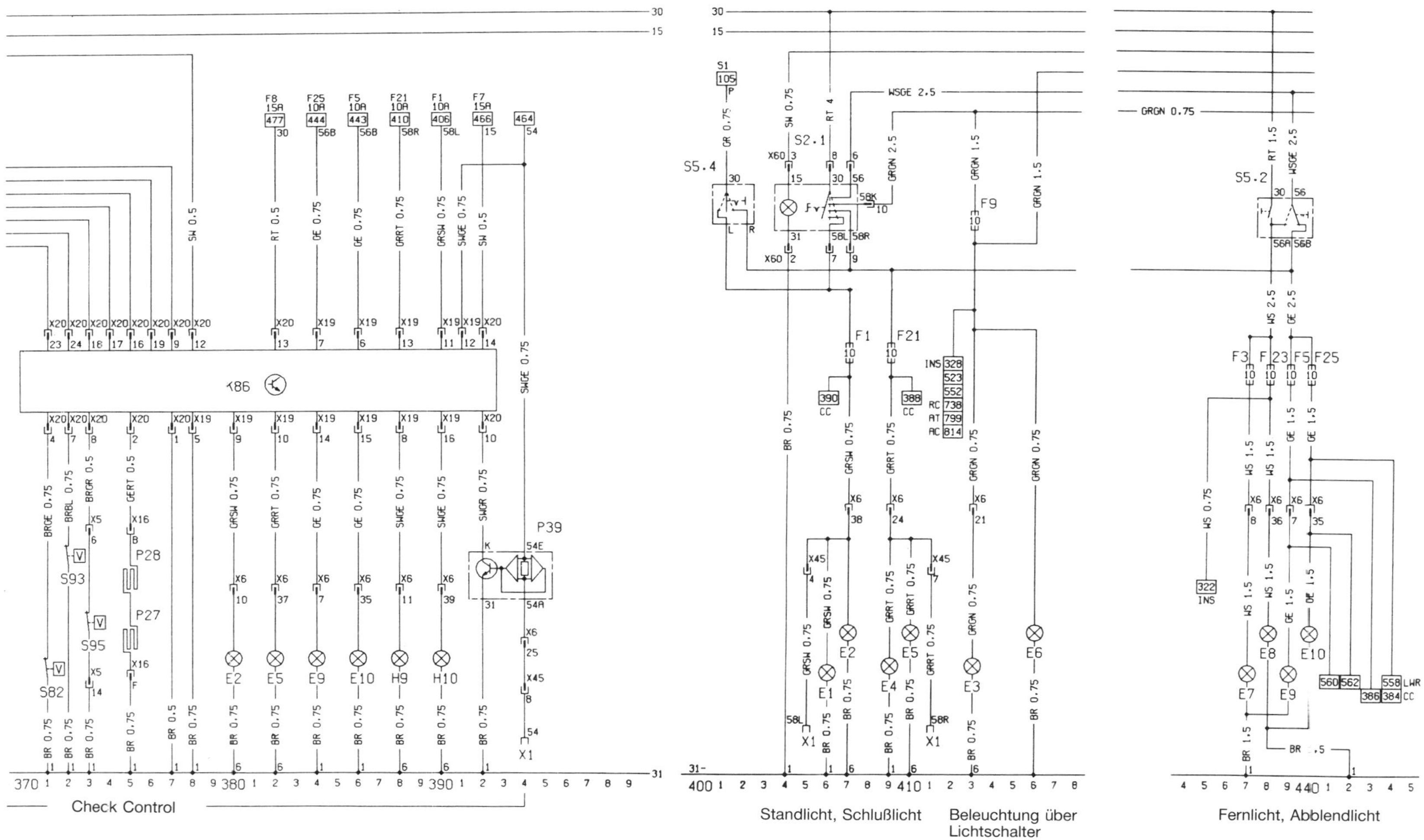

E 13 – Leuchte Gepäckraum
E 14 – Leuchte Innenraum
E 17 – Rückfahrlicht links
E 18 – Rückfahrlicht rechts
E 20 – Nebelscheinwerfer links
E 21 – Nebelscheinwerfer rechts
E 24 – Nebelschlußleuchte links
E 39 – Nebelschlußleuchte rechts
E 41 – Leuchte Innenraum mit Abschaltverzögerung
F 7, 8, 13, 22, 27, 28 – Sicherungen im Sicherungskasten
H 6 – Kontrolleuchte Warnblinkanlage
H 9 – Bremslicht links
H 7 – Bremslicht rechts
H 11 – Blinklicht vorn links
H 12 – Blinklicht hinten links
H 13 – Blinklicht vorn rechts
H 14 – Blinklicht hinten rechts
H 19 – Warnsummer Scheinwerferkontrolle
H 33 – Zusatzblinklicht links
H 34 – Zusatzblinklicht rechts
K 5 – Relais Nebelscheinwerfer
K 10 – Blinkgeber
K 89 – Relais Nebelschlußleuchte
S 2 – Lichtschalter
S 2.2 – Schalter Innenleuchte
S 5 – Hebelschalter
S 5.3 – Blinkerschalter
S 7 – Schalter Rückfahrleuchten
S 8 – Bremslichtschalter
S 15 – Schalter Gepäckraumleuchte
S 17 – Türkontaktschalter vorn rechts
S 21 – Schalter Nebelscheinwerfer
S 22 – Schalter Nebelschlußleuchte
S 31 – Türkontaktschalter hinten links
S 32 – Türkontaktschalter hinten rechts
S 47 – Türkontaktschalter vorn links und Schalter für Lichtwarnsummer
S 52 – Warnblinkschalter
S 116 – Bremslichtschalter 2polig
X 1 – Anhänger-Steckdose
X 5 – Steckverbindung Armaturentafel/Motor 14polig
X 6 – Steckverbindung Armaturentafel/Karosserie 51polig
X 42 – Steckverbindung Karosserie/Kofferraumdeckel 1polig (Stufenheck)
X 43 – Steckverbindung Karosserie/Heckklappe 5polig (Fließheck)
X 45 – Steckverbindung Karosserie/Anhänger-Steckdose 9polig
X 49 – Steckverbindung Nebellampenschalter 10polig
X 50 – Codierung Nebelschlußleuchte 4polig
X 60 – Steckverbindung Lichtschalter 10polig

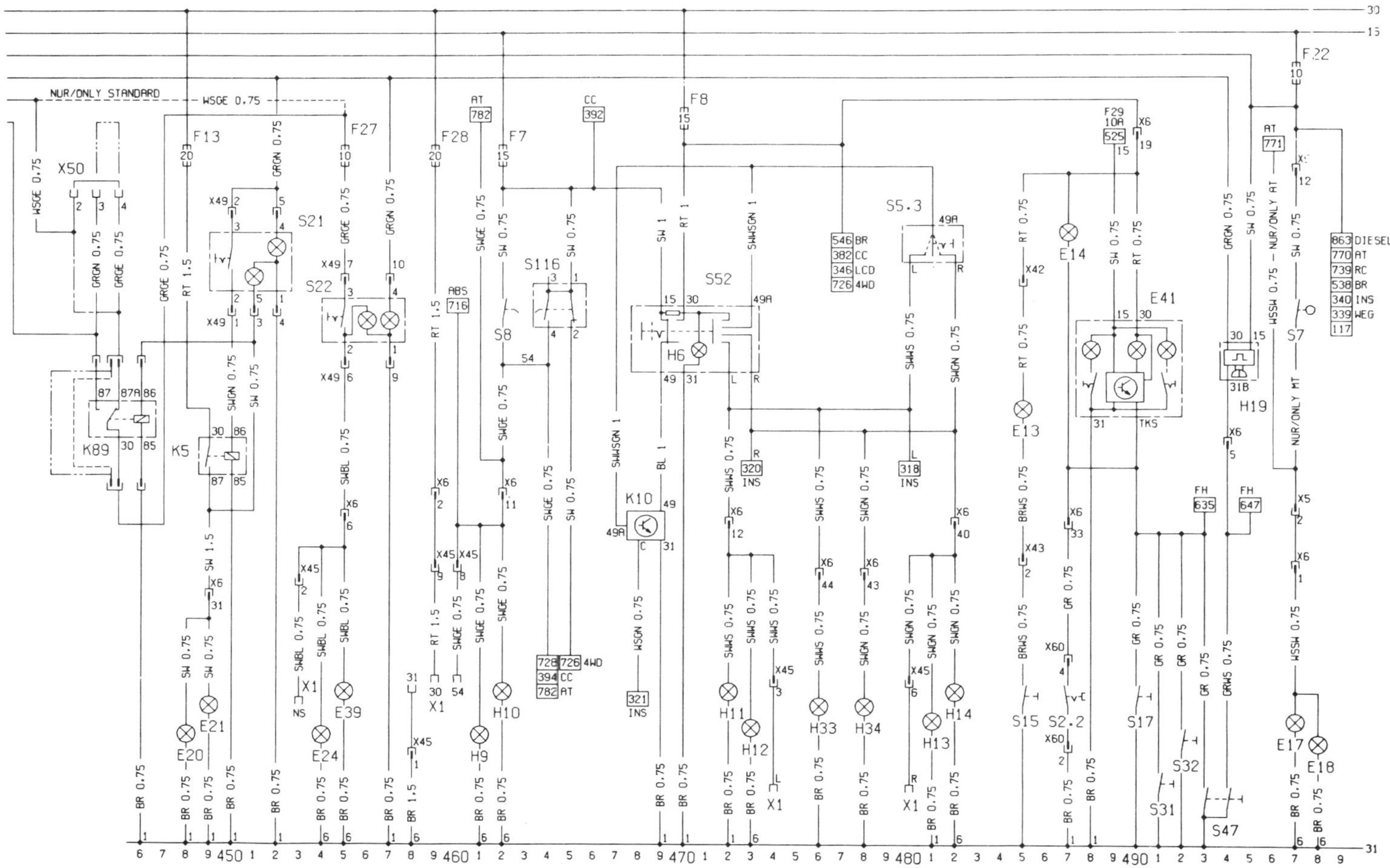

------------ Nur für Nebelschlußleuchte ohne Nebelscheinwerfer

—·—·— Nur für Schweden/Norwegen

Nicht für X 50

E 32 – Beleuchtung Zeituhr
E 38 – nicht eingebaut
F 8, 29 – Sicherung im Sicherungskasten
K 8 – Relais Wischintervall
K 9 – Relais Scheinwerferwaschanlage
K 30 – Relais Wischintervall Heckscheibe
M 2 – Scheibenwischermotor Frontscheibe
M 6 – Wischermotor Scheinwerfer links
M 7 – Wischermotor Scheinwerfer rechts
M 8 – Scheibenwischermotor Heckscheibe
M 39 – Motor Leuchtweitenregulierung links
M 40 – Motor Leuchtweitenregulierung rechts

S 98 – Schalter Leuchtweitenregulierung
U 2 – Bordcomputer
Y 4 – Magnetventil Scheinwerferwaschanlage
X 6 – Steckverbindung Armaturentafel/Karosserie 51polig
X 9 – Steckverbindung Armaturentafel/Gemischaufbereitung 6polig
X 13 – Diagnosestecker
X 16 – nicht eingebaut
X 43 – Steckverbindung Karosserie/Heckklappe 5polig (Fließheck)
X 48 – Steckverbindung Schalter Leuchtweitenregulierung

M 55 – Motor Scheibenwascherpumpe
P 3 – Zeituhr
P 13 – Fühler Außentemperatur
S 9 – Scheibenwischerschalter
S 9.2 – Wischerschalter Frontscheibe
S 9.5 – Wischerschalter Heckscheibe
S 63 – Schalter Bordcomputer
S 63.1 – Schalter Funktionslöschung
S 63.2 – Schalter Zeituhrkorrektur Stunden
S 63.3 – Schalter Funktionswahl
S 63.5 – Schalter Zeituhrkorrektur Minuten

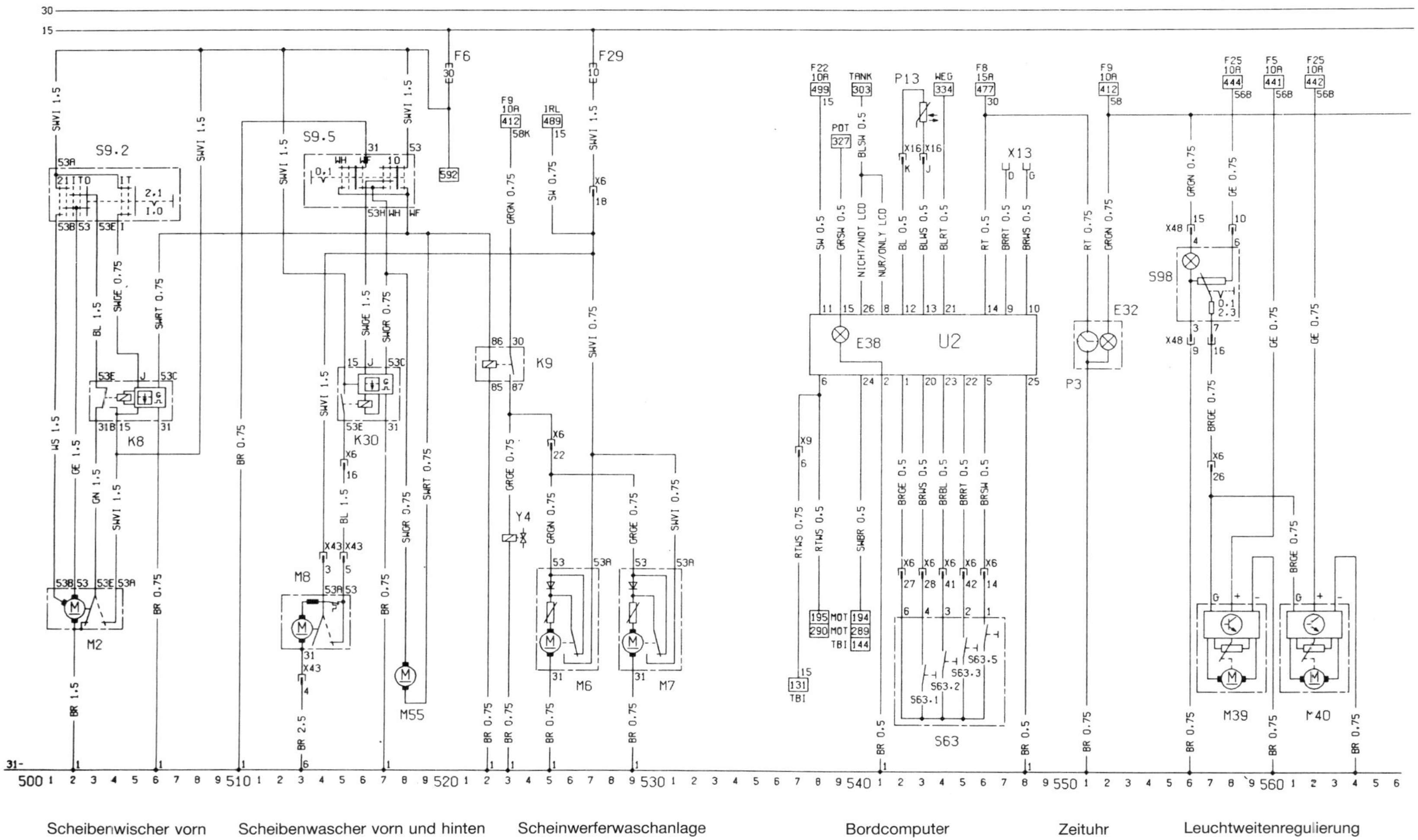

E 15 – Leuchte Handschuhkasten
E 16 – Leuchte Anzünder
E 19 – heizbare Heckscheibe
E 25 – Sitzheizung vorn links
E 30 – Sitzheizung vorn rechts
F 12, 15, 17, 20 – Sicherungen im Sicherungskasten
H 2 – Signalhorn
H 18 – Fanfare
H 23 – Radio
K 1 – Relais heizbare Heckscheibe
K 37 – Steuergerät Zentralverriegelung
K 63 – Relais Fanfare
M 18 – Stellmotor ZV Tür vorn links
M 19 – Stellmotor ZV Tür hinten links
M 20 – Stellmotor ZV Tür hinten rechts
M 26 – Motor Antenne
M 32 – Stellmotor ZV Tür vorn rechts
M 37 – Stellmotor ZV Kofferraum-/Heckklappe
M 41 – Stellmotor ZV Tankklappe
R 3 – Anzünder
S 4 – Schalter heizbare Heckscheibe
S 30 – Schalter Sitzheizung vorn links
S 41 – Schalter Diebstahlsicherung Tür vorn links
S 42 – Schalter ZV Tür vorn rechts
S 55 – Schalter Sitzheizung vorn rechts
S 64 – Hupkontakt
X 1 – Steckverbindung Zusatzverbraucher 1polig
X 5 – Steckverbindung Armaturentafel/Motor 14polig
X 6 – Steckverbindung Armaturentafel/Karosserie 51polig
X 29 – Steckverbindung Armaturentafel/Radio 4polig
X 30 – Steckverbindung Karosserie/Tür 6polig
X 31 – Steckverbindung Tür/Tür vorn links 26polig
X 33 – Steckverbindung Tür/Tür hinten links 9polig
X 34 – Steckverbindung Tür/Tür vorn rechts 26polig
X 36 – Steckverbindung Tür/Tür hinten rechts 9polig
X 41 – Steckverbindung Karosserie/Kofferraumdeckel 4polig (Stufenheck)
X 44 – Steckverbindung Karosserie/Tankklappe 2polig (Stufenheck)
X 58 – Steckverbindung Karosserie/Heckklappe 4polig (Fließheck)
X 59 – Schalter heizbare Heckscheibe und Sitzheizung

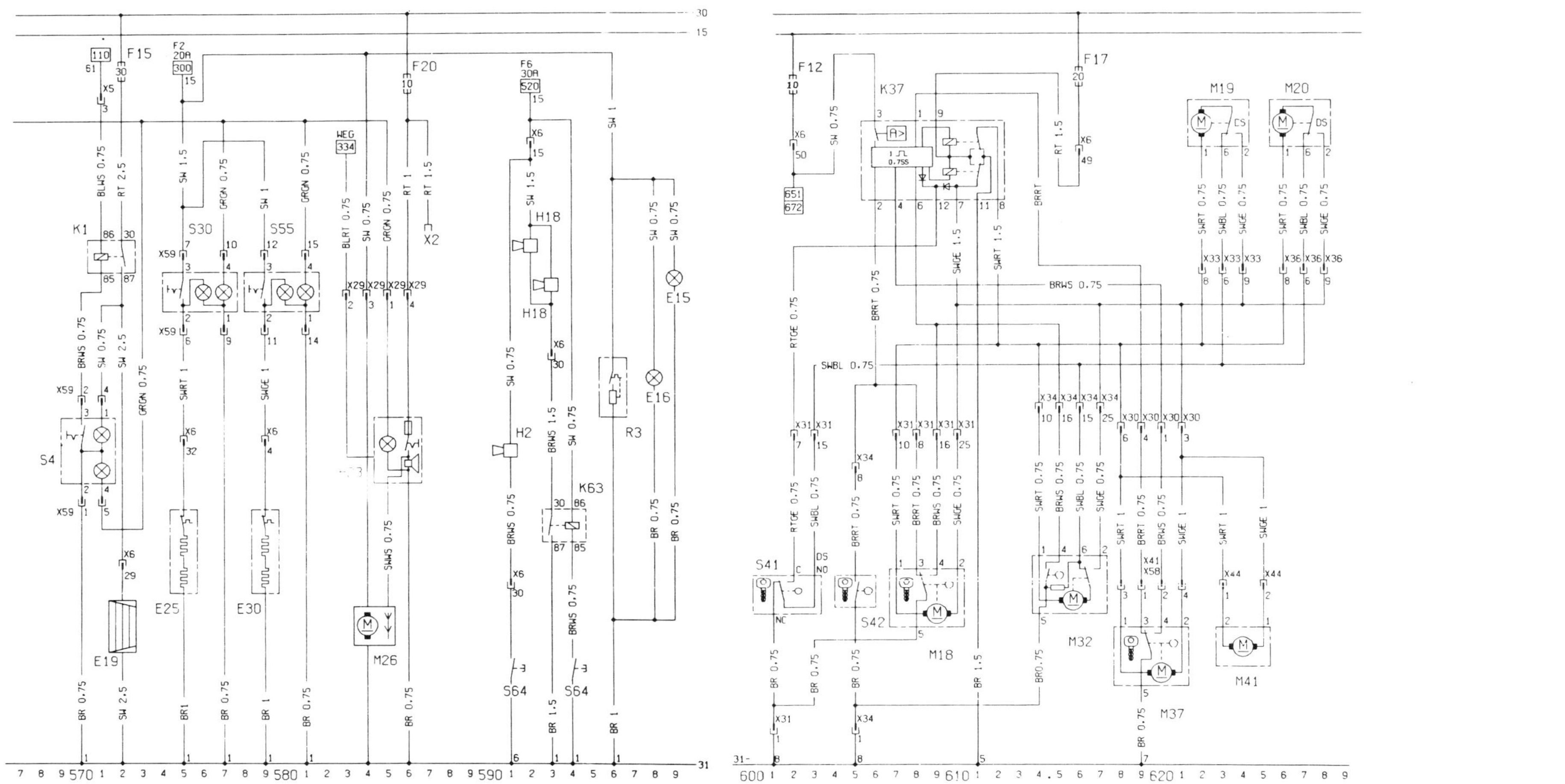

Heizbare Heckscheibe — Sitzheizung — Radio — Signalhorn — Anzünder Handschuhfach — Diebstahlsicherung (Schaltzustand verriegelt, Diebstahlsicherung ausgeschaltet) — Zentralverriegelung

E 50 – Leuchte Fahrertür
E 51 – Leuchte Beifahrertür
F 10, 26, 30 – Sicherungen im Sicherungskasten
H 25 – Kontrolleuchte heizbare Außenspiegel
K 35 – Zeitrelais heizbare Außenspiegel
M 13 – Motor Schiebedach
M 30 – Außenspiegel links einstell- und heizbar
M 31 – Außenspiegel rechts einstell- und heizbar
M 47 – Motor Fensterheber vorn links
M 48 – Motor Fensterheber vorn rechts
M 49 – Motor Fensterheber hinten links
M 50 – Motor Fensterheber hinten rechts
S 35, 36 – Mikroschalter Steuergehäuse Schiebedach
S 37 – Schalterkombination Fensterheber
S 37.1 – Schalter Fensterheber vorn links
S 37.2 – Schalter Fensterheber vorn rechts
S 37.3 – Schalter Fensterheber hinten links
S 37.4 – Schalter Fensterheber hinten rechts
S 37.5 – Sicherheitsschalter
S 37.6 – Schalter Einklemmschutz aus
S 37.7 – Steuerung Fensterheberautomatik
S 39 – Schalter Fensterheber Tür hinten links
S 40 – Schalter Fensterheber Tür hinten rechts
S 57 – Schalter Schiebedach
S 68 – Schalter Außenspiegel
S 68.1 – Schalter Spiegeleinstellung
S 68.2 – Schalter Spiegelheizung
S 68.3 – Umschalter Spiegeleinstellung
S 99 – Schalter Fensterheber Tür vorn links bei ZV
S 100 – Schalter Fensterheber Tür vorn rechts bei ZV
X 5 – Steckverbindung Armaturentafel/Motor 14polig
X 6 – Steckverbindung Armaturentafel/Karosserie 51polig
X 31 – Steckverbindung Tür/Tür vorn links 26polig
X 32 – Steckverbindung Tür/Tür hinten links 2polig
X 33 – Steckverbindung Tür/Tür hinten links 9polig
X 34 – Steckverbindung Tür/Tür vorn rechts 26polig
X 35 – Steckverbindung Tür/Tür hinten rechts 2polig
X 36 – Steckverbindung Tür/Tür hinten rechts 9polig
X 39 – Steckverbindung Tür/Konsole 8polig
X 40 – Steckverbindung Tür/Konsole 8polig
X 51 – Steckverbindung Außenspiegel links 6polig
X 52 – Steckverbindung Außenspiegel rechts 6polig
X 53 – Steckverbindung Tür/Karosserie 2polig

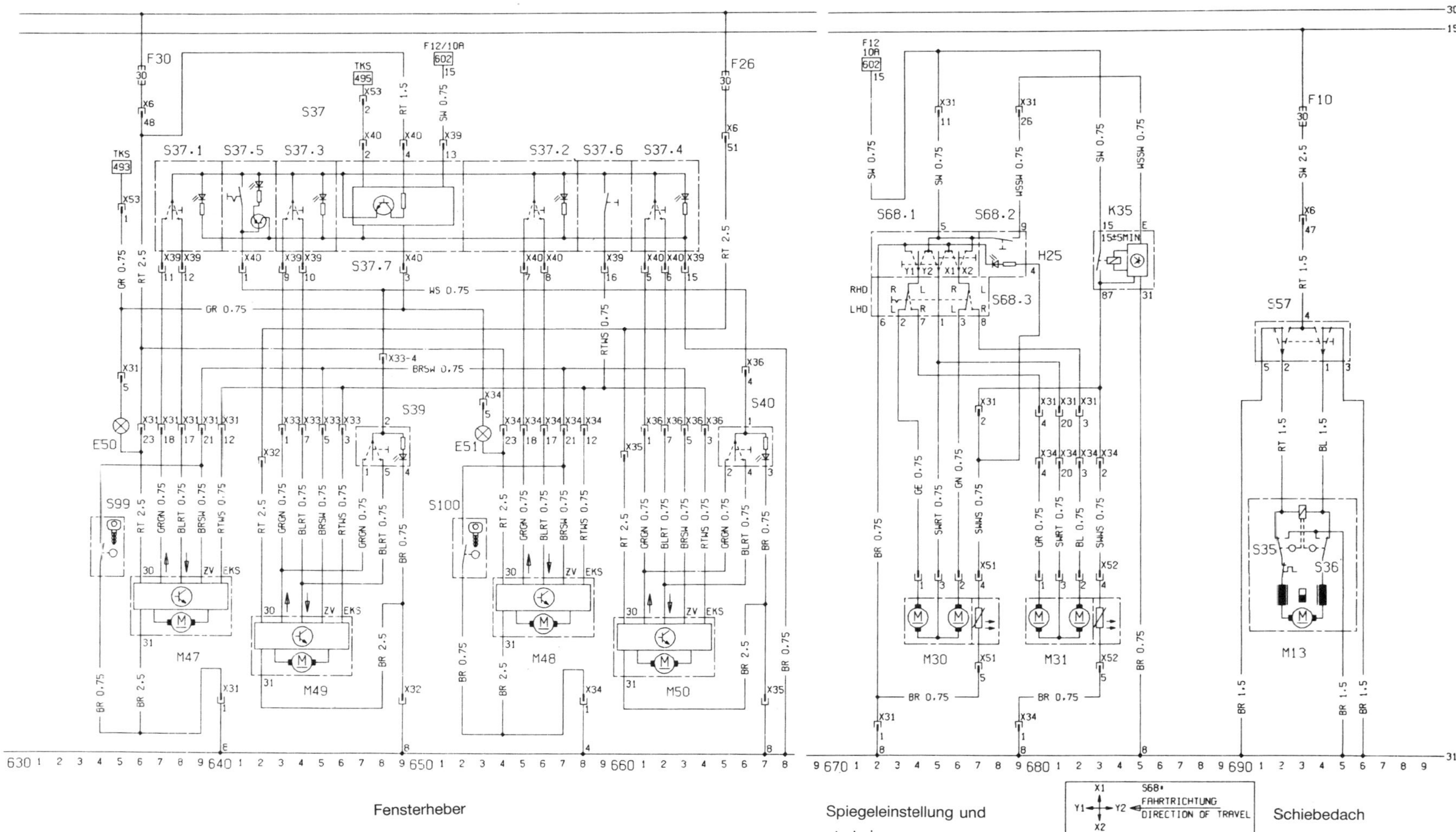

Fensterheber

Spiegeleinstellung und -beheizung

Schiebedach

E 12 – Leuchte Wählhebel
F 14, 16, 19 – Sicherungen im Sicherungskasten
K 47 – Relais Überspannungsschutz
K 50 – Steuergerät ABS
K 85 – Steuergerät Getriebeautomatik
P 17 – Drehzahlgeber vorn links
P 18 – Drehzahlgeber vorn rechts
P 19 – Drehzahlgeber hinten links
P 20 – Drehzahlgeber hinten rechts
P 24 – Temperaturfühler Getriebeöl
P 34 – Geber Droselklappenstellung
P 45 – Drehzahlgeber Getriebeeingang
P 48 – Geber Wegstrecke
S 10 – Schalter Automatikgetriebe
S 104– Schalter Kickdown
S 105– Schalter Anfahrhilfe
S 106– Schalter Fahrprogramm
S 107– Schalter Drosselklappe
S 115– Schalter Kühlmitteltemperatur
U 4 – Hydraulikeinheit ABS
U 4.1 – Relais Pumpe ABS
U 4.2 – Relais Magnetventile ABS
U 4.3 – Hydraulikpumpe ABS
U 4.4 – Diode ABS
U 4.5 – Magnetventil ABS vorn links
U 4.6 – Magnetventil ABS vorn rechts
U 4.7 – Magnetventil ABS hinten links
U 4.8 – Magnetventil ABS hinten rechts
U 13 – Getriebeautomatik
U 13.1– Magnetventil Schalten 1
U 13.2– Magnetventil Schalten 2
U 13.3– Magnetventil Verriegelung
U 13.4– Magnetventil Drucksteuerung
X 6 – Steckverbindung Armaturentafel/Karosserie 51polig
X 11 – Steckverbindung Armaturentafel/Gemischaufbereitung 6polig
X 13 – Diagnose-Stecker
X 26 – Steckverbindung Motor-Gemischaufbereitung/Getriebeautomatik 8polig
X 27, 28 – Steckverbindung Armaturentafel/Getriebeautomatik 2polig
X 46 – Steckverbingung Schalter Getriebeautomatik 7polig
X 47 – Steckverbindung Schalter Getriebeautomatik 4polig

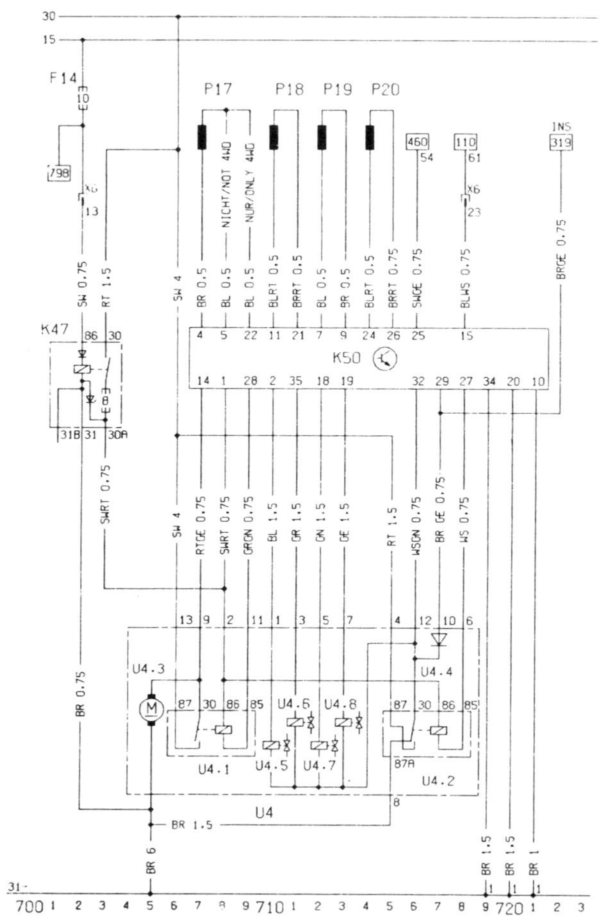

Antiblockiersystem (ABS)

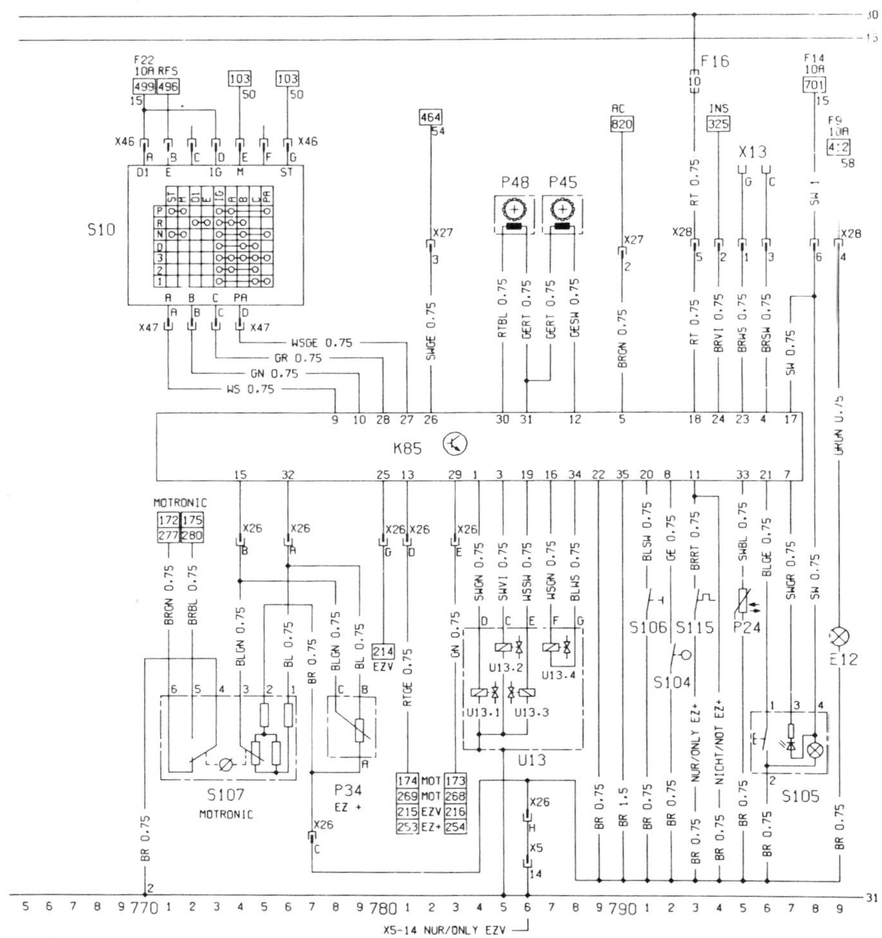

Getriebeautomatik

F 4 – Sicherung im Sicherungskasten
F 34 – Sicherung im Relaiskasten
F 38 – Sicherung im Relaiskasten
H 47 – Signalhorn Diebstahlwarnanlage (DWA)
K 6 – Relais Klimaanlage
K 7 – Relais Klimaanlagengebläse
K 51 – Relais Kühlerventilator
K 64 – Relais Klimaanlagengebläse
K 67 – Relais Kühlerventilator
K 87 – Relais Zusatz-Kühlerventilator
K 90 – Relais Kompressor (Getriebeautomatik)
K 93 – Relais Kompressor (Motronic)
K 94 – Steuergerät DWA
M 4 – Motor Kühlerventilator
M 10 – Motor Klimaanlagengebläse
M 11 – Motor Zusatz-Kühlerventilator
M 51 – Vordrosselsteller
P 53 – Geber DWA Fahrerseite
P 54 – Geber DWA Beifahrerseite
R 19 – Vorwiderstand Kühlerventilator
S 27 – Schalter Kompressor Niederdruck
S 28 – Schalter Kompressor Hochdruck
S 51 – Thermoschalter Kühlerventilator 2stufig
S 76 – Schalter Kompressor Hochdruck
S 109 – Schalter Kompressor (Motronic)
S 118 – Thermoschalter Kühlerventilator
S 120 – Motorhaubenschalter DWA
U 7 – Bedienungseinheit Klimaanlage
U 7.6 – Schalter Klimaanlagengebläse
U 7.8 – Schalter Klimaanlage
Y 1 – Magnetkupplung Kompressor Klimaanlage
Y 43 – Unterdrucksteuerung Klimaanlage
V 8 – Diode Kompressor Klimaanlage
X 6 – Steckverbindung Armaturentafel/Karosserie 51polig
X 7 – Steckverbindung Armaturentafel/Klimaanlage 8polig
X 10 – Codierstecker DWA
X 13 – Diagnosestecker
X 67 – Steckverbindung Armaturentafel/Tür 4polig
X 68 – Steckverbindung Armaturentafel/Tür 6polig
X 70 – Steckverbindung Geber DWA/Tür 4polig
X 71 – Steckverbindung Geber DWA/Tür 4polig

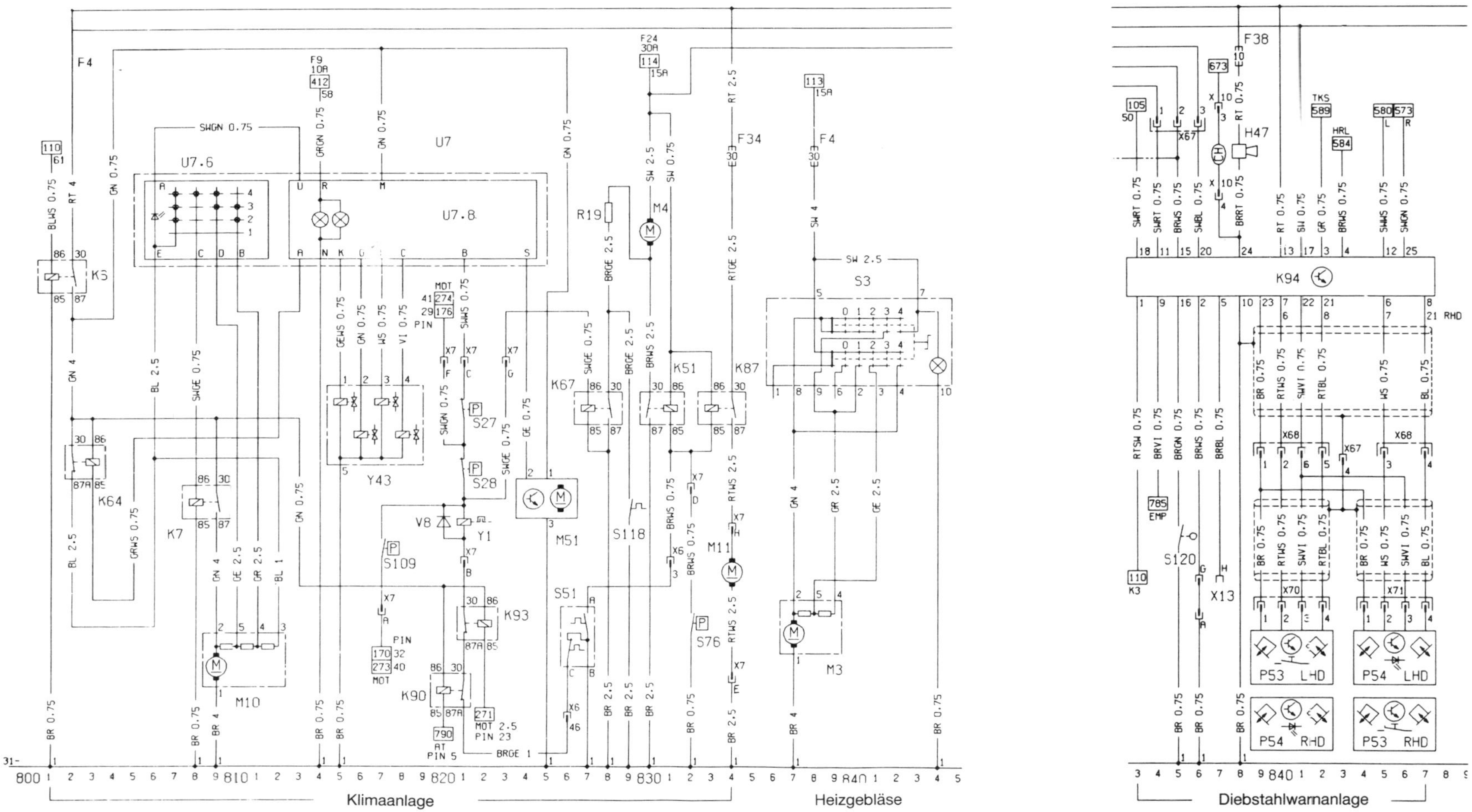

F 11 – Sicherungen im Sicherungskasten
K 20 – Schaltgerät Zündung an der Zündspule
K 57 – Steuergerät Multec
K 58 – Relais Kraftstoffpumpe
K 61 – Steuergerät Motronic
K 68 – Relais Einspritzanlage
L 1 – Zündspule
M 21 – Motor elektrische Kraftstoffpumpe
M 33 – Leerlaufdrehsteller
M 66 – Stellmotor Leerlauf
P 11 – Luftmengenmesser
P 12 – Temperaturgeber Kühlmittel

X 8 – Steckverbindung Armaturentafel/Einspritzung 2polig
X 9 – Steckverbindung Armaturentafel/Gemischaufbereitung 6polig
X 11 – Steckverbindung Armaturentafel/Gemischaufbereitung 6polig
X 13 – Diagnose-Stecker
X 15 – Kraftstoff-Kodierstecker
X 38 – Steckverbindung Karosserie/Kraftstoffpumpe 2polig
X 61 – Steckverbindung Motor/Gemischaufbereitung 1polig

P 23 – Saugrohr-Unterdruckgeber
P 30 – Temperaturgeber Kühlmittel
P 32 – Lambda-Sonde mit Beheizung
P 33 – Lambda-Sonde
P 34 – Drosselklappen-Potentiometer
P 35 – Impulsgeber auf der Kurbelwelle
Y 7 – Einspritzventile
Y 32 – Einspritzventil
Y 33 – Zündverteiler
Y 34 – Tankentlüftungsventil
X 5 – Steckverbindung Armaturentafel/Motor 14polig
X 6 – Steckverbindung Armaturentafel/Karosserie 51polig

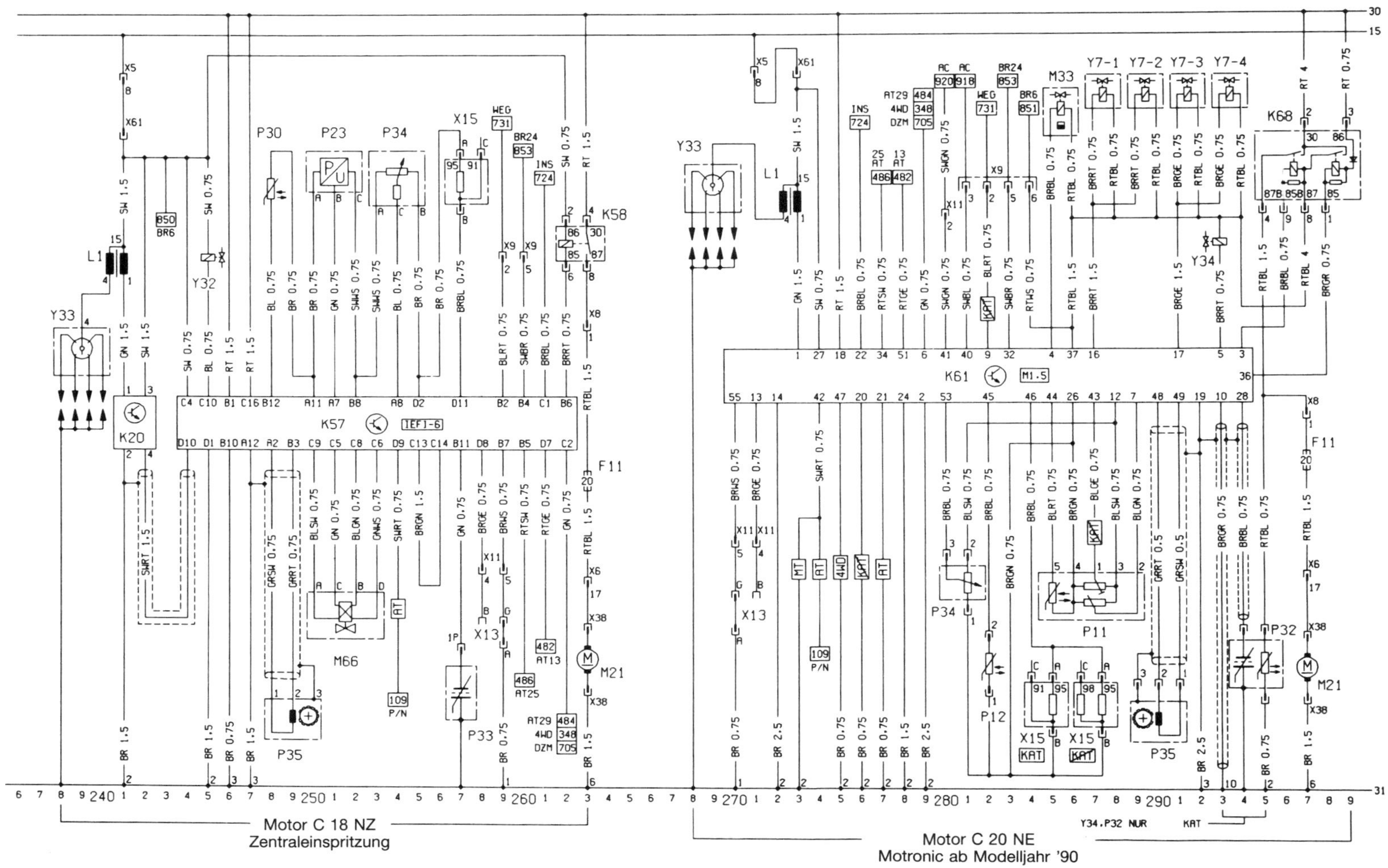

Mit Saft und Kraft

Die Batterie ist der Mittelpunkt der Bordelektrik im Vectra. Ihr Energievorrat wird von den Stromverbrauchern in Anspruch genommen – wieder aufgeladen wird sie von der Lichtmaschine, die auch Generator genannt wird.

Die richtige Batterie

Unser Vectra hat seine Batterie vorn links im Motorraum sitzen. Sie trägt die Bezeichnung 12 V/44 Ah, Typ-Nummer 54434 oder 12 V/55 Ah, Typ-Nummer 55530 (Fahrzeuge mit Klimaanlage).
Spannung und Kapazität: In der Angabe 12 V/44 Ah gibt die vorangestellte 12 V natürlich die Spannung an. Hinter dem Schrägstrich ist die Stromstärke in ihrer »zeitlich lieferbaren Menge« vermerkt – »Ah« steht für Amperestunden. Das ist die Nenn-Batteriekapazität, die nach Normbedingungen gemessen wird.
Kälteprüfstrom: Die Zahl 210 A bzw. 255 A nennt die Stromstärke, welche die Batterie bei –18°C liefern kann.
Typ-Nummer: Eine fünfstellige Zahl dient bei allen deutschen Batterie-Herstellern zur Kennzeichnung der Batterie. Beim Vectra lauten die entsprechenden Kennzahlen 54434 bzw. 55530. Die erste Zahl (5) steht für die Batteriespannung von 12 Volt. Die darauf folgenden Zahlen geben die Batterie-Kapazität an. Die beiden letzten Ziffern kennzeichnen Konstruktionsmerkmale, wie Bauform, Pollage, Schlauch zur Entgasung und Bodenleiste.

Wie lange reichen die Reserven?

Wie lange ein Stromverbraucher mit dem Stromvorrat aus der Batterie funktionieren kann, errechnen wir aus folgender Formel: **Betriebszeit = Batteriekapazität x Bordnetzspannung : Leistung des Verbrauchers.** In der Praxis sollten Sie aber nie mit der vollen Batteriekapazität, sondern nur mit ½ bis ⅔ der Nennkapazität rechnen. Es ergeben sich dann beispielsweise die folgenden Betriebszeiten:

Batterie	Parklicht	Standlicht	Warnblinkanlage
44 Ah	ca. 26 Stunden	ca. 9 Stunden	ca. 3½ Stunden
55 Ah	ca. 30 Stunden	ca. 11 Stunden	ca. 4 Stunden

Am ärgsten wird die Batterie natürlich vom Anlasser gestreßt. Mit einer Leistung von bis zu 1400 Watt (1,8- und 2,0-Liter) setzt er der Batterie vor allem in dem Moment zu, in dem der Motor vom Stillstand in eine Drehbewegung versetzt wird. Der Stromverbrauch steigt dann bis auf ein Vielfaches der normalen Werte an. Auch braucht der Anlasser natürlich weit weniger Strom, um den warmen Motor durchzudrehen als den kalten.

Temperatureinfluß auf die Batterie

Batterien haben die Eigenart, um so unwilliger auf Kälte zu reagieren, je weniger Strom sie gespeichert haben. Völlig leere Akkus sind so empfindlich, daß sie bei Frost einfrieren und platzen können. Ist die Batterie dagegen randvoll geladen, verträgt sie die Kälte verhältnismäßig gut.

Batteriesäurestand kontrollieren

Wartung Nr. 5

Die Batterieflüssigkeit besteht aus Schwefelsäure, verdünnt mit destilliertem Wasser. Die »Freedom«-Batterie, von Opel gewöhnlich im Neuwagen eingebaut, ist völlig verschlossen, hat also keine Batteriestopfen. Antimonfreie Batterieplatten und ein Separator im Gehäusedeckel, der die Flüssigkeit sammelt und zurückleitet, verhindern den sonst üblichen Wasserverlust. Nur bei herkömmlichen Batterien sollte regelmäßig nach dem Flüssigkeitsstand gesehen werden.

● Die Batterieflüssigkeit muß mindestens bis zum unteren der beiden Markierungen am Gehäuse reichen, zumindest aber die Plattenoberkanten gut bedecken.
● Bei abgesunkenem Flüssigkeitspegel Verschlußstopfen herausdrehen.
● Bei einer normal geladenen Batterie bis zum oberen Strich (»MAX«) bzw. 15 mm über die Plattenoberkanten **destilliertes Wasser** auffüllen.
● In eine stark entladene Batterie nur so viel Wasser einfüllen, daß die Platten oben bedeckt sind. Beim Wiederaufladen steigt der Flüssigkeitsstand nämlich erheblich.
● Erst nach dem Laden bis zur oberen Marke nachfüllen.
● Die Wassermenge aus der Einfüllflasche muß gut dosierbar sein, sonst wird der Akku überfüllt.
● Eine überfüllte Batterie »kocht über«, die Säure tritt an den Verschlußstopfen aus und verursacht Korrosion und Säurekristalle an Batterieoberfläche und -standplatz.

Die Batterie ist vorn links im Motorraum untergebracht. Ausbau: Massekabel (2) lösen, Pluspol-Abdeckung anheben und Pluskabel (1) abschrauben. Die Batterie selbst ist mit einem Halteblech und einer Sechskantschraube (3) befestigt.

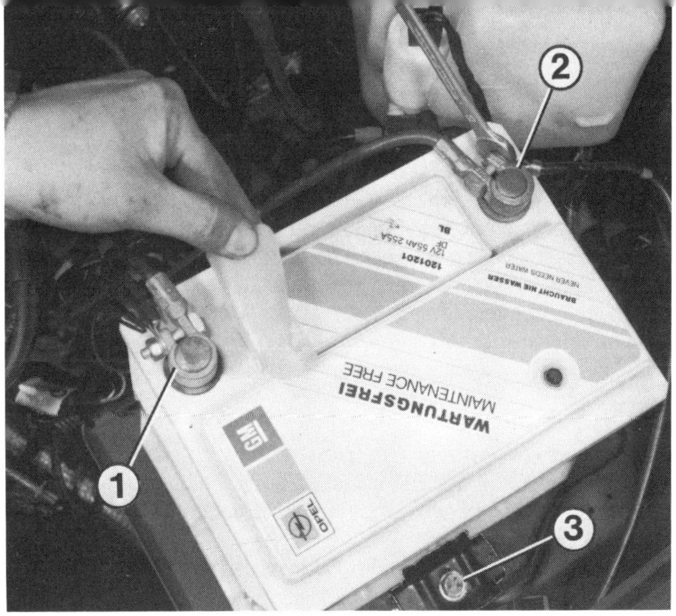

Destilliertes Wasser verwenden!

In den Akku darf niemals Batteriesäure gefüllt werden, sondern nur entsalztes (ionengetauschtes) Wasser, landläufig destilliertes Wasser genannt. Leitungswasser, Regenwasser und auch abgekochtes Wasser enthält leitfähige Salze und andere mineralische Stoffe, die der Batterie schaden.
Wenn Sie Batteriewasser nicht umsonst an Ihrer Stammtankstelle bekommen, kaufen Sie es am billigsten in der Drogerie oder Apotheke. Abgepacktes destilliertes Wasser an der Tankstelle ist meist wesentlich teurer.

Batterie ausbauen

Grundsätzlich muß an der Batterie zuerst das Minuskabel abgenommen werden, damit beim weiteren Hantieren kein Kurzschluß auftreten kann.

- Mutter an der Klemme des Minuskabels lösen, Klemme vom Batteriepol abheben.
- Pluskabel-Klemme lösen und abnehmen.
- Schraube der Halteleiste am Batteriefuß losdrehen, Schraube und Leiste abnehmen.
- Batterie herausheben.
- Beim Einbau zuerst das Pluskabel anschließen, dann die Minusklemme.
- Ein Vertauschen der Kabelklemmen ist nur mit Gewalt möglich, denn der Plus-Polkopf ist dicker als der Minus-Polkopf.
- Bei Radio mit Anti-Diebstahl-Codierung die Code-Nummer wieder eingeben (Stromversorgung war unterbrochen).

Kontaktpflege an der Batterie

- Ein verschmutztes Batteriegehäuse mit Kaltreiniger, Wasser und einer kräftigen Bürste säubern.
- Oxidkristalle an den Batterieklemmen mit warmem Sodawasser abwaschen oder mit »Neutralon« von Varta behandeln.
- Vorsicht, daß kein Wasser, Schmutz oder Reinigungsmittel durch die Entlüftungsbohrungen der Verschlußstopfen in die Batterieflüssigkeit gelangt.
- An den abgeschraubten Stopfen kontrollieren, ob ihre Entlüftungsbohrungen frei sind, sonst säubern.
- Batteriepolköpfe und Kabelklemmen mit Säureschutzfett (Bosch »Ft 40 v 1«) einstreichen.
- Kein Fett erhalten die Polkopfseiten und die Innenseiten der Klemmen, sonst kann es Kontaktschwierigkeiten geben.

Das Sichtfenster (Pfeil) der wartungsfreien Batterie offenbart den Ladezustand:
1 – grüner Punkt im Zentrum des Säuredichteprüfers: Die Kugel liegt im Käfig direkt vor dem Kunststoffstab, die Batterie ist zu mindestens 65 % geladen.
2 – dunkles Zentrum: Die Kugel liegt nicht vor dem Kunststoffstab, die Ladung beträgt weniger als 65 %.
3 – helles oder hellgelbes Zentrum: Der Batteriesäurespiegel ist unter den Kunststoffstab abgesunken. Bei Startschwierigkeiten Batterie ersetzen.

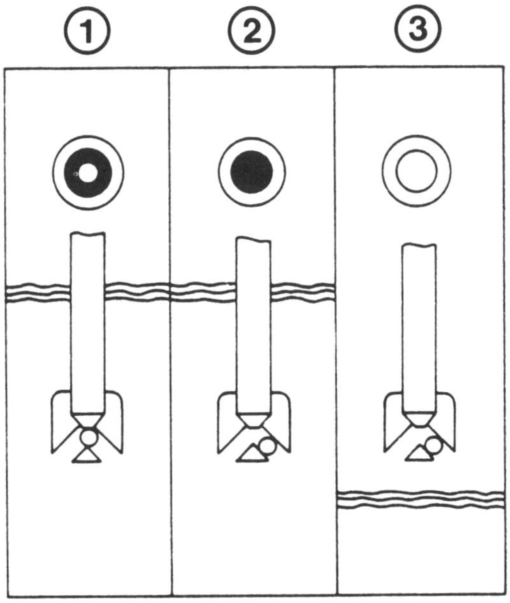

Ladezustand der Batterie prüfen

Erscheint der Akku trotz richtigem Säurestand kraftlos, muß der Ladezustand kontrolliert werden. Auskunft darüber gibt das spezifische Gewicht der Batteriesäure. Sie brauchen für die Kontrolle einen speziellen Hebe-Säuremesser (Aräometer), den Sie sich bei der Tankstelle ausleihen können.

- Batterie-Verschlußstopfen herausdrehen.
- So viel Batteriesäure ansaugen, daß die Meßspindel frei schwimmt.
- Säuregewicht ablesen. Es bedeuten: 1,28 kg/l = Batterie voll geladen; 1,20 kg/l = halb geladen; 1,12 kg/l = entladen.

Batterie laden

Auch wenn die Batterie nichts zu leisten hat, muß sie gelegentlich geladen werden. Sie hat nämlich die Untugend, sich mit der Zeit selbst zu entladen. Deshalb ausgebaute Batterien und Batterien in vorübergehend stillgelegten Fahrzeugen mindestens einmal im Monat nachladen.

Ladegerät anschließen

- Pluskabel an Batterie-Pluspol, Minuskabel an Minuspol anklemmen.
- Die Batteriekabel brauchen bei einem gewöhnlichen Ladegerät nicht abgenommen zu werden.
- Die Batteriestopfen können eingeschraubt bleiben. Das sich beim Laden bildende Gas kann durch Entlüftungsbohrungen in den Stopfen entweichen.
- Der Ladestrom soll anfangs etwa 10% der Batteriekapazität betragen (z.B. 4,4 A beim 44-Ah-Akku) und sich während der Ladung automatisch verringern.
- Die Batterie ist voll geladen, wenn ihre Säuredichte innerhalb von zwei Stunden nicht mehr ansteigt.
- Beim Batterieladen wird das destillierte Wasser teilweise zersetzt. Es bilden sich Gasblasen aus Wasserstoff und Sauerstoff – das hochexplosive Knallgas.
- Wenn mit hohem Strom geladen wird, für gute Durchlüftung des Raumes sorgen.
- Beim Laden der Batterie in deren Nähe nicht rauchen und kein offenes Feuer verwenden.
- Auch Funken beim Ab- und Anklemmen des Laders bzw. der Batteriekabel können das Knallgas entzünden.

Start mit leerer Batterie

Starthilfekabel

- Hilfsfahrzeug so dicht an den Opel heranfahren lassen, daß sich die Batterien beider Wagen so nahe wie möglich zueinander befinden. Die Fahrzeuge dürfen sich aber nicht berühren.
- Mit dem ersten Kabel die Pluspole beider Batterien verbinden.
- Anderes Starthilfekabel zuerst am Minuspol der geladenen Fremdbatterie und dann im Motorraum des stromlosen Wagens an blanker Masse anschließen (z.B. direkt am Motor).
- Motor des Hilfswagens starten und mit erhöhter Drehzahl laufen lassen, damit die Lichtmaschine kräftig Spannung liefert.
- Falls der Motor nicht gleich anspringt, zwischendurch eine Abkühlungspause für den Anlasser einlegen. Hilfsmotor weiterlaufen lassen, wodurch die leere Batterie bereits etwas nachgeladen wird.
- Beim Abklemmen der Starthilfekabel zuerst die Klemme vom Minuspol der geladenen Fremdbatterie abnehmen.

Wagen anschieben

Den Vectra mit Schaltgetriebe kann man anschieben oder anschleppen. Bei gutem Motorzustand ist das mit zwei Helfern zu schaffen:

- Zündung einschalten.
- 1. Gang einlegen. In höheren Gängen wird die Lichtmaschine für kräftige Stromlieferung zu langsam durchgedreht.
- Kupplung durchtreten, Wagen anschieben lassen, bis er in Schwung ist.
- Kupplung schnell kommen lassen. Der Motor wird abrupt durchgedreht und müßte anspringen.
- Sofort Kupplung treten und Gas geben.

Wagen anschleppen

Suchen Sie sich zum Anschleppen einen schlepperfahrenen Helfer aus, damit nicht durch Ungeschick größerer Schaden entsteht. Und denken Sie daran: Bei stehendem Motor arbeiten weder der Bremskraftverstärker noch die evtl. eingebaute Servolenkung!

- Zündung einschalten, 2. Gang einlegen und Kupplung treten.
- Der Zugwagen muß langsam anfahren.
- Bei etwa 15 km/h die Kupplung langsam kommen lassen, dabei die rechte Hand an den Handbremshebel legen.
- Ist der Motor angesprungen, Kupplung treten und Gas geben.
- Handbremse sanft ziehen, damit Sie dem Vordermann nicht ins Heck rollen.
- Schleppfahrer Hupsignal geben.
- Gang herausnehmen, Kupplung loslassen.
- Mit der Handbremse zusammen mit dem Schleppwagen sanft abbremsen.

Kraftwerk für unterwegs

Die Reise mit Ihrem Vectra wäre nur von kurzer Dauer, wenn die Stromversorgung allein von der Batterie abhinge. Die vielen Stromverbraucher hätten diesen Speicher schnell entleert, und Sie müßten eine frisch geladene Batterie einbauen.
Damit der Batterie nicht ständig der »Saft« ausgeht, wird sie durch den vom Motor angetriebenen Generator aufgeladen.

Der Drehstromgenerator

Zwei Generator-Fabrikate

Opel baut Lichtmaschinen von Bosch und von Delco Remy ein. Sie unterscheiden sich nur in ihrem Aufbau. Ihre Befestigung am Motor ist gleich.

Leistung

Je nach Ausführung sind im Vectra Lichtmaschinen mit Leistungen von **55**, **70** oder **90 Ampere** eingebaut. Um die Leistung der Generatoren zu ermitteln, muß der angegebene Höchststrom mit der Nennspannung von 14 Volt multipliziert werden. Macht **770**, **980** bzw. **1260 Watt**.
Sie haben es schon bemerkt: Die Lichtmaschine liefert wirklich 14 Volt im 12-Volt-Bordnetz. Denn nur durch diesen kleinen Spannungsunterschied kann Strom zur Batterie fließen, damit diese aufgeladen wird.
Die Übersetzung von Kurbelwellen-Keilriemenscheibe zu Lichtmaschinen-Keilriemenscheibe ist übrigens so gewählt, daß schon bei Leerlaufdrehzahl etwa ⅔ der Lichtmaschinenleistung erzeugt werden können.

Umgang und Vorsichtsmaßnahmen

Die Drehstrom-Lichtmaschine hat neben ihrer insgesamt recht hohen Leistung einen entscheidenden Vorzug: Sie liefert schon bei Leerlaufdrehzahl des Motors Strom. Ferner halten ihre Schleifkohlen weit über 80000 km. Getreu ihres Namens erzeugt sie jedoch Drehstrom, den wir im Auto überhaupt nicht gebrauchen können, denn die Batterie kann natürlich nur Gleichstrom speichern. Deshalb sind im Generator drei Gleichrichter-Dioden eingebaut, die den Drehstrom in einen pulsierenden Gleichstrom umwandeln. Diese Dioden sind allerdings gegen hohe Spannungen empfindlich, und deshalb sollten Sie folgende Punkte beachten:

○ Bei laufendem Generator darf kein Kabel zwischen Akku und Lichtmaschine gelöst bzw. angeschlossen werden. Dadurch kann die Spannung schlagartig ansteigen (Spannungsspitzen) und eine Diode »verheizt« werden.

○ Ohne richtig angeschlossene, intakte Batterie darf die Drehstrom-Lichtmaschine nicht laufen. Denn der Akku dient gewissermaßen als Puffer gegen Überspannungen.

○ Sämtliche Kabelanschlüsse zwischen der Drehstrom-Lichtmaschine, der Batterie und dem Karosserieblech oder dem Triebwerkblock (Masse) müssen ganz fest sitzen. Schon ein Wackelkontakt kann zu gefährlichen Spannungsspitzen führen.

○ Beim Schnelladen der Batterie (nicht zum Aufladen mit dem Heimlader) und beim elektrischen Schweißen an der Karosserie müssen beide Kabel vom Akku abgeklemmt werden, damit die Lichtmaschinen-Dioden keinen Schaden erleiden.

Die Lichtmaschine sitzt rechts im Motorraum. Die Abbildung zeigt einen Generator des Herstellers Bosch.

Die Ladekontrolle

○ Die Kontrolleuchte im Kombiinstrument hat zwei Plus-Anschlüsse, und zwar einerseits von der Klemme D+ des Generators (blau/weißes Kabel) und andererseits von Klemme 15 über die Leiterfolie hinten am Kombiinstrument, vom Zündschloß kommend.

○ Mit Einschalten der Zündung führt Klemme 15 Spannung. Die Lichtmaschine steht aber noch, so daß der spannungslose D+-Kontakt als »Minus« wirkt. Die Kontrollampe leuchtet auf, denn zwischen dem von der Batterie versorgten Bordnetz und dem noch stehenden Generator herrscht eine Spannungsdifferenz.

○ Wird der Motor gestartet und hat die Lichtmaschine ihre Ladedrehzahl erreicht, verbindet der Spannungsregler den Stromerzeuger mit der Bordelektrik. Nun kommt Plusstrom von Klemme 15 und zusätzlich von Klemme D+. Damit besteht keine Spannungsdifferenz mehr, die Ladekontrolle verlöscht.

○ Beim Einschalten der Zündung muß die brennende Ladekontrolle die Drehstrom-Lichtmaschine »vorerregen«. Nur so kann diese schon aus niedrigen Drehzahlen heraus Strom liefern. Allerdings ist die Vorerregung nur beim ersten Anlaufen des Generators erforderlich.

Nicht immer wird geladen

Ob die Batterie von der Lichtmaschine geladen wird, beweist das Verlöschen der Kontrollampe nicht. Es besagt nur, daß zwischen Batterie und Generator keine Spannungsdifferenz mehr besteht. Wenn im Motorleerlauf beispielsweise sämtliche Stromverbraucher eingeschaltet sind, leuchtet die Ladekontrolle nicht auf, obwohl mehr Strom der Batterie entnommen wird, als eine der leistungsschwächeren Lichtmaschinen liefern kann: Es besteht dennoch keine Spannungsdifferenz zur Batterie.

Fingerzeig: Vielleicht haben Sie beobachtet, daß manchmal die Ladekontrolle brennen bleibt, wenn Sie den warmgefahrenen Motor ohne Gas starten und er in niedriger Leerlaufdrehzahl weiterläuft. Hierbei ist die Vorerregung der Drehstrom-Lichtmaschine zu schwach, sie liefert noch keinen Strom. Sobald Sie auf das Gaspedal tippen, verlöscht das rote Licht. Das ist normal und deutet keinen Schaden an.

Der Spannungsregler

Die Lichtmaschine kann man mit einem Fahrraddynamo vergleichen: Je schneller sie dreht, um so höher steigt die Spannung und somit auch der gelieferte Strom. Ein derartiges Auf und Ab würden die Stromverbraucher im Auto nicht lange ertragen, deshalb muß ein besonderer Regler die Lichtmaschinenspannung begrenzen und ein Überladen der Batterie verhindern. Dieser Regler – ein elektronischer Feldregler – ist bei der Bosch-Lichtmaschine außen angeschraubt (siehe Zeichnung unten). Bei der Delco-Remy-Lichtmaschine befindet sich der Regler im Gehäuseinnern.

Selbsthilfe an Generator und Regler

Wartungsarbeiten an der Drehstrom-Lichtmaschine fallen nicht an, wenn man einmal vom wirklich selten Schleifkohlenwechsel absieht. Tiefergehende Schäden sind mit Heimwerkermitteln nicht zu beheben.

Ladespannung prüfen

- Voltmeter zwischen dem Anschluß des dicken roten Kabels an der Lichtmaschine und Masse anklemmen.
- Motor mit mittlerer Drehzahl laufen lassen.
- Bei intaktem Regler sind jetzt etwa **13,3–14,6 Volt** abzulesen.

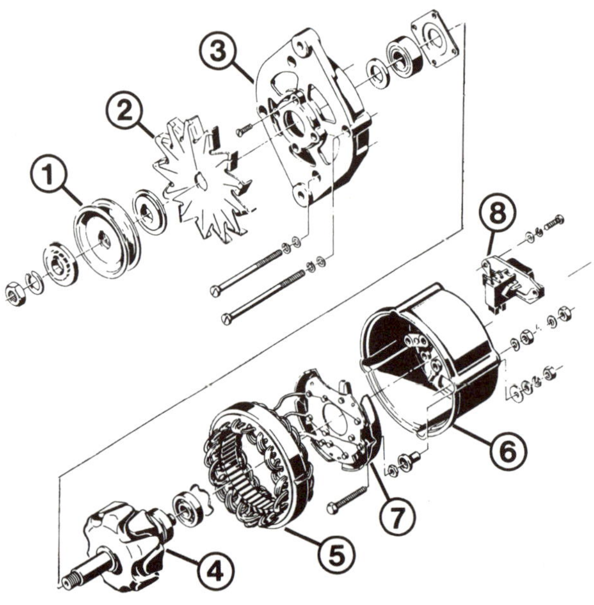

Die wesentlichen Teile der Bosch-Lichtmaschine:
1 – Riemenscheibe;
2 – Lüfter;
3 – Lagerschild;
4 – Klauenpolläufer;
5 – Ständerwicklung;
6 – Gehäuse;
7 – Diodenhalter;
8 – Bürstenhalter.

● Ist das nicht der Fall, Schleifkohlen kontrollieren bzw. Regler austauschen.

● Ansonsten ist die Lichtmaschine selbst defekt.

Schleifkohlen kontrollieren
Bosch-Lichtmaschine

● Regler von der Lichtmaschine abbauen. Dazu zwei Schlitzschrauben lösen.
● Regler gewissermaßen herausklappen, damit die Kohlebürsten nicht hängenbleiben.

● Überstand der Schleifkohlen messen:
● Neue Schleifkohlen sind **13 mm** lang; Verschleißmaß **5 mm**.

Schleifkohlen auswechseln
Bosch-Lichtmaschine

Zu dieser Arbeit wird ein Lötkolben, Elektrolot und außerdem Kenntnis im Löten gebraucht.
● Regler aus der Lichtmaschine ausbauen, wie vorstehend beschrieben.
● Anschlußlitzen auslöten, Kohlen herausziehen.
● Druckfedern von den alten Kohlen abziehen und auf die neuen stecken.

● Anschlußlitzen anlöten.
● Dabei wenig Lötzinn verwenden und schnell arbeiten, damit sich die Anschlußlitzen nicht mit Zinn vollsaugen. Sonst werden sie starr.

Schleifkohlen kontrollieren
Delco-Remy-Lichtmaschine

● Lichtmaschine ausbauen.
● Drei Gehäuseschrauben am Lagerdeckel herausdrehen.
● Läufer mit Antriebslager und Riemenscheibe aus dem Ständer herausziehen.
● Enden der Ständerwicklung vom Diodenträger abschrauben, Ständer vom Schleifringlager abnehmen.
● Erregerdioden ausbauen (drei Muttern, eine Schraube).

● Beide Schrauben des Schleifkohlenhalters herausdrehen, Isolierscheibe abnehmen.
● Anschlußzungen der Schleifkohlen vom Halter abnehmen, Kohlen aus der Führung ziehen und ihre Länge messen.
● Bei einer Gesamtlänge von weniger als **11 mm** sind sie zu ersetzen.

Schleifkohlen auswechseln
Delco-Remy-Lichtmaschine

● Die Federn der Schleifkohlen sind durch einen hakenförmigen Draht im Halter gesichert.
● Nach Einsetzen der neuen Kohlen diesen Draht nicht vergessen.

● Beim Zusammenbau der Lichtmaschine wird das lange Drahtende durch die Öffnung im Schleifringlager gesteckt.

Regler auswechseln
Delco-Remy-Lichtmaschine

● Lichtmaschine auseinanderbauen, wie unter »Kontrolle der Schleifkohlen« beschrieben.
● Stecker abziehen.

● Halteschraube des Reglers herausdrehen und den Regler abnehmen.

Fingerzeig: Bei ausgebauten Schleifkohlen können Sie die Kupfer-Schleifringe des Lichtmaschinenankers (auf ihnen laufen die Kohlen) gleich mit prüfen. Haben sie schon tiefe Einlaufspuren, kann man sie in der Autoelektrik-Werkstatt überdrehen lassen.

Lichtmaschine ausbauen

● Batterie-Massekabel abklemmen.
● Wo vorhanden, Luftansaugschlauch abnehmen.

● Anschlußkabel von der Lichtmaschine abschrauben.

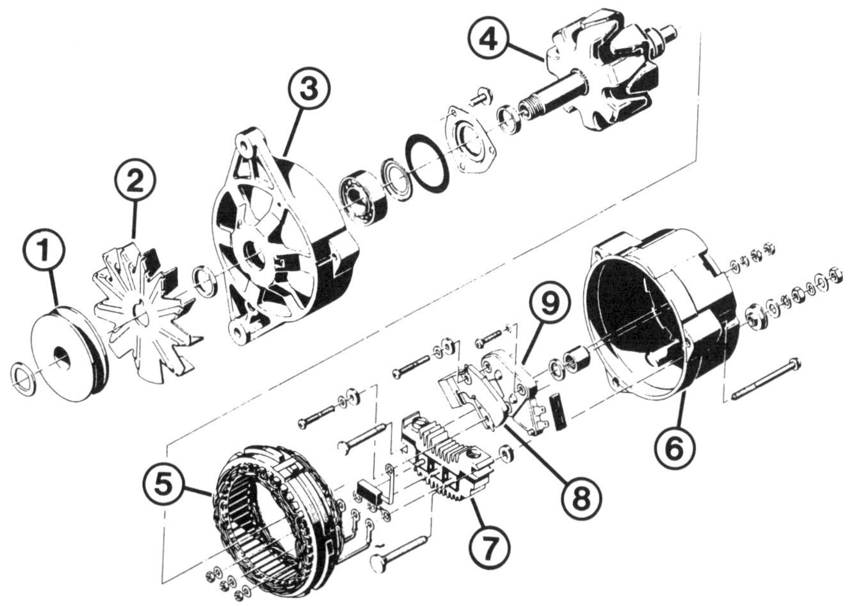

Bei der Lichtmaschine von Delco Remy sind die Bauteile so angeordnet:
1 – Riemenscheibe;
2 – Lüfter;
3 – Lagerschild;
4 – Klauenpolläufer;
5 – Ständerwicklung;
6 – Gehäuse;
7 – Diodenhalter;
8 – Bürstenhalter;
9 – Regler.

● Klemmutter am Lichtmaschinen-Spannbügel herausdrehen. Schraube mit Massekabel abnehmen.
● Keilriemen entspannen und abnehmen.
● Mutter vom Gelenkbolzen abschrauben.
● Gelenkbolzen herausziehen, dabei den Generator festhalten und abnehmen.

Keilriemenzustand prüfen

Wartung Nr. 11

● Drehen Sie zur Kontrolle des Riemens den Motor einige Male ganz durch.
● Nur so können Sie wirklich alle Flächen des Keilriemens sehen. Oft hat der Riemen nämlich nur einen einzigen, aber tiefen Riß, der bei der Kontrolle möglicherweise genau auf der Riemenscheibe zu liegen kommt.
● Einen angerissenen oder ausgefransten Riemen umgehend ersetzen.

Keilriemenspannung prüfen

Wartung Nr. 12

Ein zu straff gespannter Riemen wird zu stark auf Dehnung beansprucht, was seine Gewebeeinlage zerstört. Zu schwach gespannt ist der Schlupf auf der Riemenscheibe zu hoch, so daß der Riemen sich zu stark erhitzt. Bei mäßigem Daumendruck auf den Keilriemen soll er sich zwischen zwei Riemenscheiben ca. 5 mm durchdrücken lassen. Wurde ein neuer Keilriemen montiert, sollten Sie die Riemenspannung nach etwa 100 km kontrollieren und gegebenenfalls nachspannen; neue Riemen längen sich anfangs stärker.

Keilriemen spannen

Lichtmaschinen-Keilriemen

● Wo vorhanden, Luftansaugschlauch abbauen.
● Befestigungsmutter am Spannbügel oberhalb der Lichtmaschine lockern.
● Bolzen am Gelenklager unter der Lichtmaschine ebenfalls lockern.
● Lichtmaschine vom Motor wegdrücken.
● Zugleich zu obere Befestigungsschraube anziehen.
● Wenn dabei die Schraube in der Aussparung des Bügels gehemmt wird, auch den Haltebolzen des Bügels am Motor lockern.
● Nach dem Keilriemenspannen den Motor kurz laufen lassen und die Spannung kontrollieren, ggf. nochmals spannen.
● Falls der Haltebolzen gelockert wurde, diesen zuletzt wieder anziehen.

Keilriemen der Servopumpe
1,8- und 2,0-Liter

● Fahrzeug aufbocken und sichern.
● Kontermutter am Spannbolzen unterhalb der Servopumpe lockern.
● Ebenfalls die beiden Schwenkbolzen der Servopumpe etwas lösen.
● Gegenmutter auf dem Spannbolzen zum Riemenspannen rechtsdrehen.
● Kontermutter und Befestigungsmuttern der Pumpe wieder anziehen.

Lichtmaschinen-Keilriemen gerissen

Leuchtet plötzlich während der Fahrt die rote Ladekontrolleuchte auf und haben Sie vielleicht gehört, daß im Motorraum kurz etwas gegen das Blech schlug, ist sicher der Keilriemen gerissen. Anhalten und nachsehen! Falls Sie keinen Ersatz-Keilriemen dabei haben, können Sie weiterfahren, sofern die Batterie ausreichend

Spannen des Keilriemens: Befestigungsmutter (2) am Spannbügel (3) lockern; ebenfalls den Bolzen am Gelenklager (1). Durch Wegdrücken der Lichtmaschine vom Motor spannt sich der Riemen.

geladen ist. Die Wasserpumpe wird weiterhin vom Zahnriemen angetrieben. Jedoch baldmöglichst neuen Keilriemen montieren.

Die richtige Keilriemenlänge

Modell	Keilriemen zu	Bezeichnung
1,6-Liter ohne Servolenkung	Lichtmaschine	9,5 × 913
1,6-Liter mit Servolenkung	Lichtmaschine und Pumpe der Servolenkung	17,8 × 970
1,8- und 2,0-Liter mit 70-A-Generator	Lichtmaschine Pumpe der Servolenkung	9,5 × 925 9,5 × 800
1,8- und 2,0-Liter mit 90-A-Generator	Lichtmaschine Pumpe der Servolenkung	9,5 × 1000 9,5 × 800
2,0-Liter mit Klimaanlage	Lichtmaschine Pumpe der Servolenkung Kompressor der Klimaanlage	9,5 × 925 (70 A) 9,5 × 1000 (90 A) 10,7 × 688 13,0 × 875

Keilriemen montieren

● Der neue Keilriemen darf keinesfalls mit dem Schraubenzieher über die Riemenscheiben »gewürgt« werden, denn die so entstehenden Bruchstellen würden den nächsten Riemenschaden schon vorprogrammieren.

● Deshalb den alten Keilriemen zum Auswechseln erst entspannen (siehe Vorseite).

● Jetzt kann er leicht von den Riemenscheiben genommen werden, und auch der neue Riemen läßt sich bequem wieder auflegen.

● Anschließend Riemen spannen (siehe auch unter »Keilriemenspannung prüfen«), etwa 100 km fahren und dann nachspannen.

Störungsbeistand

Batterie und Lichtmaschine

Die Störung	– ihre Ursache	– ihre Abhilfe
A Rote Ladekontrolle brennt nicht beim Einschalten der Zündung	1 Batterie leer	Mit Starthilfekabeln starten oder Wagen anschleppen
	2 Batteriekabel gebrochen, Kabelklemmen lose oder oxidiert	Batteriekabel und -klemmen kontrollieren
	3 Kontrollampe defekt	Ersetzen
	4 Kabelweg zwischen Zündschloß, Kontrollampe und Lichtmaschine unterbrochen	Stromweg mit Prüflampe kontrollieren
	5 Massekabel zwischen Lichtmaschine und Motorblock gebrochen	Kabel kontrollieren
	6 Schleifkohlen abgenutzt	Schleifkohlen erneuern
	7 Spannungsregler defekt	Regler austauschen
	8 Lichtmaschine schadhaft	Lichtmaschine instand setzen lassen
	9 Nach zu heftiger Motorwäsche: Eingedrungene Feuchtigkeit hat einen isolierenden Schmierfilm zwischen den Schleifringen und Kohlen gebildet	Lichtmaschine mit Druckluft ausblasen oder Schleifringe und Kohlen sauberreiben
B Ladekontrolle brennt oder glimmt bei laufendem Motor	1 Keilriemen lose	Riemen spannen
	2 Mangelnder Kontakt an Kabelanschlüssen oder unterbrochene Kabel	Kabelanschlüsse und Kabel prüfen
	3 Siehe A 6–8	
C Batterieoberfläche feucht	1 Batterie überfüllt	Zuviel eingefülltes destilliertes Wasser durch Überladen herausgasen. Keine Säure absaugen
	2 Batterieverschlüsse verstopft	Entlüftungslöcher säubern
	3 Siehe A 7	
D Batterie gast stark	Siehe A 7	

Motor-Wecker

Wenn Sie einmal ein Fahrzeug zum Anlassen angeschoben haben, wissen Sie ungefähr, was der kleine Elektromotor namens »Anlasser« zu leisten imstande ist.
In Zusammenarbeit mit der Zündanlage und einer gut geladenen Batterie verhilft er dem Motor ohne Mühe zu einem guten Start.

Die Bauart

Möchten Sie mal ein komisches Wort hören? Hier ist es: »Schub-Schraubtrieb-Starter«. Der ist im Vectra eingebaut und funktioniert so:

○ Beim Zündschlüsseldreh in Stellung »Start« gelangt Spannung (vom Zündschloß kommend) an die Klemme 50 des oben auf dem Anlasser sitzenden Magnetschalters.

○ Dadurch schiebt ein Einrückhebel das Zahnritzel des Anlassers auf einem Steilgewinde in den Zahnkranz des Motor-Schwungrades.

○ Beim Eingreifen des Ritzels schaltet der Magnetschalter den vollen, von Klemme 30 kommenden Batteriestrom ein, so daß der Anlasser (Bild unten rechts) den Motor erst nach dem Einspuren des Ritzels kräftig durchdreht.

○ Ist der Motor angesprungen, wird das Ritzel aus dem Schwungrad wieder ausgespurt.

Die Anlasser-Typen

Es ist entweder ein Anlasser von Bosch oder von Delco-Remy eingebaut. Im Aufbau weichen diese Starter voneinander ab.
Zu den 1,6-Liter-Motoren gehört ein Anlasser mit 0,9 kW Leistung. Für die größeren Motoren ist eine 1,4-kW-Ausführung bestimmt.

Anlasser ausbauen

- Massekabel an der Batterie abnehmen, sonst Kurzschlußgefahr.
- Batterie-Pluskabel und Kabel der Klemme 50 vom Magnetschalter abschrauben.
- Masseband am Anlasser losschrauben.
- Obere Befestigungsschraube des Anlassers herausdrehen.
- Fahrzeug vorn aufbocken und sichern.
- Untere Befestigungsschraube und Schraube am Halteflansch des Anlassers losdrehen.
- Anlasser herausziehen.

Bosch-Anlasser-Schleifkohlen auswechseln

- Am Kollektorlager zwei Schrauben herausdrehen.
- Ankerhaltescheibe und Ausgleichscheibe(n) von der Ankerwelle abnehmen.
- Beide Polgehäuseschrauben herausdrehen.
- Kollektorlager vom Gehäuse abnehmen.
- Schleifkohlen aus dem Halter ziehen und ihre Länge messen. Die Mindestlänge beträgt **11,5 mm**.

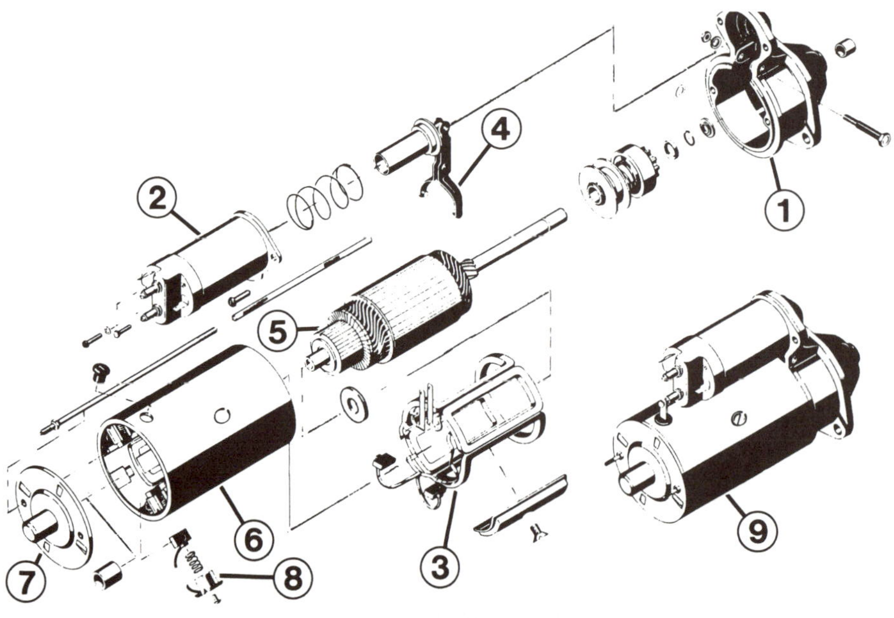

Der Anlasser (9) von Delco Remy besteht aus folgenden Hauptteilen:
1 – Lagerdeckel der Ritzelseite;
2 – Magnetschalter;
3 – Feldwicklung;
4 – Einspurhebel;
5 – Kollektor;
6 – Gehäuse;
7 – Lagerdeckel der Kollektorseite;
8 – Schleifkohle mit Halter.

Die Einzelteile des Bosch-Anlassers:
1 – Lagerdeckel der Ritzelseite;
2 – Magnetschalter;
3 – Feldwicklung;
4 – Einspurhebel;
5 – Kollektor;
6 – Gehäuse;
7 – Lagerdeckel der Kollektorseite.

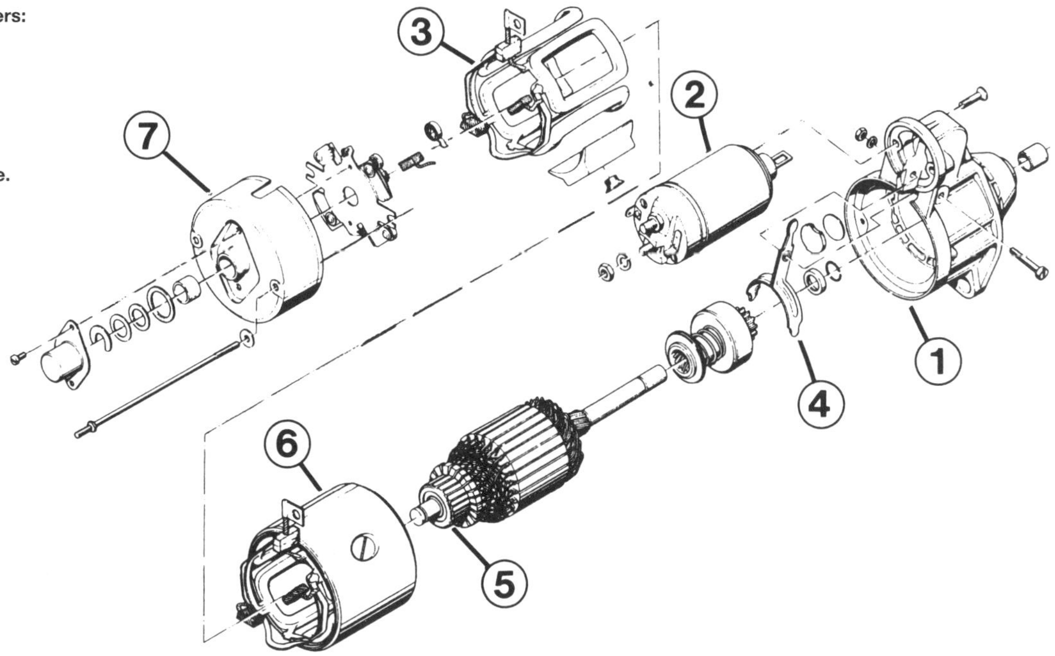

● Kupferlitze der verbrauchten Kohlebürsten ablöten.
● Beim Anlöten die Litze der neuen Kohle mit einer Flachzange fassen, um Hochsteigen des Lötzinns in die Litze zu verhindern.

● Stütze hinten am Anlasser losschrauben.
● Befestigungsschrauben des Kollektorlagers lösen.
● Haltemuttern des Polgehäuses herausdrehen. Polgehäuse abnehmen.
● Bürstenträgerplatte vom Kollektor abziehen.

Delco-Remy-Anlasser-Schleifkohlen auswechseln

● Länge der Schleifkohlen messen, Mindestlänge: **4 mm**.
● Kupferlitze der alten Kohlebürsten ablöten. Beim Anlöten die Litze der neuen Kohle mit einer Flachzange fassen, um Hochsteigen des Lötzinns zu verhindern.

Magnetschalter ausbauen

● Anlasser ausbauen.
● Kabel zum Anlasser losschrauben.
● Befestigungsschrauben am Halteflansch des Magnetschalters losschrauben.
● Bosch-Anlasser: Magnetschalter ein Stück zurückziehen, und die Öse aus dem Einrückhebel des Anlassers aushängen.

● Delco-Remy-Anlasser: Magnetschalter mit einer Drehbewegung abnehmen.

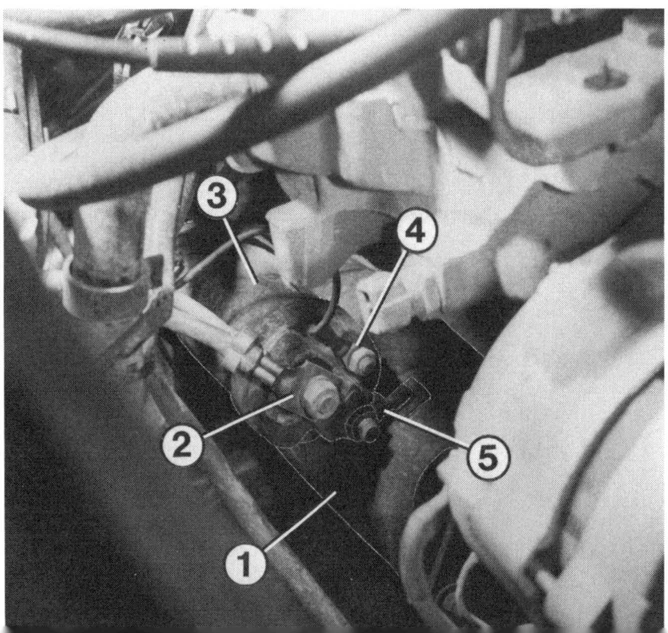

Schwer zugänglich: Der Anlasser (1) mit Magnetschalter (3) sitzt an der Hinterseite des Motors unter dem Ansaugkrümmer. Weiter bedeuten:
2 – Klemme-30-Kabel (von der Batterie);
4 – Klemme-50-Kabel (vom Zündschloß);
5 – Kabel vom Magnetschalter zum Anlasser.

Anlasser

Die Störung	– ihre Ursache	– ihre Abhilfe
A Beim Drehen des Zündschlüssels in Startstellung dreht der Anlasser zu langsam oder gar nicht	1 Kontrollampen brennen schwach oder verlöschen	
	a) Batterie entladen	Mit Starthilfekabeln starten
	b) Kabelanschlüsse lose oder oxidiert	Kabelanschlüsse kontrollieren
	c) Anlasser hat Masseschluß	Anlasser überholen lassen
	2 Kontrollampen brennen hell, Klicken aus Richtung Anlasser	Kurz auf den Magnetschalter klopfen. Dreht der Anlasser weiterhin nicht:
	a) Kohlebürsten bzw. deren Anschlüsse im Anlasser gelöst	Kohlebürsten überprüfen
	b) Kontakte im Magnetschalter verschmort	Magnetschalter ersetzen
	c) Anlasserwicklung schadhaft	Anlasser überholen lassen
	3 Kontrollampen brennen hell, keinerlei Geräusche	
	a) Anschluß der Klemme 50 am Magnetschalter lose	Steckanschluß überprüfen
	b) Klemme-50-Leitung vom Zündschloß zum Magnetschalter unterbrochen	Leitung mit Prüflampe kontrollieren
B Anlasser läuft, ohne den Motor durchzudrehen	1 Einrückvorrichtung klemmt	Anlasser überholen lassen
	2 Verzahnung des Ritzels oder des Motorschwungrads beschädigt	Wagen bei eingelegtem Gang ein Stück vorschieben. Erneut starten. Beschädigte Teile ersetzen lassen
C Magnetschalter schaltet in schneller Folge ein und aus, Anlasser läuft nicht an	Batterie stark entladen, beim Einschalten des Magnetschalters fällt die Spannung ab und er schaltet wieder ab	Batterie laden
D Anlasser läuft weiter, obwohl Zündschlüssel losgelassen wurde	1 Magnetschalter hängt und schaltet nicht ab	Zündung sofort abschalten, notfalls Batterie abklemmen. Magnetschalter ersetzen
	2 Zünd-/Anlaßschalter defekt	Zünd-/Anlaßschalter ersetzen
E Ritzel spurt nach Anspringen des Motors nicht aus	1 Rückstellfeder des Einrückhebels lahm oder gebrochen	Zündung sofort abschalten. Reparieren lassen
	2 Verzahnung des Ritzels bzw. des Motorschwungrads verschmutzt oder beschädigt	Reinigen bzw. schadhafte Teile ersetzen lassen

Funkenschleuder

Ein kräftiger Funke muß in jedem Zylinder das Kraftstoff/Luft-Gemisch entzünden, und zwar im richtigen Moment sowie unter allen Betriebsbedingungen. Bei dem so entstehenden Verbrennungsablauf wird jeder Kolben mit neuer Kraft nach unten befördert, wodurch der Motor seine Arbeit leisten kann.

Was die Zündung leistet

Die Zündanlage sorgt durch gezielt abgefeuerte Zündfunken für den richtigen Verbrennungsablauf im Motor. Und das geht Knall auf Fall, denn bei gemütlichen 3000 Motorumdrehungen fordert jeder Motorzylinder 25 Funken pro Sekunde. Macht bei unserem Vierzylinder 100 in der Sekunde, 6000 in der Minute, 360000 in der Stunde usw.

Damit an der Zündkerze im Verbrennungsraum überhaupt ein Funke überspringen kann, muß zwischen den Zündkerzenelektroden eine Spannung von mindestens 30000 Volt vorhanden sein. Die Batterie liefert aber nur 12 Volt. Die Batteriespannung muß also gewaltig hochtransformiert werden.

Ferner geht es beim Funkenüberschlag nicht um Zehntel- oder Hundertstel-, sondern um Tausendstelsekunden. Nur ein Minimales zu spät oder zu früh, und die Zündung und damit die Leistung des Motors ist mangelhaft.

Wann wird gezündet?

Der Funke muß im richtigen Augenblick überspringen. Am wirkungsvollsten ist die Verbrennung, wenn das Kraftstoff/Luft-Gemisch in dem Moment entzündet wird, da dieses auf engstem Raum zusammengepreßt ist. Diese höchste Verdichtung herrscht beim Viertaktmotor in jenem Augenblick, in dem der Kolben bei Beendigung des Kompressionshubs (2. Takt) von der Aufwärtsbewegung in die Abwärtsbewegung des (3.) Arbeitstakts übergehen will.

Bevor sich die Bewegungsrichtung des Kolbens umkehrt, steht er einen winzigen Sekundenbruchteil lang im höchsten Punkt in seiner Bewegungsbahn still. Diesen Punkt nennt man den »Oberen Totpunkt« (OT). Das entsprechende Gegenstück dazu – der untere Umkehrpunkt – ist der »Untere Totpunkt« (UT), der uns jedoch hier nicht interessiert.

Zurück zum richtigen Zeitpunkt für den Zündfunken: Idealer Zündzeitpunkt ist also der Moment, in dem der Kolben gerade seine Abwärtsbewegung beginnt. Die Verdichtung ist am höchsten, und der Kolben kann mit Kraft und Schwung zum Motorblock hinuntergedrückt werden.

Trotzdem wäre es falsch, den Zündzeitpunkt genau auf OT zu legen. Denn das Kraftstoff/Luft-Gemisch braucht eine gewisse Zeit (rund ⅓₀₀₀ s), bis es sich entzündet hat und den vollen Verbrennungsdruck entwickelt. Also wird der Zündzeitpunkt vorverlegt. Wir haben »Frühzündung«. Der Startschuß für den Funken erfolgt deshalb noch während der Aufwärtsbewegung des Kolbens, der Verbrennungsdruck setzt jedoch erst knapp nach dem OT ein.

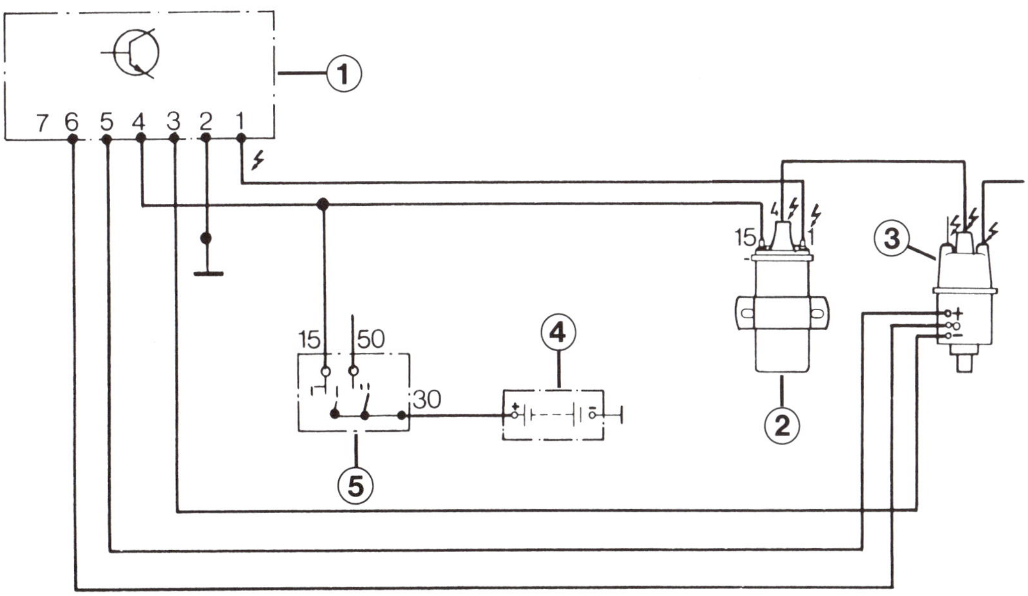

Das Schaltbild der elektronischen Zündanlage zeigt:
1 – Steuergerät;
2 – Zündspule;
3 – Zündverteiler;
4 – Batterie;
5 – Zündschloß.
Die Blitz-Symbole bezeichnen Teile der Anlage mit gefährlichen Stromstärken.

Oberer Totpunkt und Frühzündung

Mit steigender Motordrehzahl muß der Zündfunke immer früher überspringen, denn – wir haben das im letzten Abschnitt schon angesprochen – das Kraftstoff/Luft-Gemisch braucht ja immer die gleiche Zeit zur Entzündung. Nur so erfolgt die Verbrennung wieder genau zur richtigen Zeit nämlich dann, wenn der Kolben gerade wieder beginnt abwärts zu laufen. Das Verbrennen des Kraftstoff/Luft-Gemisches hängt aber auch von dessen Zusammensetzung ab. Bei nur gering durchgetretenem Gaspedal (bei »Teillast«) ist das Gemisch in den Brennräumen weniger zündfähig; es verbrennt daher langsamer. Auch hier muß früher gezündet werden.

Zündverstellung in Richtung »spät«

Andere Situationen erfordern es, den Zündzeitpunkt in Richtung »spät« zu verschieben. Die Zündung erfolgt dann erst, wenn der Kolben den OT längst passiert hat. Es wird also fast in den Aufpufftakt hinein gezündet, was die Abgaszusammensetzung verbessert, die Motorleistung aber verschlechtert. Demzufolge ist Spätzündung genau richtig, wenn der Motor ohne Last im Schiebebetrieb (z. B. bergab ohne Gas) läuft.

Verschiedene Zündsysteme

Opel hat die verschiedenen Zündsysteme im Vectra mit der Einspritzung bzw. mit der elektronischen Vergasersteuerung kombiniert. Das heißt: Die Gemischbildung und die Zündung werden von ein und demselben Steuergerät geregelt. Beim Vectra unterscheiden wir drei Zündsysteme, wobei Ausführung und Sitz des Zündungsgebers – jeweils ein induktiver Impulsgeber – die eigentlichen Unterscheidungsmerkmale darstellen:

Motor	Zündungsgeber	Steuergerät
1,6-Liter	Impulsgeber im Verteiler	Zündung und Multec-Einspritzung kombiniert
1,8-Liter Vergaser	Impulsgeber an der Kurbelwelle	Zündung und Ecotronic-Vergasersteuerung kombiniert
1,8-Liter Einspritzer	Impulsgeber im Verteiler	Zündung und Multec-Einspritzung kombiniert
2,0-Liter	Impulsgeber an der Kurbelwelle	Zündung und Motronic-Einspritzung kombiniert

So entsteht der Zündfunke

Funktion der Zündspule

Zur Zündanlage gehört die Zündspule, die für die notwendige Hochspannung sorgt, und der Verteiler, der diese Hochspannung reihum auf die Zündkerzen verteilt.

○ Das Grundprinzip der Zündung besteht darin, daß zunächst der Batteriestrom durch die Primärwicklung der Zündspule fließt.

○ Diese Wicklung besteht aus wenigen Windungen eines dicken Drahtes. Unter der Wirkung des Stromes baut sich um den Eisenkern in der Zündspule ein kräftiges Magnetfeld auf – unsere Zündenergie.

○ Nähert sich der Kolben in seinem Zylinder dem Punkt, da die angesaugte und verdichtete Ladung gezündet werden soll – dem Zündzeitpunkt –, wird der Strom zur Zündspule unterbrochen. Das geschieht bei unseren Zündsystemen auf Veranlassung des Steuergeräts.

○ Mit dem Ausschalten des Stromes bricht das Magnetfeld in der Zündspule zusammen. Dabei passiert folgendes: In der Sekundärwicklung aus sehr vielen Windungen eines dünnen Drahtes entsteht ein Hochspannungs-Stromstoß von einigen zigtausend Volt.

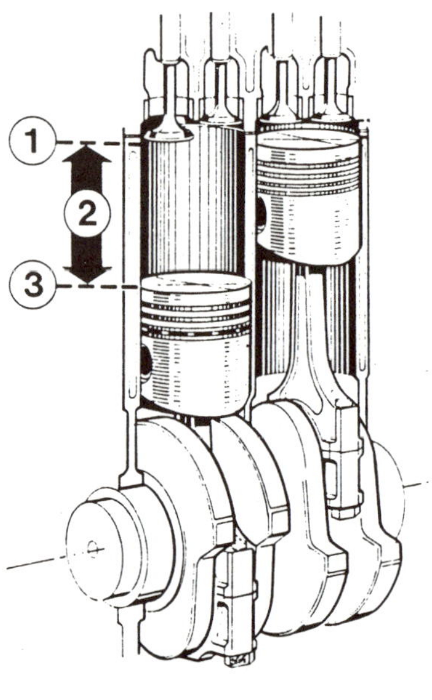

Oberer (1) und unterer Umkehrpunkt (3) des Kolbens auf der Kolbenlaufbahn (OT und UT) werden in dieser Zeichnung verdeutlicht. Der Kolbenhub (2) bezeichnet die Strecke dazwischen.

In der linken Zeichnung ist das Zündkennfeld der TSZ dargestellt. Rechts erkennen Sie, daß das Kennfeld wesentlich stärker ausgeformt ist (Motronic). D. h. der Zündzeitpunkt ist viel genauer auf den jeweiligen Betriebszustand angepaßt.

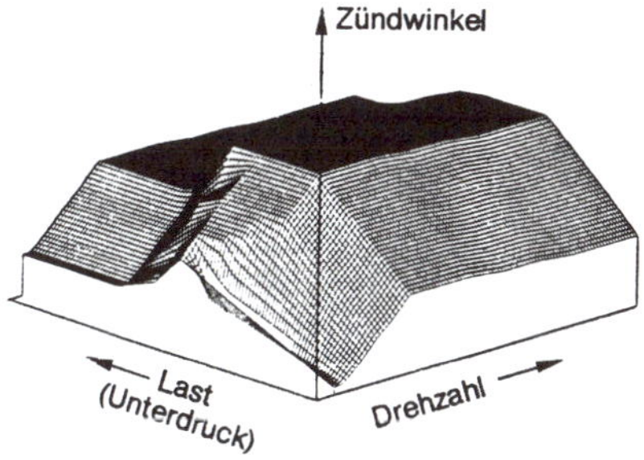

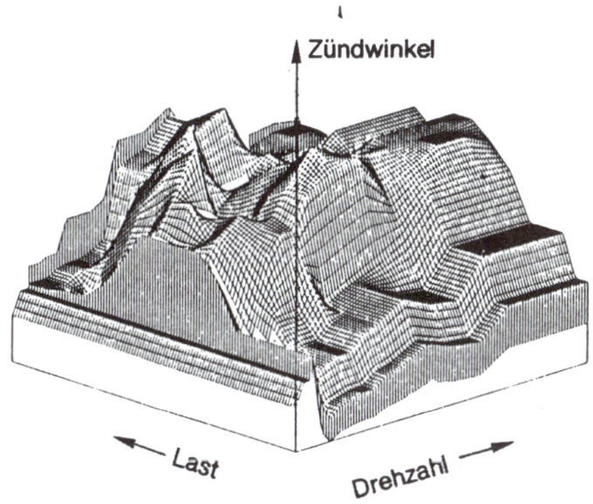

○ Diese Zündspannung wird über den Verteiler derjenigen Zündkerze zugeleitet, die in der Zündfolge des Motors gerade an der Reihe ist. Das Gemisch wird entzündet, der Motor dreht weiter. Der Stromkreis wird wieder geschlossen, und das Spiel läuft von neuem ab.

Was geschieht im Steuergerät?

Der Kopf der Zündanlage

○ Damit der Zündfunke entstehen kann, muß der Stromfluß zur Zündspule eingeschaltet bzw. unterbrochen werden. Diese Aufgabe erledigt das Steuergerät mit Hilfe von Transistoren – wir sprachen schon davon. Doch das ist nur ein Teil der Funktion unseres Steuergeräts.
○ Auch die Zündverstellung erfolgt nicht mehr auf mechanische Weise. Vielmehr errechnet der Mikrocomputer im Steuergerät die nötigen Verstellwerte, die dann das Schaltteil der Elektronik in die Tat umsetzt.
○ Dabei wird von einem eingespeicherten Kennfeld ausgegangen, das für jedes mögliche Last/Drehzahl-Verhältnis den richtigen Zündverstellwinkel bereithält. Das Zündungs-Kennfeld geht wesentlich genauer auf die Eigenheiten des Motors ein, als dies eine Zündung mit herkömmlicher Verstellung kann.
○ Zusätzlich stehen Korrekturprogramme bereit für ruckfreies Schalten in Verbindung mit dem elektronisch gesteuertem Automatikgetriebe, für Kaltlauf des Motors, Start, Leerlauf, Schiebebetrieb und einiges mehr.
○ Die Geber der Zündanlage sind doppelt genutzt: Von der Einspritzanlage bzw. der Vergasersteuerung sowie von der Zündanlage. Mehr zu den Gebern siehe folgenden Abschnitt.

Die Geber der Zündanlage

Induktiver Impulsgeber im 1,6-Liter

Um den Strom rechtzeitig an- und auszuschalten, wird ein Impulsgeber benötigt, der den Schaltbefehl in Abhängigkeit der Kurbelwellenstellung gibt. Nur so kann die Zündung genau im richtigen Augenblick erfolgen. Diese Aufgabe übernimmt der Induktionsgeber im Verteilergehäuse. Er besteht aus dem Zackenrotor, der sich mit der Verteilerwelle dreht, und dem fest eingebauten Stator. Die oben sichtbaren Zacken des Stators werden unten durch eine Spule und einen Dauermagneten ergänzt.
Die ganzen Teile zusammen sind nichts anderes als ein Dynamo: Laufen die Zacken des Rotors auf die Zacken des Stators zu, ändert sich das Magnetfeld des Dauermagneten, was eine Spannung in der Spule erzeugt. Laufen die Zacken auseinander, entsteht eine negative Spannung. Ergebnis: Wir erhalten eine Wechselspannung, die wir – umgeformt und verstärkt vom Steuergerät – zum Auslösen der Zündimpulse verwenden können.

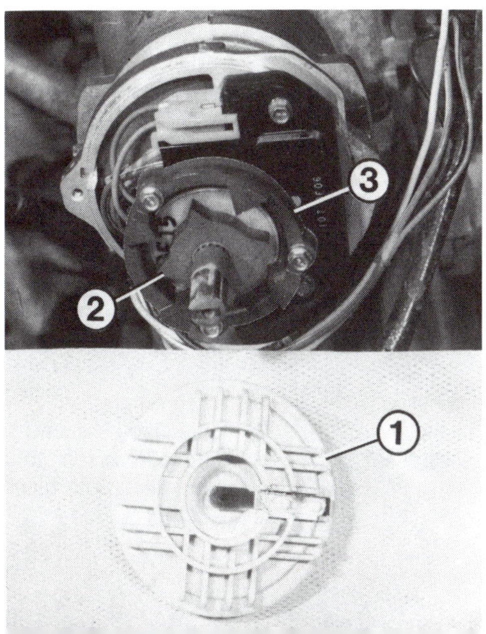

**Links: Der induktive Impulsgeber des 1,8- und 2,0-Liter-Motors ausgebaut.
Rechts bei abgenommenem Verteilerdeckel sichtbar:
1 – Verteilerfinger;
2 – Zackenrotor;
3 – Stator.**

Induktiver Impulsgeber im 1,8- und 2,0-Liter

Hier sitzt der Impulsgeber nicht im Verteiler, sondern vorn seitlich im Motorblock. Der Impulsgeber funktioniert genauso wie der Geber beim 1,6-Liter-Vectra: Spule und Magnet sind im Geber untergebracht. Das Gegenstück bildet eine mit Metallzähnen besetzte Geberscheibe.
Jedesmal, wenn ein Zahn der Scheibe unter dem Impulsgeber vorbeiläuft, ändert sich das Magnetfeld des Dauermagneten, und in der Spule wird Spannung erzeugt. Über die Anzahl der Spannungsimpulse errechnet das Steuergerät die Drehzahl der Kurbelwelle.
Zur Bestimmung des Zündzeitpunkts benötigt das Steuergerät die Information über die Stellung der Kurbelwelle. Hierzu wurden am Umfang der Geberscheibe 2 Zähne ausgelassen. Durchläuft die »Zahnlücke« auf der Scheibe den Meßbereich des Impulsgebers, liefert dieser für einen kurzen Moment keine Spannungsimpulse. Mit dem kurzen Ausbleiben der Spannungsimpulse ist das Steuergerät über die Stellung der Kurbelwelle informiert.

Vorsicht beim Umgang mit der Zündung

Im Motorraum des Opel warnt ein Aufkleber vor den **hohen Spannungen** der Zündanlage, und das nicht ohne Grund: Schon in der dünnen Steuerleitung zur Zündspule können Spannungen bis zu 100 Volt mit hoher Stromstärke auftreten, ganz zu schweigen von der Zündspannung, die mit über 30000 Volt (aber geringer Stromstärke) gefährlich hoch ist.
Zwar hört man glücklicherweise nichts davon, daß Autobesitzer von ihrer Zündung ermordet wurden, doch kann das Berühren blanker Kontakte unter ungünstigen Umständen vor allem für Herzkranke und Träger eines Herzschrittmachers sehr gefährlich werden. Deshalb:

○ Sämtliche elektrische Leitungen – auch Anschlüsse von Prüfgeräten – nur bei **ausgeschalteter Zündung** berühren oder ab- bzw. anklemmen.
○ Soll der Motor vom Anlasser lediglich durchgedreht werden ohne anzuspringen, muß die Zündung lahmgelegt werden (siehe folgenden Abschnitt).
○ Zur Motorwäsche muß die Zündung ausgeschaltet sein.
○ Zur Starthilfe bei leerer Batterie mit einem Schnellader darf dieser höchstens eine Minute lang angeschlossen sein und die Spannung nicht mehr als 16,5 V betragen.
○ An Klemme 1– der Zündspule keinen Entstörkondensator anschließen.
○ Ebenso darf Klemme 1– etwa beim nachträglichen Einbau einer Alarmanlage – nicht mit stromführenden oder Massekabeln verbunden werden.
○ Zündverteilerläufer nicht gegen einen beliebigen austauschen, er muß einen Widerstand von 1 kΩ haben. Zur Entstörung keinen 5 kΩ-Läufer verwenden!
○ In jeder Zündleitung muß der Entstörwiderstand mindestens 4 kΩ betragen. Der Verteilerläufer mit 1 kΩ ist mit eingerechnet.
○ Zum elektrischen Schweißen am Fahrzeug müssen die Kabel an der Batterie abgeklemmt werden.

Arbeiten an der Zündanlage

Zündung lahmlegen

Ist ein Zündkabel oder gar das Hauptzündkabel abgezogen, darf der Motor keinesfalls mit dem Anlasser durchgedreht werden. Denn so kann die Zündenergie nicht abgeleitet werden, und das Steuergerät sowie die Zündspule können Schaden nehmen. Deshalb bei **ausgeschalteter Zündung:**

● Hauptzündkabel aus der Zündspule herausziehen.
● An der Klemme der Zündspule die Polzange eines Starthilfekabels anklemmen.
● Andere Polzange des Starthilfekabels fest am Motorblock oder Getriebe (»Masse«) anklemmen.

Störungssuche an der Zündung

Wer einem Fehler in der Zündung auf die Spur kommen will, muß ganz systematisch vorgehen:

○ Ob überhaupt ein Zündfunke erzeugt wird, klärt man mit einer einfachen Zündspannungs-Prüfung (siehe folgenden Abschnitt).
○ Eine genaue Sichtprüfung der Zündanlage deckt die häufigsten Fehlerursachen (Kabel, Stecker, Spannungsüberschläge) auf.
○ Erst jetzt Bauteile der Zündanlage durchprüfen.

Ist Zündspannung vorhanden?

Gleich zu Anfang prüfen wir, ob die Zündanlage überhaupt Zündfunken zustandebringt:

● Zündkerze herausschrauben.
● Zündkabel wieder auf die Kerze stecken und diese so auf dem Motorblock ablegen, daß sie sicheren Massekontakt hat. Besser noch das Gewindeteil der Kerze mittels Starthilfekabel leitend mit dem Motor verbinden.

● Motor von Helfer mit dem Anlasser durchdrehen lassen.
● Springen kräftige Funken an der Kerzenelektrode über, ist Zündstrom vorhanden, doch vielleicht stimmt der Zündzeitpunkt nicht (siehe Seite 202).
● Funkt nichts, versuchen Sie es mit der Kerze eines anderen Zylinders. Springen immer noch keine Funken über, muß die Zündanlage komplett geprüft werden.

Sichtprüfung der Zündanlage

○ Sitzen alle Kabelanschlüsse und Steckkontakte an Zündspule, Steuergerät und am Verteiler fest?
○ Ist in dem Mehrfachstecker am Steuergerät eventuell ein einzelner Steckkontakt zurückgerutscht?
○ Ist an der Zündspule Vergußmasse herausgedrückt worden? Dann ist sie wahrscheinlich defekt (Prüfen siehe Text unten).
○ Zeigen sich am Zündspulengehäuse Risse oder Brandspuren von überschlagenden Funken?
○ Kontrollieren Sie zusätzliche die Haupt- oder Zündkerzenkabel auf festen Sitz und Schäden an der Isolation. Die modernen Zündanlagen sind durch ihre hohen Zündspannungen besonders empfindlich gegen Funkenüberschläge und Kriechströme.
○ Zeigt die Verteilerkappe Schäden (Seite 201)? Vor allem die Innenseite beachten!
○ Sind alle Teile der Zündanlage sauber und trocken? Feuchter Schmutz begünstigt Spannungsüberschläge.

Fingerzeig: Beachten Sie bei den folgenden Messungen, daß Meß- und Prüfgeräte (siehe Seite 165) nur bei ausgeschalteter Zündung an- und abgeklemmt werden dürfen.

Stromversorgung der Zündanlage in Ordnung?

Neben einem Totalausfall der Zündanlage durch fehlende Spannung kann auch zu geringe Versorgungsspannung erhebliche Störungen bewirken! Deshalb sollten Sie mit einem Voltmeter prüfen.
● Voraussetzung ist eine geladene Batterie.
● Meßgerät zwischen Klemme 15 der Zündspule und Masse anschließen.
● Zündung einschalten.
● 11,5 Volt müssen dort mindestens abzulesen sein.
● Messen Sie gar keine Spannung oder eine zu geringe, liegt der Fehler im Kabelweg zum Zündschloß (Seite 230).

Fehlerquellen

○ Zündschloß defekt (Seite 230).
○ Unterbrechung in der Zuleitung Zündschloß/Zündspule bzw. Steuergerät. Kabelverlauf und Stecker anhand der Stromlaufpläne kontrollieren.

Zündspule defekt?

● Die **Sichtprüfung** an der Zündspule wurde bereits durchgeführt.
● Zur **Widerstandsprüfung** alle Leitungen an der Zündspule bei ausgeschalteter Zündung abnehmen. Zuvor bei Fahrzeugen mit Servolenkung Vorratsbehälter abnehmen und mit angeschlossenen Leitungen zur Seite legen. Dabei Behälter nicht kippen.
● Wir messen Primär- und Sekundärwicklung der Zündspule. Dazu mit einem genauen Ohmmeter zwischen den Spulenklemmen 1– und 15+ messen.
● Sollwert beim **1,6-Liter-Vectra: 0,4** Ω. Bei Fahrzeugen mit **1,8-Liter- und 2,0-Liter-Motor** müssen jetzt **0,5** Ω abzulesen sein. Geringe Abweichungen von diesen Werten (± 0,2 Ω) werden toleriert.
● Nächste Messung zwischen den Klemmen 1– und 4 (Steckerbuchse des dicken Hauptzündkabels): Hier müssen beim **1,6-Liter 4–7 kΩ**, beim **1,8- und**

Zündung lahmlegen zu bestimmten Arbeiten am Motor: Das Hauptzündkabel ist von der Hochspannungsklemme (1) der Zündspule abgezogen und mittels Starthilfekabel leitend mit Masse (hier ein Teil des Getriebes – 2) verbunden.

2,0-Liter 7–8 kΩ abzulesen sein. Werden diese Werte nicht erreicht, Zündspule ersetzen.

● Mit diesen Messungen läßt sich ein Kurzschluß zwischen den Wicklungen nicht erkennen. Fällt also der Verdacht trotz guter Meßergebnisse auf die Zündspule, sollten Sie die ausgebaute Spule bei einer Autoelektrik-Werkstatt durchprüfen lassen.

Impulsgeber prüfen
nur 1,6-Liter

● Zunächst die **Sichtprüfung**: Bei geöffnetem Verteiler kontrollieren, ob die Zacken von Rotor und Stator rundum in gleichem Abstand aneinander vorbeilaufen.

● Stimmt der Abstand nicht, Trägerplatte lösen und ausmitteln.

● Messen des **Wicklungswiderstands** im Impulsgeber:

● Doppelstecker zum Zündmodul abziehen und Ohmmeter an den Klemmen anschließen.

● Ca. 0,8 kΩ soll das Meßgerät anzeigen.

● Wird der Sollwert nicht erreicht, Impulsgeber ersetzen.

Impulsgeber prüfen
nur 1,8- und 2,0-Liter

Der Impulsgeber des 1,8- und 2,0-Liter-Vectra sitzt seitlich im Motorblock gleich hinter der Kurbelwellen-Riemenscheibe. Er wird in gleicher Weise durchgemessen wie der Impulsgeber des 1,6-Liter-Vectra. Der Innenwiderstand des Gebers beträgt 0,5–0,8 kΩ.

Steuergerät selbst prüfen?

Beim Prüfen des Steuergeräts endet die Kunst des Selbsthelfers. Die Gefahr, beim Messen am Anschlußstekker durch eine Verwechslung Schaden anzurichten, ist zu groß. Und ein neues Steuergerät ist nicht eben billig. Die Wahrscheinlichkeit, daß bei Versagen der Zündung das Steuergerät defekt ist, kann ohnehin als gering eingestuft werden.
Meist liegt der Fehler an anderen Teilen der Zündung. Schäden an Kabeln oder lose Stecker lassen sich bei einer Sichtprüfung finden (siehe Vorseite). Bliebe also noch die Kontrolle der Zündspule oder des induktiven Impulsgebers. Läßt sich da nach den beschriebenen Prüfungen nichts finden, ist der Wagen in der Opel- oder Bosch-Werkstatt am besten aufgehoben. Fehler an der Zündanlage werden dort mit geeignetem Werkstattgerät wesentlich schneller gefunden, als es dem Heimwerker möglich ist.

Der Zündverteiler

Fahrzeuge mit 1,8- und 2,0-Liter-Motor besitzen einen Hochspannungsverteiler, der im Gegensatz zum Verteiler des 1,6-Liter-Motors keinerlei Zusatzfunktionen hat. Einzige Aufgabe des direkt auf der Nockenwelle sitzenden Verteilerfingers: Die Zündfunken in der richtigen Reihenfolge zu verteilen.
Anders ist das beim Verteiler des 1,6-Liter-Vectra. In seinem Hochspannungsteil sitzt der Verteilerfinger auf der Verteilerwelle und verteilt von dort aus die Zündfunken an die Zylinder. Darunter sitzt jedoch noch der Impulsgeber, der den Zündfunken auslöst.
Ein weiteres Bauteil im Verteiler ist das Zündmodul. Im Zündmodul sind zwei Zündkennlinien einprogrammiert. Die eine Kennlinie enthält Zündwinkeldaten, die den Motorstart (Drehzahl unter 450/min) steuern. Die zweite Zündkennlinie tritt in Aktion, wenn das Steuergerät wegen eines Defekts ausfallen sollte. Das einprogrammierte Notlaufprogramm liefert alle notwendigen Grunddaten für die Zündung. Das Fahrzeug kann trotz defektem Steuergerät zur Werkstatt gefahren werden.

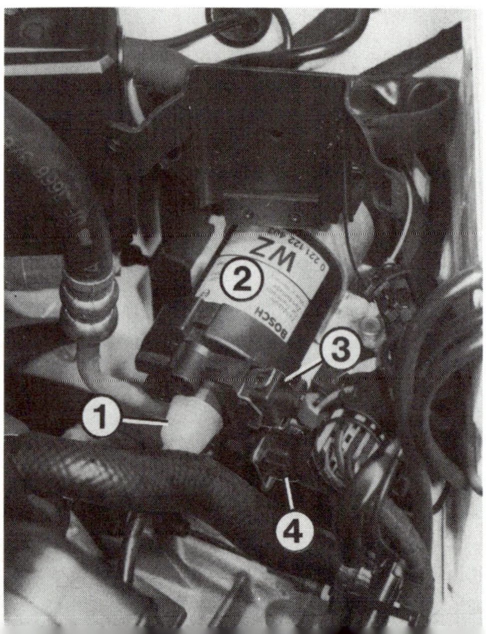

Die Zündspule (2); links vom Hersteller Delco Remy, rechts von Bosch. Die weiteren Bezeichnungen bedeuten:
1 – Hauptzündkabel Klemme 4;
3 – Anschluß Klemme 15;
4 – Anschluß Klemme 1.

Verteiler des 1,6-Liter-Motors: Der Zündfolge nach werden die Zündkabel des Verteilers mit den Zündkerzen verbunden. Die Zahlen zeigen, zu welchem Zylinder das betreffende Kabel geführt werden muß (Zählweise an der Zahnriemenseite beginnend).

Verteiler öffnen

- Verteilerdeckel abschrauben, die Zündkabel bleiben angeschlossen.
- **1,6-Liter:** Verteilerfinger abziehen.
- **1,8- und 2,0-Liter:** Staubschutzdeckel abnehmen und Verteilerfinger losschrauben.
- **Einbau 1,6-Liter:** Der Verteilerfinger besitzt eine angegossene Erhebung, die in die Aussparung in der Verteilerwelle einrastet.
- **Einbau 1,8- und 2,0-Liter:** Befestigungsschrauben des Verteilerdeckels vor dem Einschrauben mit Sicherungsmasse bestreichen.

Zündverteiler kontrollieren

- Verteilerkappe abnehmen. Sie muß innen und außen sauber sein, damit keine Strombrücke über Schmutz, Abrieb oder Feuchtigkeit den Zündstrom ableitet.
- Abbrand an den Kontaktstiften des Verteilerdekkels und der Kontaktplatte am Verteilerfinger abkratzen, sonst kann es zu Startschwierigkeiten kommen.
- Sind die Kontaktflächen schon stark verschmort, Verteilerdeckel und -finger ersetzen.
- Die Kontaktkohle in der Mitte muß glatt und glänzend sein. Sie muß sich beim 1,8- und 2,0-Liter leicht einfedern lassen und ohne zu klemmen wieder zurückfedern.
- Bleistiftartige Striche im Verteilerdeckel sind Brandspuren von Kriechströmen, die sich über Schmutz oder Feuchtigkeit einen Weg gebahnt und eingebrannt haben.
- Behelfsmäßige Abhilfe schafft hier Auskratzen mit einem Schraubenzieher oder Messer und Überstreichen mit Alleskleber, Nagellack oder im Notfall auch Lippenstift.

Zündverteiler ausbauen
nur 1,6-Liter

- Verteilerdeckel abnehmen.
- Kurbelwelle auf OT Zündzeitpunkt Zylinder 1 stellen (Seite 34).
- Befestigungsschraube der Halteklammer unten am Verteilerfuß herausdrehen, Halteklammer abnehmen.

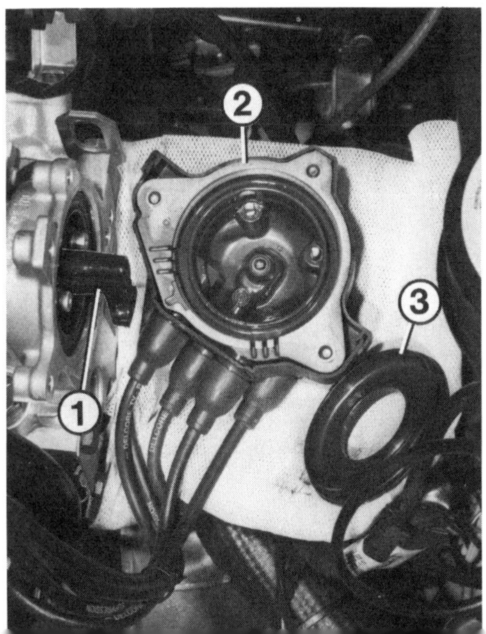

Links: Zündfolge am Verteiler des 1,8- und 2,0-Liter-Motors. Rechts: Der Verteilerdeckel (2) ist hier abgenommen. Nun werden sichtbar der Staubschutzdekkel (3) und der Verteilerfinger (1).

● Verteiler aus dem Nockenwellengehäuse herausnehmen.
● Vor dem Einbau des Verteilers Verteilerfinger drehen, bis die Kontaktzunge der Pfeilmarkierung am Gehäuserand gegenübersteht.
● Verteiler in die Nuten der Nockenwelle einsetzen.
● Halteklammer handfest anschrauben.
● Verteilerdeckel montieren und Grundeinstellung der Zündung prüfen (Seite 34).

Zündzeitpunkt prüfen

Wartung Nr. 6

Die Kontrolle des Zündzeitpunkts ist bei modernen Zündanlagen, wie sie im Vectra eingebaut sind, schon fast zu einer überflüssigen Wartungsarbeit geworden. Trotzdem kontrolliert die Werkstatt im Rahmen der Inspektion auch die Zündeinstellung.

○ Die Zündanlage des 1,6-Liter-Vectra hat an Verschleißteilen lediglich den Verteilerantrieb vorzuweisen. Dort geht jedoch die Abnutzung so langsam vor sich, daß sie in der Praxis kaum ins Gewicht fällt. Eine Grundeinstellung der Zündung wird jedoch notwendig, wenn der Verteiler ausgebaut oder der Zahnriemen gewechselt wurde. Wie dann die Zündung eingestellt wird, ist im nächsten Abschnitt beschrieben.

○ An der Zündanlage des 1,8-Liter- und 2,0-Liter-Vectra kann sich beim besten Willen nichts verstellen. Der Impulsgeber sitzt rüttelsicher in der Aufnahme am Motor, und die Bezugsmarke auf der Geberscheibe kann sich ebenfalls nicht verändern. Auch der Verteiler läßt sich nicht verdrehen.

1,6-Liter

● Motor warmfahren und abschalten.
● Stroboskoplampe anschließen und ihr Auslösekabel in das Zündkabel des 1. Zylinders (der in Fahrtrichtung rechts stehende) schalten.
● Motor starten und im Leerlauf drehen lassen.
● Klemme »A« und »B« des Diagnosesteckers kurzschließen, wie auf Seite 76 beschrieben.
● Stroboskoplampe auf die Markierungen halten.
● Bei jedem Aufblitzen der Lampe muß die Kerbe auf der Keilriemenscheibe mit dem Zeiger am Ölpumpengehäuse fluchten.
● Bei Fahrzeugen mit Servolenkung sind die Markierungen von oben kaum sichtbar. Besser zu sehen sind sie durch den rechten Radkasten. Dazu Lenkung nach rechts einschlagen.
● Nach dem Prüfen des Zündzeitpunkts Büroklammer wieder aus den Klemmen des Diagnosesteckers ziehen.

1,8-/2,0-Liter

● Motor warmfahren und abschalten.
● Stroboskoplampe anschließen und ihr Auslösekabel in das Zündkabel des 1. Zylinders (der in Fahrtrichtung rechts stehende) schalten.
● Motor starten und im Leerlauf drehen lassen.
● Stroboskoplampe auf die Markierungen halten.
● Beim Anblitzen muß die Kerbe auf der Keilriemenscheibe im Bereich des Zeigers am Ölpumpengehäuse pendeln. Eine Abweichung von $\pm 2°$ ist dabei zulässig.

Fingerzeig: Besitzt Ihre Zündlichtpistole ein Auslösekabel, das ins Zündkabel des 1. Zylinders gesteckt wird, müssen Sie auf einwandfreien Kontakt achten. Bei Wackelkontakten zwischen Zündkabel und Kerze kann das Steuergerät Schaden nehmen.

Zündzeitpunkt einstellen
nur 1,6-Liter

Die Grundeinstellung beim 1,6-Liter-Motor ist (wie schon angesprochen) nur nach Ausbau des Verteilers oder Wechsel des Zahnriemens erforderlich.

● Zündzeitpunkt prüfen, wie im vorangegangenen Abschnitt beschrieben.
● Muß eingestellt werden: Schraube der Halteklammer unten am Verteilerfuß lockern. Vorsicht: Keine Hochspannungsteile berühren. Ggf. Motor abstellen.
● Verteiler rechts herum (im Uhrzeigersinn) drehen bedeutet: Zündung früh, links herum: Zündung spät.
● Verteiler behutsam drehen, bis die Zündeinstellmarken bei jedem Lampenblitz in einer Linie stehen.
● Motor abstellen und Verteiler in dieser Stellung festschrauben.
● Motor starten und kurz über 2000/min drehen lassen. Zündzeitpunkt prüfen, gegebenenfalls Einstellung wiederholen.
● Büroklammer aus dem Diagnosestecker abziehen.
● Bei richtiger Einstellung darf die Motorkontrollleuchte jetzt nicht mehr aufleuchten.

Hochspannungsteil

Zur Hochspannungsseite der Zündanlage gehören neben Zündspule und Verteiler – von ihnen war bereits die Rede – die Kerzenstecker, Zündkabel und natürlich die Zündkerzen.

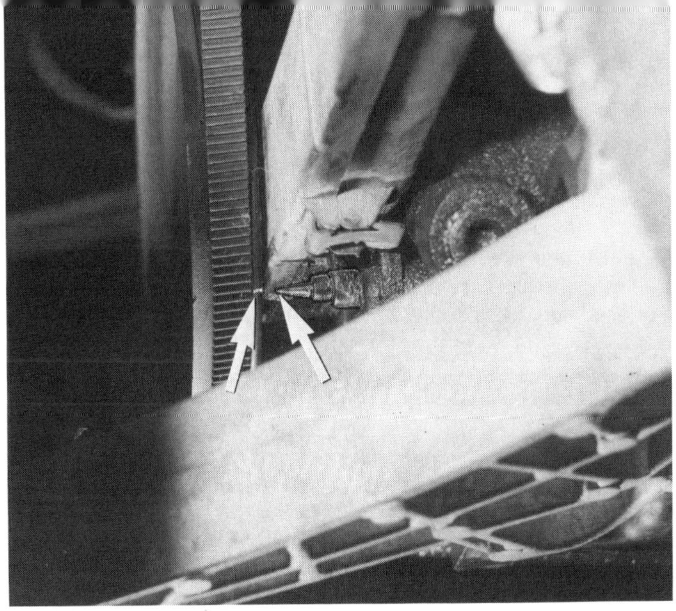

Zum Prüfen der Zündeinstellung dient die Kerbe an der Kurbelwellen-Keilriemenscheibe und der Zeiger am Ölpumpengehäuse (Pfeile).

Kerzenstecker, Entstörstecker

○ Im Vectra dürfen nicht beliebige Kerzenstecker verwendet werden. Die richtigen Stecker müssen einen Innenwiderstand von 4–6 kΩ haben.

○ Ähnliches gilt für die Entstörstecker der Zündkabel an den Anschlüssen des Verteilers und der Zündspule. Diese müssen 0,6–1,4 kΩ besitzen.

Die Zündkabel

Die Verbindungskabel vom Verteiler zu den Zündkerzen bereiten normalerweise keine Probleme. Sie müssen mit ihren Entstörstecker (zur Radio-Entstörung) fest in die Buchsen des Verteilerdeckels eingesteckt sein.

Zündkabel prüfen

● Kontrollieren Sie, ob die Kabel fest in die Buchsen des Verteilerdeckels eingesteckt sind. Sie können sich durch Erwärmung der eingeschlossenen Luft etwas herausheben und so Motorstottern verursachen.

● Die Messingklemmen dürfen nicht oxidiert sein, und sie müssen guten Kontakt zu den Kerzensteckern haben.

● Wenn der Zündfunke schon vor der Zündkerze zur Masse überspringt, hören Sie das an Knack- oder Knattergeräuschen im Motorraum.

● Nachts sehen Sie die Funken deutlich springen. Ursache kann eine Streusalzschicht auf den Kabeln sein, oder das Kabel ist irgendwo durchgescheuert.

● Zündkabel mit Scheuer- oder Schmorstellen sollten Sie umgehend ersetzen.

● Achten Sie auch darauf, daß die Schutzrohre auf den Zündkabeln der Zylinder 1, 2 und 3 einwandfrei sitzen und die Kabel nicht am Rohrende scheuern.

Zündkabel auswechseln

● Kaufen Sie Kupferlitzen-Zündkabel als Meterware im Autozubehörgeschäft.

● Auf die Kabelenden zum Verteiler hin müssen Messingklemmen in die Kupferlitze eingedreht werden.

● Die Entstör- und Kerzenstecker müssen auf gleiche Weise eingedreht werden.

Wenn sich die Verteilerfinger-Kontaktplatte (2) und der Pfeil (1) am Verteilergehäuse gegenüberstehen (durch weiße Pfeile gekennzeichnet) steht Zylinder 1 (der in Fahrtrichtung rechts stehende) auf OT Zündzeitpunkt.

Die Zündfolge

Für ausgewogenen Motorlauf werden die Zylinder nicht etwa in der Folge 1–2–3–4 gezündet, sondern gewissermaßen durcheinander. Entsprechend der Zündfolge sind die Zündkabel im Verteilerdeckel eingesteckt. Wenn der Verteilerfinger bei abgenommenem Verteiler- und Staubschutzdeckel auf den Pfeil am Gehäuserand zeigt (Bild auf der Vorseite), steht Zylinder 1 (der in Fahrtrichtung rechts stehende) auf Zündpunkt. Das ist ein Anhaltspunkt beim Aufstecken der Zündkabel. Die Zündfolge lautet 1–3–4–2, der Verteilerfinger ist linksdrehend (gegen den Uhrzeigersinn).

Zündkerzen kontrollieren

Wartung Nr. 42

Opel schreibt alle 30000 km eine Zustandskontrolle der Zündkerzen vor. Sie selbst können je nach Aussehen der Kerzen über deren Schicksal entscheiden: Wenn sie nach einer Überlandfahrt die richtige Färbung aufweisen (nach einer kurzen Stadtfahrt sind die Kerzen meist etwas rußig) und wenn die Elektroden noch nicht rundgebrannt sind, besteht kein Grund, sie auszuwechseln. Lesen Sie im übernächsten Abschnitt, wie das »Kerzengesicht« aussehen muß. Von Hand sollten Sie die Zündkerzen möglichst nicht reinigen. Das schadet der Isolierschicht der Zündkerzen-Mittelelektrode (Speckstein).
Nur eine wirklich sinnvolle Tätigkeit können Sie an der Kerze ausüben: Das Einstellen des Elektrodenabstands.

Zündkerzen ausbauen

- Zündkerzenstecker fassen und von den Stiften der Kerzen ziehen. Nicht an den Zündkabeln zerren.
- Zündkerzen mit dem Kerzenschlüssel herausdrehen und in der Reihenfolge der Zylinder ablegen.
- Sitzen die Kerzen sehr fest, keine Gewalt anwenden, sonst kann das Kerzengewinde im Leichtmetallzylinderkopf ausreißen.
- Motor heißfahren und jetzt die Kerzen herausdrehen. Vorsicht, daß Sie sich die Hände nirgends verbrennen.
- Beim Einbau keine kalten Kerzen in den warmen Motor fest eindrehen, sie sitzen später wie eingenietet fest.
- Zündkerzen sollen mit 20 Nm festgezogen werden. Wenn kein Drehmomentschlüssel zur Hand ist:
- Kerze eindrehen, bis der Dichtring anliegt – sie läßt sich dann von Hand oder mit dem Kerzenschlüssel ohne Kraftanstrengung nicht mehr weiterdrehen.
- Eine **neue Kerze** jetzt mit dem Kerzenschlüssel **eine knappe Viertelumdrehung** (= 90°) weiter anziehen, das genügt.
- Eine **gebrauchte Kerze**, deren Dichtring bereits plattgedrückt ist, darf nur um **etwa 15°** angedreht werden.

Fingerzeig: Zum Gangbarmachen der Zündkerzengewinde können Sie etwas Graphit von einem weichen Bleistift auf die Gewindegänge schaben oder das auf Seite 264 erwähnte Kupferfett sparsam aufstreichen. Öl oder normales Fett läßt die Zündkerze im Gewinde des Zylinderkopfes festbacken. Ein defektes Kerzengewinde ist noch längst kein Beinbruch! Die Werkstatt setzt in diesem Fall eine spezielle Gewindebüchse (z.B. einen Heli-Coil-Einsatz) ein.

Das »Zündkerzengesicht«

Die Zündkerzen sind gewissermaßen Augenzeugen der Verbrennung im Motor. Das Aussehen der Kerzenspitze (das »Kerzengesicht«) läßt erkennen, ob der Motor optimal arbeitet. Vorher sollte der Vectra auf der Landstraße oder Autobahn gründlich warmgefahren worden sein. Die Kontrolle nach Kurzstreckenverkehr kann zu Fehlschlüssen führen. Sehen Sie sich die Isolatorspitze mit der Mittelelektrode und die Seitenelektrode(n) an:

○ **Isolatorspitze hellgrau bis bräunlich gefärbt:** Gute Einstellung von Vergaser bzw. Einspritzanlage, der Motor läuft wirtschaftlich.

○ **Starke Ablagerungen:** Ursache können Zusätze im Motoröl oder Kraftstoff sein oder erhöhter Ölverbrauch. Evtl. Öl- bzw. Kraftstoffmarke wechseln.

○ **Schwarze rußartige Ablagerungen:** Zündkerze erreicht durch häufigen Kurzstreckenverkehr ihre Selbstreinigungs-Temperatur nicht, falscher Wärmewert, CO-Gehalt zu hoch.

○ **Isolatorspitze weißlich gefärbt:** Zündzeitpunkt zu stark in Richtung »früh« eingestellt, Zündzeitpunktverstellung funktioniert nicht, CO-Gehalt zu niedrig.

○ **Schmelzerscheinungen an Mittel- und Seitenelektrode:** Glühzündungen durch Ablagerungen im Verbrennungsraum, überhitzte Ventile, falschen Zündzeitpunkt, defekte Zündzeitpunktverstellung oder Hitzestau durch mangelhafte Kühlung.

○ **Bruch der Isolatorspitze**, im Anfangsstadium als Haarrisse erkennbar: Klopfende Verbrennung durch minderwertigen Kraftstoff, falsche Zündeinstellung, schadhafte Zündzeitpunktverstellung, ungenügende Motorkühlung oder Gemischabmagerung durch Nebenluft.

○ **Gelblich glänzende Schicht auf der Isolatorspitze:** Benzin- und Motorölzusätze haben Ablagerungen gebildet, die sich bei abrupter voller Belastung des Motors verflüssigt haben und elektrisch leitfähig wurden – als Folge Zündaussetzer. Nach wochenlangem Kurzstreckenbetrieb sollten Sie den Motor nicht sofort voll belasten.

Zündkerzen sollen mit 20 Nm festgezogen werden. Wenn kein Drehmomentschlüssel zur Hand ist: Kerze eindrehen, bis der Dichtring anliegt – sie läßt sich dann von Hand oder mit dem Kerzenschlüssel ohne Kraftanstrengung nicht mehr weiterdrehen. Jetzt mit dem Kerzenschlüssel bei neuen Kerzen eine knappe Vierteldrehung weiter anziehen. Bei gebrauchten Kerzen wird der Kerzenschlüssel nur etwa 15° weitergedreht, das genügt.

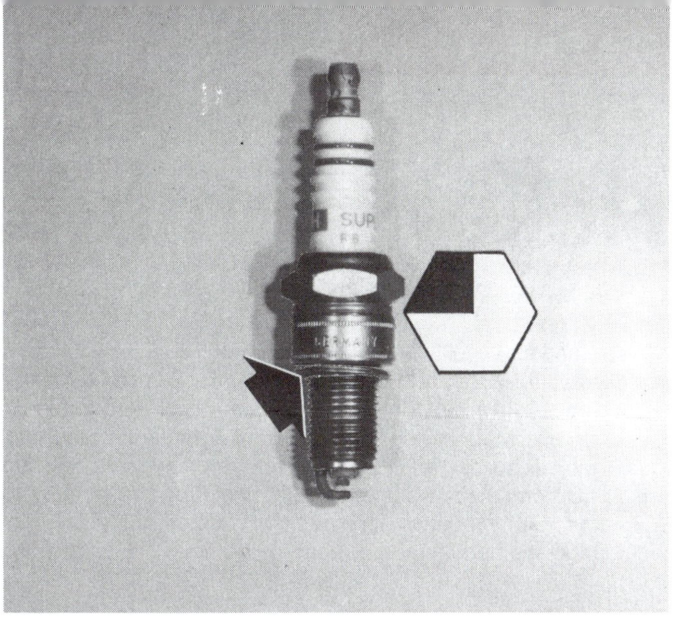

○ **Ölschicht über Elektroden und Innenraum der Kerze:** Kolbenringe, Ventilführungen oder Ventilschaftabdichtungen schadhaft.

○ Zeigt das Zündkerzengesicht keine Besonderheiten, aber leidet der Motor unter Startunwilligkeit oder Ruckeln, kann es dennoch an den Kerzen liegen. Unsichtbare Risse im Keramikisolator können beim Kaltstart durch kondensierenden Kraftstoff gefüllt werden, wodurch der Zündfunke abgeleitet wird. Auch unter Druck können Kerzen versagen, obwohl der Funke in ausgebautem Zustand überspringt.

Der Elektrodenabstand

Das Kraftstoff/Luft-Gemisch bzw. das verbrannte Altgas wirkt korrosiv auf die metallischen Zündkerzenelektroden. Und die hohe elektrische Spannung beim Funkenüberschlag sprengt kleine Metallpartikel ab, wodurch der Funkenspalt mit zunehmender Laufzeit der Zündkerzen vergrößert wird.

Bei zu großem Abstand wird eine höhere Zündspannung benötigt, und es kann zu Zündaussetzern kommen. Evtl. springt der Motor überhaupt nicht an. Deshalb sollten Sie den Elektrodenabstand rechtzeitig korrigieren. Zum Messen des Elektrodenabstands wird eine Fühlerblattlehre oder Zündkerzenlehre verwendet. Er soll **0,7–0,8 mm** betragen. Wenn der Abstand nicht stimmt, biegt oder klopft man vorsichtig die Masse-Elektrode entsprechend zurecht.

Neue Zündkerzen kaufen

Wärmewert

Je nach Verdichtung und Leistungsausbeute entwickeln Benzinmotoren recht unterschiedliche Temperaturen in ihren Verbrennungsräumen. Darauf müssen die Zündkerzen abgestimmt sein. Diese Eigenschaft wird durch den sogenannten Wärmewert angegeben. Dessen Kennzahl (z. B. 7 oder 8) besagt, wieviel Hitze die Zündkerze ertragen, d. h. ableiten kann, ohne selbst zu heiß zu werden. Leitet die Kerze zu viel Wärme ab, erreicht sie nicht ihre Selbstreinigungs-Temperatur. Die besagt, daß sich die heißen Zündkerzenelektroden selbst von Rußansatz freibrennen können.

Elektrodenform

Opel hat sich bei seinen Zündkerzenerprobungen für Kerzen mit »vorgezogener Stirnelektrode« entschieden. Die Mittelelektrode ragt aus dem Zündkerzenkörper heraus und wird außerdem noch von der Außenelektrode nach vorne überdeckt.

Zündkerzengewinde

Das Einschraubgewinde muß 19 mm lang sein, das ist die größte handelsübliche Gewindelänge. Der Gewindedurchmesser beträgt 14 mm.

Die Brennräume im Motor sind so geformt, daß die Entzündung des Gemisches auch richtig eingeleitet wird. Sitz und Einschraubtiefe der Zündkerzen spielen dabei eine wichtige Rolle. Deshalb dürfen die Kerzen auch nicht etwa mit zwei Dichtringen eingesetzt werden.

Zündkerzen für den Vectra

Motor	Zündkerzen		
	Bosch	Beru	Champion
E 16 NZ, C 16 NZ, E 18 NVR	WR 7 DC	14 R-7 DU	ON 11 Y
C 18 NZ, C 20 NE	WR 8 DC	14 R-8 DU	–

Helle Nächte

Im Auto haben die Glühlampen eine wesentlich kürzere Lebensdauer als etwa im Haushalt. Daran sind nicht nur die ständigen Erschütterungen schuld, sondern auch die hohen Temperaturen in den kleinen Glaskolben. Diese große Hitze läßt das Glühwendelmaterial verdampfen. Der Metallnebel schlägt sich dann bei den herkömmlichen Glühbirnen innen auf dem Glas nieder. Bei Halogenlampen ist es anders: Durch die spezielle Gasfüllung dieser Birne kehren die verdampften Metallteilchen zur Glühwendel zurück und setzen sich in kristalliner Form nieder. Gealterte Halogenglühlampen erkennt man daher an einem gewissen Glitzereffekt am Glühfaden. Die Wendel wird hierdurch spröder und bricht besonders leicht ab. Halogenlampen leben deshalb nicht länger als herkömmliche, aber sie brennen bis zur letzten Leuchtstunde mit voller Kraft.

Beleuchtung kontrollieren

Ständige Kontrolle

- Zündung einschalten, Leuchten nacheinander einschalten und Funktion kontrollieren:
- Standlicht, Abblendlicht, evtl. eingebaute Nebelscheinwerfer, Fernlicht und Zusatzfernscheinwerfer.
- Blinker vorn rechts und links sowie Warnblinker.
- Rücklichter und Kennzeichenleuchte und Nebelschlußleuchte.
- Blinker hinten rechts und links, Warnblinker, Rückfahrleuchten.
- Von Helfer Bremspedal treten lassen zur Kontrolle der Bremsleuchten.

Fingerzeig: Aufmerksame Fahrer kontrollieren die Beleuchtungsanlage praktisch bei jeder Nachtfahrt. Eine ausgefallene Scheinwerferglühlampe bemerkt man an dem schmalen »Lichtfinger« vor dem Wagen. In einer Kolonne reflektiert die Stoßstange oder Lackierung des Vorderwagens oft das Licht der Scheinwerfer und Blinker. Vor einer hellen Wand oder in der Garage können Sie ebenfalls im Sitzen prüfen, ob jeweils zwei Lichtpunkte zu sehen sind und ob es beim Blinken orangefarben aufleuchtet. Zur Kontrolle der hinteren Leuchten beobachten Sie deren Reflexionen in einem anderen Wagen oder wieder an der hellen Wand.

Ersatzlampen

Ein schlecht beleuchtetes Auto kann teuer werden. Dabei brauchen Sie noch nicht einmal gleich an das Schlimmste, einen Unfall, denken. Unzulängliche Beleuchtung allein kann den Fahrer schon ein Verwarnungs- oder Bußgeld kosten.
Ein kleiner Vorrat der wichtigsten Ersatzlampen gibt Ihnen unterwegs die Möglichkeit, einen Lampendefekt sofort »ambulant« zu behandeln. Folgende Ersatzlampen passen für den Vectra:

- ○ Halogen-Zweifadenlampe H 4, 60/55 Watt, DIN-Form H 4 (Hauptscheinwerfer)
- ○ Halogen-Einfadenlampe H 3, 55 Watt, DIN-Form H 3 (Nebelscheinwerfer)

Lampenwechsel am Hauptscheinwerfer. Es bedeuten:
1 – Drahtbügel;
2 – Anschlußstecker;
3 – H 4-Lampe.

Zum Ausbau des Scheinwerfergehäuses (1) Blinker (2) losschrauben. Ferner drei Sechskantschrauben (Pfeile) lösen und Scheinwerfer aus dem Ausschnitt herausheben.

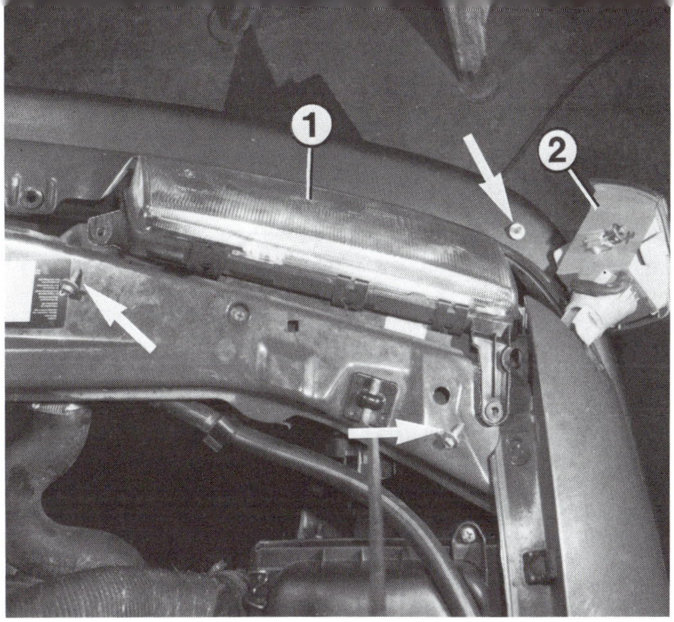

○ Einfadenlampe (Tropfenform), 21 Watt, DIN-Form P 25/1 (Blinker vorn und hinten, Bremsleuchten, Rückfahrleuchten)
○ Zweifaden-Kugellampe, 21/5 Watt, DIN-Form P 25/2 (Nebelschluß- und Schlußlicht)
○ Glassockellampe 5 Watt, DIN-Form W 10/5 (Standlicht)
○ Einfadenlampe (Kugelform) 10 Watt, DIN-Form R 19/10 (Kennzeichenleuchte)

Fingerzeig: Bevor Sie eine unwillige Glühbirne in den Mülleimer werfen, sollten Sie sie einmal genau ansehen. Vielleicht ist sie noch in Ordnung, kann aber mangels Stromversorgung (Steckkontakt, Kabel, Sicherung oder Lampenfassung lose oder oxidiert) nicht brennen.

Scheinwerferlampen auswechseln

Hauptscheinwerfer

● Scheinwerfer-Abdeckkappe im Motorraum abnehmen.
● Dreifach-Stecker mit Kabel vom Lampensockel mit hebelnden Bewegungen abziehen.
● Federbügel der Lampenhalterung zusammendrücken und nach hinten klappen.
● Scheinwerferlampe herausnehmen.
● Neue Glühlampe so einsetzen, daß der Sockel genau in die Aussparung an der Lampenfassung paßt. Die Stecker-Kontaktzungen müssen nach unten offenes »U« bilden.
● Scheinwerfer-Abdeckkappe unten einsetzen und oben einrasten lassen.

Scheinwerfer ausbauen

● Kühlergrill abbauen (Seite 246).
● Blinkleuchte ausbauen.

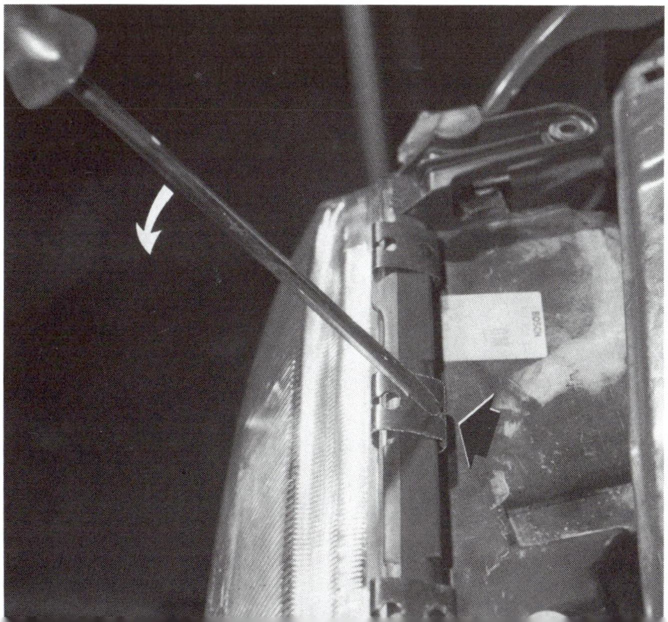

Scheinwerfer zerlegen: Bei ausgebautem Scheinwerfer mit einem Schraubenzieher rundum die Halteklammern (schwarzer Pfeil) vorsichtig loshebeln (weißer Pfeil).

● Die zugänglich gewordene Befestigungsschraube des Scheinwerfers herausdrehen.
● Die oberen beiden Schrauben losdrehen. Scheinwerfer etwas nach oben drücken und ein Stück weit herausziehen.
● Abdeckkappe hinten am Scheinwerfer abnehmen.
● Dreifachstecker und Standlichtlampenfassung vom Scheinwerfer abziehen.
● Nach dem Zusammenbau Scheinwerfereinstellung kontrollieren.

Scheinwerfer zerlegen

Wenn ein Scheinwerferglas beschädigt oder der Reflektor matt geworden ist, braucht nicht gleich der komplette Scheinwerfer ersetzt zu werden. Beide Teile können unter Angabe des Herstellers (Hella oder Bosch) als Ersatzteil gekauft werden. Zum Einbau müssen Sie den ausgebauten Scheinwerfer zerlegen:
● Scheinwerfer auf ein Tuch legen.
● Mit einem schmalen Schraubenzieher rundum die sechs Halteklammern vorsichtig abhebeln.
● Scheinwerferglas – genauer »Streuscheibe«, denn sie streut die Lichtstrahlen fahrgerecht – und Dichtring abnehmen.
● Reflektor vorsichtig von den Gelenkstücken im Gehäuse abhebeln.
● Beim Zusammenbau auf richtigen Sitz der Dichtung achten, damit keine Feuchtigkeit in den Scheinwerfer eindringen kann.
● Scheinwerfer einstellen.

Fingerzeig: Scheinwerferstreuscheiben und -reflektoren brauchen nicht unbedingt im Opel-Ersatzteillager gekauft zu werden. Der Zubehörhandel bezieht sie direkt vom Hersteller (Bosch oder Hella).

Standlichtlampe

● Scheinwerfer-Abdeckkappe im Motorraum abnehmen.
● Fassung der Standlichtlampe, sie sitzt unterhalb der Hauptscheinwerferlampe, nach hinten aus dem Reflektor ziehen.
● Glassockellämpchen aus der Fassung herausziehen.
● Neues Lämpchen in die Fassung einsetzen und Fassung bis zum Anschlag in den Reflektor schieben.
● Scheinwerfer-Abdeckkappe unten einsetzen und oben einrasten lassen.

Fingerzeig: Neue oder intakte Glühlampen nicht mit den Fingern am Glaskolben anfassen. Der Abdruck von Handschweiß bleibt unvermeidbar. Dieser verdampft auf der brennenden Birne und trübt den Reflektor. Deshalb beim Einsetzen ein sauberes Tuch verwenden.

Nebelscheinwerfer

Lampenwechsel

● Fahrzeug aufbocken.
● Wo vorhanden, Wasserabweiser unterhalb der Nebelscheinwerfer abmontieren.
● Kunststoffdeckel vom Gehäuse des Nebelscheinwerfers losschrauben.
● Federdrahtbügel der Lampenhalterung zusammendrücken und nach unten klappen.
● Lampe herausziehen und Stecker abziehen.
● Beim Einsetzen der neuen Glühbirne muß der Lampensockel genau in die Aussparung im Reflektor passen.

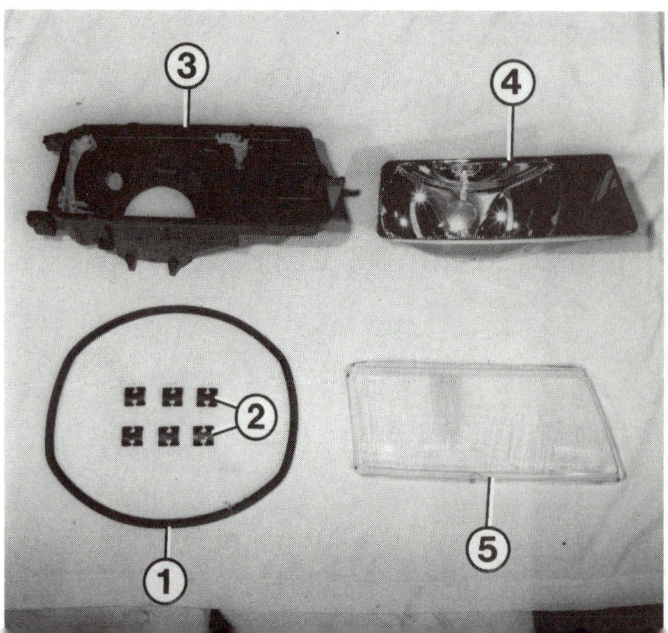

Die Teile des Scheinwerfers:
1 – Dichtung;
2 – Halteklammern;
3 – Gehäuse;
4 – Reflektor;
5 – Streuscheibe.

Die Lampe des Nebelscheinwerfers (Pfeil) muß von der Wagenunterseite her gewechselt werden.

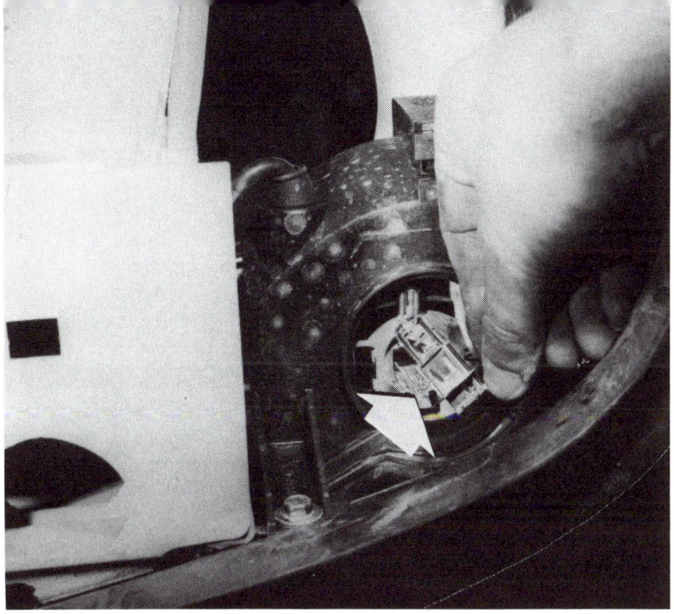

Fingerzeig: Die tiefliegenden Nebelscheinwerfer sind relativ stark steinschlaggefährdet. Beschädigungen des Scheinwerferglases verschlechtern die Lichtausbeute. Es kann daher sinnvoll sein, in der nebellosen Zeit die Glasscheiben mit passenden Kappen abzudecken.

Nebelleuchten nachträglich einbauen

Zubehör-Nebelscheinwerfer sehen an der glattflächigen Karosserie des Vectra nicht sehr gut aus und lassen sich auch kaum an sinnvoller Stelle anbringen. Man muß also auf die Original-Nebelleuchten zurückgreifen, was zur Folge hat, daß an den seitlichen Verkleidungsteilen des Stoßfängers entsprechende Ausschnitte ausgesägt werden müssen. Zusätzlich benötigen Sie 6 Preßlochklemmen zum Befestigen der Nebelleuchten, das Nebelscheinwerfer-Relais und den Original-Schalter fürs Armaturenbrett.
Bei der Mehrzahl der Vectra-Modelle ist die Verkabelung der Nebelscheinwerfer schon vorhanden. Aus Platzgründen können wir nur diese Version behandeln.

- Vorderen Stoßfänger ausbauen, siehe Seite 246.
- Seitliche Verkleidungsteile ausclipsen.
- Die Ausschnitte für die Nebelleuchten sind auf der Rückseite der Verkleidungsteile aufgeprägt – Ausschnitte aussägen. Damit der Lack nicht splittert, werden lackierte Verkleidungsteile vor dem Aussägen mit Klebeband beklebt.
- Nebelscheinwerfer durch Ausfeilen der Ausschnitte einpassen – Kanten mit einer Feile entgraten.
- Eventuell aufgeklebtes Klebeband entfernen.
- Verkleidungsteile an den Stoßfänger montieren.
- Preßlochklemmen auf die Befestigungsbohrungen aufschieben. Nebelscheinwerfer einbauen.
- Stoßfänger einbauen.
- Nebelleuchten anschließen. Die Stecker zu den Nebelleuchten finden Sie am Frontblech rechts und links des Kühlers befestigt.
- Kühlergrill einbauen.
- Blindstopfen im Armaturenbrett gegen den Schalter austauschen (Seite 228).
- Im Sicherungskasten die Drahtbrücke auf Relais-Steckplatz »D« durch das Nebelscheinwerfer-Relais ersetzen.

Links: Verkleidungsteile des Stoßfängers aussägen, wie in der Abbildung gezeigt.
Rechts: Die Nebelscheinwerfer werden mit je drei Sechskantschrauben am Stoßfänger befestigt.

● 20-A-Sicherung in den Sicherungs-Steckplatz 13 einstecken.

● Bei eingeschalteter Zündung und Beleuchtung müssen die Nebelscheinwerfer bei gedrücktem Schalter brennen. Beim Umschalten auf Fernlicht verlöschen die Nebelscheinwerfer nicht, was einer EG-Richtlinie entspricht.

● Lichtstrahl der Nebelscheinwerfer einstellen.

Scheinwerfereinstellung kontrollieren

Wartung Nr. 35

Von selbst wird sich ein Scheinwerfer kaum verstellen. Wenn jedoch der Reflektor oder gleich der ganze Scheinwerfer ausgewechselt wurde, muß die Einstellung des Scheinwerferstrahls kontrolliert werden. In manchen Fällen kann sogar schon das Auswechseln der Glühlampe die Einstellung durcheinanderbringen. Unbedingt erforderlich ist ein Justieren natürlich auch, wenn bei einem Unfall die Wagenfront in Mitleidenschaft gezogen wurde oder nach dem Einsetzen neuer Federungsteile. So wird eingestellt:

● Wurde einer der Scheinwerfer beschädigt oder ausgewechselt, genügt es fürs erste, wenn Sie in einigem Abstand vor eine helle Wand fahren, das Licht einschalten und dann die Höhe des Lichtstrahls am neu bestückten Scheinwerfer dem Strahl des unveränderten Scheinwerfers angleichen.

● Wurden die Scheinwerfer gerade mit einem Werkstattgerät neu eingestellt, können Sie die Höhe der Lichtpunkte beispielsweise an der Garagenwand markieren. Wichtig ist natürlich auch der Abstand, in dem der Vectra zur Wand steht. Also anzeichnen. Mit Hilfe dieser Markierung kann dann, wann immer nötig, die Scheinwerfereinstellung am Vectra in Eigenregie kontrolliert werden.

● Die genaueste Methode, die Scheinwerfer einzustellen, ist nach wie vor die Justierung mit einem Einstellgerät, wie es Tankstellen, Bosch-Dienste und Werkstätten besitzen.

● Die Einstellung des **Fernlichts** des Vectra stimmt automatisch, wenn das Abblendlicht richtig eingestellt ist.

● Lichtstrahl der **Nebelscheinwerfer** einstellen:

● Bei fünf Meter Abstand vor der Einstellwand müssen die breit gestreuten Scheinwerferstrahlen 100 mm unterhalb des jeweiligen Scheinwerfermittelpunkts liegen.

Wo sitzen die Einstellschrauben?

● Bei geöffneter Motorhaube sind die Einstellschrauben für die Seiteneinstellung der Scheinwerfer von oben durch Bohrungen im Frontblech zu erreichen.

● Zum Verdrehen der Schrauben benötigen Sie einen Kreuzschlitzschraubenzieher.

● Zur Höheneinstellung befinden sich hinten an den Scheinwerfern Rändelschrauben, die von Hand verdreht werden können.

● Die werksseitig eingebauten Nebelscheinwerfer sind nur in der Höhe einstellbar:

● Wasserabweiser vorn unterhalb der Kotflügel losschrauben.

● Die außermittig sitzenden Einstellschrauben hinten an den Nebelscheinwerfer können von Hand verdreht werden.

Blinkleuchten vorn

Lampenwechsel

● Motorhaube öffnen.

● Bleibt zum Lampenwechsel das Blinkleuchtengehäuse eingebaut, sind gelenkige Hände Voraussetzung für diese Arbeit. An der linken Fahrzeugseite behindert die Batterie, rechts beim Einspritzer das Luftfiltergehäuse.

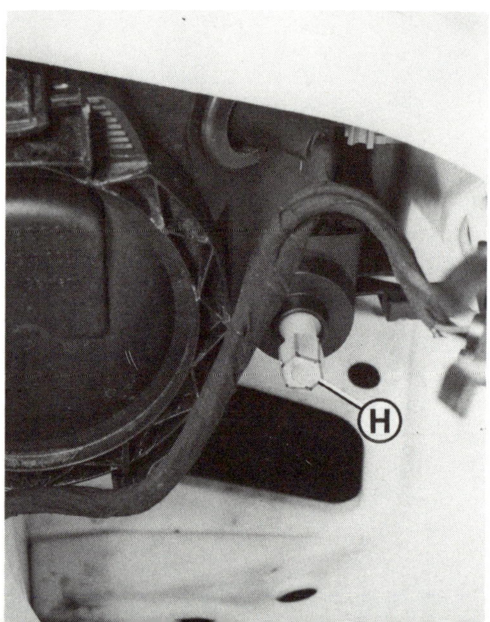

Die Einstellschrauben der Scheinwerfer sind von oben bzw. von der Motorraumseite her zugänglich. Es bedeuten:
S – Seiteneinstellschraube;
H – Höheneinstellschraube.

Die werksseitig montierten Nebelscheinwerfer sind nur in der Höhe einstellbar. Das Foto zeigt die Höheneinstellschraube (H) des rechten Nebelscheinwerfers hinter dem Stoßfänger.

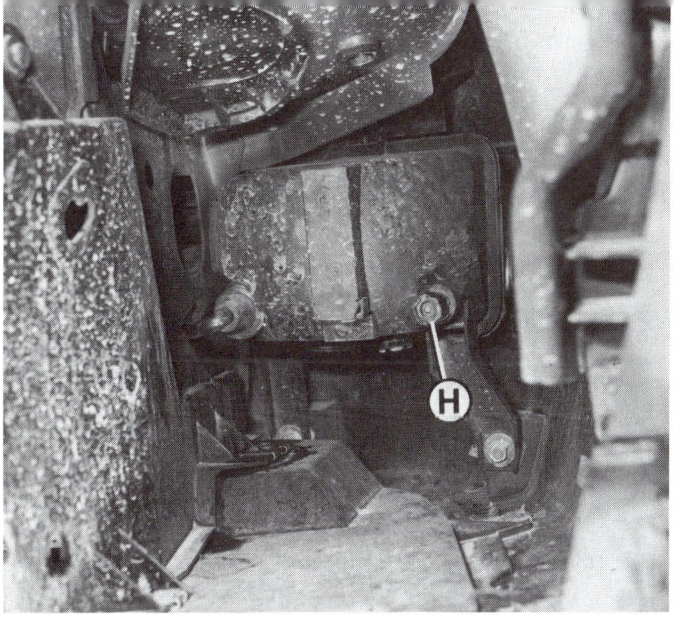

● Lampenfassung der Blinkleuchte etwas linksdrehen und nach hinten aus dem Reflektor herausziehen.
● Glühlampe ein wenig in die Fassung drücken, nach links drehen und herausnehmen.
● Einbau: Neue Lampe in umgekehrter Reihenfolge einsetzen.
● Fassung in das Blinkergehäuse drücken und bis zum Anschlag rechtsdrehen.

Lampengehäuse ausbauen

● Das Blinklichtgehäuse ist nur mit einer Schraube befestigt. Zum Lösen der Schraube benötigen Sie eine Stecknuß mit Verlängerung.
● Werkzeug durch die Bohrung im Frontblech stekken und Befestigungsschraube herausdrehen.
● Mit einigem Geschick Schraube von hinten aus dem Motorraum nehmen.
● Blinklichtgehäuse ein Stück weit herausziehen und Mehrfachstecker abziehen.

Heckleuchten

Lampenwechsel

● Kunststoffabdeckung von der Rückwandverkleidung abnehmen.
● Laschen oben und unten jeweils zur Mitte des Lampenträgers drücken.
● Lampenträger ausrasten und abnehmen.
● Das Auswechseln der Glühbirnen geschieht in allen Fällen gleich – Lampe ein wenig in ihre Fassung drücken, nach links drehen und herausziehen.
● Beim Einsetzen der Zweifadenlampe für die Schluß-/Nebelschlußleuchte beachten, daß deren seitliche Haltezapfen unterschiedlich hoch angesetzt sind. Dadurch kann die Lampe nur in einer bestimmten Stellung ohne Gewalt in die Fassung eingesetzt werden.

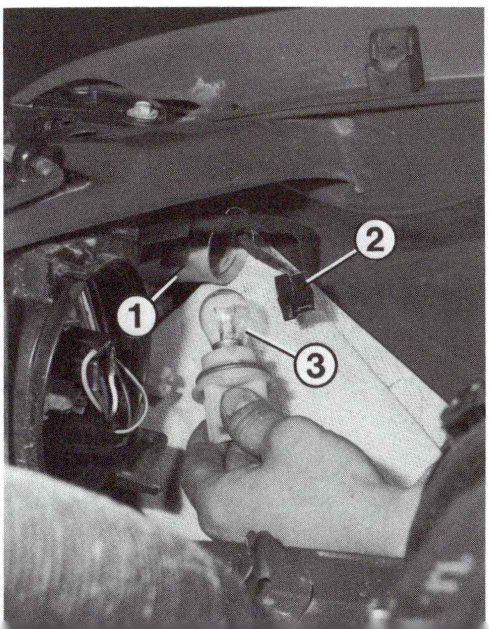

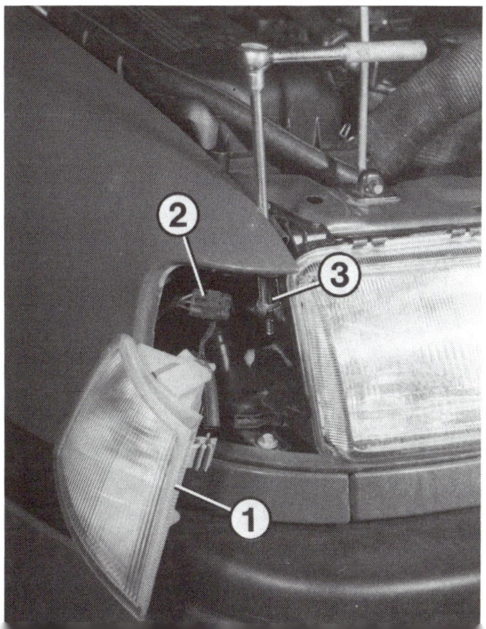

Links: Zum Ausbau der Blinkleuchte (3) den Kabelstecker (2) abziehen und Lampenfassung im Blinkergehäuse (1) etwas linksdrehen und herausziehen.
Rechts: Ausbau des Blinkergehäuses (1): Die Halteschraube (3) kann mit einem Steckschlüssel durch die Bohrung – wie hier gezeigt – gelöst werden. Zuletzt Steckverbindung (2) trennen.

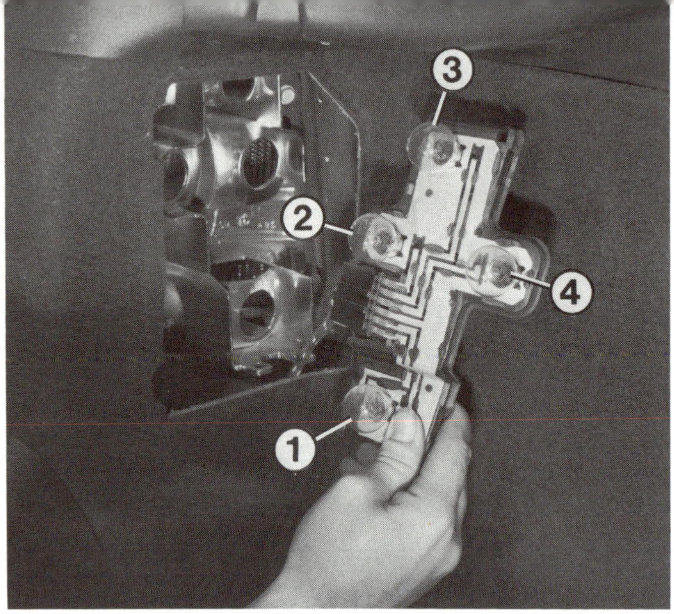

Auf dem Lampenträger der Rückleuchte (hier abgenommen) sitzen die Glühbirnen für Rücklicht und Nebelschlußleuchte (1), Blinkleuchte (2), Bremslicht (3) und Rückfahrleuchte (4).

Ausbau

- Lampenträger ausbauen.
- Vier Sechskantschrauben vom Kofferraum her losdrehen.
- Leuchtengehäuse von außen abziehen.
- Klebt das Gehäuse aufgrund der zwischengelegten Dichtung an der Karosserie, kann es mit einem lappenumwickelten Schraubenzieher vorsichtig vom Blech abgehebelt werden.

Rückfahrlichtschalter

Das Aufleuchten der Rückfahrleuchten veranlaßt der Schalter am Getriebe (Bilder unten), wenn er beim Einlegen des Rückwärtsgangs von der entsprechenden Schaltschiene berührt wird.

- Bleibt es bei eingelegtem Rückwärtsgang hinten dunkel, kontrollieren Sie zuerst die Sicherung 22.
- Ist sie intakt, Stecker am Rückfahrlichtschalter abziehen und mit einem Drahtstück überbrücken.
- Leuchtet es jetzt, ist der Schalter defekt.
- Bleibt es jedoch dunkel in den Rückfahrleuchten, ist die Leitung nach hinten unterbrochen (intakte Glühbirnen vorausgesetzt).

Kennzeichenleuchte

- Durch die Öffnung in der Leuchtenabdeckung Schraubenzieher einschieben und Haltelasche der Kennzeichenleuchte ausrasten.
- Leuchte abnehmen. Seitliche Haltelasche des Deckglases andrücken und Deckglas von der Fassung abnehmen.
- Glühlampe durch leichten Druck und Linksdrehung abnehmen.

Sonstige Leuchten

Innenleuchte

Die Soffittenlampe (10 Watt, 41 mm lang, DIN-Form K) muß bei geöffneten Türen und entsprechender Schalterstellung brennen. Sie erhält dauernd Strom.

Die Rückfahrleuchten werden von einem Schalter am Getriebe aus- und eingeschaltet. Im Bild links ist das Automatikgetriebe abgebildet, im Foto rechts das Schaltgetriebe.

Links der Ausbau der Kennzeichenleuchte: Mit einem Schraubenzieher die Haltelasche (Pfeil) ausrasten.
Rechts: Die Fassung (2) der Kennzeichenleuchte (1) wird nach Eindrücken der Haltelasche (Pfeil) vom Deckglas (3) getrennt.

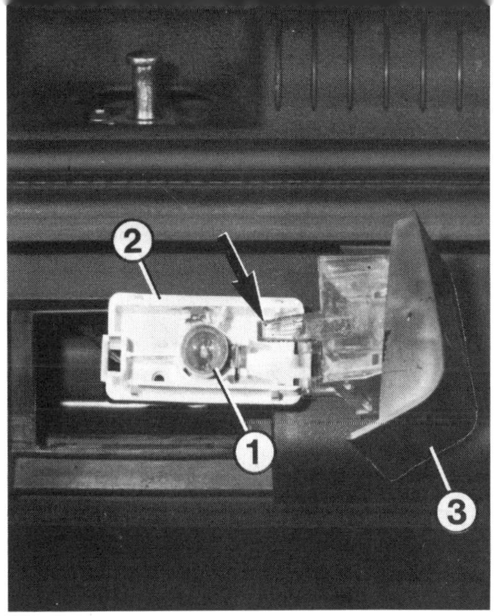

- Massekabel der Batterie abklemmen oder Sicherung der Innenleuchte herausnehmen, sonst Kurzschlußgefahr.
- Lampengehäuse aus dem Dachausschnitt hebeln. Dazu brauchen Sie kräftige Fingernägel, einen breitflächigen Schraubenzieher oder einen flachen Löffelstiel.
- Soffittenlampe aus ihren Haltezungen aushängen.
- Vor Einsetzen der neuen Lampe die Haltezungen etwas gegeneinanderdrücken.

Türkontaktschalter der Innenleuchte

Die Innenleuchte muß bei geöffneter Tür brennen. Bei geschlossenen Türen leuchtet sie, wenn der Lichtschalter (siehe Seite 229) gezogen wird. Brennt die Innenleuchte nicht, gerät der Türkontaktschalter in Verdacht. Er stellt die Masseverbindung zu der ständig unter Strom stehenden Innenleuchte her und schließt damit den Stromkreis – die Lampe kann brennen. Störungen am Schalter können sich ergeben, wenn

○ der Druckstift des Schalters in der Führung klemmt oder verbogen ist. Schalter ersetzen.
○ der Kabelstecker vom Schalter abgefallen ist. Stecker zum besseren Halt etwas zusammenbiegen und wieder aufstecken;
○ die Kontaktfläche des Schalters zur Halteschraube hin oder der Steckanschluß oxidiert ist. Oxidschicht mit Schleifpapier abschleifen oder einem scharfkantigen Schraubenzieher wegkratzen.

Der Türkontaktschalter selbst ist nur mit einer Kreuzschlitzschraube an den Türpfosten angeschraubt. Zum Ausbau Schraube herausdrehen und Schalter herausziehen.

Innenleuchte mit Abschaltverzögerung

Bei dieser Sonderausstattung wird das Innenlicht durch ein Steuergerät am Lampengehäuse beeinflußt. Nach Schließen der Tür brennt die Leuchte noch etwa 15 Sekunden. Es sei denn, zuvor wurde die Zündung eingeschaltet.

- Deckglas mit Messer oder schmalem Werkzeug vorsichtig vom Lampengehäuse abhebeln.
- Soffittenlampe (10 Watt, 41 mm lang, DIN-Form K) aus den Haltezungen aushängen, neue einsetzen.

Links bei abgenommener Innenleuchte sichtbar:
1 – Soffittenlampe;
2 – Anschlußstecker.
Rechts ist der Türkontaktschalter ausgebaut. Es bedeuten:
1 – Halteschraube;
2 – Anschlußstecker;
3 – Kontaktstift.

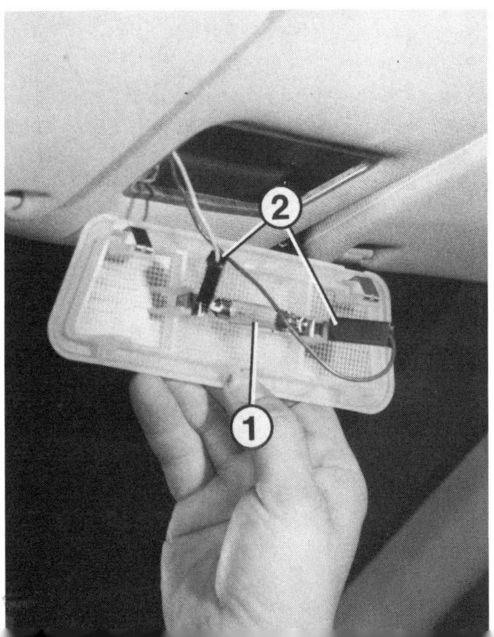

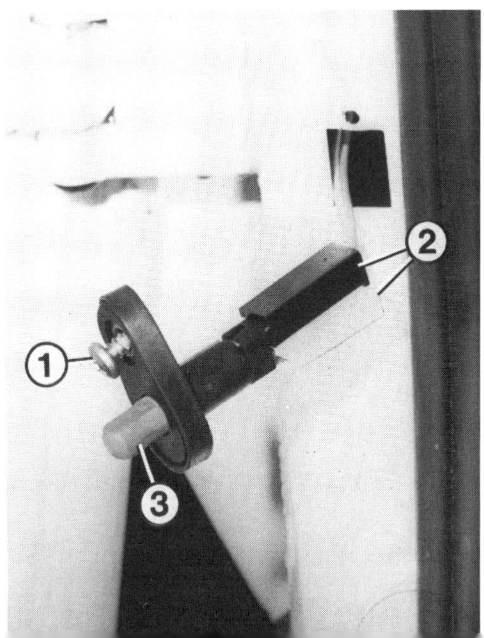

● Zum Wechseln einer Leseleuchte wird das Glassockellämpchen (5 Watt, DIN-Form W 10/5) mit der Fassung aus dem Gehäuse herausgezogen.

● Lämpchen aus der Fassung ziehen und neues einsetzen.

Kofferraumleuchte

Die Kofferraumleuchte (Soffittenlampe 10 Watt, 41 mm lang, DIN-Form K) sitzt beim Fließheck etwas versteckt oben an der linken Kofferraumverkleidung und beim Stufenheck im Kofferraumdeckel. Ihre Masseverbindung erhält die Leuchte über einen Kontaktschalter in der Heckklappe bzw. im Kofferraumdeckel.

● Kofferraumdeckel bzw. Heckklappe öffnen.

● Einen Schraubenzieher in die Aussparung seitlich am Lampengehäuse stecken und die Leuchte vorsichtig heraushebeln.

● Nach Auswechseln der Glühlampe das Lampengehäuse – die Kabelseite zuerst – wieder einsetzen.

Make-up-Spiegel-Beleuchtung

● Spiegelabdeckung hochklappen.

● Mit einer Messerklinge oder ähnlichem Werkzeug Make-up-Spiegel aus der Einfassung in der Sonnenblende heraushebeln.

● Dazu das Messer an der kurzen Seite, also rechts oder links vom Spiegel ansetzen.

● Soffittenlampe (1,2 Watt 36 mm lang) aus den Haltezungen nehmen und neue einsetzen.

Anzünderbeleuchtung

● Aschenbecher aus dem Einsatz herausnehmen.

● Aschereinsatz unten greifen und mit einem kurzen Ruck aus der Mittelkonsole ziehen.

● Fassung aus dem Leuchtring des Anzünders nehmen.

● Glassockellämpchen (1,2 Watt) von der Fassung abziehen und neues Lämpchen einsetzen.

Motorraumleuchte

Die Motorraumleuchte (Soffittenlampe 10 Watt, 41 mm lang, DIN-Form K) brennt nur bei eingeschaltetem Stand- oder Fahrlicht. Der Ausbau des Lämpchens erfolgt wie unter »Kofferraumleuchte« beschrieben.

Leuchten am Armaturenbrett

Instrumentenbeleuchtung

An dieser Stelle ist lediglich die Beleuchtung der Anzeigeinstrumente behandelt. Die ebenfalls in der Instrumententafel sitzenden Kontrolleuchten finden Sie ab Seite 221 beschrieben.

● Lenkrad ausbauen (siehe Seite 130).

● Instrumententafel ausbauen (Seite 219).

● Hinten insgesamt vier grüne Lampenfassungen linksdrehen und herausziehen.

● Die Glassockellämpchen (2 Watt) bilden mit der Fassung eine Einheit.

● Fassung mit Lampe wieder in die Instrumententafel einsetzen und bis zum Anschlag rechtsdrehen.

Zeituhrbeleuchtung

● Zeituhr mit den Fingernägeln oder einer Messerklinge aus der Aussparung im Armaturenbrett heraushebeln.

● Die Lampenfassung ist an der Rückseite der Uhr eingesteckt – einfach herausziehen.

● Glassockellämpchen (1,2 Watt, DIN-Form W 5/1,2) aus der Fassung ziehen und neues Lämpchen einsetzen.

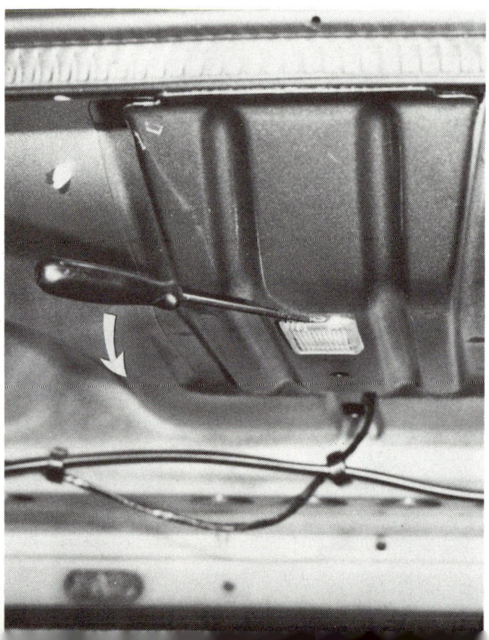

Mit einem Schraubenzieher kann das Lampengehäuse der Kofferraumbeleuchtung aus dem Ausschnitt herausgehebelt werden. Links sehen Sie die Kofferraumleuchte des Fließheck-Modells, rechts ist die Leuchte des Stufenhecks abgebildet.

Links: Das Kombiinstrument wird mit vier Lämpchen beleuchtet. Zum Ausbau die grüne Lampe ¼ Umdrehung linksdrehen und herausziehen.
Rechts: Mit einem schmalen Schraubenzieher lassen sich die beiden Gehäusehälften (1 und 3) der Schlüsselbeleuchtung trennen. So kann die Kontaktfeder (2) gereinigt oder Batterie (5) bzw. Lämpchen (4) ausgewechselt werden. Damit hat man alle Störungen an der Schlüsselbeleuchtung im Griff.

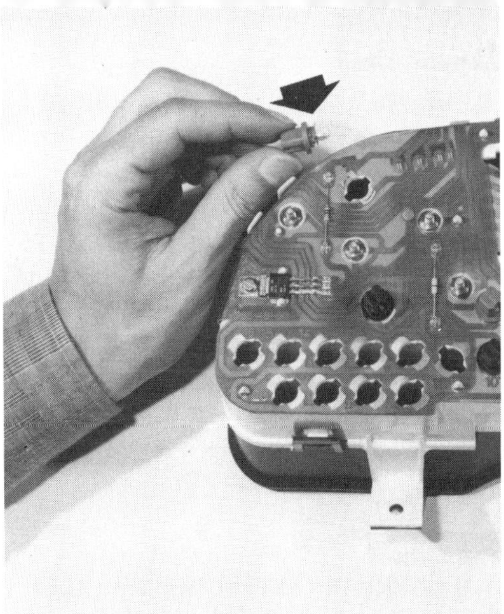

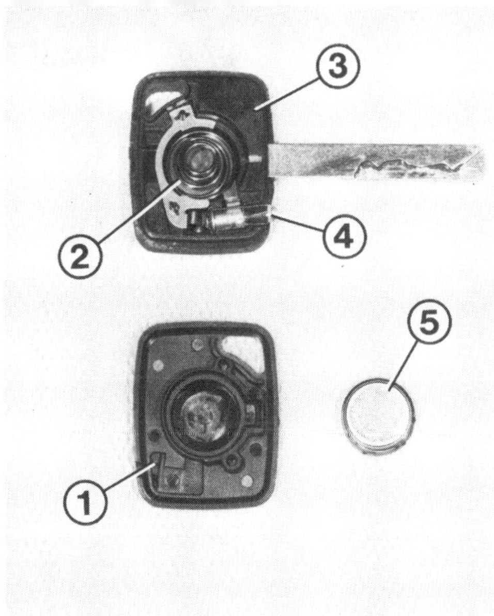

Heiz-regulierungs-beleuchtung

Zur Beleuchtung der Heizungs-/Lüftungsregler dient eine einzelne Glassockellampe. An die verschiedenen Punkte gelangt das Licht mittels eines sogenannten Lichtleiters.

- Untere Instrumenten-Abdeckblende abbauen, siehe unter »Instrumententafel ausbauen« Seite 219.
- Beide Befestigungsschrauben der Heizhebeleinheit losdrehen.
- Zeituhr oder, wo vorhanden, Bordcomputer mit den Fingernägeln oder einer Messerklinge aus der Aussparung im Armaturenbrett heraushebeln.
- Die zwei dahinterliegenden Kreuzschlitzschrauben lösen.
- Heizhebeleinheit ein Stück weit herausziehen.
- Mit einem Schraubenzieher die Fassung des Glassockellämpchens von der Heizhebeleinheit abhebeln.
- Lampe (1,2 Watt, DIN-Form W 5/1,2) aus der Fassung ziehen und austauschen.

Handschuhfach-leuchte

Die Handschuhfachbeleuchtung ist mit dem Kontaktschalter in einem Gehäuse kombiniert. Strom erhält sie nur bei eingeschalteter Zündung.

- Handschuhfach öffnen.
- Einen Schraubenzieher in die Aussparung seitlich am Lampengehäuse stecken und die Leuchte vorsichtig heraushebeln.
- Soffittenlampe (10 Watt, 41 mm lang, DIN-Form K) aus der Fassung herausnehmen und neue einsetzen.
- Lampengehäuse – die Kabelseite zuerst – wieder einsetzen.

Schalter-beleuchtung

Die Schalter für Warnblinkanlage, heizbare Heckscheibe, Nebelscheinwerfer, Nebelschlußleuchte, Hauptlicht und Leuchtweitenregulierung besitzen eine fest eingebaute Beleuchtung. Ein Auswechseln des Lämpchens ist nicht möglich. Entweder man findet sich mit dem dunklen Schalter ab oder man muß ihn komplett ersetzen.

Auf den Abbildungen sind ausgebaut zu sehen:
1 – Soffittenlampe;
2 – Lampengehäuse der Motorraumbeleuchtung;
3 – Lampengehäuse der Handschuhfachbeleuchtung.

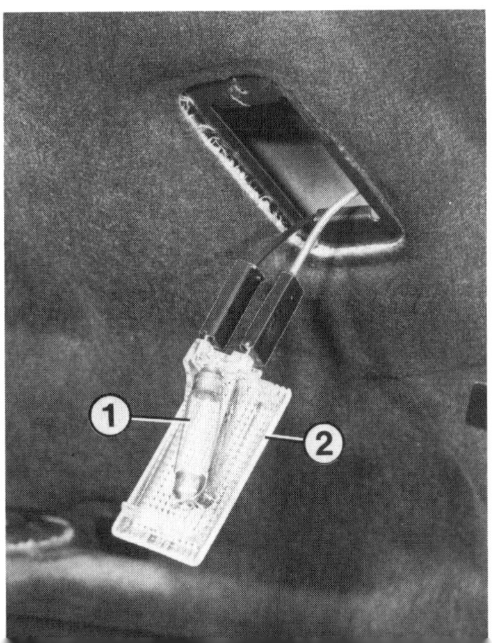

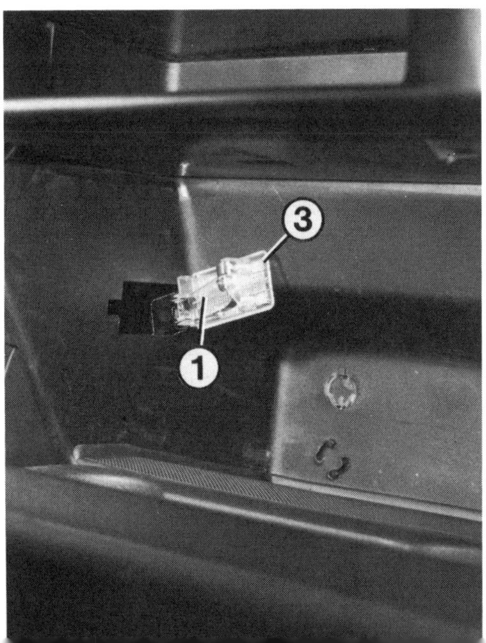

Gruß an alle

Mit Gesten oder Zurufen wird es Ihnen kaum gelingen, Ihre Absichten den anderen Autofahrern kundzutun. Wahrscheinlich würden Sie nur Unverständnis oder Heiterkeit hervorrufen. Sie müssen sich also auf eine Art und Weise verständlich machen, die den anderen gleichfalls bekannt ist. Alle Fahrzeuge verfügen deshalb über die gleiche Art von Signaleinrichtungen, mit deren Instandhaltung bzw. Reparatur sich das folgende Kapitel befaßt.

Blink- und Warnblinkanlage prüfen

Ständige Kontrolle

Die Warnblinkanlage muß ständig funktionieren, deshalb wird ihr Schalter direkt von Batterie-Plus über eine Sicherung versorgt. Die Richtungsblinker erhalten dagegen nur bei eingeschalteter Zündung Strom von Klemme 15.

- Drücken Sie bei ausgeschalteter Zündung den zwischen den mittleren Lüftungsdüsen sitzenden Warnblinkschalter:
- Alle vier Blinkleuchten und die Warnblink-Kontrollleuchte leuchten im gleichen Rhythmus auf.
- Warnblinker ausschalten, Zündung einschalten.
- Bei gedrücktem Blinkhebel müssen eine Blinkerseite sowie die grüne Kontrolleuchte regelmäßig aufleuchten.

Blinkerstörungen

○ Blitzt bei eingeschalteten Richtungsblinkern die grüne Kontrolleuchte nur kurz auf, ist die Glühlampe ausgefallen.
Beim Warnblinken macht sich der Lampenausfall im Blinker-Rhythmus nicht bemerkbar. Lampenwechsel siehe Seite 210.

○ Brennen bei eingeschalteten Richtungs- oder Warnblinkern die Leuchten dauernd, ist das Blinkrelais defekt, siehe Seite 170.

○ Leuchtet nur die Kontrollampe, aber bleiben die orangefarbenen Leuchten am Wagen dunkel, liegt es ebenfalls am Blinkrelais.

○ Leuchten die Blinker mal in langsamer Folge, mal schnell (z. B. beim Ein- und Ausschalten leistungsstarker Verbraucher, wie heizbare Heckscheibe oder Scheibenwischer), zunächst die Leitungen, die sich in unmittelbarer Nähe des Relais befinden, hiervon wegdrücken. Hilft das nicht und sind alle Steckverbindungen einschließlich der Massekabel der Leuchten in Ordnung, muß das Relais erneuert werden.

○ Funktioniert nur Warnblinken ohne Richtungsblinken oder umgekehrt, fehlt es an der Spannungsversorgung durch die betreffende Sicherung (siehe Seite 171) oder am Schalter (Ausbau Seite 228).

Behelf bei defektem Blinkrelais

Mit einem ausgefallenen Blinkrelais ist die Weiterfahrt nicht ganz ungefährlich, denn im dichten Verkehr und vor allem bei Dunkelheit wird Ihre Abbiegeabsicht den anderen Autofahrern nicht ersichtlich.

- Blinkrelais (in der Abbildung Seite 170) leicht ruckelnd aus dem Sicherungskasten herausziehen.
- Kurzschlußbrücke zwischen den Klemmen 49 und 49A (am Relais markiert) herstellen, dazu eine Büroklammer oder ein kurzes Drahtstück einstecken.
- Blinkrelais wieder ein Stück weit einsetzen.
- Bei gedrücktem Blinkerhebel leuchtet jetzt eine Blinkerseite dauernd.
- Durch Ein- und Ausschalten mit dem Blinkerhebel erhalten Sie einen Blinker-Rhythmus.

Bremsleuchten prüfen

Ständige Kontrolle

Es macht keine Probleme, die Bremslichter zu kontrollieren, und zu Ihrer eigenen Sicherheit sollte man es auch täglich tun.

- Die Garagenwand hinter dem Wagen muß rechts und links hell rot aufleuchten, wenn Sie auf das Bremspedal treten.
- Oder in einer Kolonne prüfen Sie mit dem Rückspiegel, ob sich in den Scheinwerfer-Reflektoren oder in der Lackierung des Hintermannes beide Bremslichter spiegeln.

Der Bremslichtschalter

Der Bremslichtschalter sitzt in einer Platte über dem Bremspedal. Wird das Pedal niedergedrückt, wandert der Schalterstift heraus und schließt den Kontakt zu den Bremsleuchten.

Bremslichtschalter ausbauen

● Im Fahrerfußraum die Abdeckung unter dem Armaturenbrett ausbauen.
● Kabelstecker vom Bremslichtschalter abziehen.
● Bremslichtschalter mit einer halben Linksdrehung vom Pedalbock abschrauben.
● Eine Einstellung des Schalters beim Einbau erfolgt nicht. Bremslichtschalter einschieben und eine halbe Umdrehung rechtsdrehen. Kabelstecker aufdrücken.

Bremslichtschalter überprüfen

Sind beide Bremslichter ausgefallen, kontrolliert man, ob es am Bremslichtschalter liegt:
● Kabelstecker abziehen.
● Kabelanschlüsse im Stecker mit einer Büroklammer oder einem Drahtstück überbrücken.
● Brennen jetzt die Bremslichter, ist der Bremslichtschalter defekt.

Störungsbeistand

Bremsleuchten

Die Störung	– ihre Ursache	– ihre Abhilfe
A Eine Bremsleuchte brennt nicht	1 Glühbirne durchgebrannt	Austauschen
	2 Spannungszuleitung unterbrochen. Brennen alle übrigen Glühbirnen in derselben Heckleuchte? Falls nicht	Kabel kontrollieren
	3 Unterbrechung der Masseverbindung	Masseanschluß überprüfen
B Beide Bremslichter brennen nicht	1 Sicherung defekt	Ersetzen
	2 Bremslichtschalter defekt	Überprüfen, ggf. ersetzen
	3 Siehe A 1 und 3	
C Bremslicht brennt dauernd	1 Siehe B 2	
	2 Kabel zum Bremslichtschalter haben direkten Kontakt	Kabel kontrollieren

Hupe prüfen

Ständige Kontrolle

Bei eingeschalteter Zündung und beim Druck auf die Hupenplatte im Lenkrad muß das Horn ertönen. Eine zusätzlich eingebaute Fanfare wird über den gleichen Stromkreis wie das serienmäßige Horn versorgt.

Hupe defekt?

● Kühlergrill abbauen.
● Kabelstecker abziehen.
● Hupe ausbauen.
● An jedem Steckanschluß ein Hilfskabel aufstecken und diese mit dem Plus- bzw. Minuspol der Batterie verbinden.
● Bleibt es ruhig, ist das Signalhorn defekt.
● Ein krächzendes oder völlig stummes Horn läßt sich bisweilen durch Drehen der Einstellschraube an der Hupenrückseite wieder stimmen oder zu neuem Leben erwecken.
● Schraube unter der Vergußmasse freilegen.
● Nach dem Einstellen Schraube mit Karosseriedichtmasse wieder feuchtigkeitssicher verschließen.

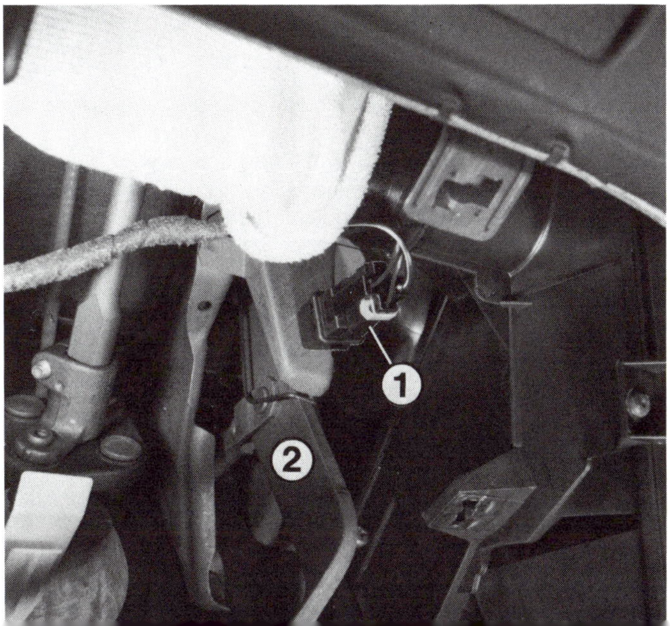

Nach Ausbau der Abdeckung links unter dem Armaturenbrett ist der Bremslichtschalter (1) zugänglich. Er sitzt in einem Halter oberhalb des Bremspedals (2).

Die Hupe (1) hat ihren Platz hinter dem Kühlergrill. Nach Abschrauben von der Halterung und Lösen der Anschlußkabel (2) ist die Einstellschraube (unter der Vergußmasse) zugänglich.

Fingerzeig: Zusätzliche Fanfaren oder Starktonhörner brauchen ein Schaltrelais. Andernfalls werden die Hupkontakte überbeansprucht, und die Hupen können nicht die volle Lautstärke abgeben. Kaufen Sie den Hupensatz gleich mit Relais. Dazu gehört auch eine Einbauanleitung mit Schaltplan.

Störungsbeistand

Hupe

Die Störung	– ihre Ursache	– ihre Abhilfe
A Hupe tönt nicht	1 Sicherung defekt	Ersetzen
	2 Spannungszuleitung zur Hupe (schwarzes Kabel) unterbrochen	Kabelverlauf kontrollieren, Steckkontakte an der Hupe blank kratzen
	3 Hupe defekt	Prüfen, ggf. austauschen
	4 Leitung zwischen Hupenkontakt und Hupe unterbrochen	Kabelverlauf kontrollieren
B Hupe tönt dauernd bei eingeschalteter Zündung	1 Kabel vom Hupkontakt zur Hupe hat Kurzschluß zur Masse	Braun/weißes Kabel abziehen. Hupt es nicht mehr, Kabelverlauf kontrollieren. Unterwegs: Kabel abgezogen lassen
	2 Hupe hat inneren Kurzschluß	Hupe ersetzen. Unterwegs: Stromzuführendes Kabel abziehen und isolieren

Die Lichthupe

Gleichgültig, ob die Zündung oder die Scheinwerfer eingeschaltet sind oder nicht, die Fernlicht-Glühfäden und die Fernlichtkontrolle leuchten immer auf, wenn Sie den Blinkerhebel zum Lenkrad hin ziehen. Falls die Lichthupe nicht funktioniert, obwohl die Scheinwerfer bei eingeschalteter Beleuchtung brennen:

- Lenksäulenverkleidung abbauen (Seite 257).
- Mit Prüflampe kontrollieren, ob am roten Klemme-30-Kabel zum Hebelschalter-Element Spannung anliegt.
- Falls ja, dürfte der Lichthupen-Kontakt defekt sein. Komplettes Schalter-Element auswechseln.

Kleine Helfer

Im Vectra tummelt sich ein Zwergenstaat voller diensteifriger Geister: Anzeige-Instrumente mit Kontrolleuchten informieren über Fahrzeug- und Motorzustände, Scheibenwischer und heizbare Heckscheibe sorgen für gute Sicht, die Zentralverriegelung hilft beim Verschließen des Wagens. Von diesen und weiteren kleinen Helfern handelt das folgende Kapitel.

Kontrollinstrumente und -leuchten prüfen

Wartung Nr. 27

Setzen Sie sich hinter das Lenkrad und kontrollieren Sie nacheinander:

- Läuft die Zeiger- bzw. Digitaluhr?
- Zündung einschalten. Es müssen aufleuchten: Ladekontrolle, Öldruckkontrolle, Motorkontrolle und bei angezogener Handbremse die Handbrems-Kontrolleuchte.
- Bei Fahrzeugen mit Antiblockiersystem (ABS) leuchtet die Kontrollampe im rechten Leuchtenfeld des Kombiinstruments. Bei laufendem Motor verlöscht sie.
- Bei Fahrzeugen mit Check-Control leuchten zur Funktionskontrolle für ca. 4 Sekunden zusätzlich folgende Kontrolleuchten im linken Leuchtenfeld des Kombiinstruments: Flüssigkeitsstand der Scheibenwaschanlage zu niedrig, Motorölstand zu niedrig, Kühlmittelstand zu niedrig, Lampenausfall Abblendlicht oder Schlußlicht, Lampenausfall Bremslicht, Bremsbeläge vorn auf Mindestmaß, Bremsflüssigkeitsstand zu niedrig.
- Mit etwas Verzögerung wandert der Zeiger der Tankuhr über die Skala und, wo vorhanden, verlöscht die Kontrolleuchte mit dem Symbol »Zapfsäule«.
- Linken Hebelschalter betätigen – leuchtet die grüne Blinkerkontrolle bzw. die blaue Fernlichtkontrolle?
- Brennen bei gedrücktem Schalter die Kontrollleuchten von Warnblinker, heizbarer Heckscheibe und bei eingeschaltetem Abblendlicht Nebelscheinwerfer und Nebelschlußleuchte.
- Motor starten – arbeitet der Drehzahlmesser?
- Bei einer Probefahrt überprüfen Sie die Funktion von Tachometer, Kühlmittel-Temperaturanzeige und Schaltanzeige für sportliches Fahrprogramm bzw. Anfahrhilfe (Fahrzeuge mit Automatikgetriebe).

Instrumententafel ausbauen

- Lenkrad ausbauen (Seite 130).
- Lenksäulenverkleidung losschrauben (siehe Seite 257).
- Hebelschalter abmontieren (Seite 228).
- Untere Instrumentenabdeckung mit einer Messerklinge links und rechts aus dem Armaturenbrett heraushebeln.
- Obere Instrumentenabdeckung vom Armaturenbrett abschrauben.
- Im Motorraum Tachometerwelle vom Getriebe losschrauben.
- Drei Befestigungsschrauben der Instrumententafel lösen.
- Instrument ein Stück weit aus dem Ausschnitt herausziehen. Tachometerwelle ausclipsen. Dazu mit den Fingern die Haltefeder hinten am Instrument niederdrücken. Gleichzeitig Welle vom Instrument abziehen.

Links: Zum Ausbau der oberen Instrumentenabdeckung (1) Befestigungsschrauben rechts und links (Pfeile) herausdrehen.
Rechts: Die Instrumententafel ist mit insgesamt drei Kreuzschlitzschrauben (Pfeile) am Armaturenbrett befestigt.

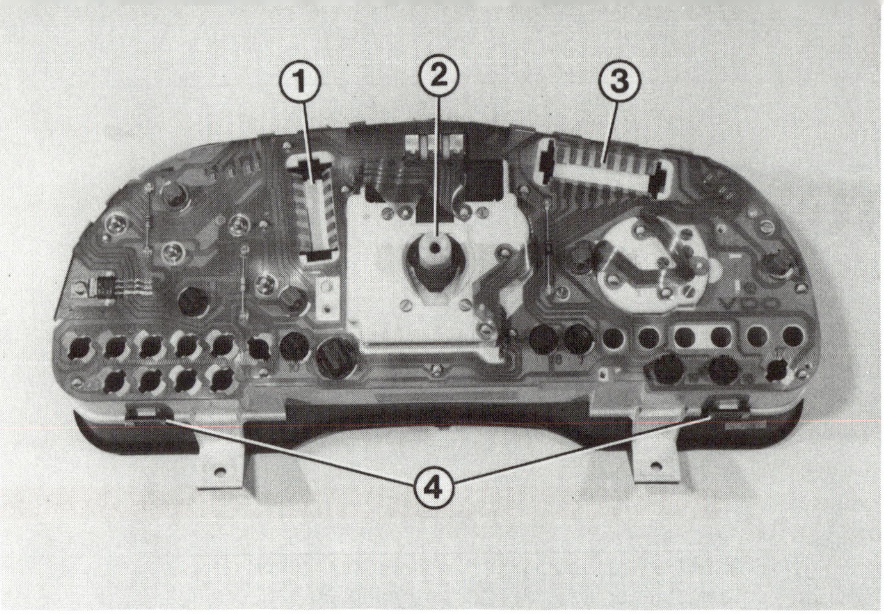

Die Rückseite der Instrumententafel. Bezeichnet sind:
1 und 3 – Anschlüsse für die beiden Mehrfachstecker;
2 – Tachowellenanschluß;
4 – zwei von insgesamt vier Halteclips der Glasfront.

- Zwei Mehrfachstecker von der Instrumententafel abziehen.
- Instrumententafel aus dem Ausschnitt im Armaturenbrett herausheben.
- Beim Einbau Tachometerwelle bis zum hörbaren Einrasten der Haltezunge aufschieben.

Instrumentafel zerlegen

Wir behandeln im folgenden den Ausbau der einzelnen Instrumente. Die Funktionsbeschreibung finden Sie auf den folgenden Seiten.

Glasfront

- Zum Ausbau der Instrumente muß die Glasfront abgenommen werden.
- Das Glas ist am Gehäuse eingeclipst.
- Clips anheben und Glasfront vom Gehäuse abheben.

Tachometer

- Spannklammer, mit der die Leiterfolie am Tachometeranschluß befestigt ist, abhebeln. Am besten eignen sich dazu zwei kleine Schraubenzieher.
- Leiterfolie vom Anschluß abnehmen.
- Vier Befestigungsschrauben lösen und Tacho aus dem Gehäuse herausnehmen.
- Beim Einbau auf richtige Lage der Tachowellen-Haltefeder achten.

Drehzahlmesser

- Leiterfolie von den drei Kunststoffstiften am Drehzahlmesser abnehmen.
- Zwei Befestigungsschrauben des Drehzahlmessers losdrehen.
- Drehzahlmesser vorsichtig aus dem Instrumentengehäuse herausdrücken.
- Beim Einbau Drehzahlmesser ins Gehäuse einlegen und Steckkontakte der Leiterfolie hinten in den Anschluß des Drehzahlmessers eindrücken.

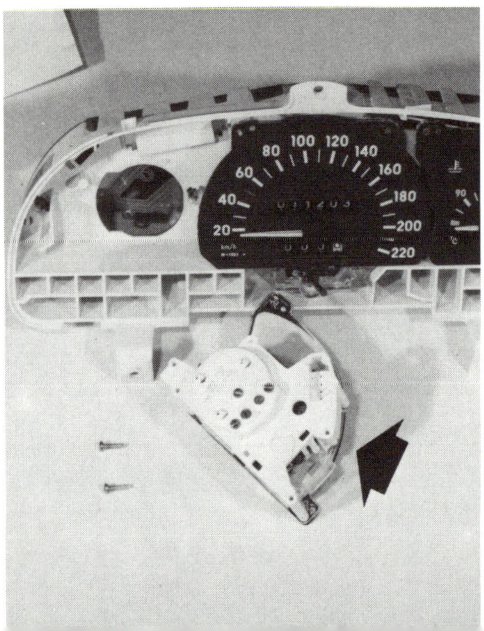

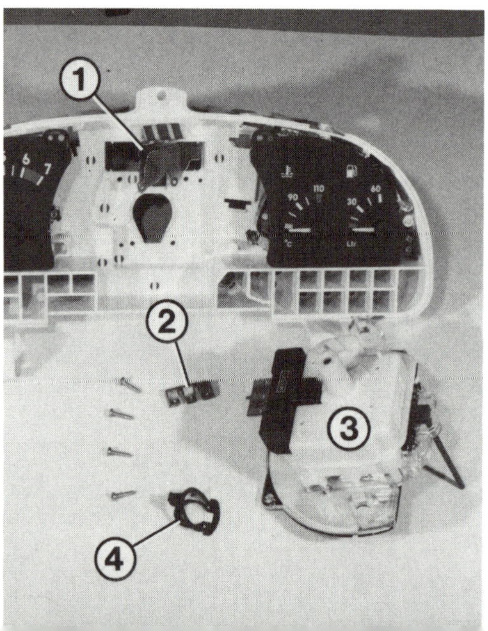

Links: Bei Fahrzeugen mit Drehzahlmesser kann dieser durch Lösen von zwei Kreuzschlitzschrauben aus dem Instrumentengehäuse herausgedrückt werden.
Rechts: Hier ist der ausgebaute Tachometer (3) abgebildet. Es bedeuten:
1 – Leiterfolie;
2 – Spannklammer;
3 – Tachowellen-Haltefeder.

Vom im Hintergrund gezeigten Kombi-Instrument (ohne Drehzahlmesser) haben wir links die Tankanzeige (1) und rechts die Temperaturanzeige (2) abgeschraubt.

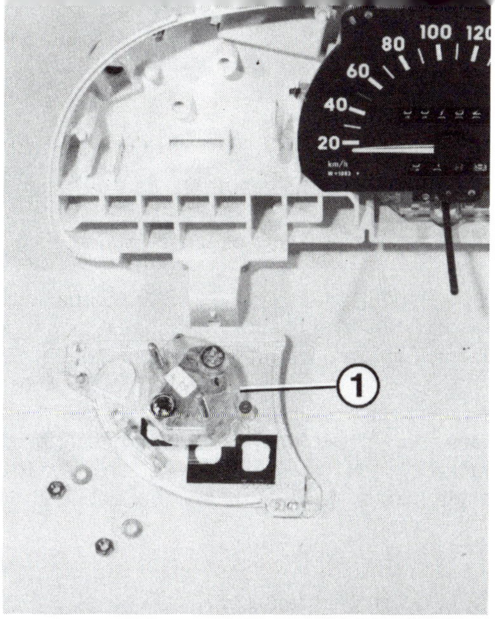

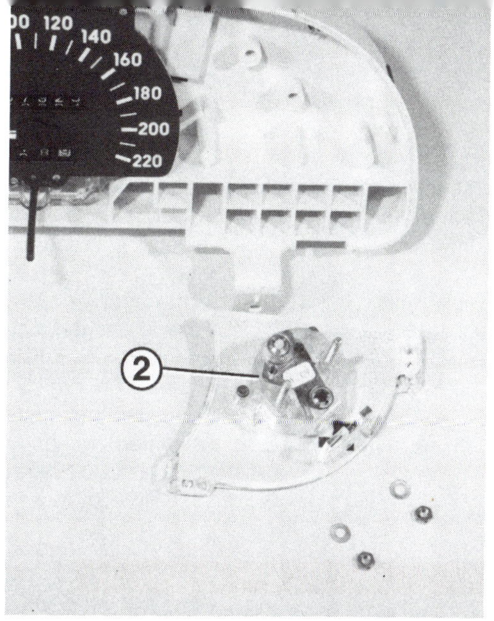

Kühlmittel-, Temperatur- und Tankanzeige

● **Fahrzeuge mit Drehzahlmesser:** Bei dieser Ausführung können die Anzeige-Instrumente nur zusammen ausgebaut werden.
● Zuerst die Befestigungsschrauben des Tachometers lösen.
● Vier Befestigungsmuttern der Anzeige-Instrumente losdrehen.
● Kühlmittel-Temperatur- und Tankanzeige aus dem Gehäuse herausnehmen.
● **Fahrzeuge ohne Drehzahlmesser:** Hier sind die Instrumente getrennt voneinander links und rechts vom Tachometer eingebaut.
● Betreffendes Anzeige-Instrument durch Lösen der zwei Befestigungsmuttern aus dem Gehäuse herausnehmen.

Kontrollampen

Außer der Ladekontrolleuchte sind die Kontrollampen beim Vectra fest mit ihren Fassungen verlötet und auch nur komplett als Ersatzteil erhältlich. In die Fassung der Ladekontrolle ist ein 3-Watt-Glassockellämpchen eingesetzt. Bei den übrigen Fassungen sind 1,2-Watt-Lampen eingelötet. Zum Ausbau die Lampenfassung eine Viertelumdrehung linksdrehen und herausziehen.

Der Tachometer

Dieser Geschwindigkeitsmesser zeigt das Fahrtempo gewissermaßen auf elektrischem Weg an, nämlich durch Erzeugung von Wirbelströmen, die eine Aluminiumtrommel rund um die Zeigerachse gegen den Widerstand einer Spiralfeder verdrehen.
Der Tachometer kann nicht die genaue Entfernung oder Geschwindigkeit messen, sondern er »zählt« die Umdrehungen des Tachowellenantriebs am Getriebegehäuse und setzt sie in Kilometerangaben um. Nach wieviel Tachowellenumdrehungen ein Kilometer auf der Straße zurückgelegt wurde, hängt von der Reifengröße und der Achsübersetzung ab.

Links: Tankanzeige (1) und Temperaturanzeige (2) sind bei Fahrzeugen mit Drehzahlmesser zu einem Bauteil zusammengefaßt. Zum Ausbau der Instrumente vier Muttern von der Rückseite des Kombi-Instruments herausdrehen.
Rechts: Soll eine Kontrollampe (Pfeil) ausgebaut werden, Lampenfassung ¼ Umdrehung linksdrehen und abnehmen.

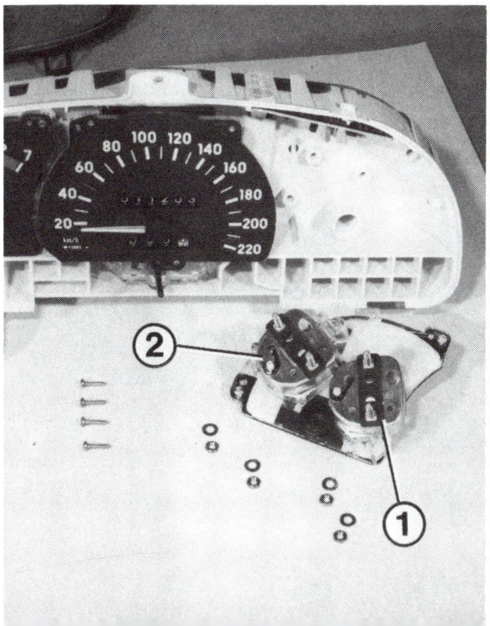

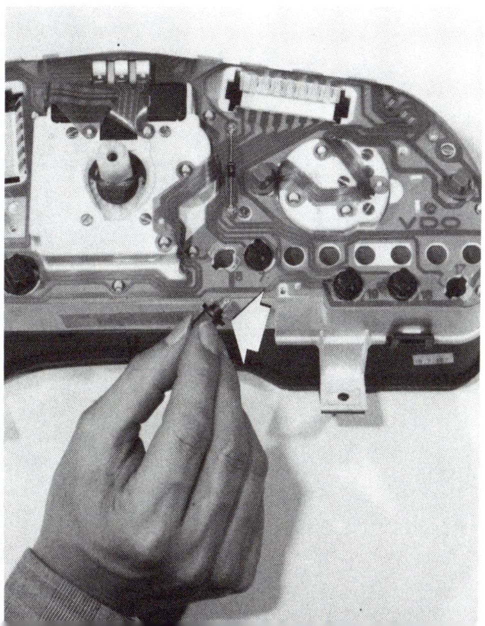

Störungen am Tachometer

○ Eine zitternde Tachonadel weist gewöhnlich darauf hin, daß die Tachowelle einen Knick hat und bald brechen wird.

○ Bei einem Fahrzeug mit hoher Laufleistung kann auch der Tachoantrieb im Getriebe verschlissen sein.

Tachowelle ausbauen

● Im Motorraum am Getriebe die Rändelmutter der Tachowelle losdrehen. Läßt sie sich von Hand nicht lösen, kann auch eine Kombizange zu Hilfe genommen werden.

● Instrumententafel ausbauen (siehe Seite 219).

● Dichtstopfen in der Spritzwand hinter dem Bremskraftverstärker herausdrücken.

● Tachowelle zum Motorraum hin herausziehen.

● Beim Einbau darf die Tachowelle nicht stark abgebogen oder gar geknickt werden, sonst ist sie bald wieder defekt.

● Dichtstopfen wieder feuchtigkeitssicher eindrükken, ggf. etwas Silikonfett verwenden, damit das Gummi besser hineinrutscht.

● Achten Sie darauf, daß die Welle beim Aufschieben auf den Tachometer richtig einrastet.

Drehzahlmesser

Wie oft die Kurbelwelle des Motors in der Minute rotiert, zeigt der Drehzahlmesser an. Dazu erhält er von der Zündanlage die Zündimpulse übermittelt. Die werden von der Elektronik im Instrument summiert und aufbereitet an das Meßwerk des Zeigerinstruments weitergegeben.
Bei Störungen gilt es die entsprechenden Leitungen zu prüfen. Auch in der Leiterplatte des Kombiinstruments kann der Fehler stecken. Der Drehzahlmesser selbst kann mit Eigenmitteln nicht repariert werden.

Kühlmittel-Temperaturanzeige

Die Anzeige für die Kühlmitteltemperatur funktioniert ähnlich wie die Tankanzeige. Plusstrom erhält das Instrument bei eingeschalteter Zündung, die Masseverbindung stellt die Temperaturfühler beim 1,6-Liter-Motor am Ansaugkrümmer und bei den übrigen Motoren am Thermostatgehäuse her. Dieser Fühler ist ein veränderlicher Widerstand, der mit zunehmender Erwärmung den Stromdurchfluß weiter freigibt, so daß das Bimetall im Instrument stärker beheizt wird und die Nadel weiter ausschlägt.

Störungen

○ Fehlerhafte Anzeige der Kühlmitteltemperatur bei gleichzeitig ungenauer Benzinstandsanzeige lassen auf einen schadhaften Spannungskonstanter schließen.

○ Keine Anzeige kann ihre Ursache im Temperaturfühler oder Instrument haben.

Kühlmitteltemperaturanzeige prüfen

● **Temperaturfühler prüfen:** Zuständiges Kabel am Geber im Motorraum (siehe Bilder rechts unten) abziehen und an blankes Metall (Masse) halten.

● Zündung kurz einschalten: Wandert die vorher regungslose Anzeigenadel nun zügig über die Skala, ist der Temperaturfühler defekt – austauschen.

● Rührt sich nichts im Anzeige-Instrument, ist die Zuleitung zur Instrumententafel unterbrochen, die Leiterfolie oder das Anzeige-Instrument defekt.

● **Anzeige-Instrument prüfen:** Instrumententafel ausbauen, Anzeige-Instrument abschrauben.

● An der Rückseite eine 9-Volt-Batterie als Stromquelle anschließen.

● Rührt sich die Anzeigenadel nicht, ist das Anzeige-Instrument defekt.

Ausbau der Tachometerwelle (1): Läßt sich die Rändelmutter (2) von Hand nicht lösen, kann als Hilfsmittel auch eine Kombizange genommen werden.

Mit einer 9-Volt-Batterie kann – wie hier gezeigt – die Funktion der Temperaturanzeige geprüft werden.

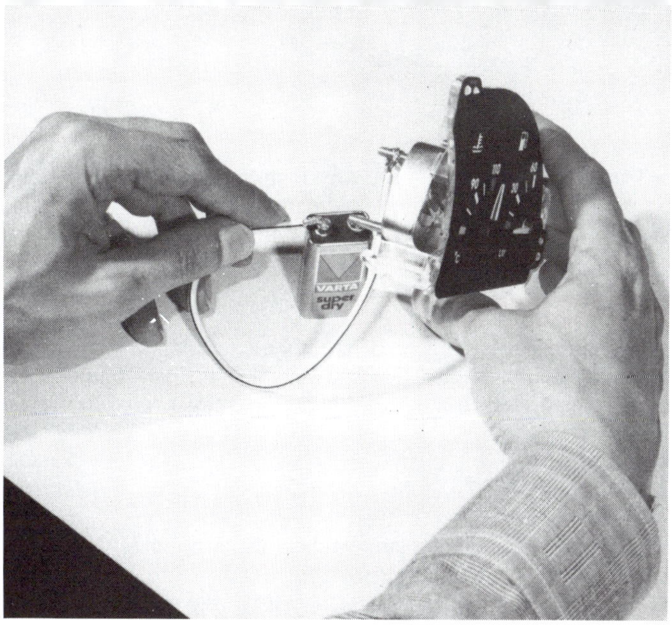

Die Tankanzeige

Der Tankgeber im Kraftstofftank besteht aus einem Schwimmer und einem elektrischen Widerstand. Mit Einschalten der Zündung erhält das Anzeigegerät im Kombiinstrument Spannung. Den Stromkreis schließt der veränderliche Widerstand im Tankgeber, der die Verbindung zur Masse herstellt. Je nach Stromdurchfluß wird das Bimetall im Anzeige-Instrument mehr oder weniger stark beheizt, und die daran befestigte Zeigernadel schlägt entsprechend aus.
Steht der Schwimmer bei vollem Tank in seiner höchsten Stellung, ist der Widerstand am Tankgeber überbrückt, das Anzeige-Bimetall wird voll beheizt und läßt den Zeiger voll ausschlagen. Mit abnehmendem Tankinhalt sinkt der Schwimmer, der dadurch höhere Widerstand hemmt den Stromdurchfluß zum Bimetall, die Nadel zeigt weniger an.

Störungen

○ Zu hoher oder zu niedriger Stand: Spannungskonstanter defekt oder Tankanzeige zeigt falsch an.
○ Keine Anzeige: Spannungskonstanter bzw. Tankgeber oder Anzeige-Instrument defekt.

Störungssuche

● Stellen Sie fest, daß sowohl Tank- wie Temperaturanzeige nichts oder falsch anzeigen, liegt es am Spannungskonstanter.
● Bei Falschanzeige durch verbogenen Schwimmerarm Tankgeber ausbauen (Seite 63).
● Biegen des Schwimmerarms nach oben verringert die Anzeige. Biegen nach unten ergibt einen höheren Anzeigewert. Aber nur vorsichtig biegen!
● **Tankgeber prüfen:** Kabelstecker am Tankgeber abziehen.
● Hilfskabel in den Steckanschluß des blau/schwarzen Kabels stecken und direkt an Masse halten.
● Zündung ganz kurz einschalten – schlägt der Zeiger auf »Voll« aus, ist der Tankgeber defekt.
● Bewegt sich die Nadel nicht, ist entweder das blau/schwarze Kabel zur Instrumententafel unterbrochen, die Leiterfolie oder das Anzeige-Instrument defekt.

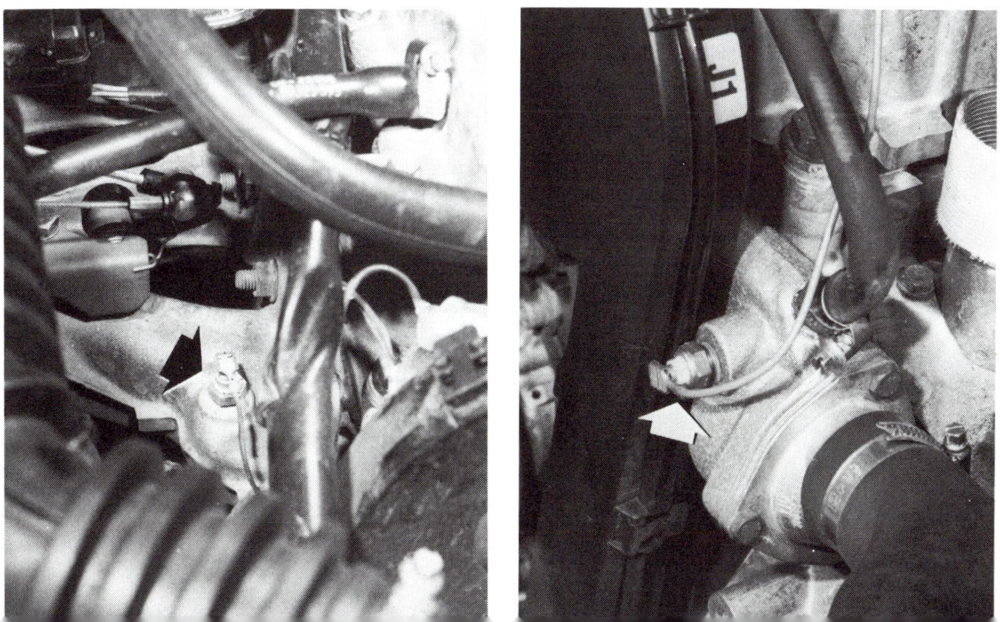

Zur Funktionsprüfung des Temperaturfühlers (links 1,6-Liter-Motor, rechts 1,8- und 2,0-Liter-Motor) Kabel am Fühler abziehen und an Masse halten. Zündung kurz einschalten: Die Anzeigenadel muß über die Skala wandern.

● **Anzeige-Instrument prüfen:** Instrumententafel ausbauen, Anzeige-Instrument abschrauben.
● Das Anzeigegerät wird mit einer 9-Volt-Batterie auf die gleiche Weise wie das Kühlmitteltemperatur-Anzeige-Instrument geprüft.

Der Spannungskonstanter

An der Rückseite des Kombiinstruments ist ein kleines Kästchen mit drei Anschlüssen angeschraubt – der Spannungskonstanter. Er muß die Tank- und die Temperaturanzeige mit absolut gleichmäßiger Spannung versorgen. Andernfalls lassen Spannungsschwankungen die Zeigernadeln pendeln.

Spannungskonstanter prüfen

● Kombiinstrument ausbauen, aber Kabel angeschlossen lassen, Zündung einschalten.
● Voltmeter zwischen mittlerem und rechtem Anschluß des Konstanters anklemmen (Kombiinstrument von hinten rechts betrachtet).
● Das Meßgerät muß 9,75–10,25 Volt anzeigen.
● Liegt die Spannung außerhalb der Toleranz, ist der Konstanter defekt. Keine Spannung da: Stromzufuhr prüfen.
● Dazu das Voltmeter zwischen rechtem und linkem Anschluß des Konstanters anschließen. Liegt keine Batteriespannung an, muß nach der Unterbrechung in der Zuleitung gesucht werden.

Ladekontrolleuchte

Bei laufendem Motor darf die Ladekontrolle weder glimmen noch aufleuchten. Sonst sitzt ein Fehler in der Stromversorgung, siehe Störungsbeistand auf Seite 191. Brennt das rote Lämpchen beim Einschalten der Zündung nicht, ist vermutlich die Glühlampe durchgebrannt, oder aber das Kabel zur Lichtmaschine ist defekt bzw. hat sich gelöst. Mehr über die Ladekontrolleuchte erfahren Sie auf Seite 188.

Öldruckkontrolle

Bei eingeschalteter Zündung liegt an der Öldruckkontrolle Spannung an. Solange kein Öldruck aufgebaut wird, ist ihr Stromkreis durch den Öldruckschalter geschlossen – sie brennt.
Bei steigendem Öldruck im Motor öffnet der Öldruckschalterkontakt, der Stromkreis wird unterbrochen, und die Kontrolle verlöscht. Kaltes Motoröl ist ziemlich zähflüssig. Das ergibt hohen Öldruck, der die Kontrolle schon beim oder gleich nach dem Anlassen des Motors verlöschen läßt. Im heißgefahrenen Motor im Hochsommer ist das Öl dünnflüssiger, und bei dem entsprechend niedrigeren Druck verlöscht die Kontrolle erst bei höheren Drehzahlen.

Störungssuche

Leuchtet die Öldruckkontrollampe plötzlich während der Fahrt auf, ist das grundsätzlich ein Alarmzeichen:
● Brennt sie nur kurz bei scharfem Bremsen oder in schnell gefahrenen Kurven, dürfte der Ölstand unter die Minimalmarke abgesunken sein – Ölstand prüfen und, wenn nötig, Öl nachfüllen.
● **Leuchtet die Lampe dauernd, müssen Sie sofort anhalten.**
● Dann zuerst kontrollieren, ob das Kabel vom Öldruckschalter zur Warnlampe Kurzschluß hat: Zündung einschalten, Kabelstecker am Öldruckschalter abziehen.
● Die Lampe muß nun bei stehendem Motor verlöschen; das beobachtet am besten ein Helfer.

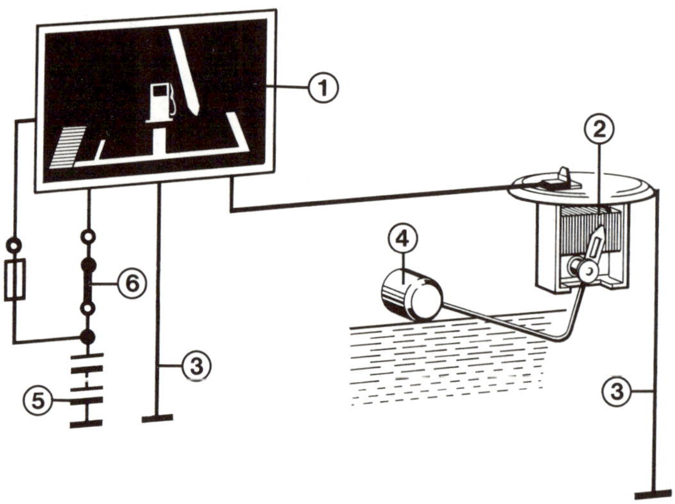

Die Tankanzeige besteht aus:
1 – Instrumentenskala mit dahinter sitzendem Bimetallkörper;
2 – Geber mit Widerstand;
3 – Masseanschluß;
4 – Schwimmer;
5 – Batterie;
6 – Zündschalter.

Links: Der Spannungskonstanter (Pfeil) befindet sich links auf der Rückseite der Instrumententafel. Zum Ausbau Befestigungsschraube losdrehen und Konstanter von den Steckkontakten abziehen.
Rechts: Der Öldruckschalter (Pfeil) signalisiert über die Öldruck-Warnleuchte im Armaturenbrett, ob an den Motorlagern ausreichender Öldruck vorhanden ist.

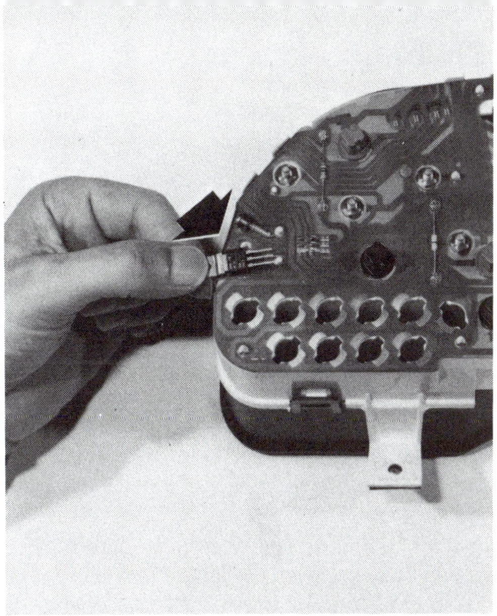

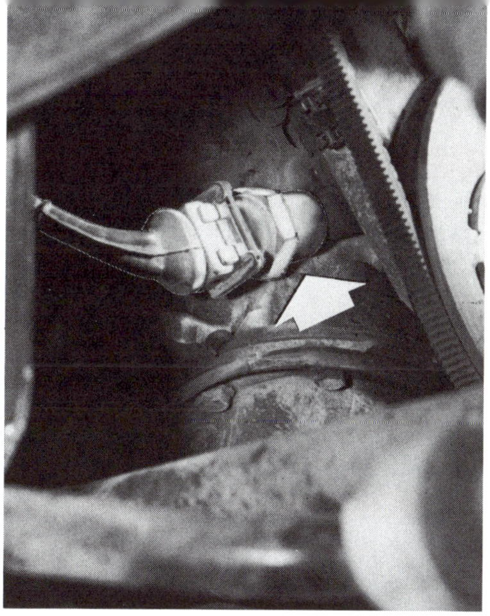

- Brennt sie dagegen weiter, ist das Kabel irgendwo durchgescheuert und hat Massekontakt. Das ist harmlos für den Motor – Sie können weiterfahren.
- Normalerweise zeigt das Aufleuchten der Öldruckkontrolle, daß an den Schmierstellen des Motors nicht der nötige Öldruck herrscht.
- Das liegt jedoch meistens nicht an einem Defekt an der Ölpumpe, sondern weit öfter an einem klemmenden Druckregelventil (siehe dazu Seite 30) oder an schlagartigem Ölverlust.
- In Betracht kommt da z.B. eine lose Ölablaßschraube.
- Stellt sich der Fehler als gefährlich für den Motor heraus, muß der Vectra abgeschleppt werden.
- Bei ständig aufleuchtender Ölkontrolle ist nicht selten ein defekter Öldruckschalter schuld. Regelrecht nachgeprüft werden kann das aber nur durch Auswechseln des Schalters.
- Behelfsmäßige Kontrolle: Steckerzunge des Öldruckschalters etwas hin- und herbewegen. Verlöscht die Lampe jetzt, wenn der Motor kurz gestartet wird?
- Bleibt die Öldruckkontrolle beim Zündschlüsseldreh dunkel? Zündung einschalten, Steckverbindung am Öldruckschalter trennen und an blankes Metall halten.
- Brennt nun das Warnlicht, liegt es am Öldruckschalter. Öldruckschalter austauschen.
- Leuchtet nichts, ist die Zuleitung oder die Glühlampe selbst defekt.

Motor-Kontrolleuchte

Die Fehlerlampe leuchtet während der Fahrt, wenn ein Defekt aufgetreten ist, der zu Schäden am Motor führen kann. Das Steuergerät der Einspritzung bzw. des elektronisch geregelten Vergasers »merkt sich« im sogenannten Fehlerspeicher einmal aufgetretene Fehler und teilt sie bei Abfrage dem Mechaniker über einen Blinkcode mit (Fehlerlampe blinkt in bestimmten Rhythmus).
Zur Eigenkontrolle leuchtet die Lampe bei eingeschalteter Zündung und verlöscht bei laufenden Motor.

Fernlichtkontrolle

Bei eingeschaltetem Fernlicht oder beim Lichthupen erhält die Fernlichtkontrolle von der »Fernlicht«-Sicherung des rechten Scheinwerfers Strom. Ob die Fernlichtfäden wirklich brennen, kann sie aber nicht anzeigen; das muß man selbst kontrollieren. Die Masse-Zufuhr kommt auch hier von der Instrumententafel.

Kontrolleuchte für Bremsflüssigkeitsstand

Der Vectra besitzt je nach Ausstattung eine Kontrolleuchte für den Bremsflüssigkeitsstand. Die Kontrolleuchte sitzt links unten im linken Leuchtenfeld der Instrumententafel. Die Kontrolle des Flüssigkeitsstands überwacht ein im Vorratsbehälter sitzender Schwimmer mit einem angeschlossenen Kontakt. Fällt der Pegel durch ein Leck in der Bremsanlage, wird der Kontakt zur Masseleitung ausgelöst, und die Kontrollampe brennt.

Störungssuche

- Brennt die Kontrolleuchte bei laufendem Motor, obwohl der Bremsflüssigkeitsbehälter voll ist, den Kabelstecker am Deckel des Behälters abziehen.
- Verlöscht die Lampe jetzt, ist der Niveauschalter defekt.
- Eventuell ist auch der Schwimmer leck.
- Brennt die Kontrolleuchte weiterhin, liegt der Fehler im Instrument oder Zuleitungskabel.

Nebelscheinwerfer-Kontrolleuchte

Die Nebelscheinwerfer-Kontrolleuchte bezieht Strom über das Nebelscheinwerferrelais bzw. über die zuständige Sicherung. Sie kann – wie auch die Fernlichtkontrolle – nur anzeigen, ob die Nebelleuchten eingeschaltet sind. Über die Birnen in den Scheinwerfern sagt sie nichts aus. Wohl aber über die Sicherung. Ein Wechsel der Glühlampe ist nicht möglich.

Kontrolleuchte für Nebelschlußlicht

Für die Nebelschlußlicht-Kontrolleuchte gilt dasselbe wie für die Nebelscheinwerfer-Kontrolle: Strom kommt über die zuständige Sicherung vom Nebelschlußleuchtenrelais.

ABS-Kontrolleuchte

Bei Fahrzeugen mit Anti-Blockier-System brennt diese Kontrolleuchte zur Funktionskontrolle beim Einschalten der Zündung. Wenn nicht, Lämpchen auswechseln. Bei laufendem Motor muß die Anzeige verlöschen. Brennt sie dagegen während der Fahrt, liegt ein Defekt im Bremssystem vor. In die Werkstatt fahren und kontrollieren lassen (siehe Kapitel »Anti-Blockier-System«).

Anhänger-Blinkerkontrolle

Sie blinkt rhythmisch mit, wenn bei angeschlossener Anhängerbeleuchtung die betreffende Blinkleuchte am Anhänger funktioniert. Ist am Anhänger (oder am Zugwagen) eine Blinkleuchte defekt, blinkt die Kontrolle beim jeweiligen Richtungsblinken nicht mit. Bei eingeschalteter Warnblinkanlage und angeschlossener Anhängerbeleuchtung leuchtet die Kontrolle auch dann auf, wenn eine der Blinkleuchten nicht funktioniert.

Handbrems-Kontrolleuchte

Bei angezogener Handbremse schließt ein Schalter am Handbremshebel die Verbindung zur Masse. Damit kann die Kontrollampe, die bei eingeschalteter Zündung auf ihrem anderen Anschluß mit Spannung versorgt wird, aufleuchten. Bei gelöster Handbremse verlöscht sie wieder.

Störungssuche

● **Die Lampe brennt nicht bei angezogener Handbremse:**
● Glühlampe ausbauen und kontrollieren.
● Brachte das keinen Erfolg, Handbrems-Kontrollschalter freilegen. Hierzu ist allerdings einiger Aufwand vonnöten:
● Fahrersitz ausbauen. Wo vorhanden, Abschirmblech unten am Handbremsausgleich abschrauben.
● Handbremsseilausgleich lösen. Zuvor Lage der Einstellmutter auf der Gewindestange markieren.
● Handbremskonsole ausbauen.
● Teppichboden in Verlängerung der Aussparung für Handbremshebel aufschneiden. Teppich abheben und Handbremshebel abschrauben.
● Handbremshebel herausheben. Kabelstecker am Handbrems-Kontrollschalter abziehen und Stecker an blankes Metall halten.
● Brennt die Lampe jetzt, war der Schalter defekt.
● **Die Lampe verlöscht nicht bei gelöster Handbremse:** Kabel am Schalter der Handbremse lösen, wie vorstehend beschrieben, doch Stecker in der Luft hängen lassen.
● Brennt die Lampe nicht mehr, war der Schalter defekt.
● Leuchtet sie dagegen weiter, ist das Kabel durchgescheuert und hat Massekontakt.

Kontrolleuchte für sportliches Fahrprogramm

Automatikgetriebe

Wird bei Fahrzeugen mit Automatikgetriebe das sportliche Fahrprogramm gewählt, leuchtet in der Instrumententafel die zuständige Kontrolleuchte auf. Den Massekontakt hierzu erhält das Lämpchen vom Steuergerät des Automatikgetriebes.
Blinkt die Kontrolleuchte während der Fahrt, liegt ein Defekt im System vor. In die Werkstatt fahren und kontrollieren lassen.
Brennt die Lampe im sportlichen Fahrprogramm nicht, Lämpchen auswechseln.

Warnblink-Kontrolleuchte

Diese Kontrolleuchte im Druckschalter leuchtet bei eingeschalteter Warnblinkanlage im Gleichtakt mit den vier Blinkleuchten auf, Spannung erhält die Leuchte über die zuständige Sicherung. Ein Wechsel der Glühlampe ist nicht möglich.

Das Check-Control-System

Auf Sonderwunsch besitzt der Vectra CD und der Vectra GT das sogenannte Check-Control-System. Es überwacht sieben Funktionen bzw. Betriebszustände nach Einschalten der Zündung und nach Einschalten des Fahr- und Bremslichts. Ebenso wird während der Fahrt aktiv kontrolliert. Damit ersetzt beziehungsweise ergänzt das Check-Control-System eine Anzahl der in Standardausrüstung vorhandenen herkömmlichen Kontrolleuchten.
Nach Einschalten der Zündung leuchten zur Lampenkontrolle alle Anzeigen für ca. vier Sekunden auf. Sind alle Funktionen in Ordnung, verlöschen die Anzeigen bis auf die Bremslichtkontrolle. Beim ersten Betätigen der Bremse erfolgt die Überprüfung der Bremsleuchten, und die Anzeige verlöscht bei funktionierenden Bremsleuchten ebenfalls.
Das Aufleuchten der einzelnen Symbole bedeutet folgendes:

○ **Scheibenwaschanlage:** Diese Anzeige macht auf zu niedrigen Wasserstand im Scheibenwasch-Wasserbehälter aufmerksam.
Ist der Flüssigkeitsstand für ca. 37 Sekunden ununterbrochen zu niedrig, wird die Anzeigeleuchte eingeschaltet.

○ **Motoröl:** Motorölstand zu niedrig.
Der Motor wird auch während der Fahrt ständig überwacht. Verlöscht nach Einschalten der Zündung die Kontrolleuchte nicht, lag bei der vorangegangenen Fahrt innerhalb von 15 Minuten 6 Mal für jeweils 11 Sekunden ein zu niedriger Ölstand vor. Blinkt hingegen die Anzeigelampe, wird akuter Ölmangel signalisiert. Blinkt die Leuchte während der Fahrt, sofort anhalten und Motor abstellen. Ölstand kontrollieren.

○ **Kühlmittel:** Kühlmittelstand im Ausgleichbehälter ist zu niedrig.
Liegt die Störung bereits beim Einschalten der Zündung vor, leuchtet die Anzeige nach beendeter Lampenkontrolle weiter.

○ **Beleuchtung:** Ausfall einer Abblend- oder Schlußlichtlampe.
Dieser Prüfschritt kann beim Check-Control-System nicht im automatischen Prüfablauf vorgenommen werden. Zur Kontrolle muß der Fahrer zuvor das Abblendlicht einschalten. Gleichzeitig werden nun Abblendlicht und Rücklicht überprüft.
Gleichzeitiger Ausfall beider Abblendlicht- und Rücklicht-Glühfäden kann das System konstruktionsbedingt nicht anzeigen. Allerdings ist das auch ein unwahrscheinlicher Defekt.

○ **Bremslicht:** Ausfall eines Bremslichts. Ist eine Anhängerkupplung ab Werk montiert, signalisiert die Kontrolleuchte auch den Ausfall einer Anhänger-Bremslichtlampe.
Beim Einschalten der Zündung wird ein Bremslichtfehler simuliert, d.h. nach beendeter Lampenkontrolle leuchtet die Anzeige in der Instrumententafel weiter. Bei der ersten Bremsbetätigung wird bei intakter Bremslichtanlage die Anzeige gelöscht. Liegt im Bremslichtkreis ein Fehler vor, bleibt die Leuchte eingeschaltet. Tritt während der Fahrt ein Defekt auf, wird die Anzeigeleuchte bei der nächsten Bremspedalbetätigung eingeschaltet. Bei einem Sicherungsdefekt erfolgt die Warnung sofort. Beim Anhängerbremslicht wird nur der Ausfall einer der beiden Glühlampen erkannt und angezeigt. Das Lampenkontrollgerät des Check-Control-System ist auf eine Glühlampenleistung von 2 x 21 Watt ausgelegt. Die Verwendung von Glühlampen mit abweichender Leistung bzw. das Vorhandensein von mehr als zwei Bremsleuchten am Anhänger kann zu einer Fehlanzeige führen.

○ **Bremsbeläge:** Bremsbeläge der vorderen Bremsscheiben auf minimale Belagstärke abgenutzt.
Als Sensor dient hierzu eine im Bremsbelag eingesteckte, verkleidete Drahtschlinge. Ist der Bremsbelag abgenutzt, wird die Schlinge aufgetrennt (unterbrochen) und die Kontrolleuchte eingeschaltet.

Die Schalter

Wenn ein elektrisches Gerät im Vectra eingeschaltet werden soll, muß der betreffende Schalter betätigt werden. Zum Bereich Schalter gehört natürlich auch das Zündschloß.

Hebelschalter

Obschon sie zu den meistgebrauchten Schaltern im Auto gehören, hat man mit den Hebelschaltern kaum Probleme.
Zur Störungssuche genügt es, die Lenksäulenverkleidung abzuschrauben.

Hebelschalter ausbauen

- Obere und untere Lenksäulenverkleidung losschrauben (Kapitel »Innenraum«).
- Rasthebel beidseitig am Hebelschalter zusammendrücken.
- Betreffenden Schalter nach außen von der Lenksäule abnehmen.
- Verriegelung lösen und Mehrfachstecker vom Hebelschalter abziehen.

Drucktastenschalter

Drucktastenschalter sitzen im Vectra unterhalb der Heizbetätigung bzw. rechts vom Lichtschalter.
Leider lassen sich die Lämpchen der Schalterbeleuchtung nicht einzeln auswechseln. Ist eine Lampe defekt, muß der Schalter komplett ersetzt werden.

Drucktastenschalter ausbauen

- Schalter mit einem kleinen Schraubenzieher aus dem Ausschnitt im Armaturenbrett hebeln. Legen Sie zum Schutz vor Beschädigungen ein Stück Pappe zwischen Schraubenzieher und Armaturenbrett.
- Zum Ausbau des Schalters können Sie sich auch ein Ausziehwerkzeug anfertigen.
- Dazu benötigen Sie einen ca. 5 mm breiten Blechstreifen von max. 1 mm Dicke.
- Ein Ende des Blechstreifens ca. 1 mm weit im Schraubstock einspannen und mit einem Hammer den Blechstreifen im rechten Winkel abkanten.
- Klopfen Sie dabei nahe der Biegekante, so daß eine möglichst kleine Rundung am Winkel entsteht.
- Haken des Ausziehwerkzeugs zwischen Armaturenbrett und Schalter schieben und Schalter herausziehen.

Warnblinkschalter ausbauen

- Schalterabdeckung mit einem kleinen Schraubenzieher abhebeln.
- Mischluftdüseneinsatz ausbauen (Seite 244).
- Warnblinkschalter mit kleinem Schraubenzieher aus dem Steckeinsatz heraushebeln. Dabei abwechselnd oben und unten am Schalter hebeln. Vorsichtig hebeln, sonst reißt der Kunststoff.

Lichtschalter

Im Vectra ist der Lichtschalter links im Armaturenbrett untergebracht. Unter seinem Drehknopf befindet sich ein Rändelrad zur Regulierung der Instrumentenbeleuchtung.
Die Beleuchtung des Lichtschalters übernimmt ein Glassockellämpchen, das nicht ausgetauscht werden kann. Ist das Lämpchen defekt, muß der komplette Lichtschalter ersetzt werden.

Lichtschalter ausbauen

- Zum Ausbau des Lichtschalters muß der Drehknopf abgenommen werden.
- Drehknopf ziehen »Innenleuchte ein« und rechtsdrehen »Abblendlicht ein«.
- Unten am Drehknopf kommt eine kleine Aussparung zum Vorschein. Schmalen Schraubenzieher in die Aussparung einschieben, gegen die Verriegelung des Drehknopfes drücken und gleichzeitig Knopf abziehen.
- Beide Verriegelungsbügel des Schalters zusammendrücken und mit einer Zange den Schalter vorsichtig aus der Aussparung im Armaturenbrett herausziehen.

Drehschalter

Heizungsgebläse

Der Drehschalter des Heizungsgebläses läßt den Strom direkt oder über einen der beiden unterschiedlich großen Widerstände zum Gebläsemotor fließen. So ergeben sich drei Geschwindigkeitsstufen. Die vierte Geschwindigkeitsstufe – in diesem Fall die langsamste – wird erreicht, indem man den Strom über beide Widerstände fließen läßt.
Die Vorwiderstände, die den Stromfluß in den langsamen Stufen reduzieren, sitzen jedoch nicht im Schalter, sondern im Gehäuse des Gebläses.

Linken Hebelschalter ausbauen: Rasthebel (Pfeile) oben und unten am Schalter andrücken und Schalter nach außen von der Lenksäule abnehmen.

Links: Drucktastenschalter (1) können mit einem einfach herzustellenden Ausziehwerkzeug (»2«; im Text links beschrieben) aus dem Ausschnitt im Armaturenbrett herausgezogen werden. Rechts: Der Schalter der Leuchtweitenregulierung wird mit Hilfe eines kleinen Schraubenziehers ausgebaut.

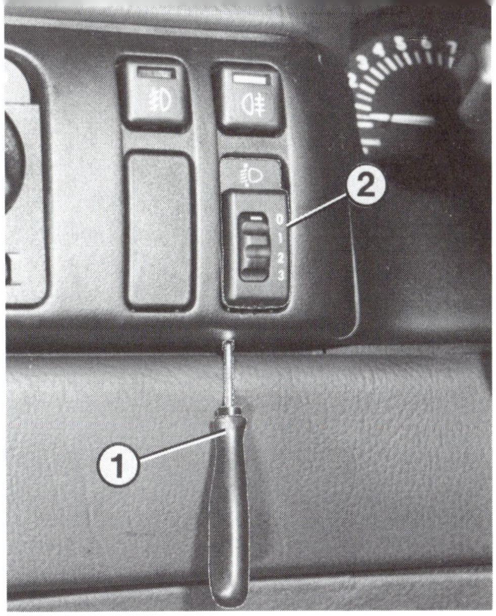

Heizungsgebläseschalter ausbauen

- Heizhebeleinheit ausbauen, wie auf Seite 244 beschrieben.
- Mehrfachstecker vom Drehschalter abziehen.
- Drehschalter mit einem schmalen Schraubenzieher aus der Heizhebeleinheit herausdrücken und abnehmen.

Leuchtweitenregulierung

Bei unseren Fahrzeugen mit serienmäßiger Leuchtweitenregulierung wirkt ein Elektromotor mittels Gewindestange auf die Höheneinstellschraube der Hauptscheinwerfer. Über ein Rändelrad unterhalb des Lichtschalters kann je nach Beladungszustand diejenige Position gewählt werden, die der Elektromotor anfahren soll. Hierbei bedeuten die Schaltstellungen folgendes: 0 = Fahrersitz besetzt, 1 = alle Sitze besetzt, 2 = Fahrersitz besetzt und Fahrzeug beladen, 3 = alle Sitze besetzt und Fahrzeug beladen.

Schalter ausbauen

- Kleinen, schmalen Schraubendreher in die Aussparung unten am Schalter stecken.
- Mit dem Schraubendreher gegen die Schalterverriegelung drücken.
- Schalter aus dem Ausschnitt im Armaturenbrett heraushebeln.

Das Zündschloß

Das Zündschloß dient nicht nur dazu, dem Besitzer des Zündschlüssels den Motorstart zu ermöglichen, sondern sperrt nach Abziehen des Zündschlüssels auch die Lenkung.
Während das Schloßteil nur in seltenen Fällen seinen Geist aufgibt, kann der in einem Kunststoffteil eingegossene Schaltkontaktsatz – also der Zünd/Anlaßschalter – eher die Ursache für eine Störung sein. Ob er defekt ist, können Sie nach Abschrauben der unteren Lenksäulenverkleidung prüfen.

Links Ausbau des Lichtschalters:
1. Drehschalter ziehen (»Innenleuchte ein«).
2. Schalter rechtsdrehen (»Abblendlicht ein«).
3. Schmalen Schraubenzieher unten in die Aussparung stecken, gegen die Verriegelung drücken, gleichzeitig Drehknopf abziehen. Weiterer Ausbau siehe Text oben.
Rechts: Der Warnblinkschalter kann nach Abnahme von Schalterabdeckung und Mischluftdüseneinsatz mit einem Schraubenzieher aus dem Steckeinsatz herausgehebelt werden.

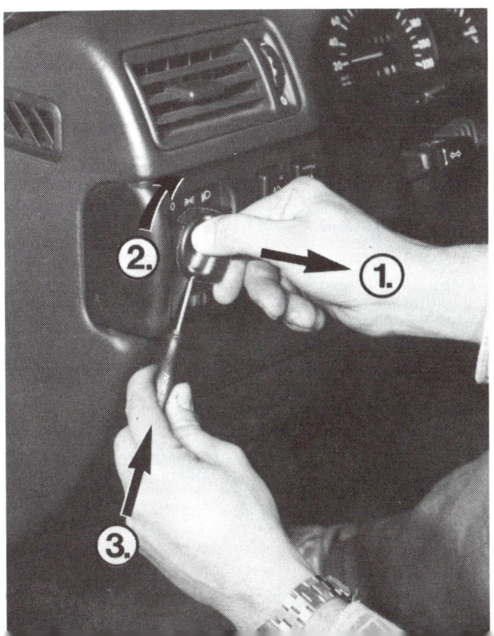

Zünd-Anlaßschalter ausbauen

Das Schalterteil des Zündschlosses kann die Ursache von Störungen sein, wenn die Kontakte abgenutzt sind.

- Batterie abklemmen.
- Untere Lenksäulenverkleidung abbauen (Seite 257).
- Am Umfang des Zündschlosses beide Madenschrauben herausdrehen.
- Zünd-Anlaßschalter vom Lenkradschloß abnehmen, dabei die Stellung des Kontaktschalters beachten.
- Mehrfachsteckverbindung der Zuleitungskabel trennen.

Schließzylinder für Zündschloß ausbauen

- Untere Lenksäulenverkleidung ausbauen.
- Zündschlüssel in Stellung »II« drehen.
- Drahtstück in die Bohrung an der Oberseite des Zylindergehäuses stecken.
- Arretierungsfeder mit dem Drahtstück niederdrükken und Schließzylinder aus dem Lenkradschloß herausziehen.

Zündung kurzschließen

Diese Beschreibung soll keinen Autodieb aus Ihnen machen, sondern Ihnen vielmehr helfen, bei defektem Zündschloß weiterfahren zu können. Der Zündschlüssel muß natürlich trotzdem vorhanden sein, und er muß sich natürlich im Zündschloß drehen lassen, damit die **Lenksperre entriegelt** werden kann. Bei Defekten am Lenkschloß selbst sollten Sie nicht mehr weiterfahren, denn die Lenkradsperre könnte sonst während der Fahrt einrasten.

- Zünd-Anlaßschalter ausbauen und Mehrfachstekker abziehen.
- Mit einem Kabelstück oder Büroklammer die Stekkerbuchse der beiden dicken schwarzen Kabel (Klemme 30 und 15) miteinander verbinden. Die Zündung ist damit eingeschaltet.
- Zum Starten des Motors basteln Sie sich eine zweite isolierte Drahtbrücke, die zunächst nur mit dem schwarz/roten Kabel verbunden wird.
- Die zweite Drahtbrücke nun kurz gegen die bereits bestehende Brücke halten und sofort wieder wegziehen: Der Anlasser wirft jetzt den Motor an.
- Zweite Brücke am besten ganz entfernen und die erste gut isolieren, damit sie nicht mit einem blanken Teil in Berührung kommen kann. Sonst gibt's einen saftigen Kurzschluß, denn das schwarze Kabel – von der Batterie kommend – besitzt keine Sicherung.
- Zum Abstellen des Motors die Verbindung zwischen den beiden schwarzen Kabeln abziehen.

Schalter prüfen

- Mit einer Prüflampe mit Nadelkontakt können Sie die Kabelisolierung durchstechen und feststellen, welche Kabel Spannung führen.
- Suchen Sie den zum jeweiligen Schalter passenden Stromlaufplan ab Seite 173 heraus.
- Zuerst wird geprüft, ob der Schalter überhaupt Spannung geliefert bekommt; hierzu muß vielfach die Zündung oder die Beleuchtung eingeschaltet werden.
- Dann wird kontrolliert, ob der Schalter in entsprechender Stellung die Spannung weiterleitet.
- Am Beispiel des **Zünd-Anlaßschalters** sieht das folgendermaßen aus:
- Untere Lenksäulenverkleidung ausbauen, um an die Anschlußkabel heranzukommen.
- Kabel der Prüflampe an Masse anschließen.
- Mit der Prüfspitze die Isolierung durchstechen:
- Das schwarze Klemme-30-Kabel muß ständig Batteriestrom führen.
- Das schwarze Klemme-15A-Kabel steht ausschließlich in Schlüsselstellung »Zündung ein« unter Strom.
- Das schwarze Kabel der Klemme 15 erhält Spannung in Stellung »Zündung ein« und »Anlassen«.
- Die schwarz/rote Leitung von Klemme 50 für den Startbefehl an den Anlasser steht nur in Stellung »Anlassen« unter Spannung.
- Auf diese Weise können Schalter geprüft werden, an deren Anschlußkabel man mit einer Prüflampe herankommt. Können die Anschlußkabel eines Schalters nicht ohne größeren Aufwand freigelegt werden, wird folgendermaßen geprüft:
- Beispiel **Drucktastenschalter** der Heckscheibenheizung: Schalter ausbauen.
- Zuerst wird geprüft, ob der Schalter in Ordnung ist. Ohmmeter an den Kontaktzungen »2« und »3« anschließen.
- Das Ohmmeter muß in Schalterstellung »Ein« 0 Ω anzeigen. In Schalterstellung »Aus« zeigt das Gerät ∞ Ω an.
- Ist der Schalter in Ordnung, werden die Anschlußklemmen geprüft.
- Um die Anschlußklemmen identifizieren zu können, nehmen Sie den Schalter zur Hand. Mit Hilfe der bezeichneten Kontaktzungen (1 bis 4) lassen sich die Anschlußklemmen bestimmen. Nun kann geprüft werden, ob die betreffenden Klemmen Strom führen bzw. Kontakt zur Masse haben.

Relais und Steuergeräte

Zur Bordelektrik gehören eine Reihe Relais, die gemeinsam im Sicherungskasten oder Relaiskasten im Motorraum untergebracht sind. Des weiteren besitzt der Vectra einige Schalt- und Steuergeräte, die an verschiedenen Stellen im Fahrzeug auf separaten Anschlüssen eingesteckt sind.

Der Relaiskasten sitzt links hinten im Motorraum. Welche Relais im Kasten untergebracht sind, lesen Sie im Bildtext unten.

○ Ein einfaches Schaltrelais wird für leistungsstarke Stromverbraucher verwendet. Leitet man den Strom auf langen Kabelwegen über den dazugehörigen Schalter, gibt es Spannungsverlust. Außerdem werden die Schalterkontakte durch den hohen Stromfluß stark beansprucht. Bei einer Relaisschaltung benutzt man den Schalter nur für den geringen Schaltstrom, womit nicht der Verbraucher direkt, sondern dessen Relais eingeschaltet wird.

○ Bestimmte Relais können zusätzliche Funktionen auslösen. So schaltet das Blinkrelais die Blinkimpulse, das Relais der Wisch-Wasch-Intervallschaltung steuert den Intervallbetrieb und den Trockenlauf der Scheibenwischer nach dem Scheibenwaschen.

○ Schalt- und Steuergeräte besitzen mehr oder minder umfangreiche elektronische Schaltungen für bestimmte Funktionen, bisweilen ist auch noch ein Relais eingebaut. Als Beispiel seien hier das Steuergerät für Zentralverriegelung oder das Schaltgerät für Innenlicht-Abschaltverzögerung genannt.

Relais-Funktion

○ Beim Einschalten des betreffenden Verbrauchers wird im Relais durch den an Klemme 86 ankommenden »Schaltstrom« der Schaltstromkreis zu Klemme 85 geschlossen.

○ Dadurch zieht eine Magnetspule einen kräftigen Kontakt gegen Federdruck an und schließt so den Stromkreis für den »Arbeitsstrom«.

Die Relais und Steuergeräte im Opel Vectra:
A 1 – Steuergerät ABS K 50;
B 1 – Zeitrelais heizbare Außenspiegel K 35;
B 2 – nicht eingebaut;
C 1 – Relais Kühlerventilator K 51;
C 2 – Relais Kühlerventilator Stufe I K 67;
C 3 – Relais Motordrehzahl K 82;
C 4 – Relais Zusatzgebläse K 87;
C 5 – Relais Ansaugrohr-Beheizung K 45;
C 6 – Relais Überspannungsschutz K 47;
C 7 – Zeitrelais Scheinwerferwascher K 9;
C 8 – Relais Kraftstoffpumpe K 58 und K 68;
D 1 – Steuergerät Getriebeautomatik K 85;
E 1 – Steuergerät Check Control K 86;
E 2 – nicht eingebaut;
F 1 – Steuergerät Multec K 57, Ecotronic K 54 bzw. Motronic K 61;
G 1 – Relais Wischintervall Heckscheibe K 30 oder Relais Klimaanlage K 6;
G 2 – Relais Hupe K 63 oder Relais Klimaanlagengebläse K 7;
G 3 – Fühler Glühlampenkontrolle Anhänger P 39 oder Relais Klimaanlagengebläse K 64;
G 4 – Relais Klimaanlage K 6;
G 5 und 6 – Relais Klimaanlagengebläse K 7;
G 7–10 – nicht eingebaut;
H 1 – Relais Nebelscheinwerfer K 5;
H 2 – Relais Nebelschlußleuchte K 89 (Fahrzeuge mit Nebelscheinwerfern);
H 3 – Relais heizbare Heckscheibe K 1;
H 4 – Relais Wischintervall K 8;
H 5 – Blinkgeber K 10;
H 6 – Warnsummer H 19.

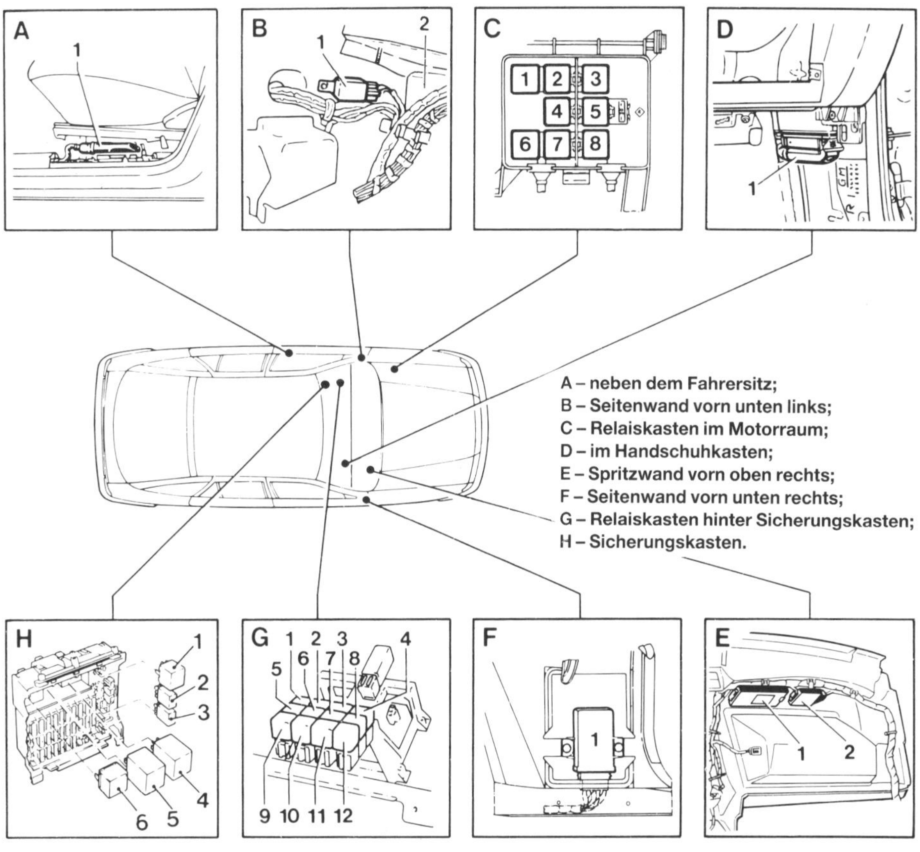

A – neben dem Fahrersitz;
B – Seitenwand vorn unten links;
C – Relaiskasten im Motorraum;
D – im Handschuhkasten;
E – Spritzwand vorn oben rechts;
F – Seitenwand vorn unten rechts;
G – Relaiskasten hinter Sicherungskasten;
H – Sicherungskasten.

○ Der Arbeitsstrom wird zur Vermeidung von Spannungsabfall auf kurzem Weg direkt an Klemme 30 des Relais herangeführt und von dort weiter – bei geschlossenen Schalterkontakten – über Klemme 87 an den Stromverbraucher weitergeleitet.

Relais-Störungssuche

○ An Klemme 30 muß immer Spannung anliegen, sofern es sich nicht um ein Relais handelt, dessen Verbraucher von einem anderen abhängt. Beispiel: Das Relais der Nebelleuchten erhält nur dann Strom, wenn Licht eingeschaltet ist.

○ Zur Kontrolle Relais ein Stück herausziehen und mit Prüflampennadel Klemme 30 antippen.

○ Relais abziehen, Klemme 86 mit Batterie-Plus und Klemme 85 mit Masse verbinden. Die Magnetspule muß den Relaiskontakt deutlich hörbar anziehen, sonst ist das Relais defekt.

Behelf bei defektem Relais

● Relais aus dem Stecksockel abziehen.

● Klemme 30 und 87 im Relaissteckfeld mit einer Büroklammer oder einem kurzen Drahtstück überbrücken. Dadurch erhält der betreffende Verbraucher Dauerstrom.

● Zum Abschalten die Kurzschlußbrücke abziehen, da der betreffende Schalter in diesem Fall ja überbrückt ist.

Die Zeituhr

Die quarzgesteuerte Uhr geht ausgesprochen exakt, die Abweichungen liegen unter 10 Sekunden pro Tag. Läuft die Zeigeruhr nicht, beschränkt sich die Fehlersuche auf die zuständige Sicherung oder das stromzuführende Kabel.

Der Bordcomputer

Den Bordcomputer gibt es auf Sonderwunsch, und er sitzt am selben Einbauort wie die Zeituhr. Er bietet dem Fahrer die folgenden Anzeigen bzw. Funktionen auf Abruf:

○ Uhrzeit (Daueranzeige)
○ Momentanverbrauch
○ Durchschnittsverbrauch
○ Reichweite
○ Durchschnittsgeschwindigkeit
○ Außentemperatur
○ Stoppuhr

Signale für den Bordcomputer

Meßwerte und Signale, aus denen der Bordcomputer seine Informationen bezieht oder errechnet, liefern die folgenden Bauteile:

○ Schwingquarz der Zeituhr
○ Wegstrecken-Frequenzgeber am Tachometer
○ Kraftstoffpumpenrelais
○ Steuergerät Einspritzanlage (Verbrauchssignal)
○ Tankgeber
○ Außentemperaturfühler am vorderen Stoßfänger
○ Zündschloß

Störungen

Erscheint oben im Anzeigefeld und unten links neben der Uhrzeit der Buchstabe »F«, so ist das als Krankmeldung des Computers zu verstehen. Eingriffe von Laienhand sind hier nicht möglich, doch ist der Bordcomputer »diagnosefähig«, d. h. der Diagnosecomputer in der Opel-Werkstatt liefert schnell Auskunft über die Ursache der Störung.

Fingerzeig: Spannungsspitzen, wie sie unter ungünstigen Umständen bei einem Kurzschluß im Versorgungs-Stromkreis des Computers entstehen, können der Computer-Elektronik das Leben kosten. Auch »offene« Eingänge sind gefährlich. Deshalb z. B. den Temperaturfühler nicht ausgesteckt lassen.

Anzünder

Bei eingeschalteter Zündung erhält der elektrische Anzünder Strom über die zuständige Sicherung. Falls der Anzünder trotz intakter Sicherung nicht funktioniert, ist der Heizwendeleinsatz locker oder durchgebrannt.

Licht-Warnsummer

Ein Summer in einem Relaisgehäuse ertönt, wenn bei geöffneter Tür und abgezogenem Zündschlüssel noch Licht brennt. Wem das ermahnende Schnarren lästig wird, kann den links oben im Sicherungskasten sitzenden Störenfried entfernen.

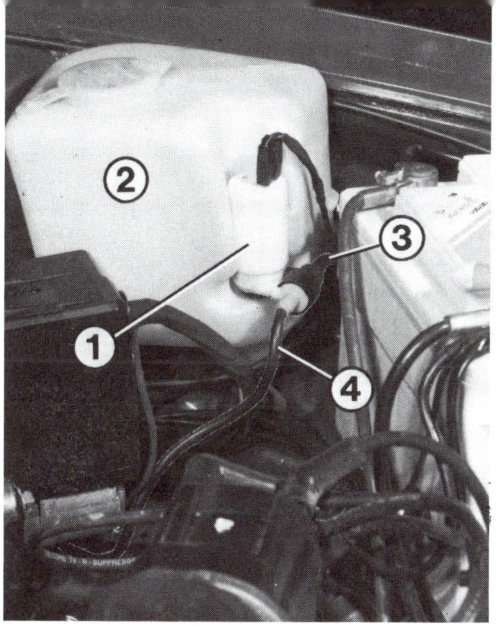

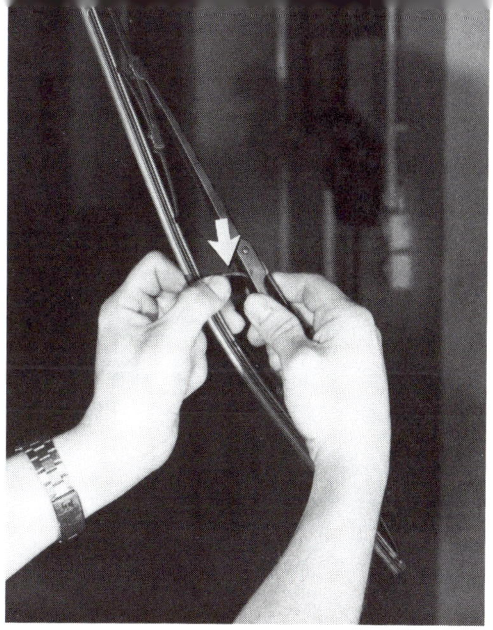

Links abgebildet ist der Scheibenwaschwasserbehälter (2) eines Fließheck-Modells mit Heckscheibenwischer:
1 – Scheibenwascherpumpe;
2 – Wasserschlauch zur Heckscheibe;
3 – Wasserschlauch zur Frontscheibe.
Rechts: Um das Wischerblatt vom Wischerarm abzubauen, muß das kleine Hebelchen (Pfeil) nach unten gezogen werden, damit die Raste aus der Aussparung am Wischerarm ausklinkt.

Heizbare Heckscheibe

Die heizbare Heckscheibe arbeitet nur bei laufendem Motor, denn dann erhält das zuständige Schaltrelais Steuerstrom von Klemme D+ der Lichtmaschine. Mit Druck auf den Schalter im Armaturenbrett wird die Masseverbindung geschlossen, das Relais zieht an und schließt den Arbeitsstromkreis der heizbaren Heckscheibe: Die ausgedampften Leiterbahnen beginnen sich zu erwärmen.

Falls die heizbare Heckscheibe kalt bleibt, kommen folgende Möglichkeiten in Betracht:

- Zuständige Sicherung kontrollieren.
- Schalter defekt. Ausbauen (Seite 228) und prüfen (Seite 230).
- Funktion des Heckscheibenrelais prüfen, siehe oben.
- Ist das Relais in Ordnung, Zuleitung zum Relais kontrollieren.
- War bisher kein Fehler zu finden, weiteren Kabelverlauf zur Heckscheibe prüfen.
- Sitzen die Kabelstecker an der heizbaren Heckscheibe fest?
- Mit Elektrik-Prüflampe kontrollieren, ob hinten am Anschlußkabel der Scheibe Spannung anliegt.
- Sind Heizfäden beschädigt und dadurch unterbrochen, hilft Leitsilberlack. Dieser wird z.B. von Doduco, Postfach 480, 7530 Pforzheim hergestellt und ist im Autozubehörhandel erhältlich.

Scheibenwischer und -wascher prüfen

- Zündung einschalten.
- Laufen die Scheibenwischer in beiden Geschwindigkeiten und gehen sie beim Ausschalten in die Parkstellung zurück?
- Funktioniert die Wischintervallschaltung und die Wisch-Wasch-Automatik?
- Spritzt Wasser aus den Wascherdüsen?
- Arbeiten – wo vorhanden – Heckwischer und -wascher?

Scheibenwaschwasser auffüllen

Ständige Kontrolle

Abgasrückstände, Öldunst und Silikon aus Lackpflegemitteln setzen sich hartnäckig aufs Glas. In der warmen Jahreszeit empfiehlt sich ein Reinigungszusatz zum Waschwasser; im Winter Gefrierschutz und Reinigungsmittel.

- Zuerst Zusatzmittel und anschließend Wasser einfüllen, damit sich die Flüssigkeiten im Wascherbehälter gut vermischen.
- Bei tiefem Frost können die Wascherdüsen doch einfrieren, Zur Vorbeugung empfiehlt sich hier die Zumischung von ⅓ Brennspiritus, der allerdings aufdringlich riecht.

Fingerzeige: Waschwasser sollten Sie nicht aus den an Tankstellen bereitgestellten Wasserkannen einfüllen. Oft finden sich darin Öl- oder Fettrückstände, die sich anschließend auf Ihrer Windschutzscheibe niederschlagen und bei Regen einen störenden Schmierfilm auf das Wischerfeld zaubern.
Wenn das Sichtfeld auf der Windschutzscheibe trotz Reinigungszusatz im Waschwasser schlierig bleibt, hilft das altbekannte Messingputzmittel »Sidol« (nicht Sidol Spezial) weiter. Es wird mit einem

Lappen aufgetragen und muß antrocknen, ehe der weiße Staub mit einem sauberen Lappen abgerieben wird. Damit werden Öl- Lackpflegemittel- und sonstige Rückstände zuverlässig entfernt.

Spritzstrahl einstellen

- Nadel in das Loch der Spritzdüse stecken.
- Das Düsenloch selbst befindet sich in einer Kugel, die mit Hilfe der Nadel verdreht wird.
- Spritzdüse drehen, bis die Spritzwasserstrahlen etwas unterhalb der gedachten Mittellinie auf die Windschutzscheibe auftreffen.

Fingerzeig: Hat die Wascherdüse öfters Verstopfung, hilft ein herkömmlicher Benzinfilter aus dem Zubehörladen, der einfach in den Wasserschlauch von der Wascherpumpe zu den Düsen zwischengeschaltet wird.

Scheibenwischer auswechseln

Die Gummis der Scheibenwischer halten etwa ein halbes Jahr. Danach können Sie sich entscheiden, ob Sie ein komplettes Wischerblatt oder – billiger – nur das Wischergummi erneuern wollen. In jedem Fall muß das Wischerblatt vom Wischerarm abgebaut werden.

- Motorhaube öffnen und Wischerarm hochklappen.
- Kunststoffhebel an der Mittelachse des Wischerblattes nach unten drücken.
- Gleichzeitig das Wischerblatt vom Wischerarm ziehen.
- Beim Einbau Wischerblatt bis zum Einrasten der Haltenocke auf den Wischerarm drücken.

Wischergummi auswechseln

Ist das Metallgestänge des Wischerblatts noch in Ordnung, braucht nur das Wischergummi ausgewechselt zu werden:

- Wischergummi nach Muster im Zubehörladen kaufen (Werkstätten haben sie selten vorrätig).
- Halteklammer um den Wischergummi an einem Ende des Wischerblatts aufbiegen.
- Altes Gummi herausziehen und die beidseits eingelegten Metallstreifen am neuen Gummi einsetzen. Darauf achten, daß die Krümmung nach unten (zur Scheibe hin) zeigt.
- Neues Wischergummi einschieben und Halteklammer wieder zusammenquetschen.

Fingerzeig: Besonders Sparsame montieren lediglich auf der Fahrerseite einen neuen Scheibenwischer, der Beifahrer erhält den bisherigen linken Wischer. Beim nächsten Mal wiederholt sich das Spiel; links der neue, rechts der seitherige linke Wischer.

Wischerarme ausbauen

- Motorhaube öffnen.
- Die Wischerarmachse ist mit einer schwarzen Schutzkappe abgedeckt. Mit dem Daumen gegen die Schutzkappe drücken, gleichzeitig Schutzkappe hochklappen.
- Darunterliegende Sechskantmutter von der Wischerarmachse abschrauben. Unterlegscheibe abnehmen.
- Wischerarm mit ruckelnden Bewegungen von der Verzahnung der Scheibenwischerwelle abziehen.
- Falls dies nicht möglich ist, setzen Sie zwei mit Lappen umwickelte Schraubenzieher unten am Wischerarm an und hebeln ihn so von der Welle.
- Wischerarme beim Einbau so festschrauben, daß die Wischer 2 cm von der Scheiben-Unterkante entfernt stehen.
- Heckwischerarm bei senkrechter Stellung des Wischerblatts anschrauben.

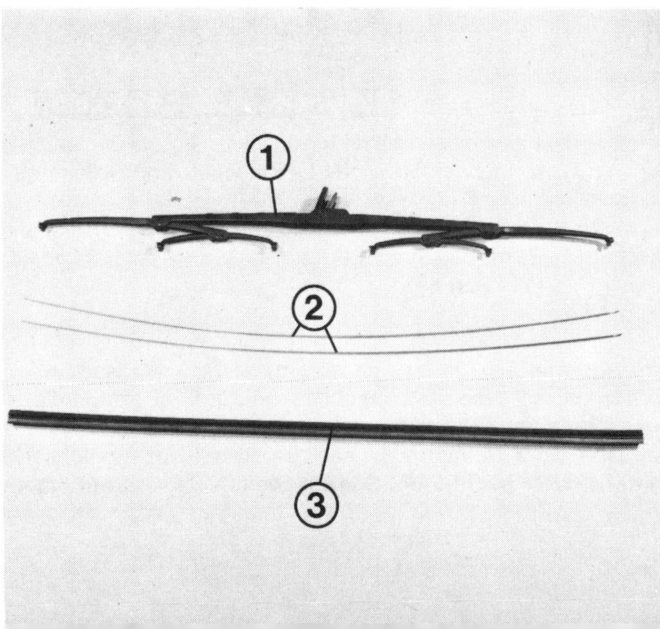

Das Wischerblatt zerlegt. Es bedeuten:
1 – Metallgestänge;
2 – Metallstreifen;
3 – Wischergummi.

Der Scheibenwischerarm sitzt auf einer kerbverzahnten Welle, damit Verdrehen weitgehend ausgeschlossen ist. Zum Ausbau des Wischerarms (1) die Befestigungsmutter (3) lösen. Sehr oft wird sich der Wischerarm jedoch nicht ohne weiteres von der Wischerwelle (2) ziehen lassen, weil die Kerbverzahnung korrodiert ist und die Teile »zusammenbacken«. In diesem Fall beidseitig mit Lappen umwickelte Schraubenzieher unten am Wischerarm ansetzen und von der Welle hebeln.

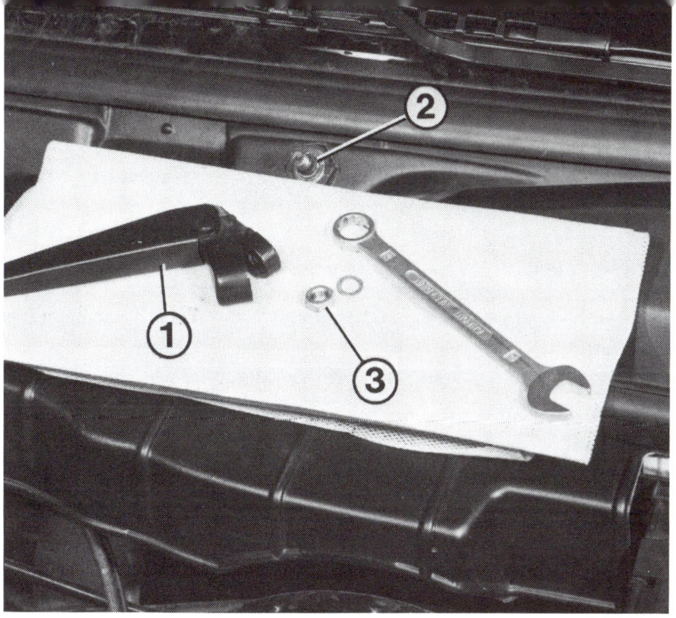

Störungsbeistand

Scheibenwischerblätter

Die Störung	– ihre Ursache	– ihre Abhilfe
A Wasser und Schmutz werden gleichmäßig über das Wischfeld verteilt	1 Scheibe durch Lackpflegemittel, ölartige Rückstände oder Insektenleichen verschmutzt	Auf die Scheibe »Sidol« Messingputzmittel auftragen. Nach dem Antrocknen mit sauberem Lappen abreiben
	2 Wischergummi verschlissen	Austauschen
	3 Wischerarm am Anlenkpunkt des Wischerblattes nicht parallel zur Scheibe	Wischerarmende nachbiegen
B Im Wischfeld bleiben feine Wasserstreifen stehen	Siehe A 2	
C Im Wischfeld bleiben feine Wassertropfen zurück	Neigungswinkel des Wischergummis zu flach	Wischergummi austauschen
D Im Wischfeld bleibt ein breiter Wasserfilm zurück	Ungleiche Druckverteilung durch verbogene oder defekte Anpreßfeder im Wischerblatt	Wischerblatt austauschen
E Im Wischfeld bleiben einige Wasserfelder zurück	1 Anpreßdruck des Wischerarms zu gering	Anpreßdruck überprüfen, Gelenk und Feder leicht einölen, ggf. Wischerarm ersetzen
	2 Scheibenwischerantrieb verschlissen	Kontrollieren, defekte Teile ersetzen
	3 Wischerarm lose auf seiner Achse	Festschrauben
	4 Wischerarm verbogen	Nachbiegen
	5 Wischerblatt verbogen	Austauschen
F Im Wischfeld bleiben oben am Rand Wasserfelder zurück	1 Siehe E 1	
	2 Siehe D	
G Wischerblatt rattert	Zu viel Spiel in der Verbindung von Wischerarm und Wischerblatt bzw. dem Kunststoff-Verbindungsteil	Wischerblatt, -arm oder Verbindungsteil austauschen

Scheibenwischermotor

Der Scheibenwischermotor erhält Strom über die zuständige Sicherung (siehe Seite 171). Die Kabelklemmen am Wischermotor haben folgende Bedeutung:

- 53 liefert Spannung für die erste Wischergeschwindigkeit
- 53 B liefert Spannung für die zweite Wischergeschwindigkeit
- 53 A ist die ständige Stromzufuhr zum Wischermotor (zuständig für den Wischerrücklauf)
- 53 E läßt nach Abschalten die Wischer in Parkstellung zurücklaufen und sorgt für das Abstoppen des Motors in Endstellung.

Fingerzeig: Bei eingeschalteter Zündung dürfen die Wischerblätter nicht außerhalb ihrer Parkstellung blockiert sein – etwa durch dicken Schnee oder weil sie angefroren sind. Klemme 53 A liefert dann nämlich ununterbrochen Spannung. Da der Wischermotor durch die festhängenden Scheibenwischer-

blätter aber nicht drehen kann, brennt er nach einer gewissen Zeit durch. In einem solchen Fall die Wischerblätter abheben, damit sie in ihre Endstellung laufen können.

Wischermotor oder Zuleitung defekt?

Zur Klärung, ob der Wischermotor oder die Zuleitung bzw. der Schalter defekt ist, hilft Ihnen folgende Prüfung:

- Wischerarme abbauen und Kunststoffmuttern der Scheibenwischerwellen losschrauben.
- Gummidichtung vom Wasserabweiser abziehen und Wasserabweiser von der Spritzwand abheben.
- Mehrfachstecker am Wischermotor abziehen.
- Nun werden zwei Hilfskabel gelegt. Eines vom Pluspol der Batterie zu Klemme 53 oder 53B (Anschlüsse des gelben oder weißen Kabels).
- Das zweite Kabel wird vom Minuspol der Batterie zu Klemme 31 am Scheibenwischermotor gelegt (dahin, wo das braune Kabel steckt).
- Der Scheibenwischermotor muß jetzt, je nach benutzter Klemme, in Stufe I oder II laufen. Tut er das nicht, ist er defekt.
- Läuft er jetzt, liegt der Fehler im Schalter bzw. der Zuleitung.

Scheibenwischermotor ausbauen

- Batterie abklemmen.
- Wischerarme abbauen und Kunststoffmuttern der Scheibenwischerwellen losschrauben.
- Spritzwasserschlauch abziehen.
- Gummidichtung vom Wasserabweiser abziehen und Wasserabweiser von der Spritzwand abheben.
- Steckverbindung der Motorraumleuchte im Wasserfangkasten trennen.
- Mehrfachstecker am Wischermotor abziehen.
- Befestigungsschrauben losdrehen.
- Scheibenwischergestänge zusammen mit dem Wischermotor aus dem Wasserfangkasten nehmen.
- Wird der Wischermotor vom Gestänge losgeschraubt, Stellung der Antriebskurbel in Ruhestellung markieren (für den späteren Wiedereinbau). Am besten zeichnen Sie die Kurbelstellung auf dem Halteblech des Wischermotors an.
- Bei Einbau eines neuen Wischermotors diesen erst ohne Antriebskurbel durchlaufen lassen, damit er in seine Endstellung läuft.
- Erst jetzt die Antriebskurbel gemäß der beim Ausbau angezeichneten Markierung festschrauben.

Störungsbeistand

Scheibenwischer

Die Störung	– ihre Ursache	– ihre Abhilfe
A Scheibenwischer laufen nicht	1 Sicherung defekt	Austauschen
	2 Wischerantriebskurbel lose	Festschrauben
	3 Schwarz/violettes Stromzufuhrkabel vom Sicherungskasten zum Wischerschalter unterbrochen	Leitung überprüfen
	4 Masseleitung zum Wischermotor unterbrochen	Leitung überprüfen
	5 Wischermotor durchgebrannt	Austauschen
B Scheibenwischer laufen nicht in Stufe I	1 Klemme 53 am Wischermotor defekt	Motor austauschen
	2 Klemmen 53A/53 im Wischerschalter unterbrochen	Schalter austauschen
C Scheibenwischer laufen nicht in Stufe II	1 Leitung Klemme 53B vom Wischerschalter zum Motor unterbrochen	Leitung überprüfen
	2 Klemmen 53A/53B im Wischerschalter unterbrochen	Schalter austauschen
	3 Klemme 53B am Wischermotor defekt	Motor austauschen
D Scheibenwischer laufen nur in Stufe II	Leitung Klemme 53 vom Wischerschalter zum Motor unterbrochen	Leitung überprüfen
E Keine Wischerrückstellung	1 Leitungen Klemmen 53E/53A unterbrochen	Leitungen kontrollieren
	2 Wischermotor defekt	Mit Prüflampe kontrollieren: Zwischen Klemme 53A und Masse muß Lampe dauernd brennen. Zwischen Klemme 53E und Masse muß Lampe kurz vor Erreichen der Parkstellung verlöschen. Bei Gegenprüfung zwischen Klemme 53E und Batterie-Plus muß Lampe kurz vor Erreichen der Parkstellung aufleuchten. Wenn nicht, Motor austauschen
F Schelbenwlscher laufen nicht im Intervallbetrieb	1 Wisch-Wasch-Relais defekt	Austauschen
	2 Leitung Klemme J zwischen Wischerschalter und Relais unterbrochen	Leitung überprüfen
	3 Kontakt J im Wischerschalter defekt	Schalter austauschen

Bei abgenommenem Wasserabweiser sehen Sie den Scheibenwischermotor (1) mit Gestänge (2) und Anschlußstecker (3).

Die Störung	– ihre Ursache	– ihre Abhilfe
G Intervallbetrieb läßt sich nicht ausschalten	1 Siehe E 1	
	2 Siehe F 1	
	3 Kontakt J im Wischerschalter öffnet nicht	Schalter austauschen
	4 Kurzschluß der Leitung Klemme J zum Wischerschalter	Leitung instand setzen
H Scheibenwischer wischen nach Wascherbetätigung nicht trocken	Siehe F 1	
J Scheibenwischer bleiben nach dem Abschalten nicht oder nur kurz in Park-Stellung stehen	Mangelhafter Kontakt am Schleifkontakt im Wischermotor	Wischermotor zerlegen. Kontakte blankschleifen. Ggf. Motor austauschen

Heckwischermotor

Der Wischermotor für die Heckscheibe des Fließheck-Vectra wird auf Schalterdruck über ein Relais aktiviert. Damit ist gleichzeitig der Heckwischer-Intervallbetrieb eingeschaltet.
Klemme 53 liefert Strom für den Wischermotor, Klemme 53A dient der Wischerrückstellung.
Beim Druck auf die Wipptaste des Schalters läuft die Wascherpumpe vorn im Motorraum los, und mit einer gewissen Verzögerung tritt das Waschwasser hinten an der Spritzdüse aus. Da der Vectra für das Scheibenwaschen nur eine Pumpe besitzt, läuft sie zum Waschen der Heckscheibe im »Rückwärtsgang«. Zum Waschen der Frontscheibe wird umgepolt, die Pumpe läuft entgegengesetzt und spritzt Wasser auf die Frontscheibe.

Der Heckscheibenwischer des Fließheck-Vectra bei abgenommener Innenverkleidung. Zusätzlich gekennzeichnet sind:
1 – Steckanschluß;
2 – Befestigungsschrauben des Wischermotors.

Heckwischermotor ausbauen

● Wischerarm abbauen. Befestigungsmutter der Wischerachse losschrauben.
● Heckklappe öffnen und mit einem TORX-Schlüssel die Innenverkleidung des Heckdeckels losschrauben.
● Kabelstecker am Wischermotor trennen.
● Befestigungsschrauben des Wischermotors herausdrehen.
● Wischermotor aus dem Ausschnitt im Heckdeckel herausnehmen.

Radio

In unseren Beschreibungen gehen wir lediglich auf die Einbauweise wie ab Werk ein.

Radio ausbauen

● Bei Radios mit Anti-Diebstahl-Codierung sicherstellen, daß die Code-Nummer vorliegt.
● Batterie abklemmen.
● Vier Innensechskantschrauben in der Frontplatte des Radios herausdrehen.
● Entriegelungsbügel (bisweilen bei Radio-Einbausätzen mit dabei) in die vier Bohrungen stecken und Radio aus der Mittelkonsole ziehen.
● Oder vier passende Nägel oder Drahtstifte in die Bohrungen schieben und damit die Haltefedern entriegeln.
● Radio nach vorn herausziehen, evtl. zusätzlich mit einem Schraubenzieher vorsichtig herausheben.
● Kabel- und Antennenstecker abziehen.
● Beim Einbau Radio in die Montageöffnung drükken, damit die Haltefedern einrasten können.
● Bei Radios mit Anti-Diebstahl-Codierung Code-Nummer nach Bedienungsanleitung eingeben.

Fingerzeige: Der Anti-Diebstahl-Code muß bei jeder Unterbrechung der Stromversorgung neu eingegeben werden – nach Abklemmen der Batterie, Auswechseln der Radiosicherung oder Trennen der Radio-Stromversorgung.
Spannungsversorgung nie bei laufendem Radio trennen. Es kann Schwierigkeiten bei der Wiedereingabe des Anti-Diebstahl-Codes geben.

Lautsprecher im Armaturenbrett ausbauen

Oben rechts und links im Armaturenbrett sitzen beim Vectra die Frontlautsprecher. Hier der Aus- bzw. Einbau:
● Der Lautsprecher ist lediglich mit drei Haltezapfen in der Aussparung im Armaturenbrett eingeclipst.
● Lautsprecher mit einer Messerklinge vorsichtig heraushebeln und Mehrfachstecker abziehen.
● Beim Einbau Lautsprecher in die Aussparung eindrücken.

Türlautsprecher ausbauen

Zum Ausbau der Türlautsprecher muß die Türverkleidung abgebaut werden (siehe Seite 251).
● Drei Kreuzschlitzschrauben losdrehen und Lautsprecher aus der Aussparung herausheben.
● Mehrfachsteckverbindung trennen, Lautsprecher abnehmen.

Lautsprecher in der Hutablage ausbauen

Bei werksseitig eingebauten Hecklautsprechern sitzen diese rechts und links in der Hutablage.
● **Stufenheck:** Lautsprecherabdeckung mit einer Messerklinge vorsichtig etwas anheben und mit den Fingern vollends abnehmen.
● Befestigungsschrauben des Lautsprechers herausdrehen. Für die beiden hinteren Kreuzschlitzschrauben benötigen Sie einen Winkelschrau-

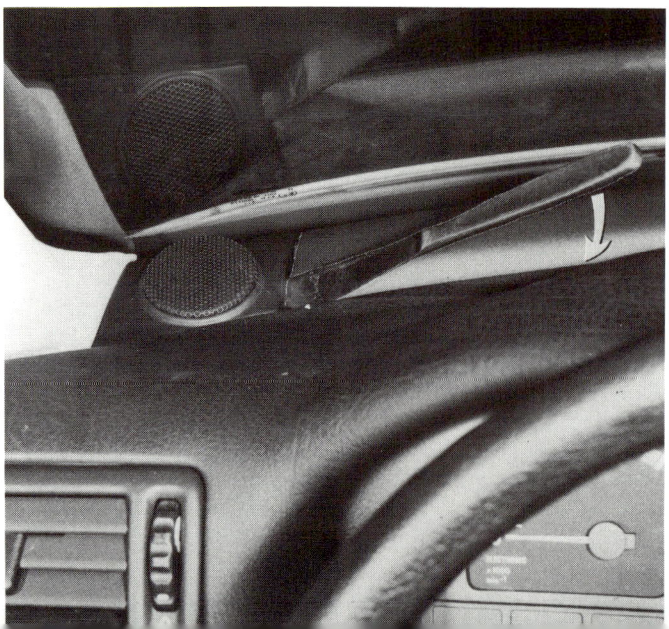

Mit einer Messerklinge kann der Frontlautsprecher aus dem Ausschnitt oben im Armaturenbrett herausgehebelt werden.

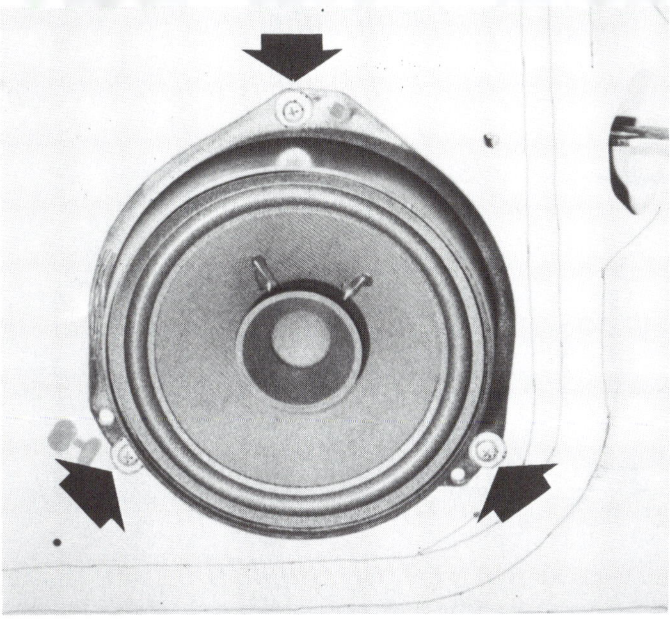

Um die Türlautsprecher ausbauen zu können, muß die Türverkleidung abgebaut werden. Anschließend kann der Lautsprecher durch Lösen der Befestigungsschrauben und Abziehen des Kabelsteckers vom Türblech abgenommen werden.

benzieher. Gleichzeitig Hutablage etwas anheben.

● Lautsprecher aus der Aussparung herausnehmen und Mehrfachstecker abziehen.

● **Fließheck:** Im Laderaum die Mehrfachsteckverbindung des Lautsprechers trennen.

● Befestigungsschrauben des Lautsprechers herausdrehen.

● Lautsprecher vom Seitenteil abnehmen.

Elektrische Spiegelverstellung

Wenn sich mehrere Fahrer ein Auto teilen, lernt man diese Einrichtung bald zu schätzen, besonders auf der rechten Seite. Außerdem werden die Spiegelflächen nach Druck auf den Schalter für ca. 15 Minuten beheizt. Ausbau und Wechsel des Spiegelglases finden Sie auf Seite 254 beschrieben.

Störungssuche

● **Spiegelverstellung:** Falls sich nichts regt, kontrollieren Sie die zuständige Sicherung (Seite 171).

● Bei den folgenden Prüfungen muß die Zündung eingeschaltet sein.

● Schalterblende mit einer Messerklinge vorsichtig abhebeln und Schalter losschrauben.

● Schalter nach Anleitung auf Seite 230 und anhand des Stromlaufplans überprüfen.

● Ist der Schalter in Ordnung, prüfen Sie den Elektromotor der Spiegelverstellung.

● Dazu Spiegelglas ausbauen (Seite 254) und Verstellmotor durch Lösen der Befestigungsschrauben vom Spiegelgehäuse abnehmen.

● Kommt bei eingeschalteter Zündung und betätigtem Schalter Spannung an den Kontakten des Motors an bzw. ist der Masseanschluß in Ordnung?

● Wenn ja, kann nur noch der Verstellmotor defekt sein.

● Vorübergehend läßt sich der Außenspiegel durch Verdrehen des Spiegeleinsatzes von Hand verstellen.

● Bei ausgefallener Spiegelheizung prüfen Sie den Stromweg vom Schalter über das Relais (hinter der Seitenwand im Fahrerfußraum) zum Spiegel.

Beim Fließheck-Modell ist der hintere Lautsprecher vom Kofferraum her zugänglich. Anschlußstecker abziehen; insgesamt vier Kreuzschlitzschrauben – die Pfeile zeigen drei davon – herausdrehen. Lautsprecher von der Unterseite der Hutablage abnehmen.

Funktionsschaltbild der Zentralverriegelung

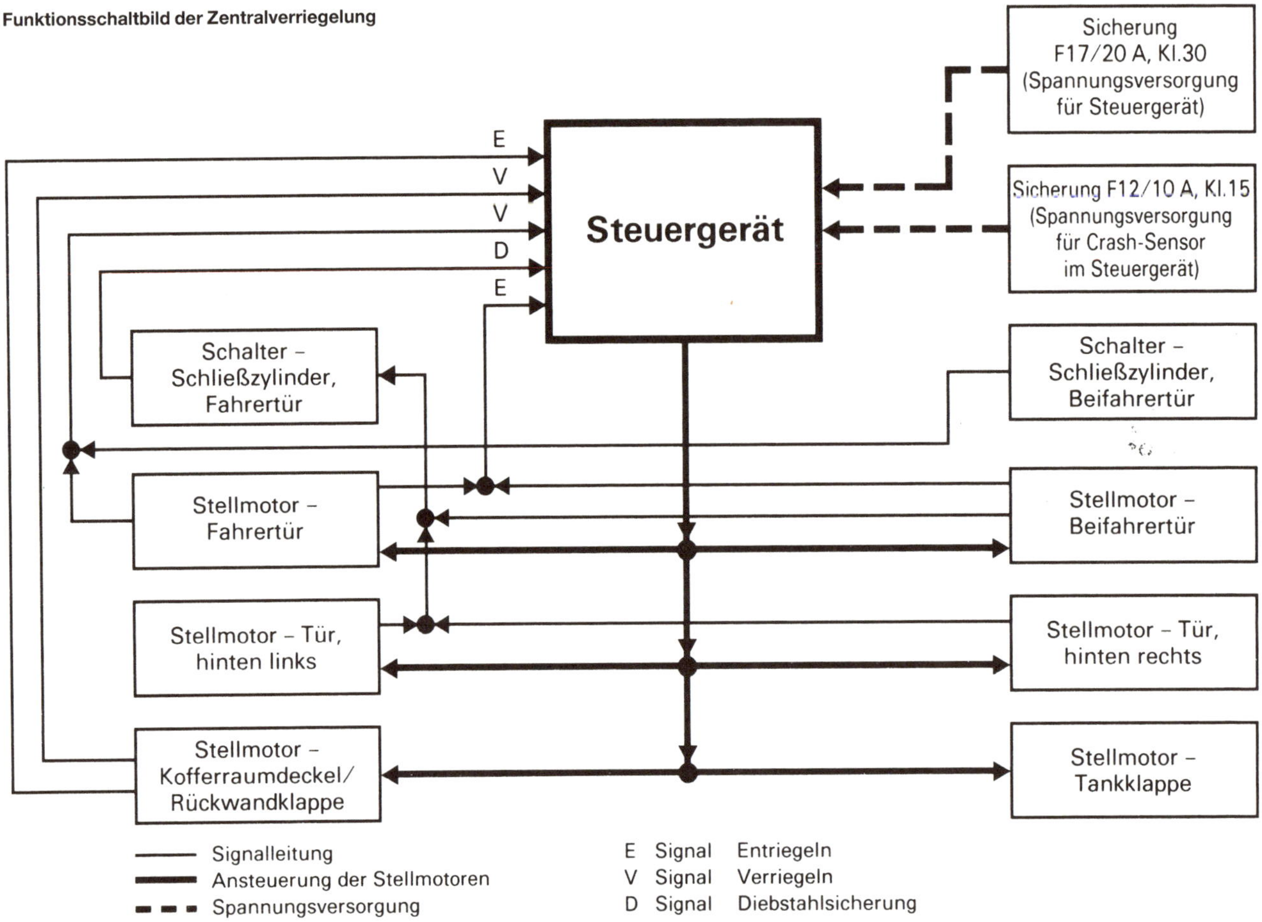

Die Zentralverriegelung

Sie besteht aus dem Steuergerät mit Verzögerungschalter, den Stellmotoren in den Türen, dem Stellmotor im Kofferraumdeckel bzw. in der Heckklappe und dem Stellmotor in der Tankklappe. Die Ansteuerung erfolgt über Schalter, die sich an den Schlössern der Vordertüren, in den Stellmotoren der Hintertüren sowie im Stellmotor für den Kofferraumdeckel bzw. die Heckklappe befinden. Zusätzlich besitzt die Zentralverriegelung eine Diebstahlsicherung, die jedoch nur über das Fahrertürschloß aktiviert werden kann, indem der Schlüssel um 90° nach rechts gedreht wird. Bei aktivierter Diebstahlsicherung werden in der Fahrertür der Schließzylinder und in den übrigen drei Türen die elektrischen Stellmotoren mechanisch blockiert.

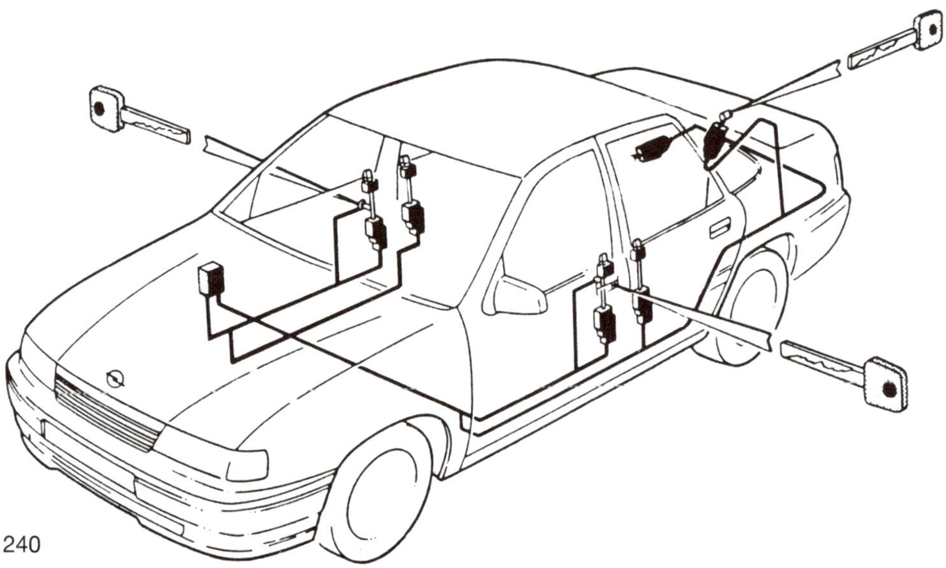

Die Zeichnung zeigt Einbaulage und Bauteile der Zentralverriegelung. Die Schlüsselsymbole weisen auf diejenigen Stellen am Fahrzeug, von denen aus die Zentralverriegelung betätigt werden kann.

Hinter der Verkleidung im rechten vorderen Fußraum ist das Steuergerät (Pfeil) der Zentralverriegelung untergebracht.

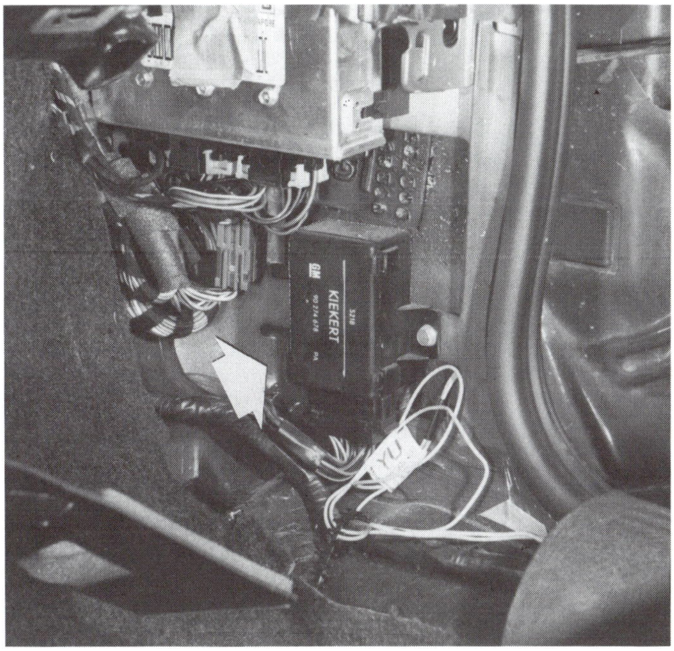

Der Kofferraum kann durch Schlüsseldrehung nach links und Abziehen des Schlüssels in dieser Stellung zusätzlich gesichert werden. Allerdings bleibt der Kofferraum dann nach Entriegeln der Türen geschlossen.
Um nach Unfällen den Zugang zum Fahrzeuginnenraum zu ermöglichen, ist im Steuergerät ein Stoßschalter eingebaut, der ab einer bestimmten Aufprallstärke sämtliche Türen entriegelt.

Fingerzeige: Das Steuergerät muß, um die Funktion des Stoßschalters sicherzustellen, fest am Fahrzeug montiert sein.
Sollte die Zentralverriegelung einmal ausfallen, können Türen und Kofferraumdeckel bzw. Heckklappe auch herkömmlich per Schlüssel geöffnet und verriegelt werden. Ebenso lassen sich die Türverriegelungsknöpfe von Hand betätigen. Das Entriegeln der Tankklappe erfordert dagegen mehr Aufwand: Nach Abnahme der rechten Kofferraumverkleidung muß dann der Verriegelungshebel am Stellmotor der Tankklappe in Fahrtrichtung nach hinten gezogen werden.

Elektrische Fensterheber

nur vorn

Sind nur Fensterheber in den Vordertüren eingebaut, handelt es sich um eine einfache Schaltung ohne elektronische Regelung. Die Fenster werden auf Tastendruck durch die elektrischen Fensterhebermotoren geöffnet bzw. geschlossen.

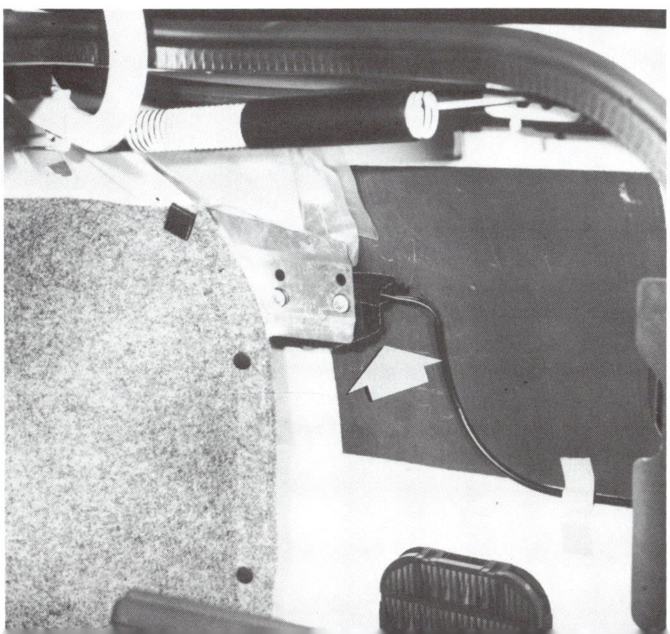

Die Abbildung zeigt den Stellmotor der Tankklappenverriegelung (Pfeil) bei abgenommener rechter Kofferraumverkleidung. Die Betätigungsstange der Verriegelung ist nach vorn gerichtet (auf dem Bild nicht sichtbar).

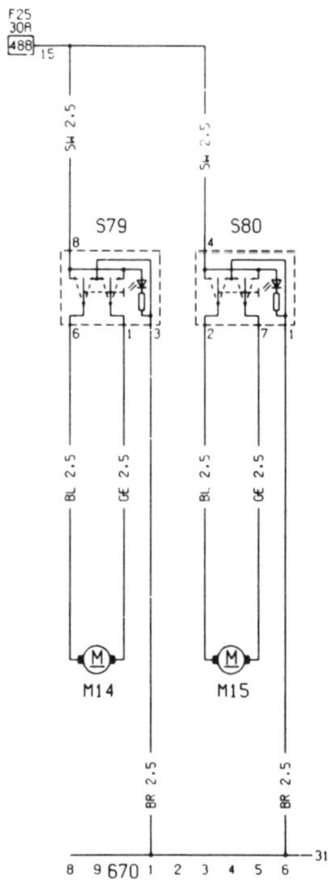

Den Schaltplan für die Version mit vier Fensterhebern finden Sie im Stromlaufplan-Kapitel ab Seite 173. Hier abgebildet ist der Stromlaufplan für zwei Fensterheber. Es bedeuten:
F 25 – Sicherung im Sicherungskasten;
M 14 – Motor für Fensterheber vorn links;
M 15 – Motor für Fensterheber vorn rechts;
S 79 – Schalter für Fensterheber vorn links;
S 80 – Schalter für Fensterheber vorn rechts.

Vier Fensterheber

Wenn im Vectra alle Türfenster elektrisch betätigt werden können, hält die elektronische Fensterhebersteuerung besondere Funktionen bereit: Der **Einklemmschutz** stoppt während der automatischen Schließbewegung die Scheibe und läßt sie wieder nach unten laufen, wenn im Bereich von etwa 20 cm bis 4 mm unterhalb des Fensterrahmens ein Widerstand spürbar wird (z. B. eingeklemmte Hand).
Komfortschaltung: Bei ausgeschalteter Zündung und geschlossenen Türen oder bei geöffneter Fahrertür lassen sich sämtliche Fenster beliebig oft öffnen und schließen. Wird dagegen die geöffnete Fahrertür wieder geschlossen, ist die Fensterheberfunktion blockiert (Diebstahlschutz).

Störungen

Die Motoren der elektrischen Fensterheber werden auf gleiche Weise ausgebaut wie die mechanischen Heber, siehe Seite 253. Eine Reparatur des Elektromotors ist nicht vorgesehen.

- Wenn sich keine Fensterscheibe mehr rührt, Sicherung überprüfen (Seite 171).
- Arbeitet nur ein Fensterheber nicht, bauen Sie den Schalter des Fensterhebers aus und überprüfen ihn.
- Ist der Schalter in Ordnung, betreffende Türverkleidung abnehmen.
- Kabelstecker am Fensterhebermotor abziehen und mit Prüflampe kontrollieren, ob beim Betätigen des Fensterhebers auch tatsächlich Spannung anliegt.
- War bis hier kein Fehler zu entdecken, ist der Fensterhebermotor defekt.
- Kam dagegen keine Spannung am Motor an, muß der Kabelverlauf bzw. das Steuergerät überprüft werden.
- Schlechter Lauf einer Scheibe dürfte an einer verklemmten Fensterführung liegen.

Behelf unterwegs

Mit streikendem Fensterheber brauchen Sie trotzdem nicht mit offenem Fenster durch Wind und Wetter zu fahren:

- Ist der Schalter defekt, überbrücken Sie mit einem isolierten Kabelstück am abgezogenen Mehrfachstecker so lange die verschiedenen Kontakte, bis die Scheibe nach oben läuft.
- Geht das nicht, Zuleitung zum Elektromotor trennen (keine Verbindung mehr zum Steuergerät), ein Hilfskabel vom Batterie-Pluspol und ein zweites von Masse zum Elektromotor legen und Scheibe nach oben laufen lassen.
- Ist der Hebermotor blockiert, können Sie bei abgenommener Türverkleidung das Fenster vom Fensterheber abbauen, siehe Seite 254.
- Scheibe jetzt nach oben schieben und in dieser Stellung mit starkem Klebeband (z. B. Packband) oder einem Holzkeil fixieren.

Laue Winde

Frische Luft tritt zwischen Motorhaube und Frontscheibe ein und wird vom Fahrtwind oder zusätzlich vom Gebläse in den Innenraum gedrückt. Bei eingeschalteter Heizung verläuft der Luftstrom durch den Wärmetauscher, einen kleinen Heizkörper, durch den aufgeheiztes Motorkühlmittel fließt. Ist die Heizung abgestellt, strömt die Luft unter Umgehung des Wärmetauschers über einen anderen Kanal in den Innenraum. Ein Heizventil, das die Wasserzufuhr zum Wärmetauscher reduziert oder abstellt, wird bei dieser luftseitig gesteuerten Heizungsversion nicht gebraucht.

Heizung und Lüftung prüfen

- Heizhebel bei warmgefahrenem Motor ganz nach rechts schieben – strömt Warmluft aus?
- Funktioniert die Luftverteilung nach oben und unten?
- Heizhebel zurückschieben – nach kurzer Zeit darf nur noch kalte Luft aus den Öffnungen strömen, sonst schließt die Mischluftklappe nicht richtig.
- Strömt aus allen Öffnungen Warm- oder Kaltluft?
- Läuft das Gebläse in sämtlichen Stufen?

Das Luftgebläse

Der Gebläsemotor läuft in vier Geschwindigkeiten, die durch den Drehregler »Luftzufuhr und Gebläse« am Armaturenbrett eingestellt werden.
Die Geschwindigkeitsstufen werden durch Zuschalten verschieden großer Widerstände (bzw. durch Hintereinanderschalten derselben) erreicht. Die Widerstände sind in die Plus-Zuleitung zum Gebläsemotor eingeschaltet. Die Masseverbindung ist konstant, während der Pluskontakt »verbessert« bzw. »verschlechtert« wird.

Gebläsemotor ausbauen

Der Gebläsemotor ist zusammen mit seinem Lüfterrad gewuchtet, so daß beide Teile auch nur gemeinsam ausgetauscht werden können.

- Bei geöffneter Motorhaube beide Wischerarme ausbauen (Seite 234).
- Dichtgummi vom Wasserabweiser abziehen.
- Wasserabweiser ausbauen. Dazu die Plastikmuttern von den Wischerachsen abschrauben. Wasserabweiser von der Spritzwand abheben.
- Scheibenwischermotor zusammen mit dem Gestänge ausbauen (Seite 236).
- Rastzungen zusammendrücken und Mehrfachstecker vom Vorwiderstand am Gebläsemotor abziehen.
- Abdeckung für das Gebläserad aushaken und abnehmen.
- Zwei Schrauben links und rechts der Kollektorwelle herausdrehen und Schelle abnehmen.
- Gebläsemotor aus dem Gehäuse nehmen.

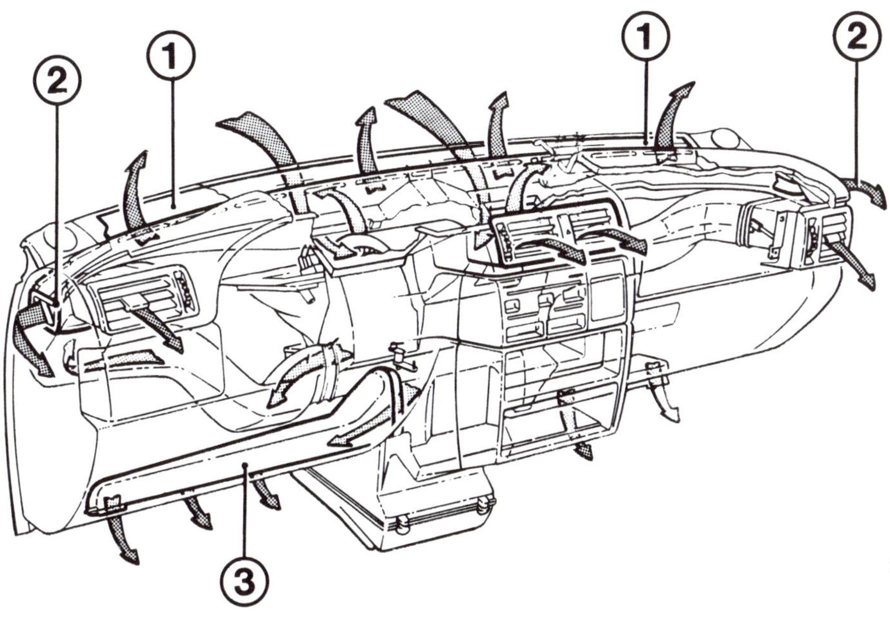

Für schnelle und gleichmäßige Entfrostung sorgen die Frontdüsen (1) im Armaturenbrett. In der Einstellung »Entfrostung« wird durch separate Düsen (2) beidseits des Armaturenbretts der Luftstrom auf die Seitenscheiben geführt und eine intensive Entfeuchtung erzielt. Die Luft im vorderen Fußraum wird durch besondere Luftverteilungskanäle (3) über die gesamte Wagenbreite gleichmäßig verteilt.

Gebläse-Vorwiderstände ausbauen

Bei einem defekten Vorwiderstand wird der komplette Vorwiderstandshalter ausgetauscht.

- Gebläsemotor ausbauen.
- Haltefedern zusammendrücken und Vorwiderstandshalter vom Gebläsemotor abziehen.
- Beim Einbau Halter am Gebläsemotor ansetzen und soweit eindrücken, bis die Haltefedern einrasten.
- Gebläsemotor einbauen.

Gebläseschalter ausbauen

- Bedienungseinheit ausbauen.
- Mehrfachstecker vom Gebläseschalter abziehen.
- Gebläseschalter mit einem kleinen Schraubenzieher aus der Bedienungseinheit herausdrücken.
- Neuen Schalter in die Bedienungseinheit eindrükken. Kabelstecker aufschieben und Bedienungseinheit einbauen.

Bedienungseinheit für Lüftung und Heizung ausbauen

- Obere Lenksäulenverkleidung ausbauen.
- Untere Instrumenten-Abdeckblende abbauen, siehe unter »Instrumententafel ausbauen« Seite 219.
- Zeituhr oder, wo vorhanden, Bordcomputer mit den Fingernägeln oder einer Messerklinge aus der Aussparung im Armaturenbrett heraushebeln.
- Befestigungsschrauben der Bedienungseinheit losschrauben.
- An der Beifahrerseite Fußraumabdeckung ausbauen. Dazu Kunststoffhalter linksdrehen.
- Vom Beifahrerfußraum aus den Seilzug der Luftklappe aushängen. Hierzu Kunststoffklammer nach unten abdrücken und Drahtspirale am Ende des Seilzugs vom Klappenhebel abnehmen.
- Bedienungseinheit ein Stück weit aus dem Armaturenbrett herausziehen.
- Heizungszüge von der Bedienungseinheit aushängen und mit Klebeband markieren.
- Kabelstecker vom Gebläseschalter abziehen und Bedienungseinheit abnehmen.

Wärmetauscher ausbauen

Der Wärmetauscher wird vom Kühlmittel durchflossen und sieht aus wie ein kleiner Kühler. Er sitzt im Luftverteilergehäuse hinter der Stirnwand.

- Kühlmittel ablassen.
- Im Motorraum beide Kühlmittelschläuche vom Wärmetauscher abbauen.
- Mittelkonsole – hinteres und vorderes Teil – ausbauen (Seite 258).
- Wärmetauscherabdeckung losschrauben, nach hinten drücken und vom Luftverteilergehäuse abnehmen.
- Wärmetauscher nach hinten schieben, Haltebänder hinten lösen. Wärmetauscher aus dem Gehäuse herausnehmen. Vorsicht, Kühlmittel läuft aus.
- Beim Einbau auf richtigen Sitz der Dichtgummis achten. Die vorderen Dichtgummis müssen zwischen Stirnwand und Luftverteiler-Gehäusewand sitzen. Die hinteren Dichtgummis sitzen vor der Luftverteiler-Gehäusewand.
- Nach dem Einbau das Kühlsystem befüllen und entlüften (Seite 54).

Mittlere Luftdüse ausbauen

- Warnblinkschalterabdeckung mit einem kleinen Schraubenzieher abhebeln.
- Luftgitter mit Messerklinge oder Spachtel aus dem Armaturenbrett herausdrücken. Hebelwerkzeug oben ansetzen, aber nicht zu tief einschieben.
- Rändelrad in Position »0« drehen. Stange seitlich im Schacht vom Kunststoffmitnehmer abdrücken.
- Befestigungsclip des Einsatzes mit kleinem Schraubenzieher etwas anheben und Einsatz mit einem gebogenen Drahtstück aus dem Armaturenbrett herausziehen.
- Beim Einbau Rändelrad auf Position »0« drehen.
- Betätigungsstange bis zum Anschlag herausziehen und auf den Kunststoffmitnehmer drücken.

Linke Luftdüse ausbauen

Die linke Luftdüse läßt sich am besten zusammen mit einem Helfer ausbauen.

- Zwei Schraubenzieher durch das Ausströmgitter stecken und Halteclips etwas anheben.
- Mit einer Spachtel Luftdüse oben ein Stück weit aus dem Armaturenbrett heraushebeln.
- Untere Halteclips mit den Schraubenziehern anheben. Spachtel unten einschieben und Luftdüse vollends aus dem Armaturenbrett hebeln.

Rechte Luftdüse ausbauen

- Ablagefach rechts und Handschuhkasten ausbauen (Seite 257).
- Befestigungsschraube der Luftdüse losdrehen und Düse aus dem Ausschnitt im Armaturenbrett herausziehen.

Störungsbeistand

Heizung und Lüftung

Die Störung	– ihre Ursache	– ihre Abhilfe
A Heizgebläse läuft nicht	1 Sicherung defekt	Auswechseln
	2 Gebläseschalter defekt	Schalter ausbauen und prüfen
	3 Gebläsemotor defekt	Prüfen, ob bei eingeschalteter Zündung und eingeschaltetem Gebläse Spannung am Motor anliegt. Wenn ja, Motor auswechseln

Links: Nach Ausbau des Wasserabweisers ist der Gebläsemotor (Pfeil) zugänglich.
Rechts: Am einfachsten läßt sich die Mischluftdüse mit einer Spachtel aus dem Ausschnitt im Armaturenbrett heraushebeln.

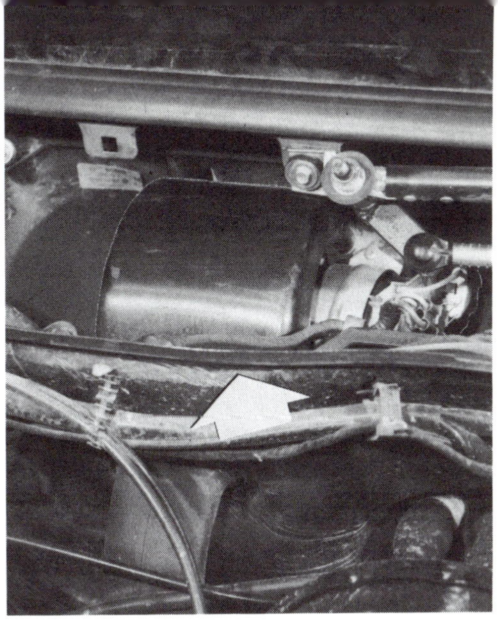

Die Störung	– ihre Ursache	– ihre Abhilfe
B Heizgebläse läuft nur in einer Geschwindigkeitsstellung nicht	Vorwiderstand defekt	Vorwiderstand am Gebläsemotor ersetzen
C Heizungsleistung läßt während der Fahrt plötzlich nach	Wärmetauscher durch Kühlmittelverlust leergelaufen	Sofort anhalten, sonst besteht Gefahr für die Zylinderkopfdichtung! Undichtigkeit beheben und Kühlsystem auffüllen
D Heizleistung ungenügend	1 Heizungszug gerissen	Kontrollieren, ggf. ersetzen
	2 Mischluftklappe bzw. Luftverteilerklappe öffnet nicht	Betätigungszug, Klappen- und Hebelstellung kontrollieren
	3 Laubstückchen haben sich vor den Wärmetauscher gelegt	Gebläse ausbauen, Wärmetauscher mit Staubsauger reinigen
	4 Kühlerthermostat schließt nicht völlig, aufgeheiztes Kühlmittel strömt zu früh in den Kühler	Thermostat austauschen
E Heizung läßt sich nicht abstellen	Siehe D 1	
F Geräusche im Bereich des Heizungsgebläses	1 Laub oder Schmutz eingedrungen	Gebläse reinigen
	2 Lüfterrad hat Unwucht, Lager defekt	Gebläsemotor ausbauen und prüfen, ggf. ersetzen

Die Klimaanlage

Ähnlich wie zu Hause im Kühlschrank wird ein gasförmiges Kältemittel durch einen Kompressor verdichtet. Letzterer wird von der Motor-Kurbelwelle über einen Keilriemen angetrieben. Beim Verdichten verflüssigt sich das Kältemittel und gelangt in den Verdampfer am Armaturenbrett. Der sieht aus wie ein Kühler. Darin verdampft das Kältemittel und kann hierdurch Wärme aufnehmen. Die durch den Verdampfer geführte Luft strömt abgekühlt in den Innenraum. Über einen Kondensator neben dem Wasserkühler im Motorraum gelangt das Kältemittel wieder zurück zum Kompressor. Zur verstärkten Kondensierung bläst ein Zusatzventilator dauernd Luft durch den Kondensator.

Fingerzeig: Das Kältemittel der Klimaanlage besteht aus Fluorkohlenwasserstoff (FCKW). FCKW zerstört nicht nur die Ozonschicht – auch der direkte Umgang mit diesem Stoff ist gefährlich. Die Berührung mit FCKW verursacht schwere Erfrierungen auf ungeschützter Haut und im Augenbereich. Die Arbeit am Kältemittelkreislauf der Klimaanlage ist deshalb Werkstattsache. Einige Opel-Vertretungen haben sich hierauf spezialisiert. Sie sind entsprechend den Sicherheitsbestimmungen ausgerüstet und verfügen über ausgebildete Klimaanlagen-Fachkräfte.

Keilriemen

Für einwandfreie Funktion der Klimaanlage muß der Keilriemen des Kältekompressors richtig gespannt sein. Mehr darüber auf Seite 190.

Zimmer mit Aussicht

Die Karosserie ist weit mehr als ein »Dach über dem Kopf« für die Insassen. Sie soll geringes Gewicht, Verwindungssteifigkeit, hohe Formfestigkeit der Fahrgastzelle und energievernichtende »Knautschzonen« an Bug und Heck aufweisen. Darüber hinaus muß die Karosserie eine ansprechende Formgebung besitzen, die natürlich eine gewisse Markenzugehörigkeit nicht verleugnen darf.

Demontierbare Teile

Mit einiger Geschicklichkeit kann man die Stoßfänger und die vorderen Kotflügel alleine ausbauen. Wollen Sie aber die Motorhaube, hintere Klappe bzw. Kofferraumdeckel oder Türen demontieren, brauchen Sie unbedingt einen Helfer, der diese großen und schweren Teile hält, während Sie schrauben. Andernfalls ist schnell irgendwo der Lack zerkratzt.

Fingerzeig: Den Wiedereinbau von Motorhaube oder Heckklappe bzw. Kofferraumdeckel kann man sich erleichtern, wenn die Lage der Scharniere vor der Demontage angezeichnet wird. Das geschieht am besten mit einem wasserfesten Filzstift.

Wagenfront

Kühlergrill ausbauen

- Haltelaschen oben am Kühlergrill entriegeln. Dazu mit einem Schraubenzieher die Haltelaschen etwas niederdrücken, gleichzeitig Kühlergrill nach vorn ziehen. Vorsicht beim Niederdrücken der Haltelaschen. Wird zu stark gedrückt, brechen die Laschen ab.
- Kühlergrill nach oben herausziehen.
- Beim Einbau Kühlergrill unten in die Aufnahmebohrungen einsetzen. Oben gegen den Kühlergrill drücken, bis die Haltelaschen einrasten.

Die Stoßfänger

Ausbau vorn

- Bei Fahrzeugen mit Nebelscheinwerfer Kühlergrill ausbauen (siehe oben).
- Kabelstecker der Nebelscheinwerfer abziehen.
- Wo vorhanden Wasserabweiser im rechten Radkasten losschrauben.
- Stoßfängerenden lösen. Dazu an den Radläufen je einen Kunststoffstift mit einem kleinen Schraubenzieher herausdrücken und Kunststoffclip vom Radlauf abdrücken. Des weiteren je eine Blechschraube unten an der Radhausschale herausschrauben.
- Befestigungsschrauben am Längsträger herausdrehen. Um an die rechte Befestigungsschraube des Stoßfängers zu gelangen, müssen Sie die Gummiabdeckung im Radkasten abziehen.
- Stoßfänger aus den seitlichen Führungen nach vorn herausziehen.
- Beim Einbau Stoßfänger auf die seitlichen Führungen aufschieben, Stoßfänger ausrichten und am Längsträger anschrauben.

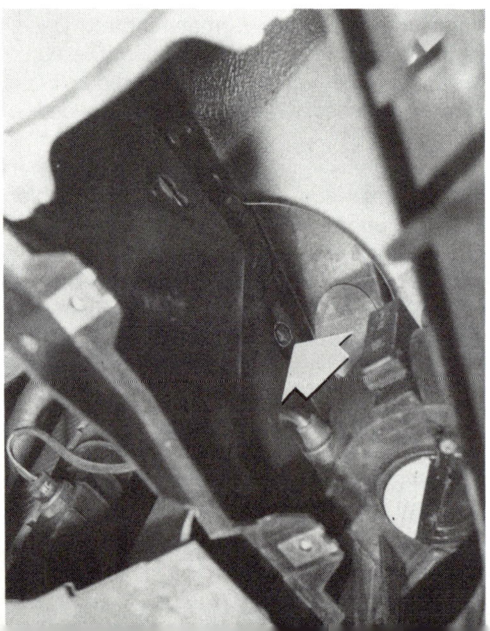

Die Fotos zeigen Ihnen, wo die beiden Befestigungsschrauben (Pfeile) des vorderen Stoßfängers sitzen.

Die vier Pfeile deuten auf die Haltelaschen des Kühlergrills. Beim Ausbau des Grills darauf achten, daß die Haltelaschen nicht zu stark niedergedrückt werden; sie brechen sonst ab.

Ausbau hinten

● **Stufenheck**: Verkleidung für Verbandskasten und Warndreieck losschrauben und abnehmen.
● **Alle Modelle**: Innenverkleidung der Rückwand ausbauen. Dazu links und rechts die runden Kunststoffmuttern losschrauben. Innenverkleidung von der Rückwand abdrücken und nach oben aushängen.
● Kennzeichenleuchte ausbauen (Seite 212) und Anschlußkabel abziehen.
● Befestigungsmuttern des Stoßfängers lösen.
● Links und rechts an den Radläufen Kunststoffstifte mit einem kleinen Kreuzschlitzschraubenzieher herausdrücken und Kunststoffclip des Stoßfängers vom Radlauf abdrücken.
● Stoßfänger aus den seitlichen Führungen nach hinten herausziehen.
● Beim Einbau Stoßfänger in die Rückwand einführen und Befestigungsmuttern anschrauben, aber noch nicht festziehen.
● Stoßfängerenden links und rechts von Hand in die Halteklammern drücken.
● Stoßfänger ausrichten und Muttern festziehen.

Stoßfänger pflegen

Die Kunststoff-Stoßfänger werden mit zunehmendem Alter oft unansehnlich. Das zu verhindern oder den Prozeß hinauszuzögern, kann durch gute Pflege gelingen:
○ Nach der Wagenwäsche mit Reinigungszusätzen Stoßfänger mit Wasser nachspülen und abledern.
○ Unbedingt vermeiden, daß Verdünnung, Kraftstoff oder Kaltreiniger (bei der Motorwäsche) auf den Stoßfänger gerät. Wenn doch, mit klarem Wasser nachspülen.
○ Kunststoff-Reiniger (Armor All, Caramba KST 100, Liqui-Moly Schaum-Glanz, Polifac Kunststoff-Auffrischer) schaffen bei leicht angegrauten Stoßfängern eine fast neuwertige Oberfläche, wenn das Teil vorher gründlich gereinigt wurde. Allerdings hält die Freude nur begrenzte Zeit.

Der vordere Stoßfänger ausgebaut. Hier gut zu erkennen die Lage der Befestigungsschrauben (Pfeile).

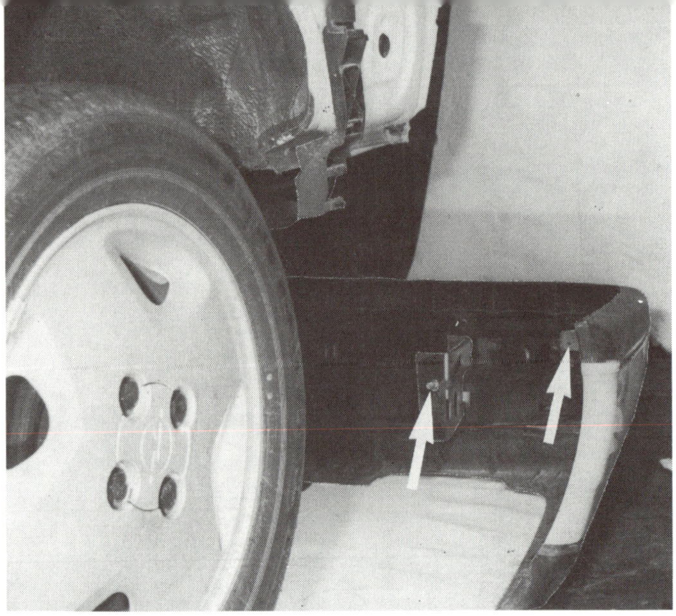

Die Pfeile deuten auf die Befestigungspunkte des hinteren Stoßfängers.

○ Bei total verwitterter Oberfläche hilft nur noch lackieren. Lacksysteme für Kunststoffteile liefert der Zubehörhandel.

Die Motorhaube

Ausbau

- Wo vorhanden, Kabelsteckverbindung der Motorraumbeleuchtung lösen.
- Dazu Gummidichtung an der Spritzwand abziehen. Kunststoffabdeckung abheben. Kabelsteckverbindung trennen.
- Schlauch der Scheibenwaschanlage am Behälter abziehen. Schlauch durch die Spritzwand ziehen.
- Einbaulage der Haube an den Scharnieren kennzeichnen.
- Schrauben an der Haube rechts und links lockern.
- Die Haube ist zu schwer, um sie allein auszubauen. Deshalb Haube mit Helfer von rechts und links halten.
- Jetzt die gelockerten Schrauben vollends herausdrehen und Haube abnehmen.
- Falls erforderlich, können nun die Haubenscharniere abgeschraubt werden. Zuvor müssen hierzu die hinteren Befestigungsschrauben der Kotflügel herausgedreht werden.

Motorhaube einstellen

Bei geschlossener Motorhaube muß der Abstand zu beiden Kotflügeln und zum Windlauf unterhalb der Windschutzscheibe rundum annähernd gleich sein. In der Höhe soll die Haube den Kotflügeln entsprechen.

- Zur **Einstellung in Längsrichtung** werden die Schrauben oben zwischen Scharnier und Haube gelöst.
- Zur **seitlichen Einstellung** die Schrauben zwischen Scharnier und Karosserie lösen.
- Haubendeckel in der gewünschten Richtung verschieben und Schrauben festziehen.
- An der **Vorderkante** der Haube erfolgt die Höheneinstellung über den Haubenverschluß:
- Gummipuffer rechts und links ganz in die Motorhaube hineindrehen.
- Kontermutter mit Rohrzange lösen und Schloßzapfen mit einem Gabelschlüssel heraus- oder hineindrehen, bis der Abstand vom Haubenblech bis

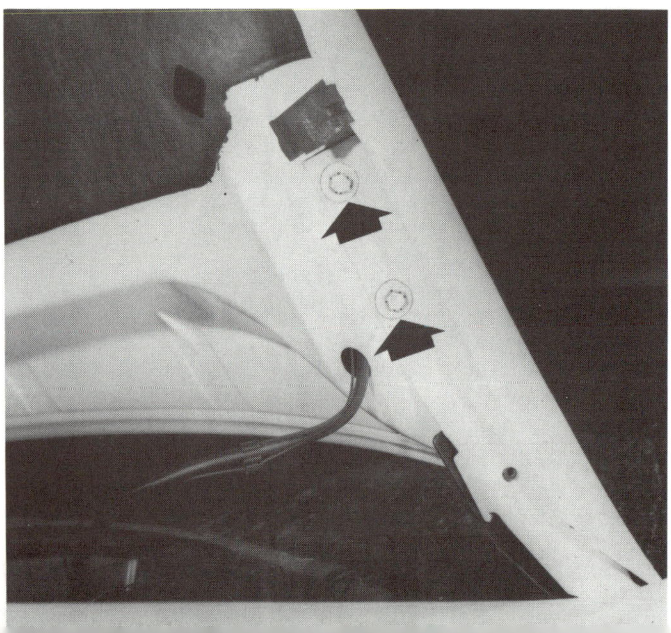

Durch Lösen der Befestigungsschrauben (Pfeile) kann die Motorhaube von den Scharnieren abgeschraubt werden. Bei dieser Arbeit ist unbedingt ein Helfer vonnöten.

Zur vorderen Höheneinstellung der Motorhaube Blechmutter am Haubenblech lösen. Schloßzapfen mit einem Gabelschlüssel entsprechend verdrehen, bis der Abstand vom Haubenblech zur Scheibe am Schließzapfen 40–45 mm beträgt.

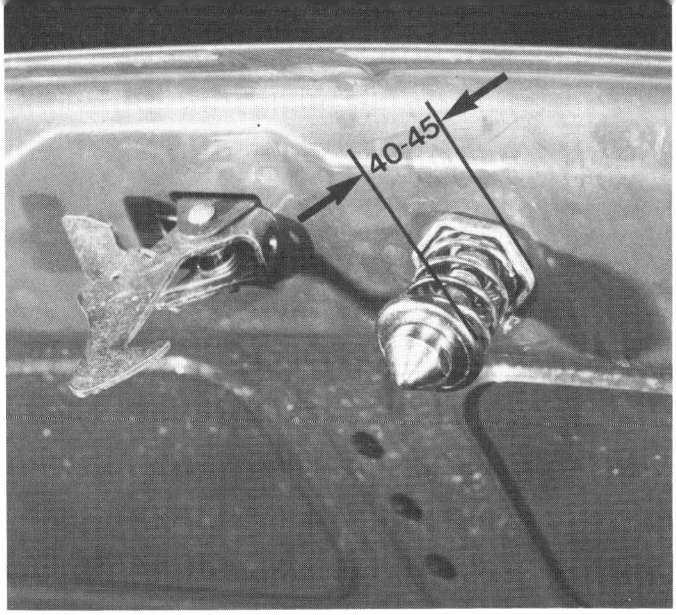

zur Scheibe am Schließzapfen 40–45 mm beträgt.

- Durch Schließen der Haube die Höheneinstellung vorn (rechts und links) prüfen.
- Kontermutter wieder festziehen.
- Darauf achten, daß der Schloßzapfen genau in die Öffnung am Frontblech einschwenkt. Wenn nicht, kann er nach Lösen der Kontermutter seitlich und längs verschoben werden.
- Gummipuffer in der Motorhaube so weit herausdrehen, bis die Haube an der Oberkante bündig zu den Kotflügeln sitzt.

Haubenzug auswechseln

- Motorhaube öffnen.
- Befestigungsklammer des Haubenzugs oben am Frontblech abschrauben.
- Überlaufschlauch von der Halterung am Kühler abziehen.
- Zwischen Kühler und Frontblech durchgreifen und Haubenzug am Motorhaubenschloß aushängen.
- Im Fahrerfußraum Abdeckung unter dem Armaturenbrett ausbauen. Hierzu Kunststoffhalter mit einem Schraubenzieher eine Viertelumdrehung linksdrehen, Abdeckung abnehmen.
- Haubenzug am Entriegelungsgriff aushängen. Zug vom Motorraum hin herausziehen.
- Neuen Haubenzug vom Motorraum aus ins Wageninnere drücken und am Entriegelungsgriff einhängen.
- Haubenzug im Motorraum verlegen und am Haubenschloß einhängen.
- Haubenzughülle mit der Befestigungsklammer so am Frontblech befestigen, daß der Zug genügend Spiel hat. Geprüft wird am Entriegelungsgriff. Dieser soll sich bis zum spürbaren Widerstand 5–10 mm ziehen lassen.

Links: Mit der auf dem Foto gezeigten Befestigungsklammer (Pfeil) kann das Spiel des Haubenzugs eingestellt werden.
Rechts: Nach Einstellen der Motorhaube werden die Gummipuffer (die Abbildung zeigt den rechten Puffer) so weit herausgedreht, bis die Oberkante der Haube bündig zu den Kotflügeln sitzt.

Die Kotflügel

Lediglich die vorderen Kotflügel lassen sich abschrauben. Die hinteren Seitenteile bilden dagegen eine verschweißte Einheit mit der restlichen Karosserie.

Kotflügel ausbauen

- Stoßfänger ausbauen (Seite 246).
- Blinkleuchte abmontieren (Seite 211).
- Motorhaube an der unteren Kante mit Klebeband gegen Lackbeschädigungen schützen.
- Neun Schrauben an der Kotflügel-Oberkante herausdrehen.
- Bei geöffneter Tür zwei Schrauben oben und unten an der A-Säule losschrauben.
- Eine Schraube unten am Wagenboden losdrehen.
- Zwei Schrauben vorn unten am Kotflügel herausdrehen.
- Eine Schraube an der Scheinwerferblende lösen.
- Radhausschale ausbauen.
- Kotflügel abdrücken und von der Karosserie abnehmen.
- Alte Dichtungsreste entfernen und die Auflageflächen mit Versiegelungsmasse abdichten.
- Kotflügel ansetzen und ausrichten.
- Befestigungsschrauben eindrehen.
- Auf die Kotflügelinnenseiten Schutzwachs auftragen.

Radhausschale abbauen

Zum Schutz vor Steinschlag und Schmutz besitzt der Vectra in den vorderen Radkästen Kunststoffschalen.

- Betreffendes Vorderrad abnehmen.
- Im Radkasten mit einem Kreuzschlitzschraubenzieher oder einem passenden Durchschlag die Kunststoffstifte aus insgesamt 5 Spreiznieten heraustreiben.
- Zwei Kunststoffmuttern von den Fixierbolzen abschrauben.
- Die Kreuzschlitzschraube und die Sechskantmutter herausdrehen, mit der die Radhausschale am Stoßfänger bzw. am Wasserabweiser (wo vorhanden) befestigt ist.
- Radhausschale aus dem Radkasten herausnehmen.
- Zum Einbau können die alten Kunststoffstifte und Spreizniete verwendet werden.

Seitenleisten abbauen

- Seitenleiste aus der Verklebung abziehen.
- Das geht meist nur nach Erwärmung mit einem Fön und auch dann kaum, ohne die Leiste zu beschädigen. Also neue besorgen.
- Klebestelle auf dem Blech mit Reinigungsbenzin und Silikonentferner reinigen.
- Neue Seitenleiste mit dem Fön erwärmen (nicht über 80°C).
- Schutzfolie auf der Leiste abziehen.
- Seitenleiste Stück um Stück auf das Blech auflegen, ausrichten und im Klebebereich festdrücken – besonders an den Enden.

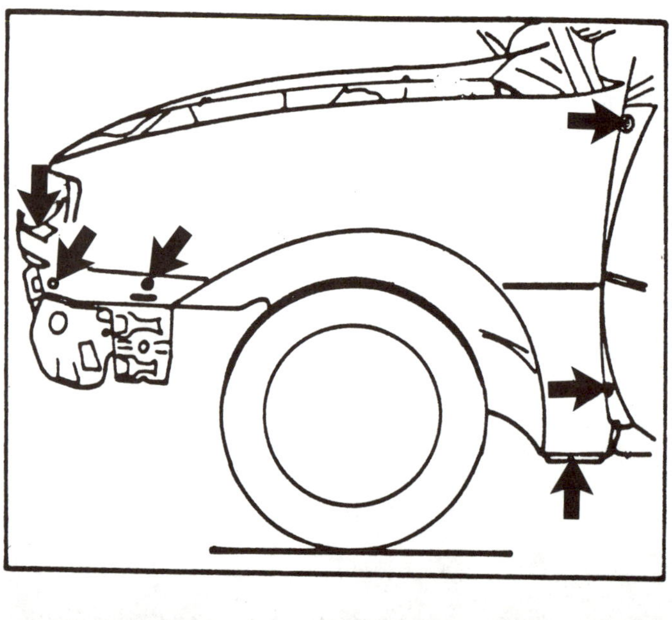

Die Zeichnung zeigt Ihnen, wo die Befestigungsschrauben des Kotflügels sitzen. Die gut zugänglichen Halteschrauben an der Oberkante des Kotflügels sind hier nicht bezeichnet.

Die Türen

Der Ausbau einer Tür wird nur nach einer Beschädigung vonnöten sein. Diese Arbeit erfordert zum einen besondere Werkzeuge, wie z.B. das Ausschlagwerkzeug KM-298 zum Austreiben der Spannhülse in den Türscharnieren. Zum anderen ist handwerkliche Erfahrung Voraussetzung: Der Niet der Türbremse muß abgeschliffen werden. Beim Einbau der neuen Tür wird er durch einen Halbrundniet ersetzt. Eventuell verbogene Türscharniere müssen gerichtet werden.
Des weiteren werden beim Einbau einer sogenannten Rohtür alle (noch verwertbare) Teile der alten Tür für die neue übernommen, außer der Verkleidung also auch der Schließzylinder, die Türgriffe, Fensterheber und -scheibe, Fensterführungsschienen usw. Vor Beginn einer solchen Arbeit sollten Sie sich überlegen, ob die eigenen Fähigkeiten und das vorhandene Werkzeug dazu ausreichen oder ob die Arbeit nicht lieber der Werkstatt überlassen werden sollte.

Türdichtungen pflegen

Die Türdichtungen am Vectra bedürfen besonderer Pflege, denn rissige Dichtungen bewirken nicht nur Undichtigkeiten, sondern auch höhere Windgeräusche während der Fahrt. Beste Pflege für die Dichtungen ist Hirschtalg. Der hat den angenehmen Nebeneffekt, die Dichtungen winters nicht an der Karosserie festfrieren zu lassen, was lästiges Auftauen mit dem Fön erspart.

Türschloßanlage einstellen

Bei älteren Fahrzeugen können sich die Gummidichtungen der Türen setzen. Das führt zu Klappergeräuschen, Zugluft und Eindringen von Regenwasser.

- Stellung des Schloßbügels am Türblech mit Filzstift kennzeichnen.
- Schloßanschlag mit Schlüssel um eine halbe Umdrehung lösen.
- Bügel etwas nach innen schieben und festziehen.
- Bei neuer Tür diese bei gelockertem Schloßanschlag vorsichtig schließen.
- Die Tür wieder vorsichtig öffnen und den Schloßanschlag in dieser Stellung festschrauben.

Türen zerlegen

Türverkleidung ausbauen

Beschrieben ist der Ausbau der Türverkleidungen an den Vordertüren. Die Verkleidung der hinteren Türen ist sinngemäß gleich zu behandeln.

- Fensterkurbel abnehmen. Die Werkstatt benutzt hierzu das Spezialwerkzeug KM-317. Nehmen Sie als Hilfsmittel ein Kabel und ziehen es zwischen Türkurbel und Kunststoffring.
- Kabel kräftig nach unten ziehen, gleichzeitig Türkurbel langsam drehen, bis sie von der Achse springt (siehe Foto nächste Seite).
- Türkurbel, Halteklammer und Kunststoffring abnehmen.
- Blende für Türinnengriff mit einer Messerklinge vorsichtig abhebeln.
- Darunterliegende Kreuzschlitzschrauben herausdrehen.
- Befestigungsschraube der Armlehne losschrauben.
- Drei Kreuzschlitzschrauben ganz unten an der Türverkleidung lösen.
- Verkleidung an einer Ecke mit einem breiten Schraubenzieher oder Löffelstiel von der Tür abhebeln. Mit der Hand hinter die Verkleidung fassen und die restlichen Halteclips ablösen.
- Mit Gefühl und niemals ruckartig ziehen, sonst reißen die Clips aus den Kunststoffaufnahmen der Verkleidung.
- Wo vorhanden, Mehrfachstecker für die elektri-

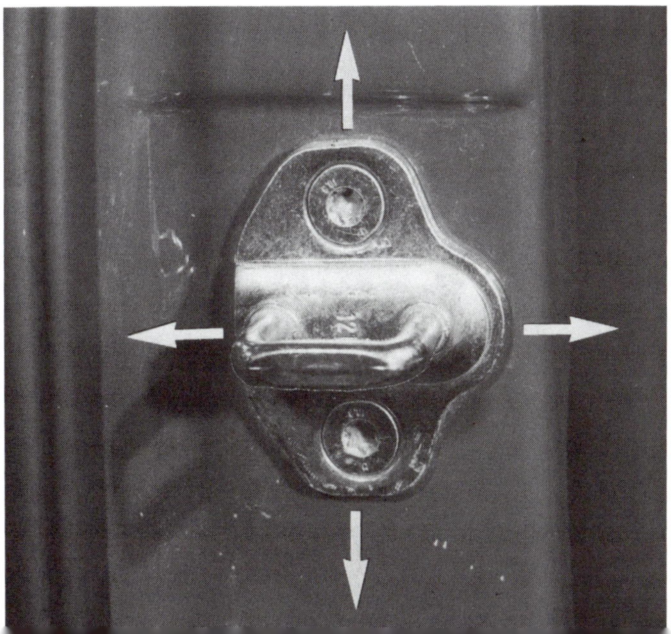

Der Schließbügel kann zum Einstellen der Tür-Hinterkante nach Lösen der TORX-Schrauben verschoben werden.

sche Spiegelverstellung hinter der Türverkleidung trennen.

● In den hinteren Teil der Ablage (unter der Armlehne) greifen, Verriegelungsclip eindrücken und Verkleidung abnehmen.

● Die aufgeklebte Folie vorsichtig abziehen, damit sie anschließend wieder angeklebt werden kann.

● Beim Zusammenbau muß die Folie unbedingt wieder angeklebt werden. Sie hält Schwitzwasser aus dem Türkasten von der Verkleidungspappe fern, so daß diese nicht aufquellen kann. Ist die alte Folie zerrissen, kann man sich aus einer Abdeckfolie ein passendes Stück zurechtschneiden.

● Beim Einbau darauf achten, daß der Verriegelungsknopf richtig in die Öffnung an der Türverkleidung eingesetzt wird.

● Einen Halteclip nach dem anderen an die vorgesehenen Löcher in der Tür ansetzen und eindrücken.

● Die Clips können in den Kunststoffaufnahmen der Verkleidung etwas verschoben werden, so daß sie immer in die Löcher passen. Zum Eindrücken müssen die Clips genau vor den Löchern stehen. Wer blind drauflosschlägt, zerquetscht die Halteclips.

● Um die Fensterkurbel einzubauen, müssen Sie die Halteklammer so auf die Türkurbel aufschieben, bis sie in den Aussparungen einrastet.

● Nun die Fensterkurbel mit der eingesetzten Klammer auf die verzahnte Welle des Fensterhebers schieben. Mit der flachen Hand auf die Kurbel drükken, bis die Klammer in die Nut der Welle einrastet.

Türschloß ausbauen
Vordere Tür

● Türverkleidung ausbauen.
● Schutzfolie teilweise abziehen.
● Betätigungsstangen am Türschloß bzw. am Türgriff aushängen.
● Drei TORX-Schrauben losdrehen und Türschloß aus dem Türkasten herausnehmen.
● Bei Fahrzeugen mit Zentralverriegelung Kabelstecker abziehen.

Türschloß ausbauen
Hintere Tür

● Türverkleidung ausbauen.
● Schutzfolie abziehen.
● Umlenkhebel unter dem Türinnengriff ausbauen. Dazu Nietbolzen mit einem passenden Durchschlag austreiben.
● Türinnengriff abbauen.
● Beide TORX-Schrauben lösen und hintere Fensterführungsschiene nach vorn ziehen. Die obere Befestigungsschraube sitzt hinter der Scheibendichtung. Dichtung teilweise vom Fensterrahmen abziehen.
● Drei TORX-Schrauben lösen, Türschloß vom Türblech abheben, Betätigungsstangen aushängen und Schloß vollends aus dem Türkasten herausnehmen.
● Bei Fahrzeugen mit Zentralverriegelung Kabelstecker abziehen.

Tür-Außengriff abbauen
Vordere Tür

● Türverkleidung abbauen, Folie abziehen.
● Zwei Befestigungsmuttern des Türgriffs losdrehen und Blechabdeckung nach innen abnehmen.
● Gegen die unteren Halteclips drücken und Türgriff nach außen abdrücken.
● Betätigungsstange am Türgriff aushängen.
● Bei Fahrzeugen mit Zentralverriegelung Kabelstecker abziehen. Achten Sie darauf, daß die Sicherungsklammer nicht herunterfällt.
● Beim Einbau vor dem Einsetzen des Türgriffs Kabelstecker der Zentralverriegelung und Betätigungsstange montieren.

Tür-Außengriff abbauen
Hintere Tür

● Türverkleidung abbauen.
● Schutzfolie abziehen.
● Türschloß losschrauben und im Türkasten absenken.
● Beide Befestigungsmuttern losdrehen und Blechabdeckung vor dem Türgriff abnehmen.
● Gegen die unteren Halteclips drücken und Türgriff nach außen abdrücken.

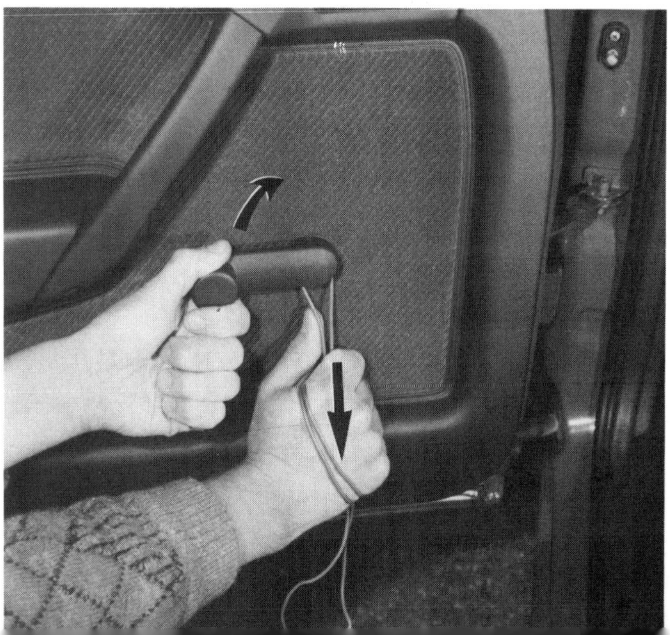

Gewußt wie: Elektrokabel oder reißfeste Schnur zwischen Fensterkurbel und Gummiring legen und straff anziehen. Nun die Kurbel so weit drehen, bis sie von selbst von der verzahnten Welle des Fensterhebers abspringt. Achten Sie dabei auf die dahinterliegende Halteklammer, die beim Abspringen der Kurbel verloren gehen könnte.

Die Pfeile zeigen auf die Befestigungsteile der vorderen Türverkleidung. Die weißen Halteclips haben wir ihrer Lage entsprechend auf der Türverkleidung abgelegt.

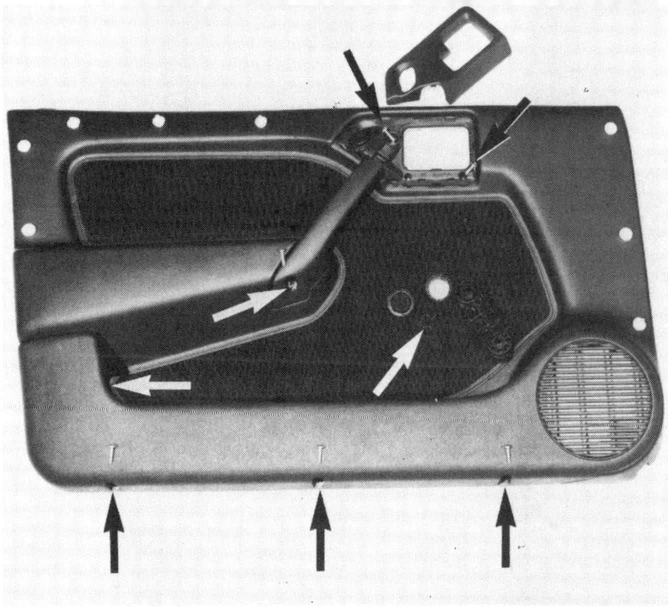

Schließzylinder ausbauen

- Tür-Außengriff abbauen.
- Schlüssel in den Schließzylinder stecken, damit beim Herausziehen des Zylinders die Schließplatten und Federn nicht herausfallen.
- Sprengring am hinteren Ende des Schließzylinders abdrücken.
- Gußstück abnehmen. Achten Sie darauf, daß die Rückzugfeder nicht wegspringt.
- Mitnehmer und Rückzugfeder abnehmen, dabei deren Lage für den Wiedereinbau merken.
- Schließzylinder an der Blende nach vorn herausziehen. Schlüssel eingesteckt lassen. Bevor der Schlüssel abgezogen wird, Schließzylinder mit Klebeband umwickeln.
- Neuen Schließzylinder mit Rostlöser-Isolierspray (Seite 264) schmieren.

Fensterheber ausbauen

Für das Befestigen des Fensterhebers benötigen Sie eine Blindnietzange und vier (vordere Tür) bzw. sechs (hintere Tür) Blindniete der Größe 4,8 x 11 mm. Sollten Sie keine Blindnietzange besitzen, kann der Fensterheber auch mit entsprechend kurzen Schrauben angeschraubt werden.

- Türinnenverkleidung ausbauen.
- Schutzfolie abziehen.
- Fensterscheibe auf halbe Höhe stellen und mit zwei Holzkeilen im Türschacht festklemmen.
- Mit einem 8,5-mm-Bohrer die Befestigungsniete des Fensterhebers abbohren. Vorsichtig bohren, bis der Nietkopf abfällt. Türblech nicht anbohren.
- Nietreste mit Durchschlag ausschlagen.
- Untere Führungsschiene des Fensterhebers vom Türblech losschrauben. Vorher die Einbaulage des Fensterhebers markieren.
- Anschlaggummi von der oberen Führungsschiene des Fensterhebers abhebeln.
- Fensterheber aus der unteren Öffnung im Türschacht herausheben.
- Fensterheber in den Türschacht einsetzen. Hebearm in die Fensterschiene einhängen.
- Fensterheber an den vier Bohrungen ausrichten und mit einer feststellbaren Gripzange am Türblech festspannen.
- Fensterheber festnieten.
- Schrauben der unteren Führungsschiene entsprechend der angebrachten Markierungen festschrauben. Ggf. Fenstereinstellung mit diesen Schrauben korrigieren. Die Fensterscheibe muß sich leicht rauf- und runterkurbeln lassen.

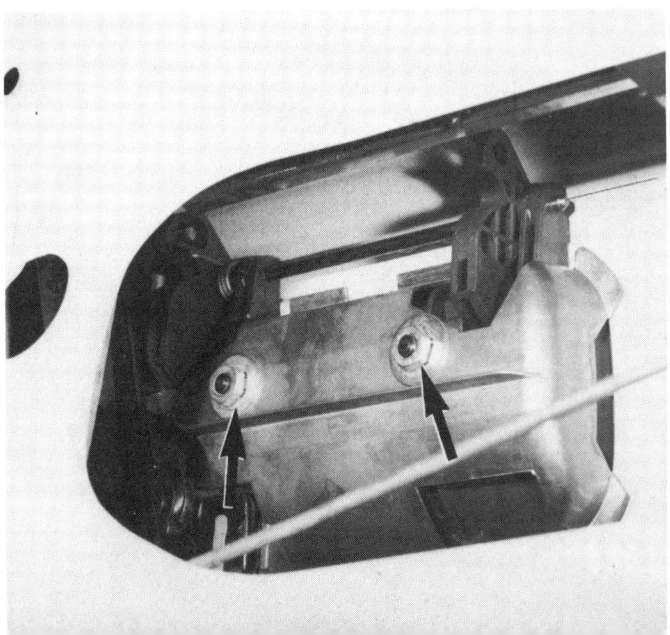

Bevor der Außengriff der Vordertür vom Türblech abgedrückt werden kann, muß die Blechabdeckung losgeschraubt werden.

Türfenster ausbauen
Vordere Tür

- Türverkleidung abbauen.
- Schutzfolie abziehen.
- Fenster ganz nach unten kurbeln.
- Innere und äußere Fensterschachtdichtung an einem Ende vorsichtig mit einem Schraubenzieher abhebeln und vom Türblech abziehen.
- Befestigungsschraube unter dem Türschloß losschrauben und hintere Fensterführungsschiene nach unten aus dem Türschacht herausziehen.
- Anschlaggummi von der oberen Führungsschiene des Fensterhebers abhebeln.
- Untere Führungsschiene vom Türblech abschrauben. Vorher die Einbaulage markieren. Dazu Schraubenköpfe mit Filzstift umkreisen.
- Fenster nach oben ziehen, etwas nach vorn kippen und vollends aus dem Türschacht herausheben.
- Beim Einbau untere Führungsschiene entsprechend der angebrachten Markierungen festschrauben. Ggf. Fenstereinstellung mit diesen Schrauben korrigieren. Die Fensterscheibe muß sich leicht rauf- und runterkurbeln lassen.

Türfenster ausbauen
Hintere Tür

- Türverkleidung innen ausbauen.
- Schutzfolie abziehen.
- Innere und äußere Fensterschachtleisten mit einem Schraubenzieher an einem Ende vorsichtig abhebeln. Schachtleisten vom Türblech abziehen.
- Fenster bis zum unteren Anschlag kurbeln.
- Beide TORX-Schrauben lösen und hintere Führungsschiene nach vorn herausziehen. Die obere Befestigungsschraube sitzt hinter der Scheibendichtung. Dichtung teilweise vom Türrahmen abziehen.
- Fenster nach oben ziehen, etwas nach vorn kippen und vollends aus dem Türschacht herausheben.

Elektrische Fensterheber ausbauen

Der Ausbau der elektrischen Fensterheber unterscheidet sich kaum vom Ausbau der manuellen Fensterheber. Hier die abweichenden Arbeiten:

- Vor dem Herausnehmen des Fensterhebers Kabelsteckverbindung zum Hebermotor trennen.
- Nach dem Einbau des Fensterhebers Funktion des Hebers prüfen: Der Elektromotor muß das Fenster ruckfrei bewegen.
- Besitzt Ihr Fahrzeug elektrische Fensterheber an Vorder- und Hintertüren, muß nach Einbau des Fensterhebers die Heberelektronik neu programmiert werden:
- Alle Türen schließen, Zündung einschalten.
- Nacheinander alle Fenster durch ständiges Drükken des Betätigungsschalters vollständig schließen. Schalter für mindestens 5 Sekunden weiter gedrückt lassen.
- Eine Neuprogrammierung der Heberelektronik ist ebenfalls erforderlich, wenn eine der zuständigen Sicherungen ausgetauscht, die Batterie abgeklemmt oder die Fensterheberelektrik vom Bordnetz getrennt wurde.

Außenspiegel

Ausbau

- Bei manueller Spiegelverstellung Verstellhebel abziehen.
- Dreieckblende mit einer Messerklinge ausclipsen und vom Türrahmen abnehmen.
- Bei elektrischer Spiegelverstellung Kabelstecker entriegeln und abziehen.
- Spiegelfuß von innen abschrauben, dabei Spiegel von außen festhalten.
- Beim Einbau auf richtigen Sitz der Spiegelfußdichtung achten.

Fingerzeig: Funktion und Kontrolle der elektrischen Spiegelverstellung finden Sie auf Seite 239 im Instrumentenkapitel beschrieben.

Spiegelglas ersetzen

Die Spiegelgläser sind bei elektrisch wie auch beim mechanisch verstellbaren Spiegeln nur eingeclipst.

- Arbeitshandschuhe anziehen, falls es Bruch gibt.
- Von oben eine Spachtel oder ein Kunststoffplättchen hinter das Spiegelglas stecken.
- Spiegel vorsichtig aus der Kugelkopflagerung herausdrücken.
- Bei elektrischer Spiegelverstellung Kabelstecker vom Spiegelglas abziehen.
- Zum Einbau Spiegelglas in die Kugelkopflagerung einsetzen und festdrücken, bis es einrastet. Auch hier wieder Arbeitshandschuhe tragen.
- Spiegelglas nochmals innen und oben andrükken, so daß auch die Kugelköpfe der Spiegelverstellung einrasten.

Kofferraumklappe

Ausbau

- **Fließheck:** Innenverkleidung der Heckklappe abschrauben.
- Bei Fahrzeugen mit Zentralverriegelung Kabelstecker am Stellmotor abziehen. Kabelbaum aus der Heckklappe herausnehmen.
- Kabelstecker am Heckwischermotor trennen, Kabel aus der Heckklappe herausziehen.
- Schlauch der Scheibenwascherdüse lösen.
- Elektrische Leitung der heizbaren Heckscheibe trennen.

Links: Mit einer Spachtel läßt sich das Spiegelglas aus der Kugelkopflagerung herausdrücken. Rechts der elektrisch verstellbare Außenspiegel. Vergessen Sie beim Einbau des Spiegelglases nicht, die Kabelstecker an den Kontakten anzuschließen (Pfeile). Anschließend Spiegelglas einsetzen und so festdrücken, daß die Kugelköpfe richtig einrasten.

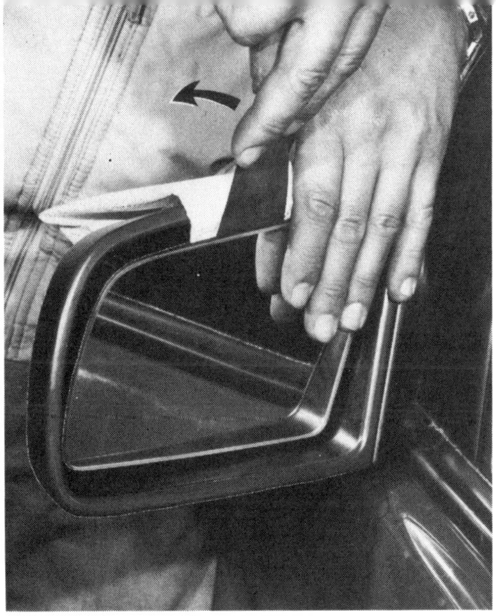

● Sicherungsklammern abhebeln und Gasdruckdämpfer von den Befestigungen am Heckdeckel abnehmen.
● Sicherungsring von den Scharnierbolzen abziehen.
● Beide Scharnierbolzen zur Wagenmitte herausdrücken und Heckklappe zusammen mit Helfer abnehmen.

● **Stufenheck:** Bei Fahrzeugen mit Zentralverriegelung Kabelstecker am Stellmotor abziehen und Kabel aus dem Kofferraumdeckel herausziehen.
● Einbaulage des Kofferraumdeckels markieren. Dazu Schraubenköpfe mit Filzstift umkreisen.
● Zusammen mit Helfer Kofferraumdeckel von den Scharnieren losschrauben.

Schloß der Kofferraumklappe ausbauen

● Klappe öffnen.
● **Fließheck:** Innenverkleidung der Heckklappe ausbauen.
● **Alle Modelle:** Schloß mit TORX-Schlüssel von der Klappe abschrauben.

● Betätigungsstange aushängen und Schloß abnehmen.

Schließzylinder der Kofferraumklappe ersetzen

● Deckel öffnen.
● **Fließheck:** Innenverkleidung der Heckklappe ausbauen.
● **Alle Modelle:** Schlüssel in das Schloß stecken, damit beim Ausbau des Schließzylinders die Schließplatten und Federn nicht herausfallen.
● Sicherungsring am hinteren Ende des Schließzylinders abhebeln.
● Betätigungshebel abnehmen und Schließzylinder von außen abnehmen.

● Neuen Schließzylinder mit Rostlöser-Isolierspray schmieren.

Nach Losschrauben des Kofferraum- (1) bzw. Heckklappenschlosses (2) Betätigungsstange (3) am Druckknopf aushängen und Schloß vollends abnehmen.

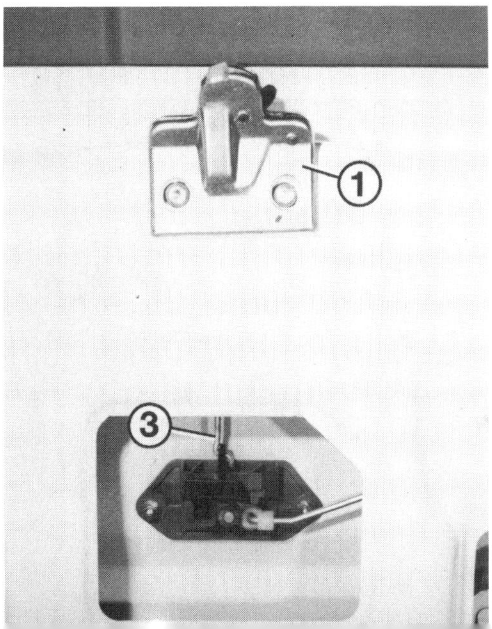

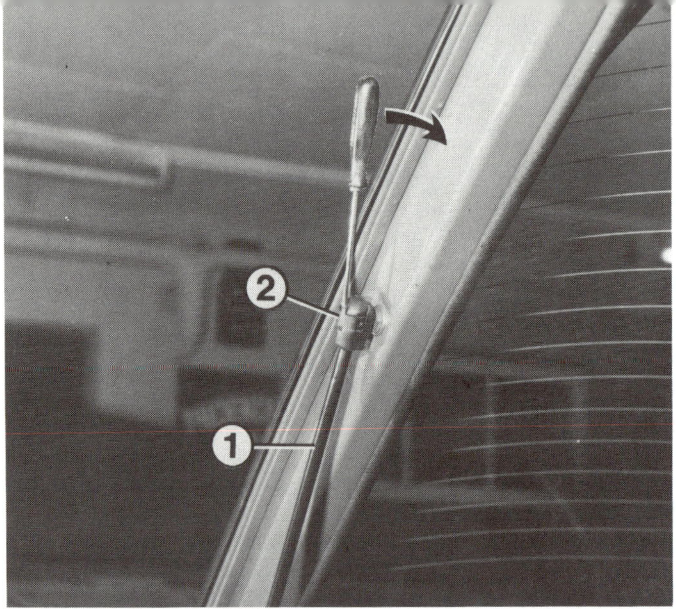

Hier am Fließheck-Modell gezeigt: Zum Ausbau der Heckklappe muß der Gasdruckdämpfer (1) von der Klappe abgenommen werden. Hierzu wird mit einem kleinen Schraubenzieher die Sicherungsklammer (2) abgehebelt. Anschließend kann der Dämpfer vom Kugelkopf abgedrückt werden.

Das Schiebedach

Dieses Fenster zum Himmel erfordert für problemlose Funktion eine exakte Einstellung. Das kann man nach entsprechender Anleitung auch als Heimwerker, aber die hierzu notwendigen Beschreibungen würden den Rahmen dieses Buches sprengen.

Störungssuche am elektrischen Schiebedach

Wenn der elektrische Antrieb nicht mehr funktioniert, können Sie sich selbst helfen.

- Zuerst die zuständige Sicherung kontrollieren.
- Innenleuchte ausbauen (Seite 212).
- Zwei Kreuzschlitzschrauben der Abdeckung für den Schiebedachmotor losdrehen.
- Abdeckung vorn herunterziehen und hinten aushaken.
- Ggf. Steckanschluß zur Innenleuchte trennen und diese ablegen.
- Schiebedachschalter aus der Abdeckung nehmen, Stecker abziehen.
- Zündung einschalten und prüfen, ob am Anschluß der schwarzen Leitung Spannung anliegt.
- Ebenfalls Massekontakt prüfen.
- Ist Spannung da, könnte es am Schalter liegen.
- Aber auch ohne Strom können Sie das Schiebedach schließen.
- Schraubenzieher in die Schlitzschraube stecken und hochdrücken.
- Zum Schließen des nach hinten gefahrenen Schiebedachs Schraubenzieher rechtsdrehen.
- Aus der Aufstellposition schließen Sie durch Linksdrehen.

Undichtes Schiebedach

Ein undichtes Schiebedach hat seine Ursache in verstopften Ablaufrohren, von denen je eines an jeder der vier Ecken des Schiebedachkastens angeschlossen ist. Denn eindringen darf das Wasser, doch ablaufen muß es können.

○ Bei undichtem Schiebedach deshalb alle vier Ablaufschläuche durchstoßen.

○ Die hinteren beiden Ablauföffnungen sind auch bei zurückgefahrenem Schiebedach kaum zu erreichen (mit Taschenlampe in den Schiebedachkasten leuchten).

○ Die Ablaufschläuche vorn enden in Höhe des oberen Scharniers der Vordertür im Radhaus (nur bei ausgebauter Radhausschale sichtbar). Diese Schläuche werden vom Schiebedachausschnitt her durchstoßen.

○ Die hinteren beiden Schläuche enden unter den Seitenwangen des Stoßfängers. Diese Schläuche durchstößt man von der Unterseite her.

○ Zum Reinigen eignet sich die Spirale einer alten Tachometerwelle.

Die Scheiben

Die Front- und die Heckscheibe sowie die hinteren Dreieckfenster sind »kraftschlüssig verklebt«. Die Scheiben sind damit beim Vectra ein konstruktives Element und wurden in die Festigkeitsberechnungen der Karosserie mit einbezogen. Dieses Verfahren ist bei der Suche nach möglichst glattflächigen Karosserien nahezu unumgänglich.

Für den Selbsthelfer bedeuten die geklebten Scheiben das »Aus«. Ohne Spezialwerkzeug ist da nichts zu machen – ein Fall für die Werkstatt.

Schöner wohnen

Ausgereifte Fertigungstechniken geben Plastikteilen, Stoffbezügen und Bodenbelägen ein immer edleres Aussehen. Dazu sind die Teile, die den Innenraum eines Autos ausmachen, zum optimalen Raumgewinn oft raffiniert geformt. Müssen solche Teile ausgebaut werden, stellt man schnell fest, daß fast keine Befestigungsschraube mehr sichtbar ist. Oftmals müssen zuvor angrenzende oder überdeckende Verkleidungsteile ausgeclipst werden, um an die betreffende Schraube oder Mutter zu gelangen. Hier scheitert die Reparatur, wenn man den Trick zum Ausbauen nicht weiß.

Das Armaturenbrett

Ablagefach rechts ausbauen

● Seitliche Kunststoffabdeckungen im Ablagefach mit einem kleinen Schraubenzieher abhebeln.
● Bei geöffnetem Handschuhkasten Ablagefach von Hand aus dem Ausschnitt im Armaturenbrett herausziehen.

Handschuhkasten ausbauen

Um den Handschuhkasten ausbauen zu können, muß das darüberliegende Ablagefach herausgenommen werden. Der weitere Ausbau geht dann so:
● Deckglas der Handschuhfachleute mit einem kleinen Schraubenzieher heraushebeln. Kabelsteckverbindung trennen und Leuchte abnehmen.
● Abdeckung unter dem Handschuhkasten ausbauen. Dazu Kunststoffhalter eine Viertelumdrehung linksdrehen.
● Vier Befestigungsschrauben vorn am Handschuhfach herausdrehen.
● Handschuhfach aus dem Ausschnitt herausziehen.

Lenksäulenverkleidung ausbauen

● Die drei unteren Befestigungsschrauben der Lenksäulenverkleidung herausdrehen.
● Lenkrad drehen, bis eines der beiden Kunststoffabdeckkäppchen an der Stirnseite der Verkleidung nicht mehr vom Lenkrad verdeckt wird.
● Kunststoffkäppchen mit einer Messerklinge von der Befestigungsschraube abhebeln.
● Kreuzschlitzschraube herausdrehen.
● Lenkrad drehen. Gegenüberliegendes Kunststoffkäppchen abhebeln und Befestigungsschraube losschrauben.
● Untere Lenksäulenverkleidung vom Gummiring am Zündschloß abziehen.
● Lenkrad so drehen, daß das Opel-Emblem oben steht. Verkleidungsteile von der Lenksäule abnehmen.
● Vor dem Einbau der Lenksäulenverkleidung Gummiring vom Zündschloß abziehen.
● Verkleidungsteile anbauen und Gummiring am Zündschloß aufschieben.

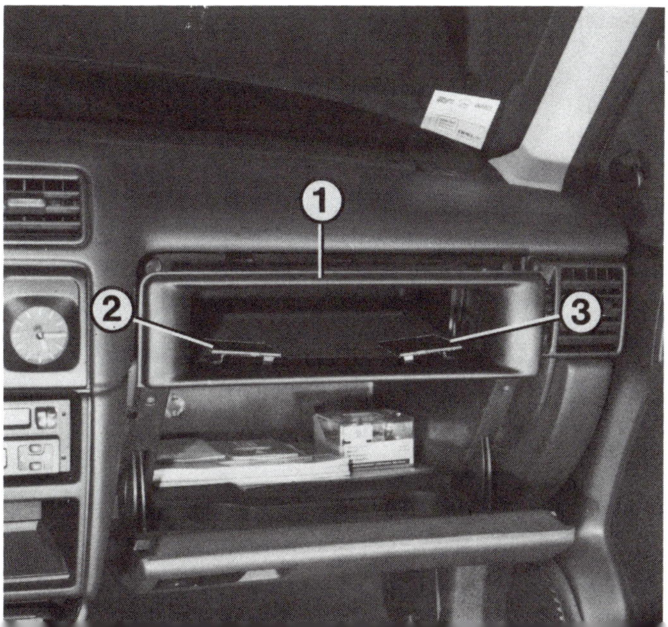

Zum Ausbau des Ablagefachs (1) müssen die seitlichen Kunststoffabdeckungen (2 und 3) im Fach herausgehebelt werden. Handschuhfach öffnen und Ablagefach aus dem Ausschnitt herausziehen.

Mittelkonsole

Hinteres Konsolenteil ausbauen

- Kunststoff-Griffschale unter dem Handbremshebel mit einem flachen Schraubenzieher heraushebeln.
- Darunterliegende Befestigungsschrauben herausdrehen.
- Handbremse anziehen.
- Kunstlederbalg etwas zusammendrücken, nach vorn schieben und von der Konsole abziehen.
- Im hinteren Ablagefach Gummiset oder wo vorhanden Cassettenfach herausnehmen und Sechskantmutter losdrehen.
- Bei Fahrzeugen mit elektrischen Fensterhebern Mehrfachstecker entriegeln, dazu Blechlasche hochklappen.
- Konsole etwas nach hinten ziehen und abnehmen. Bei Fahrzeugen mit elektrischen Fensterhebern wird dabei gleichzeitig die Mehrfachsteckverbindung getrennt.

Vorderes Konsolenteil ausbauen

- Hinteres Konsolenteil ausbauen.
- Kunstlederbalg des Schalthebels etwas zusammendrücken, von der Konsole abclipsen und nach oben schieben.
- Aschenbecher aus dem Einsatz herausnehmen.
- Aschenbechereinsatz von Hand aus der Konsole herausziehen. Kabelsteckverbindung trennen.
- Im Konsolenteil zwei Befestigungsschrauben und vorn rechts und links an der Konsole je zwei Schrauben herausdrehen.
- Schalthebelkonsole abnehmen.

Sitze

Vordersitz ausbauen

- Sitz nach hinten schieben.
- An der äußeren Kunststoffverkleidung vorn die Befestigungsschraube losdrehen. Verkleidung aushängen und von der Sitzschiene abnehmen.
- Sitz nach vorn schieben.
- Hintere Kunststoffverkleidung an der inneren Sitzschiene abnehmen. Dazu mit einem kleinen Schraubenzieher die Kunststoffnasen in der Verkleidung etwas heraushebeln, gleichzeitig Verkleidung abheben.
- Wo vorhanden, Kabelsteckverbindung für Sitzheizung trennen. Befestigungsschrauben lösen und Sitz aus dem Fahrzeug herausheben.

Kopfstützen ausbauen

- Kopfstütze bis zur Endstellung hochziehen.
- Beide Entriegelungsknöpfe in der Sitzlehne eindrücken, gleichzeitig Kopfstütze aus der Sitzlehne herausziehen.
- Beim Einbau Kopfstütze bis zum Einrasten einschieben.

Vom Lenkrad verdeckt sind die beiden Befestigungsschrauben der Lenksäulenverkleidung. Das Foto zeigt die linke Kreuzschlitzschraube.

Der Ausbau der hinteren Konsole (2). Es bedeuten:
1 – Kunststoff-Griffschale;
3 – Kunstlederbalg.
Die Pfeile zeigen, wo die Befestigungsmuttern bzw. -schrauben sitzen.

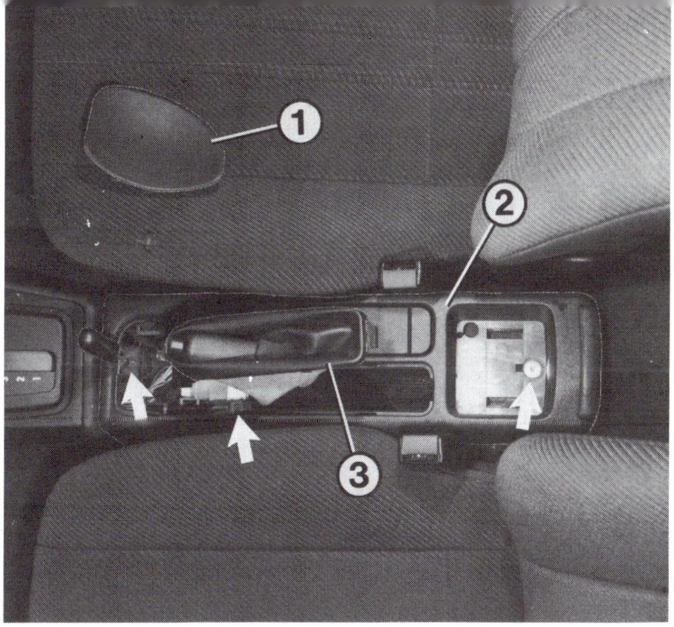

Rücksitz ausbauen

● **Sitzbank ausbauen:** Sitzpolster nach vorn klappen.
● An beiden Scharnieren die Sicherungsringe mit einem Schraubenzieher abhebeln.
● Scharnierstifte herausziehen und Sitzbank abnehmen.
● **Rückenlehne:** Sitzbänke nach vorn- und Rükkenlehnen abklappen.
● An den Außenkanten der Rückenlehnen je eine Zweikantschraube herausdrehen.
● Zwischen den Lehnenteilen eine Schraube lösen und Rückenlehne abnehmen.

Der Dachhimmel

Der Vectra besitzt als Verkleidung für das Dach einen sogenannten Formhimmel. Dieses große Fertigteil ist zwar lediglich eingeclipst; dennoch können wir den eigenhändigen Aus- und Einbau nicht empfehlen.

Sicherheitsgurte prüfen

Zeigen die Gurte einen der nachfolgend genannten Mängel, sollten sie ausgewechselt werden, damit sie im Notfall wirklich schützen können:

- ○ Welliges Gurtband
- ○ Ausgefranste Kanten
- ○ Aufgerissenes Gewebe
- ○ Angerissene Nähte
- ○ Wenn ein »lahmer« Automatikgurt öfters zwischen Tür und Karosserie eingeklemmt wurde, wodurch er mit der Zeit an Festigkeit verliert.

Fingerzeig: Schmutzige Gurte werden ausschließlich mit Seife und Wasser gesäubert. Benzin oder chemische Reinigungsmittel greifen die Gewebestruktur an.

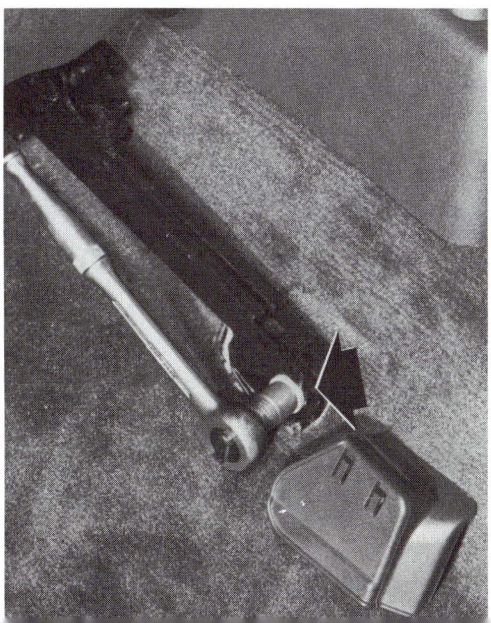

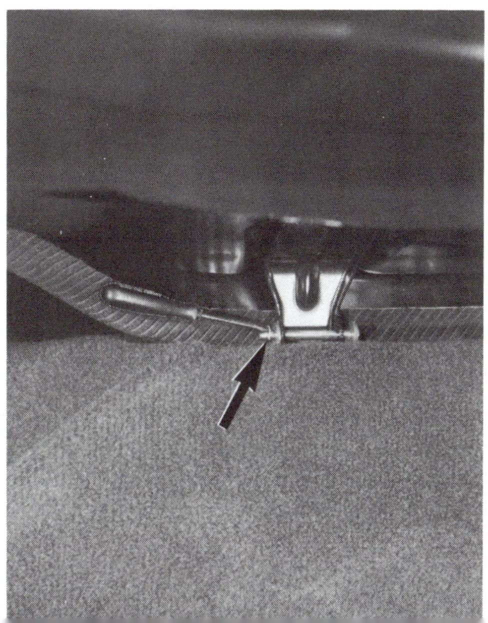

Links: Sind die Kunststoffverkleidungen von den Sitzschienen abgenommen, kann der Vordersitz losgeschraubt werden.
Rechts: Auch mit einem kleinen Schraubenzieher können die Sicherungsringe der Sitzbank abgehebelt werden.

Heilix Blechle

Der Vectra besitzt schon ab Werk recht aufwendige Maßnahmen zum Schutz vor Rost, wie Sie gleich im nächsten Abschnitt lesen werden. Die Weichen für relativ geringen Wertverlust sind also gestellt. Es liegt an Ihnen, den Korrosionsschutz auf lange Zeit zu erhalten.

Rostschutzmaßnahmen ab Werk

Teile der Karosserie, die wegen ihrer Form nicht ausreichend gegen Korrosion zu schützen sind, werden bei Opel aus ein- oder beidseitig verzinkten Blechen gefertigt. Beim Vectra gehören dazu Türen, Motorhaube, Schweller und der Stehblechbereich. Weniger gefährdete Teile sind mit einer Rostschutzgrundierung versehen.

Die für Rost anfälligen Bördelkanten der beweglichen Karosserieteile sind mit einer PVC-Dichtungsmasse versiegelt, und einzelne Schweißnähte erhalten eine spezielle Punktschweißgrundierung. Die fertige Rohkarosserie wird entfettet und phosphatiert, wobei dieser Schutzfilm in die Hohlräume dringt und zugleich den Untergrund der folgenden Lackschicht bildet. Bei der Tauchgrundierung wird die Grundfarbe in einem elektrisch leitenden Bad »kataphoretisch« aufgetragen. Anschließend werden besonders gefährdete Bereiche des Karosseriebodens mit Unterbodenschutz versehen, der auf einer Basis aus PVC und Kunstharz besteht. Nach der Endlackierung werden die Schweller innen mit einer Spritzpistole ausgewachst, und Wachs dient auch als Wassersperre für den Motorraum und für den Unterbau.

Die vorderen Radkästen haben Schutzeinsätze aus PVC-Material.

Garantie auf Lack und Karosserie

Unter die von Opel gewährte Neuwagengarantie, die sich auf ein Jahr erstreckt, fallen auch Lack- und Rostschäden, wenn sie nachweisbar auf Produktionsmängeln beruhen.

○ Ein Schaden im Lack durch Steinschlag – also Einwirkung von außen – oder durch falsche Behandlung mit ungeeigneten Pflegemitteln wird nicht von der Garantie gedeckt.

○ Ein durch Steinschlag oder Bodenberührung beschädigter Unterbodenschutz darf nicht sich selbst überlassen, sondern muß ausgebessert werden.

○ Wenn bei einer Unfallreparatur die Lackierung bzw. der Rostschutz der neu eingesetzten Teile nicht sachgemäß ausgeführt wurde, haftet Opel dafür ebenfalls nicht.

Fingerzeig: Durch kleine Lackrisse unter den Fensterschachtdichtungen können sich Rostherde bilden. Hierbei handelt es sich um einen Herstellungsmangel. Zur Kontrolle werden die Dichtungen wie im Foto unten links gezeigt ein Stück weit von der Türschachtkante abgezogen.

Unterbodenschutz kontrollieren

Wartung Nr. 23

Die Schutzschicht der Wagenunterseite muß sorgsam geprüft und ggf. nachgearbeitet werden. Das können

Links: Typischer Rostherd am Vectra (Pfeil). Zur Kontrolle Fensterschachtdichtung ein Stück weit von der Türschachtkante abheben.
Rechts: Auch an den Unterkanten der Türen befinden sich Wasserablauflöcher, durch die eingedrungenes Wasser ablaufen kann.

Sie selbst machen, wenn Sie eine sichere Aufbockmöglichkeit für den Vectra haben (Hebebühne, Auffahrrampe). Unterbodenschutz kaufen Sie am besten bei Ihrem Opel-Händler. Nicht alle Unterbodenschutzmaterialien aus dem Zubehörhandel eignen sich für die Verwendung am Opel. So kann es Haftprobleme bei Materialien auf Bitumenbasis geben.

- Unterboden gründlich waschen.
- Gesamte Unterseite mit einer hellen Lampe ableuchten und auf schadhafte Stellen untersuchen.
- Beschädigte Stellen im Unterbodenschutz mit Spachtel, Schaber und Drahtbürste bis aufs blanke Blech freilegen.
- Rostansätze so weit als möglich blankschleifen.
- Gesäuberte Fläche mit Zinkstaubfarbe als Rostgrundierung bestreichen.
- Ebene oder größere Flächen werden mit streichbarem Unterbodenschutzmaterial behandelt.
- Für schwer zugängliche Fugen und Ecken ist eine Sprühdose mit Unterbodenschutz günstiger.
- Besser ist Wachs-Unterbodenschutz: Er kann sowohl zum zusätzlichen Konservieren der werksseitig aufgespritzten PVC-Unterbodenschutzschicht verwendet werden wie auch zum Behandeln von Reparaturstellen.

Fingerzeig: Beim Sprühen von Unterbodenschutz müssen die Bremsen mit Papierbogen oder Kunststofffolie gegen den schmierigen Nebel abgedeckt werden.

Wagenunterseite waschen

Eine wirkungsvolle und zugleich preiswerte Pflege für die Wagenunterseite ist – vor allem im Winter – das regelmäßige Abspritzen mit einem scharfen Wasserstrahl. Auftausalz und Straßenschmutz sollen sich nicht lange in den Kanten und Ecken des Bodens festsetzen können, denn sie binden Feuchtigkeit. Die ohnehin schlecht zugänglichen Ecken trocknen nie ganz aus, was letztendlich den Rostfraß erheblich fördert. Dank der vorderen Radhausschalen sind die Vorderkotflügel ganz gut geschützt. Schmutzkrusten können sich an folgenden Stellen festsetzen:

- ○ Im Blechfalz am Rand der hinteren Radausschnitte;
- ○ in den hinteren Radkästen;
- ○ im Spritzbereich der Hinterräder rechts und links des Kofferraums.

Für die Unterwagenwäsche brauchen Sie zumindest einen Wasserschlauch mit Spritzdüse. Es gibt auch abgewinkelte Spritzdüsen (z. B. von APA), mit denen man den am Boden stehenden Wagen abspritzen kann, ohne selbst allzu naß zu werden. Am günstigsten ist allerdings ein Dampfstrahlgerät, wie es Tankstellen besitzen. Erkundigen Sie sich, ob es in Ihrer Nähe ein solches Gerät zur Selbstbedienung gibt.

Fingerzeig: Streusalzrückstände und Feuchtigkeit werden mit zunehmenden Temperaturen besonders aggressiv. Deshalb ist mancher Laternengaragen-Wagen weniger vom Rost befallen als einer, der in der beheizten Garage stand.

Wasserablauflöcher reinigen

Wartung Nr. 24

Keine Schweißnaht ist so dicht, daß nicht Wasser eindringen kann. Aus diesem Grund sind in allen Hohlprofilen im Wagen Wasserablauflöcher angebracht. Sind diese durch Schmutz oder Unterbodenschutz verstopft, kann eindringendes Wasser nicht mehr ablaufen, sondern fördert den Rostfraß von innen heraus. Besonders gefährdet sind die Längsversteifungen der Karosserie.

- Löcher regelmäßig mit einem Pfeifenreiniger, Draht oder Schraubenzieher durchstoßen.
- Bei einem Wagen mit Schiebedach zusätzlich die Wasserablauflöcher der Dachöffnung kontrollieren.

Lackierung prüfen

Wartung Nr. 26

- Steinschlagschäden an der Lackierung müssen schon bald ausgebessert werden, bevor sich Rostansatz breit macht. Dazu eignet sich am besten sogenannter Tupflack, den es in kleinen Fläschchen samt Tupfpinsel zu kaufen gibt.
- Ist die beschädigte Lackstelle bereits unterrostet, Rost abschleifen – je nach Umfang mit Glasfaser-Radierstift, Schleifpapier oder elektrischem Winkelschleifer.
- Vor dem Decklack Rostgrundierung auftragen.

Fingerzeig: Mehr über die Pflege und Reparatur der Lackierung und der ganzen Karosserie beschreibt unser Sonderband Nr. 45 mit dem Titel »Die Autokarosserie«.

Störungsdienst

Wir gehen bei unserer Fehlersuche davon aus, daß der Motor keine mechanischen Leiden hat. Weiter nehmen wir an, daß das Triebwerk unvermittelt stehenblieb bzw. nicht mehr anspringen will.

Reihenfolge der Fehlersuche

Dreht der Anlasser den Motor durch?
Tut er's nicht oder nur unwillig, lesen Sie bitte weiter unter »Fehlerquelle Elektrik«. Wird der Motor dagegen flott durchgedreht, müssen zur weiteren Eingrenzung die folgenden Fragen der Reihe nach beantwortet werden.

Funken die Zündkerzen?
Einen Kerzenstecker abziehen, Zündkerze herausschrauben, in den Kerzenstecker hineinstecken und auf blankem Motorblockmetall ablegen. Noch besser: Kerze elektrisch leitend mittels eines Starthilfekabels mit dem Motorblock verbinden. Von einem Helfer den Anlasser durchdrehen lassen. **Zündkabel und Kerze nicht berühren**, siehe Seite 198. Springen Funken über? Wenn ja, nächste Frage abklären. Falls nicht, weiterlesen unter »Fehlerquelle Zündung«.

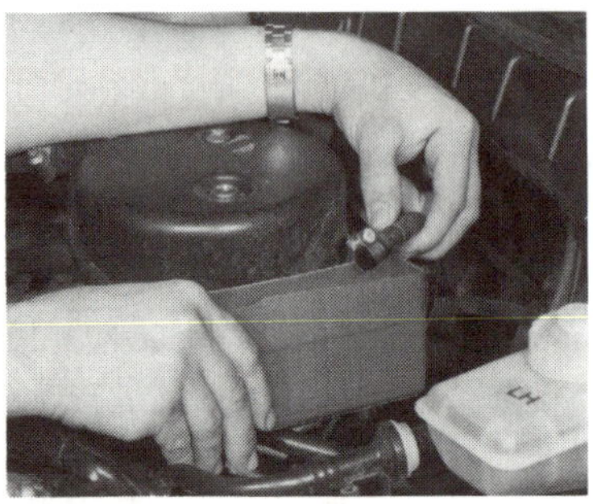

Wird der Vergaser bzw. die Zentraleinspritzanlage mit Kraftstoff versorgt?
Kraftstoffzulaufschlauch vom Vergaser bzw. von der Einspritzanlage abziehen und in ein Gefäß (Kappe der Warndreieck-Hülle) halten. Von Helfer den Anlasser betätigen lassen: Spritzt Benzin heraus, ist die Kraftstoffzufuhr in Ordnung. Der Fehler könnte am Vergaser bzw. an der Zentraleinspritzung liegen (Fehlersuche Seite 87 und 76). Kommt kein Benzin, weiterlesen unter Fehlerquelle Kraftstoffversorgung.

Wird die Motronic-Einspritzanlage mit Kraftstoff versorgt?
Bis Modelljahr '89 Kraftstoffrücklaufschlauch (Pfeil) abziehen. Hilfsschlauch auf die Rücklaufleitung aufschieben und das freie Ende des Schlauches in ein Gefäß halten. Ab Modelljahr '90 Verschlußkappe vom Rückschlagventil abschrauben. Lappen bereithalten und Stift in der Mitte des Ventils eindrücken. Von Helfer den Anlasser kurz durchdrehen lassen.
Spritzt Benzin heraus, läuft die Kraftstoffpumpe. Wenn nicht, lesen Sie bitte unter »Fehlerquelle Kraftstoffversorgung« weiter. War kein Fehler an der Kraftstoffversorgung zu finden, bleibt die Einspritzung als Fehlerquelle. Oder die Pumpe läuft, bringt aber zu wenig Druck.

Zuerst die Sichtprüfung

Bevor wir uns Gedanken dazu machen, wieso unser Opel-Motor wohl nicht anspringen will, lohnt sich ein erster prüfender Blick in den Motorraum. Möglicherweise ist der Fehler offensichtlich:

○ Kabelstecker an Teilen der Zündanlage oder einem Teil der Einspritz- bzw. Vergaseranlage abgefallen?

○ Kontrollieren Sie den festen Sitz der Zündkabel am Verteiler und an den Kerzensteckern (die Zündung darf nicht eingeschaltet sein!).

○ Sämtliche Unterdruckschläuche im Motorraum auf ihren entsprechenden Stutzen aufgesteckt?

○ Kondenswasser am und im Verteilerdeckel? Alle Teile der Zündanlage – auch die Zündspule – müssen sauber und trocken sein, sonst besteht die Gefahr von Kriechströmen und Spannungs-Überschlägen.

○ Benzingeruch im Motorraum? Ist ein Kraftstoffschlauch undicht oder hat er sich gar gelockert?

Fehlerquelle Elektrik

○ Die Kontrollampen im Armaturenbrett brennen nicht bei eingeschalteter Zündung: Batterie ist völlig entladen oder die Batterieklemmen sind lose.

○ Kontrollampen verlöschen beim Betätigen des Anlassers: Batterie stark entladen oder altersschwach (Seite 185) oder Anlasser hat Kurzschluß.

○ Kontrollampen werden beim Schlüsseldreh geringfügig dunkler; Anlasser dreht sich nicht: Magnetschalter klemmt bzw. defekt oder Anlasser defekt (Störungsbeistand Seite 194).

○ Kontrollampen brennen hell beim Schlüsseldreh; Anlasser dreht nicht: Klemme-50-Kontakt im Zündschloß defekt (Seite 230), Klemme-50-Leitung am Magnetschalter lose oder Magnetschalter defekt.

Fehlerquelle Zündung

○ Alle Steckeranschlüsse im Bereich Zündspule und Zündverteiler richtig aufgesteckt?

○ Risse im Zündspulengehäuse, Brandspuren von Funkenüberschlägen?

○ Verteilerdeckel abnehmen. Sind Kriechstromspuren an seiner Innenseite sichtbar (Seite 201)? Federt die Kontaktkohle in der Deckelmitte einwandfrei? Grünspan an den Kontaktstiften?

○ Beim 1,8- und 2,0-Liter-Motor: Steckverbindung zum induktiven Impulsgeber (Seite 197) in Ordnung?

○ Sind die Steckeranschlüsse am Steuergerät fest? Ist evtl. ein einzelner Steckkontakt im Mehrfachstecker zurückgerutscht?

○ Als letztes hilft nur das komplette Durchprüfen der Zündanlage (ab Seite 198).

Fehlerquelle Kraftstoffversorgung

○ Kein Benzin im Tank – das ist nicht so abwegig, wie Sie vielleicht denken. Beim Einspritzer zeigt sich Kraftstoffmangel zuerst durch Motorstottern in Kurven. Wagen aufschaukeln und horchen, ob es im Tank plätschert.

○ Kraftstoffpumpe (Seite 64 bzw. 66) defekt.

○ Benzinfilter verstopft, siehe Seite 65 bzw. 67.

○ Bei intaktem Benzinnachschub gerät – z.B. bei ständigen Startproblemen – der Vergaser bzw. die Einspritzanlage in Verdacht. Die Fehlersuche finden Sie auf den Seiten 87, 76 und 99 beschrieben.

Verzeichnis der Störungsbeistände

Über das Buch verteilt finden Sie Störungsbeistände zu den einzelnen Bauteilen. Hier die Zusammenstellung:

Hardware

Mit dem Autopflege-Hobby verhält es sich wie beim Computer: Die Software – also die Wissensseite – stellt dieses Handbuch dar. Mit der Hardware – dem Werkzeug – läßt sich manches in die Tat umsetzen.

Werkzeug-Grundausstattung

In der nachfolgenden Liste haben wir zusammengestellt, was uns als vielseitig verwendbare Grundausstattung empfehlenswert erscheint:

- ○ Doppel-Gabelschlüssel, 6 x 7, 8 x 10, 13 x 15, 17 x 19
- ○ Gabel/Ringschlüssel kurz, SW 10, 13 bzw. 17 beidseitig
- ○ Ringschlüssel gekröpft, 10 x 13 und 17 x 19
- ○ Steckschlüssel 8 x 10 und 15 x 17
- ○ Satz Innensechskantschlüssel am Ring, SW 2–8
- ○ Zündkerzenschlüssel, SW 20,8, ausziehbar
- ○ Radschraubenschlüssel, SW 17
- ○ Schraubenzieher für Querschlitzschrauben, 3, 6 und 8 mm breit
- ○ Schraubenzieher für Kreuzschlitzschrauben, verschiedene Größen
- ○ Schraubenzieher für Querschlitzschrauben, kurz mit kräftigem Griff
- ○ Winkelschraubenzieher für Kreuzschlitze und Querschlitze
- ○ Kombizange
- ○ Rohrzange, 240 mm lang
- ○ Seitenschneider
- ○ Schlosserhammer, 300 g schwer
- ○ Satz Fühlerblattlehren, 0,05–0,8 mm
- ○ Flachmeißel
- ○ Durchschlag, 3 mm Durchmesser
- ○ Elektrik-Prüflampe bzw. Spannungsprüfer mit Leuchtdioden zur Prüfung von Elektronik-Bauteilen

Weitere Werkzeuge

TORX-Schlüssel: TORX-Schrauben sehen ähnlich aus wie Innensechskantschrauben, doch besitzen sie statt Innensechskant einen sternförmigen Einsatz. Am Vectra häufiger verwendet sind die Größen T20, T25, T30 und T40. Kauf von weiteren Schraubenschlüsseln nur nach Bedarf.

Stecknüsse mit den dazugehörigen Verlängerungsstücken und Betätigungswerkzeugen, wie Knarre (Rätsche) und Hebel, ermöglichen wesentlich schnelleres Arbeiten.

Zum Einstecken der Betätigungswerkzeuge haben die Steckeinsätze ein Vierkantloch mit ½″ (Zoll) oder ⅜″ Kantenlänge. Die ⅜″-Ausführung ist dabei weniger verbreitet, jedoch in vielen Fällen handlicher beim Autobasteln.

Drehmomentschlüssel: Für den Heimwerker genügt die Ausführung mit Skala durchaus. Unerläßlich ist der Drehmomentschlüssel zur Zylinderkopfmontage, aber auch bei anderen Schrauben, die mit dem richtigen Drehmoment angezogen werden sollen.

Spannbandschlüssel zum Lösen des Ölfilters. Lohnt sich, wenn der Ölwechsel öfters selbst gemacht wird.

Flüssige Hilfen

Rostlöser für festgerostete Verschraubungen gibt es genügend im Angebot. Besonders gut fanden wir die sofort wirkenden Schnellrostlöser. Herkömmliche Lösemittel brauchen eine gewisse Einwirkzeit.

Isoliersprays sind ebenfalls ausgesprochen kriechfähig. Vielfach sind die Rostlöser zugleich solche Isoliersprays, die bei Feuchtigkeit in der Autoelektrik den feinen Wasserfilm unterwandern und dadurch verhindern, daß Batteriestrom über den leitenden Wasserfilm als Kurzschluß oder »Kriechstrom« abgeleitet wird.

Korrosionsschutzwachs verhindert im Motorraum Korrosionserscheinungen unter winterlicher Streusalzeinwirkung.

Kupferfett, auch Heißschrauben-Compound genannt, verhindert das Festrosten von Verschraubungen, die extrem hohen Temperaturen ausgesetzt sind. Im Auto sind das Auspuffschrauben und Zündkerzen. Zu empfehlen ist dieser Schmierstoff aber auch an anderen Schrauben, die der Korrosion ausgesetzt sind.

Fingerzeig: Achten Sie darauf, nur umweltfreundliche Spraydosen (Kennzeichen: Plakette mit dem »Blauen Engel«) zu verwenden.

Abgezählt

Beinahe alle Angaben über ein Auto lassen sich in irgendeiner Form in Zahlen wiedergeben – die »Technischen Daten«. Dazu gehören auch die Kurzbeschreibung von Motor, Fahrwerk und Elektrik.
Seit Modelljahr 1982 werden weltweit 17stellige Fahrgestell-Nummern verwendet. Eine solche Nummer beginnt mit dem Opel-Code WOL, gefolgt von viermal 0, dann erscheint eine zweistellige Zahl für den betreffenden Opel-Typ. Der nächste Buchstabe nennt das Modelljahr (1989 = K, 1990 = L, 1991 = M, 1992 = N usw.). Eine weitere Zahl gibt das Herstellerwerk an. Die letzten sechs Ziffern benennen die eigentliche Herstellungsnummer in dem jeweiligen Modelljahr.

Motor

Typ		E 16 NZ	C 16 NZ	E 18 NVR	C 18 NZ	C 20 NE
Bauart		Quer eingebauter wassergekühlter Vierzylinder-Viertaktmotor in Reihenbauweise				
Katalysator		–	geregelt	–	geregelt	geregelt
Bohrung	mm	79,0	79,0	84,8	84,8	86,0
Hub	mm	81,5	81,5	79,5	79,5	86,0
Hubraum effektiv	cm^3	1598	1598	1796	1796	1998
Hubraum nach Steuerformel	cm^3	1587	1587	1771	1771	1984
Verdichtung		9,2:1	9,2:1	9,2:1	9,2:1	9,2:1
Höchstleistung nach DIN	kW/PS	55/75	55/75	65/88	66/90	85/115
bei Drehzahl	1/min	5200	5200	5400	5400	5200
Höchstes Drehmoment	Nm	127	125	143	145	170
bei Drehzahl	1/min	2600	2600	3000	3000	2600
Ventilsteuerung		Obenliegende Nockenwelle, Antrieb durch Zahnriemen, hängende Ventile, hydraulischer Ventilspielausgleich				
Steuerzeiten						
Einlaß öffnet vor OT		18°	18°	22°	22°	23°
Einlaß schließt nach UT		56°	56°	61°	61°	71°
Auslaß öffnet vor UT		60°	60°	67°	67°	60°
Auslaß schließt nach OT		25°	25°	33°	33°	35°
Kompressionsdruck	bar	11,5–13,0	11,5–13,0	11,5–13,0	11,5–13,0	11,5–13,0
Mindestwert	bar	7	7	7	7	7

Schmiersystem

Art		Druckumlaufschmierung mit Wechselfilter im Ölhauptstrom
Ölpumpe		Sichelpumpe
Öldruck bei 70°C und 2000/min	bar	2

Kühlsystem

Motor		1,6-Liter	1,8-Liter	2,0-Liter
Art		Wasserumlaufkühlung mit Flügelradpumpe, Thermostat, Leichtmetallkühler, Ausgleichbehälter und temperaturgesteuertem Elektrolüfter		
Antrieb der Wasserpumpe		Zahnriemen		
Thermoschalter des Lüfters				
schaltet ein bei	°C	100	100	100
schaltet aus bei	°C	95	95	95
Thermostat				
Bauart		Drossel	Bypaß	Bypaß
Öffnungsbeginn bei	°C	92	92	92
volle Öffnung bei	°C	107	107	107
Kühlsystem-Verschlußdeckel				
Überdruckventil öffnet bei	bar	1,2–1,35	1,2–1,35	1,2–1,35
Lüfterdurchmesser	mm	280	280	366
Anzahl der Flügel		4	4	5

Kraftstoffanlage 1,6-/1,8-Liter-Einspritzmotor

Motor	1,6-Liter	1,8-Liter
Einspritzung	Multec-Zentral-einspritzung	Multec-Zentral-einspritzung
Kraftstoffdruck bei Leerlaufdrehzahl	0,7–0,8 bar	0,7–0,8 bar
Kraftstoffdruck in der Rücklaufleitung	< 0,3 bar	< 0,3 bar
Öffnungsdauer des Einspritzventils (Motor betriebswarm)		
Leerlauf	ca. 1,5 ms	ca. 1,5 ms
Vollast	ca. 5,5 ms	ca. 5,5 ms
Kodierstecker Innenwiderstand		
95 Oktan	220 Ω	220 Ω
91 Oktan	0 Ω	0 Ω
Drosselklappen-Potentiometer		
Hersteller	NEI/CTS	NEI/CTS
Betriebsspannung	5 V/5 V	5 V/5 V
Gesamtwiderstand zwischen Klemme »A« und »B«	4,0–6,0 kΩ/ 4,0–9,0 kΩ	4,0–6,0 kΩ/ 4,0–9,0 kΩ

	1,6-Liter	1,8-Liter
Schleiferwiderstand bei geschlossener Drosselklappe zwischen Klemme »B« und »C«	3,0–4,0 kΩ/ 1,0–3,0 kΩ	3,0–4,0 kΩ/ 1,0–3,0 kΩ
Schleiferwiderstand bei geöffneter Drosselklappe zwischen Klemme »B« und »C«	6,0–7,0 kΩ/ 5,0–10,0 kΩ	6,0–7,0 kΩ/ 5,0–10,0 kΩ
Leerlauffüllungsschrittmotor Widerstand der Wicklungen gemessen zwischen		
Klemme »A« und »B«	20–100 Ω	20–100 Ω
Klemme »C« und »D«	20–100 Ω	20–100 Ω
Isolationswiderstand der Wicklungen	∞ Ω	∞ Ω
Leerlaufdrehzahl (nicht einstellbar)	720–880/min	800–960/min
CO-Gehalt mit Kat	max. 0,4 Vol.%	max. 0,4 Vol.%
CO-Gehalt ohne Kat	1,0–1,5 Vol.%	–

Kraftstoffanlage 1,8-Liter-Vergasermotor

Motor	E 18 NVR	
Vergaser	Pierburg 2 E E-Registervergaser	
Bestückung	I. Stufe	II. Stufe
Hauptdüse	x110	x135
Luftkorrekturdüse mit Mischrohr/Kennzahl	x110/95	x70/93
Vorzerstäuber/Gemischaustritt	8,0 mm/2,5 mm	7,0 mm/3,0 mm
Leerlaufkraftstoffdüse/ Leerlaufluftblende	x52,5 mm/ 2,25 mm	–
Düsennadelnummer	5	–
Übergangsluft	1,0 mm	–
Kraftstoffübergangssystem	90	–
Schwimmernadelventil	1,5 mm	–
Schwimmergewicht (trocken)	7,4–8,4 g	–
Schwimmerniveau Maß »H«	26,5–28,5 mm	–

	E 18 NVR I. Stufe	II. Stufe
Lufttrichter	22,0 mm	26,0
Unterdruckentnahmebohrungen		
Unterdruckdose	67,5 mm	0,95 mm
Drosselklappenschalter	–	2,6 mm
Abgasrückführungsventil	0,95 mm	–
Kennzahl Seilscheibe	78	–
Kennzahl Unterdruckdose	39/85	–
Leerlaufdrehzahl		
Schaltgetriebe	870–970/min	
Automatikgetriebe	770–870/min	
CO-Gehalt bei aktivierter CO-Anhebung	0,5–1,5 Vol.%	
CO-Gehalt bei Leerlaufdrehzahl	0,1–0,3 Vol.%	

Kraftstoffanlage 2,0-Liter-Motor

Motor	C 20 NE
Einspritzanlage bis Modelljahr '89	Bosch-Motronic 4.1
ab Modelljahr '90	Bosch-Motronic 1.5
Kraftstoffdruck bei Leerlaufdrehzahl	2,4–2,6 bar
Kraftstoffdruck in der Rücklaufleitung	0,3–1,5 bar
Kraftstoffiltervolumen	0,2 l
Öffnungsdauer der Einspritzventile (Motor betriebswarm)	
Schaltgetriebe	2,2–2,9 ms
Automatikgetriebe	2,3–3,0 ms

	C 20 NE
Kodierstecker Innenwiderstand	
95 Oktan	220 Ω
91 Oktan	0 Ω
Luftmengenmesser Prüfwerte	
Klemme 2/Klemme 4	8–2500 Ω
Klemme 3/Klemme 4	300–550 Ω
Temperaturfühler Ansaugluft +15–30°C	1450–3300 Ω
Leerlaufdrehsteller	8–10 kΩ
Drosselklappenschalter (Motr. 4.1)	
Leerlaufkontakt	0–10 Ω
Vollastkontakt	> 2 kΩ

Kraftübertragung

Modell	1,6-Liter	1,8-Liter	2,0-Liter
Kupplung	Einscheiben-Trockenkupplung mit zentraler Tellerfeder, manuelle Nachstellung		
Belag-Außendurchmesser mm	200	200	216
Belag-Innendurchmesser mm	134	134	144
Belagstärke mm	3,5	3,5	3,5
Schaltgetriebe	Vollsynchronisiertes Fünfgang-Getriebe mit Mittelschaltung		
Getriebetyp	F 13/5	F 16/5	F 16/5
Übersetzungen			
1. Gang	3,55	3,55	3,55
2. Gang	1,96	1,95	1,95
3. Gang	1,30	1,28	1,28
4. Gang	0,89	0,89	0,89
5. Gang	0,71	0,71	0,71
Rückwärtsgang	3,33	3,33	3,33
Achsantrieb	4,18	3,94	3,55
Automatikgetriebe	Viergang-Getriebe mit überbrückbarem Drehmomentwandler, integrierte Achsübersetzung und Differential, elektronisch gesteuert durch externen Single-Chip-Mikrocomputer. Programmwahl Economy/Sport/Winter		
Übersetzungen			
1. Stufe	–	3,672	3,672
2. Stufe	–	2,098	2,098
3. Stufe	–	1,391	1,391
4. Stufe	–	1,000	1,000
Rückwärtsgang	–	4,022	4,022
Achsantrieb	–	2,40	2,40

Fahrwerk

Vorderradaufhängung	Einzelradaufhängung mit Querlenkern unten, Mc-Pherson-Federbeinen und Stabilisator	Wendekreisdurchmesser	10,95 m
		Vorderachseinstellung	Siehe Tabelle Seite 122
Lenkung	Zahnstangenlenkung mit Sicherheitslenksäule	Hinterachse	Verbundlenkerachse mit Miniblockfedern und Teleskopstoßdämpfern. 2,0-Liter-Modelle mit Gasdruck-Stoßdämpfern und Stabilisator
Lenkgetriebeübersetzung			
mit Servolenkung	18:1	Hinterachseinstellung	Siehe Tabelle Seite 122
ohne Servolenkung	22:1	Felgen	Siehe Seite 158
Spurkreisdurchmesser	10,15 m	Reifen	Siehe Seite 157

Bremsanlage 1,6-/1,8-Liter

Bauart	Diagonal geteiltes Zweikreis-Bremssystem, Bremskraftverstärker, druckabhängige Regler für die Hinterräder			
Fußbremse vorn	1,6-Liter bis Modelljahr '91	1,8-Liter bis Modelljahr '91	1,6-Liter ab Modelljahr '92	1,8-Liter ab Modelljahr '92
	Einkolben-Schwimmsattelbremse von ATE oder GMF, Bremsscheiben bis Modelljahr '91 massiv, ab Modelljahr '92 innenbelüftet			
Bremsscheibe				
Durchmesser mm	236,0	256,0	236,0	256,0
Stärke neu/mindestens mm	12,7/9,7	12,7/9,7	20,0/17,0	20,0/17,0
Stärke nach Feindrehen (Mindestmaß) mm	10,7	10,7	18,0	18,0
Zulässiger Seitenschlag mm	0,1	0,1	0,1	0,1
Belagstärke mit Trägerplatte neu/mindestens mm	15,0/7,0	15,0/7,0	15,0/7,0	15,0/7,0
Fußbremse hinten	Simplex-Innenbacken-Trommelbremse, Nachstellautomatik			
Bremstrommel				
Innendurchmesser mm	200,0	200,0	200,0	200,0
Maximaler Innendurchmesser nach Feindrehen mm	201,0	201,0	201,0	201,0
Zulässige Rundlaufabweichung mm	0,1	0,1	0,1	0,1
Bremsbelagmaße mm	196 × 45 × 5	196 × 45 × 5	196 × 45 × 5	196 × 45 × 5
Verschleiß max.	bis 0,5 mm über Nietkopf	bis 0,5 mm über Nietkopf	bis 0,5 mm über Nietkopf	bis 0,5 mm über Nietkopf
Handbremse	Über Seilzug auf die hinteren Trommelbremsen wirkend			

Bremsanlage 2,0-Liter

Bauart		Diagonal geteiltes Zweikreis-Bremssystem, Bremskraftverstärker, druckabhängige Regler für die Hinterräder
Fußbremse vorn		Einkolben-Faustsattelbremse, innenbelüftete Bremsscheiben
Bremsscheibe		
Durchmesser	mm	256,0
Stärke neu/mindestens	mm	24,0/21,0
Stärke nach Feindrehen (Mindestmaß)	mm	22,0
Zulässiger Seitenschlag	mm	0,1
Belagstärke mit Trägerplatte neu/mindestens	mm	15,0/7,0
Fußbremse hinten		Zweikolben-Festsattelbremse mit automatischer Nachstellung, massive Bremsscheiben
Bremsscheibe		
Durchmesser	mm	260,0
Scheibenstärke neu/mindestens	mm	10,0/7,0
Stärke nach Feindrehen (Mindestmaß)	mm	8,0
Zulässiger Seitenschlag	mm	0,1
Belagstärke mit Trägerplatte neu/mindestens	mm	15,0/7,0
Handbremse		Über Seilzug auf in der Bremsscheibe integrierte Bremstrommeln wirkend

Elektrische Anlage

Bordspannung	12 V
Batterie	44 bzw. 55 Ah
Generator	14 V/55 A/770 W, 14 V/70 A/980 W oder 14 V/90 A/1260 W
Keilriemen	Siehe Tabelle Seite 191
Zündsystem	Elektronische Kennfeldzündung
Zündzeitpunkt	Siehe Seite 202

Zündkerzen	Siehe Tabelle Seite 205
Zündkerzen-Elektrodenabstand	Siehe Seite 205
Zündfolge	1–3–4–2
Anlasser	Schub-Schraubtrieb-Anlasser
Anlasserleistung	
1,6-Liter	0,9 kW
1,8- und 2,0-Liter	1,4 kW

Anhängelasten

Modell		1,6-Liter	1,8-Liter	2,0-Liter
bis 12% Steigung				
Anhänger ohne Bremse	kg	500	500	580
Anhänger mit Bremse	kg	1250	1300	1350

		1,6- und 1,8-Liter	2,0-Liter
Stützlast	kg	75	75
Dachlast	kg	100	100

Füllmengen

Motor		1,6-Liter	1,8-Liter	2,0-Liter
Ölmenge ohne Filterwechsel	l	3,0	3,5	3,5
Ölmenge mit Filterwechsel	l	3,5	4,0	4,0
Kühlsystem mit Heizung	l	5,8	6,7	7,2
Kraftstofftank	l	61	61	61
Getriebe	l	1,6	1,9	1,9
Automatikgetriebe	l	–	3,0–3,5	3,0–3,5
Bremssystem	l	ca. 0,4	ca. 0,4	ca. 0,4
Scheibenwaschanlage	l	2,6	2,6	2,6
Scheiben- und Scheinwerferwaschanlage	l	4,5	4,5	4,5

Abmessungen

Modell		Fließheck	Stufenheck
Länge	mm	4430	4350
Breite	mm	1700	1700
Höhe bei Leergewicht	mm	1425	1418
Bodenfreiheit	mm	149	149
Radstand	mm	2600	2600
Spurweite vorn			
1,6-Liter	mm	1420	1420
1,8- und 2,0-Liter	mm	1426	1426
Spurweite hinten			
1,6- und 1,8-Liter	mm	1423	1423
2,0-Liter	mm	1426	1426

Suchen und Finden

GUT IN FAHRT – MIT DIESEN BÜCHERN

Jan Trommelmans
Das Auto und seine Technik
Klar und konsequent wird die Funktion der kompletten Fahrzeugtechnik, die im Prinzip bei jedem Auto gleich ist, erklärt. Wie funktioniert der Motor, das Getriebe, die Zündung? Auch auf Fragen zu Kolbenformen, Ventilanordnungen, zu Antrieb, Fahrgestell, Bremsen, Lenkung, Karosserie u.v.a. wird aktuell eingegangen.
220 Seiten, 360 Abb., geb.,
44,– Best.-Nr. 01288

de Boer / Dobbelaar / Mom
Das Auto und seine Elektrik
Dieses erstklassige Fachbuch bietet in neun umfangreichen Kapiteln den vollständigen Überblick über das gesamte Gebiet der Kraftfahrzeug-Elektrik. Schritt für Schritt wird der Leser in deren Geheimnisse allgemeinverständlich eingeführt.
464 Seiten, 456 Abb. und Diagramme, 27 Tabellen, geb.,
59,– Best.-Nr. 01363

P.H. Olving
Die Karosserie
Neben den theoretischen Grundlagen beschreibt dieses Handbuch alle Werkzeuge und Hilfsmittel, die eine professionelle Karosserie-Reparatur ermöglichen. Zusätzlich ist ein Kapitel der fachgerechten Lackierung gewidmet. Ein Fachbuch auch für interessierte Laien.
344 Seiten, 497 meist farbige Abbildungen, gebunden,
44,– Best.-Nr. 01073

Rudolf Heitz
Alles über Opel-Tuning
Bekannt durch seine Bücher über die Auto-Veredelung von Mercedes, BMW und Peugeot dokumentiert der Autor hier alle Möglichkeiten, Opel-Fahrzeuge optisch und technisch zu verbessern. Auch dieses Buch vermittelt wieder das reichbebilderte Tuning-Angebot von A–Z (alle Firmen, alle Fahrzeug-Typen), dazu Praxistips, technische Erläuterungen und wichtige TÜV-Empfehlungen.
232 Seiten, 163 Abb., gebunden,
49,– Best.-Nr. 01379

Götz Weihmann
So fährt sich's besser
Dieser neue Ratgeber für Autofahrer bietet lebenswichtige Tips und Anregungen für besseres und sicheres Fahren. Neben rein technischen Themen für die tägliche Praxis werden die Bereiche „Fahrtechnik" und „Fahrsicherheit" in aller Ausführlichkeit behandelt. Hier beschreibt der versierte Motorjournalist all das, was jeder Autofahrer im Prinzip wissen sollte – aber garantiert längst vergessen hat. Deshalb bietet sich das Buch auch als ideale Lektüre für Führerschein-Neulinge an: Praxisgerechter und anschaulicher wurde sicheres Fahren zuvor nicht erläutert.
264 Seiten, 169 Abb., geb.,
39,– Best.-Nr. 01364

Werner Oswald
Deutsche Autos 1945–1975
Mit diesem Werk hat der bekannte Automobilhistoriker eine akribisch recherchierte Typengeschichte geschaffen, die sämtliche Personenwagenmodelle systematisch geordnet und mit genauen Leistungsdaten, Produktionszahlen, Preisen und Bildern präsentiert, die von der westdeutschen Automobilindustrie in den drei Jahrzehnten nach 1945 auf den Markt gebracht wurden. Als lückenloses Nachschlage- und Dokumentarwerk zur Automobilgeschichte dient es dem Profi wie auch dem interessierten Laien als hieb- und stichfestes Grundlagenwerk.
464 Seiten, 611 Abb., geb.,
48;– Best.-Nr. 10391

Vann / Maxeiner
Die schönsten Autos der Welt
Die außergewöhnlichsten Automobile unserer Zeit: Vom Vector W2 über den Sbarro Windhawk bis zum Bertone-Lamborghini. Die exklusiven Einzelstücke der außergewöhnlichsten Automobile der Welt präsentieren sich hier in phantastischen Farbfotos mit fachkundigen Kommentaren – ein wahrer Prachtband für jeden Freund und Liebhaber luxuriöser Fahrzeuge.
222 Seiten, 205 teils großformatige Farbfotos, geb.,
69,– Best.-Nr. 10964

. . . und für alle speziellen technischen Arbeiten die professionellen Ratgeber für Reparaturen an der gesamten Fahrzeugtechnik:

REPARATURANLEITUNG

Band 976/77/78
Opel Vectra ab 1988
42,– Best.-Nr. 20479

Die präzisen Beschreibungen ermöglichen den Ausbau, die Instandsetzung und den Einbau aller mechanischer Fahrzeugteile.

128 Seiten mit zahlreichen Abbildungen, Detailzeichnungen, Maß- und Einstelltabellen, broschiert

Änderungen vorbehalten

Der Verlag für Autobücher
Postfach 10 37 43 · 7000 Stuttgart 10
Motor buch Verlag